U0184922

医学核心课程学习精要与强化训练

# 生物化学与分子生物学
# 学习纲要与同步练习

## 第 2 版

主　编　卜友泉

副主编　刘先俊　张　莹

编　委　（按姓氏拼音排序）

卜友泉（重庆医科大学）　　　陈全梅（重庆医科大学）

邓小燕（重庆医科大学）　　　蒋　雪（重庆医科大学）

雷云龙（重庆医科大学）　　　李　梨（重庆医科大学）

李　轶（重庆医科大学）　　　刘　洋（重庆医科大学）

刘先俊（重庆医科大学）　　　汪长东（重庆医科大学）

杨生永（重庆医科大学）　　　易发平（重庆医科大学）

张　莹（重庆医科大学）　　　张春冬（重庆医科大学）

朱慧芳（重庆医科大学）

科　学　出　版　社

北　京

# 内 容 简 介

本书主要是以《生物化学与分子生物学》规划教材为基础,以最新的临床执业医师考试大纲和全国硕士研究生统一入学考试西医综合大纲及其题型为依据,并借鉴美国执业医师资格考试(USMLE)step 1 的考试要求及题型,紧密结合教学实际,由长期从事一线教学工作的十多位教师历时一年合作编写而成。

全书分为五篇,共计 21 章,涵盖了目前医学院校生物化学与分子生物学的所有教学内容,每章包括学习要求、讲义要点、中英文专业术语、练习题和参考答案 5 部分。学习要求和讲义要点是在教师授课的教学大纲和教案的基础上进一步凝练而成,并配置了大量精心设计的总结性图表以方便记忆;练习题也经过精心筛选和校对,题型包括 A1 型选择题、A2 型选择题、B 型选择题和 X 型选择题、名词解释、简答题及分析论述题,并配置了参考答案。

本书不仅是一本很好的医学院校各专业学生的《生物化学》与《分子生物学》学习配套资料,也可供医学研究生入学考试、执业医师资格考试、医学相关专业自学考试复习备考使用,而且对相关专业的青年教师也极具参考价值。

图书在版编目(CIP)数据

生物化学与分子生物学学习纲要与同步练习 / 卜友泉主编. —2 版. —北京:科学出版社,2020.6

医学核心课程学习精要与强化训练

ISBN 978-7-03-063989-9

Ⅰ. ①生… Ⅱ. ①卜… Ⅲ. ①生物化学–高等学校–教学参考资料 ②分子生物学–高等学校–教学参考资料 Ⅳ. ①Q5 ②Q7

中国版本图书馆 CIP 数据核字(2019)第 288523 号

责任编辑:王锞韫 王 颖 / 责任校对:郭瑞芝
责任印制:赵 博 / 封面设计:陈 敬

科学出版社出版
北京东黄城根北街 16 号
邮政编码:100717
http://www.sciencep.com
天津文林印务有限公司 印刷
科学出版社发行 各地新华书店经销
*
2011 年 1 月第 一 版    开本:787×1092 1/16
2020 年 6 月第 二 版    印张:22
2024 年 1 月第十八次印刷    字数:648 000
定价:59.80 元
(如有印装质量问题,我社负责调换)

# 前　言

　　生物化学与分子生物学是医学类各专业、各层次学生必修的一门主干基础课程，学习和掌握扎实的生物化学与分子生物学知识，对其他后续医学基础课程和临床医学课程的学习并使学生最终成长为一名新时期的医学人才至关重要。

　　生物化学与分子生物学是一门新的前沿性交叉学科，具有知识更新快、内容多且抽象等显著特点，与其他传统医学课程不同。绝大多数刚刚脱离传统的中学应试模式学习、主动学习能力较为欠缺的医学生对生物化学与分子生物学的学习尤为不适应。故而在医学生的前期课程学习中，生物化学与分子生物学是被学生普遍认为"难学"的课程之一。因此，很有必要编写一本辅助性的配套学习资料以帮助学生的学习。在长期的教学实践中，编者深感这一辅助资料对于帮助学生迅速厘清知识的脉络、加深对知识的理解和掌握的重要性。

　　2009 年初，编者开始组织教研室的一批骨干教师启动该书的编写，于 2011年1月正式出版使用。2018 年6月，编者再次启动了该书第二版的修订，期间经过多次的反复讨论、修改、校对，历时近一年方才脱稿。

　　本书主要是以《生物化学与分子生物学》规划教材为基础，以最新的国家临床执业医师考试大纲和全国硕士研究生统一入学考试西医综合大纲及其题型为依据，并借鉴了美国执业医师资格考试（USMLE）step 1 的考试要求及题型。全书分为五篇，共计 21 章，涵盖了目前医学院校生物化学与分子生物学的教学内容，每章包括 5 个模块，即学习要求、讲义要点、中英文专业术语、练习题和参考答案 5 部分。其中，学习要求即教师授课的教学大纲，使学生明确各章的学习要求；讲义要点则是在教师授课教案的基础上进一步凝练而成，并结合"图解生物化学"的理念，配置了大量精心设计的总结性图表以方便记忆，可作为学生课堂笔记使用，以省去上课时记笔记的时间，全身心地听课；中英文专业术语则是为顺应双语教学的要求精选的一些专业词汇；练习题部分，遵循"适度练习、避免题海战"的原则，精心地挑选习题，题量适度，涵盖了临床执业医师考试和研究生入学考试的常见题型，包括 A1 型选择题、A2 型选择题、B 型选择题和 X 型选择题、名词解释、简答题以及分析论述题，期望既能让学生通过做题达到巩固课堂学习的目的，又避免再度返回中学应试学习的老路；另外，书中对每道题均提供了参考答案。此外，各章还专门收录了 1999～2017 年国家临床执业医师考试生物化学部分真题（加▲标注）和 1999～2018 年全国研究生入学考试西医综合生物化学部分真题（加★标注）。

本书主要作为医学院校各专业学生《生物化学》《分子生物学》学习的配套辅助资料使用，也可供医学研究生入学考试、执业医师资格考试、医学专业自学考试复习备考使用，对相关专业的青年教师和学生也具有一定参考价值。

衷心希望本书对学生学习起到很好的辅助作用。但由于本书编写工作量较大，编者水平有限，书中存在不妥之处在所难免，恳请广大同行专家和同学们批评指正。读者如果在当年印刷的最新版本中发现任何错误，欢迎发送至主编卜友泉电子邮箱 buyqcn@aliyun.com，以使本书日臻完善，惠及更多读者。

最后，编者要向参与本书编写的老师、参与校对的同学、出版社编辑及默默支持各位编写老师的家人表示衷心的感谢！

卜友泉

2019 年 5 月

# 目　　录

# 绪 论

## 学 习 要 求

了解生物化学与分子生物学的诞生及其发展简史。熟悉生物化学与分子生物学的主要学习内容。了解生物化学与分子生物学与医学的关系及其在医学教育中的重要性。

## 讲 义 要 点

### （一）生物化学与分子生物学学科简介

生物化学与分子生物学是一门在分子水平上研究生命现象的科学，其核心在于从分子水平上阐明生命活动的本质和规律，主要研究生物大分子的结构与功能、生物体内各种物质的代谢及其调节，以及遗传信息的传递及其调节。

生物化学与分子生物学是在物理学、化学、生物学和医学发展到一定程度才出现的一门新兴的交叉学科，其中化学和生物学的交叉融合尤为重要。

生物化学的诞生打破了传统生命学科的界限或壁垒，成为生命科学的共同语言和联系不同学科的纽带和桥梁。

生物化学与分子生物学是目前自然科学中进展最迅速、最具活力的前沿领域，大量新发现不断涌现，并对生物医学其他学科也均产生了革命性的影响。

生物化学与分子生物学在早期是两个独立的学科，现为自然科学理学门类中生物学一级学科中的一个独立的二级学科。

### （二）生物化学与分子生物学的诞生与发展简史

**1. 诞生的科学背景** 主要得益于 19 世纪物理学、化学和生物学的繁荣发展。

大批物理学家投身于生物学研究；完整的化学理论体系，也足以使致力于研究生命科学的科学家能运用化学原理和技术在分子水平上开展对生物体的研究，用化学的语言来描述生命活动过程；与此同时，生物学也从原来的描述性学科发展成一门实验性的学科，生物学研究也从整体水平推进至细胞和分子水平。

**2. 早期发展阶段——叙述生物化学阶段**
主要是一些化学家和生理学家对生物体各种组成成分的分离、纯化、结构及理化性质的研究，

该时期的重要贡献在于彻底推翻巴斯德的"活力论"在生物医学领域的统治。

**3. 繁荣发展时期——动态生物化学阶段**
该时期大量新发现不断涌现，基本建立了传统生物化学的知识理论体系，包括酶学、维生素、物质代谢等研究，酶学理论以及各种物质代谢途径基本阐明。

**4. 里程碑式的转折——分子生物学时期**
该时期的标志是作为遗传物质基础的 DNA 的双螺旋结构的阐明，这也是生物医学领域的一个里程碑式发现。生物化学与分子生物学由此一举成为生命科学的领头前沿学科，对生物医学其他学科也均产生了革命性的影响。

核酸成为本时期研究的主旋律，以此为中心主要研究遗传信息流动的规律。

### （三）生物化学与分子生物学的主要内容

**1. 基本内容主要分为三大部分**

（1）生物大分子的结构与功能：包括蛋白质、核酸、酶等的结构与功能。

（2）物质代谢及其调节：包括糖、脂质、氨基酸、核苷酸的代谢，代谢的相互联系及其调控。

（3）遗传信息传递及其调控：包括 DNA、RNA 和蛋白质的生物合成，基因表达及其调控。

**2. 另设专题内容** 根据医学生的学习要求，另外独立设置生物化学专题与分子生物学专题，包括器官和组织细胞生化、基因工程、分子生物学技术等重要内容。

### （四）本学科与医学的关系

生物化学与分子生物学是医学学科发展的重要基石，它为医学各学科从分子水平上研究正常和疾病状态时人体的结构与功能乃至疾病预防、诊断与治疗，提供了理论与技术，为推动现代医学的革新与迅猛发展做出了重要贡献。生物化学与分子生物学已成为生物医学各学科之间相互联系与交流的共同语言。

反过来，医学又为生物化学与分子生物学的发展与革新提供了强大的需求与动力。

生物化学与分子生物学是医学生的必修主干基础课程，学习和掌握扎实的生物化学与分子生物学知识，对于其他后续医学基础课程和临床医学课程的学习具有重要意义。

## 中英文专业术语

生物化学　biochemistry
分子生物学　molecular biology

## 练 习 题

1. 试列举生物化学与分子生物学的主要研究内容。

2. 试列举生物化学与分子生物学每个主要发展时期的一两个代表性成就。

3. 结合科技史和医学史学习,谈谈生物化学与分子生物学作为一门交叉学科产生的科学背景及其对近代生物医学发展的重要影响。

（卜友泉）

# 第一篇 生物大分子的结构与功能

## 第一章 蛋白质的结构与功能

### 学 习 要 求

　　熟悉蛋白质的元素组成特点。熟悉氨基酸的结构特点和分类。了解肽、N端、C端、肽键与肽链的概念，了解氨基酸的常见理化性质，包括两性电离、紫外吸收特性和茚三酮显色反应，了解氨基酸等电点的概念。了解重要的生物活性肽如谷胱甘肽。

　　掌握蛋白质一级结构的概念及主要化学键，熟悉蛋白质一级结构与空间构象、生物学功能的关系。了解蛋白质二级结构的概念、主要化学键及二级结构的常见形式（$\alpha$螺旋、$\beta$折叠、$\beta$转角），了解$\alpha$螺旋、$\beta$折叠、$\beta$转角特点。了解模体的概念。了解蛋白质三级结构的概念和维持其稳定的化学键，了解结构域和分子伴侣的概念。了解蛋白质四级结构的概念和维持其稳定的化学键。了解亚基的概念。

　　熟悉蛋白质一级结构与功能的关系，熟悉蛋白质空间构象与功能的关系，了解肌红蛋白与血红蛋白的结构、血红蛋白的构象变化与氧结合的关系。熟悉别构效应概念，了解协同效应、别构效应剂、别构蛋白等概念。了解分子病、蛋白构象疾病的概念。

　　了解蛋白质的两性电离、胶体性质及其稳定因素。了解蛋白质等电点的概念。掌握蛋白质变性的概念，熟悉蛋白质变性在医学上的应用。了解蛋白质复性、沉淀和凝固的概念，了解蛋白质的紫外吸收特性，了解蛋白质的呈色反应。

### 讲 义 要 点

　　本章纲要图见图 1-1。

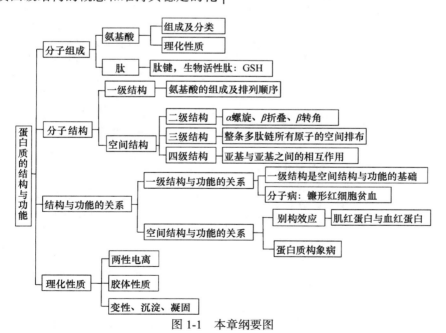

图 1-1　本章纲要图

## （一）蛋白质的分子组成

### 1. 蛋白质的元素组成及特点

（1）蛋白质主要有碳、氢、氧、氮和硫元素组成，有些蛋白质还含有少量的磷或金属元素，个别还含碘。

（2）蛋白质的平均含氮量为16%，可以用于样品中蛋白质含量的计算。公式如下：

每克样品含氮克数×6.25 = 每克样品中蛋白质的质量

**2. 组成人体蛋白质的 20 种氨基酸均属于 *L-α*-氨基酸**

（1）氨基酸是组成蛋白质的基本结构单位。

（2）组成人体蛋白质的 20 种氨基酸的结构特点：

1）α-氨基酸：脯氨酸（Pro，属于亚氨基酸）除外。

2）*L*-氨基酸：除甘氨酸（Gly）没有旋光异构外。

3）氨基酸的结构通式：RCH（NH$_2$）COOH。

**3. 氨基酸可以根据侧链结构和理化性质进行分类** 见表 1-1。

表 1-1 氨基酸的种类及特点

| 分类 | 特点 | 氨基酸名称 |
|---|---|---|
| 非极性疏水性氨基酸 | 非极性疏水性侧链，水中溶解度较小 | 甘氨酸、丙氨酸（Ala）、缬氨酸（Val）、亮氨酸（Leu）、异亮氨酸（Ile）、脯氨酸、蛋氨酸（或称甲硫氨酸） |
| 极性中性氨基酸 | 极性中性侧链，易溶于水 | 苏氨酸（Thr）、丝氨酸（Ser）、半胱氨酸（Cys）、天冬酰胺（Asn）、谷氨酰胺（Gln） |
| 芳香族氨基酸 | 侧链带有芳香环 | 苯丙氨酸（Phe）、色氨酸（Trp）、酪氨酸（Tyr） |
| 酸性氨基酸 | 含有两个羧基，生理条件下带负电荷 | 谷氨酸（Glu）、天冬氨酸（Asp） |
| 碱性氨基酸 | 含有两个以上氨基，生理条件下带正电荷 | 赖氨酸（Lys）、精氨酸（Arg）、组氨酸（His） |

• 侧链含有羟基的氨基酸：丝氨酸、苏氨酸。

• 不参与体内蛋白质组成的一些氨基酸：同型半胱氨酸、瓜氨酸、鸟氨酸（见第七章氨基酸代谢）。

• 氨基酸还可以按照其代谢去路分为生糖氨基酸、生酮氨基酸和生糖兼生酮氨基酸（见第七章氨基酸代谢）。

**4. 氨基酸的理化性质** 见表 1-2。

表 1-2 氨基酸的理化性质

| 理化性质 | 描述 |
|---|---|
| 两性电离 | 氨基酸两端的 α-氨基和 α-羧基在溶液中会发生电离<br>溶液 pH<pI，解离成阳离子<br>溶液 pH>pI，解离成阴离子<br>溶液 pH=pI，成为兼性离子，呈电中性 |

续表

| 理化性质 | 描述 |
|---|---|
| 等电点（pI） | 定义：氨基酸在溶液中解离呈阳离子和阴离子的趋势和程度相等，成为兼性离子，呈电中性，这时溶液的 pH 称为该氨基酸的等电点<br>计算：pI=1/2（p$K_1$+p$K_2$） |
| 紫外吸收 | 色氨酸、酪氨酸的最大吸收峰在 280nm<br>由于多数蛋白质含有色氨酸和酪氨酸残基，所以测定蛋白质溶液 280nm 的光吸收值可以分析溶液中蛋白质含量 |
| 茚三酮反应 | 氨基酸与茚三酮共加热，最终可形成蓝紫色的化合物，其最大吸收峰在 570nm 处，可进行氨基酸定量分析 |

**5. 蛋白质是由许多氨基酸残基组成的多肽链**

（1）氨基酸通过肽键连接而成肽

1）肽键：1 个氨基酸的羧基与另 1 个氨基酸的 α 氨基缩合脱掉 1 分子水形成的酰胺键。

2）寡肽：含 10 个以内的氨基酸相连形成的肽。

3）多肽：大于 10 个氨基酸相连形成的肽。

4）多肽链：具有方向性，从氨基末端（或称 N 端）到羧基末端（C 端）书写。

（2）体内存在多种重要的生物活性肽

1）谷胱甘肽：由谷氨酸、半胱氨酸和甘氨酸组成的三肽，其主要作用是作为体内重要的还原剂，保护体内蛋白质或酶分子中的巯基免遭氧化。

2）多肽类激素：如促甲状腺素释放激素、催产素、加压素等，主要是参与细胞间的信息传递。

3）神经肽：如脑啡肽、内啡肽、强啡肽等，主要是参与神经传导过程中的信号转导。

**6. 蛋白质的分类** 见表 1-3。

表 1-3 蛋白质的分类

| 分类依据 | 分类 | 特点 |
|---|---|---|
| 按组成分类 | 单纯蛋白 | 只含有氨基酸组分 |
| | 结合蛋白 | 除含有氨基酸组分外，还含有其他组分。结合蛋白中的非蛋白部分被称为辅基，其通过共价键的方式与蛋白质部分相连接 |
| 按形状分类 | 纤维蛋白质 | 多数为结构蛋白，较难溶于水，如胶原蛋白 |
| | 球状蛋白质 | 多数为具有生理活性的蛋白质，多数可溶于水，如酶 |

**（二）蛋白质的分子结构**

蛋白质分子结构分成一级、二级、三级和四级结构，后三者称空间结构。并非所有蛋白质都有四级结构，由一条肽链组成的蛋白质只有一、二、三级结构，由二条或二条以上的多肽链组成的蛋白质才有四级结构。

**1. 蛋白质的一级结构——由氨基酸的排列顺序决定**

（1）定义：氨基酸在多肽链中的排列顺序及其共价连接称为蛋白质的一级结构。

（2）维持键：主要为肽键，有些含有二硫键。

（3）意义：一级结构是蛋白质空间构象和特异生物学功能的基础，但并不是决定空间构象的唯一因素。

**2. 蛋白质的二级结构——多肽链的局部主链构象**

（1）定义：指蛋白质分子中某一段肽链的局部空间结构，也就是该段肽链主链骨架原子的相对空间位置，并不涉及氨基酸残基侧链的构象。

（2）维持键：氢键。

（3）常见形式：α螺旋、β折叠和β转角（表1-4）。

**表1-4 蛋白质二级结构常见形式的特点**

| 形式 | 特点 |
| --- | --- |
| α螺旋 | 右手螺旋，3.6个氨基酸残基/圈，螺距0.54nm<br>链内氢键方向与螺旋长轴基本平行<br>氨基酸侧链伸向螺旋外侧 |
| β折叠 | 多肽链充分伸展，肽平面折叠呈锯齿状<br>氨基酸侧链交错位于锯齿状结构的上下方，有顺平行片层和反平行片层<br>链内氢键方向与长轴基本垂直 |
| β转角 | 通常由4个氨基酸残基组成，一般在第1个和第4个残基之间形成氢键 |

（4）模体：指具有特殊功能的超二级结构，是由多肽链中几个二级结构单元在空间上相互接近形成的有规律的二级结构集合，常见有三种形式：αα、βαβ、ββ。它是蛋白质发挥特定功能的基础。

**3. 蛋白质的三级结构——多肽链在二级结构基础上进一步折叠形成**

（1）定义：指整条肽链中所有原子的整体排布，包括主链和侧链，即是全部氨基酸残基的相对空间位置。

（2）维持键：疏水作用、氢键、离子键、范德瓦耳斯力、二硫键。

（3）特点

1）序列中相隔较远的氨基酸残基侧链相互靠近，使长度缩短，形成球形、杆状等。

2）多数三级结构同时含有α螺旋和β折叠。

3）氨基酸残基侧链的极性决定其在三级结构中的位置，疏水基团在内，亲水基团在外。

4）功能相关的基团在三级结构中相互靠近，组成特定的表面功能区。

（4）结构域

1）定义：指一些较大的蛋白质分子，其三级结构中具有两个或多个在空间上可明显区别的局部区域。

2）特点：结构域与分子整体以共价键相连；具有相对独立的空间构象和生物学功能；同一蛋白质中的结构域可以相同或不同，不同蛋白质中的结构域也可以相同或不同。

• 分子伴侣：是参与肽链折叠、蛋白质高级空间构象形成的一类特殊蛋白质（见第十二章 蛋白质的生物合成）。

**4. 蛋白质的四级结构——含有两条以上多肽链的蛋白质**

（1）定义：指亚基与亚基之间以非共价键相互连接，形成特定的三维空间排布和相互作用。

（2）维持键：疏水作用、离子键、氢键和范德瓦耳斯力。

（3）亚基：寡聚蛋白中的单条独立的多肽链，具有独立的一、二、三级结构，单独存在时一般无生物活性。

**5. 蛋白质分子结构的小结** 见表1-5。

**表1-5 蛋白质分子结构**

| | 一级结构 | 二级结构 | 三级结构 | 四级结构 |
| --- | --- | --- | --- | --- |
| 定义 | 氨基酸的排列顺序 | 肽链主链骨架原子的相对空间位置，并不涉及氨基酸残基侧链的构象 | 整条肽链中所有原子在三维空间的排布位置 | 各亚基之间的空间排布 |
| 形式 | 肽链 | α螺旋、β折叠和β转角 | 结构域 | 亚基 |
| 维持键 | 主要为肽键，有些含有二硫键 | 氢键 | 疏水作用、氢键、离子键、范德瓦耳斯力、二硫键 | 疏水作用、氢键、离子键、范德瓦耳斯力 |
| 意义 | 一级结构是蛋白质空间构象和特异生物学功能的基础，但并不是决定空间构象的唯一因素 | 由两个或三个具有二级结构的肽段形成的模体，是蛋白质发挥特定功能的基础 | 分子量大的蛋白质分子常分割成一至数个结构域，执行不同的功能 | 有四级结构的蛋白质，以单独亚基存在时无生物学功能 |

## （三）蛋白质结构与功能的关系

### 1. 蛋白质的一级结构是高级结构与功能的基础

（1）一级结构是蛋白质空间结构和功能的基础：如核糖核酸酶（RNase）的变性与复性过程中空间构象的破坏与再次形成。

（2）一级结构相似的蛋白质具有相似的高级结构与功能。

（3）氨基酸序列提供重要的生物进化信息：一些重要的蛋白质如细胞色素 C 在不同物种间高度保守，物种越接近，则一级结构越相似，其空间结构和功能也越相似。

（4）重要蛋白质的一级结构即氨基酸序列改变可引起疾病。分子病：由于基因结构改变，引起蛋白质一级结构中的关键氨基酸发生改变，从而导致蛋白质功能障碍，出现相应的临床症状，这类遗传性疾病称为分子病。

• 镰状细胞贫血（sickle cell anemia）：是由于编码正常血红蛋白（HbA）β 亚基的基因突变，使 β 亚基 N 端第 6 位氨基酸由谷氨酸变成了缬氨酸，形成异常血红蛋白(HbS)导致的。这个氨基酸的改变使 HbSβ 亚基第 6 位缬氨酸与第 1 位缬氨酸之间出现了因疏水作用而形成的局部结构。这一结构能使去氧 HbS 进行线性缔合，导致氧结合能力过低，红细胞变成镰刀形。镰状细胞引起血黏性增加，不能像正常细胞那样通过毛细血管，易使微细血管栓塞，造成组织缺氧，甚至坏死；同时镰状细胞的变形能力降低，通过狭窄的毛细血管时，不易变形通过，挤压时易破裂，导致溶血。

（5）一级结构并非决定空间结构的唯一因素。肽链的正确折叠和正确高级构象形成需要分子伴侣等分子参与。

### 2. 蛋白质的空间结构与其功能的密切关系

（1）蛋白质的特定空间构象是其发挥生物活性的基础，也是其功能的直接体现。空间结构相似的蛋白质，其功能也相似；而功能不同的蛋白质，其空间构象也明显不同。如蛋白质的空间结构改变，则其功能也很可能随之改变。

（2）别构效应

1）基本概念：一些小分子化合物与蛋白质分子的特定部位（调节部位）结合后，引起其空间构象发生改变，进而导致蛋白质的功能或生物活性发生变化的现象称为别构效应。可分为别构激活和别构抑制。

能引起蛋白质发生别构效应的小分子化合物称为别构效应剂。具有别构效应的蛋白质则称为别构蛋白。血红蛋白是最早发现的具有别构效应的蛋白质。

2）实例：别构效应与血红蛋白（Hb）的运氧功能。

A. 协同效应：蛋白的一个亚基与其配体结合后，能影响此蛋白中另一亚基与配体的结合能力，称为协同效应。如果是促进作用则称为正协同效应；反之，则为负协同效应。

例如，血红蛋白一个亚基与 $O_2$ 的结合增加了其他亚基对 $O_2$ 的亲和力。

B. 肌红蛋白（Mb）与血红蛋白的结构与功能：见表1-6。

表 1-6　Mb 与血红蛋白的结构和功能比较

| | | Mb | 血红蛋白 |
|---|---|---|---|
| 结构 | 相同点 | 都是含有血红素辅基的蛋白质。血红素是铁卟啉化合物，由 4 个吡咯环通过 4 个甲炔基相连成为一个环形，$Fe^{2+}$ 居于环中 | |
| | 不同点 | 是一条具有三级结构的单链蛋白，其三级结构中有 8 段 α 螺旋。分子内部有一疏水区域，血红素位于其中 | 具有 4 个亚基组成的四级结构，成人血红蛋白由两条 α 链和两条 β 链组成；每一个亚基含有 1 个血红素，故 1 分子血红蛋白可结合 4 分子氧；血红蛋白各亚基的三级结构与 Mb 极为相似 |
| 功能 | 相同点 | Mb 与血红蛋白都能可逆地与 $O_2$ 结合 | |
| | 不同点 | 易与 $O_2$ 结合氧解离曲线为直角双曲线 | 紧张状态（T 态）血红蛋白与 $O_2$ 亲和力小，故氧分压低时血红蛋白与 $O_2$ 结合难氧解离曲线为 S 状曲线 |

（3）蛋白质构象改变可引起疾病：若蛋白质的折叠发生错误，尽管其一级结构不变，但蛋白质的构象发生改变，仍可影响其功能，严重时可导致疾病发生，此类疾病称为蛋白质构象病。如疯牛病、阿尔茨海默病等。

• 朊病毒（Prion）——传染性的蛋白质：Prion 的中文译名有"蛋白质感染因子""蛋白侵染子""朊病毒""朊毒体"等，是蛋白质构象类疾病——疯牛病的传染源。后经证实 Prion 为单一的蛋白质，其致病的生化机制是生物体内正常 α 螺旋形式的 PrPc 转变成了异常的 β 折叠形式的 PrPsc。该发现挑战了传统的认为任何传染源都含有遗传物质核酸的观点，也拓展了人们对于蛋白质功能的认识。

## （四）蛋白质的理化性质

### 1. 蛋白质的理化性质　见表1-7。

表 1-7 蛋白质的理化性质

| 理化性质 | 描述 |
|---|---|
| 两性电离 | 蛋白质除两端 α-氨基和 α-羧基在溶液中会发生电离外，肽链中某些氨基酸残基的侧链基团也可发生解离<br>溶液 pH＞pI，带负电荷<br>溶液 pH＜pI，带正电荷<br>溶液 pH＝pI，为兼性离子，呈电中性<br>蛋白质在溶液中解离呈阳离子和阴离子的趋势和程度相等，成为兼性离子，呈电中性，这时溶液的 pH 称为该蛋白质的等电点<br>人体内大多数蛋白的 pI 接近于 5.0 |
| 胶体性质 | 不能透过半透膜<br>稳定因素：颗粒表面电荷、水化膜 |
| 紫外吸收 | 蛋白质含有色氨酸和酪氨酸残基，280nm 波长具有最大光吸收值 |
| 呈色反应 | 茚三酮反应、双缩脲反应等<br>双缩脲反应可用于检测蛋白质的水解程度，因为氨基酸无此反应 |
| 变性 | 定义：指在某些理化因素的作用下，蛋白质特定的空间结构被破坏，从而导致其理化性质改变、生物学活性丧失的现象<br>特点：空间结构被破坏，不涉及一级结构的改变，生物活性丧失，理化性质改变（溶解度下降、易被蛋白酶水解、结晶能力丧失）<br>应用：酒精消毒、高压灭菌、低温保存生物制品、血滤液制备等 |
| 复性 | 指蛋白质变性程度较轻，去除变性因素后，有的蛋白质可以恢复或部分恢复其原有空间结构和功能的现象 |
| 凝固 | 凝固是蛋白质变性后进一步发展的不可逆的结果，即变性的蛋白质不一定凝固，凝固的蛋白质一定发生了变性 |
| 沉淀 | 定义：指蛋白质表面电荷和水化层被破坏后，蛋白质从溶液中析出的现象<br>变性的蛋白质不一定沉淀，沉淀的蛋白质也不一定变性 |

**2. 蛋白质和氨基酸的理化性质比较** 见表 1-8。

表 1-8 蛋白质与氨基酸理化性质的比较

| 理化性质 | 蛋白质 | 氨基酸 |
|---|---|---|
| 两性电离 | 有 | 有 |
| 胶体性质 | 有 | 无 |
| 紫外吸收 | 有 | 有 |
| 茚三酮反应 | 有 | 有 |
| 双缩脲反应 | 有 | 无 |
| 变性、复性、沉淀、凝固 | 有 | 无 |

# 中英文专业术语

氨基酸 amino acid
蛋白质 protein
肽键 peptide bond
肽 peptide
多肽 polypeptide
多肽链 polypeptide chain
等电点 isoelectric point
电泳 electrophoresis
一级结构 primary structure
α 螺旋 α-helix
β 折叠 β-pleated sheet
模体 motif
结构域 domain
二级结构 secondary structure
三级结构 tertiary structure
四级结构 quaternary structure
亚基 subunit
分子伴侣 molecular chaperons
别构效应 allosteric effect
变性 denaturation
复性 renaturation

# 练 习 题

## 一、A1 型选择题

1. 脯氨酸的最典型结构特点是属于
A. 亚氨基酸
B. 带正电荷氨基酸
C. 带负电荷氨基酸
D. 带电荷的极性氨基酸
E. 不带电荷的极性氨基酸

2. 能出现在蛋白质分子中,但没有对应遗传密码的氨基酸是
A. 赖氨酸　　　　　B. 苯丙氨酸
C. 羟脯氨酸　　　　D. 精氨酸　　E. 谷氨酸

3. 当溶液的 pH 小于某氨基酸的 pI 时，该氨基酸在此溶液中的存在形式是
A. 兼性离子　　　　　　B. 带正电荷的阳离子
C. 带负电荷的阴离子　　D. 呈电中性
E. 疏水分子

4. 蛋白质多肽链的方向是
A. C 端→N 端　　　　　B. N 端→C 端
C. 3′端→5′端　　　　　D. 5′端→3′端
E. 还原末端→非还原末端

5. 组成肽平面的原子有

A. 肽键的 C、O 原子及与之相连的 α-碳原子

B. 肽键的 C、O 原子及与之相连的侧链 R 基团

C. 肽键的 N、H 原子及与之相连的 α-碳原子

D. 肽键的 N、H 原子及与之相连的侧链 R 基团

E. 组成肽键的所有原子及与之相连的所有 α-碳原子

6. ▲维系蛋白质一级结构的化学键是

A. 氢键　　　B. 离子键　　　C. 疏水作用

D. 二硫键　　　E. 肽键

7. 蛋白质的一级结构是指

A. 多肽链上氨基酸残基的相互作用

B. 多肽链上氨基酸的排列顺序

C. 多肽链上氨基酸的数目

D. 多肽链上氨基酸的比例

E. 多肽链上肽键的数目

8. 蛋白质二级结构的维持主要依靠

A. 氢键　　　B. 离子键　　　C. 范德瓦耳斯力

D. 酰胺键　　　E. 疏水作用

9. ▲关于蛋白质二级结构的叙述，正确的是

A. 多肽链的氨基酸排列顺序

B. 多肽链上氨基酸侧链的空间构象

C. 多肽链局部主链的空间构象

D. 亚基间相对的空间位置

E. 多肽链上每一原子的相对空间位置

10. ▲蛋白质的二级结构中通常不存在的构象是

A. α 螺旋　　　B. α 转角　　　C. β 转角

D. β 折叠　　　E. 无规卷曲

11. 蛋白质分子 α 螺旋构象的特点是

A. 多肽呈左手螺旋

B. 多肽呈右手双螺旋

C. 氨基酸侧链伸向螺旋内侧

D. 氢键平行于长轴

E. 氢键垂直于长轴

12. 蛋白质分子 β 折叠构象的特点是

A. 多肽链充分伸展，肽平面折叠成锯齿状

B. 侧链平行于长轴

C. 氨基酸侧链伸向内侧

D. 氢键平行于长轴

E. 靠离子键维持结构的稳定

13. 维持球状蛋白三级结构稳定的主要作用力是

A. 肽键　　　B. 氢键　　　C. 酯键

D. 二硫键　　　E. 疏水作用

14. 下列关于蛋白质分子四级结构特征的描述，正确的是

A. 分子中必定含有辅基

B. 依赖肽键维持四级结构的稳定性

C. 每一条多肽链都具有独立的生物活性

D. 由两条或两条以上的多肽链组成

E. 在三级结构的基础上进一步折叠、盘旋而成

15. ▲镰状细胞贫血患者，其血红蛋白 β 链 N 端第 6 个氨基酸残基谷氨酸被下列哪种氨基酸代替

A. 缬氨酸　　　B. 丙氨酸　　　C. 丝氨酸

D. 酪氨酸　　　E. 色氨酸

16. ▲下列有关血红蛋白结构与功能的叙述，错误的是

A. 含有血红素　　　B. 含有 4 个亚基

C. 有储存 $O_2$ 的作用　　　D. 氧解离曲线为 S 型

E. 能与 $O_2$ 可逆结合

17. 大多数成人血红蛋白中珠蛋白组成为

A. $\alpha_2\gamma_2$　B. $\alpha_2\varepsilon_2$　C. $\alpha_2\kappa_2$　D. $\alpha_2\beta_2$　E. $\alpha_2\delta_2$

18. ▲疯牛病发病的生化机制是

A. α 螺旋变成了 β 螺旋

B. α 螺旋变成了 β 转角

C. α 螺旋变成了 β 折叠

D. β 折叠变成了 α 螺旋

E. β 转角变成了 β 折叠

19. ▲下列有关蛋白质结构与功能关系的叙述，错误的是

A. 变性的 RNase 若其一级结构不受到破坏，仍可恢复高级结构

B. 蛋白质中氨基酸的序列可提供重要的生物进化信息

C. 蛋白质折叠错误可以引起某些疾病

D. 肌红蛋白与血红蛋白亚基的一级结构相似，故两种蛋白的生理功能也相同

E. 人血红蛋白 β 亚基第 6 个氨基酸的改变，可产生溶血性贫血

20. 决定蛋白质空间构象的主要因素是

A. 多肽链氨基酸的数目

B. 多肽链氨基酸的序列

C. 多肽链氨基酸的比例

D. 多肽链二硫键的形成

E. 多肽链肽键的数目

21. 乙酸纤维薄膜能分离血清蛋白质，其利用的是蛋白质的哪种理化性质

A. 蛋白质的胶体性质　　　B. 蛋白质的两性电离

C. 蛋白质的变性　　　D. 蛋白质的紫外吸收

E. 蛋白质的复性

22. ▲当溶液的 pH 与某种蛋白质的 pI 一致时，该蛋白质在此溶液中的存在形式是

A. 兼性离子　　　B. 非兼性离子

C. 带单价正电荷　　　D. 疏水分子

E. 带单价负电荷

23. 当蛋白质带正电荷时，其溶液的 pH 为

A. 大于 7.4　　　　　B. 小于 7.4

C. 等于等电点　　　　D. 大于等电点

E. 小于等电点

24. 当蛋白质水化膜破坏时易出现

A. 蛋白质亚基聚合　　B. 蛋白质肽键断裂

C. 蛋白质构象改变　　D. 蛋白质消化水解

E. 蛋白质聚集沉淀

25. ★高浓度硫酸铵溶液能使蛋白质沉淀，其原理是

A. 破坏水化膜，中和电荷

B. 改变了蛋白质的等电点

C. 改变蛋白质分子的大小

D. 与蛋白质结合成不溶性盐蛋白

E. 使蛋白质发生变性析出

26. ▲变性蛋白质的主要特点是

A. 不易被蛋白酶水解　　B. 分子量降低

C. 溶解性增加　　　　　D. 生物活性丧失

E. 肽键被破坏

27. ▲下列对蛋白质变性的描述中，正确的是

A. 变性蛋白质的溶液黏度下降

B. 变性的蛋白质不易被消化

C. 蛋白质沉淀不一定发生变性

D. 蛋白质变性后容易形成结晶

E. 蛋白质变性不涉及二硫键破坏

28. 对蛋白质变性的描述正确的是

A. 辅基脱落

B. 一级结构遭到破坏

C. 空间构象遭到破坏

D. 变性的蛋白质一定不能再复性

E. 蛋白质被水解

29. ★有关蛋白质特性的描述，错误的是

A. 溶液的 pH 调节到蛋白质的等电点时，蛋白质容易聚集

B. 盐析法分离蛋白质原理是中和蛋白质表面电荷，蛋白质沉淀

C. 蛋白质变性后，由于疏水基团暴露，水化膜被破坏，一定发生沉淀

D. 蛋白质变性时理化性质发生变化，生物活性降低或丧失

E. 在同一 pH 溶液中，由于各种蛋白质 pI 不同，故可用电泳将其分离纯化

30. 能使蛋白质沉淀但不发生变性的试剂是

A. 浓硫酸　　　　　　B. 高浓度硫酸铵溶液

C. 浓氢氧化钠溶液　　D. 生理盐水

E. 浓盐酸

31. 在下列检测蛋白质的方法中，哪一种取决于完整的肽键

A. 凯氏定氮法　　　　B. 双缩脲反应

C. 紫外吸收法　　　　D. 茚三酮反应

E. Folin-酚试剂反应

32. ★蛋白质的紫外吸收特性主要取决于

A. 含硫氨基酸的含量

B. 多肽链中的肽键

C. 支链氨基酸的含量

D. 芳香族氨基酸的含量

E. 必需氨基酸的含量

33. 在各种蛋白质中含量相近的元素是

A. 碳　　B. 氢　　C. 氧　　D. 氮　　E. 硫

34. ▲蛋白质合成后经化学修饰的氨基酸是

A. 半胱氨酸　　B. 羟脯氨酸　　C. 甲硫氨酸

D. 丝氨酸　　　E. 酪氨酸

35. 关于蛋白质亚基的描述正确的是

A. 一条多肽链卷曲呈螺旋结构

B. 每个亚基都有各自的三级结构

C. 两条以上多肽链与辅基结合成蛋白质

D. 两条以上多肽链卷曲成二级结构

E. 单独的亚基有生物学功能

36. 下列分子中，属于分子伴侣的是

A. DNA 结合蛋白　　　B. 载脂蛋白

C. P 物质　　　　　　D. 热休克蛋白 70

E. 谷胱甘肽

37. ★下列有关谷胱甘肽的叙述正确的是

A. 谷胱甘肽中含有谷氨酸、胱氨酸和甘氨酸

B. 谷胱甘肽中谷氨酸的 α-羧基是游离的

C. 谷胱甘肽是体内重要的氧化剂

D. 谷胱甘肽 C 端羧基是主要的功能基团

E. 谷胱甘肽所含的肽键均为 α-肽键

38. 胰岛素分子 A 链与 B 链的交联是靠

A. 氢键　　　　　B. 二硫键　　　　C. 离子键

D. 疏水作用　　　E. 范德瓦耳斯力

39. ▲不直接参与维系蛋白质三级结构的作用力是

A. 氢键　　　　B. 二硫键　　　　C. 肽键

D. 疏水作用　　E. 离子键

40. 下列关于蛋白质沉淀、变性和凝固关系的叙述正确的是

A. 凝固的蛋白质一定变性

B. 去除变性条件后，变性蛋白质一定能恢复天然活性

C. 变性的蛋白质一定会沉淀

D. 沉淀的蛋白质一定是变性蛋白

E. 变性蛋白一定要凝固

41. 下列疾病中属于分子病的是

A. 疯牛病　　　　　　B. 帕金森病

C. 阿尔茨海默病　　　D. 镰状细胞性贫血

E. 亨丁顿舞蹈症

42. 由蛋白质折叠错误而引起的疾病是

A. 疯牛病　　　　　　B. 帕金森病

C. 阿尔茨海默病　　　D. 亨丁顿舞蹈症

E. 以上均是

43. 测定 100g 生物样品中含氮量是 2g，该样品中蛋白质含量大约为

A. 1g　　B. 2g　　C. 20g　　D. 6.25g　　E. 12.5g

44. 某蛋白质的等电点为 5.5，在 pH 8.6 的条件下进行电泳，它的泳动方向是

A. 原点不动　　　　　B. 向正极移动

C. 向负极移动　　　　D. 向下移动

E. 无法预测

45. 肌红蛋白和血红蛋白二级结构的主要形式是

A. β 折叠　　　B. α 螺旋　　　C. β 转角

D. 锌指结构　　　E. α 折叠

46. 在血红蛋白和肌红蛋白中，与氧发生结合的是

A. 血红素辅基中的铁离子

B. 血红素辅基中的氮原子

C. 珠蛋白中组氨酸（His）残基

D. 珠蛋白中赖氨酸残基

E. 珠蛋白中亮氨酸残基

47. $CO_2$ 与血红蛋白的结合导致

A. 血红蛋白与氧的亲和力降低，氧解离曲线右移

B. 血红蛋白与氧的亲和力降低，氧解离曲线左移

C. 血红蛋白与氧的亲和力增强，氧解离曲线右移

D. 血红蛋白与氧亲的和力增强，氧解离曲线左移

E. 不改变血红蛋白与氧亲和力，氧解离曲线不发生移动

48. 镰状细胞贫血是由于

A. 编码血红蛋白 β 链的基因发生点突变

B. 编码血红蛋白 α 链的基因发生点突变

C. 感染寄生虫

D. 感染细菌

E. 感染病毒

49. 关于血红蛋白的别构效应叙述正确的是

A. 只限于人类

B. 为了保持 $Fe^{2+}$ 的状态

C. 为了减少向组织输送氧气

D. 为了最大限度地向组织输送氧气

E. 为了减少氧的消耗

50. 模体是指

A. 多肽的基本功能和三级结构单元

B. 多肽链中所有氨基酸的三维排列

C. 多肽链区域的规则折叠

D. 由相邻的二级结构单元紧密组合形成的超二

级结构

E. 多肽链局部主链的空间结构

51. 下列氨基酸中哪一个可以甲基化

A. 缬氨酸　　　B. 赖氨酸　　　C. 酪氨酸

D. 半胱氨酸　　　E. 谷氨酰胺

52. 氨基酸的等电点定义为

A. 分子呈电中性时溶液的 pH

B. 羧基不发生电离时溶液的 pH

C. 氨基不发生电离时溶液的 pH

D. 最大电解迁移率时溶液的 pH

E. 成为非兼性离子时溶液的 pH

53. 下列哪一对氨基酸的最大紫外吸收波长在 280nm

A. 苏氨酸和组氨酸

B. 色氨酸和酪氨酸

C. 半胱氨酸和天冬氨酸（Asp）

D. 苯丙氨酸和脯氨酸

E. 苯丙氨酸和酪氨酸

54. 下列哪一种氨基酸可以被磷酸化

A. 缬氨酸　　　B. 赖氨酸　　　C. 酪氨酸

D. 半胱氨酸　　　E. 谷氨酰胺

55. 由遗传密码编码的组成人体蛋白质的基本氨基酸有多少种

A. 3　　　　B. 18　　　　C. 20

D. 100　　　　E. 一个无限数

## 二、A2 型选择题

1. 已知某混合物存在 A、B 两种分子量相等的蛋白质，A 的 pI 为 6.0，B 的 pI 为 7.4，用电泳的方法进行分离，如果电泳液的 pH 为 8.6，则

A. 蛋白质 A 和蛋白质 B 都向负极移动，A 移动的速度快

B. 蛋白质 A 和蛋白质 B 都向正极移动，A 移动的速度快

C. 蛋白质 A 和蛋白质 B 都向正极移动，B 移动的速度快

D. 蛋白质 A 向负极移动，B 向正极移动

E. 蛋白质 A 向正极移动，B 向负极移动

2. 一个特殊的点突变导致突变蛋白片段的 α 螺旋结构的破坏。突变蛋白的一级结构最有可能的变化是

A. 谷氨酸突变为天冬氨酸

B. 赖氨酸突变为精氨酸

C. 丝氨酸突变为脯氨酸

D. 缬氨酸突变为丙氨酸

E. 丝氨酸突变为苏氨酸

3. 患者，80 岁，表现出智力严重下降，明显的

情绪行为改变。家属叙述，在过去的 6 个月里，他逐渐失去了方向感和记忆力；否认痴呆的家族史。患者初步诊断为阿尔茨海默病。下列哪一项最好地描述了阿尔茨海默病

A. 与 P-淀粉样蛋白有关，P-淀粉样蛋白是一种氨基酸序列改变的异常蛋白

B. 是由随机构象的变性蛋白质的积累引起的

C. 与淀粉样前体蛋白的积累有关

D. 与神经毒性淀粉样蛋白 P 肽聚集体的沉积有关

E. 是一种不受个体遗传学影响的环境引起的疾病

4. 一名病理学家在对一名死于克罗伊茨费尔特-雅各布（Creutzfeldt-Jakob，简称克-雅）病患者的大脑进行尸检时，意外割伤了自己。病理学家非常担心他的健康，主要是由于下列哪种物质有进入他的血液循环的可能性

A. 病毒　　　B. 蛋白　　　C. 脂质
D. 细菌　　　E. 多核苷酸

5. 患儿，7 岁，非洲裔，因剧烈的腹痛入院。血常规检查显示贫血，异常血涂片如下。引发这种疾病的分子事件是下列哪一种

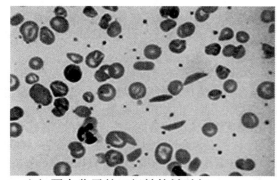

A. 血红蛋白分子的四级结构被破坏

B. 血红蛋白与氧的结合增加

C. 血红蛋白中离子键作用的增加，稳定了"T"态

D. 去氧血红蛋白分子之间疏水作用的增加

E. 血红蛋白二级结构改变，导致失去 α 螺旋

6. 下列关于蛋白质结构的叙述哪一个是正确的

A. 由一条多肽链组成的蛋白质具有四级结构，并通过共价键稳定

B. 连接蛋白质中氨基酸的肽键通常出现在顺式构型中

C. 二硫键的形成需要氨基酸序列中相邻的半胱氨酸残基参与

D. 蛋白质变性会导致二级结构单元不可逆损伤，如 α 螺旋

E. 蛋白质折叠的主要驱动力是疏水作用

7. 导致疯牛病的分子事件是下列哪一项

A. 基因表达改变

B. 大脑感染病毒

C. 病畜脑内蛋白质被水解

D. 病畜脑内蛋白质的二、三级结构发生改变

E. 病畜核膜的损伤

8. 质子泵抑制剂奥美拉唑是临床上治疗胃反流性疾病的常用药物。奥美拉唑含有一个游离的巯基，对其作用机制至关重要。其作用机制是

A. 减少肠道质子泵上现有的巯基

B. 与胃质子泵上的甲硫氨酸形成二硫键

C. 与胃质子泵上的半胱氨酸形成二硫键

D. 减少胃质子泵上现有的巯基

E. 与肠道质子泵上的半胱氨酸形成二硫键

9. 患者为青年黑色人种，男性，因全身剧痛急诊入院。过去 10 年曾两次发作，疼痛开始时有身体抽动现象。患者血液的分析显示：血细胞计数明显减少（贫血），镜下可见大量新月形、香肠形等异形红细胞，未见正常双凹圆盘状红细胞。红细胞形状变化的潜在原因是

A. 氧合状态下，血红素蛋白分子亚基间离子键增强

B. 去氧状态下，血红素蛋白分子亚基间离子键增强

C. 氧合状态下，血红素蛋白分子亚基间疏水作用增强

D. 去氧状态下，血红素蛋白分子亚基间疏水作用增强

E. 氧合状态下，血红素蛋白分子亚基间磷酸化作用增强

10. 血红蛋白从 T 到 R 状态的构象变化是因为

A. 氧与血红素的结合

B. 近端组氨酸向血红素的移动

C. 含有近端组氨酸的 F-螺旋发生移动

D. 各个亚基之间重新形成组合

E. 各个亚基之间的相互作用被加强

11. 由六个氨基酸构成的寡肽，其氨基酸序列如下：缬氨酸-半胱氨酸-谷氨酸-丝氨酸-天冬氨酸-精氨酸-半胱氨酸。下列关于这个寡肽的叙述，哪一个是正确的

A. 该寡肽含有天冬酰胺。

B. 该寡肽含有一个亚氨基的侧链

C. 该寡肽含有一个可以磷酸化的侧链

D. 该寡肽内部不能形成二硫键

E. 在 pH 5 的溶液中电泳，该寡肽会朝着负极移动

12. 血浆白蛋白是保持血液 pH 的一个主要缓冲剂，通常保持在 7.2～7.4。下列哪一个氨基酸的侧链参与了白蛋白的这个缓冲作用

A. 组氨酸　　　　B. 天冬氨酸　　C. 谷氨酸
D. 赖氨酸　　　　E. 精氨酸

13. 一种新型抗生素，它对具有特定空间构型的氨基酸具有高度的亲和力，能够迅速与特定构型氨基酸结合而发挥作用。为了使它在人体内正常工作，抗生素必须对下列哪一种构型氨基酸具有作用
A. *R*-构型　　　　　　B. *L*-构型
C. 芳香环构型　　　　D. 多肽链构型
E. *D*-构型

### 三、B 型选择题

1. ▲属于酸性氨基酸的是
2. ▲含硫氨基酸是
3. ▲不是 *L*-α-氨基酸的是
4. ▲碱性氨基酸是
5. ▲天然蛋白质中不含有的氨基酸是
A. 甘氨酸　　　　B. 甲硫氨酸　　C. 谷氨酸
D. 赖氨酸　　　　E. 鸟氨酸
6. ▲蛋白质一级结构的形成是
7. ★蛋白质一级结构的破坏是
8. ★蛋白质二、三、四级结构的破坏是
9. ▲蛋白质四级结构的破坏是
10. ▲蛋白质四级结构形成时出现
A. 亚基聚合　　　　　　B. 亚基解聚
C. 蛋白质变性　　　　　D. 蛋白质水解
E. 肽键形成
11. 锌指结构是
12. 整条肽链中全部氨基酸残基的相对空间位置即是
13. 在纤连蛋白分子中能与 DNA 结合的结构是
A. 模体　　　B. 亚基　　　　C. 结构域
D. β 折叠　　　E. 蛋白质三级结构
14. 蛋白质沉淀但不变性是加入了
15. 蛋白质凝固是
A. 0.9% NaCl　　　　B. 常温乙醇
C. 一定量稀酸　　　　D. 加入强酸再加热煮沸
E. 高浓度硫酸铵

### 四、X 型选择题

1. 参与蛋白质空间构象稳定的作用力包括
A. 酯键　　　B. 氢键　　　　C. 离子键
D. 疏水作用　　　E. 范德瓦耳斯力
2. 关于蛋白质分子三级结构的描述正确的是
A. 疏水基团多包裹在三级结构的内部
B. 具有三级结构的多肽链都具有生物活性
C. 三级结构的稳定主要靠非共价键维系
D. 亲水基团多聚集在三级结构的表面

E. 决定盘曲折叠的因素是氨基酸残基间的相互作用
3. 关于血红蛋白和肌红蛋白的叙述，正确的是
A. 都可以和氧结合　　　B. 氧解离曲线都呈 S 形
C. 都具有四级结构　　　D. 辅基都含有铁离子
E. 都属于色素蛋白类

### 五、名词解释

1. 结构域
2. 模体
3. 等电点
4. 蛋白质一级结构
5. 别构效应
6. 蛋白质变性
7. 亚基
8. 肽键
9. 蛋白质构象病
10. 分子病

### 六、简答题

1. 什么是蛋白质的二级结构？它主要有哪几种？各有何特征？
2. 试述蛋白质三级结构及其特点。
3. 什么是蛋白的变性？有哪些特征？举例说出医学上的应用。

### 七、分析论述题

1. 结合实例论述蛋白质一级结构、高级结构及蛋白质功能三者之间的辩证关系。
2. 已经证实，人类的远古祖先以食生食（如生肉）为主。人类在长期进化过程中，逐步转变为以食熟食为主。请从生化的角度，简述食用熟食的好处。
3. 病例分析　病史：患者，女，16 岁。因发热、间歇性四肢关节疼痛 3 月余就诊。体格检查：体温 38.5℃，贫血貌，轻度黄疸，肝、脾略肿大。实验室检查：血红蛋白 80g/L（正常参考值：110～160g/L），红细胞总数 $3×10^{12}$/L[正常参考值：（3.5～5）$×10^{12}$/L]。白细胞总数 $6×10^9$/L[正常参考值：（4～10）$×10^9$/L]，白细胞分类正常。网织红细胞计数 12%（正常参考值：0.5%～1.5%）；血清铁 21μmol/L（正常参考值：13.5～34μmol/L），血红蛋白电泳为一条带，所带正电荷较 HbA 多，与 HbS 在同一部位。镜下红细胞形态：镰形。
诊断：镰状细胞贫血。
根据上述病例，简要分析如下问题：
（1）HbS 与 HbA 的一级结构有什么差别？
（2）HbS 结构变化对其功能有何影响？

4. 病例分析 病史：患者，男性，42 岁。因进行性痴呆、间歇性肌阵挛发作半年入院。体格检查：反应迟钝，言语较少，理解力差，计算力下降；腱反射亢进，肌力量 3 级，水平眼震，闭目难立征阳性。实验室检查：脑脊液（CSF）蛋白 0.6g/L；脑电图示弥漫性异常；头颅磁共振（MRI）提示脑萎缩。入院后经氯硝西泮（氯硝安定）、巴氯芬治疗，肌阵挛有所减轻，但痴呆症状无明显好转，且语言障碍加剧，1 个月后患者出现昏迷，半年后死亡。经家属同意对死者进行尸检，行脑组织切片后，发现空泡、淀粉样斑块，胶质细胞增生，神经细胞丢失；免疫组织化学染色检查 PrPsc 阳性，确诊为克-雅病。克-雅病、疯牛病等都属于"传染性海绵状脑病"，也称为"朊病毒病"或"蛋白质折叠病"。
（1）什么是蛋白质构象病？
（2）朊病毒病的发病机制是什么？
（3）蛋白质翻译后加工修饰方式有哪些？

# 参 考 答 案

## 一、A1 型选择题

1. A 2. C 3. B 4. B 5. E 6. E 7. B 8. A
9. C 10. B 11. D 12. A 13. E 14. D 15. A
16. C 17. D 18. C 19. D 20. B 21. D 22. A
23. E 24. E 25. A 26. D 27. C 28. C 29. C
30. B 31. B 32. D 33. D 34. B 35. B 36. D
37. B 38. B 39. C 40. A 41. D 42. B 43. E
44. D 45. B 46. A 47. A 48. A 49. D 50. D
51. B 52. A 53. B 54. C 55. C

## 二、A2 型选择题

1. B 2. C 3. D 4. B 5. D 6. E 7. D 8. C
9. D 10. A 11. C 12. A 13. E

## 三、B 型选择题

1. C 2. B 3. A 4. D 5. E 6. E 7. D 8. C
9. B 10. A 11. A 12. E 13. C 14. E 15. D

## 四、X 型选择题

1. BCDE 2. ACDE 3. ADE

## 五、名词解释

1. 结构域：指一些较大的蛋白质分子，其三级结构中具有两个或多个在空间上可明显区别的局部区域。其特点包括：结构域与分子整体以共价键相连；具有相对独立的空间构象和生物学功能；同一蛋白质中的结构域可以相同或不同，不同蛋白质中的结构域也可以相同或不同。

2. 模体：指具有特殊功能的超二级结构，是由多肽链中相邻的几个二级结构单元在空间上相互接近形成的有规律的二级结构集合，有三种形式：αα、βαβ、ββ。它是蛋白质发挥特定功能的基础。

3. 等电点：指在某一 pH 溶液中，氨基酸或蛋白质电离呈阳离子和阴离子的趋势相等，成为兼性离子，呈电中性，这时溶液的 pH 称为该氨基酸或蛋白质的等电点。

4. 蛋白质一级结构：指氨基酸在多肽链中的组成及排列顺序，主要维持键是肽键。一级结构是蛋白质空间构象和特异生物学功能的基础，但并不是决定空间构象的唯一因素。

5. 别构效应：指蛋白质分子的特定部位（调节部位）与小分子化合物结合后，引起空间构象发生改变，从而促使生物活性改变的现象称为别构效应。引起空间构象发生改变的小分子化合物称为别构剂。该空间构象发生改变的蛋白质称为别构蛋白。

6. 蛋白质变性：指在某些理化因素的作用下，蛋白质特定的空间结构被破坏，从而导致其理化性质、生物活性丧失的现象。蛋白质变性的本质是空间结构被破坏，不涉及一级结构的改变。

7. 亚基：指寡聚蛋白质中的单条独立的多肽链，具有独立完整的一、二、三级结构，单独存在时一般无生物活性。

8. 肽键：指一个氨基酸的羧基与另一氨基酸的氨基脱水缩合形成的酰胺键。肽键具有一定程度的双键性质，参与肽键的 6 个原子位于同一平面。

9. 蛋白质构象病：指蛋白质的折叠发生错误，尽管其一级结构不变，但蛋白质的构象发生改变，仍可影响其功能，严重时可导致疾病发生，此类疾病称为蛋白质构象病，如疯牛病、阿尔茨海默病等。

10. 分子病：由于基因结构改变，引起蛋白质一级结构中的关键氨基酸发生改变，从而导致蛋白质功能障碍，出现相应的临床症状，这类遗传性疾病称为分子病，如镰状细胞贫血。

## 六、简答题

1. 蛋白质的二级结构指蛋白质分子中某一段肽链的局部空间结构，也就是该段肽链主链骨架原子的相对空间位置，并不涉及氨基酸残基侧链的构象。其维持结构稳定的作用力是氢键。蛋白质二级结构的常见形式有 α 螺旋、β 折叠和 β 转角。其各自特点如下。①α 螺旋：右手螺旋，3.6 个氨基酸残基/圈，螺距 0.54nm；链内氢键方向与螺旋长轴基本平行；氨基酸侧链伸向螺旋外侧。②β 折叠：多肽链充分伸展，肽平面折叠呈锯齿状；氨基酸侧链交错位于锯齿状结构的上下方，有顺平行片层和反平行片层；链内氢键方向与长轴基本垂直。③β 转角：常发生于肽链进行 180° 回折时的转角上；通常由 4 个氨基酸残基组成，一般在第一个和第四个残基之间形成氢键。

2. 蛋白质三级结构是指整条肽链中所有原子的整体排布，包括主链和侧链，即全部氨基酸残基的相对空间位置。其特点是：①序列中相隔较远的氨基酸残基侧链相互靠近，使长度缩短，形成球形、杆状等；②多数三级结构同时含有 α 螺旋和 β 折叠等多个二级结构单元；③氨基酸残基侧链的极性决定其在三级结构中的位置，疏水基团在内，亲水基团在外；④维持键包括疏水作用、氢键、离子键、范德瓦耳斯力、二硫键；⑤功能相关的基团在三级结构中相互靠近，组成特定的表面功能区。

3. ①蛋白质变性是指在某些理化因素的作用下，蛋白质特定的空间结构被破坏，从而导致其理化性质、生物活性丧失的现象。蛋白质变性的本质是空间结构被破坏，不涉及一级结构的改变。②蛋白质变性之后具有溶解度下降、结晶能力消失、黏度增加、生物活性丧失、易被蛋白酶水解等特征。③蛋白质变性的医学应用有：高温高压灭菌，酒精、碘酒等消毒制剂的消毒灭菌，存储血、血制品以及疫苗、蛋白质制品的药物等都需要冷冻低温保存和运输。

## 七、分析论述题

1. （1）蛋白质的一级结构与其高级结构和功能密切相关。①一级结构是蛋白质空间结构和功能的基础。例如，RNase 的变性与复性过程中空间构象的破坏与再次形成：利用尿素和 β-巯基乙醇处理 RNase 溶液，分别破坏非共价键和二硫键，使其二、三结构被破坏，此时酶的活性丧失，但肽键不受影响，一级结构没有破坏；利用透析去除溶液中的尿素和 β-巯基乙醇，多肽链又会遵循其特定规律卷曲折叠成天然构象，酶又恢复原来的活性。这证明只要蛋白质一级结构不变，空间结构被破坏的蛋白质也有可能恢复其空间构象和功能。②一级结构相似的蛋白质具有相似的高级结构与功能。一些重要的蛋白质如细胞色素 C 在不同物种间高度保守，物种越接近，则一级结构越相似，其空间结构和功能也越相似。③重要蛋白质的一级结构即氨基酸序列改变可引起疾病。例如，典型的分子病镰状细胞贫血就是由于

多肽链上的一个氨基酸残基的改变造成的。④但一级结构并非决定空间结构的唯一因素，因为肽链的正确折叠和正确高级构象形成需要分子伴侣等分子参与。

（2）蛋白质的空间结构与其功能的密切关系。①蛋白质的特定空间构象是其发挥生物活性的基础，也是其功能的直接体现。空间结构相似的蛋白质，其功能也相似；而功能不同的蛋白质，其空间构象也明显不同。若蛋白质的空间结构改变，则其功能也很可能随之改变。②蛋白质构象改变可引起疾病，若蛋白质的折叠发生错误，尽管其一级结构不变，但蛋白质的构象发生改变，仍可影响其功能，严重时可导致疾病发生，此类疾病称为蛋白质构象病，如疯牛病、帕金森病、阿尔茨海默病、亨廷顿病等。

2. ①通过加热，破坏食物中大分子物质的结构特别是空间结构，有利于消化道中消化酶将其消化与吸收。如蛋白质分子，加热变性后空间结构破坏，更多肽键暴露，有利于各种蛋白酶对其消化。②通过加热食物，也利于杀灭食物中的微生物，减少微生物进入体内的机会，保护人类健康。③在制作熟食时，通过加热，也利于人类保存食物。

3. （1）HbS 与 HbA 的一级结构差别仅在于 β 链的第六位氨基酸不同。HbA β 链的第六位谷氨酸被缬氨酸取代，则形成 HbS。氨基酸改变的根本原因是多肽链的基因突变。

（2）由于 HbS 的 β 链第 6 位氨基酸由 HbA 谷氨酸变成了缬氨酸，因而谷氨酸的亲水侧链被缬氨酸的非极性疏水侧链所取代。这样在 HbS β 链上的第 6 位缬氨酸与第 1 位缬氨酸之间出现了因疏水作用而形成的局部结构。这一结构能 HbS 氧结合能力下降，溶解性降低。因而在去氧状态下 HbS 聚集成丝，相互粘着，导致红细胞变成镰刀状。HbS 使红细胞镰变后变得僵硬，而这种僵硬的镰状细胞不易通过毛细血管，加上 Hb 的凝胶化使血液的黏滞度增大，堵塞微血管，从而影响微血管对附近部位的血供，引起局部组织器官缺血缺氧，产生肝脾肿大，胸腹及四肢关节疼痛等临床表现。镰状细胞比正常红细胞寿命短，从而导致贫血。

4. （1）蛋白质分子的氨基酸序列没有改变，即一级结构正常，只是其空间结构异常导致的疾病，称为蛋白质空间构象病，或蛋白质折叠病。

（2）朊病毒病是由 PrP 引起的一组人和动物神经退行性病变。在正常机体内神经活动所需要的蛋白质为 PrPc，而异常的 PrP（即 PrPsc）与 PrPc

一级结构完全相同，只是空间结构不同。PrPc 富含 α 螺旋，而 PrPsc 富含 β 折叠。PrPc 在 PrPsc 诱导下，在热休克蛋白的参与下，也转变为 PrPsc，表现为蛋白质淀粉样纤维沉淀的病理改变。PrPc 容易被消化蛋白酶水解，而 PrPsc 却不容易被消化蛋白酶分解。

（3）翻译后加工的方式包括：①一级结构的加工，包括肽链末端的修饰，个别氨基酸的共价修饰（糖基化、羟基化、甲基化、磷酸化等），多肽链的水解修饰，二硫键形成；②空间结构的加工，包括肽链折叠（分子伴侣、蛋白质二硫化物异构酶、肽酰-脯氨酸顺反异构酶），亚基聚合，辅基连接。

（蒋　雪）

# 第二章  核酸的结构与功能

## 学 习 要 求

掌握核酸一级结构的概念及其连接键。熟悉组成 DNA、RNA 的常见核苷酸种类。了解多聚核苷酸链的方向性、5′端与 3′端。了解核酸一级结构的表示方法。了解核酸中的常见碱基、戊糖，了解稀有碱基的概念，了解其他碱基衍生物。了解核苷、核苷酸的结构，了解核苷酸的命名及英文缩写表示符号。了解重要的单核苷酸及其衍生物的结构与生理作用。

掌握 B 型 DNA 双螺旋结构模型的要点。掌握 DNA 的生物学功能。了解 DNA 双螺旋结构的多样性，了解 DNA 的多链结构。了解原核生物 DNA 的高级结构，了解超螺旋的概念。了解真核生物核内染色体 DNA 的高级结构，了解核小体的基本概念及其结构特点。了解线粒体 DNA（mtDNA）的基本结构。了解基因的概念。

熟悉真核信使 RNA（mRNA）的结构特点与功能。熟悉转运 RNA（tRNA）的结构与功能。了解原核生物和真核生物的核糖体的组成、核糖体 RNA（rRNA）种类。了解其他非编码 RNA 的种类与生物学功能。

熟悉核酸的紫外吸收特性。熟悉 DNA 变性与复性的概念与特点。了解核酸的一般理化性质。了解 DNA 变性的解链曲线和 $T_m$ 的概念。了解核酸分子杂交的基本概念。

## 讲 义 要 点

本章纲要图见图 2-1。

### （一）核酸的化学组成和一级结构

**1. 核酸的组成及分类**  核酸是以核苷酸为基本组成单位或基本构造单元的生物大分子。天然存在的核酸包括两类：一类为脱氧核糖核酸即 DNA，另一类为核糖核酸即 RNA。二者在组成、分布和功能等方面的比较见表 2-1。

核苷酸由碱基、戊糖和磷酸 3 种成分连接而成。核苷则仅由碱基和戊糖两部分组成。一些核苷酸及其衍生物在体内也具有重要的生物学作用（参见第八章核苷酸代谢）。

**表 2-1  DNA 与 RNA 的分子特点比较**

| | DNA | RNA |
|---|---|---|
| 结构单元 | 脱氧核苷酸（dAMP、dGMP、dCMP、dTMP） | 核苷酸（AMP、GMP、CMP、UMP） |
| 戊糖 | 脱氧核糖（β-D-2-脱氧核糖） | 核糖（β-D-核糖） |
| 碱基 | 腺嘌呤（A）、鸟嘌呤（G）、胞嘧啶（C）、胸腺嘧啶（T） | A、G、C、尿嘧啶（U） |
| 链形式 | 多为双链 | 多为单链 |
| 链长度 | 分子量一般较大，数千乃至上亿 bp | 分子量一般较小，几十或几千 nt |
| 分布 | 细胞核、线粒体 | 细胞质、细胞核、线粒体 |
| 功能 | 携带遗传信息，决定细胞和个体基因型 | 参与细胞内 DNA 遗传信息的表达等 |

**2. 核酸的一级结构——即核苷酸的组成及排列顺序**  核酸的一级结构是构成核酸的核苷酸或脱氧核苷酸的排列顺序及连接方式。由于核苷酸之间的差异在于碱基的不同，因此核酸的一级结构以碱基序列表示。

一级结构的书写方法：从 5′末端到 3′末端，直接书写其碱基序列。

（1）DNA 是脱氧核苷酸通过 3′,5′-磷酸二酯键连接形成的大分子

1）DNA 的基本结构：多聚脱氧核糖核苷酸链。

2）脱氧核糖核苷酸之间的连接键：3′,5′-磷酸二酯键。

3）多聚脱氧核糖核苷酸链的方向：5′端→3′端。

（2）RNA 也是具有 3′,5′-磷酸二酯键的线性大分子

1）RNA 的基本结构：多聚核糖核苷酸链。

2）核糖核苷酸之间的连接键：3′,5′-磷酸二酯键。

3）多聚核糖核苷酸链的方向：5′端→3′端。

### （二）DNA 的空间结构与功能

**1. DNA 的二级结构**

（1）DNA 双螺旋结构提出的主要依据

1）实验基础——碱基组成的夏格夫（Chargaff）法则

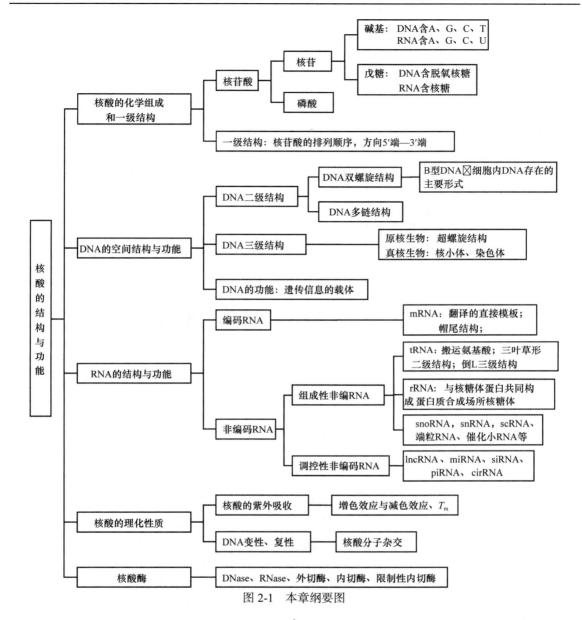

图 2-1　本章纲要图

A. [A] = [T], [G] = [C]; [A] + [G] = [T] + [C];

B. 有种属特异性，无组织、器官特异性；

C. 不受年龄、营养、性别及其他环境等影响。

这一规则暗示了 DNA 的碱基 A 与 T、G 与 C 是以某种相互配对的方式存在。

2）X 射线衍射数据

3）DNA 的碱基物化数据测定

（2）DNA 双螺旋结构模型的要点[沃森-克里克（Watson-Crick）模型/B 型 DNA]

1）DNA 是反向平行、右手螺旋的双链结构：两条多聚核苷酸链的走向呈反平行，一条链是 5′→3′，另一条链就是 3′→5′；外侧为亲水性的脱氧核糖-磷酸骨架，内侧为疏水性的碱基，两条链的碱基之间以氢键结合；右手双螺旋直径 2.37nm，螺距 3.54nm。

2）碱基互补配对：A-T（两个氢键）；G-C（三个氢键）；碱基对平面与双螺旋结构的螺旋轴垂直。

3）DNA 两条链之间的螺旋形成两个凹槽，浅的称为小沟，深的称为大沟。大沟是蛋白质识别 DNA 的碱基序列的基础，使蛋白质和 DNA 可结合而发生作用。

4）维持双螺旋结构稳定的力量：碱基对之间的氢键维持双螺旋结构横向稳定，碱基平面间的堆积力维持纵向稳定（图 2-2）。

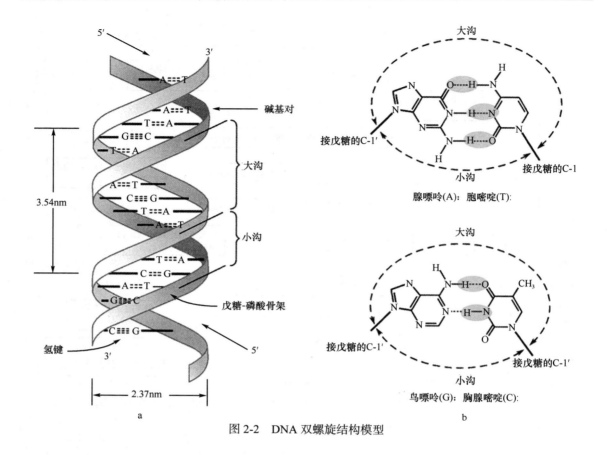

图 2-2　DNA 双螺旋结构模型

（3）DNA 双螺旋结构的多样性

1）B-DNA：Watson 和 Crick 结构模型，是细胞内 DNA 存在的主要形式，也是在生理条件下最稳定的结构。

2）A-DNA：右手螺旋；是 B-DNA 在环境相对湿度降低后形成。

3）Z-DNA：左手螺旋；螺旋呈锯齿形，每一螺旋有 12 对碱基。

（4）DNA 的多链结构

DNA 二级结构还存在三链螺旋 DNA 和四链体 DNA。

**2. DNA 的三级结构——超螺旋结构**

（1）超螺旋概念：DNA 双螺旋基础上的进一步螺旋化。

（2）超螺旋形式：正超螺旋和负超螺旋。自然界的闭合双链 DNA 主要以负超螺旋形式存在。

（3）绝大部分原核生物的 DNA 都是共价闭环的双螺旋分子，经超螺旋后形成类核。

（4）真核生物的 DNA 超螺旋盘绕在组蛋白聚合体表面形成核小体（图 2-3）。

1）核小体中的组蛋白分别称为 $H_1$、$H_{2A}$、$H_{2B}$、$H_3$ 和 $H_4$。

2）各两分子的 $H_{2A}$、$H_{2B}$、$H_3$ 和 $H_4$ 共同构成八聚体的核心组蛋白，DNA 双螺旋链缠绕在其上形成核小体的核心颗粒。

3）核心颗粒再由 DNA 和组蛋白 HI 构成的连接区连接起来形成串珠样结构。

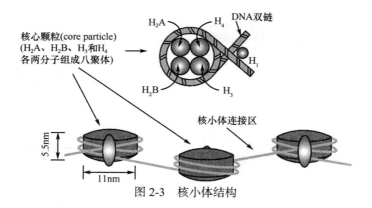

图 2-3　核小体结构

（5）DNA 结构小结见表 2-2。

表 2-2　DNA 的结构层次

| | DNA 一级结构 | DNA 二级结构 | DNA 三级结构 |
|---|---|---|---|
| 定义 | 核苷酸的组成及排列顺序，即碱基排列顺序 | DNA 双螺旋结构 | 双螺旋结构基础上进一步扭曲成超螺旋或核小体 |

### 3. DNA 的功能——是遗传信息的物质基础

DNA 是遗传信息的载体，储存、复制和表达遗传信息。通常是以基因的形式荷载遗传信息、控制遗传性状。

· 基因：DNA 分子中的特定区段，其中的核苷酸排列顺序决定了基因的功能。

· 基因组：包含了所有编码 RNA 和蛋白质的序列及所有的非编码序列，也就是 DNA 分子的全序列。

· 更为详细的描述参见第十三章基因表达调控及其调控。

### （三）RNA 的结构和功能

RNA 分子主要包括 rRNA（80%～85%）、tRNA（10%～15%）、mRNA（1%～5%）和含量更多的非编码 RNA 等。

**1. RNA 的特点与分类**　RNA 是 DNA 的转录产物，通常以单链存在。较长 RNA 可通过链内的互补配对形成局部的双螺旋二级结构及复杂的高级结构。RNA 种类、丰度、大小及空间结构的复杂性与功能多样性密切相关。

RNA 可分为编码 RNA（cRNA）和非编码 RNA（ncRNA）。编码 RNA 仅 mRNA 一种。非编码 RNA 不编码蛋白质，非编码 RNA 按照表达丰度和功能不同分为组成性非编码 RNA 和调控性非编码 RNA，也可根据其长度大小不同分为非编码小 RNA、长链非编码 RNA（lncRNA），

前者通常长度小于 200nt，后者通常大于 200nt（图 2-4）。

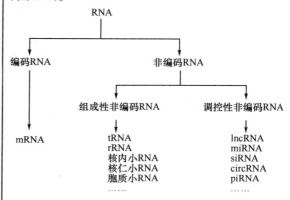

图 2-4　RNA 的分类

### 2. mRNA 的结构与功能

（1）结构：真核生物的 mRNA 的前体是核不均一 RNA（hnRNA）。hnRNA 在细胞核内合成，经过剪切、加工成为成熟的 mRNA。

真核生物成熟 mRNA 具有以下结构特点（图 2-5）：

1）mRNA 的首尾结构：5′端有 7-甲基鸟嘌呤-三磷酸核苷（$m^7Gppp$）帽子结构；3′端有多 A 尾[poly（A）tail]结构。目前认为，5′-帽子结构和 3′-多 A 尾结构共同负责 mRNA 从核内向细胞质的转位、维系 mRNA 的稳定性以及翻译起始的调控。

2）按照 mRNA 在翻译中的模板作用，可以分为 5′-非翻译区（5′-UTR）、3′-非翻译区（3′-UTR）和中间的编码区即可读框或称开放阅读框（ORF）。

原核生物的 mRNA 没有帽子和尾巴结构。

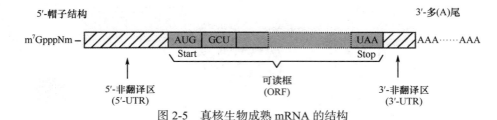

图 2-5 真核生物成熟 mRNA 的结构

（2）功能——mRNA 是蛋白质生物合成的模板

mRNA 依照自身的碱基顺序指导蛋白质氨基酸顺序的合成。

**3. tRNA 的结构与功能**

（1）结构

1）一级结构：分子量较小（是目前已知的分子量最小的核酸），长度为 74～95 个核苷酸；含有多种稀有碱基（tRNA 转录后修饰形成），如二氢尿嘧啶（DHU）、次黄嘌呤（I）、假尿嘧啶（ψ）、甲基化的嘌呤（$m^7G/m^7A$）等；3'端多为 CCA 序列。

2）二级结构：所有 tRNA 均为形似三叶草的茎环结构，具有四臂四环。

A. 氨基酸臂：3'-末端的 CCA-OH 用于连接氨基酸。

B. DHU 环：含有稀有碱基 DHU。

C. 反密码环：含有反密码子，能与 mRNA 的密码子通过碱基互补配对相互识别。

D. TψC 环：含有稀有碱基 ψ。

3）三级结构：呈倒 L 形，反密码环和氨基酸臂分别位于倒 L 的两端，其三级结构维系主要依赖核苷酸之间的各种氢键。

（2）功能——转运氨基酸

作为转运氨基酸的载体参与蛋白质生物合成过程。

**4. rRNA 的结构与功能**

（1）rRNA 的体内存在形式——核糖体

rRNA 是细胞内含量最多的 RNA，约占 RNA 总量的 80%。

rRNA 与一些蛋白质共同构成核糖体。

原核生物和真核生物的核糖体均由易于解聚的大、小两个亚基组成，大小亚基之间的连接处是 mRNA 的结合部位（表 2-3）。

**表 2-3　原核生物和真核生物的核糖体的组成**

| | 原核生物(以大肠埃希菌为例) | 真核生物（以小鼠肝为例） |
|---|---|---|
| 小亚基 | 30S | 40S |
| | （16S rRNA, 21 种蛋白质） | （18S rRNA, 33 种蛋白质） |

续表

| | 原核生物(以大肠埃希菌为例) | 真核生物（以小鼠肝为例） |
|---|---|---|
| 大亚基 | 50S | 60S |
| | （5S 和 23S rRNA, 31 种蛋白质） | （5S、5.8S、28S rRNA, 49 种蛋白质） |

（2）rRNA 的结构——由单链回折形成局部螺旋区和突环。

（3）rRNA 的功能——以 rRNA 为组分的核糖体是蛋白质生物合成的场所。

**5. 非编码 RNA**

组成性非编码 RNA（表 2-4），对细胞的生存及基本功能是必需的，通常直接或间接地参与了蛋白质的合成。

**表 2-4　组成性非编码 RNA 的种类及功能**

| 种类 | 缩写 | 胞内位置 | 主要功能 |
|---|---|---|---|
| 胞质小 RNA | scRNA | 细胞质 | 与六种蛋白质共同形成信号识别颗粒 SRP |
| 核内小 RNA | snRNA | 细胞核 | 参与 hnRNA 剪接 |
| 核仁小 RNA | snoRNA | 核仁 | 参与 rRNA 核糖 C-2'的甲基化 |
| 催化小 RNA | | 细胞核 | RNA 剪接，包括核酶（ribozyme）等 |
| 端粒酶 RNA | TR/TERC | 细胞核 | 真核染色体端粒复制的模板 |

调控性非编码 RNA（表 2-5）参与转录调控、RNA 的剪切和修饰、mRNA 的稳定和翻译调控、蛋白质的稳定和转运、染色体的形成和结构稳定等细胞重要功能，进而调控胚胎发育、组织分化、器官形成等基本的生命活动，以及某些疾病（如肿瘤、神经系统疾病等）的发生和发展过程（参见第十三章基因表达及其调控）。

**表 2-5　调控性非编码 RNA 的种类及生物学功能**

| 种类 | 长度（nt） | 来源 | 主要功能 |
|---|---|---|---|
| lncRNA | >200 | 多种途径 | 调控基因表达等 |
| miRNA | ～20 | 含发卡结构的 pre-miRNA | 基因沉默 |

续表

| 种类 | 长度（nt） | 来源 | 主要功能 |
|---|---|---|---|
| siRNA | ～20 | 长双链 RNA | 基因沉默 |
| piRNA | ～20 | 长单链前体或起始转录产物等多途径 | 基因沉默 |
| 环状 RNA（circRNA） | 长度不一 | 内含子的可变剪接 | 结合 miRNA，抑制 mRNA 降解 |

### （四）核酸的理化性质

**1. 核酸的一般理化性质**

（1）核酸为多元酸，具有较强的酸性。

（2）DNA 是线性高分子，黏度极大，在机械力作用下易断裂。

（3）核酸分子具有强烈的紫外吸收，最大光吸收波长为 260nm。这一性质可以用于样品中核酸纯度的判断以及核酸含量的测定。

**2. DNA 的变性与复性**

（1）DNA 的变性——是双链解离为单链的过程

1）变性的概念：在某些理化因素（温度、PH、离子强度等）作用下，DNA 双链的互补碱基对之间的氢键断裂，使 DNA 解离为单链的现象即为 DNA 变性。DNA 变性只改变其二级结构，不改变它的一级结构即核苷酸序列。注意区别蛋白质变性。

2）变性因素：加热、强酸或强碱，其中最常用的使 DNA 变性的方法为加热。

3）变性过程溶液黏度降低并呈现增色效应。增色效应：DNA 变性解链过程中，由于暴露出更多的共轭双键，DNA 在 260nm 处的紫外吸收增高，并与解链程度有一定的比例关系，这种现象称为 DNA 的增色效应。它是监测 DNA 双链是否发生变性的一个最常用指标。

4）融解温度（$T_m$）：DNA 热变性过程中，紫外光吸收值（$A_{260nm}$）增加达到最大值的一半时所对应的温度，也称解链温度或变性温度（图 2-6）。影响 $T_m$ 的主要因素：①GC 含量越高，$T_m$ 越大；②DNA 越长，$T_m$ 越大；③溶液离子强度越高，$T_m$ 越大。

（2）复性——变性的核酸可以复性或形成杂交双链

1）复性的概念：变性 DNA 在适当条件下，分开的单链分子可以按照碱基互补配对原则重新形成双链并恢复双螺旋结构的过程称为复性。注意区别蛋白质复性。

2）退火：热变性的 DNA 经缓慢冷却后即

可复性，这一过程也叫退火（图 2-7）。注意缓慢冷却才能复性，骤然冷却不能复性。

3）复性过程溶液黏度升高并呈现减色效应，生物活性和理化性质得以恢复。减色效应：DNA 复性后，其紫外吸收值也随之变小。

（3）核酸分子杂交：不同来源的核酸（DNA 或 RNA）变性后，混合在一起，只要这些核酸分子存在一定程度的碱基互补配对的序列，就可形成异源双链（heteroduplex），这个过程称为核酸分子杂交。杂交可发生在 DNA-DNA 之间、RNA-DNA 间或 RNA-RNA 间。

· 核酸分子杂交技术的详细描述参见第十八章常用分子生物学技术的原理与应用。

### （五）核酸酶

**1. 概念** 核酸酶是指所有可以水解核酸的酶。

**2. 分类** 根据水解的底物分类：DNA 酶和 RNA 酶；根据作用方式分类：核酶外切酶和内切核酸酶。具有序列特异性的内切核酸酶称为限制性内切核酸酶。

**3. 作用**

（1）参与 DNA 的合成与修复及 RNA 合成后的剪接等。

（2）清除多余的、结构和功能异常的核酸，同时也可以清除侵入细胞的外源性核酸。

（3）分泌到细胞外的核酸酶可以降解食物中的核酸以利吸收。

（4）很多核酸酶在分子生物学操作中是重要的工具酶（参见第十九章 DNA 重组与基因工程）。

# 中英文专业术语

核酸 nucleic acid

碱基 base

核苷 nucleoside

核苷酸 nucleotide

双螺旋 double helix

碱基对 base pair，bp

核小体 nucleosome

基因组 genome

非编码 RNA non-coding RNA，ncRNA

信使 RNA messenger RNA，mRNA

转运 RNA transfer RNA，tRNA

核糖体 RNA ribosomal RNA，rRNA

反密码子 anticodon

变性 denaturation

复性　renaturation
增色效应　hyperchromic effect
退火　annealing
核酸分子杂交　hybridization
核酸酶　nuclease
不均一核 RNA　heterogeneous nuclear RNA，
　　hnRNA

# 练 习 题

## 一、A1 型选择题

1. 组成核酸分子的碱基主要有
A. A、T、C、G
B. A、U、C、G
C. A、T、C、G、U
D. A、U、C、G、I
E. A、U、C、G、ψ

2. ▲核酸中核苷酸之间的连接方式是
A. 1′，5′-糖苷键
B. 氢键
C. 3′，5′-磷酸二酯键
D. 1′，3′-磷酸二酯键
E. 2′，5′-磷酸二酯键

3. ▲含有稀有碱基最多的核酸是
A. rRNA
B. mRNA
C. tRNA
D. hnRNA
E. 线粒体 DNA

4. DNA 分子中不包括
A. 磷酸二酯键
B. 糖苷键
C. 氢键
D. 二硫键
E. 范德瓦耳斯力

5. 构成核酸链亲水性骨架的是
A. 碱基与戊糖
B. 碱基与磷酸
C. 嘌呤与嘧啶
D. 戊糖与磷酸
E. 核糖与脱氧核糖

6. 下列 DNA 分子中，哪一种的 $T_m$ 最高？
A. A+T 含量占 15%
B. G+C 含量占 15%
C. G+C 含量占 40%
D. A+T 含量占 70%
E. A+T 含量占 60%

7. 关于 tRNA 的结构描述，错误的是
A. 分子中除含有 A、U、C 和 G 以外，还含有稀有碱基
B. 是小分子量的 RNA
C. 分子中某些部位的碱基互补配对，可形成局部的双螺旋
D. 反密码环的中央三个核苷酸的碱基组成反密码子
E. 5′端末端的三个核苷酸残基的碱基依次为 CCA，该端有一个羟基

8. ▲按照夏格夫法则，下列关于 DNA 碱基组成的叙述，正确的是
A. A 与 C 含量相等

B. A+T=G+C
C. 同一生物体，不同组织的 DNA 碱基组成不同
D. 不同生物来源的 DNA，碱基组成不同

9. 符合 DNA 碱基组成规律的浓度关系是
A. [A]=[T]；[C]=[G]
B. [A]+[T]=[C]+[G]
C. [A]=[C]；[T]=[G]
D.（[A]+[T]）/（[C]+[G]）=1
E. [A]=[T]=[G]=[C]

10. ★核酸的紫外线最大吸收峰是
A. 280nm
B. 260nm
C. 240nm
D. 200nm
E. 220nm

11. 核酸具有紫外光吸收特性是因为含有
A. 磷酸二酯键
B. 酯键
C. 氢键
D. 共轭双键
E. 糖苷键

12. 下列有关核酶的叙述正确的是
A. 它是由蛋白质和 RNA 构成的
B. 位于细胞核内的蛋白质
C. 它是由蛋白质和 DNA 构成的
D. 它是核酸分子，但具有酶的功能
E. 它是专门水解核酸的蛋白质

13. 下列关于 DNA 与 RNA 彻底水解后产物的描述正确的是
A. 核糖不同，碱基不同
B. 核糖相同，碱基相同
C. 核糖不同，碱基相同
D. 核糖不同，部分碱基不同
E. 核糖相同，部分碱基不同

14. 只存在于细胞核的 RNA 是
A. tRNA
B. rRNA
C. mRNA
D. miRNA
E. hnRNA

15. ▲具有左手螺旋的 DNA 结构是
A. G-四链体 DNA
B. A 型 DNA
C. B 型 DNA
D. Z 型 DNA
E. 端粒 DNA

16. ▲关于 DNA 双螺旋结构的叙述，错误的是
A. 碱基平面与螺旋轴垂直
B. 碱基配对发生在嘌呤与嘧啶之间
C. 疏水作用力和氢键维持结构的稳定
D. 脱氧核糖和磷酸位于螺旋的内侧

17. 关于 DNA 的二级结构，叙述正确的是
A. A 和 T 之间形成个三氢键，G 和 C 之间形成两个氢键
B. 碱基位于双螺旋结构内侧
C. 脱氧核糖位于双螺旋结构内侧
D. 左手螺旋
E. 每一螺旋有 12 对碱基

18. 关于 mRNA 的描述正确是
A. 大多数真核生物的 mRNA 在 5′末端是 7-甲基鸟嘌呤结构
B. 大多数真核生物的 mRNA 在 5′末端是多聚腺苷酸结构
C. 只有原核生物的 mRNA 在 3′末端有多聚腺苷酸结构
D. 只有原核生物的 mRNA 在 5′末端是 7-甲基鸟嘌呤结构
E. 所有生物的 mRNA 分子中都含有稀有碱基

19. 下列关于 DNA 受热变性的描述正确的是
A. $A_{260nm}$ 下降
B. 碱基对可形成共价键连接
C. 快速降温可以复性
D. 多核苷酸链裂解成寡核苷酸链
E. 不涉及一级结构的改变

20. 核小体的核心蛋白质的组成为
A. 非组蛋白
B. $H_2A$、$H_2B$、$H_3$、$H_4$ 各一分子
C. $H_2A$、$H_2B$、$H_3$、$H_4$ 各二分子
D. $H_2A$、$H_2B$、$H_3$、$H_4$ 各四分子
E. $H_1$ 组蛋白与 140~145 碱基对 DNA

21. 如果双链 DNA 的胞嘧啶含量为碱基总含量的 30%，则胸腺嘧啶含量应为：
A. 10%　B. 20%　C. 30%　D. 40%　E. 50%

22. 合成 DNA 需要的原料是：
A. ATP、CTP、GTP、TTP
B. ATP、CTP、GTP、UTP
C. dATP、dCTP、dGTP、dTTP
D. dATP、dCTP、dGTP、dUTP
E. dAMP、dCMP、dGMP、dTMP

23. 正确解释核酸具有紫外吸收能力的是
A. 嘌呤和嘧啶连接了核糖
B. 嘌呤和嘧啶环中有共轭双键
C. 嘌呤和嘧啶含有硫原子
D. 嘌呤和嘧啶连接了磷酸基团
E. 嘌呤和嘧啶中含有氮原子

24. 自然界 DNA 双螺旋结构存在的主要方式
A. A-DNA　　　B. B-DNA　　　C. C-DNA
D. E-DNA　　　E. Z-DNA

25. DNA 的解链温度是指
A. DNA 开始解链时所需的温度
B. DNA 完全解链时所需的温度
C. $A_{260nm}$ 开始升高时的温度
D. $A_{260nm}$ 达到最大值时的温度
E. $A_{260nm}$ 达到最大值的 50%时的温度

26. tRNA 的三级结构呈现出

A. 三叶草形　　B. 线形　　　C. 双螺旋
D. 倒 L 形　　　E. 正超螺旋

27. 几乎只存在于 RNA 中的碱基是
A. A　　B. C　　C. T　　D. G　　E. U

28. ★下列有关人体内 RNA 的错误叙述是
A. rRNA 与多种蛋白质共同构成核糖体
B. 仅有 rRNA、tRNA 和 mRNA 这三种 RNA
C. RNA 存在局部双链结构
D. rRNA 是含量最多的 RNA
E. tRNA 在蛋白质生物合成中作为氨基酸的载体

29. 原核细胞和真核细胞均有的 rRNA 是
A. 5.8S　　B. 18S　　C. 16S　　D. 5S　　E. 23S

30. DNA 变性时断裂的是
A. 磷酸二酯键　　　　　B. 糖苷键
C. 戊糖内 C—C 键　　　D. 碱基内 C—C 键
E. 碱基间氢键

31. ▲核酸变性后，可产生的效应是
A. 增色效应
B. 最大吸收波长发生转移
C. 失去紫外线的吸收能力
D. 溶液黏度增加
E. 磷酸二酯键断裂

32. 含量增加可提高 DNA $T_m$ 的碱基组合是
A. G 和 A　　　B. C 和 G　　　C. A 和 T
D. C 和 T　　　E. A 和 C

33. 可使热变性 DNA 解开的两条单链复性的条件是
A. 急速冷却　　　　　B. 缓慢降温
C. 迅速升温　　　　　D. 加核酸酶
E. 加解链酶

34. 两种分子之间较难发生核酸杂交的是
A. DNA 和 DNA　　　B. DNA 和 RNA
C. miRNA 和 mRNA　　D. siRNA 和 mRNA
E. 抗原和抗体

35. 不涉及核酸分子杂交的技术是
A. 蛋白质印迹　　B. RNA 印迹
C. DNA 印迹　　　D. 聚合酶链式反应（PCR）
E. 基因芯片

36. 通常既不存在于 RNA 中，也不存在于 DNA 中的碱基是
A. A　　　　　B. G　　　　　C. U
D. T　　　　　E. 黄嘌呤

37. 既有内含子又有外显子的 RNA 是：
A. rRNA　　　B. hnRNA
C. snmRNA　　D. mRNA
E. scRNA

38. 可与单链 DNA 5′-CGGTA-3′发生杂交的

RNA 序列是

A. 5′-TACCG-3′　　　　B. 5′-GCCUU-3′

C. 5′-UACCG-3′　　　　D. 5′-UAGGC-3′

E. 5′-ATCCG-3′

39. 核酸分子中储存、传递遗传信息的关键部分是

A. 核苷酸　　　B. 戊糖　　　C. 磷酸

D. 碱基序列　　　E. 磷酸二酯键

40. tRNA 发挥其"对号入座"功能的两个重要部位是

A. DHU 环和反密码环

B. DHU 环和 TψC 环

C. 氨基酸臂和反密码环

D. 氨基酸臂和 DHU 环

E. TψC 环和反密码环

41. 人基因组的碱基对数目约为

A. $3 \times 10^6$bp　　　　B. $4 \times 10^6$bp

C. $3 \times 10^9$bp　　　　D. $4 \times 10^{10}$bp

E. $3 \times 10^8$bp

42. 关于 DNA 和 RNA 的比较，正确的是

A. DNA 和 RNA 的碱基类型相同

B. DNA 和 RNA 都是双螺旋结构

C. DNA 和 RNA 的戊糖分子不相同

D. DNA 和 RNA 均含有稀有碱基

E. DNA 和 RNA 的二级结构都呈现三叶草结构

43. DNA 是携带生物遗传信息的物质基础，这一事实表明

A. 同一生物、不同组织的 DNA 碱基组成相同

B. 物种不同但碱基组成相同

C. DNA 的碱基组成随营养状态而改变

D. DNA 的碱基组成随年龄而改变

E. 病毒的侵染是由于病毒的蛋白质转移至宿主细胞所造成

44. mRNA 的前体是

A. tRNA　　　　B. rRNA　　　　C. siRNA

D. hnRNA　　　　E. snRNA

45. 两个 DNA 制品经紫外光检测发现：A 制品 $A_{260}/A_{280}$=1.81；B 制品 $A_{260}/A_{280}$=1.12，对两者纯度的描述正确的是

A. A 制品的纯度高于 B 制品

B. B 制品的纯度高于 A 制品

C. A、B 两制品的纯度均高

D. A、B 两制品的纯度均不高

E. 无法判断该两制品的纯度

46. 真核生物 mRNA 帽子结构中，$m^7G$ 与多核苷酸链通过三个磷酸基连接，其方式是

A. 3′→ 5′　　　B. 5′→ 3′　　　C. 3′→ 3′

D. 5′→ 5′　　　E. N → C

47. 对双链 DNA 的一条链分析显示，含有 20% 的 A，25% 的 T，30% 的 G 和 25% 的 C。互补链的碱基组成为

A. A 为 25%，T 为 20%，G 为 25%，C 为 30%

B. A 为 30%，T 为 25%，G 为 20%，C 为 25%

C. A 为 25%，U 为 20%，G 为 25%，C 为 30%

D. A 为 25%，T 为 25%，G 为 25%，C 为 25%

E. A 为 20%，U 为 25%，G 为 30%，C 为 25%

48. ▲下列有关真核细胞 mRNA 的叙述，错误的是

A. 是由 hnRNA 经加工后生成的

B. 5′端有 $m^7Gppp$ 帽子

C. 3′端有多聚 A 尾

D. 该 mRNA 为多顺反子（多作用子）

E. 成熟过程中需要进行甲基化修饰

49. ▲下列选项中符合 tRNA 结构特点的是

A. 5′端的帽子　　　B. 3′端的多聚 A 尾

C. 反密码子　　　D. 开放阅读框

50. ▲下列关于 tRNA 的叙述，错误的是

A. 分子中含有稀有碱基较多

B. 分子序列中含有遗传密码

C. tRNA 分子中具有三叶草形二级结构

D. 所有 tRNA 的 3′端均为 -CCA-OH

51. ▲下列 RNA 中参与形成原核生物 50S 大亚基的是

A. 28S rRNA　　　　B. 23S rRNA

C. 16S rRNA　　　　D. hnRNA

52. ▲DNA 在融解温度时的变化是

A. 280nm 处的吸光度增加

B. 容易与 RNA 形成杂化双链

C. CG 间的氢键全部断裂

D. 50% 的双链被打开

53. ▲下列 DNA 分子中，$T_m$ 最高的是

A. 腺嘌呤和胸腺嘧啶含量占 20%

B. 腺嘌呤和腺嘌呤含量占 60%

C. 鸟嘌呤和胞嘧啶含量占 30%

D. 鸟嘌呤和胞嘧啶含量占 50%

54. ▲不同核酸分子其 $T_m$ 不同，以下关于 $T_m$ 的说法正确的是

A. DNA 中 GC 对比例愈高，$T_m$ 愈高

B. DNA 中 AT 对比例愈高，$T_m$ 愈高

C. 核酸愈纯，$T_m$ 范围愈大

D. 核酸分子愈小，$T_m$ 范围愈大

E. $T_m$ 较高的核酸常常是 RNA

55. ▲下列关于核酶的叙述，正确的是

A. 即核酸酶　　　　B. 本质是蛋白质

C. 本质是核糖核酸　　　D. 其辅酶是辅酶 A

## 二、A2 型选择题

1. 痛风是由关节和肾脏中尿酸盐晶体的沉积引起的。嘌呤代谢为尿酸，而嘧啶在代谢时不产生尿酸。在痛风患者的饮食中应该限制以下哪一种
A. C      B. G      C. T
D. U      E. 脱氧核糖

2. 2003 年严重急性呼吸综合征（SARS 又名"非典"）侵袭，SARS 的病原微生物是一种新型、高度变异的冠状病毒。我国科学工作者（吴秉铨教授团队）用基因工程迅速研制出 SARS 诊断盒，可检测出 SARS 病毒特有基因序列。通过对疑似感染者血液或痰液的检查，作为 SARS 早期诊断参考依据。其诊断"非典"的机制是
A. 抗原抗体反应      B. 核酸分子杂交原理
C. 减色效应      D. 增色效应
E. 两性电离

3. 继禽流感后，猪流感再次威胁人类的安全，各国政府和科学家在多个领域开展了广泛的合作。已检测发现猪流感病毒含 U，则其遗传物质是
A. DNA      B. RNA      C. 核苷酸
D. 氨基酸      E. 线粒体 DNA

4. 研究发现逆转录病毒 RNA 基因组的核心部分包括 3 个基因：*gag* 基因（编码病毒的核心蛋白）、*pol* 基因（编码逆转录酶）和 *env* 基因（编码病毒的表面糖蛋白）。这些基因的两端有长末端重复序列（LTR）（含有启动子、调节基因等），控制着逆转录基因组核心基因的表达及转移。逆转录病毒的遗传信息储存在
A. *gag* 基因      B. *pol* 基因      C. *env* 基因
D. RNA      E. 染色体 DNA

5. 强直性脊柱炎（AS）是一种以脊柱为主要病变的慢性自身免疫性疾病，该病的发展会造成不同程度的骨骼、肌肉、眼、肺病变。AS 的发病和人类白细胞抗原 HLA-B27 有一定的相关性。目前可以通过基因芯片的方法来检测患者 HLA-B27 的携带情况。首先，设计 HLA-B27 基因的特异性寡核苷酸探针，然后获取受检者的基因组 DNA，如果样本中携带 HLA-B27，特异性探针就能与目标产物结合，发出荧光信号，被仪器检测到。试分析设计的寡核苷酸探针是什么序列？
A. DNA 序列      B. RNA 序列
C. 蛋白质序列      D. DNA-DNA 杂交序列
E. DNA-RNA 杂交序列

6. 最早提出的 DNA 二级结构并非双螺旋结构，而是由 Linus Pauling 和 Robert Corey 于 1952 年提出的三螺旋结构。三螺旋结构认为，DNA 由三条链组成，不同的碱基在分子的外部，而磷酸在内部，分子是螺旋的。试分析三螺旋结构，下列说法不正确的是：
A. 三条链的碱基组成不符合夏格夫法则
B. 三条链与 X 射线衍射数据不符
C. 碱基疏水性强，更适合分布在螺旋内部
D. 磷酸基团亲水，更适合分布在螺旋表面
E. 三螺旋结构是 DNA 二级结构的一种形式，具有普遍意义

7. 罂粟的基因组存在约 70%的重复序列，且经历了多次大规模的结构变异，解析该基因组异常困难。2018 年，科学家成功破解了罂粟基因组，获得了鸦片罂粟的高质量全基因组序列。下列关于罂粟基因组描述正确的是
A. 罂粟中 70%的重复序列不包含在全基因组序列中
B. 罂粟的基因组包含了编码序列和非编码序列在内的全部 DNA 序列
C. 罂粟基因序列转录生成的成熟 mRNA 分子中没有帽子和尾巴结构
D. 罂粟中 70%的重复序列不能通过复制传递给后代
E. 罂粟基因组中没有内含子序列

8. 在分子生物学中，很多实验正确结果的获得都依赖于高质量的 RNA，如 RNA 杂交（Northern 杂交）、基因体外翻译、互补 DNA( complementary DNA，cDNA）cDNA 文库构建以及反转录聚合酶链反应（RT-PCR）等实验。海洋微藻含有较多的多糖和多酚类等物质，不利于其总 RNA 的提取。某研究采用三种方法提取绿色巴夫藻 *Pavlova viridis* 总 RNA。其部分结果如下：Trizol 试剂法（699.3mg/L，$A_{260}/A_{280}$=1.562）；异硫氰酸胍一步法（281.2mg/L，$A_{260}/A_{280}$=1.634）；改良的 CTAB 酸酚法（2541.9mg/L，$A_{260}/A_{280}$= 1.968）。从总 RNA 的纯度分析，该研究中哪种方法纯度最高？
A. 均有大量杂蛋白和苯酚污染
B. 均有大量多糖污染
C. 改良的 CTAB 酸酚法
D. 异硫氰酸胍一步法
E. Trizol 试剂法

9. 酵母丙氨酸转运核糖核酸（酵母丙氨酸 tRNA）是从酵母中提取出来运送丙氨酸的转运核糖核酸，是分子量最小的一种核酸。1981 年，我国科学家在世界上首次人工合成整分子酵母丙氨酸 tRNA（76 个核苷酸），对于 tRNA 的结构与功能研究具有重要意义。下列有关描述错误

的是

A. 酵母丙氨酸 tRNA 转运丙氨酸参与酵母蛋白质生物合成

B. 酵母丙氨酸 tRNA 中含有稀有碱基

C. 酵母丙氨酸 tRNA 只能携带丙氨酸

D. 丙氨酸只能由酵母丙氨酸 tRNA 携带

E. 酵母丙氨酸 tRNA 中有和丙氨酸密码子相互识别的反密码子

10. piRNA 是一类非编码小 RNA，能特异性与 Argonuat 蛋白家族中的 PIWI 蛋白相互结合形成 piRNA 沉默复合体而在生物体内发挥重要作用，主要作用于生殖系统。目前在人类基因组中已发现 24 000 个以上 piRNA 序列，中国学者研究发现，piRNA013423 与 piRNA023386 可能与精子核 DNA 的完整性有关，精浆 piRNA 可作为男性不育的特异性非侵入性生物标志物。下列分析正确的是

A. piRNA 序列中存在可读框（开放阅读框）

B. piRNA 一般是单独发挥调控作用

C. piRNA 一定不含有 T，但可能含有 U

D. piRNA 在编译过程中可作为模板合成蛋白质

E. piRNA 不可能参与生精过程的调控

11. 病毒可引起许多人类疾病，如流行性感冒、肝炎、艾滋病及流行性乙型脑炎等。以下哪一项是这些病毒的共同特征

A. 它们是小的环状 DNA 分子，进入细菌并在宿主基因组外复制

B. 它们是单链的 RNA 分子

C. 所有病毒都含有 DNA 和 RNA 基因组

D. 需利用被感染细胞的代谢系统合成自身的核酸和蛋白质

E. 在感染真核细胞后，被称为噬菌体

12. 2008 年的诺贝尔生理学或医学奖授予研究人乳头状瘤病毒（HPV）的德国科学家豪森及研究人类免疫缺陷病毒（HIV）的法国科学家巴尔-西诺斯和蒙塔尼。HPV 和 HIV 的遗传物质分别是 DNA 和 RNA。下列有关描述正确的是

A. HPV 是 DNA 病毒，HIV 是 RNA 病毒

B. HIV 是 DNA 病毒，HPV 是 RNA 病毒

C. HPV 和 HIV 都是 DNA 病毒

D. HPV 和 HIV 都是 RNA 病毒

E. HPV 和 HIV 都是蛋白质病毒

13. PCR 是在体外快速大量扩增目的基因的技术。类似于 DNA 的体内复制。首先待扩增 DNA 模板加热变性解链成单链，随之将反应混合物冷却至某一温度，这一温度可使引物与它的靶序列发生退火（复性），再将温度升高，使退火引物

在 DNA 聚合酶（DNA-pol）作用下得以延伸，于是目的基因得到扩增（复制）。这种热变性-复性-延伸的过程就是一个 PCR 循环，PCR 就是在合适条件下的这种循环的不断重复，从而得到大量目的基因片段。在这里关于 DNA 变性和复性描述正确的是

A. 不同长度的 DNA 分子在合适温度下复性所用的时间基本相同

B. PCR 中 DNA 模板热变性后 $3' \rightarrow 5'$ 磷酸二酯键断裂

C. PCR 中引物与它的靶序列发生退火（复性）的温度与其 G、C 含量无关

D. 热变性后序列互补的 DNA 分子经缓慢冷却后可复性

E. 不同 DNA 分子复性的最佳温度基本相同

14. 某研究以曲霉内转录间隔区 2（ITs2）保守基因片段作为实时定量 PCR 反应模板，通过实时定量扩增和分析其解链曲线来鉴定常见曲霉菌。其中，探针解链曲线分析结果显示土曲霉 $T_m$ 为 57℃±0.12℃，黄曲霉 $T_m$ 为 59℃±0.13℃，烟曲霉 $T_m$ 为 63℃±0.17℃，构巢曲霉 $T_m$ 为 66℃±0.14℃，黑曲霉 $T_m$ 为 68℃±0.12℃。有关 DNA 的 $T_m$，下列的描述正确的是

A. A+T 比例越高，$T_m$ 也越高

B. G+C 比例越低，$T_m$ 也越高

C. 理论上本研究中最适退火温度最低的是土曲霉

D. 本研究中的黑曲霉 $T_m$ 最高，最易发生热变性

E. 本研究中的土曲霉 $T_m$ 最低，其 G+C 比例最高

15. 某研究以某食管中段鳞癌男性患者新鲜癌组织为原料（患者知情同意），以 Trizol 一步法提取癌组织细胞总 RNA，用寡脱氧胸苷酸[oligo（dT）]纤维素层析柱纯化获得 mRNA。oligo（dT）柱从总 RNA 中分离 mRNA 是利用了 mRNA 什么结构特征

A. 真核生物成熟 mRNA $5'$ 端有帽子结构

B. 真核生物成熟 mRNA $3'$ 端有多 A 尾结构

C. 真核生物成熟 mRNA 的 $5'$-UTR 和 $3'$-UTR

D. 真核生物成熟 mRNA 的前体 hnRNA 含有内含子和外显子

E. 真核生物成熟 mRNA 有可读框

16. 2006 年诺贝尔医学奖授予美国科学家菲尔和梅洛，以表彰他们发现了 RNA 干扰现象。生物体内一些特殊的双链 RNA，可与 mRNA 互补结合，诱发 mRNA 的降解，源头上让致病基因"沉默"，这一过程被称为 RNA 干扰。植物、动物、人类都存在 RNA 干扰现象，现广泛应用于功能基因组研究中。有关 siRNA 描述正确的是

A. 可以增强目标基因的表达

B. 由双链 RNA 诱发的基因沉默现象

C. 是体内调节性的编码 RNA

D. siRNA 与其靶 mRNA 间的结合不需要碱基互补配对

E. 目标分子是任意基因的 mRNA

17. 人们常用 DNA 进行亲子鉴定。其原理是：从被测试者的血滴或口腔上皮细胞提取 DNA，用限制性内切酶将 DNA 样本切成特定的小片段，放进凝胶内，通过电泳分离 DNA 小片段，再使用特别的 DNA "探针" 去寻找特定的目的基因。DNA "探针" 与相应的基因凝聚在一起，然后，利用特别的染料在 X 光下，便会显示由 DNA 探针凝聚于一起的黑色条码。被测试者这种肉眼可见的条码很特别，一半与母亲的吻合，一半与父亲的吻合。反复几次过程，每一种探针用于寻找 DNA 的不同部位形成独特的条码，用几组不同的探针，可得到超过 99.9%的父系分辨率。请问，DNA "探针" 是指

A. 某一个完整的目的基因序列

B. 与目的基因来源相同的双链 DNA 序列

C. 与目的基因相同的特定双链 DNA

D. 与目的基因互补的特定单链 DNA

E. 与目的基因互补的特定单链 RNA

18. 青蒿素（artemisinin）是我国科学家于 20 世纪 70 年代从植物中成功提取的含过氧基团的倍半萜内酯药物，用于疟疾的治疗。近年发现青蒿素可能通过抑制内质网膜的钙离子主动转运蛋白 SERCA 引起细胞质钙离子浓度升高，诱导肿瘤细胞凋亡。某研究生拟检测青蒿素对结肠癌细胞 SERCA 表达水平的影响，收集了青蒿素组和对照组细胞，采用 Trizol 法进行 RNA 提取。他在实验过程中，戴手套、帽子和口罩，使用焦碳酸二乙酯（DEPC）处理的塑料制品、玻璃和金属物品，尽量迅速操作，用 DEPC 水溶解 RNA，并在进行浓度测定和准备逆转录反应时将 RNA 管暂时置于冰内。他这些做法是为了避免 RNA

A. 污染环境　　　　B. 提取不充分

C. 被 RNA 酶降解　　D. 被紫外线照射

E. 污染实验者

19. HIV 是以人类 T 淋巴细胞为主要攻击对象的逆转录病毒，可破坏免疫功能，导致获得性免疫缺陷综合征( acquired immuno deficiency syndrome，AIDS )。一位年轻外科医生在 HIV 阳性患者的阑尾切除术中，不小心用缝合针刺破了自己的手指，因此采血送检以确定是否感染 HIV 病毒。检验科应用 PCR 法对该血样的 HIV 病毒进行检

测时，不会用到的技术是

A. 退火　　　B. 转印　　　C. DNA 变性

D. 复性　　　E. 核酸杂交

20. RNA 印迹（Northern blot）实验可在 RNA 水平检测基因表达。Northern blot 先通过电泳分离 RNA 样品，然后将凝胶上的 RNA 转移到膜上并固定，最后使用与待测 RNA 互补的单链 DNA 探针与膜上 RNA 杂交。与膜上 RNA 条带结合的探针信号强度与该基因的转录产物 RNA 水平呈正相关。在制备标记的 DNA 探针时，为避免复性，采用的方法是

A. 急速冷却　　　　B. 迅速升温

C. 缓慢降温　　　　D. 加入螯合剂

E. 升高 pH

21. 溴化乙锭（EB）是一种常规核酸染料，能与 DNA 链高效结合（插入 DNA 的碱基之间，使相邻碱基对的间隔增至 0.7nm），在紫外光下发出橙色荧光，曾经被广泛应用于观察、检测琼脂糖凝胶和聚丙烯酰胺凝胶中的 DNA 或 RNA。若在细胞正常生长的培养基中加入适量的 EB，下列相关叙述错误的是

A. 随后细胞中的 DNA 复制、转录可能发生障碍

B. 可能造成细胞子代染色体损伤或缺失，使细胞发生染色体突变

C. 可诱发细胞基因突变

D. 可推测该物质对癌细胞的增殖有抑制作用

E. EB 对人体无危害

22. 有两种古微生物，一种生活在热泉中，另一种生活在南极，试分析这两种微生物基因组 DNA 在碱基组成和三级结构上可能的差别，下列描述错误的是

A. 热泉微生物基因组 DNA 中 GC 含量会较高

B. 南极微生物基因组 DNA 中 AT 含量会较高

C. 热泉微生物基因组 DNA 三级结构可能会是正超螺旋，这有利于维持双螺旋结构的稳定

D. 南极微生物基因组 DNA 三级结构可能会是负超螺旋，这有利于在较低温度环境下能够解链，进行正常的复制和转录。

E. 两种微生物基因组 DNA 高级结构呈现三叶草和倒 L 形

23. 链终止法是测定 DNA 核苷酸顺序的有效方法，该方法是用脱氧核糖核苷三磷酸（dNTP）的类似物双脱氧核苷三磷酸（ddNTP）随机终止 DNA 新链的合成，获得一组大小不同的 DNA 片段。为获得以腺苷酸残基为末端的一组大小不同的片段，你认为应该选择下述哪种双脱氧类似物来达到这一目的？

A. ddATP  B. ddGTP   C. ddCTP
D. ddTTP  E. ddUTP

### 三、B 型选择题

（1~3 题共有答案）
A. hnRNA  B. rRNA   C. mRNA
D. tRNA  E. siRNA

1. 细胞内含量最多的 RNA 是
2. 既含有内含子又含有外显子的 RNA 是
3. 能组成核糖体大小亚基的 RNA 是

（4~6 题共有答案）
A. 5S rRNA B. 28S rRNA C. 16S rRNA
D. snRNA  E. sc RNA

4. 原核生物和真核生物核糖体都有的是
5. 原核生物核糖体特有的是
6. 真核生物核糖体特有的是

（7~10 题共有答案）
A. 三叶草结构  B. 超螺旋结构
C. 双螺旋结构  D. 茎环结构
E. 帽子结构

7. RNA 二级结构的基本特点是
8. tRNA 二级结构的基本特点是
9. DNA 二级结构的特点是
10. 真核 mRNA 的 5′端具有

（11~13 题共有答案）
A. DNA 变性  B. DNA 复性
C. 核酸杂交  D. 重组  E. 层析

11. DNA 原有的两股单链重新缔合成双链称为
12. 单链 DNA 与 RNA 形成局部双链称为
13. 不同 DNA 单链重新形成局部双链称为

（14~16 题共有答案）
A. 1 B. 0.75  C. 0.25 D. 1.33 E. 1.25
某双链 DNA 一条链中（[A]+[G]）/（[T]+[C]）= 0.75，

14. 则互补链中（[A]+[G]）/（[T]+[C]）为
15. 在整个 DNA 分子中（[A]+[G]）/（[T]+[C]）为
16. 在整个 DNA 分子中（[A]+[T]）/（[G]+[C]）为

### 四、X 型选择题

1. 维持 DNA 双螺旋结构稳定的主要作用力包括
A. 碱基对之间的氢键
B. 分子中的磷酸二酯键
C. 碱基平面间的堆积力
D. 磷酸残基的离子键
E. 二硫键

2. 关于 tRNA 的叙述错误的是
A. 分子中含有稀有碱基
B. 分子中含有密码环

C. 是细胞中含量最多的 RNA
D. 主要存在于胞液
E. 其二级结构为倒 L 形

3. DNA 和 RNA 中都含有的碱基是
A. A  B. G  C. T  D. U  E. C

4. 能够与单链 DNA 序列 5′-GTCCAG-3′进行核酸杂交的序列有
A. CAGGTC   B. CAGGUC
C. CTGGAC   D. CUGGAC
E. GTCCAG

5. ▲下列核酸中，具有降解 mRNA 功能的有
A. hnRNA   B. siRNA
C. miRNA   D. snoRNA

6. ▲能够导致核酸分子 $T_m$ 升高的因素有
A. GC 含量高  B. 溶液离子强度高
C. 温度提高  D. 缓冲液浓度的改变

### 五、名词解释

1. 增色效应
2. 减色效应
3. 变性
4. 复性
5. 核酸分子杂交
6. 核小体
7. $T_m$

### 六、简答题

1. 简述 RNA 和 DNA 的主要区别。
2. 简述 DNA 双螺旋结构模型（B-DNA）的要点及其生物学意义。
3. 细胞内有哪几种主要的 RNA？其主要的功能是什么？

## 参 考 答 案

### 一、A1 型选择题

| | | | | | | |
|---|---|---|---|---|---|---|
|1. C|2. C|3. C|4. D|5. D|6. A|7. E|
|8. D|9. A|10. B|11. D|12. D|13. D|14. E|
|15. D|16. D|17. B|18. A|19. E|20. C|21. B|
|22. C|23. B|24. B|25. E|26. D|27. E|28. B|
|29. D|30. E|31. A|32. B|33. B|34. E|35. A|
|36. E|37. B|38. C|39. D|40. C|41. C|42. C|
|43. A|44. D|45. A|46. D|47. A|48. D|49. C|
|50. E|51. B|52. D|53. A|54. A|55. C|

### 二、A2 型选择题

| | | | | | | | |
|---|---|---|---|---|---|---|---|
|1. B|2. B|3. B|4. D|5. A|6. E|7. B|8. C|
|9. D|10. C|11. D|12. A|13. D|14. C|15. B|
|16. B|17. D|18. C|19. B|20. A|21. E|22. E|

23. A

三、B 型选择题

| 1. B | 2. A | 3. B | 4. A | 5. C | 6. B | 7. D |
| 8. A | 9. C | 10. E | 11. B | 12. C | 13. C | 14. D |
| 15. A | 16. B |

四、X 型选择题

1. AC 2. BCE 3. ABE 4. CD 5. BC 6. AB

五、名词解释

1. 增色效应：指 DNA 双链发生解链过程中，由于更多的共轨双键暴露，DNA 溶液在紫外光 260nm 波长处吸光值增加，并与解链程度有一定的比例关系。

2. 减色效应：变性 DNA 复性恢复原来的双螺旋结构后，其 DNA 溶液在 260nm 紫外吸收会降低。

3. 变性：主要是指生物大分子空间结构的破坏以及理化性质改变和功能丧失的现象。蛋白质变性是指某些物理或化学因素（如加热、酸、碱等）引起蛋白质特定空间构象发生改变或破坏，并导致蛋白质理化性质改变和生物学活性丧失，变性时不涉及一级结构改变或肽键的断裂。DNA 变性是指在某些理化因素的作用下，维系 DNA 双螺旋的次级键发生断裂，双螺旋 DNA 分子被解开成单链的过程，DNA 的变性只破坏其空间结构，不涉及一级结构的改变。

4. 复性：主要是指变性的生物大分子在适当条件下恢复其正确构象的现象。蛋白质复性是指某些变性程度较轻的蛋白质在去除变性因素后，可恢复或部分恢复其原来的构象和功能。DNA 复性是指 DNA 在适当的条件下，两条解离的互补链可以按照碱基互补配对原则重新形成双链并恢复原来的双螺旋结构的过程。

5. 核酸分子杂交：指热变性的 DNA 在缓慢冷却过程中，具有碱基序列部分互补的不同的 DAN 分子之间或 DNA 与 RNA 之间形成杂化双链的现象。

6. 核小体：是染色体的基本组成单位，由 DNA 和 5 种组蛋白共同构成。组蛋白 $H_2A$、$H_2B$、$H_3$ 和 $H_4$ 各两分子共同构成八聚体的核心组蛋白，DNA 双螺旋链缠绕其上形成核小体的核心颗粒，再由 DNA 和组蛋白 $H_1$ 构成的连接区连接起来，形成串珠样的结构。

7. $T_m$：指 DNA 热变性过程中，紫外光吸收值增加达到最大值的一半时所对应的温度。在 $T_m$ 时，核酸分子内 50% 的双链结构被解开。$T_m$ 与 DNA 分子大小和所含碱基中 G+C 比例成正比。

六、简答题

1. RNA 和 DNA 主要区别参见表 2-1。从结构单元、戊糖、碱基、链形式、链长度、分布及功能等方面进行比较。

2. 双螺旋结构模型的要点有如下几点。①DNA 是反向平行、右手螺旋的双链结构：两条多聚核苷酸链的走向呈反平行，一条链是 5′端→3′端，另一条链就是 3′端→5′端，外侧为亲水性的脱氧核糖-磷酸骨架，内侧为疏水性的碱基，两条链的碱基之间以氢键结合；右手双螺旋直径 2.37nm，螺距 3.54nm。②碱基互补配对：A-T（两个氢键）；G-C（三个氢键）。③DNA 两条链之间的螺旋形成两个凹槽，浅的叫小沟，深的叫大沟。大沟是蛋白质识别 DNA 的碱基序列的基础，使蛋白质和 DNA 可结合而发生作用。④维持双螺旋结构稳定的力量：碱基对之间的氢键维持双螺旋结构横向稳定，碱基平面间的堆积力维持纵向稳定。生物学意义：揭示了 DNA 复制时两条链可以分别作为模板生成新生的子代互补链，从而保持遗传信息的稳定传递。

3. ①信使 RNA 即 mRNA，是蛋白质生物合成的模板；②转运 RNA 即 tRNA，转运蛋白质生物合成的原料即氨基酸；③核糖体 RNA 即 rRNA，与核糖体蛋白共同构成核糖体，是蛋白质生物合成的场所；④其他非编码 RNA，如 lncRNA 和 miRNA 参与基因表达调控，核酶具有催化活性，snRNA 参与 hnRNA 剪接等。

（邓小燕）

# 第三章 酶与维生素

## 学 习 要 求

掌握酶的概念与化学本质。了解核酶的概念。

掌握酶的分子组成,单纯酶、全酶、酶蛋白、酶的辅助因子、辅酶和辅基的概念。掌握维生素与常见辅助因子的对应关系、常见辅酶或辅基的种类及其作用。掌握酶的活性中心的概念,必需基团的分类及其作用。

掌握酶作为生物催化剂的特性,熟悉酶特异性的分类。熟悉酶促反应高效性的机制,了解酶催化机制的中间产物学说、诱导契合学说、邻近效应及定向排列、多元催化与表面效应。

熟悉底物浓度、酶浓度、温度、pH、激活剂对酶促反应的影响,最适温度和最适 pH 的概念。了解常见的激活剂。掌握底物浓度对酶促反应影响的米氏方程、$K_m$ 与 $V_{max}$ 的概念及其意义。了解 $K_m$ 的测定方法。掌握抑制剂对酶促反应的影响,包括不可逆抑制的概念、特点与常见实例,不可逆抑制与变性的区别,可逆性抑制的概念与分类。掌握可逆性抑制中竞争性抑制、非竞争性抑制与反竞争性抑制的概念与动力学特点,常见的竞争性抑制实例。

掌握酶活性调节的主要方式,别构调节与共价修饰调节的概念与作用特点,别构酶的概念与动力学特点。了解酶含量的调节方式。掌握酶原的概念,酶原激活的过程与生理意义,熟悉酶原激活的主要实例。掌握同工酶的概念,熟悉同工酶的实例 LDH。

了解酶的分类和命名。

了解酶在疾病发生、疾病诊断、疾病治疗中的应用。

## 讲 义 要 点

本章纲要图见图 3-1。

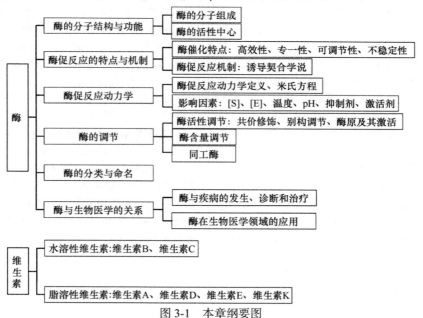

图 3-1 本章纲要图

## (一)酶的概念及化学本质

酶是一类具有催化功能的生物分子。几乎所有酶均为蛋白质,部分为核酸。

核酶:具有催化功能的RNA。

脱氧核酶(deoxyribozyme):具有催化功能的DNA。

端粒酶(telomerase):RNA和蛋白质复合物。

## （二）酶的分子结构

### 1. 酶的不同存在形式

{
**单体酶**：只有三级结构的酶，即由一条多肽链组成。
**寡聚酶**：含多个相同或不同亚基以非共价键连接形成的酶。
**多酶体系**：由几种不同功能的酶彼此聚合组成的多酶复合物。
**多功能酶**：指一些多酶体系在进化过程中由于基因的融合，多种不同催化功能存在于一条多肽链中，这类酶称为多功能酶或串联酶。
}

### 2. 酶的分子组成

按照分子组成分为如下两种。

（1）**单纯酶**：指仅由氨基酸残基组成的酶，如脲酶、淀粉酶等。

（2）**缀合酶**：由蛋白质部分和非蛋白质部分组成，前者称酶蛋白，后者称辅助因子，两者结合形成的复合物称为全酶。一般来讲，酶蛋白决定酶促反应的特异性，辅助因子决定酶促反应的种类和性质。

全酶 {
　酶蛋白

　辅助因子 {
　　**辅酶**：与酶蛋白结合疏松，可用透析或超滤法去除。往往作为辅助底物接受质子或特定基团后离开酶。

　　**辅基**：与酶蛋白结合紧密，不能用透析或超滤法去除。在酶促反应中辅基和酶蛋白不发生解离。
}
}

从化学本质上来讲，辅助因子有如下两类。

1）**金属离子**：是最常见的辅助因子，约 2/3 的酶含有金属离子。

- **金属酶**：金属离子和酶结合紧密，提取过程中不易丢失，如羧基肽酶等。
- **金属激活酶**：金属离子虽为酶活性所必需，但与酶的结合不甚紧密，如己糖激酶等。

2）**小分子有机化合物**：通常为维生素或其体内代谢转变生成的衍生物。

### 3. 酶的活性中心

（1）**必需基团**：指酶分子中氨基酸残基侧链上的一些与酶催化活性密切相关的化学基团。

（2）**酶的活性中心**：酶分子中某些必需基团在一级结构上可能相距很远，但在空间结构上彼此靠近，集中形成具有特定空间结构的区域，能与底物特异结合并催化底物转化为产物。这一区域称为酶的活性中心或活性部位（图 3-2）。

缀合酶中，辅酶或辅基多参与活性中心的组成。

酶的活性中心是酶执行催化功能的部位。组氨酸残基的咪唑基、丝氨酸残基的羟基、半胱氨酸残基的巯基以及谷氨酸残基的 γ 羧基是构成酶活性中心的常见基团。

必需基团 {
　活性中心内必需基团 {
　　**结合基团**：与底物和辅酶结合，形成酶-底物复合物。

　　**催化基团**：影响底物中某些化学键的稳定性，催化底物转变成产物。
}

　**活性中心外必需基团**——位于活性中心外，维持酶活性中心应有的空间构象和（或）作为调节剂的结合部位所必需。
}

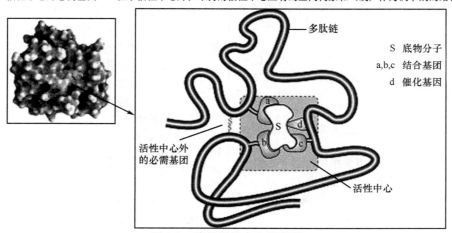

S　底物分子
a,b,c　结合基团
d　催化基因

多肽链
活性中心外的必需基团
活性中心

图 3-2　酶的活性中心示意图

## （三）酶的催化特点与机制

### 1. 酶与一般催化剂的共性

（1）在催化反应的过程中自身的质和量保持不变。

（2）只能催化热力学允许的反应。

（3）只能缩短达到化学平衡的时间，但不改变反应的平衡点即平衡常数。

（4）加速反应的机制都是降低反应的活化能。

### 2. 与一般催化剂的区别——酶的特性

（1）具有极高的催化效率（高效）：酶的催化效率比非催化反应高 $10^8 \sim 10^{20}$ 倍，比一般催化剂高 $10^7 \sim 10^{13}$ 倍。

酶催化高效率的原因：酶比一般催化剂更有效地降低反应活化能，促进底物形成过渡态而加快反应速度。

活化能：即底物分子从初态转变到过渡态所需的能量。

（2）高度的特异性（专一）：即一种酶仅作用于一种或一类化合物，或一定的化学键，催化一定的化学反应，生成一定的产物。

酶的特异性有如下几种类型。

1）根据酶的特异性高低分类

A. 绝对特异性：一种酶只作用于一种特定结构的底物，催化一种特定反应，生成一种特定结构的产物，如脲酶仅能催化尿素分解。

B. 相对特异性：酶作用于一类化合物或一种化学键，如磷酸酶对磷酸酯键的水解。

2）根据酶对底物的立体异构体有无选择性，可区分立体异构体专一性。例如，延胡索酸酶仅催化反丁烯二酸（即延胡索酸）水化为苹果酸，而对顺丁烯二酸则无作用。

3）根据酶对底物的光学异构体有无选择性，可区分光学异构体专一性。例如，乳酸脱氢酶（LDH）只能氧化 L-乳酸生成丙酮酸，而不能作用于 D-乳酸。

（3）可调节性：酶促反应受多种因素的调控，以适应机体对不断变化的内外环境和生命活动的需要。酶的调节方式主要包括酶含量和酶活性的调节。

・具体参见本部分（五）酶的调节和第九章物质代谢的联系与调节的相关内容。

（4）不稳定性：多数酶是蛋白质等生物大分子，因此酶的作用条件一般比较温和，在中性 pH、常温和常压下进行，强酸、强碱、高温条件均易使酶发生变性而失去活性。

### 3. 酶催化作用的机制

（1）酶比一般催化剂能更有效地降低反应活化能。

（2）酶-底物复合物的形成与诱导契合假说：诱导契合假说是指酶与底物接近时，其结构相互诱导，相互变形和相互适应，进而相互结合。这种结合不同于锁-钥机械关系。

酶（E）的构象改变有利于与底物（S）结合；而底物在酶的诱导下也发生变形，处于不稳定的过渡态，易受酶的催化攻击。过渡态的底物与酶的活性中心结构最吻合。

**酶-底物复合物**

酶(E)＋底物(S) ⟷ 酶(E)底物(S) ⟷ 酶(E)＋产物(P)

（过渡态）

（3）酶催化机制的多元性：一种酶催化的反应往往是多种催化机制的综合作用，这是酶促反应高效率的重要原因。

1）邻近与定向效应：使各底物正确定位于酶的活性中心，增加了酶与底物的接触机会和有效碰撞。

2）张力效应：诱导底物变形，扭曲，促进了化学键的断裂。

3）酸碱催化：活性中心的一些基团，如组氨酸，天冬氨酸作为质子的受体或供体，参与传递质子。

4）共价催化：酶与底物形成过渡性的共价中间体，限制底物的活动，使反应易于进行。

5）疏水效应：活性中心的疏水区域对水分子的排除、排斥，有利于酶与底物的接触。

## （四）酶促反应动力学

### 1. 基本概念

（1）酶促反应动力学：酶促反应动力学即研究酶促反应速度及其影响因素。

研究前提为：在研究某一因素对酶促反应速度影响时，固定其他因素不变；单底物、单产物反应；反应速度取其初速度，即底物的消耗量很小（一般在 5%以内）时的反应速度。

（2）酶促反应速度与酶活性

1）酶促反应速度：在规定的反应条件下，单位时间内底物的消耗量或产物的生成量。通常用初速度表示，即底物消耗小于 5%反应时段内的平均速度；此时底物浓度变化对反应速度影响很小，反应速度相对恒定。

2）酶活性：指的是酶催化化学反应的能力，用酶促反应速度来衡量。

3）酶活性单位：是衡量酶活力大小的尺度。即在规定条件下，在单位时间（s、min 或 h）内生成一定量（mg、μg、μmol 等）的产物或消耗一定数量的底物所需的酶量。

4）酶活性的国际单位（IU）：是指在 25℃ 条件下，每分钟催化 1μmol 底物转化为产物所需的酶量为 1 IU。实际工作中多用习惯单位。

5）催量单位（katal，kat）：是指在特定条件下，每秒钟使 1mol 底物转化为产物所需的酶量。

6）kat 与 IU 的换算：$1IU=16.67\times10^{-9}kat$。

**2. 影响酶促反应的因素**　包括底物浓度、酶浓度、温度、pH、激活剂、抑制剂等。

（1）底物浓度对反应速度的影响：在其他因素不变且底物浓度远远大于酶浓度的情况下，底物浓度的变化对反应速度影响的作图呈矩形双曲线（图 3-3）。

· 在底物浓度较低时，反应速率随底物浓度的增加而上升，两者呈正比关系，反应呈一级反应。

· 随着底物浓度的进一步增高，反应速度不再成正比增加，反应速度增加的幅度逐渐下降，为混合级反应。

· 如果继续加大底物浓度，反应速度将不再增加，表现出零级反应，此时酶的活性中心已被底物饱和。

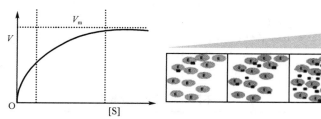

图 3-3　底物对酶促反应速度的影响

1）米氏方程：是反应速度与底物浓度关系的数学方程式。

$$V=\frac{V_{max}[S]}{K_m+[S]}$$

[S]：**底物浓度**
$V$：**不同[S]时的反应速度**
$V_{max}$：**最大反应速度**
$K_m$：**米氏常数**

当底物浓度很低（$[S]\ll K_m$）时，$V=\frac{V_{max}}{K_m}[S]$，反应速度与底物浓度成正比。

当底物浓度很高（$[S]\gg K_m$）时，$V\approx V_{max}$，反应达最大速度，再增加底物浓度也不再影响反应速度。

2）$K_m$ 的意义

A. $K_m$ 等于酶促反应速度达到最大反应速度一半时的底物浓度；其单位是浓度单位。

B. $K_m$ 近似等于[ES]的解离常数，可反映酶与底物亲和力的大小（数值越小则亲和力越高）。

C. $K_m$ 是酶的特征性常数，主要取决于酶和底物的结构，与酶和底物的浓度无关，但受到反应环境（如 pH、温度等）的影响。

· 不同酶的 $K_m$ 不同，一般在 $10^{-6}\sim10^{-2}$ mol/L。

· 相同酶对于不同底物的 $K_m$ 也不同。

· 对于同一底物，不同的酶有不同的 $K_m$。

3）$V_m$ 的意义：$V_m$ 是酶完全被底物饱和时的反应速度，即最大反应速度，与酶浓度成正比。

（2）酶浓度对反应速度的影响：当底物浓度大大超过酶浓度，即[S] ≫ [E]时，反应速度和酶浓度变化成正比。

（3）温度对反应速度的影响：温度对酶促反应速度具有双重影响：升高温度一方面可加快酶促反应速度，同时也增加酶变性的机会；温度升高至 60℃以上时，大多数酶开始变性；升高至 80℃时，多数酶的变性已不可逆转。

最适温度：即酶促反应速率最快时反应体系的温度。酶的最适温度不是酶的特征性常数，它与反应进行的时间有关（酶可以在短时间内耐受较高的温度，相反，延长反应时间，最适温度便降低）。人体内酶的最适温度多在 35～40℃。

· 低温与酶：酶的活性虽然随温度的下降而降低，但低温一般不使酶破坏，温度回升后，酶又恢复其活性。临床上低温麻醉便是利用酶的这一性质以减慢组织细胞代谢速率，提高机体对氧和营养物质缺乏的耐受性；低温保存菌种、血液制品、酶制剂等也是基于这一原理。

· 酶的最适温度特例：聚合酶链反应所需的热稳定 DNA 聚合酶便是从生活在 70～80℃的水生栖热菌（therums aquaticus）中提取的，此酶可耐受近 100℃的高温。

（4）pH 对反应速度的影响：酶分子中的许多极性基团，在不同的 pH 条件下解离状态不同，其所带电荷的种类和数量也各不相同，酶活性中心的某些必需基团往往仅在某一解离状态时才最容易同底物结合或具有最大的催化活性。pH还可影响酶活性中心的空间构象，从而影响酶的活性。

最适 pH：即酶催化活性最高时反应体系的 pH。最适 pH 不是酶的特征性常数，它受底物浓度、缓冲液种类等因素的影响。在测定酶活性时，应选用适宜的缓冲液以保持酶活性的相对恒定。

动物体内不同酶的最适 pH 各不相同，但多数酶的最适 pH 接近中性。少数酶的最适 pH 偏酸或偏碱，如胃蛋白酶的最适 pH 约为 1.8。

（5）激活剂对反应速度的影响

激活剂：使酶由无活性变为有活性或使酶活性增加的物质。

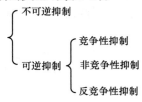

多数为金属离子：如 $Mg^{2+}$、$K^+$、$Mn^{2+}$
阴离子：如 $Cl^-$
小分子有机物：如胆汁酸盐

（6）抑制剂对反应速度的影响

1）酶的抑制剂：凡能使酶催化活性下降而不引起酶蛋白变性的物质。

2）抑制剂与变性剂的区别：抑制剂对酶有一定的选择性，而变性剂对酶没有选择性。

3）抑制的类型（表 3-1）：

不可逆抑制
可逆抑制
竞争性抑制
非竞争性抑制
反竞争性抑制

### 表 3-1 不同抑制类型的比较

| 分类 | 不可逆性抑制 | 可逆性抑制 | | |
|---|---|---|---|---|
| | | 竞争性抑制 | 非竞争性抑制 | 反竞争性抑制 |
| 机制 | 抑制剂通常以共价键与酶蛋白活性中心上的必需基团结合，使酶活性消失 不能用透析、超滤方法去除抑制剂 | 抑制剂与酶蛋白通过非共价键可逆性结合，使酶活性降低或消失 | | |
| | | 可用透析或超滤方法将抑制剂除去 | | |
| | | 抑制剂与底物结构相似，可与底物竞争酶的活性中心，与酶形成可逆的 EI 复合物，减少酶与底物结合的机会 | 抑制剂与酶活性中心以外的必需基团结合，不影响酶与底物的结合，底物和抑制剂之间无竞争关系 | 抑制剂仅与酶和底物形成的中间产物（ES）结合，使中间产物的量下降 |
| | | 抑制程度取决于抑制剂与酶的相对亲和力及[I]/[S] | 抑制程度取决于[I]的浓度 | 抑制程度取决于[I]和[S]二者的浓度 |
| 动力学特点 | 反应终止 | $V_{max}$ 不变 $K_m$ 增大 | $V_{max}$ 变小 $K_m$ 不变 | $V_{max}$ 降低 $K_m$ 减小 |
| 实例 | （1）有机磷抑制胆碱酯酶：与酶活性中心的丝氨酸残基结合，可用解磷定解毒 （2）重金属离子和路易氏气抑制巯基：与酶分子的巯基结合，可用二巯基丙醇解毒 | （1）磺胺类药与对氨基苯甲酸竞争抑制二氢叶酸合成酶 （2）丙二酸与琥珀酸竞争抑制琥珀酸脱氢酶 （3）核苷酸的抗代谢物与抗肿瘤药物（参见第八章核苷酸代谢） | | |

## （五）酶的调节

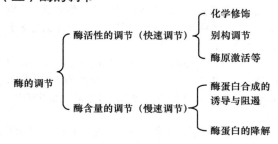

酶的调节
酶活性的调节（快速调节）
化学修饰
别构调节
酶原激活等
酶含量的调节（慢速调节）
酶蛋白合成的诱导与阻遏
酶蛋白的降解

### 1. 酶活性的调节——快速调节

（1）化学修饰调节

1）概念：酶蛋白的某些基团在另一种酶的催化下发生可逆的共价修饰，从而引起酶活性的改变，称为化学修饰调节，也称共价修饰调节。

2）主要方式：包括磷酸化和去磷酸化、乙酰化和去乙酰化、甲基化和去甲基化、腺苷化和去腺苷化等，其中以磷酸化和去磷酸化修饰最常见。

在共价修饰过程中，酶发生有无活性（或低

活性）与有活性（或高活性）两种形式的互变，这种互变由两种催化不可逆反应的酶所催化。例如，磷酸化与去磷酸化修饰分别由蛋白激酶和磷蛋白磷酸酶催化完成，磷酸化修饰的部位多为酶蛋白分子中丝氨酸、苏氨酸或酪氨酸的羟基。

（2）别构酶与别构调节

1）基本概念：小分子物质与酶蛋白的活性中心以外的某一部位特异地结合，引起酶蛋白分子构象变化，进而改变酶的活性，此现象称为别构效应或别构作用。受别构调节的酶即称作别构酶。导致别构效应的小分子物质称为别构效应剂。有时底物本身就是效应剂。使酶活性增加的效应剂称为别构激活剂，使酶活性减弱的效应剂称为别构抑制剂。别构效应剂结合的调节位点称为别构位点或别构部位。酶的活性中心所在的位点则称为催化位点或催化部位。

2）别构酶的特点

A. 别构酶通常是调节代谢的关键酶，在细胞内控制着代谢通路的闸门，催化的反应常是不可逆反应。

B. 其动力学特征不符合米氏方程，反应速度与底物浓度的曲线为S形（米氏方程为矩形双曲线），因此，别构剂或底物浓度，在一定范围内一个比较小的变化就会导致反应速度显著的改变，故更具可调节性。

C. 别构酶大多是寡聚酶，由多个亚基组成。别构酶的分子中一般有两种与功能相关的部位，即调节部位（别构部位）与催化部位（酶的活性中心），二者在空间上分开，可在同一亚基内或不同亚基上。含调节部位的亚基称为调节亚基（是酶分子中结合别构效应剂的部位），含催化部位的亚基称为催化亚基（是酶分子中结合底物的部位）。

D. 具有多亚基的别构酶和血红蛋白一样，存在着协同效应（即当别构酶第一个亚基与效应剂结合后，发生构象改变，进而改变该相邻亚基的构象及其对效应剂的亲和力），包括正协同效应和负协同效应。

（3）酶原与酶原激活

1）酶原：在细胞内合成和初分泌的无活性的酶的前体。

2）酶原激活：在一定条件下，由无活性的酶原转变为有催化活性的酶的过程，其实质是酶的活性中心形成或暴露的过程。

3）生理意义：可视为有机体对酶活性的一种特殊调节方式，保证酶在需要时在适当的部位、适当的时间发挥作用，避免在不需要时发挥活性而对组织细胞造成损伤。酶原还可以视为酶的一种储存形式。

4）常见实例：在消化系统、凝血系统中的消化酶、凝血酶，如胃蛋白酶、胰蛋白酶、胰凝乳蛋白酶在初分泌时均以无活性的酶原形式存在，见图3-8。

**2. 酶含量的调节——慢速调节**

（1）酶蛋白合成的诱导与阻遏：酶蛋白合成的调节是对编码酶蛋白基因表达的调节。

· 详细机制请参见第十三章基因表达及其调控。

在转录水平上促进酶生物合成的作用称为诱导作用；在转录水平上减少酶生物合成的作用称为阻遏作用。

由于诱导剂在诱导酶生物合成过程的转录后，还需要翻译和翻译后加工等过程，所以其效应出现较迟，一般需几小时以上才能见效，因此酶的诱导与阻遏作用是对代谢缓慢而长效的调节。

（2）酶蛋白降解的调控：酶蛋白降解速率的有关因素包括酶的结构、机体的营养和激素的调节。降解的部位大多数在细胞内进行。

酶蛋白的降解与一般蛋白质的降解途径相同，主要包括溶酶体蛋白酶降解途径[不依赖腺苷三磷酸（ATP）的降解途径]和非溶酶体蛋白酶降解途径（依赖ATP和泛素的降解途径）。

· 详细机制请参见第七章氨基酸代谢。

**3. 同工酶**

（1）定义：指催化相同的化学反应，但酶蛋白的分子结构、理化性质、免疫学性质及组织学分布等不同的一组酶。

（2）部位：同工酶往往存在于同一种属或同一个体的不同组织或同一细胞的不同亚细胞结构中，它在代谢调节上起着重要的作用。

（3）意义：同工酶使不同的组织、器官和不同的亚细胞结构具有不同的代谢特征。这为同工酶用来诊断不同器官的疾病提供了理论依据。

（4）来源：同工酶是长期进化过程中基因分化的产物。通常是由不同基因或等位基因编码的多肽链，或由同一基因转录生成的不同mRNA所翻译的不同多肽链组成的蛋白质。翻译后经修饰生成的多分子形式不在同工酶之列。

（5）实例：LDH。

1）LDH类型：LDH是最先发现的同工酶，为四聚体酶。其亚基有两型：骨髓肌型（M型）和心肌型（H型），这两型亚基以不同的比例组成5种同工酶即$LDH_1$～$LDH_5$，见图3-9。由于分子结构上的差异，5种LDH同工酶具有不同的电泳速度。

2）临床意义：正常血清 LDH$_2$ 的活性高于 LDH$_1$。心肌梗死时，可见 LDH$_1$ 大于 LDH$_2$。肝病时 LDH$_5$ 活性升高。

**（六）酶的分类和命名**

**1. 酶的分类** 根据酶催化的化学反应类型，可以分为七大类（表3-2）。

国际系统分类法除按上述7类将酶依次编号外，还根据酶所催化的化学键的特点和参加反应的基团不同，将每一大类又进一步分类。

酶的分类编号：均由 4 个数字组成，数字前冠以 EC（enzyme commission）

- 第1个数字表示该酶属于7大类中的哪一类。
- 第2个数字表示该酶属于哪一亚类。
- 第3个数字表示该酶属于哪一个亚亚类。
- 第4个数字是该酶在亚亚类中的排序。

**2. 酶的命名** 每一种酶均有其系统名称和推荐名称（表3-2）。

（1）习惯名称：根据酶所催化的底物、反应的性质及酶的来源而定，但常出现混乱。

（2）推荐名称：从每种酶的数个习惯名称中选定一个简便实用的推荐名称。

（3）系统名称：它标明酶的所有底物与反应性质。底物名称之间以 ":" 分隔。

**表 3-2 酶的分类与命名**

| 分类 | 定义 | 举例 | | |
| --- | --- | --- | --- | --- |
| | | 推荐名称（系统名称） | EC 编号 | 催化的反应 |
| 氧化还原酶类 | 催化底物进行氧化还原反应的酶类 | 乙醇脱氢酶<br>（乙醇：NAD$^+$氧化还原酶） | EC 1.1.1.1 | 乙醇+NAD$^+$ $\rightleftharpoons$ 乙醛 + NADH + H$^+$ |
| 转移酶类 | 催化底物之间进行某些基团的转移或交换的酶类 | 天冬氨酸氨基转移酶<br>（$L$-天冬氨酸：α-酮戊二酸氨基转移酶） | EC 2.6.1.1 | $L$-天冬氨酸 + α-酮戊二酸 $\rightleftharpoons$ 草酰乙酸 + L-谷氨酸 |
| 水解酶类 | 催化底物发生水解反应的酶类 | 葡糖 6-磷酸酶<br>（$D$-葡糖-6-磷酸水解酶） | EC 3.1.3.9 | $D$-葡糖-6-磷酸+ H$_2$O $\rightleftharpoons$ $D$-葡糖 + H$_3$PO$_4$ |
| 裂合酶类 | 催化从底物移去一个基团并留下双键的反应或其逆反应的酶类 | 醛缩酶<br>（酮糖-1-磷酸裂解酶） | EC 4.1.2.7 | 酮糖-1-磷酸 $\rightleftharpoons$ 磷酸二羟丙酮 + 醛 |
| 异构酶类 | 催化各种同分异构体、几何异构体或光学异构体之间相互转化的酶类 | 磷酸果糖异构酶<br>（$D$-葡糖-6-磷酸酮-醇异构酶） | EC 5.3.1.9 | $D$-葡糖-6-磷酸 $\rightleftharpoons$ $D$-果糖-6-磷酸 |
| 连接酶类 | 催化两分子底物合成为一分子化合物，同时偶联有 ATP 的磷酸键断裂释能的酶类 | 谷氨酰胺合成酶<br>（$L$-谷氨酸：氨连接酶） | EC 6.3.1.2 | $L$-谷氨酸+ATP+NH$_3$ $\rightleftharpoons$ $L$-谷氨酰胺+腺苷二磷酸（ADP）+ 磷酸 |
| 易位酶类 | 催化离子或分子跨膜转运或在细胞膜内易位反应的酶 | 抗坏血酸铁还原酶<br>（抗坏血酸：Fe$^{3+}$） | EC 7.2.1.3 | 抗坏血酸+ Fe$^{3+}$ $\rightleftharpoons$ 单脱氢抗坏血酸+ Fe$^{2+}$ |

**（七）酶与医学的关系**

**1. 酶与疾病密切相关**

（1）酶与疾病的发生：酶的结构、含量与活性的异常均可引起某些疾病（表3-3）。

**表 3-3 酶缺乏或异常引起的疾病**

| 酶 | 疾病 | 临床表现 |
| --- | --- | --- |
| 苯丙氨酸羟化酶缺乏 | 苯丙酮尿症 | 苯丙氨酸和苯丙酮酸在体内堆积，精神发育迟缓 |
| 葡糖-6-磷酸脱氢酶缺乏 | 蚕豆病 | 溶血性贫血 |

续表

| 酶 | 疾病 | 临床表现 |
| --- | --- | --- |
| 酪氨酸酶缺乏 | 白化病 | 黑色素合成受阻，皮肤、毛发变白 |
| 细胞色素氧化酶抑制 | 氰化物中毒 | 呼吸链抑制、缺氧甚至死亡 |
| 胆碱酯酶抑制 | 有机磷中毒 | 体内胆碱能神经末梢分泌的乙酰胆碱不能及时分解而堆积，造成迷走神经过度兴奋而呈现中毒症状 |

（2）酶与疾病的诊断：酶的测定有助于对许多疾病的诊断。组织细胞受到损伤后，细胞内的酶则可释放入血，因此血清酶活性的检测对于一

些疾病的诊断具有更重要的价值。

（3）酶与疾病的治疗

1）一些酶可以作为药物制剂直接用于临床治疗，如胃酶、胰酶用于消化不良；尿激酶、链激酶、纤溶酶用于防治血栓形成。

2）许多酶也作为药物设计和治疗的靶点，如磺胺类药以二氢蝶酸合酶为作用靶点。

**2. 酶在医学上的其他应用**

（1）酶作为试剂用于临床检验和科学研究

1）酶法分析（酶偶联测定法）

A. 定义：是利用酶作为分析试剂，对一些酶的活性、底物浓度、激活剂、抑制剂等进行定量分析的一种方法。

B. 原理：是利用一些酶（称为指示酶）的底物或产物可以直接和简便监测的特点，将该酶作为试剂加入（偶联）待测的酶促反应体系中，将本来不易直接测定的反应转化为可以直接监测的系列反应。

C. 特点与应用：该方法灵敏、准确、方便和迅速，已广泛地应用于临床检验和科学研究等各领域。

2）酶标记测定法：是酶学与免疫学相结合的一种测定方法，以酶代替同位素与某些物质结合，通过测定酶的活性来判断与其结合的物质的存在和含量。该测定法具有相当高的灵敏性，同时又可避免放射性核素应用上的一些弊端，应用最多的是酶联免疫测定法（ELISA）。

3）工具酶：利用酶具有高度特异性的特点，将酶作为工具，在分子水平上对某些生物大分子进行各种操作。

• 如基因工程中使用的各种限制性核酸内切酶、连接酶以及聚合酶链反应（PCR）中应用的热稳定 DNA 聚合酶等，具体参见基因工程章节的相关内容。

（2）酶的分子工程：主要是利用物理、化学或分子生物学方法对酶分子进行改造，包括对酶分子中功能基团进行化学修饰、酶的固定化、抗体酶等，以适应医药业、工业、农业等的某种需要。

• 固定化酶：是固相酶，即将水溶性酶用物理或化学方法处理后，成为不溶于水但仍具有酶活性的一种酶的衍生物。

• 抗体酶：是具有酶活性的抗体，即将底物的过渡态类似物作为抗原（底物和酶的活性中心结合时底物发生构象改变，产生过渡态），注入动物体内产生抗体，则抗体在结构上与过渡态类似物相互适应并可相互结合。该抗体便具有能催化过渡态反应的酶活性。这种具有催化功能的抗体分子就称为抗体酶。

**（八）维生素**

（1）定义：维生素是维持人体正常生理功能或细胞正常代谢所必需的营养物质，人体的需要量极小（常以毫克或微克计），但在体内不能合成或合成量很少，必须由食物供给的一类小分子有机化合物。

（2）主要分为两类（表3-4）

A. 脂溶性维生素：指溶于脂溶剂，不溶于水的一类维生素，可在体内储存，过量摄入可引起蓄积中毒，包括维生素 A、维生素 D、维生素 E、维生素 K。

B. 水溶性维生素：指溶于水，不溶于脂溶剂的一类维生素，在人体内只有少量储存，当膳食供给不足时，易导致人体出现相应的缺乏症，当摄入过多时，多以原型从尿中排出体外，不易引起机体中毒，包括 B 族维生素、维生素 C 两类。

**表 3-4 维生素一览表**

| 分类 | 名称 | 别名 | 活性形式 | 功能 | 缺乏症 | 毒性 |
|---|---|---|---|---|---|---|
| 水溶性维生素 | 维生素 $B_1$ | 硫胺素 | 硫胺素焦磷酸（TPP） | α-酮酸氧化脱羧酶辅酶 | 脚气病 | 无 |
| | 维生素 $B_2$ | 核黄素 | 黄素单核苷酸（FMN）、黄素腺嘌呤二核苷酸（FAD） | 多种氧化还原酶的辅基（传递氢/电子） | 少见 | 无 |
| | 维生素 PP | 烟酸，烟酰胺 | 烟酰胺腺嘌呤二核苷酸氧化态（$NAD^+$）、烟酰胺腺嘌呤二核苷酸磷酸氧化态（$NADP^+$） | 多种脱氢酶的辅酶（传递氢/电子） | 糙皮病 | 无 |
| | 泛酸 | 遍多酸 | 辅酶 A（CoA） | 酰基的载体 | 少见 | 无 |
| | 生物素 | — | 生物素 | 羧化酶的辅酶 | 少见 | 无 |

续表

| 分类 | 名称 | 别名 | 活性形式 | 功能 | 缺乏症 | 毒性 |
|---|---|---|---|---|---|---|
| 水溶性维生素 | 维生素 $B_6$ | 吡哆醇、吡哆醛、吡哆胺 | 磷酸吡哆醛、磷酸吡哆胺 | 氨基酸脱羧酶和转氨酶的辅基、δ-氨基-γ-酮戊酸（ALA）合成酶的辅基；ALA 合成酶的辅酶 | 少见 | 有 |
| | 叶酸 | — | 四氢叶酸（$FH_4$） | 一碳单位转移酶的辅酶 | 巨幼细胞贫血、神经嵴缺陷 | 无 |
| | 维生素 $B_{12}$ | 钴胺素 | 甲钴胺素、脱氧腺苷钴胺素 | 甲硫氨酸合成酶的辅酶、甲基丙二酰 CoA 变位酶的辅酶 | 巨幼细胞贫血等 | 无 |
| | 维生素 C | 抗坏血酸 | 抗坏血酸 | 羟化酶的辅酶；抗氧化；促进铁吸收 | 坏血病 | 无 |
| 脂溶性维生素 | 维生素 A | — | 视黄醛、视黄醇、视黄酸 | 视觉；上皮组织维持及分化；促进生长；调节基因表达等 | 夜盲症、眼干燥症、生长迟缓 | 有 |
| | 维生素 D | 胆钙化醇 | 1，25-（OH）$_2D_3$ | 调节钙磷代谢；调节基因表达 | 佝偻病（儿童）、软骨病（成人） | 有 |
| | 维生素 E | 生育酚 | 生育酚 | 抗氧化；促进血红素合成 | 少见（溶血性贫血） | 无 |
| | 维生素 K | — | 甲基萘醌 | γ谷氨酰羧化酶的辅酶；促进凝血 | 易出血 | 少见 |

# 中英文专业术语

酶　enzyme
核酶　ribozyme
单纯酶　simple enzyme
缀合酶　conjugated enzyme
辅助因子　cofactor
辅酶　coenzyme
辅基　prosthetic group
活性中心　active site
必需基团　essential group
酶原　zymogen
同工酶　isoenzyme
抑制剂　inhibitor
不可逆抑制　irreversible inhibition
可逆抑制　reversible inhibition
竞争性抑制　competitive inhibition
激活剂　activator
别构酶　allosteric enzyme
别构调节　allosteric regulation
共价修饰　covalent modification
维生素　vitamin

# 练　习　题

## 一、A1 型选择题

1. 关于酶的论述正确的是
A. 酶是具有催化功能的生物分子
B. 人体内的酶均为蛋白质
C. 酶促反应的产物都是有机化合物
D. 酶在体内不能更新
E. 酶能改变反应的平衡点
2. 关于酶的论述正确的是
A. 酶通过降低反应活化能促进反应进行
B. 人体内只有蛋白质具有酶的催化活性
C. 酶的底物都是有机化合物
D. 酶在体内不能更新
E. 酶能改变反应的平衡点
3. 酶与一般催化剂均具有的共同点是
A. 特异性
B. 高效性
C. 降低反应活化能
D. 改变化学反应平衡点
E. 催化活性可调节性
4. 酶的特异性是指
A. 酶与辅酶的特异结合
B. 酶对其所催化的底物有特异的选择性
C. 酶在细胞中的定位具有特异性
D. 酶催化反应机制具有特异性
E. 在酶的分类中属于不同类型
5. 缀合酶具有催化活性的条件是
A. 酶蛋白形式存在
B. 辅酶形式存在
C. 辅基形式存在
D. 全酶形式存在
E. 酶原形式存在
6. 全酶是指
A. 酶蛋白-辅助因子复合物
B. 酶蛋白-底物复合物
C. 酶活性中心-底物复合物

D. 酶必需基团-底物复合物

E. 酶催化基团-结合基团复合物

7. 酶保持催化活性必备的条件是

A. 酶分子结构完整无缺

B. 酶分子上所有的化学基团存在

C. 有金属离子参加

D. 有活性中心及其必需基团

E. 有辅酶参加

8. ★下列关于辅酶和辅基的叙述，错误的是

A. 属于缀合酶类的酶分子组成中才含有辅酶或辅基

B. B族维生素多参与辅酶或辅基的组成

C. 辅酶和辅基直接参与酶促反应

D. 一种辅酶或辅基只能与一种酶蛋白结合成一种全酶

9. ▲辅酶和辅基的差别在于

A. 辅酶为小分子有机物，辅基常为无机物

B. 辅酶与酶共价结合，辅基则不是

C. 经透析方法可使辅酶与酶蛋白分离，辅基则不能

D. 辅酶参与酶反应，辅基则不参与

E. 辅酶含维生素成分，辅基则不含

10. 关于酶的辅基的叙述，哪一项正确

A. 由活性中心的若干氨基酸残基组成

B. 只决定酶的专一性，不参与化学基团的传递

C. 是一种结合蛋白质

D. 与酶蛋白以共价键紧密结合

E. 一般能用透析或超滤方法与酶蛋白分开

11. ▲转氨酶的辅酶是

A. 磷酸吡哆醛

B. 焦磷酸硫胺素

C. 生物素

D. 四氢叶酸

E. 泛酸

12. 酶的辅酶是指

A. 分子结构中不含维生素的小分子有机物

B. 与酶蛋白共价结合成全酶

C. 在酶促反应中不与酶的活性中心结合

D. 在反应中作为底物传递质子、电子或其他化学基团

E. 与酶蛋白结合紧密的金属离子

13. 下列有关辅酶与辅基描述错误的是

A. 辅酶和辅基的结构中常含有某种 B 族维生素或铁卟啉化合物

B. 辅基常以共价键与酶蛋白牢固结合

C. 辅酶与辅基都是酶的辅助因子

D. 辅酶以非共价键与酶蛋白疏松结合

E. 辅酶或辅基均可用透析或超滤的方法除去

14. ★构成脱氢酶辅酶的维生素是

A. 维生素 A　　　　　B. 维生素 K

C. 维生素 PP　　　　　D. 维生素 $B_{12}$

15. 金属辅助因子的作用不包括

A. 连接酶与底物的桥梁，便于酶对底物作用

B. 稳定酶分子空间构象和活性中心

C. 传递质子或一些基团

D. 中和电荷，降低静电斥力

E. 作为酶活性中心的催化基团参与催化反应

16. 下列对应关系，正确的是

A. 维生素 $B_1$→TPP→硫激酶

B. 维生素 $B_2$→$NAD^+$→黄素酶

C. 维生素 PP→$NADP^+$→脱氢酶

D. 泛酸→辅酶 A→转氨酶

E. 维生素 $B_6$→磷酸吡哆醛→酰基转移酶

17. 辅酶 A 分子中含有下列哪种维生素

A. 维生素 $B_2$　　　B. 泛酸　　　C. 维生素 $B_1$

D. 维生素 $B_6$　　　E. 生物素

18. 体内唯一含金属元素的维生素是

A. 维生素 $B_{12}$　　　B. 维生素 $B_1$　　C. 维生素 $B_2$

D. 维生素 $B_6$　　　E. 维生素 C

19. ▲不含有 B 族维生素辅酶的是

A. 磷酸吡哆醛　　　　　B. 细胞色素 c

C. 辅酶 A　　　　　　D. 四氢叶酸

E. 焦磷酸硫胺素

20. ▲下列物质中，不属于 B 族维生素的是

A. 硫胺素　　　　　B. 泛酸　　　　C. 生物素

D. 抗坏血酸　　　　E. 叶酸

21. 下列辅酶中哪种不含核苷酸

A. FAD　　　　　　B. FMN　　　　C. $NAD^+$

D. 四氢叶酸　　　　E. CoA

22. 下列不属于酶辅助因子的是

A. $Zn^{2+}$、$Mg^{2+}$、$Ni^{2+}$等金属离子

B. 生物素和焦磷酸硫胺素

C. 磷酸吡哆醛、辅酶 A

D. 生物素、焦磷酸硫胺素、磷酸吡哆醛和辅酶 A

E. 鸟氨酸

23. 下列关于酶活性中心的叙述正确的是

A. 酶的必需基团都位于活性中心之内

B. 酶的活性中心与底物的最初结合多为共价结合

C. 所有的酶都有活性中心

D. 所有酶的活性中心都含有辅助因子

E. 所有抑制剂都作用于酶的活性中心

24. 关于酶活性中心正确的叙述是

A. 酶可以不含有活性中心

B. 都以羟基或巯基作为结合基团

C. 均含有金属离子
D. 均具有特定的空间结构
E. 具有“亲水口袋”结构
25. ▲关于酶活性中心的叙述，正确的是
A. 酶原有能发挥催化作用的活性中心
B. 由一级结构上相互邻近的氨基酸组成
C. 必需基团存在的唯一部位
D. 均由亲水氨基酸组成
E. 含结合基团和催化基团
26. 酶分子中使底物转变为产物的基团称为
A. 结合基团　B. 疏水基团
C. 碱性基团　D. 酸性基团
E. 催化基团
27. 关于酶的必需基团，最准确的描述是
A. 维持酶一级结构所必需的基团
B. 酶的亚基结合所必需的基团
C. 位于活性中心以内或以外的，维持酶活性所必需的基团
D. 维持酶分子构象所必需的基团
E. 构成全酶中辅基所必需的基团
28. 关于酶的活性中心的阐述正确的是
A. 酶的活性中心在与底物结合时不发生构象改变
B. 酶的活性中心由一级结构上相互邻近的基团组成
C. 酶的活性中心外的必需基团也参与对底物的催化作用
D. 酶的活性中心与酶的催化活性无关
E. 酶的活性中心指能与底物特异结合，并催化底物转变成产物的必需基团
29. 有关酶活性中心叙述错误的是
A. 结合基团在活性中心内
B. 催化基团属于必需基团
C. 空间结构与酶催化活性无关
D. 具有特定的空间构象
E. 底物在此被转变为产物
30. ★下列关于酶活性中心的叙述，正确的是
A. 所有酶的活性中心都含有辅酶
B. 所有酶的活性中心都含有金属离子
C. 酶的必需基团都位于活性中心内
D. 所有的抑制剂都作用于酶的活性中心
E. 所有的酶都有活性中心
31. ★酶活性中心的某些基团可以参与质子的转移，这种作用称为
A. 亲核催化作用　B. 共价催化反应
C. 多元催化反应　D. 一般酸碱催化作用
32. 酶蛋白变性后其活性丧失，引起的原因是
A. 酶蛋白的一级结构遭到破坏
B. 酶蛋白的空间结构受到破坏
C. 酶蛋白完全水解为氨基酸
D. 失去了辅酶或辅基
E. 酶蛋白水溶性丧失
33. 下列哪项不是酶区别于一般催化剂的特点
A. 立体异构专一性
B. 高度的催化效率
C. 不稳定性
D. 酶能降低反应的活化能
E. 酶具有可调节性
34. ★酶能加速化学反应的进行是由于哪一种效应
A. 向反应体系提供能量
B. 降低反应的自由能变化
C. 降低反应的活化能
D. 降低底物的能量水平
E. 提供产物的能量水平
35. 酶的特异性是指
A. 酶对其所催化的底物有特异选择性
B. 酶的抑制剂对酶促反应有特异选择性
C. 酶催化反应的机制各不相同
D. 酶与辅基特异的结合
E. 酶在细胞中的定位特异性
36. ★酶促反应中决定酶特异性的是（备注：这道题同时也是黄色字体）
A. 作用物的类型　B. 酶蛋白
C. 辅基或辅酶　D. 催化基团
E. 金属离子
37. ★关于体内酶促反应特点的叙述，错误的是
A. 具有高催化效率
B. 温度对酶促反应速度没有影响
C. 可大幅降低反应的活化能
D. 只能催化热力学上允许进行的反应
E. 具有可调节性
38. 诱导契合假说指的是
A. 酶与底物的关系如锁与钥匙的关系
B. 酶对顺、反异构体有相同的催化速度
C. 底物与酶结合时，相互诱导、变形和适应
D. 与底物结合时，酶的活性中心构象改变，底物构象无变化
E. 底物构象朝适应活性中心方向改变，而酶构象无变化
39. 诱导契合假说认为在形成酶-底物复合物时
A. 酶和底物构象都发生改变
B. 酶和底物构象都不发生改变
C. 主要是酶的构象发生改变
D. 主要是底物构象发生改变

E. 主要是辅酶构象发生改变

**40.** 有关酶促反应机制的叙述，不正确的是

A. 表面效应　　B. 诱导契合　　C. 多元催化

D. 邻近效应　　　E. 瓦尔堡（Warburg）效应

**41.** 酶促反应动力学是研究

A. 酶的反应机制

B. 酶的基因来源

C. 影响酶促反应速度的因素

D. 酶提高活化能的能力

E. 酶的分子组成

**42.** 影响酶促反应速度的因素不包括

A. 反应环境的 pH　　B. 酶原的浓度

C. 酶浓度　　　　　D. 激活剂

E. 底物浓度

**43.** 酶活性指的是

A. 酶催化的反应类型

B. 酶自身变化的能力

C. 酶催化能力的大小

D. 无活性的酶转变成有活性的酶能力

E. 酶的稳定性

**44.** ▲下列关于酶促反应调节的叙述，正确的是

A. 温度越高反应速度越快

B. 反应速度不受底物浓度的影响

C. 反应速度不受酶浓度的影响

D. 在最适 pH 下，反应速度不受酶浓度影响

E. 底物饱和时，反应速度随酶浓度增加而增加

**45.** ★下列关于酶的 $K_m$ 的叙述，正确的是

A. 是反应速度达到最大速度时的底物浓度

B. 不能反映酶对底物的亲和力

C. 对有多个底物的酶，其 $K_m$ 相同

D. 对同一底物，不同的酶有不同的 $K_m$

**46.** ★酶 $K_m$ 的大小所代表的含义是

A. 酶对底物的亲和力　　B. 最适的酶浓度

C. 酶促反应的速度　　　D. 酶抑制剂的类型

**47.** ▲当底物足量时，生理条件下决定酶促反应速度的因素是

A. 酶含量　　B. 钠离子浓度　　C. 温度

D. 酸碱度　　E. 辅酶含量

**48.** 当底物浓度远大于 $K_m$ 时，酶促反应速度为

A. $K_{-1}$　　B. $K_1/K_2$　　　C. $V_m$

D. 趋于 0　　E. $1/2 V_m$

**49.** 有关酶与底物关系的正确描述是

A. 如果底物浓度不变，则酶浓度的改变不影响反应速度

B. 在反应过程中，反应的平衡常数随着底物浓度的增减而变化

C. 当底物浓度很高使酶被饱和时，改变酶浓度

不影响反应速度

D. 初速度指的是酶被底物饱和时的反应速度

E. 当底物浓度升高将酶饱和时，反应速度不再随底物浓度增加而变化

**50.** $V=V_m$ 后继续升高底物浓度，$V$ 不再增加的原因是

A. 部分酶活性中心被产物占据

B. 过量底物抑制酶的催化作用

C. 酶的活性中心被底物饱和

D. 产物生成过多导致反应平衡常数的改变

E. $K_m$ 为常数

**51.** 关于 $K_m$，正确论述是

A. $K_m$ 与酶的亲和力无关

B. $K_m$ 不是酶的特征性常数

C. $K_m$ 等于反应速度为最大速度一半时的酶浓度

D. $K_m$ 等于反应速度为最大速度一半时的底物浓度

E. $K_m$ 与酶催化的底物类型无关

**52.** 一个酶与多种底物作用时，其中天然底物的 $K_m$ 应该是

A. 最大　　　B. 最小　　　C. 居中

D. 与 $K_s$ 相同　　E. 与 $V_m$ 相同

**53.** 酶的 $K_m$ 大小

A. 与酶性质有关　　　B. 与酶浓度有关

C. 与酶作用温度有关　D. 与酶作用时间有关

E. 与环境 pH 有关

**54.** 酶促反应速度 $V$ 达到最大反应速度 $V_m$ 的 80%时，$K_m$ 等于

A. [S]　　　　B. 1/2[S]　　　C. 1/3[S]

D. 1/4[S]　　E. 1/5[S]

**55.** 当[S]=$2K_m$ 时，此时的酶促反应速度 $V$ 与 $V_m$ 的百分比约为

A. 67%　B. 50%　C. 33%　D. 5%　E. 9%

**56.** 酶促反应速度与底物浓度的关系可用哪种学说解释

A. 诱导契合学说　　　B. 中间产物学说

C. 多元催化学说　　　D. 表面效应学说

E. 邻近效应学说

**57.** 酶促反应速度与酶浓度成正比的条件是

A. 底物被酶饱和

B. 反应速度达到 $V_m$

C. 酶浓度远大于底物浓度

D. 底物浓度远大于酶浓度

E. 底物浓度与酶浓度应处于同样数量级

**58.** 加热后酶活性降低或消失的主要原因是

A. 酶水解　　　　B. 酶蛋白变性

C. 亚基解聚　　　D. 辅酶脱落

E. 辅基脱落

59. 关于温度对酶促反应速度的影响，叙述正确的是
A. 最适温度是酶的特征性常数
B. 并非所有酶的最适温度都低于 60℃
C. 从生物组织中提取酶时应在低温下操作
D. 超过酶的最适温度后，温度升高，反应速度反而降低
E. 能降低反应的活化能

60. 关于 pH 对酶促反应速度的影响，叙述正确的是
A. 最适 pH 是酶的特征性常数
B. 偏离最适 pH 越远，酶的活性越高
C. 人体内所有酶的最适 pH 均接近中性
D. pH 过高或过低可使酶蛋白发生变性
E. pH 不影响酶、底物或辅助因子的解离状态

61. 下列关于酶促反应条件的描述，正确的是
A. 温度越高，反应速度越低
B. 反应速度不受底物浓度影响
C. 反应速度不受酶浓度影响
D. 最适 pH 下，反应速度不受酶浓度影响
E. 底物饱和时，反应速度与[E]成正比

62. 下面哪种方式是酶常见的不可逆调控机制
A. 同工酶
B. 别构调控
C. 共价修饰
D. 蛋白水解激活
E. 同源酶

63. ★下列哪项不是酶的别（变）构调节的特点
A. 反应动力学遵守米氏方程
B. 限速酶多受别构调节
C. 别构效应剂与酶的结合是可逆的
D. 酶活性可因与别构效应剂结合而促进或抑制
E. 别构酶常由多亚基组成

64. ★下列关于别构酶的叙述，错误的是
A. 别构酶催化非平衡反应
B. 多为代谢途径的关键酶
C. 与别构效应剂呈可逆性结合
D. 都具有独立的催化亚基和调节亚基
E. 酶构象变化后活性可升高或降低

65. ★下列酶的别构调节，错误的是
A. 受别构调节的酶称为别构酶
B. 别构酶多是关键酶（限速酶），催化的反应常是不可逆反应
C. 别构酶催化的反应，其反应动力学符合米氏方程
D. 别构调节是快速调节
E. 别构调节不引起酶的构象变化

66. ★下列反应中，属于酶化学修饰的是
A. 强酸使酶变性失活
B. 加入辅酶使酶具有活性
C. 肽链苏氨酸残基磷酸化
D. 小分子物质使酶构象改变

67. ★对酶促化学修饰调节特点的叙述，错误的是
A. 这类酶大都具有无活性和有活性形式
B. 这种调节是由酶催化引起的共价键变化
C. 这种调节是酶促反应，故有放大效应
D. 酶促化学修饰调节速度较慢，难以应急
E. 磷酸化与去磷酸化是常见的化学修饰方式

68. 下列哪种抑制方式不可逆
A. 丙二酸对琥珀酸脱氢酶的抑制
B. 氰化物对氧化呼吸链酶复合体Ⅳ的抑制
C. 别嘌呤醇对黄嘌呤氧化酶的抑制
D. 氟尿嘧啶对胸腺酸合成酶的抑制
E. 乙酰 CoA 对己糖激酶的抑制

69. 下列哪种调控方式不可逆
A. 磷酸化
B. 别构调控
C. 蛋白水解
D. 乙酰化
E. 共价修饰

70. 有机磷农药中毒时其对胆碱酯酶的抑制作用属于
A. 反竞争性抑制作用
B. 非竞争性抑制作用
C. 竞争性抑制作用
D. 可逆性抑制作用
E. 不可逆性抑制作用

71. 低浓度的重金属离子对巯基酶的抑制作用属于
A. 竞争性抑制
B. 非竞争性抑制
C. 反竞争性抑制
D. 不可逆抑制
E. 别构抑制

72. ▲有机磷农药中毒的发病机制主要是有机磷抑制了
A. 胆碱酯酶
B. 葡糖-6-磷酸脱氢酶
C. 细胞色素氧化酶
D. 糜蛋白酶
E. LDH

73. 竞争性抑制作用特点是指
A. 与酶的产物竞争酶的活性中心
B. 与酶的底物竞争必需基团
C. 与酶的底物竞争酶活性中心
D. 与酶的底物竞争辅酶
E. 与酶的产物竞争非必需基团

74. ▲关于酶竞争性抑制剂特点的叙述，错误的是
A. 抑制剂与底物结构相似
B. 抑制剂与底物竞争酶分子中的底物结合部位
C. 当抑制剂存在时，$K_m$ 变大
D. 抑制剂恒定时，增加底物浓度，能达到最大反应速度

E. 抑制剂与酶共价结合

75. ▲非竞争性抑制剂存在时，酶促反应动力学的特点是
A. $K_m$ 增大，$V_{max}$ 不变
B. $K_m$ 降低，$V_{max}$ 不变
C. $K_m$ 不变，$V_{max}$ 增大
D. $K_m$ 不变，$V_{max}$ 降低
E. $K_m$ 和 $V_{max}$ 均降低

76. 下列反应中哪一种是竞争性抑制作用
A. 重金属盐中毒
B. 战争毒气路易氏气中毒
C. 有机磷农药中毒
D. 磺胺类药对二氢蝶酸合酶的抑制作用
E. 氰化物对细胞色素氧化酶的抑制作用

77. 以下作用机制不属于竞争性抑制的是
A. 他汀类药物影响胆固醇的合成
B. 磺胺类药影响核苷酸合成
C. 5-氟尿嘧啶对癌细胞增殖的影响
D. 2，3-二磷酸甘油酸对氧和血红蛋白形成的影响
E. 别嘌呤醇治疗痛风

78. 他汀类药物（阿托伐他汀、普伐他汀、氟伐他汀等）是一类临床常见的调脂药，能够有效防止高脂血症发生。他汀类药物化学结构与 β-羟-β-甲戊二酸单酰辅酶 A 还原酶( HMG-CoA 还原酶）天然底物——HMG-CoA 相似。HMG-CoA 还原酶是胆固醇生物合成的限速酶，其活性高低决定了机体内胆固醇合成的速度。根据以上他汀类药物的简介和相关理论知识，以下说法不正确的是
A. 胆固醇产生会造成高脂血症，是一类对机体有害的化合物
B. 他汀类药物对 HMG-CoA 还原酶的抑制作用强弱取决于其与天然底物的浓度比
C. 他汀类药物降脂作用机制属于酶的竞争性抑制
D. 体内代谢过程中的关键酶活性高低决定了整个代谢通路活性高低
E. HMG-CoA 由乙酰辅酶 A 转化而来

79. 磺胺类药的类似物是
A. 二氢蝶呤          B. 二氢叶酸
C. 对氨基苯甲酸（PABA）  D. 谷氨酸
E. 四氢叶酸

80. 竞争性抑制作用的动力学特点是
A. $K_m$ 不变，$V_m\uparrow$      B. $K_m\uparrow$，$V_m$ 不变
C. $K_m\downarrow$，$V_m$ 不变      D. $K_m\downarrow$，$V_m\downarrow$
E. $K_m$ 不变，$V_m\downarrow$

81. 竞争性抑制剂抑制程度与下列哪种因素无关
A. 作用时间          B. 抑制剂浓度
C. 底物浓度          D. 酶与抑制剂的亲和力

E. 酶与底物的亲和力

82. ★竞争性抑制时，酶促反应表观 $K_m$ 变化是
A. 增大              B. 不变
C. 减小              D. 无规律

83. 丙二酸对琥珀酸脱氢酶的影响属于
A. 反馈抑制          B. 底物抑制
C. 竞争性抑制        D. 非竞争性抑制
E. 反竞争性抑制

84. ★酶促动力学特点为表观 $K_m$ 不变，$V_{max}$ 降低，其抑制作用属于
A. 竞争性抑制        B. 非竞争性抑制
C. 反竞争性抑制      D. 不可逆抑制

85. 关于非竞争性抑制作用，论述错误的是
A. 抑制剂与酶结合后，不影响酶与底物的结合
B. 不改变表观 $K_m$
C. 酶与底物、抑制剂可同时结合，但抑制产物生成
D. 降低 $V_{max}$
E. 抑制剂与酶的活性中心结合

86. 非竞争性抑制作用的动力学特点是
A. $K_m$ 不变，$V_m\downarrow$      B. $K_m$ 不变，$V_m\uparrow$
C. $K_m\uparrow$，$V_m$ 不变      D. $K_m\downarrow$，$V_m$ 不变
E. $K_m\downarrow$，$V_m\downarrow$

87. 反竞争性抑制作用的正确描述是
A. 酶与底物-抑制剂复合物的亲和力大于酶与底物亲和力
B. 抑制剂不改变酶促反应的 $K_m$，只降低 $V_m$
C. 抑制剂只与酶-底物复合物结合
D. 抑制剂既与底物结合，又与酶-底物复合物结合
E. 抑制剂既与酶结合，又与酶-底物复合物结合

88. 反竞争性抑制作用的动力学特点是
A. $K_m$ 不变，$V_m\downarrow$      B. $K_m$ 不变，$V_m\uparrow$
C. $K_m\downarrow$，$V_m$ 不变      D. $K_m\downarrow$，$V_m\downarrow$
E. $K_m\uparrow$，$V_m$ 不变

89. 哪种情况可用增加底物浓度的方法减轻抑制程度
A. 不可逆抑制        B. 竞争性抑制
C. 非竞争性抑制      D. 反竞争性抑制
E. 无法确定

90. 下列哪种抑制方式中，抑制剂只与酶-底物复合物结合，形成 ESI 复合物
A. 竞争性抑制        B. 非竞争性抑制
C. 混合反应          D. 反竞争性抑制
E. 不可逆抑制

91. 关于酶促反应最大速度（$V_m$）的描述不正确的是
A. 向反应体系中加入竞争性抑制剂能降低酶的 $V_m$

B. 向反应体系中加入非竞争性抑制剂能降低酶的 $V_m$

C. 向反应体系中加入反竞争性抑制剂能降低酶的 $V_m$

D. $V_m$ 不是酶的特征性常数

E. 根据酶的 $K_m$ 可计算某一底物在相应浓度下反应速度与 $V_m$ 的比值

92. 测定酶活性时需要测定酶促反应的初速度，其目的是

A. 提高酶促反应的灵敏度

B. 节省底物使用量

C. 防止各种干扰因素对酶促反应的影响

D. 节省酶的使用量

E. 节省反应时间

93. 酶原与酶原激活的叙述哪项正确

A. 胃蛋白酶原和胃蛋白酶都有活性

B. 体内所有酶在最初合成时均以酶原形式存在

C. 酶原激活即酶的无活性前体的剪切过程

D. 酶原激活即酶被完全水解的过程

E. 酶原激活即酶的别构调节过程

94. 酶原没有活性的原因是

A. 已经被胃酸变性失活

B. 肽链合成不完全

C. 体内不存在酶原这一生物分子

D. 活性中心未形成或暴露

E. 缺乏辅助因子

95. 关于别构调节叙述正确的是

A. 所有别构酶都有一个调节亚基和一个催化亚基

B. 别构酶的动力学特点与米氏酶不同

C. 别构激活与酶被离子激活剂激活的机制相同

D. 别构抑制与非竞争性抑制相同

E. 是一种共价修饰调节

96. 有关别构酶结构特点的描述错误的是

A. 有与底物结合的部位

B. 有与别构剂结合的部位

C. 磷酸化与去磷酸化是其主要活性形式

D. 常由多个亚基组成

E. 催化部位与别构部位既可位于同一亚基，也可位于不同亚基上

97. 大多数别构酶具有的性质是

A. 单体酶

B. 无效应物时，遵循米氏动力学

C. 与底物结合后方具有协同效应

D. 别构激活剂与催化位点结合

E. 别构抑制剂均为不可逆抑制剂

98. 下图中哪条曲线是别构酶的动力学曲线

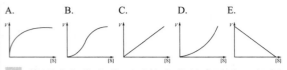

99. 代谢途径往往能通过终产物的高浓度，抑制调控代谢途径涉及的第一步化学反应速率，这一调控机制被称为

A. 竞争性抑制　　　　B. 非竞争性抑制

C. 反竞争性抑制　　　　D. 前馈抑制

E. 反馈抑制

100. 别构酶的低活性构象形式被称为

A. T-态　　　　B. M-态　　　　C. R-态

D. I-态　　　　E. L-态

101. 大多数别构酶由两种亚基构成，分别为

A. 催化亚基和调节亚基

B. 调节亚基和别构亚基

C. R-亚基与 T-亚基

D. 均称为 R-亚基

E. 均称为 T-亚基

102. 有关酶的共价修饰调节正确的是

A. 是不可逆的共价反应

B. 磷酸化只能升高酶的活性

C. 乙酰化或去乙酰化是最多见的方式

D. 属于慢速调节

E. 属于快速调节

103. 共价修饰调节中,酶的磷酸化和去磷酸化位点通常发生于哪种氨基酸残基

A. 天冬氨酸　　　B. 脯氨酸　　　C. 赖氨酸

D. 丝氨酸　　　E. 甘氨酸

104. 下列哪种调节方式属于慢调节

A. 同工酶的作用　　　　B. 酶原激活作用

C. 共价修饰调节　　　　D. 别构调节作用

E. 酶含量的调节

105. 关于同工酶的叙述正确的是

A. 酶蛋白的分子结构相同

B. 同一种酶的各种同工酶 $K_m$ 相同

C. 免疫学性质相同

D. 催化的化学反应相同

E. 同工酶具有相同的定位

106. ▲有关同工酶概念的叙述，错误的是

A. 同工酶的免疫学性质不同

B. 不同器官的同工酶谱不同

C. 同工酶常由几个亚基组成

D. 同工酶的理化性质不同

E. 同工酶催化不同的底物反应

107. 下列关于乳酸脱氢酶的叙述不正确的是

A. 可用 LDH 表示，有五种同工酶

B. 含有 H、M 两种亚基，以不同组合方式形成 5 种四聚体酶

C. 对同一底物有不同 $K_m$

D. 它们在机体各组织器官的分布有显著差别

E. 同工酶之间的电泳迁移率相同

108. 天冬氨酸氨基转移酶属于

A. 氧化还原酶类　　　　B. 水解酶类

C. 转移酶类　　　　　　D. 合成酶类

E. 异构酶类

109. 磷酸化酶属于

A. 氧化还原酶类　　　　B. 异构酶类

C. 水解酶类　　　　　　D. 转移酶类

E. 裂解酶类

110. 国际酶学委员会将酶分为 7 大类的依据是

A. 酶所催化的底物

B. 酶所催化的反应类型

C. 酶的来源

D. 酶的结构

E. 酶的物理性质

111. 酶活性是指

A. 酶催化的反应类型

B. 酶催化能力不够

C. 酶自身变化的能力

D. 无活性的酶转变为有活力的酶能力

E. 酶将底物转化为产物的能力

## 二、A2 型选择题

1. 核黄素是一种水溶性维生素，人体无法合成，主要来源是奶制品、蛋类和肉类等。从代谢而言，其能够在小肠被吸收，并在小肠黏膜黄素激酶的催化下转变为黄素单核苷酸，并进一步生成黄素腺嘌呤二核苷酸，参与琥珀酸脱氢酶催化过程。下列陈述正确的是

A. 核黄素是一种辅酶

B. 黄素腺嘌呤二核苷酸是一种维生素

C. 琥珀酸脱氢酶是一个辅酶

D. 黄素腺嘌呤二核苷酸是一种辅酶

E. 琥珀酸脱氢酶是一种维生素

2. 维生素 $B_1$ 又名硫胺素，主要存在于酵母、瘦肉、豆类和种子外皮中。维生素 $B_1$ 被小肠吸收入血后经硫胺素焦磷酸激酶催化生成维生素 $B_1$ 的活化形式焦磷酸硫胺素，参与线粒体内丙酮酸、α-酮戊二酸和支链氨基酸的 α-酮酸的氧化脱羧反应，转移醛基。下列辅酶中含有维生素 $B_1$ 的是

A. TPP　　　　　B. FMN　　　　　C. NAD$^+$

D. CoA　　　　　E. FAD

3. 维生素 $B_2$ 是体内重要的水溶性维生素，人体无法合成，主要来源是奶制品、蛋类和肉类等。其代谢物是体内氧化还原酶的辅基，参与氧化呼吸链、脂肪酸和氨基酸的氧化及三羧酸循环。下列哪项属于维生素 $B_2$ 参与氧化还原反应的形式

A. 辅酶Ⅱ（NADP）　　B. NAD$^+$、NADP$^+$

C. 辅酶 A　　　　　　　D. FMN、FAD

E. 辅酶Ⅰ（NAD）

4. 维生素 C，是最为公众熟悉的维生素之一，又称 L-抗坏血酸，具有热不稳定性，呈酸性，广泛存在于新鲜的蔬菜水果中。维生素 C 从小肠吸收，体内最主要的存在形式是还原型抗坏血酸。作为还原剂，广泛参与体内氧化还原反应。维生素 C 很可能参与下列哪个反应过程

A. 体内一碳单位的转运

B. 氧化呼吸链上的电子传递

C. 丙酮酸脱羧反应

D. 谷胱甘肽的氧化还原

E. 体内 $Ca^{2+}$ 吸收

5. 唾液淀粉酶是消化酶的一种，存在于口腔中，能够将食物中的淀粉水解为葡萄糖。当对唾液淀粉酶进行透析处理后，发现其水解淀粉的能量显著下降，可能的解释是

A. 酶蛋白变性　　　B. 失去了激活剂离子

C. 失去了辅酶　　　D. 酶量减少

E. 失去了辅基

6. 酶的活性中心在酶促反应中起到了关键作用，为反应提供了直接的结合位点和催化基团。通过结构检测，大多数酶的活性中心为一凹穴，穴内介电常数往往偏低，形成疏水环境。关于这种局部疏水结构的描述正确的是

A. 依赖于蛋白质分子的高级结构而形成

B. 依赖蛋白质分子一级结构而形成

C. 构成酶活性中心的氨基酸残基在一级结构上相邻

D. 构成酶活性中心的氨基酸残基在一级结构上不相邻

E. 酶活性中心不一定是酶的必需基团

7. 有一种酶（E），作用于底物（S）生成产物（P）。使用定点突变、删除重组技术将 E 的氨基酸残基突变，分别检测野生型和突变型 E 的酶活性，结果如下表。根据此表呈现的数据及酶学基础知识，以下结论正确的是

| 酶 | 酶活性 |
|---|---|
| 野生型 | 10.2 |
| Val57 突变为 Ser57 | 3.6 |
| Cys12 突变为 Glu12 | 10.1 |
| Ser51-Gln65 删除 | 2.9 |

A. 野生型 E 酶活性最高，$K_m$ 最高

B. Val57 很可能位于酶活中心

C. Cys12 很可能位于酶的活性中心

D. Ser51-Gln65 这段肽链的氨基酸残基中不含酶的必需基团

E. 任一氨基酸残基的删除均会显著影响酶的活性

8. 维生素是维持机体正常生命活动所需的一类小分子有机化合物，在体内无法合成或合成量很少，因此需要依赖食物摄入。维生素种类繁多，根据其水溶性不同分为水溶性维生素和脂溶性维生素两类。下列物质中属于水溶性维生素的是

A. 视黄醛　　　　　　B. 维生素 D

C. 维生素 $B_1$　　　　D. 维生素 E

E. 叶绿醌

9. 随着物质生活水平的提高,公众对生活品质的要求也在不断提高。很多父母喜欢给小孩喂食精米精面等细致加工后的食物，认为更加营养健康，口感更好。但事实上，长期食用精米和精面会导致癞皮病发生，主要表现有皮炎、腹泻及痴呆，反而不利于小孩的健康成长。根据所学的生化知识，癞皮病的发生是因为体内缺乏何种维生素引起的

A. 维生素 $B_1$　　　B. 维生素 PP

C. 维生素 $B_2$　　　D. 叶酸　　E. 泛酸

10. 假酒中毒事件屡见不鲜，中毒原因是假酒往往由工业酒精勾兑而成，其中含有甲醇。甲醇中毒的机制是在体内乙醇脱氢酶的作用下发生还原，转变为剧毒的甲醛，从而导致个体中毒。根据以上背景知识，对于甲醇中毒患者，抢救策略是

A. 使用乙醇脱氢酶抑制剂抑制酶活性

B. 饮用烈酒，摄入乙醇竞争乙醇脱氢酶

C. 摄入稀释的甲醛溶液，通过反馈抑制，抑制乙醇脱氢酶活性

D. 摄入大量纯净水，稀释摄入体内的甲醇

E. 摄入/注射乙醇脱氢酶

11. 敌敌畏，又名 DDVP，是速效广谱性磷酸酯类杀虫杀螨剂，用于蔬菜、果树和多种农田作物。作为最为公众熟知的农药之一，其可结合胆碱酯酶活性中心的

A. 丝氨酸残基的羟基

B. 半胱氨酸残基的巯基

C. 色氨酸残基的吲哚基

D. 精氨酸残基的胍基

E. 甲硫氨酸残基的甲硫基

12. 能干扰谷氨酰胺参与合成嘌呤核苷酸的物质是

A. 氮杂丝氨酸　　　　B. 6-巯基嘌呤

C. 氟尿嘧啶　　　　　D. 甲氨蝶呤

E. 阿糖胞苷

13. LDH 同工酶由 H、M 亚基组成，在不同的组织器官中其组合方式各不相同，但均在乳酸代谢途径中发挥了关键作用。其组合方式为

A. 二聚体　　　　　　B. 三聚体

C. 四聚体　　　　　　D. 五聚体

E. 部分组织中为二聚体，部分为四聚体

14. 胰蛋白酶广泛存在于高等哺乳动物中，在食物消化中起到重要作用。胰蛋白酶原存在的意义是

A. 保证胰蛋白酶的水解效率

B. 促进蛋白酶的分泌

C. 保护胰腺组织免受破坏

D. 保证蛋白酶在一定时间内发挥作用

E. 是人体中特有的酶调控方式

15. 砷化合物是一类剧毒物质，中医上所记载的剧毒药物"砒霜"即含砷物质。对砷的毒理机制研究发现其对体内巯基酶起到抑制作用，从而导致机体死亡。砷化合物对巯基酶的抑制作用属于

A. 反馈抑制　　　　　B. 不可逆抑制

C. 竞争性抑制　　　　D. 反竞争性抑制

E. 非竞争性抑制

16. 磺胺类药物抑菌或杀菌的作用机制是

A. 抑制叶酸合成酶

B. 抑制二氢叶酸还原酶

C. 抑制二氢蝶酸合成酶

D. 抑制四氢叶酸还原酶

E. 抑制四氢叶酸合成酶

17. ★磺胺类药对二氢蝶酸合成酶的抑制性质是

A. 不可逆抑制　　　　B. 竞争性抑制

C. 反竞争性抑制　　　D. 非竞争性抑制

18. 美国科学家 T. Cech 和 S. Altman 最早发现大肠埃希菌 RNase P 的蛋白质部分除去后，在体外高浓度 $Mg^{2+}$ 存在下，留下的 RNA 部分具有与蛋白去除前相同的催化活性。以上实验结果说明：

A. 只有保持 RNase P 全酶形式才保证其具有催化功能

B. RNase P 中的 RNA 部分具有催化功能

C. 蛋白质是唯一具有催化功能的生物大分子

D. RNase P 中的蛋白部分具有催化功能

E. RNase P 中的蛋白部分和 RNA 部分均具有催化功能

19. 目前不少酶试剂被直接运用于临床，如尿激酶。该酶能够溶解血栓，在心肌梗死、脑梗死、深静脉血栓等疾病临床治疗中被运用。为防止这类酶试剂失活，最好将其存放于

A. -20℃　　　　B. 0℃　　　　C. 室温

D. 最适温度　　E. 40℃

20. 当酶浓度为 5nmol/L 时，底物浓度为 50mmol/L，而 $K_m$ 为 5μmol/L，基于米氏方程，以下哪种情况可能发生

A. 酶促反应速度趋于 $V_m$

B. 大多数酶并未与底物结合

C. 体系趋于进行一级反应

D. 酶促反应速度趋于 0

E. 体系进行混合级反应

21. ★LDH 是寡聚体同工酶，有五种类型，即 $LDH_1 \sim LDH_5$，广泛分布于体内各组织器官。在心肌梗死后 2 天左右开始释放入血，正常血清中 $LDH_2$ 活性高于 $LDH_1$，但在心肌梗死发生后血清中 $LDH_1$ 活性高于 $LDH_2$。通常血清中酶活性升高的主要原因是

A. 体内代谢降低使酶降解减少

B. 细胞受损使胞内酶释放入血

C. 细胞内外某些酶被激活

D. 酶由尿中排出减少

E. 酶的合成水平在某些器官中提高

22. 肝中葡糖激酶催化葡萄糖磷酸化为 6-磷酸葡萄糖。作为底物，葡萄糖的 $K_m$ 为 7mmol/L。禁食条件下血糖浓度为 5mmol/L，在摄入高碳水化合物后，回流至肝的血液中血糖浓度可达 20mmol/L。因此，在禁食后突然摄入高碳水化合物，葡糖激酶所催化的反应速率会如何变化

A. 速率 < 50% $V_m$

B. 速率 > 80% $V_m$

C. 速率从 < 50% $V_m$ 到 > 50% $V_m$

D. 速率从 > 50% $V_m$ 到 < 50% $V_m$

E. 保持在 $V_m$

23. 酶保证了生物体内各种生化反应的正常进行，是体内重要的生物大分子之一。随着酶学研究的深入，目前已开发出作为药物用于疾病临床治疗的酶。临床常见的如含有促进糖类和脂肪分解相关酶的消化酶片，主要用于消化不良，又比如胰激肽原酶片，主要用于扩张小血管，改善微循环，临床常用来治疗糖尿病视网膜病变、糖尿

病周围神经病变等疾病。但无论哪种酶，在临床使用前均需要在研究平台进行经典的酶活性测定等前期基础实验。根据已知的知识，在进行酶活性测定时，用以下哪种策略处理酶和底物最为严谨合理

A. 先将两组分混合，用缓冲液配制酶和底物的混合溶液，再进行反应

B. 分别用缓冲液配制酶和底物溶液，然后将两溶液混合，再进行反应

C. 先将两组分混合，对缓冲液进行保温后配制酶和底物的混合溶液，再进行反应

D. 配制好酶和底物溶液后，对其中一种先保温，再加入另一组分进行反应

E. 分别用缓冲液配制酶和底物溶液，而后分别保温，再混合进行反应

24. 丙二酸化学结构与琥珀酸相似，琥珀酸是三羧酸循环中的琥珀酸脱氢酶的天然底物。根据以上描述，丙二酸盐对琥珀酸脱氢酶动力学参数的影响是

A. $K_m$ 增加，$V_m$ 不变　　B. $K_m$ 降低，$V_m$ 不变

C. $K_m$ 不变，$V_m$ 降低　　D. $K_m$ 不变，$V_m$ 增加

E. $K_m$ 降低，$V_m$ 降低

25. 对体内主要物质代谢途径的检测已经非常明确。体内催化代谢反应的关键酶也被一一鉴定。其中己糖激酶是催化糖酵解第一步反应的酶，反应不可逆，受到底物/产物浓度及机体 ATP/ADP 值的调控。根据己糖激酶的上述特点和相关酶学知识，推断己糖激酶的 $V$-[S] 曲线为

A. 类似双曲线　　　　B. S 形曲线

C. 倒 U 形曲线　　　　D. 直线

E. U 形曲线

26. 患者，男性，40 岁，从事烟草种植业，由于在田间喷洒杀虫剂马拉硫磷（malathion）时，喷管意外破裂被淋洒农药，出现心动过缓、大量出汗、呕吐、唾液分泌增多、视物模糊等症状被送急诊。以下哪种描述符合这一中毒事件

A. 竞争性抑制　　　　B. 非竞争性抑制

C. 不可逆抑制　　　　D. 可逆抑制

E. 该农药不抑制酶活性

27. 患者，女性，28 岁，脉动疲劳，眼睑下垂，吞咽困难，说话含糊不清。患者服用药物影响体内酶活性，动力学分析对应的酶促反应发现在摄入/未摄入该药物时，对应的酶促动力学曲线如下。根据检测结果，该药物最可能符合列表中哪种情况

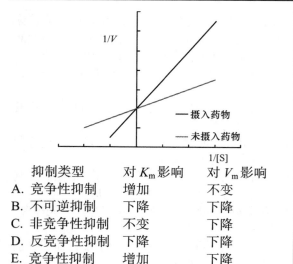

| 抑制类型 | 对 $K_m$ 影响 | 对 $V_m$ 影响 |
| --- | --- | --- |
| A. 竞争性抑制 | 增加 | 不变 |
| B. 不可逆抑制 | 下降 | 下降 |
| C. 非竞争性抑制 | 不变 | 下降 |
| D. 反竞争性抑制 | 下降 | 下降 |
| E. 竞争性抑制 | 增加 | 下降 |

**28.** 受试者因计划去落基山脉滑雪，服用了对抗高原反应的药物。该药物抑制作用曲线图如下，根据该图，可初步判断该药物是哪种抑制剂

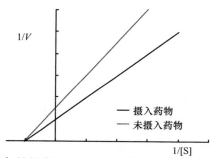

A. 竞争性抑制　　　　　　B. 非竞争性抑制
C. 不可逆抑制　　　　　　D. 别构酶抑制剂
E. 该药物不是抑制剂，而是激活剂

**29.** 酶的活性中心能与列表中哪组分子结合

| 底物 | 别构抑制剂 | 竞争性抑制剂 | 非竞争性抑制剂 |
| --- | --- | --- | --- |
| A. 是 | 是 | 是 | 是 |
| B. 是 | 否 | 是 | 是 |
| C. 是 | 否 | 是 | 否 |
| D. 否 | 否 | 否 | 否 |
| E. 否 | 是 | 否 | 是 |

**30.** 淀粉酶活力单位定义：在最适条件下每小时分解 1.0g 淀粉所需的酶量，即为 1 个活力单位（U）。准确称取 1.0g 淀粉酶制剂，用专用缓冲液溶解定容至 1L，精确取用 1ml 酶溶液测定酶活力：在反应体系中，淀粉以 0.1g/min 的速率被分解。以此推算，每克酶制剂所含淀粉酶活力单位数是
A. 6U　　　　　　B. 60U　　　　　　C. 600U
D. 6000U　　　　E. 60 000U

**31.** 底物将对应的酶饱和的百分比可以由 $V/V_m$ 值来反映。在某一检测体系中，过氧化氢酶的 $K_m$ 为 $2.5 \times 10^{-2}$mol/L，当底物过氧化氢浓度为 100mmol/L 时，过氧化氢酶被底物所饱和的百分比为
A. 20%　　B. 40%　　C. 60%　　D. 80%　　E. 100%

**32.** ★已知某酶 $K_m$ 为 0.05mol/L，欲使其所催化的反应速度达最大反应速度的 80%时，底物浓度应是多少
A. 0.04mol/L　　　　B. 0.05mol/L　　　　C. 0.1mol/L
D. 0.2mol/L　　　　E. 0.8mol/L

**33.** 异烟肼（雷米封）是一种常见的临床用于预防、治疗结核病的药物。但长期服用异烟肼可导致维生素 PP 缺乏，从而产生皮炎、腹泻等症状。异烟肼这种副作用产生的原因是
A. 异烟肼的结构与维生素 PP 相似，同时也有拮抗作用
B. 异烟肼可促进维生素 PP 的排泄
C. 异烟肼可抑制维生素 PP 的吸收
D. 异烟肼可与维生素 PP 结合，使其失活
E. 异烟肼抑制体内色氨酸代谢

**34.** 异烟肼是一种常见的临床用于预防、治疗结核病的药物。临床建议服用异烟肼时应适量补充维生素 $B_6$，原因是
A. 异烟肼的结构与维生素 $B_6$ 相似，同时也有拮抗作用
B. 异烟肼可促进维生素 $B_6$ 的排泄
C. 异烟肼可抑制维生素 $B_6$ 的吸收
D. 异烟肼可与维生素 $B_6$ 结合，使其失活
E. 异烟肼抑制体内色氨酸代谢

**35.** 患者，男性，从事基础实验工作，因操作意外导致一滴试剂溅入眼中，该试剂为一种乙酰胆碱酯酶有机磷抑制剂。这一事故导致患者出现针尖样瞳孔，对阿托品治疗毫无反应。在经历了上述情况数周后，患者终于恢复。该恢复过程中机体可能发生的情况是
A. 睫状肌功能逐渐恢复
B. 被该抑制剂损伤的神经元再生
C. 机体重新合成了溅入抑制剂不可逆抑制的酶
D. 溅入抑制剂量较少，酶未被完全抑制，反应速率降低导致产物生成变慢
E. 机体产生蛋白水解酶重新水解激活被抑制的酶

**36.** 胰蛋白酶为肽链内切酶，它能特异性作用于赖氨酸和精氨酸残基羧基参与形成的肽键，从而起到促进蛋白质分解的作用。在生化实验中，可采用胶卷成分"白明胶"（明胶、动物胶）作为

底物，检测胰酶反应的进程。具体操作：在胶卷中，溴化银颗粒悬浮在白明胶上形成胶卷的感光层，通过曝光预处理后，溴化银分解形成黑色银颗粒吸附于胶卷上，使胶卷呈现黑色。当把胶卷加入反应体系后，随着酶促反应的进行，白明胶不断水解，使得银颗粒逐渐从底片上脱离，底片逐渐变得透明。根据底片变化，可以判定对应体系中胰酶活性的高低。某次反应得到的结果如图所示，下面描述正确的是

 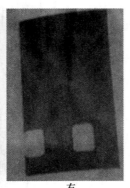

左　　　　　右

A. 左侧胶卷对应体系中酶活性更高，体系酶促反应速度与加入胶卷量不具相关性
B. 右侧胶卷对应体系中酶活性更高，体系酶促反应速度与加入胶卷量不具相关性
C. 若体系温度达到70℃，胶卷褪色会更快更明显
D. 左侧胶卷对应体系中酶活性更高，体系酶促反应速度与加入胶卷量具有相关性
E. 右侧胶卷对应体系中酶活性更高，体系酶促反应速度与加入胶卷量具有相关性

37. 空腹时，肝很少利用葡萄糖作为能源，原因是
A. 葡糖激酶 $K_m$ 低
B. 葡糖激酶 $K_m$ 高
C. 细胞膜上葡萄糖转运体的还原
D. 磷酸果糖激酶-1 被抑制
E. 磷酸果糖激酶-1 被激活

38. 某种酶催化反应通式如下，该酶与 4mmol/L 底物（即 A）混合。起始反应速率 $V=25\%V_m$。$K_m$ 为

$$E+A \rightleftharpoons EA \longrightarrow E+P$$

A. 2mmol/L　　B. 4mmol/L　　C. 9mmol/L
D. 12mmol/L　　E. 25mmol/L

39. ★氯霉素的抗菌作用是由于抑制了细菌的
A. 细胞色素氧化酶　　B. 嘌呤核苷酸代谢
C. 二氢叶酸还原酶　　D. 核糖体上的转肽酶
E. 转录

40. ★磺胺类药能竞争性抑制二氢蝶酸合酶是因为其结构类似于
A. 对氨基苯甲酸　　B. 二氢蝶呤
C. 苯丙氨酸　　D. 谷氨酸
E. 酪氨酸

41. 2017 年 11 月 29 日，一位名叫普拉雅克的战争罪被告在荷兰海牙前南斯拉夫问题国际刑事法庭上喝下毒药身亡。新加坡《联合早报》12 月 2 日报道称，普拉雅克死于氰化钾中毒。包括氰化钾在内的氰化物是氧化呼吸链抑制剂，能够与复合体Ⅳ中的细胞色素（Cyt）$a_3$ 紧密结合，从而阻断电子传递给 $O_2$，导致机体死亡。根据新闻报道和相关机制背景，氰化物是
A. 竞争性抑制剂　　B. 非竞争性抑制剂
C. 可逆抑制剂　　D. 不可逆抑制剂
E. 别构抑制剂

42. β-内酰胺酶是广泛存在于细菌中的一大类酶，β-内酰胺类抗生素特异性地作用于 β-内酰胺酶，是一类运用广泛的抗菌药物。舒巴坦是目前常用的 β-内酰胺类抗生素，其常与头孢菌素联用，达到抑制细菌生长的目的。根据所学知识，舒巴坦很可能是一种
A. 酶抑制剂，通过影响 β-内酰胺酶的活性达到抗菌目的
B. 酶抑制剂，通过消耗 β-内酰胺酶底物达到抗菌目的
C. 酶抑制剂，通过结合改变 β-内酰胺酶的结构达到抗菌目的
D. 酶激活剂，通过影响 β-内酰胺酶的活性达到抗菌目的
E. 解偶联剂，通过解除 β-内酰胺酶对应的酶促反应与后续反应的关联达到抗菌目的

43. 20 世纪 30 年代，德国人在研制杀虫剂时发现含有有机磷的杀虫剂杀虫效果非常好，于是开发出一系列有机磷农药，成为应用最广泛、使用量最大的一类农药。同时也发现某些有机磷化合物对人畜也具有极强的杀伤力，这也就是有机磷化学武器。因其能破坏神经系统正常功能，在短时间内造成人员伤亡，因此又被称为神经性毒剂。神经性毒剂的作用机制是：在正常情况下，乙酰胆碱是在神经系统中的一种传递神经信息的"信使"，需要传递信息时，神经细胞会合成大量乙酰胆碱，将信息传送到下一个神经细胞，信息传递结束后，乙酰胆碱会被乙酰胆碱酯酶快速分解；而当有机磷神经毒剂进入机体后，其迅速与乙酰胆碱酯酶结合，破坏其分解乙酰胆碱的能力，导致乙酰胆碱大量堆积，引起中枢和外周神

经系统功能严重紊乱，进而导致呼吸系统等器官衰竭，直至个体死亡。根据以上对有机磷神经毒剂的描述，以下观点错误的是

A. 乙酰胆碱在神经信息传递中起着重要作用

B. 乙酰胆碱是乙酰胆碱酯酶的底物

C. 由乙酰胆碱转化而成的底物对机体没有毒性

D. 有机磷化学武器是乙酰胆碱酯酶的可逆抑制剂

E. 有机磷化学武器是乙酰胆碱酯酶的不可逆抑制剂

44. 乙酰胆碱酯酶除了被有机磷抑制剂所抑制，也能因二异丙基氟磷酸（DFP）导致失活。具体机制是 DFP 能够与该酶的丝氨酸残基共价结合。而十烃季胺（decamethonium）能够对乙酰胆碱酯酶起到保护作用。在一定量的酶和 DFP 存在时，十烃季胺能够减缓酶失活，则可能的解释是

A. DFP 和十烃季胺均为乙酰胆碱酯酶的不可逆抑制剂

B. DFP 和十烃季胺均为乙酰胆碱酯酶的可逆抑制剂

C. DFP 为乙酰胆碱酯酶的不可逆抑制剂，十烃季胺为可逆抑制剂

D. DFP 为乙酰胆碱酯酶的可逆抑制剂，十烃季胺为不可逆抑制剂

E. 乙酰胆碱酯酶不会完全失活

45. 患者，男，40 岁，主诉上腹胀痛 1 天入院，起病前饮啤酒 6 瓶和吃火锅 1 次。入院后查中上腹广泛压痛，无反跳痛，轻微肌紧张。腹部叩诊鼓音，移动性浊音阴性。肠鸣音减弱 2 次/分。查胃液隐血阴性，血淀粉酶 560mmol/L，总胆红素 22mmol/L，直接胆红素 8mmol/L，间接胆红素 14mmol/L。白细胞（WBC）11.8×10⁹/L，红细胞（RBC）2.9×10¹²/L，血小板（PLT）12×10⁹/L。该患者被诊断为急性胰腺炎，根据背景和已学知识，最适合该患者的药物是

A. 胃蛋白酶抑制剂       B. 胰蛋白酶抑制剂

C. 第四代头孢菌素       D. 利胆药

E. 消化酶片

46. 患者，男性，20 岁，无既往病史，吃火锅后出现腹胀，2 天不能进食，进食即呕吐。给予多潘立酮口服，5%葡萄糖加维生素静脉滴注。根据所学知识，给予的维生素为

A. B₁   B. B₂   C. B₆   D. PP   E. B₁₂

47. 2018 年 8 月，辽宁省大连地区持续晴热天气，气温突破有气象资料以来最高纪录。海参不怕冷，怕高温，由于海水温度突破了 32℃，超过了海参可承受的生存温度，养殖海参出现了大面积

的死亡，导致过半的参池绝收。这一大规模海参死亡事件，从生化角度给出的解释不合理的是

A. 高温是海参死亡的主要原因

B. 高温导致海参体内酶失活

C. 与嗜热菌不同，海参体内无耐高温的酶存在

D. 生物体内酶的失活，很可能会导致机体死亡

E. 低温也可导致海参因体内酶失活而死亡

48. ★心肌中富含的 LDH 同工酶是

A. LDH₁       B. LDH₂       C. LDH₃

D. LDH₄       E. LDH₅

49. ★肝中富含的 LDH 同工酶是

A. LDH₁       B. LDH₂       C. LDH₃

D. LDH₄       E. LDH₅

## 三、B 型选择题

1. 参与转移酰基的是

2. 参与 α-酮酸氧化脱羧作用的辅酶中含有

3. 参与转移 $CO_2$ 的辅基是

4. 参与转移氨基的辅酶是

A. 维生素 B₁₂       B. 辅酶 A       C. 生物素

D. 维生素 B₁       E. 磷酸吡哆醛

5. 水解产物只含氨基酸的酶

6. 由 1 条多肽链组成的酶

7. ★分子组成中含有酶蛋白和辅助因子的酶

8. ★由于基因的融合，多种酶存在于一条多肽链中、并具有多个活性中心的酶

A. 单体酶       B. 单纯酶       C. 多酶体系

D. 多功能酶       E. 缀合酶

9. 抑制剂占据酶活性中心阻止底物与酶结合属于

10. 抑制剂以共价键与酶活性中心上的必需基团结合属于

11. 酶可以与底物和抑制剂同时结合属于

12. 对氨基苯磺胺对二氢蝶酸合酶的抑制是

A. 竞争性抑制       B. 非竞争性抑制

C. 反竞争性抑制       D. 不可逆抑制

E. 别构效应

13. 琥珀酸脱氢酶的竞争性抑制剂是

14. 解除有机磷农药对胆碱酯酶抑制的解毒剂是

15. 解除巯基酶中毒的解毒剂是

16. 可抑制巯基酶活性的含砷的化合物是

A. 丙酮酸       B. 二巯基丙醇       C. 解磷定

D. 丙二酸       E. 路易氏气

17. 温度与酶促反应速度的关系曲线是

18. 底物浓度与酶促反应速度的关系曲线是

19. pH 与酶促反应速度的关系曲线一般是

20. 别构酶的动力学曲线为

A. 倒 U 形曲线       B. 直线

C. 平行线　　D. 双曲线　　E. S 形曲线
21. 酶促反应速度随温度升高而加快的温度是
22. 酶变性使酶失活的温度是
23. 酶活性降低，但不变性的温度是
A. 0～35℃　　　　B. 35～40℃
C. 0℃以下　　　　D. 60℃时

### 四、X 型选择题

1. ★下列辅酶或辅基中，含腺嘌呤的有
A. FMN　B. FAD　C. NADP⁺　D. CoA
2. ★酶与一般催化剂相比，不同点有
A. 反应条件温和，可在常温、常压下进行
B. 加快化学反应速度，可改变反应平衡点
C. 专一性强，一种酶只作用于一种或一类物质
D. 在化学反应前后酶本身不发生质和量的改变
3. 酶失活时可能的表现有
A. 溶解度降低
B. 黏度增加
C. 酶的一级结构发生改变
D. 酶的二级结构发生改变
E. 酶促反应体系温度超过酶的最适温度
4. 酶与一般催化剂相比，不同之处在于
A. 反应条件温和，常温常压下即可进行催化
B. 通过不改变反应的平衡点加速反应速率
C. 具有底物专一性
D. 在反应前后不发生质和量的改变
E. 通过降低反应的活化能加速反应速率
5. ★测定酶活性的必要条件是
A. 最适 pH　　　　B. 适宜温度
C. 足够的底物浓度　D. 足够的激动剂
6. 关于 $K_m$ 和 $V_m$ 的表述正确的是
A. $K_m$ 不变，$V_m$ 降低是竞争性抑制作用的特点
B. $K_m$ 是反应速率达到 $1/2V_m$ 时的底物浓度
C. $K_m$ 增高，$V_m$ 不变是酶非竞争性抑制作用的特点
D. $K_m$ 是酶的特征性常数之一
E. $K_m$ 随测定底物的种类的改变而改变
7. 酶在医学领域中的作用涉及
A. 疾病诊断
B. 用作药物作用靶点
C. 酶试剂直接参与疾病治疗
D. 基础医学研究的工具酶
E. 作为标记分子

### 五、名词解释

1. 酶
2. 缀合酶
3. 辅酶

4. 维生素
5. 必需基团
6. 酶的活性中心
7. 酶促反应动力学
8. $K_m$
9. 酶的最适温度
10. 竞争性抑制
11. 反竞争性抑制
12. 共价修饰
13. 别构酶
14. 酶原
15. 酶原激活
16. 同工酶

### 六、简答题

1. 酶与一般催化剂相比具有哪些相同点和不同点？
2. 何为酶促反应动力学？影响酶促反应速度或酶活性的因素有哪些？
3. 酶的特征性常数有哪些？简述其意义。
4. 试述温度对酶促反应速度的双重影响，并举例说明其实际应用。
5. 何为酶的不可逆抑制作用？举例说明。
6. 什么是酶的可逆性抑制？分为哪 3 种类型？并简述其特点。
7. 试述竞争性抑制作用的定义及特点并举例。
8. 何为酶原及酶原激活？简述其生理意义。
9. 机体对代谢的精确调节主要是通过对酶的调节而实现，请简述酶的调节机制。

### 七、分析论述题

1. 试述酶与疾病发生、诊断和治疗的关系及酶在医学中的应用。
2. 患者，男性，29 岁，建筑工人，工地劳动时突发胸痛，疼痛程度中等，仍坚持工作 1 天后，疼痛更明显，特别是呼吸时感到剧痛，并有紧缩感横绕前胸壁。医院就诊查：心电图、胸透检查阴性，血浆 LDH 升高（400IU/L），并持续升高到住院第 4 天。其他检查项目均正常。诊断结果：肌肉损伤。
（1）LDH 催化什么化学反应？主要参与哪种代谢途径？该代谢途径有何生理意义？
（2）LDH 的辅酶是什么？该辅酶有何功能？该辅酶来自哪种维生素？人体缺乏该维生素有何表现？
（3）什么是同工酶？在肌肉损伤等不同疾病中 LDH 的各种同工酶是否同样地成比例升高？为什么？

3. 患者，女性，46岁。因与家人争吵自服美曲膦酯（敌百虫）约100ml。服毒后自觉头晕、恶心，并伴有呕吐，呕吐物有刺鼻农药味。家属发现后送当地医院。洗胃10 000ml后，予阿托品5ml静脉推注，肌内注射解磷定2g后，病情无好转。渐出现神志不清，呼之不应，刺激反应差，于服药5h后转院。经辅助检查诊断为有机磷中毒，立即予以催吐洗胃，硫酸镁导泻，阿托品、解磷定静脉注射，反复给药补液、利尿等对症支持治疗。

（1）酶的抑制作用有哪几种类型？
（2）有机磷中毒对酶的抑制作用属于哪种类型？有何特点？
（3）有机磷中毒的生化机制是什么？

4. 患儿，女性，14岁，因乏力数月，近20天腹胀、腹泻前来就诊。患儿数月来不明原因面色苍白，乏力，耐力下降，头晕，心悸，食欲缺乏，恶心，腹胀，腹泻。曾用助消化药和治疗腹泻的药物无效。近20天上述症状加重，并且出现视力下降等症状。该患儿是初中学生，住校，偏食，喜欢吃零食，很少吃新鲜水果、蔬菜及肉类食品，经常感冒。体格检查：体温36.5℃，呼吸24次/分，脉搏93次/分，血压8.7/14.7kPa，消瘦，体重37kg。血常规检查：呈大细胞性贫血，平均红细胞体积（MCV）、平均血红蛋白浓度（MCH）均增高，网织红细胞计数稍低。血化验血清叶酸低于6.8nmol/L，红细胞叶酸低于227 nmol/L。初步诊断：巨幼红细胞性贫血。

（1）叶酸缺乏造成巨幼细胞贫血的生化机制是什么？
（2）患儿为何有食欲缺乏、腹胀、腹泻等消化道症状？

5. 结合酶学相关知识，简述磺胺类药抗菌的生化机制。与甲氧苄啶联用时，磺胺类药的抗菌效力可提高数倍至数十倍，请问这两种药物合用后药效增强的生化机制是什么？服用甲氧苄啶后，有些患者为何会出现巨幼细胞贫血等副作用？

# 参 考 答 案

## 一、A1型选择题

| | | | | | | |
|---|---|---|---|---|---|---|
|1.A|2.A|3.C|4.B|5.D|6.A|7.D|
|8.D|9.C|10.D|11.A|12.D|13.E|14.C|
|15.C|16.C|17.B|18.A|19.B|20.D|21.D|
|22.E|23.C|24.D|25.E|26.C|27.C|28.E|
|29.C|30.E|31.D|32.B|33.D|34.C|35.A|
|36.B|37.B|38.C|39.A|40.E|41.C|42.B|
|43.C|44.E|45.D|46.A|47.A|48.C|49.E|
|50.C|51.D|52.B|53.A|54.D|55.A|56.B|
|57.D|58.B|59.D|60.D|61.E|62.D|63.A|
|64.D|65.C|66.C|67.D|68.B|69.C|70.E|
|71.D|72.A|73.C|74.D|75.B|76.D|77.D|
|78.A|79.C|80.B|81.A|82.A|83.C|84.B|
|85.E|86.A|87.C|88.D|89.B|90.D|91.A|
|92.C|93.C|94.B|95.B|96.C|97.D|98.B|
|99.E|100.A|101.A|102.E|103.D|104.E|105.D|
|106.E|107.E|108.C|109.D|110.B|111.E||

## 二、A2型选择题

| | | | | | | |
|---|---|---|---|---|---|---|
|1.D|2.A|3.D|4.D|5.C|6.B|7.B|
|8.C|9.B|10.D|11.A|12.A|13.C|14.C|
|15.B|16.C|17.D|18.D|19.D|20.A|21.D|
|22.C|23.E|24.A|25.B|26.C|27.A|28.B|
|29.C|30.D|31.D|32.D|33.A|34.D|35.C|
|36.B|37.B|38.D|39.D|40.A|41.D|42.A|
|43.D|44.C|45.B|46.C|47.A|48.A|49.E|

## 三、B型选择题

| | | | | | | |
|---|---|---|---|---|---|---|
|1.B|2.D|3.C|4.E|5.B|6.A|7.E|
|8.D|9.A|10.D|11.B|12.A|13.D|14.C|
|15.B|16.E|17.A|18.D|19.A|20.E|21.A|
|22.D|23.C|||||||

## 四、X型选择题

1.BCD 2.AC 3.ABCDE 4.AC 5.ABC
6.BDE 7.ABCDE

## 五、名词解释

1. 酶是一类具有催化功能的生物分子。几乎所有酶均为蛋白质，部分为核酸。
2. 缀合酶是由酶蛋白（蛋白质部分）与辅助因子（非蛋白质部分）结合形成的复合物，也称为全酶。只有全酶才有催化作用。
3. 辅酶是辅助因子的一类。与酶蛋白结合疏松，可通过透析或者超滤等物理方法去除，使得全酶活性降低甚至消失。
4. 维生素是维持人体正常生理功能或细胞正常代谢所必需的营养素，人体的需要量极小，但在体内不能合成或合成量很少，必须由食物供给的一类小分子有机化合物。
5. 必需基团是酶分子整体构象中对于酶发挥活性所必需的基团。
6. 酶的活性中心是酶分子中的必需基团在空间结构上彼此靠近，集中形成一个特定空间结构区域，能与底物特异性结合并催化底物转化为产物，这一区域称为酶的活性中心。缀合酶中，辅酶或辅基参与活性中心的组成。

7. 酶促反应动力学是一门以研究酶催化反应速度为基础的学科，同时也研究影响反应速度的各种因素。

8. $K_m$ 即米氏常数，数值上等于酶促反应速率为最大反应速率一半时的底物浓度。

9. 酶的最适温度是指其他条件固定时，酶促反应速率在特定温度可达到最大值时的反应体系的温度。

10. 竞争性抑制是指抑制剂与酶的底物结构相似，抑制剂可与底物竞争结合酶的活性中心，从而阻碍酶与底物结合形成中间产物。

11. 反竞争性抑制是指抑制剂与酶-底物复合物的特定空间部位结合，使酶-底物复合物结合此类抑制剂后不能转变为产物，同时也抑制从复合物中解离出游离酶。

12. 共价修饰是指酶蛋白肽链上的一些基团，在特定酶催化下可与某种化学基团发生共价结合而被修饰，连接在氨基酸残基上的特定化学基团，也可以通过在对应酶作用下与其他化合物反应而从酶蛋白上脱离。这两种相应变化均能改变酶的活性。

13. 别构酶是指受别构效应调节的酶，含有别构位点。别构位点在结合别构效应物以后酶的构象发生变化，从而影响活性中心的构象，最后酶的活性发生改变。

14. 酶原是指在细胞内合成或初分泌时无催化活性的酶的前体。

15. 酶原激活是指无活性的酶原转变为有活性的酶的过程。

16. 同工酶是指催化相同的反应但结构和理化性质等不同的酶。可能以不同的量出现在一种动物的不同组织器官中，也可能出现在任何真核生物细胞不同的细胞器中。

## 六、简答题

1. 相同点都是催化剂，通过改变活化能加快反应速度。不同点是酶作为生物分子，具有高效性、专一性、可调节性和不稳定性等特点。

2. 酶促反应动力学是以研究酶催化反应速度为基础的学科，同时也研究影响反应速度的各种因素。影响因素包括底物浓度、酶浓度、温度、pH、激活剂、抑制剂。

3. 酶的特征性常数之一为 $K_m$，即米氏常数。$K_m$ 的意义为：①$K_m$ 等于酶促反应速度为最大速度一半时的底物浓度。②$K_m$ 表示酶对底物的亲和力。$K_m$ 越小，酶与底物的亲和力越大。③作为酶的特征性常数之一，每一种酶都有它的 $K_m$。$K_m$ 只与酶的结构、酶所催化的底物和反应环境（如温度、pH、离子强度）有关，与酶的浓度无关。

4. 酶是蛋白质，温度对酶促反应速度具有双重影响。升高温度一方面可加快酶促反应速度，但同时也增加酶变性的机会，使酶失去催化能力、反应速度降低。综合这两种效应，酶促反应速度最快时的环境温度称为酶促反应的最适温度。实际应用：①低温保存生物制品（酶制剂、血液制品）和菌种；②高温消毒灭菌；③生化实验中测定酶的活性时，严格控制反应体系的温度。

5. 酶的不可逆性抑制是指抑制剂通常和酶活性中心上的必需基团以共价键相结合，使酶失活。这种抑制剂不能用简单的物理方法如透析、超滤等予以除去。但可用某些药物来解除其抑制作用，使酶恢复活性。举例（任一即可）：①有机磷化合物中毒与解毒的机制：如农药敌百虫、敌敌畏等有机磷化合物能专一地与胆碱酯酶活性中心丝氨酸残基的羟基结合，使酶失活。胆碱酯酶的作用是催化乙酰胆碱的水解。当有机磷农药中毒时，胆碱酯酶受到抑制，体内胆碱能神经末梢分泌的乙酰胆碱不能及时分解而堆积，造成迷走神经过度兴奋而呈现中毒症状。解磷定可解除有机磷化合物对羟基酶的抑制作用，使酶恢复活性。②重金属离子及砷化合物中毒与解毒的机制：低浓度的重金属离子（如 $Hg^{2+}$、$Ag^+$ 等）及 $As^{3+}$ 可与酶分子的巯基结合，使酶失活。化学毒气路易氏气是一种含砷化合物，它能抑制体内巯基酶而使人畜中毒。重金属盐引起的巯基酶中毒可用富含巯基的二巯基丙醇或二巯基丁二酸钠解毒。二巯基丙醇含有 2 个—SH，在体内达到一定浓度后，可与毒剂结合，使酶恢复活性。

6. 酶的可逆性抑制是指抑制剂以非共价键与酶可逆性结合，使酶活性降低或丧失。此种抑制采用透析或超滤等方法可将抑制剂除去，恢复酶的活性。根据抑制剂与底物的关系，可逆性抑制作用可分为三种类型：竞争性抑制作用、非竞争性抑制作用和反竞争性抑制作用。①竞争性抑制：抑制剂的结构与底物结构相似，二者竞争同一酶的活性中心。抑制程度取决于抑制剂与酶的相对亲和力以及抑制剂与底物的浓度比。$K_m$ 升高，$V_m$ 不变。②非竞争性抑制：抑制剂与底物结构不相似或完全不同，抑制剂只与酶活性中心外的必需基团可逆结合，不影响底物与酶的结合，结果使[E]和[ES]都下降。该抑制作用的强弱只与抑制剂的浓度有关。$K_m$ 不变，$V_m$ 下降。③反竞性抑制：抑制剂只与酶-底物复合物结合，不能直接与酶结合，生成的 ESI 三元复合物，使酶失去催化活性不能分解出产物。$K_m$ 下降，$V_m$ 下降。

7. ①抑制剂与底物化学结构相似；②抑制剂以非共价键可逆地结合于酶的活性中心，但不被催化为产物；③由于抑制剂与酶的结合是可逆的，抑制作用大小取决于抑制剂浓度与底物浓度的相对比例；④当抑制剂浓度不变时，逐渐增加底物浓度，可使抑制作用减弱，甚至解除，因而酶的 $V_m$ 不变；⑤抑制剂的存在使酶的 $K_m$ 升高，$V_m$ 不变，说明底物与酶的亲和力明显下降。例如，丙二酸作为琥珀酸的竞争性抑制剂，竞争结合琥珀脱氢酶的活性中心。

8. 酶原是指在细胞内合成和初分泌的无活性的酶的前体。在一定条件下，酶原受某种因素作用后，分子构象发生改变，暴露或形成活性中心，转变成具有活性的酶，这一过程称为酶原的激活，其实质是酶的活性中心形成或暴露的过程。酶原激活的生理意义：可视为有机体对酶活性的一种特殊调节方式，保证酶在需要时在适当的部位、适当的时间发挥作用，避免在不需要时发挥活性而对组织细胞造成损伤。酶原也是酶的一种储存形式。

9. 有机体对代谢的精确调节对于有机体适应体内外环境的变化和维持机体内环境的相对恒定具有至关重要的作用，该调节主要是通过对代谢途径中的关键酶进行调节来实现的，包括对酶的活性和酶的含量的调节。酶的活性的调节属于快速调节，包括酶的共价修饰调节和别构调节两种主要方式；酶的含量的调节属于慢速调节或迟缓调节，包括酶含量诱导与阻遏及酶蛋白的降解控制两个主要方面。此外，酶原激活、同工酶及酶的区域化分布等也属于从时间和空间角度对酶的活性或含量的一些特殊调节方式。

## 七、分析论述题

1. 参见酶与医学关系的相关知识要点。

2. （1）LDH 催化乳酸转变为丙酮酸的可逆反应，参与催化糖无氧氧化代谢途径的最后一步反应，即将丙酮酸转化为乳酸。糖无氧氧化的生理意义：机体在缺氧情况下获取能量的主要方式；某些组织在生理或病理情况下的功能途径。

（2）LDH 的辅酶是 $NAD^+$。$NAD^+$ 是许多脱氢酶的辅酶，起传递氢和电子的作用。$NAD^+$ 是维生素 PP 的体内活性形式。人类维生素 PP 缺乏症俗称糙皮病，主要表现有皮炎、腹泻及痴呆，分别

累及皮肤、胃肠道和中枢神经系统。

（3）同工酶是指催化相同的反应但结构和理化性质等不同的酶，不同同工酶通常分布于不同组织器官或不同亚细胞部位，具有明显的组织器官特异性。LDH 的同工酶有五种，在骨骼肌细胞、心肌细胞、肝等不同组织器官中的分布和含量有所不同，因此不同组织细胞损伤破裂后释放入血的 LDH 同工酶有所不同，因此在肌肉损伤等不同疾病中 LDH 的各种同工酶不会以相同比例升高。检测血清中不同 LDH 同工酶的改变可以作为一些疾病辅助诊断的依据。

3. （1）酶的抑制作用分为不可逆性抑制和可逆性抑制，后者又分为竞争性抑制、非竞争性抑制和反竞争性抑制三种主要类型。

（2）有机磷化合物是体内一些重要的酶如胆碱酯酶的不可逆抑制剂，能够与酶活性中心的必需基团不可逆共价结合，导致酶的活性丧失。

（3）有机磷化合物能够与乙酰胆碱酯酶活性中心丝氨酸残基的羟基通过共价键不可逆结合，使酶失去活性。乙酰胆碱酯酶能够使神经递质乙酰胆碱分解为乙酸和胆碱，其被有机磷农药不可逆抑制后导致乙酰胆碱无法及时分解，在体内蓄积，使哺乳动物出现迷走神经兴奋等相应的中毒症状。

4. （1）食物中的叶酸进入人体后转变为其活性形式四氢叶酸。四氢叶酸是体内一碳单位转移酶的辅酶。一碳单位在体内参与嘌呤、胸腺嘧啶核苷酸、丝氨酸、甲硫氨酸等多种物质的合成。叶酸缺乏时，导致嘌呤和胸腺嘧啶核苷酸合成受阻，DNA 生物合成的原料核苷酸合成不足，DNA 合成受到抑制，对一些生长分裂旺盛的组织细胞如骨髓等影响尤为显著，导致骨髓幼红细胞 DNA 合成减少，细胞分裂速度降低，细胞体积变大，造成巨幼细胞贫血。

（2）消化道黏膜上皮细胞的生长分裂非常旺盛，更新速度很快。叶酸缺乏会导致消化道黏膜上皮细胞的生长分裂受到影响，从而引发患儿食欲缺乏、腹胀、腹泻等消化道症状。

5. （1）磺胺类药通过竞争性抑制机制发挥抑菌作用。细菌可利用鸟苷三磷酸（GTP）等原料从头合成四氢叶酸，其中二氢蝶酸合酶催化对氨基苯甲酸转变为二氢蝶酸，后者经二氢叶酸合酶催化转变为二氢叶酸，再经二氢叶酸还原酶催化转变为四氢叶酸。磺胺类药与对氨基苯甲酸化学结构相似，以竞争性抑制的方式结合二氢蝶酸合酶的活性位点并抑制其活性，从而抑制四氢叶酸的合成，干扰一碳单位代谢，进而干扰核酸合成，抑

制细菌生长。

（2）甲氧苄啶是细菌二氢叶酸还原酶的抑制剂，当其与磺胺类药联用时，可发挥协同抑制作用，增强磺胺类药的抑菌效果。

（3）食物中的叶酸进入人体后需经二氢叶酸还原酶转变为其活性形式四氢叶酸。四氢叶酸是体内一碳单位转移酶的辅酶，参与嘌呤、胸腺嘧啶核苷酸、丝氨酸、甲硫氨酸等多种物质的合成。甲氧苄啶也能较弱地结合并抑制人的二氢叶酸还原酶的活性，从而抑制人体细胞中叶酸转变为其活性形式四氢叶酸，导致嘌呤和胸腺嘧啶核苷酸合成受阻，DNA 生物合成的原料核苷酸合成不足，DNA 合成受到抑制，对一些生长分裂旺盛的组织细胞如骨髓等影响尤为显著，导致骨髓幼红细胞 DNA 合成减少，细胞分裂速度降低，细胞体积变大，造成巨幼细胞贫血。

（李　轶）

# 第二篇　物质代谢及其调节

代谢是生命的基本特征之一，借此实现生物体与外界环境的物质交换、自我更新及机体内环境的相对稳定。

代谢的特点：动态、有序、逐步进行、高度适应和灵敏调节。

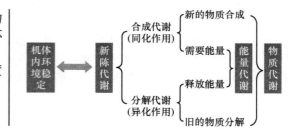

# 第四章　生　物　氧　化

## 学 习 要 求

了解生物氧化的概念、特点、分类。了解生物氧化与体外燃烧的主要异同。了解参与生物氧化的酶类。了解机体 $CO_2$ 的生成方式。

掌握呼吸链的概念。了解递氢体、递电子体的概念。熟悉呼吸链的 4 种复合体（复合体 Ⅰ、复合体 Ⅱ、复合体 Ⅲ、复合体 Ⅳ）的组成及作用。熟悉两条呼吸链 [还原型烟酰胺腺嘌呤二核苷酸（NADH）氧化呼吸链、还原型黄素腺嘌呤二核苷酸（FADH$_2$）氧化呼吸链 ] 的排列顺序。掌握氧化磷酸化的概念。了解氧化磷酸化的偶联部位、氧化磷酸化的偶联机制即化学渗透假说。了解 P/O 值、ATP 合酶的概念。熟悉氧化磷酸化的调节和影响因素。了解常见的复合体 Ⅰ、复合体 Ⅲ 抑制剂和解偶

联剂，熟悉复合体 Ⅳ 抑制剂如氰化物、CO 等的作用机制。了解常见的高能化合物。熟悉机体 ATP 生成的 2 种方式（氧化磷酸化、底物水平磷酸化）。熟悉底物水平磷酸化的概念。了解 ATP 循环的概念，了解机体 ATP 的利用，了解磷酸肌酸及其作用。了解线粒体内膜对物质转运的特点，了解线粒体外的 NADH + H$^+$ 进入线粒体的两种穿梭机制（苹果酸-天冬氨酸穿梭、α-磷酸甘油穿梭）。

了解微粒体单加氧酶系、过氧化物酶体氧化体系。了解自由基、反应活性氧类（ROS）的概念、常见种类，了解 ROS 的来源，了解超氧阴离子的产生、对细胞的影响及机体对其的清除。

## 讲 义 要 点

本章纲要见图 4-1。

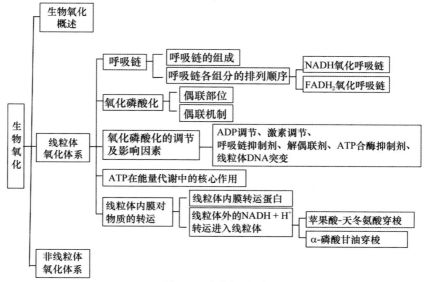

图 4-1　本章纲要图

## （一）生物氧化概述

物质在生物体内进行的氧化反应称为生物氧化，主要是指糖、脂肪、蛋白质等营养物质在生物体活细胞内氧化生成 $CO_2$ 和水并逐步释放能量的过程。因生物氧化过程是在组织细胞中进行，并消耗氧产生 $CO_2$，故又称细胞呼吸。

生物氧化根据其在细胞中的发生部位分为两大类：一是线粒体氧化体系，与 ATP 的生成密切相关；二是非线粒体氧化体系，与 ATP 生成无关，但在体内代谢物、药物和毒物的生物转化等方面有重要作用。

**1. 生物氧化的特点** 物质在体内、体外氧化的本质是相同的，均遵循氧化还原反应的一般规律，消耗氧、终产物（$CO_2$ 和水）和释放能量数值均相同。但体外氧化（即燃烧）是物质中的氢、碳直接与空气中氧结合生成水及 $CO_2$，能量以光和热的形式瞬间释放。而生物氧化是体内进行的酶促反应，有以下的特点：①氧化反应在近中性、体温、有水的温和环境中进行；②$CO_2$ 由脱羧产生，水由底物脱下的氢（以 NADH 或 $FADH_2$ 的形式）经呼吸链逐步传递电子与氧结合生成；③能量逐步释放，利用率高，其中部分以 ATP 形式储存、转移和利用，部分以热能散发用于维持体温；④氧化速率受生理功能需要、体内外环境变化的调控。

**2. 参与生物氧化的酶类** 生物氧化包括失电子、脱氢、加氧等反应方式。生物氧化的酶类可分为氧化酶类、脱氢酶类、加氧酶类和氢过氧化物酶类等。

**3. 生物氧化中 $CO_2$ 的生成** 生物氧化的终产物 $CO_2$ 来自脱羧酶催化的有机酸脱羧基作用。脱羧反应可分为 α-脱羧、β-脱羧或氧化脱羧、单纯脱羧。

## （二）线粒体氧化体系

**1. 呼吸链** 线粒体内膜上存在的多种酶与辅酶组成的复合体按一定顺序排列成的连锁性电子传递链，可使代谢物脱下的氢传递到氧生成水，称为呼吸链。

其中传递氢的酶或辅酶称为递氢体，传递电子的酶或辅酶称为递电子体，二者都有传递电子的作用（$2H \rightleftharpoons 2H^+ + 2e^-$），故呼吸链也称电子传递链。

• 营养物质代谢脱下的氢（NADH 和 $FADH_2$），通过该体系的传递，最后与氧结合生成水，同时驱动 ATP 生成。

• 两条呼吸链：NADH 氧化呼吸链和 $FADH_2$ 氧化呼吸链（又称琥珀酸氧化呼吸链）。

（1）呼吸链的组成：4 种复合体（表 4-1）在 2 种游离物质辅酶 Q（coenzyme Q，CoQ 或 Q，又称泛醌，ubiquinone）和细胞色素 c Cyt c 的共同参与下，完成电子和 $H^+$ 的传递。

**表 4-1 人线粒体呼吸链复合体**

| 复合体 | 酶名称 | 多肽链数目 | 辅基 |
|---|---|---|---|
| Ⅰ | NADH-CoQ 还原酶 | 43 | FMN、Fe-S |
| Ⅱ | 琥珀酸-CoQ 还原酶 | 4 | FAD、Fe-S |
| Ⅲ | CoQ-Cyt c 还原酶 | 11 | 血红素 b、血红素 $c_1$、Fe-S |
| Ⅳ | Cyt c 氧化酶 | 13 | 血红素 a、血红素 $a_3$、$Cu_A$、$Cu_B$ |

注：①CoQ 能在线粒体内膜中自由扩散，不是复合体成分；②Cyt c 是内膜外表面水溶性蛋白质，也不是复合体成分，可在复合体Ⅲ、复合体Ⅳ间移动，以传递电子

（2）呼吸链各组分的排列顺序：呼吸链中各组分在线粒体的排列顺序参见表 4-2 和图 4-2。CoQ 是两条呼吸链的汇合点。

**表 4-2 呼吸链的电子传递顺序**

| 名称 | 排列顺序（电位由低到高顺序排列） |
|---|---|
| NADH 氧化呼吸链 | NADH→复合体Ⅰ→CoQ→复合体Ⅲ→Cyt c→复合体Ⅳ→$O_2$ |
| $FADH_2$ 氧化呼吸链 | $FADH_2$→复合体Ⅱ→ CoQ→复合体Ⅲ→Cyt c→复合体Ⅳ→$O_2$ |

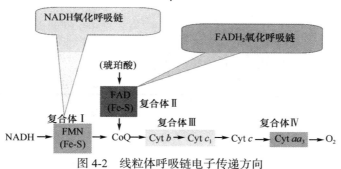

图 4-2　线粒体呼吸链电子传递方向

（3）呼吸链超级复合物：在正常生理条件下，线粒体呼吸链上各种复合物可以互相结合形成更高级的组合形式即超级复合物。在超级复合物中，复合物单体的数量可以发生变化，以形成不同组合形式的超级复合物。具有完整呼吸活性的呼吸链超级复合物又被称为呼吸体。不同组成形式的超级复合物在线粒体上的存在比例会随着细胞状态的变化而不断调整，以满足细胞不同生长状态下特定的能量需求。

**2. 氧化磷酸化** 在生物氧化过程中，代谢物脱氢生成的 $NADH + H^+$ 或 $FADH_2$，经线粒体呼吸链传递电子并释放能量，驱动 ADP 磷酸化生成 ATP。这种氧化与磷酸化紧密偶联的过程即称为氧化磷酸化。氧化磷酸化是体内生成 ATP 的最主要方式。

（1）氧化磷酸化的偶联部位：根据 P/O 值和呼吸链组分传递电子过程中氧化还原的电位差可推算氧化磷酸化的偶联部位存在于复合体Ⅰ、复合体Ⅲ、复合体Ⅳ中。因此，在 NADH 氧化呼吸链中，有 3 个部位可以生成 ATP，而在琥珀酸氧化呼吸链中则只有 2 个部位可以生成 ATP。

P/O 值：P/O 值是指每消耗 1mol 氧原子所消耗无机磷的摩尔数，即合成 ATP 的摩尔数。P/O 值实质上指的是一对电子通过呼吸链传递给氧所生成的 ATP 数。

近年的离体线粒体实验测得一对电子经 NADH 氧化呼吸链和琥珀酸氧化呼吸链传递，P/O 值分别为 2.5 和 1.5。也就是说，1mol NADH 经过 NADH 氧化呼吸链平均可生成 2.5mol ATP，而 1mol $FADH_2$ 经琥珀酸氧化呼吸链平均可生成 1.5mol ATP。

· NADH 和 $FADH_2$ 经呼吸链氧化产生的 ATP 数无法从化学反应式直接推出，是用一定的方法测量、计算得到的。根据以前的测定数值，NADH 氧化呼吸链的 P/O 值约为 3，$FADH_2$ 氧化呼吸链的 P/O 值约为 2。但根据 Hinkle PC 等的最新研究，NADH 氧化呼吸链的 P/O 值约为 2.5，$FADH_2$ 氧化呼吸链的 P/O 值约为 1.5。

（2）氧化磷酸化偶联机制：化学渗透假说：电子经呼吸链传递时，有质子泵功能的复合体Ⅰ、复合体Ⅲ、复合体Ⅳ把质子由线粒体内膜的基质侧泵入膜间隙，形成跨膜质子电化学梯度（ $H^+$ 浓度梯度和跨膜电位差）并储存能量；当质子顺浓度梯度回流到基质时驱动 ATP 合酶催化 ADP 与无机磷酸生成 ATP。

ATP 的合成是由一个存在于线粒体内膜上的复合体完成的。这个复合体称为 ATP 合酶，即复合体Ⅴ。它由 2 个主要的部分构成：起质子通道作用的部分（疏水）称为 $F_0$；催化 ATP 合成的部分（亲水）称为 $F_1$。当质子通过 $F_0$ 顺浓度梯度回流时，释放的能量被 $F_1$ 用来合成 ATP。

**3. 氧化磷酸化的调节及影响因素**

（1）氧化磷酸化的调节

1）ADP 调节：ADP 是调节人体氧化磷酸化速率的主要因素。

ADP↑ → 氧化磷酸化↑

ADP↓ → 氧化磷酸化↓

2）激素调节：甲状腺激素调节机制：①诱导 $Na^+$, $K^+$-ATP 酶的合成，使 ATP 分解成 ADP + Pi，ADP 增多促进氧化磷酸化进行；②诱导解偶联蛋白基因表达，使物质氧化释能和产热量增加。因此，甲状腺功能亢进的患者基础代谢率增高，出现乏力、低热、怕热、易出汗等临床症状。

（2）某些化学试剂或药物对氧化磷酸化的影响：某些化学试剂或药物对氧化磷酸化的影响可分为 3 类，详见表 4-3 和图 4-3。

（3）线粒体 DNA 突变：线粒体 DNA 可表达呼吸链复合体的某些亚基及 RNA。氧化磷酸化过程中产生的自由基可造成线粒体 DNA 突变进而影响氧化磷酸化功能，造成 ATP 生成减少。

**表 4-3　某些化学试剂或药物对氧化磷酸化的影响**

| 类别 | 作用 | 常见物质 |
|---|---|---|
| 呼吸链抑制剂 | 直接阻断呼吸链的电子传递过程 | 抑制复合体Ⅰ：鱼藤酮、阿米妥<br>抑制复合体Ⅱ：萎锈灵<br>抑制复合体Ⅲ：抗霉素 A<br>抑制复合体Ⅳ：$CN^-$、CO、$N_3^-$ |
| 解偶联剂 | 破坏电子传递建立的跨膜质子电化学梯度，使氧化与磷酸化解偶联 | 外源性：2，4-二硝基苯酚（DNP）<br>内源性：解偶联蛋白 |
| ATP 合酶抑制剂 | 抑制 ATP 生成，进而抑制呼吸链的电子传递 | 寡霉素 |

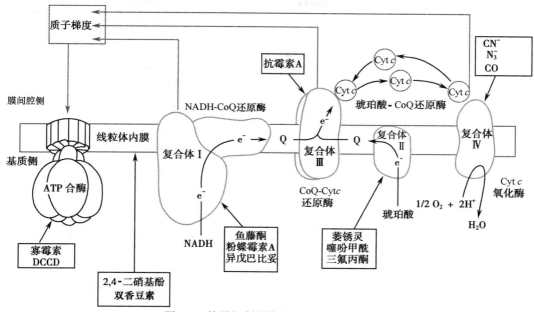

图 4-3　特异抑制剂作用于呼吸链的部位

**4. ATP 在能量代谢中的核心作用**

（1）高能化合物：高能键是指水解时有较大自由能释放的化学键，通常用"～"表示。含有高能键的化合物称为高能化合物。机体内高能化合物的种类很多。其中含有高能磷酸键的化合物称为高能磷酸化合物，如 1,3-二磷酸甘油酸、磷酸烯醇丙酮酸、磷酸肌酸、三磷酸核苷（ATP、GTP、UTP、CTP）等；含有高能硫酸酯键的化合物称为高能硫酯化合物，如乙酰辅酶 A、琥珀酰辅酶 A 和脂酰辅酶 A 等。

（2）ATP 的生成：体内 ATP 的生成方式有如下 2 种。

1）氧化磷酸化：呼吸链氧化过程中释放的能量和 ADP 磷酸化作用偶联形成 ATP 的过程，是体内生成 ATP 的主要方式。

2）底物水平磷酸化：在物质代谢过程中，代谢物因脱氢、脱水等作用而引起分子内能量重新分布，形成高能键，然后高能键裂解将能量转移给 ADP（或 GDP）生成 ATP（或 GTP）的过程，是体内生成 ATP 的次要方式。例如下述反应：

$$1,3\text{-二磷酸甘油酸} + ADP \xrightarrow{\text{磷酸甘油酸激酶}}$$
$$3\text{-磷酸甘油酸} + ATP$$

$$\text{磷酸烯醇丙酮酸} + ADP \xrightarrow{\text{丙酮酸激酶}}$$
$$\text{丙酮酸} + ATP$$

$$\text{琥珀酰辅酶A} + GDP + P_i \xrightarrow{\text{琥珀酰辅酶A合成酶}}$$
$$\text{琥珀酸} + \text{辅酶A} + GTP$$

（3）高能化合物的储存和利用：机体内能量利用、转移和储存依赖于各种 NTP 及磷酸肌酸，其中 ATP 是体内能量转换的核心，是能量利用、转移和储存的最主要形式，而 ATP 循环则是这种转换的具体途径。ATP 循环是指生物体内 ATP 生成、利用、转移和储存所构成的循环。ATP 被喻为"能量的通用货币"。

磷酸肌酸作为高能键能量的储存形式，存在于需能较多的骨骼肌、心肌和脑中。当体内 ATP 充足时，通过转移～P 给肌酸，生成磷酸肌酸。当迅速消耗 ATP 时，磷酸肌酸可将～P 转移给 ADP 使其生成 ATP，以补充 ATP 的不足。

$$\begin{array}{c} ^+H_2N{=}\overset{\displaystyle NH_2}{\underset{\displaystyle \underset{\displaystyle \underset{\displaystyle COO^-}{CH_2}}{N{-}CH_3}}{C}} + ATP \underset{\text{肌酸激酶}}{\rightleftharpoons} \quad ^+H_2N{=}\overset{\displaystyle NH{\sim}\text{Ⓟ}}{\underset{\displaystyle \underset{\displaystyle \underset{\displaystyle COO^-}{CH_2}}{N{-}CH_3}}{C}} + ADP \\ \text{肌酸} \qquad\qquad\qquad \text{磷酸肌酸} \end{array}$$

**5. 线粒体内膜对物质的转运**

（1）线粒体内膜转运蛋白：存在于线粒体内膜的主要转运蛋白如表 4-4 所示。

表 4-4　线粒体内膜的主要转运蛋白

| 载体 | 功能 | | |
| --- | --- | --- | --- |
| | 线粒体外 | | 线粒体基质 |
| α-酮戊二酸转运蛋白 | 苹果酸 | | α-酮戊二酸 |
| 天冬氨酸-谷氨酸转运蛋白 | 谷氨酸 | | 天冬氨酸 |
| 腺苷酸转运蛋白 | ADP | | ATP |
| 磷酸盐转运蛋白 | $H_2PO_4^- + H^+$ | | $H_2PO_4^- + H^+$ |
| 碱性氨基酸转运蛋白 | 鸟氨酸 | | 瓜氨酸 |
| 单羧酸转运蛋白 | 丙酮酸 | | $OH^-$ |
| 二羧酸转运蛋白 | $H_2PO_4^-$ | | 苹果酸 |
| 三羧酸转运蛋白 | 苹果酸 | | 柠檬酸 |
| 肉碱转运蛋白 | 脂酰肉碱 | | 肉碱 |

（2）线粒体外的 NADH + $H^+$ 转运进入线粒体：线粒体内生成的 NADH + $H^+$ 可直接进入呼吸链参加氧化磷酸化过程，但 NADH + $H^+$ 不能自由进出线粒体内膜，故线粒体外的 NADH + $H^+$ 必须通过特殊的转运机制才能进入线粒体，然后再经呼吸链进行氧化磷酸化。

线粒体外的 NADH + $H^+$ 进入线粒体有 2 种转运机制，即苹果酸-天冬氨酸穿梭和 α-磷酸甘油穿梭（表 4-5）。

表 4-5　两种穿梭的差异

| 名称 | 存在部位 | 进入的呼吸链及 ATP 生成量 |
| --- | --- | --- |
| 苹果酸-天冬氨酸穿梭 | 肝、心肌等组织 | 经 NADH 进入 NADH 氧化呼吸链，生成 2.5 分子 ATP |
| α-磷酸甘油穿梭 | 脑、骨骼肌等组织 | 经 $FADH_2$ 进入 $FADH_2$ 氧化呼吸链，生成 1.5 分子 ATP |

### （三）非线粒体氧化体系

除线粒体外，细胞的微粒体等也是生物氧化的场所。其中的氧化酶类与线粒体不同，组成特殊的氧化体系。其特点是氧化过程不与 ADP 的磷酸化偶联，不能生成 ATP，但在体内代谢物、药物和毒物的生物转化等方面有重要作用。

**1. 微粒体单加氧酶系**　微粒体单加氧酶系催化氧分子中的一个氧原子加到底物分子上（使底物分子羟化）；另一个氧原子被氢（来自 NADPH+$H^+$）还原生成水，故又称混合功能氧化酶。

$$RH + NADPH + H^+ + O_2 \xrightarrow{\text{单加氧酶系}}$$
$$R\!-\!OH + NADP^+ + H_2O$$

以上反应需要细胞色素 $P_{450}$（Cyt $P_{450}$）参与。

此酶在肝和肾上腺的微粒体中含量最多，参与类固醇激素、胆汁酸、胆色素的合成，以及维生素 $D_3$ 羟化、药物和毒物的生物转化作用等反应过程。

· 参见第十四章肝的生物化学生物转化部分。

**2. 过氧化物酶体氧化体系**　过氧化物酶体中含有过氧化氢酶和过氧化物酶等。过氧化物酶体的标志酶是过氧化氢酶，其作用是水解对细胞有毒性作用的过氧化氢。

**3. ROS 的产生与消除**　ROS 主要指 $O_2$ 的单电子还原产物，包括超氧阴离子（$O_2^- \cdot$）、羟自由基（$HO \cdot$）、过氧化氢及其衍生的 $HO_2 \cdot$ 等。它们都有高度活性（其氧化性远大于 $O_2$），反应性强，半衰期短，多引起过氧化反应等特点。

内源性的 ROS 主要为细胞内呼吸链电子传递泄露引起；外源性的 ROS 主要为感染、药物等引起。ROS 可导致蛋白质、DNA 等大分子损伤，进而破坏正常细胞的结构与功能，引发各种疾病。

机体通过抗氧化酶及抗氧化剂可及时清除 ROS。体内主要抗氧化酶有谷胱甘肽过氧化物酶、过氧化氢酶、超氧化物歧化酶（SOD）等。维生素 E、维生素 C 和泛醌等小分子有机化合物也有消除 ROS 的作用。

# 中英文专业术语

生物氧化　biological oxidation
呼吸链　respiratory chain
电子传递链　electron transfer chain
泛醌　ubiquinone
细胞色素　cytochrome，Cyt

氧化磷酸化　oxidative phosphorylation
底物水平磷酸化　substrate level phosphorylation
肌酸　creatine
磷酸肌酸　creatine phosphate
混合功能氧化酶　mixed function oxidase
自由基　free radical
反应活性氧类　reactive oxygen species，ROS

# 练 习 题

## 一、A1 型选择题

1. 体内生物氧化有以下特点，除了
A. 在有水、体温、pH 近中性条件下进行
B. 有酶的催化
C. 释放的能量全部生成 ATP
D. 脱下的氢主要与氧结合生成水
E. $CO_2$ 由脱羧产生

2. ▲琥珀酸氧化呼吸链中不含有的组分是
A. Cyt $b$　　　B. CoQ　　　C. FMN
D. Cyt $c_1$　　　E. Cyt $c$

3. 能在线粒体内膜中移动的电子载体是
A. FAD　　　B. 铁硫蛋白　C. Cyt $b$
D. 泛醌　　　E. FMN

4. 关于 Cyt 的错误描述是
A. Cyt 中 $Fe^{3+}$ 与 $Fe^{2+}$ 互变传电子
B. Cyt $aa_3$ 含有 $Cu^{2+}$
C. Cyt $c$ 是脂溶性物质
D. Cyt 是含铁卟啉的蛋白
E. Cyt 为单电子传递体

5. 能催化单纯电子转移的物质是
A. 以 $NAD^+$ 为辅酶的酶　　　B. 需氧脱氢酶
C. 单加氧酶　　　　D. 铁硫蛋白
E. 泛醌

6. 关于呼吸链的正确描述是
A. 各种 Cyt 均可以 $O_2$ 为受电子体
B. 递电子体都是递氢体
C. 只含有一种铁硫蛋白
D. 氢和电子的传递有严格的方向和顺序
E. 泛醌通常以与蛋白质结合形式存在

7. 不含有高能键的物质是
A. 乙酰 CoA　　　B. 葡糖-6-磷酸
C. 磷酸肌酸　　　D. 1,3-二磷酸甘油酸
E. 磷酸烯醇丙酮酸

8. 氰化物中毒是由于
A. 作用于呼吸中枢换气不足
B. 干扰 Hb 运氧能力
C. 抑制呼吸链电子传递

D. 破坏线粒体结构
E. 解除氧化与磷酸化的偶联

9. 仅存在于琥珀酸氧化呼吸链中的呼吸链组分是
A. 泛醌　　　B. 铁硫蛋白　　　C. FAD
D. 血红素　　E. FMN

10. 关于呼吸链的叙述哪项是不正确的
A. 呼吸链的各组分按电位由低到高的顺序排列
B. 呼吸链中的递氢体同时也都是递电子体
C. 复合体 Ⅱ 参与 NADH 氧化呼吸链的组成
D. 电子传递过程中伴有 ADP 磷酸化
E. 泛醌是两条呼吸链的汇合点

11. NADH-CoQ 还原酶中可以下列哪个物质作为受氢体
A. $NAD^+$　　　B. FAD　　　C. CoQ
D. FMN　　　E. Cyt $c$

12. 能直接以氧作为电子接受体的是
A. Cyt $b$　　　B. Cyt $c$　　　C. Cyt $b_1$
D. Cyt $aa_3$　　　E. Cyt $c_1$

13. ▲呼吸链电子传递过程中可直接被磷酸化的物质是
A. CDP　　　B. ADP　　　C. GDP
D. TDP　　　E. UDP

14. 线粒体外每摩尔 $NADH+H^+$ 经苹果酸-天冬氨酸穿梭后产生 ATP 的摩尔数是
A. 1.5　B. 2　　C. 2.5　D. 3　　E. 3.5

15. 呼吸链中 Cyt $c$ 有如下特性，除了
A. 其氧化还原电位高于 Cyt $c_1$
B. 是与线粒体内膜外结合的球状蛋白质
C. 水溶性好，易从线粒体中提取纯化
D. 血红素中 Fe 原子与蛋白质相连
E. 在复合体 Ⅲ、复合体 Ⅳ 之间传递电子

16. 下列各点均符合 ATP 的生成和特点，除了
A. ATP 生成的主要方式是氧化磷酸化
B. ATP 生成量可通过 P/O 值间接测出
C. ATP 是体内能量的直接供给者
D. ATP 和 ADP 不断地相互转变
E. ATP 中含 3 个高能磷酸键

17. 肌肉细胞储存高能磷酸键的主要形式是
A. ATP　　　B. GTP　　　C. UTP
D. ADP　　　E. 磷酸肌酸

18. 关于氧化磷酸化偶联机制的化学渗透学说描述中，哪一项是错误的
A. $H^+$ 不能自由通过线粒体内膜
B. 有质子泵功能的复合体将 $H^+$ 从线粒体基质转运到内膜外侧
C. 在线粒体内膜内外形成 $H^+$ 电化学梯度
D. 线粒体内膜外侧 pH 比膜内侧高

E. 释放能量用于 ADP 和 Pi 合成 ATP

19. 以下哪种物质不包含在呼吸链的 4 种复合体中
A. FAD　　　B. FMN　　　C. Cyt $c$
D. Cyt $b$　　　E. Cyt $aa_3$

20. 2，4-二硝基苯酚能抑制下列哪种细胞功能
A. 糖酵解　　　　　B. 糖异生
C. 氧化磷酸化　　　D. 柠檬酸循环
E. 磷酸戊糖途径

21. 以下哪种物质是生理条件下调节氧化磷酸化速率的主要因素
A. 甲状腺激素　　　B. ADP
C. 呼吸链抑制剂　　D. 线粒体突变
E. 解偶联剂

22. 氧化磷酸化作用是指将生物氧化过程释放的能量转移并生成
A. FAD　　　B. NADH　　　C. NADPH
D. ATP　　　E. ADP

23. 符合高能磷酸化合物代谢变化的是
A. 磷酸肌酸通过肌酸接受～P 转变而来
B. 磷酸肌酸是脂肪组织中储能的一种方式
C. UDP+ATP 不能转变成 ADP+UTP
D. ATP 不是磷酸基团共同中间传递体
E. 以上都不符合

24. ★下列辅酶中，不参与递氢的是
A. NAD$^+$　　　B. FAD　　　C. FH$_4$
D. CoQ　　　E. FMN

25. 对氧化磷酸化有调节作用的激素是
A. 甲状腺激素　　　B. 生长素
C. 肾上腺素　　　　D. 肾上腺皮质激素
E. 胰岛素

26. 线粒体内膜两侧形成质子梯度的能量来源是
A. 磷酸肌酸水解
B. ATP 水解
C. 磷酸烯醇丙酮酸水解
D. 质子顺梯度回流释放的能量
E. 呼吸链在传递电子时所释放的能量

27. 何谓 P/O 值
A. 每合成 1mol 氧原子所消耗 ATP 的摩尔数
B. 每消耗 1 分子氧所生成 ATP 的摩尔数
C. 每消耗 1mol 氧原子所消耗的无机磷克数
D. 每消耗 1mol 氧原子所消耗无机磷摩尔数
E. 以上说法均不对

28. 呼吸链存在于
A. 细胞膜　　　　B. 内质网
C. 线粒体外膜　　D. 线粒体内膜
E. 溶酶体

29. 体内 CO$_2$ 主要来自于

A. 脂肪酸被氧化　　　B. 碳原子被氧化
C. 有机酸脱羧基　　　D. 呼吸链的氧化
E. 糖酵解

30. 下列哪种蛋白质不含血红素
A. 过氧化氢酶　　　B. 过氧化物酶
C. 铁硫蛋白　　　　D. Cyt
E. 肌红蛋白

31. 关于线粒体内膜上物质的转运，错误的是
A. NADH 不能自由通过线粒体内膜
B. ADP 能自由通过线粒体内膜
C. 穿梭机制可帮助物质的转运
D. 在骨骼肌中存在 α-磷酸甘油穿梭
E. α-磷酸甘油脱氢酶（线粒体内膜）的辅基是 FAD

32. 机体消除 ROS 的酶有
A. 单加氧酶和双加氧酶
B. 过氧化氢酶和 SOD
C. 脱氢酶和谷胱甘肽过氧化物酶
D. 过氧化物酶和氧化酶
E. 脱氢酶和氧化酶

33. 下列关于泛醌的叙述不正确的是
A. 有很强的疏水性
B. 又称 CoQ
C. 可传递氢和电子
D. 在复合体 I 和复合体 II 中都存在
E. 能在线粒体内膜自由扩散

34. 下列哪种物质可使机体耗氧量增加？
A. 氰化物　　　B. 二硝基苯酚
C. 硫化氢　　　D. CO
E. 抗霉素 A

35. 呼吸链中属于脂溶性成分的是
A. FMN　　　B. NADH　　　C. 铁硫蛋白
D. Cyt $c$　　　E. CoQ

36. 线粒体内生成的 ATP 的转运是通过
A. α-磷酸甘油穿梭
B. 苹果酸-天冬氨酸穿梭
C. 腺苷酸转运蛋白转运
D. 肉碱穿梭
E. 草酰乙酸转运

37. 各种 Cyt 在呼吸链中的排列顺序是
A. Cyt $c_1$→Cyt $c$→Cyt $a$→Cyt $b$→Cyt $a_3$→ 1/2 O$_2$
B. Cyt $c$→Cyt $c_1$→Cyt $aa_3$→Cyt $b$→ 1/2 O$_2$
C. Cyt $a$→Cyt $a_3$→Cyt $b$→Cyt $c_1$→Cyt $c$→ 1/2 O$_2$
D. Cyt $b$→Cyt $a$→Cyt $a_3$→Cyt $c_1$→Cyt $c$→ 1/2 O$_2$
E. Cyt $b$→Cyt $c_1$→Cyt $c$→Cyt $aa_3$→ 1/2 O$_2$

38. ★下列关于呼吸链的叙述，错误的是
A. 在传递氢和电子过程中可偶联 ADP 磷酸化

B. CO 可使呼吸链的功能丧失
C. 递氢体同时也是递电子体
D. 递电子体也都是递氢体
E. 呼吸链的组分通常按标准氧化还原电位由小到大的顺序排列

**39.** 下列与 ATP 合酶有关的叙述，错误的是
A. 功能是使 ADP 磷酸化生成 ATP
B. 又可称为复合体 V
C. 存在于线粒体内膜上
D. 由 $F_0$ 和 $F_1$ 两部分组成
E. $F_1$ 形成质子通道

**40.** 下列关于呼吸链的叙述正确的是
A. 泛醌是递氢体
B. 两条呼吸链的汇合点是 Cyt $c$
C. 两条呼吸链都含有 FAD
D. 复合体 Ⅰ、复合体 Ⅱ、复合体 Ⅲ、复合体 Ⅳ 都完全镶嵌在线粒体内膜中
E. 递电子体同时也是递氢体

**41.** 与 CO 中毒机制有关的是
A. 氧化磷酸化解偶联
B. 加速 ATP 水解为 ADP 和 Pi
C. 影响电子从复合体 Ⅳ 到 $O_2$ 的传递
D. 氧化分解的能量大部分以热能形式释放
E. 影响电子在 Cyt $b$ 到 Cyt $c_1$ 的传递

**42.** 关于电子传递链的叙述错误的是
A. 最多见的电子传递链从 NADH 开始
B. 电子传递可驱动质子移出线粒体内膜外
C. 电子的传递有严格的方向和顺序
D. 氧化磷酸化在线粒体内进行
E. 电子被排至线粒体内膜外

**43.** ▲相对浓度升高时可加速氧化磷酸化的物质是
A. $NADP^+$    B. ADP    C. NADPH
D. UTP    E. FAD

**44.** ▲与 ATP 生成有关的主要过程是
A. 氧化与磷酸化的偶联
B. CO 对电子传递的影响
C. 能量的储存与利用
D. $2H^+$ 与 $1/2O_2$ 的结合
E. 乳酸脱氢酶催化的反应

**45.** ★下列代谢物经相应脱氢酶催化脱下的 2H 不能经过 NADH 呼吸链氧化的是
A. 异柠檬酸    B. 苹果酸
C. α-酮戊二酸    D. 琥珀酸
E. 丙酮酸

**46.** 苹果酸-天冬氨酸穿梭作用的生理意义在于
A. 将草酰乙酸带入线粒体彻底氧化
B. 维持线粒体内外有机酸的平衡

C. 进行谷氨酸、草酰乙酸转氨基作用
D. 为三羧酸循环提供足够的草酰乙酸
E. 将线粒体外 $NADH + H^+$ 的 2H 带入线粒体内

**二、A2 型选择题**

**1.** 患者，女性，31 岁，因心悸、怕热多汗、食欲亢进、消瘦无力来院就诊。体格检查：体温 37.5℃，脉率 100/min，双侧甲状腺弥散性对称性肿大。基础代谢率+59%（正常范围：-10%至 +15%）。$T_3$、$T_4$ 水平升高，甲状腺摄 $^{131}$I 率增高。结合其他检查诊断为甲状腺功能亢进症。关于该患者基础代谢率增加的原因错误的是
A. 甲状腺激素使 ATP 分解加速
B. 呼吸链电子传递加速
C. 甲状腺激素可促进氧化磷酸化
D. ATP 合成大于分解
E. 甲状腺激素可诱导解偶联蛋白表达

**2.** 患者，男性，50 岁，自服苦杏仁约250g，2h 后出现口舌麻木、恶心呕吐、腹痛、腹泻来院就诊。考虑苦杏仁中毒。苦杏仁中含有苦杏仁苷（氰苷），水解后可产生氢氰酸。因此食用过量或生食可引起氢氰酸中毒，抑制细胞呼吸。下列描述正确的是
A. 氢氰酸可结合 Cyt $a_3$
B. 氢氰酸可结合 Cyt $c_1$
C. 呼吸链被阻断部位之前的组分均处于氧化状态
D. 抑制呼吸链电子传递，不抑制 ATP 生成
E. 可通过吸氧治疗逆转中毒症状

**3.** 心肌梗死时，阻塞部位会发生缺血缺氧，使线粒体电子传递和氧化磷酸化受阻，从而造成组织损伤。治疗后的再灌注可产生 ROS 而进一步加重组织损害。应用抗氧化剂可减少缺血再灌注损伤，保护机体。下列描述错误的是
A. ROS 可通过线粒体呼吸链产生
B. 代谢物脱下的 2 个电子同时传递给氧时即可产生 ROS
C. ROS 可引起脂质、蛋白质和核酸等生物分子的氧化损伤
D. 谷胱甘肽过氧化物酶可将 $H_2O_2$ 还原为 $H_2O$
E. SOD 可将超氧阴离子还原为 $H_2O_2$ 再被过氧化氢酶消除

**4.** 拉夫特病（Luft disease）患者以骨骼肌无力为主要表现。肌肉组织活检电镜下可见线粒体异常增大，嵴结构异常。酶学检查可见线粒体 ATP 酶活性异常升高。系列证据显示患者线粒体氧化和磷酸化脱偶联。关于该病的描述正确的是
A. 线粒体 ATP 水平异常升高

B. 线粒体电子传递速率很低

C. 氰化物不能抑制电子传递

D. 患者表现高基础代谢率和体温升高

E. 以上均不对

5. 将离体的线粒体放在无氧环境中，经过一段时间以后，其内膜上呼吸链的成分将完全以还原形式存在，这时如果通入氧气，哪一种复合体将最先被氧化

A. 复合体 I      B. 复合体 II

C. 复合体 III      D. 复合体 IV

E. 复合体 V

6. 氰化物（$CN^-$）是剧毒物，使人中毒致死机制是

A. 与肌红蛋白中 $Fe^{3+}$ 结合使之不能运输 $O_2$

B. 与 Cyt $a_3$ 中 $Fe^{3+}$ 结合使之不能激活 $1/2O_2$

C. 与血红蛋白中 $Fe^{3+}$ 结合使之不能运输 $O_2$

D. 与 Cyt $b$ 中 $Fe^{3+}$ 结合使之不能传递电子

E. 与 Cyt $c$ 中 $Fe^{3+}$ 结合使之不能传递电子

7. 甲状腺功能亢进患者，甲状腺激素分泌增高，不会出现

A. 产热增加      B. ATP 分解增快

C. 耗氧量增多      D. 呼吸加快

E. 氧化磷酸化反应受抑制

8. 关于营养物质在体外燃烧和生物体内氧化的叙述，哪一项是正确的

A. 都是逐步释放能量      B. 都需要催化剂

C. 反应步骤相同      D. 释放能量相同

E. 终产物不相同

9. 线粒体内膜内外的质子梯度蕴藏的电化学势能，可转换给 ADP 和 Pi 生成 ATP，即氧化过程与磷酸化过程相偶联，这与线粒体内膜 ATP 合酶的结构、功能密切相关。下列物质中，哪种物质可以抑制 ATP 合酶

A. 鱼藤酮      B. 萎锈灵      C. 粉蝶霉素

D. 寡霉素      E. 抗霉素 A

10. 鱼藤酮是呼吸链专一性的抑制剂，它作用于下面哪一种物质

A. NADH-CoQ 还原酶

B. 琥珀酸-CoQ 还原酶

C. CoQ-Cyt $c$ 还原酶

D. Cyt $c$ 氧化酶

E. CoQ

11. 冬季利用煤炉取暖或使用燃气热水器洗澡时，室内不通风则容易造成 CO 中毒。CO 能与下列哪种物质结合从而阻断呼吸链？

A. Cyt $c$      B. Cyt $c_1$      C. 还原型 Cyt $a_3$

D. 氧化型 Cyt $a_3$      E. Cyt $b$

12. 人的单加氧酶有数百种同工酶，参与类固醇激素、胆汁酸、胆色素合成、维生素 $D_3$ 羟化及生物转化作用等反应过程。下列关于单加氧酶的叙述，错误的是

A. 在线粒体中含量最多

B. 能使底物分子发生羟化

C. 发挥催化作用时需要氧分子

D. 产物中常有 $H_2O$

E. 此酶又称混合功能氧化酶

## 三、B 型选择题

1. 氧化磷酸化的解偶联剂是

2. Cyt $c$ 氧化酶的抑制剂是

3. 可阻断质子通道的物质是

A. 阿米妥      B. 寡霉素      C. 铁螯合剂

D. CO      E. 2，4-二硝基苯酚

4. 分子中含有烟酰胺的物质是

5. 含有维生素 $B_2$ 的物质是

6. 呼吸链中唯一的脂溶性物质是

A. CoQ      B. FAD      C. $NAD^+$

D. Cyt $c$      E. Fe-S

7. 催化将电子从 NADH+$H^+$ 传递给 CoQ 的是

8. 含有 Cyt $aa_3$ 的是

9. 含有 Fe-S 中心的物质是

A. Cyt $c$      B. 苹果酸脱氢酶

C. NADH-CoQ 还原酶      D. Cyt $c$ 氧化酶

E. ATP 合酶

10. 参与各种供能反应最多的高能磷酸化合物是

11. 在脑和肌肉中储存能量的物质是

12. 底物水平磷酸化生成的是

A. ADP      B. ATP      C. 磷酸肌酸

D. UDP      E. GDP

## 四、X 型选择题

1. 能够影响氧化磷酸化的因素有

A. [ADP]/[ATP]      B. 甲状腺激素

C. 线粒体 DNA 突变      D. 抗霉素 A

E. 叠氮化物

2. 下列哪些化合物属于高能化合物

A. 果糖-1，6-双磷酸      B. 琥珀酰 CoA

C. 1，3-二磷酸甘油酸      D. 磷酸肌酸

E. GTP

## 五、名词解释

1. 生物氧化

2. 呼吸链

3. 氧化磷酸化

4. 底物水平磷酸化

5. ATP 合酶

6. P/O 值

**六、简答题**

1. 写出两条呼吸链中各组分的排列顺序。
2. 线粒体外的 NADH 如何进入呼吸链氧化产能?
3. 人体 ATP 的生成方式有哪些?
4. 什么是氧化磷酸化?氧化磷酸化的调节及影响因素有哪些?

**七、分析论述题**

某化工厂电焊工王某在该厂丙酮氰醇车间对堵塞的管道进行切割时,不慎使管内余存的氢氰酸逸出,王某由此吸入氰化氢气体,致头晕、乏力、进而呼吸困难、意识丧失,皮肤黏膜呈樱桃红色。诊断为急性氢氰酸中毒。解释氰化物中毒的生物化学机制。

# 参 考 答 案

**一、A1 型选择题**

| 1. C | 2. C | 3. D | 4. C | 5. D | 6. D | 7. B |
|---|---|---|---|---|---|---|
| 8. C | 9. C | 10. C | 11. D | 12. D | 13. B | 14. C |
| 15. D | 16. E | 17. E | 18. D | 19. C | 20. C | 21. B |
| 22. D | 23. A | 24. C | 25. A | 26. E | 27. D | 28. D |
| 29. C | 30. C | 31. B | 32. B | 33. D | 34. B | 35. E |
| 36. C | 37. E | 38. D | 39. E | 40. A | 41. C | 42. E |
| 43. B | 44. A | 45. D | 46. E | | | |

**二、A2 型选择题**

| 1. D | 2. A | 3. B | 4. D | 5. D | 6. B | 7. E |
|---|---|---|---|---|---|---|
| 8. D | 9. D | 10. A | 11. C | 12. A | | |

**三、B 型选择题**

| 1. E | 2. D | 3. B | 4. C | 5. B | 6. A | 7. C |
|---|---|---|---|---|---|---|
| 8. D | 9. C | 10. B | 11. C | 12. B | | |

**四、X 型选择题**

1. ABCDE　2. BCDE

**五、名词解释**

1. 生物氧化:是物质在生物体内进行的氧化,主要是指糖、脂肪、蛋白质等营养物质在体内氧化分解时逐步释放能量,最终生成 $H_2O$ 和 $CO_2$ 的过程。

2. 呼吸链:是指线粒体内膜上存在的多种酶与辅酶组成的复合体按一定顺序排列成的连锁性电子传递链,可使代谢物脱下的氢传递到氧生成水。

3. 氧化磷酸化:是指代谢物氧化脱下的氢经线粒体呼吸链传递给氧生成水,同时释放能量使 ADP 磷酸化生成 ATP 的过程。

4. 底物水平磷酸化:指代谢物因脱氢、脱水等作用而引起分子内能量重新分布,形成高能键,然后将高能键转移给 ADP(或 GDP)生成 ATP(或 GTP)的过程。

5. ATP 合酶:是位于线粒体内膜上催化 ADP 磷酸化合成 ATP 的酶,ATP 合酶由亲水部分 $F_1$ 和疏水部分 $F_0$ 组成。

6. P/O 值:是指物质氧化时,每消耗 1 摩尔氧原子所消耗无机磷的摩尔数。

**六、简答题**

1. NADH 氧化呼吸链中各组分的排列顺序:NADH→复合体Ⅰ→CoQ→复合体Ⅲ→ Cyt $c$→复合体Ⅳ→$O_2$;琥珀酸氧化呼吸链中各组分的排列顺序:$FADH_2$→复合体Ⅱ→CoQ→复合体Ⅲ→Cyt $c$→复合体Ⅳ→$O_2$。

2. 线粒体外产生的 NADH 可通过 α-磷酸甘油穿梭、苹果酸-天冬氨酸穿梭两种穿梭方式进入线粒体。①苹果酸-天冬氨酸穿梭:经 NADH 进入 NADH 氧化呼吸链,生成 2.5 分子 ATP。这种穿梭方式主要存在肝、心肌等组织中。②α - 磷酸甘油穿梭:经 $FADH_2$ 进入 $FADH_2$ 氧化呼吸链,生成 1.5 分子 ATP。这种穿梭方式主要存在于脑、骨骼肌等组织中。

3. 人体 ATP 的生成方式有如下两种。①氧化磷酸化:代谢物氧化脱下的氢经线粒体呼吸链传递给氧生成水,同时释放能量使 ADP 磷酸化生成 ATP。氧化磷酸化是机体内 ATP 生成的主要方式。物质脱下的 2H 经 NADH 氧化呼吸链可生成 2.5 分子 ATP,经琥珀酸氧化呼吸链可生成 1.5 分子 ATP。②底物水平磷酸化:代谢物因脱氢、脱水等作用而引起分子内能量重新分布,形成高能键,然后将高能键转移给 ADP(或 GDP)生成 ATP(或 GTP)的过程。例如 1,3-二磷酸甘油酸生成 3-磷酸甘油酸。

4. 代谢物氧化脱下的氢经线粒体呼吸链传递给氧生成水,同时释放能量使 ADP 磷酸化生成 ATP 的过程,称为氧化磷酸化。氧化磷酸化的调节及影响因素有如下几种。①ADP 的调节作用是影响氧化磷酸化速率的重要因素:ADP↑→ 氧化磷酸化↑;ADP↓→ 氧化磷酸化↓。②甲状腺激素的作用:通过诱导 Na$^+$、K$^+$-ATP 酶的合成,使 ATP 分解增多促进氧化磷酸化进行;同时诱导解偶联蛋白基因表达,使物质氧化释能和产热量增加,基础代谢率提高。③氧化磷酸化抑制剂:以不同方式作用于不同环节。某些化学试剂或药物对氧化磷酸化的影响可分为呼吸链抑制剂、解偶联剂、ATP 合酶抑制剂 3 类，详见表 4-3 和图 4-3。
④线粒体 DNA 突变可影响氧化磷酸化功能：线粒体 DNA 能表达呼吸链复合体的某些亚基及 RNA。氧化磷酸化过程中产生的自由基可造成线粒体 DNA 的突变进而影响氧化磷酸化功能，造成 ATP 生成减少。

## 七、分析论述题

①氰化物作为呼吸链抑制剂，可抑制细胞呼吸。
②呼吸链是由多种酶和辅酶构成的递氢体和递电子体按一定顺序排列在线粒体内膜上形成一条使氢氧化成水并释放能量的连锁性电子传递链。两条呼吸链中各组分的排列顺序见简答题 1。
③氰化物能与复合体Ⅳ中的 Cyt $a_3$ 紧密结合，阻断电子从 Cyt $a$ 到 Cyt $a_3$ 间的传递，抑制 Cyt $c$ 氧化酶。

（李　梨）

# 第五章 糖 代 谢

## 学 习 要 求

了解糖的概念、分类与主要生理功能，了解人类食物中糖的主要种类，了解淀粉消化、吸收的基本过程，了解糖代谢的概况。

掌握糖无氧氧化的概念，熟悉糖无氧氧化的反应部位、基本过程、关键酶，了解糖无氧氧化的调节，掌握糖无氧氧化的生理意义。

掌握糖有氧氧化的概念，了解糖有氧氧化的主要过程。熟悉糖有氧氧化途径中丙酮酸氧化脱羧及三羧酸循环的反应部位、基本过程、关键酶，熟悉三羧酸循环的作用。了解糖有氧氧化的调节。掌握有氧氧化的生理意义。了解巴斯德效应。

熟悉磷酸戊糖途径的概念、主要产物，了解磷酸戊糖途径的基本过程和调节。掌握磷酸戊糖途径的生理意义。

了解糖原分类、基本结构，熟悉糖原合成与分解的关键酶（糖原合酶、磷酸化酶），熟悉肌糖原不能分解为葡萄糖的原因。了解肝糖原合成与分解的基本过程及调节。

掌握糖异生的概念、原料。熟悉糖异生关键酶，了解糖异生的主要器官，了解糖异生途径的概念及基本过程。了解甘油、乳酸、氨基酸进行糖异生的途径。了解糖异生的调节。熟悉糖异生的生理意义。了解乳酸循环的概念及其生理意义。

熟悉血糖的定义，了解血糖的正常值，掌握血糖的来源与去路，熟悉血糖浓度的调节机制，包括激素和器官调节。了解高血糖与低血糖等糖代谢异常，了解糖耐量试验。

## 讲 义 要 点

本章纲要见图 5-1。

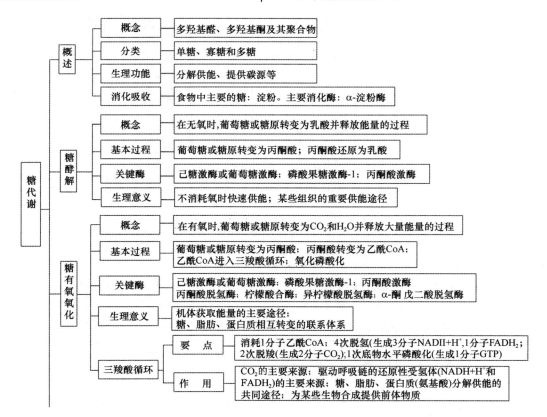

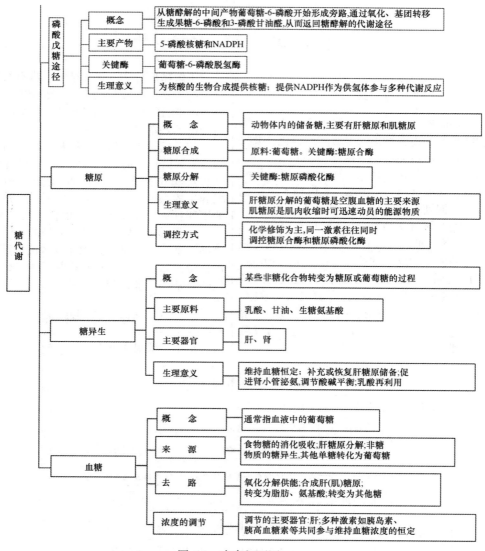

图 5-1　本章纲要图

## （一）概述

**1. 糖类的概念与分类**　糖类是指由碳、氢、氧所组成的多羟基酮或多羟基醛类及其多缩聚体化合物。根据其能否被水解和水解后的产物情况分为单糖、寡糖和多糖三大类（表 5-1）。

表 5-1　糖的分类

| 分类 | 描述 | 举例 |
| --- | --- | --- |
| 单糖 | 不能水解为更小分子的糖 | 葡萄糖、果糖 |
| 寡糖 | 由少数单糖分子构成 | 蔗糖、乳糖 |
| 多糖 | 由多个单糖聚合而成 | 淀粉、糖原 |

**2. 糖的生理功能**

（1）糖在生命活动中主要作用是提供能量。

（2）提供碳源，即为机体提供合成其他物质的原料，如提供合成某些氨基酸、甘油、脂肪、胆固醇、核苷等物质的原料。

（3）参与机体组织细胞的组成，如糖是糖蛋白、蛋白聚糖、糖脂等的组成成分。

**3. 糖的消化吸收**（表 5-2）

表 5-2　糖的消化吸收

| 糖的来源 | 主要来自食物中的植物淀粉，其次是动物糖原等 |
| --- | --- |
| 消化部位 | 少量在口腔，主要在小肠 |
| 消化过程 | 淀粉 → 寡糖 → 葡萄糖 |
| 消化酶 | 唾液 α-淀粉酶，胰液 α-淀粉酶等 |
| 纤维素作用 | 食物中有大量的纤维素，人体缺乏 β-糖苷酶，不能对其分解，但纤维素具有刺激肠蠕动、抑制胆固醇吸收作用，故也是机体维持健康所必需的 |
| 糖吸收部位 | 小肠上段 |

续表

| 糖的来源 | 主要来自食物中的植物淀粉，其次是动物糖原等 |
| 糖吸收形式 | 单糖，未被消化的寡糖、多糖不能被吸收，而被肠道细菌分解 |
| 糖吸收机制 | 葡萄糖转运体，属于耗能的主动转运 |

#### 4. 糖代谢概况（图 5-2）

（1）在供氧充足时，葡萄糖进行有氧氧化反应，并被彻底氧化成 $CO_2$ 和 $H_2O$；在缺氧时，则进行糖的无氧氧化反应，生成乳酸。此外，葡萄糖也可进入磷酸戊糖途径等进行代谢，以发挥不同的生理作用。

（2）葡萄糖也可经合成代谢，聚合成糖原，储存在肝或肌肉等组织中。有些非糖物质如乳酸、丙氨酸等还可经糖异生作用转变成葡萄糖或糖原。

（3）葡萄糖转运进入细胞，这一过程依赖于葡萄糖转运体。

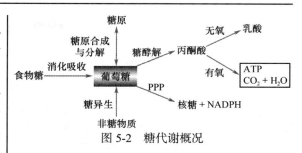

图 5-2 糖代谢概况

### （二）糖无氧氧化

**1. 糖无氧氧化的概念** 在机体缺氧条件下，葡萄糖或糖原在细胞质中经一系列反应转变为乳酸并产生能量的过程，称为糖的无氧氧化。其中，将 1 分子葡萄糖裂解为 2 分子丙酮酸的途径称为糖酵解（又称酵解途径），这是糖无氧氧化和糖有氧氧化的共同途径。

**2. 糖无氧氧化过程**（图 5-3） 分为糖酵解和乳酸生成两个阶段。

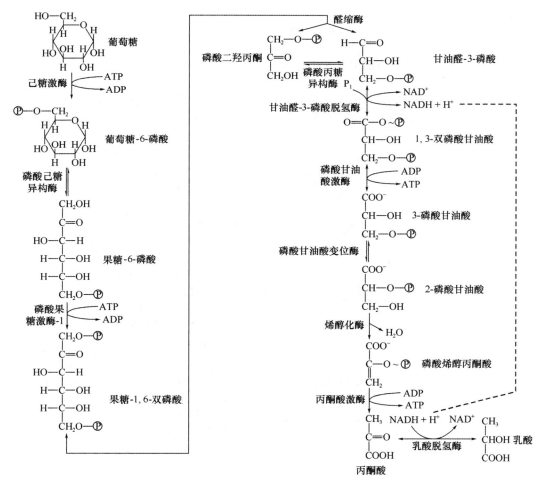

图 5-3 葡萄糖的无氧氧化过程

第一阶段：由葡萄糖分解成丙酮酸即糖酵解。第二阶段：由丙酮酸还原生成乳酸。

**3. 糖无氧氧化的代谢特点**

（1）反应部位：细胞质。

（2）是不需要氧的产能过程。

（3）反应中有 3 步不可逆反应，即有 3 个关键酶：己糖激酶、磷酸果糖激酶-1 和丙酮酸激酶。

（4）产能方式为底物水平磷酸化。

（5）净生成 ATP 数量：从葡萄糖开始 2×2-2 = 2ATP；从糖原开始 2×2-1= 3ATP。

（6）终产物乳酸的去路：释放入血，进入肝再进一步代谢，或被分解利用。

（7）除葡萄糖外，其他己糖也可转变成磷酸己糖进入无氧氧化过程。

**4. 糖无氧氧化的调节**　通过对 3 个调节酶活性（己糖激酶、磷酸果糖激酶-1、丙酮酸激酶）的调节进而调控糖无氧氧化。其中，磷酸果糖激酶-1 对调节糖无氧氧化代谢速度最重要，可决定整个糖无氧氧化的反应速度。

**5. 糖的无氧氧化的生理意义——在机体缺氧情况下能快速供能**

（1）机体在缺氧或相对缺氧的情况下获得能量的一种有效方式。

（2）是某些细胞在氧供应正常情况下的重要供能途径，如成熟红细胞、视网膜、白细胞等。

**（三）糖有氧氧化**

**1. 糖有氧氧化的概念**　糖有氧氧化是指在机体氧供充足时，葡萄糖彻底氧化成 $H_2O$ 和 $CO_2$，并释放出大量能量的过程，是机体主要供能方式。反应部位：细胞质和线粒体。

**2. 糖有氧氧化的反应过程**　包括糖酵解、丙酮酸氧化脱羧、三羧酸循环及氧化磷酸化（表5-3）。

表 5-3　糖有氧氧化过程

| | 代谢途径 | 部位 | 产物 |
|---|---|---|---|
| 第一阶段 | 糖酵解 | 细胞质 | 丙酮酸、ATP、NADH + $H^+$ |
| 第二阶段 | 丙酮酸的氧化脱羧 | 线粒体 | 乙酰 CoA、$CO_2$、NADH + $H^+$ |
| 第三阶段 | 三羧酸循环 | | NADH+$H^+$、$FADH_2$、$CO_2$、GTP |
| 第四阶段 | 氧化磷酸化 | | $H_2O$、ATP |

（1）葡萄糖经糖酵解分解成丙酮酸（见本章糖无氧氧化）。

（2）丙酮酸进入线粒体氧化脱羧生成乙酰CoA。

丙酮酸 ——丙酮酸脱氢酶复合物——→ 乙酰CoA
（NAD⁺, HSCoA 输入；$CO_2$, NADH + $H^+$ 输出）

1）丙酮酸脱氢酶复合物的组成：3 种酶和 5 种辅助因子。3 种酶名称：E1 为丙酮酸脱氢酶；E2 为二氢硫辛酰胺转乙酰酶；E3 为二氢硫辛酰胺脱氢酶。5 种辅助因子：TPP、硫辛酸、CoASH、FAD、$NAD^+$。

2）丙酮酸脱氢酶复合物催化的反应过程见图 5-3。

（3）三羧酸循环：三羧酸循环指乙酰 CoA 和草酰乙酸缩合生成含 3 个羧基的柠檬酸，反复进行脱氢脱羧，又生成草酰乙酸，再重复循环反应的过程，是机体彻底分解乙酰 CoA 生成还原氢和 $CO_2$ 的代谢机制，也称柠檬酸循环。三羧酸循环由 Krebs 正式提出，故此循环又称 Krebs 循环。

1）三羧酸循环的反应过程（图 5-4）

2）三羧酸循环的总反应式：

$$CH_3CO{\sim}SCoA+3NAD^++FAD+GDP+Pi+3H_2O\rightarrow 2CO_2+3NADH+3H^++FADH_2+HSCoA+GTP$$

3）三羧酸循环小结

A. 反应部位：线粒体。

B. 是彻底分解乙酰 CoA 的代谢机制，每完成 1 次三羧酸循环，消耗 1 分子乙酰 CoA。

C. 2 次脱羧，生成 2 分子 $CO_2$，是机体生成 $CO_2$ 的主要方式。

D. 1 次底物水平磷酸化，生成 1 分子 GTP。

E. 经过 4 次脱氢，生成 1 分子 $FADH_2$，3 分子 NADH + $H^+$。

F. 关键酶：柠檬酸合酶、异柠檬酸脱氢酶、α-酮戊二酸脱氢酶复合体。

G. 整个循环反应为不可逆反应。

H. 三羧酸循环的中间产物：由于循环中的某些组分还可参与合成其他物质，而其他物质也可不断通过多种途径而生成中间产物，所以，三羧酸循环组成成分处于开放和不断更新中。

I. 草酰乙酸必须不断被更新补充。草酰乙酸来自于丙酮酸的羧化或苹果酸脱氢。

J. 三羧酸循环的作用：人体各组织产生的 $CO_2$ 大部分是由三羧酸循环产生的；用于驱动呼吸链运行以产生 ATP 的还原型辅酶（NADH 和 $FADH_2$）大部分来源于三羧酸循环；三羧酸循环是糖、脂肪、氨基酸分解供能的共同代谢通路，也是糖、脂肪和氨基酸代谢联系的枢纽；三羧酸循环为生物合成提供前体物质。

4）TCA 循环的调节——受底物、产物和关

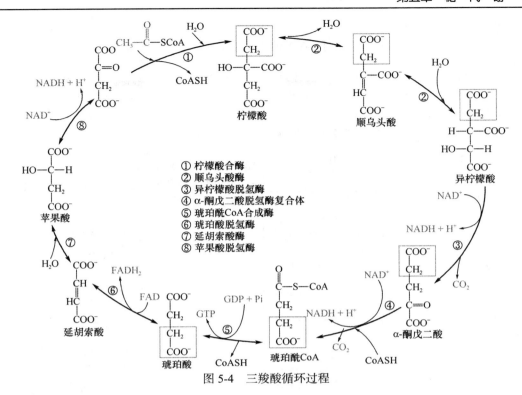

① 柠檬酸合酶
② 顺乌头酸酶
③ 异柠檬酸脱氢酶
④ α-酮戊二酸脱氢酶复合体
⑤ 琥珀酰CoA合成酶
⑥ 琥珀酸脱氢酶
⑦ 延胡索酸酶
⑧ 苹果酸脱氢酶

图 5-4 三羧酸循环过程

键酶活性的调节：主要调节机制包括 ATP、ADP 的影响，产物堆积引起抑制，循环中后续反应中间产物别位反馈抑制前面反应中的酶，其他如 $Ca^{2+}$ 可激活许多酶等。

5）TCA 循环的生理意义

A. TCA 循环是三大营养物质——糖、脂肪、蛋白质（氨基酸）的最终代谢途径。

B. TCA 循环是糖、脂肪、氨基酸代谢联系的枢纽。

C. 为其他代谢提供前体物质：如琥珀酰CoA 可以和甘氨酸合成血红素。

**3. 糖有氧氧化的能量生成** 糖有氧氧化产生 ATP 的情况见表 5-4。糖有氧氧化是机体产能最主要的途径，不仅产能效率高，而且由于产生的能量逐步分次释放，能量的利用率也高。

表 5-4 葡萄糖有氧氧化产生 ATP 的总结表

| 反应 | 还原氢 | 最终获得 ATP |
|---|---|---|
| 第一阶段（细胞质） | | |
| 葡萄糖→葡萄糖-6-磷酸 | | −1 |
| 果糖-6-磷酸→果糖-1，6-双磷酸 | | −1 |
| 2×甘油醛-3-磷酸→2×1,3-双磷酸甘油酸 | 2NADH | 3 或 5* |
| 2×1,3-双磷酸甘油酸→2×3-磷酸甘油酸 | | 2 |
| 2×磷酸烯醇丙酮酸→2×丙酮酸 | | 2 |
| 第二阶段（线粒体） | | |
| 2×丙酮酸→2×乙酰 CoA | 2NADH | 5 |
| 第三阶段（线粒体） | | |
| 2×异柠檬酸→2× -酮戊二酸 | 2NADH | 5 |
| 2×α-酮戊二酸→2×琥珀酰 CoA | 2NADH | 5 |
| 2×琥珀酰 CoA→2×琥珀酸 | | 2** |
| 2×琥珀酸→2×延胡索酸 | 2FADH₂ | 3 |
| 2×苹果酸→2×草酰乙酸 | 2FADH₂ | 5 |
| 由一个葡萄糖总共获得 | | 30 或 32 |

*获得 ATP 的数量取决于还原当量进入线粒体的穿梭机制

**按 1 分子 ATP 相当于 1 分子 GTP 计算

**4. 糖有氧氧化的调节——基于能量的需求**

机体对能量的需求变动很大，通过有氧氧化的速率调节使其适应机体或器官对能量的需要，既不会因产能太多造成能量浪费和资源消耗，又不会因供能不足引起生命活动的障碍，故机体通过对关键酶活性调节，实现体内能更经济、更有效、更合理地利用三大营养物质的目的。特别是细胞内 ATP/ADP 或 ATP/AMP，对有氧氧化全过程中许多酶的活性都可调节，因而能得以协调。

**5. 糖有氧氧化的生理意义**

（1）糖有氧氧化是机体获得能量即 ATP 的主要方式。

（2）糖有氧氧化是有氧时糖供能的主要途径。

（3）糖有氧氧化是体内糖、脂肪、蛋白质三种主要有机物相互转变的联系体系。

**6. 糖无氧氧化与有氧氧化的比较**（表 5-5）

**表 5-5　糖无氧氧化与有氧氧化的比较**

| | 糖无氧氧化 | 糖有氧氧化 |
|---|---|---|
| 反应条件 | 在无氧条件下进行 | 在有氧条件下进行 |
| 反应部位 | 细胞质 | 细胞质和线粒体 |
| 反应基本过程 | （1）葡萄糖经糖酵解生成丙酮酸<br>（2）丙酮酸还原为乳酸 | （1）葡萄糖经糖酵解生成丙酮酸<br>（2）丙酮酸氧化脱羧生成乙酰 CoA<br>（3）乙酰 CoA 进入 TCA 循环<br>（4）氧化磷酸化 |
| 终产物 | 乳酸 | $CO_2$ 和 $H_2O$ |
| 关键酶 | 己糖激酶、磷酸果糖激酶-1 和丙酮酸激酶 | 己糖激酶、磷酸果糖激酶-1、丙酮酸激酶、丙酮酸脱氢酶复合体、柠檬酸合酶、异柠檬酸脱氢酶、α-酮戊二酸脱氢酶复合体 |
| ATP 生成方式 | 底物水平磷酸化 | 氧化磷酸化（为主）、底物水平磷酸化 |
| 生成 ATP 数量 | 净生成 2 分子 ATP | 净生成 32（30）分子 ATP |
| 生理意义 | （1）是机体在缺氧情况下获取能量的有效方式<br>（2）是某些细胞在氧供应正常情况下的重要供能途径 | （1）是机体获得能量的主要方式<br>（2）有氧时糖供能的主要途径<br>（3）是体内糖、脂肪、蛋白质三种主要有机物相互转变的联系体系 |

**7. 巴斯德效应**

（1）概念：指有氧氧化抑制糖无氧氧化的现象。

（2）机制：有氧时，$NADH + H^+$进入线粒体内氧化，丙酮酸进入线粒体进一步氧化分解而不生成乳酸。缺氧时，糖无氧氧化加强，$NADH + H^+$在胞质浓度升高，丙酮酸作为氢接受体生成乳酸。

**（四）磷酸戊糖途径**

**1. 磷酸戊糖途径的概念**　磷酸戊糖途径是指从糖无氧氧化的中间产物葡糖-6-磷酸开始形成旁路，通过氧化、基团转移 2 个阶段生成果糖-6-磷酸和甘油醛-3-磷酸，从而返回糖酵解的代谢途径。也称磷酸戊糖支路，或简称 PPP。其主要用途是为细胞提供核糖-5-磷酸和 NADPH。

反应部位：在细胞质中进行。

**2. 磷酸戊糖途径的反应过程**　整个反应过程（图 5-5）分为如下 2 个阶段。

（1）第一阶段是氧化反应，生成磷酸戊糖、NADPH 及 $CO_2$。

（2）第二阶段是非氧化反应，包括一系列基团转移。将核糖转变成果糖-6-磷酸和甘油醛-3-磷酸而进入糖酵解。因此，磷酸戊糖途径也称为磷酸戊糖旁路。

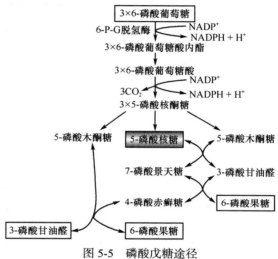

图 5-5　磷酸戊糖途径

磷酸戊糖途径的总反应式为

$3×$葡糖-6-磷酸$+6NADP^+→2×$果糖-6-磷酸$+$甘油醛-3-磷酸$+6NADPH+6H^++3CO_2$

**3. 磷酸戊糖途径的调节**　葡糖-6-磷酸脱氢酶是该途径限速酶，主要受 NADPH/ $NADP^+$的快速调节。

**4. 磷酸戊糖途径的生理意义**

（1）为核酸的生物合成提供核糖-5-磷酸：核糖是核酸和游离核苷酸的组成成分。

（2）提供 NADPH 作为供氢体参与多种代谢反应

1）NADPH 是体内许多合成代谢的供氢体，如乙酰 CoA 合成脂肪酸、胆固醇。

2）NADPH 参与体内羟化反应。有些羟化反应与生物合成有关。例如，从鲨烯合成胆固醇，从胆固醇合成胆汁酸、类固醇激素等。有些羟化反应则与生物转化有关。

3）NADPH 还用于维持谷胱甘肽的还原状态：谷胱甘肽是一个三肽，以 GSH 表示。2 分子

GSH 脱氢氧化为 GSSG,后者可在谷胱甘肽还原酶作用下, 被 NADPH 重新还原成还原型谷胱甘肽。还原型谷胱甘肽是体内重要的抗氧化剂,可以保护一些含-SH 基的蛋白质或酶免受氧化,尤其是过氧化物的损害。在红细胞中还原型谷胱甘肽更具有重要作用,它可以保护红细胞膜蛋白的完整性。

有一种先天性遗传性疾病红细胞内缺乏葡

糖-6-磷酸脱氢酶,不能经磷酸戊糖途径得到充分的 NADPH 使谷胱甘肽保持还原状态, 红细胞尤其是较老的红细胞易于破裂, 发生溶血性黄疸。该病常因患者食用蚕豆而诱发, 称为蚕豆病, 俗称 "胡豆黄"。

**5. 糖三条分解代谢途径**(糖无氧氧化、有氧氧化、磷酸戊糖途径)的关系(图 5-6)

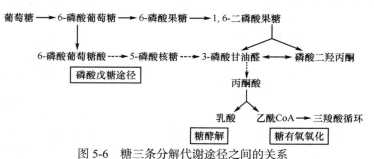

图 5-6 糖三条分解代谢途径之间的关系

### (五)糖原的合成与分解

糖原是动物体内糖的储存形式,与淀粉一样是以葡萄糖为基本组成单位聚合而成的分支状

多糖(图 5-7)。肝和肌肉是储存糖原的主要组织(分别称为肝糖原和肌糖原)。

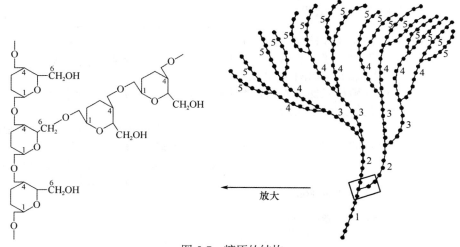

图 5-7 糖原的结构

**1. 糖原的合成代谢**

(1)糖原合成的基本过程:糖原的合成是指由葡萄糖合成糖原的过程。其基本过程如图 5-8 所示。

(2)糖原合成的主要特点(表 5-6)。

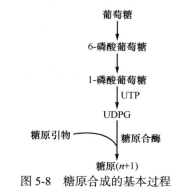

图 5-8 糖原合成的基本过程

表 5-6　糖原合成的主要特点

| 主要组织 | 肝、肌肉 |
| --- | --- |
| 合成原料 | 葡萄糖 |
| 引物 | 以低分子量糖原为引物，逐渐增加葡萄糖残基数目 |
| 循环单位 | UDPG（为糖原合成提供"活性葡萄糖"） |
| 关键酶 | 糖原合酶 |
| 能耗 | 糖原每增加 1 个葡萄糖单位需消耗 2 分子 ATP |
| 生理意义 | （1）葡萄糖的一种储存形式<br>（2）肝糖原分解产生的葡萄糖是血糖的重要来源<br>（3）肌糖原是肌肉收缩时能迅速动用的能源物质 |

**2. 糖原的分解代谢**

（1）糖原分解的基本过程如图 5-9 所示。

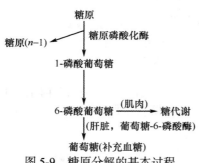

图 5-9　糖原分解的基本过程

在肝，葡糖-6-磷酸经葡糖-6-磷酸酶的作用变为葡萄糖，因此，肝糖原分解主要用于补充血糖。在肌肉，由于缺乏葡糖-6-磷酸酶，因此，肌糖原分解产生的葡萄糖-6-磷酸只能进入葡萄糖糖分解代谢如糖无氧氧化等，而不能用来补充血糖。

（2）糖原合成与分解的基本过程总结见图 5-10。

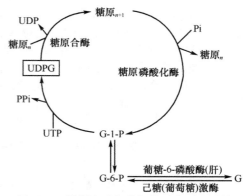

图 5-10　糖原合成与分解的基本过程总结

**3. 糖原合成与分解的调节**

（1）糖原合成途径中的关键酶是糖原合酶，糖原分解途径中的关键酶是磷酸化酶。两种酶快速调节均有共价修饰和别构调节两种方式（表 5-7）。

表 5-7　糖原合成和分解的调节

| | | 糖原合成 | 糖原分解 |
| --- | --- | --- | --- |
| 关键酶 | | 糖原合酶 | 糖原磷酸化酶 |
| 别构调节 | 激活剂 | ATP、G-6-P | AMP、ADP、cAMP |
| | 抑制剂 | AMP、cAMP | ATP、G-6-P |
| 共价修饰 | 磷酸化 | 无活性 | 活性高 |
| | 去磷酸化 | 有活性 | 活性低 |

（2）激素调节：糖原合成与分解的生理性调节主要靠胰岛素和胰高血糖素，胰岛素抑制糖原分解，促进糖原合成，胰高血糖素（空腹、饥饿时）促进糖原分解。肾上腺素也可促进糖原分解，但可能仅在应激状态下发挥作用。

激素调节糖原合成与分解的作用机制见图 5-11。

**4. 糖原贮积症**　糖原贮积症是一类遗传性疾病，为体内某些组织器官中有大量糖原堆积。其原因是患者先天性缺乏与糖原代谢相关的酶类。

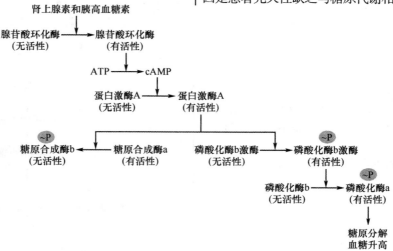

图 5-11　糖原合成与分解的调节

## （六）糖异生

由非糖前体物质（如乳酸、甘油、生糖氨基酸等）转变为葡萄糖或糖原的过程，称为糖异生。机体进行糖异生的主要器官是肝，长期饥饿时肾糖异生能力则大为增强。

**1. 糖异生基本过程** 糖异生并非完全是糖酵解的逆反应。糖酵解中有 3 个不可逆反应，在糖异生中需要由另外的反应和酶代替（表5-8和图5-12）。

表 5-8 糖酵解与糖异生的差异

| 糖酵解的不可逆反应 | 糖异生的反应 |
|---|---|
| 磷酸烯醇丙酮酸 —丙酮酸激酶→ 丙酮酸 | 丙酮酸 —丙酮酸羧化酶→ 草酰乙酸<br>草酰乙酸 —磷酸烯醇丙酮酸羧化激酶→ 磷酸烯醇丙酮酸 |
| 果糖-6-磷酸 —磷酸果糖激酶-1→ 果糖-1,6-双磷酸 | 果糖-1,6-双磷酸 —果糖双磷酸酶→ 果糖-6-磷酸 |
| 葡萄糖 —己糖激酶→ 葡糖-6-磷酸 | 葡萄糖-6-磷酸 —葡糖-6-磷酸酶→ 葡萄糖 |

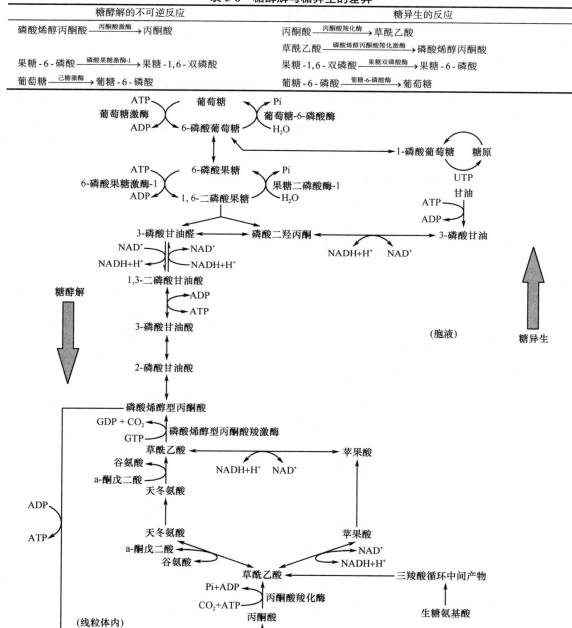

图 5-12 糖酵解与糖异生

**2. 糖异生的调节** 从丙酮酸进行有效的糖异生，就必须抑制酵解，以防止葡萄糖又重新分解成丙酮酸。这种协调主要依赖于对这两条途径中的2个底物循环进行调节。

（1）第一个底物循环在果糖-6-磷酸与果糖-1,6-双磷酸之间进行：磷酸果糖激酶-1和果糖双磷酸酶分别是糖酵解和糖异生的限速酶，当磷酸果糖激酶-1活性增强，糖酵解增强，该酶活性受果糖-2,6-双磷酸和AMP激活，同时抑制果糖双磷酸酶-1活性，而抑制糖异生。

（2）第二个底物循环在磷酸烯醇丙酮酸和丙酮酸之间进行：果糖-1,6-双磷酸是丙酮酸激酶的别构激活剂，通过果糖-1,6-双磷酸可将两个底物循环相联系和协调。

**3. 糖异生的生理意义**

（1）维持血糖浓度恒定，是糖异生最主要的生理意义。空腹或饥饿时，糖异生增强，是血糖的重要来源。

（2）糖异生是补充或恢复肝糖原储备的重要途径。三碳途径：进食后，大部分葡萄糖先分解为乳酸或丙酮酸等三碳化合物，后者再通过糖异生为糖原的过程。

（3）肾糖异生有利于维持酸碱平衡。长期饥饿时，肾糖异生增强。

**4. 乳酸循环**

（1）概念：肌肉收缩（特别是氧供不足时）通过糖无氧氧化生成乳酸。肌肉内糖异生能力低，所以乳酸通过细胞膜弥散进入血液后，再入肝，在肝内经糖异生为葡萄糖。葡萄糖释入血液后又可被肌肉摄取，这就构成了乳酸循环，也叫作Cori循环（图5-13）。

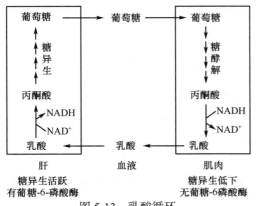

图5-13 乳酸循环

（2）生理意义：①合理利用乳酸，避免能量损失；②防止因乳酸堆积引起酸中毒。

**5. 主要非糖化合物的糖异生**

（1）乳酸：经脱氢生成丙酮酸，后者进入糖异生（图5-12）。

（2）氨基酸（除生酮氨基酸外）：氨基酸通过脱氨基转变为相应的α酮酸，后者经转变后进入糖异生（图5-12）。

（3）甘油：先转变为α磷酸甘油，再转变为磷酸二羟丙酮，后者进入糖异生（图5-12）。

**（七）血糖及其调节**

**1. 血糖的来源和去路** 血糖是指血液中的葡萄糖。正常情况下血糖的来源与去路见表5-9。

表5-9 血糖的来源与去路

| 血糖来源 | 血糖正常值 | 血糖去路 |
|---|---|---|
| （1）食物糖消化吸收（主要） | | （1）氧化分解供能（主要） |
| （2）肝糖原分解 | | （2）合成糖原 |
| （3）非糖物质的糖异生 | 3.89～6.11mmol/L | （3）通过磷酸戊糖途径转变为其他糖 |
| | | （4）转变为脂肪、氨基酸等非糖物质 |

**2. 血糖水平的平衡主要是受激素的调节** 血糖水平保持恒定是糖、脂肪、氨基酸代谢协调的结果，也是肝、肌肉、脂肪组织各器官组织代谢协调的结果。

血糖水平的调节遵从代谢调节的基本原理，即三级水平调节：神经→激素→关键酶。其中酶水平的调节是最基本的调节方式和基础。

调节血糖水平的几种激素的作用机制如表5-10。

表5-10 糖代谢几条途径比较

| 激素 | 作用机制 | 备注 |
|---|---|---|
| 胰岛素 | （1）促进肌、脂肪组织将葡萄糖转运入细胞 | 体内唯一的降糖激素 |
| | （2）加速糖原合成，抑制糖原分解 | |
| | （3）加快糖的有氧氧化 | |
| | （4）抑制肝内糖异生 | |
| | （5）抑制激素敏感性脂肪酶，减缓脂肪动员 | |
| 胰高血糖素 | （1）抑制糖原合成，促进肝糖原分解 | 体内主要的升糖激素 |
| | （2）抑制糖酵解，促进糖异生 | |
| | （3）激活激素敏感性脂肪酶，加速脂肪动员 | |
| 糖皮质激素 | （1）促进肌蛋白分解，加强糖异生 | 辅助升血糖 |
| | （2）抑制肝外组织摄取和利用葡萄糖 | |
| | （3）对促进脂肪动员的激素有协同作用 | |
| 肾上腺素 | 加速糖原分解（肝糖原→葡萄糖；肌糖原→乳酸循环→葡萄糖） | 应激状态下发挥作用 |

**3. 糖代谢紊乱**

（1）低血糖：指血糖浓度低于 3.0mmol/L。

1）低血糖的危害：低血糖影响脑的正常功能，因为脑细胞所需要的能量主要来自葡萄糖的氧化。当血糖水平过低时，就会影响脑细胞的功能，从而出现头晕、倦怠无力、心悸等，严重时出现昏迷，称为低血糖休克。

2）低血糖的原因：胰性（胰岛-细胞功能亢进等）；肝性（肝癌、糖原贮积病等）；内分泌异常（垂体功能低下、肾上腺皮质功能低下等）；肿瘤（胃癌等）；饥饿或不能进食者等。

（2）高血糖：指空腹血糖高于 6.9mmol/L。

1）当血糖浓度超过了肾小管的重吸收能力（肾糖阈），则可出现糖尿。

2）持续性高血糖和糖尿，特别是空腹血糖和糖耐量曲线高于正常范围，主要见于糖尿病。

3）高血糖的原因：糖尿病；遗传性胰岛素受体缺陷；某些慢性肾炎、肾病综合征等；生理性高血糖和糖尿。

（3）糖耐量试验：人体对摄入的葡萄糖具有很高的耐受能力的现象称为葡萄糖耐量试验或糖耐量试验，主要用于检查人体糖代谢调节功能。

# 中英文专业术语

葡萄糖 glucose
糖酵解 glycolysis
丙酮酸 pyruvate
乳酸 lactate
无氧氧化 anaerobic oxidation
有氧氧化 aerobic oxidation
三羧酸循环 tricarboxylic acid cycle
磷酸戊糖途径 pentose phosphate pathway
糖原 glycogen
糖原分解 glycogenolysis
糖异生 gluconeogenesis
血糖 blood sugar
尿苷二磷酸葡萄糖 uridine diphosphate glucose，UDPG

# 练 习 题

## 一、A1 型选择题

1. 以下化合物属于糖的是
A. 甘油　　B. 乙醛　　C. 甘油醛-3-磷酸
D. 丙酮酸　　E. 乳酸

2. 对于人体来说，糖最重要的生理功能是

A. 提供碳源　　　　　B. 氧化分解供能
C. 储备能量　　　　　D. 机体的构成成分
E. 提供衍生物

3. 以下关于人类对食物中淀粉消化吸收的描述，错误的是
A. 消化场所包括口腔、小肠等
B. 消化过程中有多种寡糖酶的参与
C. 胰腺分泌的 α-淀粉酶是主要的消化酶
D. 消化道中只有单糖能被吸收入血
E. 肠黏膜的葡萄糖转运体与其他大多数细胞膜上的相同

4. 糖无氧氧化中，下列哪种酶催化的反应不可逆
A. 己糖激酶　　　　　B. 磷酸己糖异构酶
C. 醛缩酶　　　　　　D. 甘油醛-3-磷酸脱氢酶
E. 乳酸脱氢酶

5. ▲正常细胞无氧氧化中，利于丙酮酸生成乳酸的条件是
A. 缺氧状态　　　　　B. 酮体产生过多
C. 缺少辅酶　　　　　D. 糖原分解过快
E. 酶活性降低

6. 下列关于乳酸脱氢酶同工酶的叙述，错误的是
A. 酶分子由 4 个亚基构成
B. 广泛分布于几乎所有组织细胞
C. 肌肉组织中活性最低
D. 参与机体的无氧氧化过程
E. $LDH_5$ 在干细胞活性高

7. 下列关于糖的无氧氧化描述，正确的是
A. 所有反应都是可逆的
B. 在细胞质中进行
C. 净生成 4 分子 ATP
D. 不消耗 ATP
E. 终产物是丙酮酸

8. 糖酵解的调节酶之一是
A. 乳酸脱氢酶　　　　B. 果糖双磷酸酶-1
C. 磷酸果糖激酶-1　　D. 醛缩酶
E. 甘油醛-3-磷酸脱氢酶

9. 糖酵解中 ATP 的生成方式是
A. 通过脱氢生成　　　B. 通过加氢生成
C. 底物水平磷酸化　　D. 氧化磷酸化
E. 底物水平磷酸化加氧化磷酸化

10. ▲在糖无氧氧化过程中催化产生 NADH 和消耗无机磷酸的酶是
A. 乳酸脱氢酶　　　　B. 甘油醛-3-磷酸脱氢酶
C. 磷酸甘油酸激酶　　D. 丙酮酸激酶
E. 烯醇化酶

11. ★磷酸果糖激酶-1 的别构激活剂是
A. 2，6-二磷酸果糖　　　　　B. ATP

C. 6-磷酸葡萄糖　　　　　　D. GTP

E. 柠檬酸

12. 下列关于糖无氧氧化生理意义的描述，正确的是

A. 是机体葡萄糖分解供能的主要方式

B. 可为组织细胞快速提供能量

C. 为机体糖异生作用提供乳酸原料

D. 为机体合成脂肪提供原料

E. 通过糖无氧氧化为机体节约脂肪的消耗

13. 1 分子葡萄糖经糖的无氧氧化为 2 分子乳酸时，其底物水平磷酸化次数为

A. 1　　B. 2　　C. 3　　D. 4　　E. 5

14. 由 G→F-1, 6-BP 所消耗的 ATP 数是

A. 1 个　B. 2 个　C. 3 个　D. 4 个　E. 5 个

15. 1 分子葡萄糖无氧氧化时净生成多少分子 ATP

A. 1 个　B. 2 个　C. 3 个　D. 4 个　E. 5 个

16. 糖原分子中 1 个葡萄糖单位经无氧氧化为乳酸时能产生多少分子 ATP

A. 1 个　B. 2 个　C. 3 个　D. 4 个　E. 5 个

17. 下列关于糖酵解的能量消耗阶段的描述，正确的是

A. 糖酵解的能量消耗阶段是指从葡萄糖至 3-磷酸甘油

B. 糖酵解的能量消耗阶段是指从葡萄糖至丙酮酸生成

C. 糖酵解的能量消耗阶段往往与 ATP 生成相偶联

D. 糖酵解的能量消耗阶段是指以消耗 ATP 为主要特征

E. 糖酵解的能量消耗阶段是指涵盖整个糖酵解过程的能量关系

18. 糖酵解中有 3 步不可逆反应，其主要特征是

A. 从六碳糖裂解为三碳糖

B. 均位于能量消耗阶段

C. 均位于能量生成阶段

D. 仅限于三碳化合物的转变

E. 伴随有 ATP 的生成或消耗

19. 在糖无氧氧化中，将丙酮酸还原为乳酸的 $NADH + H^+$ 的直接来源是

A. 线粒体产生的 $NADH + H^+$ 经苹果酸穿梭转运而来

B. 线粒体产生的 $NADH + H^+$ 经 α-磷酸甘油穿梭而来

C. 丙酮酸氧化脱氢所产生

D. 琥珀酸脱氢酶催化脱氢产生

E. 糖无氧氧化过程中所产生

20. 不包括在糖有氧氧化过程中的是

A. 糖无氧氧化　　　　　　B. 丙酮酸氧化脱羧

C. 三羧酸循环　　　　　　D. 氧化磷酸化

E. 细胞质的 NADH 经线粒体内膜的穿梭转运机制

21. 下列关于糖有氧氧化的描述，错误的是

A. 在细胞质和线粒体内进行

B. 1 分子葡萄糖彻底氧化过程中有 6 次底物水平磷酸化反应

C. 产生的 ATP 数比糖酵解多

D. 是人体所有组织细胞获得能量的主要方式

E. 最终产物是 $CO_2$ 和 $H_2O$

22. 下列哪个酶催化的反应不伴有脱羧反应

A. 丙酮酸脱氢酶复合体

B. 6-磷酸葡糖酸脱氢酶

C. 异柠檬酸脱氢酶

D. α-酮戊二酸脱氢酶复合体

E. 琥珀酸脱氢酶

23. 下列酶的辅酶或辅基中含有核黄素的是

A. 甘油醛-3-磷酸脱氢酶　　B. 乳酸脱氢酶

C. 苹果酸脱氢酶　　　　　D. 琥珀酸脱氢酶

E. 6-磷酸葡糖酸脱氢酶

24. 1 分子果糖-1, 6-双磷酸彻底氧化生成 ATP 的分子数最多是

A. 12　　B. 15　　C. 20　　D. 36　　E. 34

25. 下列哪一物质彻底氧化净获 ATP 数最多

A. 葡萄糖　　　　　　　B. 葡糖-1-磷酸

C. 葡糖-6-磷酸　　　　　D. 果糖-6-磷酸

E. 果糖-1, 6-双磷酸

26. 体内糖分解供能的主要途径是

A. 无氧氧化途径　　　　B. 有氧氧化途径

C. 磷酸戊糖途径　　　　D. 糖异生途径

E. 糖原分解途径

27. 通过三羧酸循环，真正被分解掉的物质是

A. 柠檬酸　　B. 乙酰 CoA　　　C. 草酰乙酸

D. 丙酮酸　　E. 乳酸

28. TCA 循环中发生底物水平磷酸化的化合物是

A. 琥珀酸　　　　　　B. α-酮戊二酸

C. 琥珀酰 CoA　　　　D. 苹果酸

E. 延胡索酸

29. 下列属于三羧酸循环中的调节酶是

A. 琥珀酸脱氢酶　　　　　B. 葡糖激酶

C. 异柠檬酸脱氢酶　　　　D. 丙酮酸脱氢酶

E. 丙酮酸激酶

30. 糖无氧氧化途径中，丙酮酸还原为乳酸的直接供氢体是

A. $H_2$　　　　B. $NADH + H^+$　　C. $NADPH + H^+$

D. $FADH_2$　　E. $FH_4$

31. 与丙酮酸氧化脱羧生成乙酰 CoA 无关的是
A. 维生素 $B_1$        B. 维生素 $B_2$
C. 维生素 PP        D. 维生素 $B_6$
E. 泛酸

32. ▲丙酮酸氧化脱羧生成的物质是
A. 丙酰辅酶 A        B. 乙酰 CoA
C. 羟甲戊二酰辅酶 A        D. 乙酰乙酰辅酶 A
E. 琥珀酰辅酶 A

33. ▲以下不参与三羧酸循环的化合物是
A. 柠檬酸        B. 草酰乙酸
C. 丙二酸        D. α-酮戊二酸
E. 琥珀酸

34. ▲以下关于三羧酸循环过程的叙述，正确的是
A. 循环一周生成 4 对 NADH
B. 循环一周可生成 2 分子 ATP
C. 乙酰 CoA 经三羧酸循环转变为草酰乙酸
D. 循环过程中消耗氧分子
E. 循环一周生成 2 分 $CO_2$

35. ▲下列属于三羧酸循环的酶是
A. 6-磷酸葡萄糖脱氢酶        B. 苹果酸脱氢酶
C. 丙酮酸脱氢酶        D. NADH 脱氢酶
E. 葡糖-6-磷酸酶

36. ▲下列有关参与三羧酸循环的酶，正确叙述的是
A. 主要位于线粒体外膜
B. $Ca^{2+}$可抑制其活性
C. 当 $NADH/NAD^+$比值增高时活性较高
D. 氧化磷酸化的速率可调节其活性
E. 在血糖较低时，活性较低

37. ▲1mol 丙酮酸在线粒体内彻底氧化生成 ATP 的摩尔数最接近的是
A. 12    B. 15    C. 18    D. 21    E. 24

38. ▲体内产生 NADH 的主要代谢途径是
A. 糖酵解        B. 三羧酸循环
C. 糖原分解        D. 磷酸戊糖途径
E. 糖异生

39. ★▲在三羧酸循环中，经底物水平磷酸化生成的高能化合物是
A. ATP    B. GTP    C. UTP    D. CTP    E. TTP

40. ▲以下关于三羧酸循环生理意义的描述，正确的是
A. 合成胆汁酸        B. 提供能量
C. 提供 NADPH        D. 参与酮体的合成
E. 参与蛋白质的代谢

41. 下列哪种物质能进行底物水平磷酸化
A. 1,3-二磷酸甘油酸        B. α-酮戊二酸

C. 果糖-1，6-双磷酸        D. 乙酰 CoA
E. 烯醇式丙酮酸

42. 1 分子葡萄糖完全氧化净生成 ATP 的分子数最多为
A. 3    B. 2    C. 12    D. 15    E. 32

43. 三羧酸循环中不发生脱氢反应的是
A. 柠檬酸→异柠檬酸
B. 异柠檬酸→α-酮戊二酸
C. α-酮戊二酸→琥珀酸
D. 琥珀酸→延胡索酸
E. 苹果酸→草酰乙酸

44. 下列反应中能产生 ATP 最多的步骤是
A. 柠檬酸→异柠檬酸
B. 异柠檬酸→α-酮戊二酸
C. α-酮戊二酸→琥珀酸
D. 琥珀酸→苹果酸
E. 苹果酸→草酰乙酸

45. 伴有底物水平磷酸化反应的是
A. 柠檬酸→α-酮戊二酸
B. α-酮戊二酸→琥珀酸
C. 琥珀酸→延胡索酸
D. 延胡索酸→苹果酸
E. 苹果酸→草酰乙酸

46. 1 分子葡萄糖彻底氧化分解共有几次脱氢
A. 4 次    B. 6 次    C. 8 次    D. 10 次    E. 12 次

47. 1 分子葡萄糖彻底氧化分解共有几次脱羧
A. 2 次    B. 4 次    C. 6 次    D. 8 次    E. 10 次

48. $NAD^+$是体内多数脱氢酶的辅酶或辅助因子，但除外的是
A. 苹果酸脱氢酶
B. 乳酸脱氢酶
C. 甘油醛-3-磷酸脱氢酶
D. 琥珀酸脱氢酶
E. 异柠檬酸脱氢酶

49. 磷酸果糖激酶-1 的别构激活剂不包括
A. 2，6-二磷酸果糖        B. AMP
C. ADP        D. 果糖-1，6-双磷酸
E. 柠檬酸

50. 以下有关三羧酸循环的描述，错误的是
A. 三羧酸循环一周消耗 1 分子乙酰 CoA
B. 三羧酸循环是体内 $CO_2$ 的主要来源
C. 三羧酸循环中最重要的反应是氧化脱羧
D. 三羧酸循环的中间产物只能参与循环，不能他用
E. 循环一周后，乙酰 CoA 的碳实际构成了草酰乙酸的碳

51. 巴斯德效应是指

A. 细胞中糖有氧氧化会抑制糖无氧氧化的现象
B. 细胞中糖无氧氧化会抑制糖有氧氧化的现象
C. 机体在氧供应充足时所有组织会优先利用糖供能
D. 机体在缺氧时所有组织会优先利用糖供能
E. 某些细胞只能利用糖无氧氧化产生 ATP

52. 三羧酸循环的调节酶包括
A. 柠檬酸合酶，异柠檬酸脱氢酶，α 酮戊二酸脱氢酶复合体
B. 苹果酸脱氢酶，异柠檬酸脱氢酶，α 酮戊二酸脱氢酶复合体
C. 琥珀酸脱氢酶，异柠檬酸脱氢酶，α 酮戊二酸脱氢酶复合体
D. 柠檬酸合酶，异柠檬酸脱氢酶，丙酮酸脱氢酶复合体
E. 磷酸果糖激酶-1，丙酮酸脱氢酶复合体，α 酮戊二酸脱氢酶复合体

53. 糖有氧氧化有多种酶参与调节，但除外的是
A. 磷酸果糖激酶-1　　　B. 丙酮酸脱氢酶复合体
C. 柠檬酸合酶　　　　　D. 琥珀酸脱氢酶
E. 异柠檬酸脱氢酶

54. 糖酵解的调节酶是
A. 己糖激酶，磷酸果糖激酶-1，醛缩酶
B. 己糖激酶，磷酸果糖激酶-1，丙酮酸激酶
C. 己糖激酶，磷酸果糖激酶-1，磷酸甘油酸激酶
D. 磷酸果糖激酶-1，磷酸甘油酸激酶，丙酮酸激酶
E. 己糖激酶，磷酸甘油酸激酶，丙酮酸激酶

55. 三羧酸循环中能催化脱羧产生 $CO_2$ 的酶是
A. 柠檬酸合酶　　　　　B. 异柠檬酸脱氢酶
C. 琥珀酸脱氢酶　　　　D. 琥珀酰 CoA 合成酶
E. 苹果酸脱氢酶

56. 磷酸戊糖途径的关键酶是
A. 葡糖激酶　　　　　　B. 乳酸脱氢酶
C. 葡糖-6-磷酸脱氢酶　　D. 丙酮酸脱氢酶
E. 6-磷酸葡糖酸脱氢酶

57. 磷酸戊糖途径第一阶段的主要产物是
A. 葡糖-6-磷酸和甘油醛-3-磷酸
B. 果糖-6-磷酸和甘油醛-3-磷酸
C. 核糖-5-磷酸和甘油醛-3-磷酸
D. 甘油醛-3-磷酸和 NADPH + $H^+$
E. 核糖-5-磷酸和 NADPH + $H^+$

58. 磷酸戊糖途径第二阶段的主要作用是
A. 提供核糖-5-磷酸和 NADPH + $H^+$
B. 提供果糖-6-磷酸和甘油醛-3-磷酸
C. 提供其他碳原子数目的糖
D. 彻底分解糖的一个过程

E. 是糖转化为脂肪的必经步骤

59. 磷酸戊糖途径的生理意义是提供
A. 核糖-5-磷酸和 NADH + $H^+$
B. 果糖-6-磷酸和 NADPH + $H^+$
C. 甘油醛-3-磷酸和 NADH + $H^+$
D. 核糖-5-磷酸和 NADPH + $H^+$
E. 6-磷酸葡糖和 NADH + $H^+$

60. 葡糖-6-磷酸脱氢酶缺陷的患者可导致溶血性贫血和黄疸，其直接因素是
A. NADH 不足　　　　　B. GSH 不足
C. NADPH 不足　　　　 D. CoA-SH 不足
E. $FADH_2$ 不足

61. ▲体内生成核糖的主要途径是
A. 糖酵解　　　　　　　B. 三羧酸循环
C. 糖原分解　　　　　　D. 磷酸戊糖途径
E. 糖异生

62. ▲食用新鲜蚕豆发生溶血性黄疸患者缺陷的酶是
A. 3-磷酸甘油酸脱氢酶
B. 异柠檬酸脱氢酶
C. 琥珀酸脱氢酶
D. 6-磷酸葡糖酸脱氢酶
E. 6-磷酸葡糖脱氢酶

63. 体内糖原最多的组织或器官是
A. 肌肉　　　B. 肾　　　C. 脑
D. 肝　　　　E. 心

64. 糖原合成中，葡萄糖活化形式的生成需要消耗
A. ATP　　　　B. ADP　　　　C. UTP
D. UDP　　　　E. GTP

65. 下列有关糖原的描述，正确的是
A. 糖原是动物体内糖的储存形式
B. 糖原是植物体内糖的储存形式
C. 糖原的基本组成单位是葡萄糖或半乳糖
D. 糖原的基本组成单位是葡萄糖或果糖
E. 糖原分子中的主要连接键是 β-糖苷键

66. 糖原合成的限速酶是
A. 糖原合酶　　　　　　B. 磷酸化酶
C. 己糖激酶　　　　　　D. 葡糖-6-磷酸酶
E. 葡糖激酶

67. 糖原合成进行的部位是
A. 细胞质　　B. 线粒体　　C. 核蛋白体
D. 细胞膜　　E. 内质网

68. 以下描述正确的是
A. 肝糖原分解过程是糖原合成过程的逆向反应
B. 糖异生作用只能在肝中进行
C. 糖异生作用都是在细胞质中进行的
D. 肝糖原分解的调节酶是磷酸化酶

E. 肌糖原分解可提供葡萄糖
69. 下列关于糖原说法哪种不正确
A. 肝糖原是血糖的主要来源
B. 肌糖原不能补充血糖
C. 肌糖原主要供肌肉收缩时的能量需要
D. 肝和肌肉是储存糖原的主要器官
E. 糖原合成和分解是一个可逆过程
70. 肌糖原分解不能直接补充血糖的原因是
A. 肌肉组织没有葡萄糖储存
B. 肌肉组织缺乏葡糖激酶
C. 肌肉组织缺乏葡糖-6-磷酸酶
D. 肌肉组织缺乏磷酸化酶
E. 肌糖原太少
71. 合成糖原时、葡萄糖供体是
A. CDPA      B. 葡糖-1-磷酸
C. 葡糖-6-磷酸      D. GDPG
E. UDPG
72. 下列哪一反应由葡糖-6-磷酸酶催化
A. 葡萄糖→葡糖-6-磷酸
B. 葡糖-6-磷酸→葡萄糖
C. 葡糖-6-磷酸→葡糖-1-磷酸
D. 葡糖-1-磷酸→葡糖-6-磷酸
E. 葡糖-6-磷酸→1-磷酸果糖
73. ▲糖酵解、糖异生、磷酸戊糖途径、糖原合成途径的共同代谢物是
A. 1，6-二磷酸果糖   B. F-6-P   C. G-1-P
D. 甘油醛-3-磷酸   E. G-6-P
74. 糖原分解的第一个产物是
A. G    B. G-1-P    C. G-6-P
D. F-1-P    E. F-6-P
75. 在提取大鼠肝糖原过程中，下列操作错误的是
A. 应在大鼠饱食状态下处死大鼠
B. 迅速处死大鼠并取出肝
C. 将肝反复多次清洗以尽可能去除肝表面血液
D. 在肝组织研磨为匀浆前应加入蛋白质变性剂
E. 应反复研磨保证肝细胞内的糖原充分释放
76. 下列有关糖原合成和分解调节的描述，正确的是
A. 糖原合成和分解以激素调节为主，别构调节为辅
B. 糖原合成和分解以别构调节为主，激素调节为辅
C. 肝糖原的合成和分解只受激素调节
D. 肌糖原合成和分解只受别构调节调节
E. 肝糖原、肌糖原的合成和分解均只受激素调节
77. 下列关于三羧酸循环的叙述，错误的是
A. 三羧酸循环是三大营养素分解的共同途径

B. 乙酰CoA进入三羧酸循环后只能被氧化分解
C. 生糖氨基酸转变为葡萄糖大多要通过三羧酸循环的反应
D. 乙酰CoA经三羧酸循环氧化时可提供4分子还原当量
E. 三羧酸循环可为其他物质的合成提供小分子原料
78. 与丙酮酸异生为葡萄糖无关的酶是
A. 丙酮酸激酶
B. 丙酮酸羧化酶
C. 磷酸烯醇丙酮酸羧化激酶
D. 甘油醛-3-磷酸脱氢酶
E. 果糖二磷酸酶-1
79. 下列物质中，不能作为糖异生原料的是
A. 甘油    B. 丙酮酸    C. 乳酸
D. 脂肪酸    E. 甘氨酸
80. 正常情况下，机体糖异生主要进行的组织或器官是
A. 肝   B. 肾   C. 肌肉   D. 脑   E. 肠
81. ▲下列关于糖异生的正确叙述是
A. 原料为甘油、脂肪酸、氨基酸等
B. 主要发生在肝、肾、肌肉
C. 糖酵解的逆过程
D. 不利于乳酸的利用
E. 需要克服3个能障
82. 下列有关乳酸循环的描述，错误的是
A. 可防止乳酸在体内堆积
B. 促进乳酸随尿排出
C. 使肌肉中的乳酸进入肝异生为糖
D. 可防止酸中毒
E. 使能源物质避免损失
83. ▲乳酸循环所需的NADH主要来自
A. 三羧酸循环过程中产生的NADH
B. 脂酸β氧化过程中产生的NADH
C. 糖酵解过程中甘油醛-3-磷酸脱氢产生的NADH
D. 磷酸戊糖途径产生的NADPH经转氢产生的NADH
E. 谷氨酸脱氢产生的NADH
84. 血糖的主要来源是
A. 肝糖原的分解     B. 肌糖原的分解
C. 由非糖物质转变而来   D. 糖类食物消化吸收
E. 其他单糖的转变
85. 血糖是指血液中的哪一种糖
A. 半乳糖     B. 果糖     C. 葡萄糖
D. 甘露糖     E. 核糖
86. 胰岛素降低血糖是多方面作用的结果，但不

包括
A. 促进葡萄糖的转运　　B. 加强糖原的合成
C. 加速糖的有氧氧化　　D. 抑制糖原的分解
E. 促进糖异生

87. 人体内糖的运输与利用的主要形式是
A. 葡萄糖　　　B. 糖原　　　C. 果糖
D. 蔗糖　　　　E. 半乳糖

88. ▲下述为血糖的主要去路，例外的是
A. 在细胞内氧化分解供能
B. 转变为非必需氨基酸、甘油三酯等非糖物质
C. 转变为糖皮质激素
D. 转变为其他单糖及衍生物
E. 在肝、肌肉等组织中合成糖原

89. ▲低血糖出现交感神经兴奋症状是由于释放大量
A. 肾上腺素　　　B. 糖皮质激素
C. 胰高血糖素　　D. 血管加压素
E. 生长激素

90. 病理性高血糖常见于
A. 甲状腺功能亢进　　B. 长期饥饿状态
C. 情绪剧烈波动时　　D. 糖尿病
E. 急慢性肾炎

91. 比较而言，大量进食以下物质，能使胰岛素分泌迅速增加的是
A. 葡萄糖　　　B. 乳糖　　　C. 淀粉
D. 糖原　　　　E. 纤维素

92. 在禁食 24h 后,肝糖原会迅速地被消耗殆尽,而肌糖原储存基本上还得到维持(长时间剧烈运动除外)，这种肝糖原和肌糖原储备差别主要原因的叙述，正确的是
A. 肝细胞不能将非糖物质异生为糖原
B. 肌肉细胞具有很强的将非糖物质异生为糖原能力
C. 肌肉缺乏糖原磷酸化酶导致无法分解糖原
D. 肝糖原储存的目的是为了供给相关组织细胞使用
E. 肌糖原总量很少，即使分解也无法满足相关组织细胞使用

93. ▲糖代谢中与底物水平磷酸化相关的化合物是
A. 甘油醛-3-磷酸　　　B. 3-磷酸甘油酸
C. 6-磷酸葡糖酸　　　D. 1，3-二磷酸甘油酸
E. 2-磷酸甘油酸

94. ▲下列正常人摄取糖类过多时的几条代谢途径中，哪一项是错误的
A. 糖转变为胆固醇
B. 糖转变为蛋白质

C. 糖转变为脂肪酸
D. 糖氧化分解为 $CO_2$ 和 $H_2O$
E. 糖转变为糖原

95. ▲下列有关糖异生调节酶，错误的是
A. 丙酮酸羧化酶　　　　B. 丙酮酸激酶
C. PEP 羧激酶　　　　　D. 果糖二磷酸酶-1
E. 葡糖-6-磷酸酶

96. ▲正常血糖水平时，葡萄糖虽然易透过肝细胞膜，但是葡糖主要在肝细胞外各组织中被利用，其原因是
A. 各组织中均含有己糖激酶
B. 因血糖为正常水平
C. 肝中葡萄糖激酶 $K_m$ 比己糖激酶高
D. 己糖激酶受产物的反馈抑制
E. 肝中存在抑制葡糖转变或利用的因子

97. ▲糖蛋白的多肽链骨架上共价键连接了一些寡糖链，其中常见的单糖有 7 种。下列单糖中不常见的单糖是
A. 葡萄糖　　　　B. 半乳糖　　　　C. 果糖
D. 甘露糖　　　　E. 岩藻糖

98. ▲下列关于己糖激酶叙述正确的是
A. 己糖激酶又称为葡糖激酶
B. 它催化的反应基本上是可逆的
C. 使葡萄糖磷酸化以便参加反应
D. 催化反应生成 6-磷酸果糖
E. 是糖酵解途径中的唯一关键酶

99. 从量上说，餐后肝内葡萄糖去路最多的代谢途径是
A. 糖原合成　　　B. 糖无氧氧化
C. 糖有氧氧化　　D. 磷酸戊糖途径
E. 变为其他单糖

100. 糖酵解中生成的丙酮酸之所以要进入线粒体内氧化，关键在于
A. LDH 存在于线粒体内
B. 线粒体能提供继续氧化的最适条件
C. 丙酮酸脱氢酶系在线粒体内
D. 线粒体膜上用转运丙酮酸的载体
E. 除此去路别无他途

101. 下列关于糖异生作用的叙述，错误的是
A. 原料主要是三碳非糖化合物
B. 糖异生需绕过糖酵解中的能障
C. 肌肉也能进行糖异生，但维持血糖浓度恒定的作用较弱
D. 肝是糖异生的主要器官，主要作用是维持血糖浓度恒定
E. 糖异生在线粒体和细胞质中进行

102. 下列关于糖类吸收的叙述错误的是

A. 与 $Na^+$ 的吸收相偶联

B. 需要载体蛋白参与

C. 单糖吸收是耗能的主动过程

D. 果糖的吸收速率快于葡萄糖

E. 主要在小肠吸收

103. 供氧不足时,甘油醛-3-磷酸脱氢产生的 $NADH + H^+$ 的主要去路是

A. 参与脂肪酸的合成

B. 使丙酮酸还原生成乳酸

C. 维持 GSH 处于还原状态

D. 经 α-磷酸甘油穿梭进入线粒体氧化

E. 经苹果酸-天冬氨酸穿梭进入线粒体氧化

104. 下列关于糖有氧氧化的叙述,错误的是

A. 机体为了彻底分解乳酸,通常也需经历有氧氧化的大部分过程

B. 有氧氧化是机体大多数组织细胞获取能量的主要途径

C. 通过有氧氧化过程,机体除可获取 ATP 外,也能获取热量

D. 有氧氧化是糖、脂肪、蛋白质 3 种主要有机物相互转变的联系体系

E. 有氧氧化是机体利用糖的过程,与脂肪分解供能过程完全无关

105. 最直接联系核苷酸合成与糖代谢的物质是

A. 葡萄糖 　　　　 B. 葡糖-6-磷酸

C. 葡糖-1-磷酸 　　 D. 果糖-1,6-双磷酸

E. 核糖-5-磷酸

106. 下列过程属于糖异生的是

A. 糖→脂 　　　　 B. 乳酸→糖原

C. 糖→氨基酸 　　 D. 糖→糖原

E. 糖→胆固醇

107. ★糖无氧氧化的生理意义是

A. 促进葡萄糖进入血液

B. 为糖异生提供原料

C. 加快葡萄糖氧化速率

D. 缺氧时快速提供能量

108. ★糖酵解途径所指的反应过程是

A. 葡萄糖转变为磷酸二羟丙酮

B. 葡萄糖转变为乙酰 CoA

C. 葡萄糖转变为乳酸

D. 葡萄糖转变为丙酮酸

109. ★三羧酸循环主要是在亚细胞器的哪个部位进行的

A. 细胞核 　　 B. 胞液 　　 C. 微粒体

D. 线粒体 　　 E. 高尔基体

110. ★三羧酸循环中的不可逆反应是

A. 草酰乙酸→柠檬酸

B. 琥珀酰辅酶 A→琥珀酸

C. 琥珀酸→延胡索酸

D. 延胡索酸→苹果酸

111. ★下列化合物中,不能直接由草酰乙酸转变生成的是

A. 柠檬酸 　　　　 B. 苹果酸

C. 天冬氨酸 　　　 D. 乙酰乙酸

112. ★1 克分子丙酮酸被彻底氧化生成 $CO_2$ 和 $H_2O$,同时可生成 ATP 的克分子数是

A. 11.5 　 B. 12 　 C. 12.5 　 D. 13 　 E. 13.5

113. ★在三羧酸循环和有关的呼吸链中,生成 ATP 最多的阶段是

A. 柠檬酸→异柠檬酸

B. 异柠檬酸→α-酮戊二酸

C. α-酮戊二酸→琥珀酸

D. 延胡索酸→苹果酸

E. 苹果酸→草酰乙酸

114. ★血糖降低时,脑仍能摄取葡萄糖而肝不能是因为

A. 脑细胞膜葡萄糖载体易将葡萄糖转运入细胞

B. 脑己糖激酶的 $K_m$ 值低

C. 肝葡糖激酶的 $K_m$ 值低

D. 葡糖激酶具有特异性

E. 血脑屏障在血糖低时不起作用

115. ★丙酮酸脱氢酶复合体中不包括的物质是

A. FAD 　 B. 生物素 　　 C. $NAD^+$ 　 D. 辅酶 A

116. ★下列维生素中,其衍生物参与形成丙酮酸脱氢酶复合体的是

A. 磷酸吡哆醛 　　　　 B. 生物素

C. 叶酸 　　　　　　　 D. 泛酸

117. ★下列参与糖代谢的酶中,哪种酶催化的反应是可逆的

A. 糖原磷酸化酶 　　　 B. 己糖激酶

C. 果糖二磷酸酶 　　　 D. 丙酮酸激酶

E. 磷酸甘油酸激酶

118. ★调节三羧酸循环的关键酶是

A. 苹果酸脱氢酶 　　　 B. 丙酮酸脱氢酶

C. 异柠檬酸脱氢酶 　　 D. 顺乌头酸酶

119. ★磷酸果糖激酶-1 的别构抑制剂是

A. 果糖-6 磷酸 　　　　 B. 果糖-1,6 二磷酸

C. 柠檬酸 　　　　　　 D. 乙酰 CoA

E. AMP

120. ★属于肝己糖激酶的同工酶类型是

A. Ⅰ型 　　　　　　　 B. Ⅱ型

C. Ⅲ型 　　　　　　　 D. Ⅳ型

121. ★糖代谢中"巴斯德效应"的结果是

A. 乳酸生成增加 　　　 B. 三羧酸循环减慢

C. 糖原生成增加　　　　D. 糖酵解受到抑制

122. ★下列物质中，能够在底物水平上生成 GTP 的是

A. 乙酰 CoA　　　　　　B. 琥珀酰 CoA

C. 脂肪酰 CoA　　　　　D. 丙二酸单酰 CoA

123. ★体内提供 NADPH 的主要代谢途径是

A. 糖的无氧氧化　　　　B. 磷酸戊糖途径

C. 糖的有氧氧化　　　　D. 糖异生

124. ★在成熟红细胞中只保存 2 条对其生存和功能发挥重要作用的代谢途径。其一是糖无氧氧化，其二是

A. DNA 合成　　　　　　B. RNA 合成

C. 蛋白质合成　　　　　D. 三羧酸循环

E. 磷酸戊糖途径

125. ★下列选项中，可以转变为糖的化合物是

A. 硬脂酸　　　　　　　B. 油酸

C. β-羟丁酸　　　　　　D. α-磷酸甘油

126. ★下列酶中，与丙酮酸生成糖无关的是

A. 丙酮酸激酶　　　　　B. 丙酮酸羧化酶

C. 果糖二磷酸酶-1　　　D. 葡糖-6-磷酸酶

127. ★饥饿可以使肝内哪种代谢途径增强

A. 脂肪合成　　　　　　B. 糖原合成

C. 糖无氧氧化　　　　　D. 糖异生

E. 磷酸戊糖途径

128. ★下列酶中属于糖原合成关键酶的是

A. UDPG 焦磷酸化酶　　B. 糖原合酶

C. 糖原磷酸化酶　　　　D. 分支酶

129. ★乙酰 CoA 是哪个酶的别构激活剂

A. 糖原磷酸化酶　　　　B. 丙酮酸激酶

C. 磷酸果糖激酶　　　　D. 柠檬酸合酶

E. 异柠檬酸脱氢酶

130. ★在糖酵解和糖异生中均起作用的酶是

A. 丙酮酸羧化酶　　　　B. 磷酸甘油酸激酶

C. 果糖二磷酸酶　　　　D. 丙酮酸激酶

131. ★胰高血糖素促进糖异生的机制是

A. 抑制磷酸果糖激酶-2 的活性

B. 激活磷酸果糖激酶-1

C. 激活丙酮酸激酶

D. 抑制磷酸烯醇丙酮酸羧化激酶的合成

132. 下列关于琥珀酰 CoA 代谢去路的叙述，错误的是

A. 可异生为糖　　　　　B. 可氧化供能

C. 合成卟啉化合物　　　D. 参与酮体的氧化

E. 参与核苷酸合成

133. 为了维持丙酮酸脱氢酶复合体处于活性状态，以下必须满足的条件是

A. 存在高水平的 NADH，酶处于磷酸化状态

B. 存在高水平的 NADH，酶处于去磷酸化状态

C. 存在高水平的 AMP，酶处于磷酸化状态

D. 存在高水平的 AMP，酶处于去磷酸化状态

E. 存在高水平的乙酰 CoA，酶处于去磷酸化状态

134. 能抑制糖异生的激素是

A. 生长素　　　　B. 胰岛素　　　　C. 肾上腺素

D. 胰高血糖素　　E. 糖皮质激素

135. 以 NADP$^+$作为辅酶的酶是

A. 苹果酸脱氢酶　　　　　　B. 琥珀酸脱氢酶

C. 异柠檬酸脱氢酶　　　　　D. 葡糖-6-磷酸脱氢酶

E. 甘油醛-3-磷酸脱氢酶

136. 血糖是指血液中的哪一种糖

A. 半乳糖　　　　　　B. 果糖　　　　　C. 葡萄糖

D. 甘露糖　　　　　　E. 核糖

## 二、A2 型选择题

1. 一个 23 岁的男子在做剧烈运动的时候，会发生肌肉痉挛（俗称"抽筋"），对他的前臂肌肉的研究表明，在其最大运动的时候，不产生乳酸。此人最有可能缺少的酶是

A. 果糖-1，6-二磷酸酶　　　B. PEP 羧激酶

C. 丙酮酸脱氢酶　　　　　　D. 糖原脱支酶

E. 糖原磷酸化酶

2. 一个朋友在健身几个小时后，什么也没有吃就去参加一个聚会，在喝了几口酒以后似乎突然醉倒了。他对酒精产生强烈反应最可能的原因是

A. 剧烈运动后导致的低血糖

B. 因乙醇抑制糖异生而诱发的低血糖

C. 脂肪动员加剧而引发的酮血症

D. 因乙醇促进糖异生而诱发的高血糖症

E. 脱水和乙醇诱导的糖异生而导致的高血糖症

3. 一种微生物本来生长在无氧的环境之中以葡萄糖作为唯一碳源，现将其转移到有氧的环境之中，葡萄糖被完全氧化为 $CO_2$ 和 $H_2O$，而生长的速率没有显著的变化，那么葡萄糖利用的效率将

A. 增加约 15 倍　　　　　B. 减少约 15 倍

C. 增加约 2 倍　　　　　　D. 减少约 2 倍

E. 不变

4. 患者，女，9 岁。食用蚕豆 1 天后出现疲倦乏力、头晕、头痛、厌食、恶心、呕吐，尿色如浓红茶色，患者体内最有可能缺陷的酶是

A. 甘油醛-3-磷酸脱氢酶

B. 异柠檬酸脱氢酶

C. 琥珀酸脱氢酶

D. 葡糖-6-磷酸脱氢酶

E. 6-磷酸葡糖酸脱氢酶

5. 某孕妇，30 岁，原无糖尿病，近期测空腹血

糖 7.5mmol/L，餐后血糖为 13.0mmol/L。下列诊断正确的是

A. 1 型糖尿病　　　B. 2 型糖尿病
C. 妊娠糖尿病　　　D. 糖耐量异常
E. 妊娠合并 2 型糖尿病

6. 若将等分子数的糖原与直链淀粉分别在相同条件下用过量磷酸化酶进行处理，那么，她们释放葡糖-1-磷酸的情况是

A. 糖原的产物中有葡糖-1-磷酸，而直链淀粉产物中无葡糖-1-磷酸
B. 直链淀粉的产物中有葡糖-1-磷酸，而糖原产物中无葡糖-1-磷酸
C. 糖原的产物中葡糖-1-磷酸会明显多于直链淀粉中的产物
D. 直链淀粉的产物中葡糖-1-磷酸会明显多于糖原中的产物
E. 糖原与直链淀粉的产物中均无葡糖-1-磷酸的产生

7. 某研究者分析了一个人在剧烈运动前、运动中与运动后血液乳酸值的变化情况（如下图），表明，在长时间剧烈运动时血液乳酸值会迅速增加。此时，血液乳酸最主要来源是

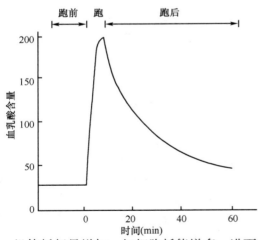

A. 机体耗氧量增加，红细胞耗能增多，进而产生大量乳酸释放入血
B. 由于肌肉耗氧量增多，迫使其他组织通过糖无氧氧化供能，乳酸释放入血
C. 肌肉耗能明显增多，进而糖无氧氧化增强，产生大量乳酸释放入血
D. 剧烈运动时，肾几乎停止对乳酸的排泄，使血液乳酸堆积所致
E. 剧烈运动时，机体糖异生处于抑制状态，使乳酸消耗减少所致

问题 8 和 9：恶性发热是一种遗传性疾病，患者通常在使用一些药物后出现该病，尤其是麻醉上广泛使用的氟烷。患者使用氟烷后除了出现体温骤升以外，还伴随有酸中毒、高血钾症和肌肉僵硬。如果病情未得到及时治疗，患者可能会很快死亡。该疾病可引起 $Ca^{2+}$ 从肌浆网中不恰当的释放。许多产热过程可由于 $Ca^{2+}$ 不可控制的释放而被激活，包括糖无氧氧化和糖原分解。

8. $Ca^{2+}$ 通过下列哪项机制可增加糖原分解

A. 激活磷酸化酶 b 激酶
B. 抑制磷酸化酶 b 激酶
C. 激活磷酸化酶 a 磷酸酶
D. 抑制磷酸化酶 a 磷酸酶
E. 抑制 cAMP 的降解

9. 酶的磷酸化与去磷酸化及别构激活在糖原分解过程中发挥重要作用。除下列哪项外，都能激活酶

A. 磷酸化酶 b 激酶的磷酸化
B. AMP 与磷酸化酶 a 磷酸酶结合
C. 磷酸化酶的磷酸化
D. 蛋白激酶 A 的磷酸化
E. 糖原合酶的去磷酸化

10. 糖原贮积症是一种遗传性疾病。根据患者缺陷的酶种类不同，糖原贮积症可以分为 8 型。Ⅰ型糖原贮积症（也称为 Von Gierke 病）主要是葡糖-6-磷酸酶的缺陷，主要累及的器官是肝、肾，但患者体内糖原结构正常。Ⅰ型糖原贮积症患者血液中可能会出现明显升高的物质是

A. 葡萄糖　　　B. 乳酸　　　C. 肝糖原
D. 肌糖原　　　E. 甘油

11. 糖原贮积症是一种遗传性疾病。根据患者缺陷的酶种类不同，糖原累积症可以分为 8 型。Ⅴ型糖原累积症（也称为 McArdle 病）主要是肌磷酸化酶的缺陷，患者常出现疼痛性肌痉挛，并且不能进行强体力运动。但患者体内糖原结构正常。根据你的生化知识，分析患者常出现疼痛性肌痉挛最可能的原因是

A. 患者肌肉发育不完全，导致肌肉运动受限
B. 患者不能利用葡萄糖，导致肌肉能量供应不足
C. 患者不能利用肌糖原，导致肌肉能量供应不足
D. 患者肌糖原储备明显不足，导致肌肉运动受限
E. 患者肝糖原储备明显不足，导致肌肉运动受限

三、B 型选择题

（1~4 题共用备选答案）

A. 糖原合酶　　　　　B. 丙酮酸羧化酶
C. 糖原磷酸化酶　　　D. 丙酮酸脱氢酶复合体
E. 丙酮酸激酶

1. 糖异生的关键酶是
2. 糖有氧氧化和糖无氧氧化的共同关键酶是
3. 丙酮酸彻底氧化分解的关键酶是
4. 糖原分解的关键酶是
（5～6 题共用备选答案）
A. 糖无氧氧化途径　　　B. 糖有氧氧化途径
C. 磷酸戊糖途径　　　　D. 糖异生途径
E. 糖原合成途径
5. 体内能量的主要来源是
6. 能提供 NADPH 是
（7～10 题共用备选答案）
A. 草酰乙酸　　　B. 柠檬酸　　　C. 乳酸
D. 苹果酸　　　　E. α-酮戊二酸
7. 参与三羧酸循环中氧化脱羧的是
8. 不属于糖分解产生的有机酸是
9. 丙酮酸羧化后的产物是
10. 不属于三羧酸循环中间产物的是
（11～15 题共用备选答案）
A. 细胞质　　　　B. 线粒体和细胞质
C. 微粒体　　　　D. 细胞核　　　E. 溶酶体
11. 糖的有氧氧化发生的部位是
12. 糖的无氧氧化发生的部位是
13. 磷酸戊糖途径发生的部位是
14. 糖原合成和分解的部位是
15. 糖异生的部位是
（16～20 题共用备选答案）
A. 乳酸　　　B. 核糖-5-磷酸　　　C. 葡萄糖
D. 丙酮酸　　　E. 乙酰 CoA
16. 磷酸戊糖途径分解的产物
17. 丙酮酸脱氢酶复合体催化分解的产物
18. 葡萄糖无氧氧化途径分解的产物
19. 糖异生途径代谢的产物
20. 糖酵解的产物
（21～24 题共用备选答案）
A. 葡萄糖　　　B. 乳糖　　　C. 淀粉
D. 糖原　　　　E. 纤维素
21. 人类食物中含量最多的可被分解利用的糖是
22. 动物体内糖的储存形式是
23. 通常临床上禁食患者可直接输入血液的糖是
24. 不能被人类肠道消化吸收的糖是
（25～28 题共用备选答案）
A. 胰岛素　　　　B. 胰高血糖素
C. 肾上腺素　　　D. 糖皮质激素
E. 生长激素
25. 正常情况下机体用于升高血糖的主要激素是
26. 应急状态下升高血糖的主要激素是
27. 能降低血糖的激素是

28. 能协助脂肪动员增加，进而间接升高血糖的激素是
（29～31 题共用备选答案）
A. ATP　　B. GTP　　C. CTP　　D. UTP　　E. TTP
29. 糖酵解中通过底物水平磷酸化生成的是
30. 三羧酸循环中通过底物水平磷酸化生成的是
31. 糖原合成中用于生成葡萄糖活性形式的是
（32～33 题共用备选答案）
A. 磷酸甘油酸激酶　　　B. 丙酮酸激酶
C. 丙酮酸羧化酶　　　　D. 异柠檬酸脱氢酶
32. ★糖酵解的关键酶是
33. ★三羧酸循环的关键酶是
（34～35 题共用备选答案）
A. GTP　　　　　　　B. ATP
C. 两者都需要　　　　D. 两者都不需要
34. ★糖原合成时需要的是
35. ★蛋白质生物合成时需要的是
（36～37 题共用备选答案）
A. 糖原合酶　　　　B. 糖原磷酸化酶
C. 两者都是　　　　D. 两者都不是
36. ★磷酸化时活性增高
37. ★磷酸化时丧失活性
（38～39 题共用备选答案）
A. 磷酸甘油酸激酶　　　B. 烯醇化酶
C. 丙酮酸激酶　　　　　D. 丙酮酸脱氢酶复合体
E. 丙酮酸羧化酶
38. ★糖异生途径的关键酶是
39. ★糖酵解的关键酶是
（40～41 题共用备选答案）
A. 溶酶体　　　　B. 内质网
C. 线粒体　　　　D. 细胞液
40. ★糖异生和三羧酸循环共同的代谢场所是
41. ★胆固醇合成和磷脂合成的共同代谢场所是

## 四、X 型选择题

1. 下列叙述中,与糖无氧氧化过程中不消耗氧的原因的合理解释是
A. 整个糖无氧氧化反应中没有氧的参与
B. 产物乳酸可被机体再利用
C. 糖无氧氧化反应过程快速
D. 整个过程中无净的 NADA+$H^+$或 $FADH_2$ 生成
E. 糖无氧氧化整个过程在细胞质进行
2. 下列代谢中不消耗氧的是
A. 糖有氧氧化　　　　　B. 三羧酸循环
C. 糖原合成与分解　　　D. 氧化磷酸化
E. 丙酮酸氧化脱羧
3. 下列可作为糖异生的原料是

A. 油酸　　　　　　B. 甘油　　　C. 丙氨酸
D. 草酰乙酸　　　　E. 乙酰 CoA

4. 胰岛素降低血糖浓度的机制有
A. 促进组织细胞对糖的摄取和利用
B. 抑制蛋白质分解，减少糖的来源
C. 促进肝糖原和肌糖原的合成
D. 抑制糖异生，减少糖的来源
E. 促进脂肪的分解，降低机体脂肪含量

5. 长时间剧烈运动后通常会出现全身肌肉的酸痛，但休息一段时间后，这种酸痛会逐渐消失。肌肉酸痛逐渐消失的原因是
A. 肌肉感受疼痛的神经细胞发生功能障碍
B. 通过乳酸循环将肌肉产生的乳酸经肝异生为糖
C. 肾大量排泄乳酸，进而降低肌肉乳酸浓度
D. 休息时肌肉可将乳酸通过有氧氧化而再利用
E. 肌肉细胞将大量乳酸通过糖异生作用异生为糖

6. ★磷酸戊糖途径的重要生理功能有
A. 是糖、脂、氨基酸的代谢枢纽
B. 为脂肪酸合成提供 NADPH
C. 为核酸合成提供原料
D. 为胆固醇合成提供 NADPH

7. ★糖异生反应涉及的酶有
A. 磷酸烯醇丙酮酸羧化激酶
B. 丙酮酸羧化酶
C. 葡糖激酶
D. 磷酸果糖激酶-1

## 五、名词解释

1. 糖无氧氧化
2. 糖有氧氧化
3. 乳酸循环
4. 糖异生
5. 磷酸戊糖途径
6. 糖原合成
7. 糖原分解
8. 三羧酸循环
9. 蚕豆病
10. 血糖

## 六、简答题

1. 简述血糖的来源与去路。
2. 简述糖无氧氧化的生理意义。
3. 简述磷酸戊糖途径的生理意义。
4. 简述糖有氧氧化的生理意义。
5. 简述三羧酸循环的作用。
6. 简述草酰乙酸在糖代谢中的重要作用。

7. 简述糖异生的生理意义。
8. 简述肝是怎样调节和维持血糖水平恒定的。
9. 简述在糖代谢过程中生成的丙酮酸可进入那些代谢途径。
10. 虽然三羧酸循环中并没有 $O_2$ 的直接参与，为什么该循环的正常运行却必须在有氧条件下才能进行？

## 七、分析论述题

1. 以葡萄糖为例，比较糖无氧氧化和糖有氧氧化的异同。

2. 某研究者分析了正常人在 400m 短跑时的跑前、跑中、跑后血液中乳酸的变化情况（如下图）。

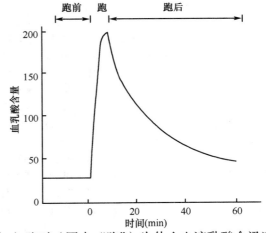

（1）跑时（图中"跑"）为什么血液乳酸会迅速升高？
（2）跑后是什么原因使乳酸浓度下降？为什么下降的速度比上升慢？
（3）当处于休息状态时，为什么血液浓度不等于零？

3. 患儿，女性，5 岁，因突然昏倒到当地儿童医院就诊。既往健康，发育中等。近来偶感不适，乏力，饮水较多，昏迷前一天有恶心、呕吐，入院后开始呕吐，嗜睡，叹息样呼吸，呼出气体呈苹果味。体检发现患儿皮肤冰凉，脱水，血压 90/60mmHg（12.0/8.0kPa），脉搏 115 次/分，昏迷。

实验室检查：血糖 35mmol/L，pH 7.05，酮体强阳性，二氧化碳结合力 5 mmol/L，尿素氮 12mmol/L，血钾 5.812mmol/L，肌酐 160mmol/L。
尿标本：糖++++，酮体++++。
诊断：糖尿病合并酮症酸中毒
问题:（1）试述患儿发生高血糖的可能生化原因。

（2）患儿为什么会合并酮症酸中毒？（提示：结合脂代谢思考）

4. 正常人在空腹状态下不容易发生低血糖,但若在空腹状态下进行长时间的剧烈运动,则容易发生低血糖。请解释上述现象发生的生化机制。

5. 糖代谢分解通路中的一个关键控制节点是葡糖-6-磷酸,请你结合糖代谢所学知识,分析葡萄糖转变为葡糖-6-磷酸后,进一步的可能的代谢途径有哪些? 并分析葡糖-6-磷酸进入这些不同的代谢途径对于细胞或有机体有何功能重要性或生理意义?

# 参 考 答 案

## 一、A1 型选择题

| | | | | | | |
|---|---|---|---|---|---|---|
| 1. C | 2. B | 3. E | 4. A | 5. A | 6. C | 7. B |
| 8. C | 9. C | 10. B | 11. A | 12. B | 13. D | 14. B |
| 15. B | 16. C | 17. D | 18. E | 19. E | 20. A | 21. D |
| 22. E | 23. D | 24. E | 25. E | 26. B | 27. B | 28. C |
| 29. C | 30. B | 31. E | 32. C | 33. E | 34. E | 35. B |
| 36. D | 37. A | 38. B | 39. B | 40. B | 41. A | 42. E |
| 43. A | 44. C | 45. E | 46. E | 47. C | 48. B | 49. E |
| 50. D | 51. A | 52. A | 53. C | 54. E | 55. B | 56. C |
| 57. E | 58. C | 59. C | 60. C | 61. D | 62. E | 63. A |
| 64. C | 65. A | 66. A | 67. C | 68. E | 69. B | 70. E |
| 71. E | 72. B | 73. E | 74. C | 75. C | 76. A | 77. B |
| 78. A | 79. B | 80. A | 81. C | 82. B | 83. C | 84. D |
| 85. C | 86. B | 87. A | 88. C | 89. A | 90. D | 91. A |
| 92. B | 93. C | 94. B | 95. B | 96. C | 97. C | 98. C |
| 99. A | 100. C | 101. A | 102. D | 103. B | 104. E | |
| 105. E | 106. B | 107. D | 108. D | 109. D | 110. A | |
| 111. D | 112. C | 113. C | 114. B | 115. B | 116. C | |
| 117. E | 118. C | 119. C | 120. D | 121. D | 122. E | |
| 123. D | 124. E | 125. D | 126. A | 127. D | 128. C | |
| 129. D | 130. B | 131. A | 132. E | 133. D | 134. B | |
| 135. D | 136. C | | | | | |

## 二、A2 型选择题

| | | | | | | | |
|---|---|---|---|---|---|---|---|
| 1. E | 2. B | 3. B | 4. D | 5. E | 6. C | 7. C | 8. A |
| 9. B | 10. C | 11. C | | | | | |

## 三、B 型选择题

| | | | | | | |
|---|---|---|---|---|---|---|
| 1. B | 2. E | 3. D | 4. C | 5. B | 6. C | 7. E |
| 8. B | 9. A | 10. C | 11. B | 12. A | 13. A | 14. A |
| 15. B | 16. A | 17. E | 18. A | 19. E | 20. A | 21. C |
| 22. D | 23. A | 24. E | 25. D | 26. C | 27. A | 28. D |
| 29. A | 30. A | 31. D | 32. A | 33. D | 34. C | 35. C |
| 36. B | 37. A | 38. E | 39. C | 40. C | 41. B | |

## 四、X 型选择题

| | | | | |
|---|---|---|---|---|
| 1. AD | 2. BCE | 3. BCD | 4. ABCD | 5. BD |
| 6. BCD | 7. AB | | | |

## 五、名词解释

1. **糖无氧氧化**：在缺氧或不消耗氧等情况下,葡萄糖或糖原在细胞质中被分解成乳酸,同时伴有少量 ATP 合成的过程,称为糖无氧氧化。

2. **糖有氧氧化**：葡萄糖在有氧条件下彻底氧化分解生成 $CO_2$ 和 $H_2O$,同时释放大量能量并合成 ATP 的过程,称为糖有氧氧化。

3. **乳酸循环**：在肌肉中葡萄糖经糖无氧氧化生成乳酸,乳酸经血液运至肝,肝将乳酸异生为葡萄糖,葡萄糖释放至血液又可被肌肉摄取,这种循环进行的代谢途径称为乳酸循环。生理意义是可以使乳酸再利用;防止因乳酸堆积引起酸中毒。

4. **糖异生**：由非糖物质（如甘油、乳酸、某些氨基酸）生成葡萄糖或糖原的过程,称为糖异生。

5. **磷酸戊糖途径**：葡萄糖在细细胞质中生成核糖-5-磷酸及 $NADPH+H^+$,前者再进一步转变成甘油醛-3-磷酸和果糖-6-磷酸的反应过程,也称磷酸戊糖旁路,或简称 PPP。

6. **糖原合成**：葡萄糖在细胞质中经磷酸化生成葡糖-6-磷酸,转化为葡糖-1-磷酸后,在焦磷酸化酶催化下生成 UDPG,最后由 UDPG 提供葡萄糖残基,在糖原合酶催化下,将 G 连接到糖原引物上的过程。

7. **糖原分解**：一般指肝糖原在细胞质中经糖原磷酸化酶催化生成葡糖-1-磷酸,变为葡糖-6-磷酸后,在肝中分解成葡萄糖释放入血,维持血糖浓度。肌肉由于缺乏葡糖-6-磷酸酶,肌糖原分解产生的葡糖-6-磷酸只能进入葡萄糖分解代谢途径,而不能用来补充血糖。

8. **三羧酸循环**：在线粒体中,从乙酰 CoA 与草酰乙酸缩合生成柠檬酸开始,经过4次脱氢氧化、2 次脱羧和 1 次底物水平磷酸化后,乙酰基被彻底分解氧化,草酰乙酸得以再生的过程。

9. **蚕豆病**：进食蚕豆后诱发的溶血性黄疸,称为葡糖-6-磷酸脱氢酶缺乏症（俗称蚕豆病）。发病机制是缺乏葡糖-6-磷酸脱氢酶,不能经磷酸戊糖途径得到充足的 NADPH 使谷胱甘肽保持还原状态,红细胞尤其是较老的红细胞易于破裂,发生溶血性黄疸。

10. **血糖**：通常指血液中的葡萄糖。正常时血糖应维持在相对恒定的水平。

## 六、简答题

1. 血糖来源：①食物中糖类消化吸收;②肝糖原

分解；③糖异生作用。血糖去路：①氧化供能；②合成糖原；③通过磷酸戊糖途径转变为其他糖；④转变为脂肪、非必需氨基酸等非糖物质。

2. ①不耗氧、快速供能；②某些组织细胞依赖糖无氧氧化供能，如成熟红细胞、神经细胞等。

3. ①为核酸的生物合成提供核糖；②提供 NADPH+$H^+$作为供氢体参与多种代谢反应。a. 提供 NADPH + $H^+$是体内许多合成代谢的供氢体，如脂肪、胆固醇；b. NADPH + $H^+$参与体内的羟化反应，如参与药物的生物转化反应；c. NADPH + $H^+$用于维持谷胱甘肽的还原状态，维护细胞膜结构稳定。

4. ①是机体获取能量的主要途径，也是正常情况下糖分解供能的主要途径；②是体内糖、脂肪、蛋白质 3 种主要有机物相互转变的联系体系。

5. ①彻底分解乙酰 CoA；②是体内 $CO_2$ 的主要产生地；③是 NADH + $H^+$ 和 $FADH_2$ 的主要产生地；④是糖、脂肪、氨基酸分解供能的共同代谢通路；⑤为体内某些生物合成提供前体物质。

6. 草酰乙酸在葡萄糖氧化分解和糖异生中有重要作用。①草酰乙酸是三羧酸循环中的起始物，糖分解产生的乙酰 CoA 必须首先与草酰乙酸缩合为柠檬酸，才能彻底氧化分解；②草酰乙酸可作为糖异生的原料；③草酰乙酸是丙酮酸、乳酸及生糖氨基酸等异生为糖时的中间产物，这些物质必须先转变为草酰乙酸后才能异生为糖。

7. ①维持血糖浓度恒定；②补充或恢复肝糖原储备；③促进肾小管泌氨，调节酸碱平衡；④促进乳酸的充分利用。

8. ①餐后，葡萄糖被吸收入血使血糖水平升高，肝细胞大量摄入葡萄糖并将其转变为肝糖原储存，从而降低血糖水平；②空腹情况下，血糖水平下降，肝细胞一方面减少对葡萄糖的摄入，一方面将肝糖原分解为葡萄糖补充血糖；③肝细胞能以脂肪动员产生的甘油、蛋白质分解产生的生糖氨基酸为原料，在肝中异生为糖补充血糖，从而维持血糖处于正常水平。

9. ①缺氧时转变为乳酸；②有氧时进入线粒体，经过有氧氧化彻底氧化分解；③进入线粒体羧化为草酸乙酸，再经糖异生作用异生为糖；④进入线粒体羧化为草酸乙酸，再与乙酰 CoA 缩合成柠檬酸，柠檬酸可调节糖代谢与脂质代谢，也可进入胞质裂解为乙酰 CoA，作为合成脂肪酸的原料；⑤经过转氨基作用可生成丙氨酸等非必需氨基酸。

10. ①三羧酸循环中共有 4 次脱氢反应，可生成 3 分子 NADH 和 1 分子 $FADH_2$，这些还原性受氢体的 H 都必须经由呼吸链传递以最终与氧结合生成水，否则会导致还原性受氢体的堆积和载氢体（$NAD^+$、FAD）的缺乏，进而使循环速率下降甚至完全停止。②NADH 是三羧酸循环中调节酶的别构抑制剂，NADH 的堆积也可抑制三羧酸循环的进行甚至完全停止。

## 七、分析论述题

1. 答题要点参见本章表5-5。

2. （1）剧烈运动时，由于肌肉耗能的迅速增多，肌肉启动糖无氧氧化供能（提供 ATP），而糖无氧氧化的终产物是乳酸，因此肌肉乳酸产生会迅速增多，进而释放入血导致血乳酸浓度迅速增高。

（2）当跑后处于休息状态时，肌肉产生的乳酸可释放入血，经肝异生为糖（乳酸循环）或者被肌肉组织再氧化分解利用（有氧氧化途径）。随着肌肉乳酸的产生减少及肝、肌肉对乳酸的再利用，血液乳酸浓度会逐渐降低。糖异生速度慢，所以乳酸下降的速度比上升慢。

（3）即使在休息状态下（氧气供应充足时），仍有少部分组织细胞会以糖无氧氧化供能如红细胞、骨髓细胞等，仍会有少量乳酸产生，是糖异生的重要原料之一。而糖异生的主要器官是肝、肾，这些组织细胞产生的乳酸需经血液循环才能到达肝肾，所以，即使休息状态下，血液仍有一定量的乳酸存在。

3. （1）机体大多数组织细胞对葡萄糖的利用需要依赖胰岛素的作用。当患者胰岛素严重不足时，导致组织细胞利用葡萄糖明显减少，因而患者出现高血糖。

（2）酮症酸中毒是糖尿病的急性并发症之一，是由于体内胰岛素严重不足所致。当患者胰岛素严重不足时，糖代谢紊乱急剧加重，这时，机体利用葡萄糖障碍，只好动用脂肪供能，而糖代谢的障碍也会影响机体对脂肪的利用，因而出现继发性脂肪代谢严重紊乱；当脂肪分解加速，酮体生成增多，超过了组织所能利用的程度时，即可出现酮血症、酮尿症（称为糖尿病酮症）。酮体包括乙酰乙酸、β 羟丁酸和丙酮，以乙酰乙酸和 β 羟丁酸为主，均为酸性物质，酸性物质在体内堆积超过了机体的缓冲能力后，血液的 pH 就会下降（pH<7.35），出现酸中毒即糖尿病酮症酸中毒。

4. ①血糖是指血液中的葡萄糖，正常人血糖维持在恒定水平。②空腹状态下的血糖维持主要受激素调控，包括增加胰高血糖素的分泌和抑制胰岛素的分泌来完成，胰高血糖素维持血糖恒定的主要机制是促进肝糖原分解并抑制外周组织利用葡萄糖。此时，在氧气供应充足时，肌肉的主要能源物质是脂肪酸（空腹时主要来源于储备的脂肪动员）。③剧烈运动时，由于肌肉等组织耗能大量增加，在氧气供应不能满足肌肉的能量消耗时，肌肉会通过无氧氧化供能，后者需要消耗肌糖原或血液中的葡萄糖，此时长时间剧烈运动，会由于肌肉消耗大量葡萄糖而导致低血糖。

5. 葡萄糖转变为葡糖-6-磷酸后，可被调控分别进入如下途径。

（1）进入糖无氧氧化生成乳酸。生理意义：①是机体在缺氧情况下获取能量的有效方式；②是某些细胞在氧供应正常情况下的重要供能途径。

（2）进入有氧氧化生成 $CO_2$ 和水。生理意义：①是机体获得能量的主要方式；②有氧时糖供能的主要途径；③三羧酸循环是三大物质彻底氧化分解的共同通路；④三羧酸循环是三大代谢互相联系的枢纽。

（3）经糖原合成途径合成糖原。生理意义：为机体储备葡萄糖。

（4）进入磷酸戊糖途径生成 NADPH＋$H^+$和核糖-5-磷酸。生理意义：①为核酸的生物合成提供核糖-5-磷酸，核糖是核酸和游离核苷酸的组成成分。②提供 NADPH 作为供氢体参与多种代谢反应：a. NADPH 是体内许多合成代谢的供氢体，如乙酰 CoA 合成脂肪酸、胆固醇。b. NADPH 参与体内羟化反应。有些羟化反应与生物合成有关，如：从鲨烯合成胆固醇，从胆固醇合成胆汁酸、类固醇激素等；有些羟化反应则与生物转化有关。c. NADPH 还用于维持谷胱甘肽的还原状态。

（5）通过葡糖-6-磷酸酶的作用生成葡萄糖。生理意义：补充血糖。

（6）通过磷酸无糖途径第二阶段与其他单糖之间进行互变。生理意义：提供其他单糖或利用其他单糖。

（刘先俊）

# 第六章  脂 质 代 谢

## 学 习 要 求

了解脂质的概念、分类。了解脂肪酸（又称脂酸）的分类，熟悉人体必需脂肪酸的概念。了解脂肪、类脂的基本结构，了解人体脂质的主要分布和主要生理功能。了解脂肪消化中脂肪的乳化及消化脂肪所需的酶（胰脂酶、辅脂酶），了解脂质消化产物的吸收。

熟悉脂肪动员的概念及其限速酶，了解其调节机制。了解甘油利用的基本过程。熟悉脂酸活化的概念，了解脂酰 CoA 进入线粒体的载体。掌握脂酸 β 氧化的概念，熟悉脂酸 β 氧化的基本过程，了解脂酸 β 氧化的关键酶，了解脂酸氧化时的能量生成。了解不饱和脂酸的氧化方式。掌握酮体的概念，了解酮体的生成过程，熟悉酮体生成和利用的部位，掌握酮体生成的生理意义。了解酮体生成的调节。了解脂酸合成的部位，熟悉脂酸合成的原料，了解乙酰 CoA 从线粒体转运至细胞质的方式。熟悉乙酰 CoA 羧化酶，了解脂酸合成酶系。了解软脂酸合成的基本过程，了解脂酸合成中碳链的延长与缩短，了解不饱和脂酸的合成，了解脂酸合成的调节。了解前列腺素等几种多不饱和脂酸的重要衍生物，了解三酰甘油（又称甘油三酯）合成的基本

过程，了解不同组织合成甘油三酯的特点。

了解磷脂的概念、分类，熟悉甘油磷脂的组成、结构与功能。了解鞘磷脂的结构特点。了解机体中重要的甘油磷脂。了解甘油磷脂合成部位、原料与合成的基本过程。了解磷脂酶类对甘油磷脂的水解及其产物。了解鞘磷脂的代谢。

了解胆固醇的结构、体内分布及生理功能。了解胆固醇的消化吸收。熟悉胆固醇合成的部位、原料、限速酶，了解胆固醇合成的基本过程。了解胆固醇合成的调节。熟悉胆固醇在体内的转化，了解胆固醇排泄。

掌握血脂的概念。熟悉血脂的来源与去路。了解血脂中各成分的正常含量。熟悉血浆脂蛋白超速离心法分类的种类、主要组成成分和功能。了解血浆脂蛋白的电泳法分类，了解血浆脂蛋白的结构，了解载脂蛋白。了解血浆脂蛋白的代谢。了解高脂血症的概念、分型，了解动脉粥样硬化的发生与低密度脂蛋白、高密度脂蛋白的关系。

## 讲 义 要 点

本章纲要见图 6-1。

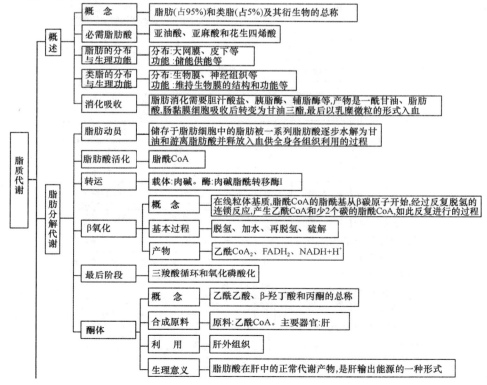

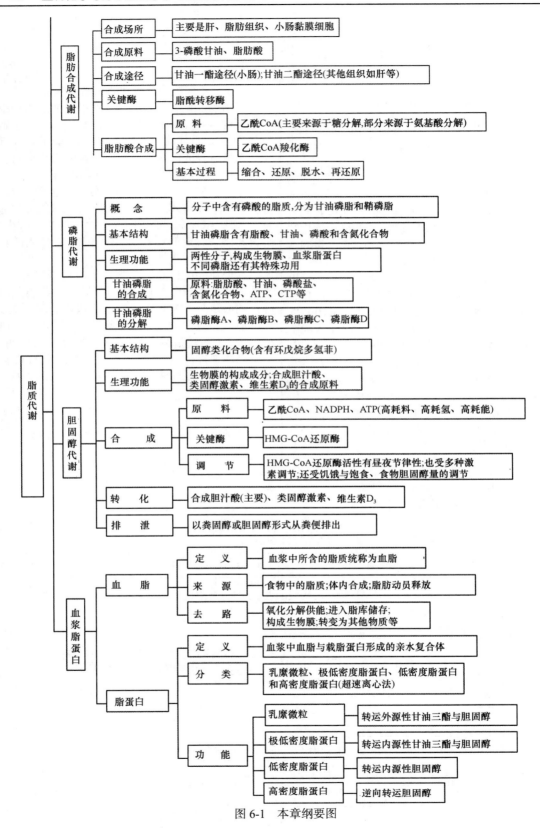

图 6-1　本章纲要图

## （一）概述

**1. 脂质的概念、分类** 脂质是脂肪和类脂及其衍生物的总称，是一类非均一、物理和化学性质相近，并能为机体利用的有机化合物，不溶于水而易溶于乙醚等非极性有机溶剂。

脂肪又称三酰甘油或甘油三酯，由甘油与3分子脂酸构成，甘油三酯分子内的3个脂酰基可以相同，也可以不同。天然甘油三酯中的脂酸大多是含偶数碳原子的长链脂酸，其中有饱和脂酸，以软脂酸和硬脂酸最为常见；也有不饱和脂酸，以软油酸、油酸和亚油酸为常见。人体能合成多数脂酸，只有亚油酸、亚麻酸和花生四烯酸在体内不能合成，必须从植物油摄取，称为人体必需脂肪酸( essential fatty acids )。脂酸的分类见表6-1。

**表6-1 脂酸的分类**

| 分类依据 | 分类 | 特点 |
|---|---|---|
| 按碳链长度分类 | 短链脂酸 | 碳链长度≤10 |
| | 中链脂酸 | 10<碳链长度<20 |
| | 长链脂酸 | 碳链长度≥20 |
| 按饱和度分类 | 饱和脂酸 | 碳链不含双键 |
| | 不饱和脂酸 | 单不饱和脂酸（碳链含1个双键） |
| | | 多不饱和脂酸（碳链含2个或2个以上双键） |

类脂主要有磷脂、糖脂、胆固醇、胆固醇酯等。磷脂和糖脂中除含有醇类、脂酸外，还含有其他成分。磷脂是含有磷酸的脂类；糖脂中含有糖基。

**2. 脂质的分布与主要生理功能**

（1）脂质的分布：人体内甘油三酯主要分布于脂肪组织如皮下、大网膜等，其含量受营养状态、运动量等的影响，又称为可变脂。类脂是生物膜的重要构成成分，其含量不受营养状态、运动量等的影响，又称为固定脂。

（2）脂质的主要生理功能（表6-2）

**表6-2 脂质的含量及主要生理功能**

| 分类 | 含量 | 主要生理功能 |
|---|---|---|
| 脂肪 即甘油三酯 | 占95% | 储脂供能、提供必需脂酸、促进脂溶性维生素吸收、热垫作用、保护垫作用等 |
| 类脂 包括胆固醇及其酯、磷脂、糖脂等 | 占5% | 是生物膜的重要组分，参与细胞识别及信息转导，是体内多种生理活性物质的前体 |

**3. 脂质的消化与吸收**

（1）脂质的消化——发生在脂-水界面，且需胆汁酸盐参与

1）部位：主要在小肠上段。

2）消化方式：脂质通过胆汁酸盐等的乳化作用被乳化为微团，在胰脂酶、辅脂酶、磷脂酶$A_2$及胆固醇酯酶等多种酶共同作用下，脂质被水解为脂酸、一酰甘油（又称甘油一酯）及其他水解产物。

辅脂酶是胰脂酶对脂肪消化不可缺少的蛋白质辅因子。辅脂酶在胰腺泡中以酶原形式合成，随胰液分泌入十二指肠，进入肠腔后，被胰蛋白酶从其N端切下一个五肽而被激活。辅脂酶本身不具脂肪酶的活性，但它具有与脂肪及胰脂酶结合的结构域。它与胰脂酶通过氢键进行结合；它与脂肪通过疏水键进行结合。

（2）脂质的吸收

1）部位：主要在十二指肠下段及空肠上段。

2）吸收方式：吸收需要胆汁酸盐的帮助。吸收的长链脂酸与甘油一酯在小肠黏膜细胞内再合成为脂肪，并与磷脂、胆固醇、载脂蛋白等形成乳糜微粒后经淋巴进入血循环。

## （二）脂肪代谢

**1. 脂肪的分解代谢**

（1）脂肪动员

1）脂肪动员概念：脂肪动员是指储存在脂肪细胞中的脂肪，经脂肪酶逐步水解为游离脂酸和甘油并释放入血，通过血液运输至其他组织氧化利用的过程。

2）脂肪动员限速酶：激素敏感性脂肪酶（HSL）是脂肪动员的关键酶。

3）脂解激素：能促进脂肪动员的激素称为脂解激素，如肾上腺素、胰高血糖素、促肾上腺皮质激素等。

4）抗脂解激素：能抑制脂肪动员的激素称为抗脂解激素，如胰岛素等。

（2）甘油的氧化分解：甘油在甘油激酶作用下被磷酸化生成磷酸甘油（又称甘油-3-磷酸），再脱氢生成磷酸二羟丙酮，进入糖代谢途径进行分解或异生为糖。其中甘油激酶主要存在于肝、小肠黏膜、肾等，是利用甘油的主要组织器官。甘油代谢途径如图6-2所示。

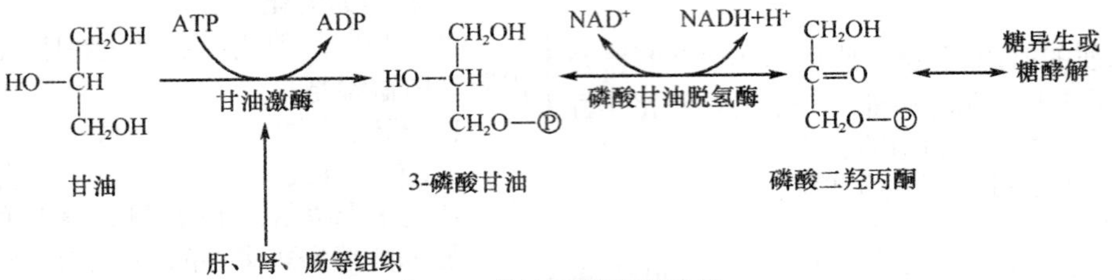

图 6-2　甘油经糖代谢途径

（3）脂酸氧化分解

1）组织部位：除脑组织、成熟红细胞外，在大多数组织中均可进行脂酸氧化分解，其中肝、肌肉最活跃。

2）亚细胞定位：细胞质和线粒体。

3）脂酸 β 氧化分解的反应过程（图 6-3）：脂酸是人及哺乳类动物的主要能源物质。在氧供充足的条件下，脂酸可在体内分解生成 $CO_2$ 及 $H_2O$ 并释放出大量能量，以 ATP 形式供机体利用。

A. 脂酸的活化形式为脂酰 CoA：由脂酰 CoA 合成酶催化，在细胞质中进行，消耗 2 个高能磷酸键（相当于 2ATP）。

B. 脂酰 CoA 经肉碱转运进入线粒体：线粒体外膜存在肉碱脂酰转移酶Ⅰ，催化长链脂酰 CoA 与肉碱合成脂酰肉碱。在线粒体内膜的肉碱-脂酰肉碱转位酶作用下，脂酰肉碱通过内膜进入线粒体基质。在位于线粒体内膜内侧面的肉碱脂酰转移酶Ⅱ作用下，脂酰肉碱转变为脂酰 CoA 和肉碱。在肉碱-脂酰肉碱转位酶作用下，肉碱从线粒体基质转运出去可再利用。

肉碱脂酰转移酶Ⅰ是脂酸 β 氧化的限速酶。丙二酰 CoA 是该酶的别构抑制剂，而饥饿、高脂低糖饮食、糖尿病等，均可提高该酶活性。

C. 脂酸的 β 氧化的最终产物主要是乙酰 CoA：在线粒体中，经脂酸 β 氧化多酶复合体的有序催化，从脂酰基的 β 碳原子开始，经脱氢、加水、再脱氢和硫解 4 步连续的反应，脂酰基断裂生成 1 分子乙酰 CoA、1 分子比原来少 2 个碳原子的脂酰 CoA、1 分子 NADH + H$^+$ 及 1 分子 FADH$_2$。β 氧化循环进行，最终将偶数碳

原子脂酸的脂酰基全部氧化为乙酰 CoA。奇数碳原子脂酸的脂酰基最终会产生 1 分子丙酰 CoA，后者经羧化酶、异构酶、变位酶等的作用而转变为琥珀酰辅酶 A，琥珀酰辅酶 A 可进入三羧酸循环或也可转变为草酰乙酸，进一步可异生为糖。

D. 脂酸氧化是体内能量的重要来源：以软脂酸（16C）为例，经过 7 次 β 氧化，生成 7 分子 FADH$_2$ 及 7 分子 NADH+H$^+$、8 分子的乙酰 CoA。活化时消耗 2ATP。故 1 分子软脂酸彻底氧化分解净生成 ATP 数为（$7×1.5+7×2.5+8×10$）$-2=106$

软脂酸 β 氧化分解的总反应式为：

$$CH_3(CH_2)_{14}CO\sim SCoA + 7HSCoA + 7NAD^+ + 7FAD + 7H_2O \longrightarrow 8CH_3CO\sim SCoA + 7NADH+7H^+ + 7FADH_2$$

（4）脂酸的其他氧化方式：不饱和脂酸的氧化，也在线粒体中进行 β 氧化，只是氧化过程中生成的顺式烯酰 CoA 要转变为反式烯酰 CoA 才能继续 β 氧化。

（5）酮体的生成及利用

酮体的概念：酮体是脂酸在肝氧化分解代谢时产生的特有的中间代谢物，包括乙酰乙酸、β-羟丁酸和丙酮。其中，乙酰乙酸约占 70%，β-羟丁酸约占 30%，丙酮仅有微量。

代谢定位：酮体在肝线粒体中生成，在肝外组织（心、肾、脑、骨骼肌等）线粒体中被利用。

1）酮体在肝细胞中生成：脂酸在肝细胞氧化产生的乙酰 CoA 是合成酮体的原料。酮体的生成见图 6-4。

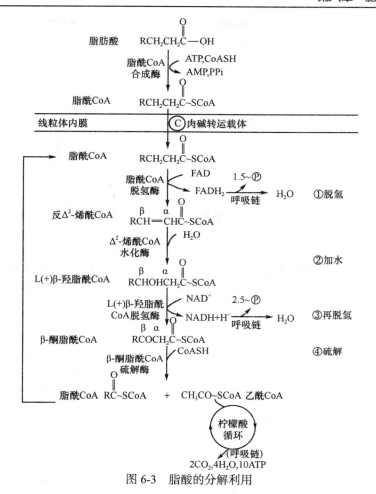

图 6-3 脂酸的分解利用

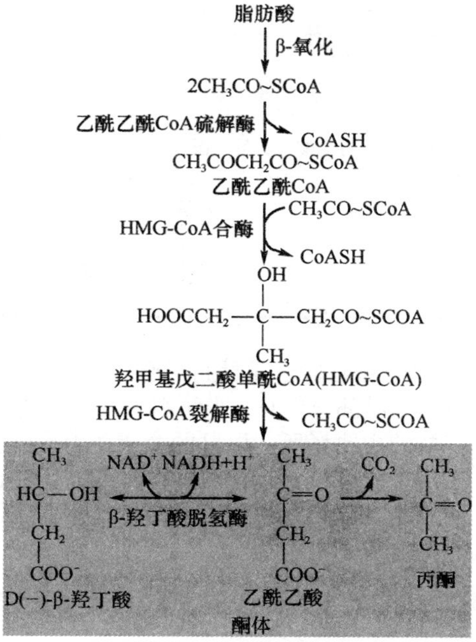

图 6-4 酮体的生成

2）酮体在肝外组织利用：肝产生的酮体主要经血运输到肝外组织。肝外许多组织有活性很强的利用酮体的酶，可将酮体裂解成乙酰 CoA，通过三羧酸循环彻底分解氧化供能。肝由于缺乏转化乙酰乙酸的酶类（肾、心、脑为乙酰乙酸硫激酶和心、肾、脑、骨骼肌为琥珀酰 CoA 转硫酶），所以肝不能利用酮体。

3）酮体代谢的生理意义

A. 酮体是脂酸在肝内正常的中间代谢产物，是肝输出能源的一种形式。

B. 生理状态下，脑细胞只利用葡萄糖供能，但在长期饥饿、糖供应不足，可利用酮体供能，酮体分子量小，易溶于水，易进入组织细胞与透过血脑屏障。

C. 正常情况下血中仅有少量酮体，但在长期饥饿、长期高脂低糖饮食（糖供应不足）或严重糖尿病等，外周组织酮体利用减少。酮体生成量超过肝外组织的利用能力时，血中酮体升高，可引起酮血症、酮尿症与酮症酸中毒。

4）酮体生成的调节

A. 饥饿时，胰高血糖素等脂解激素分泌增多，脂肪动员加强，有利于脂酸 β 氧化及酮体生成。饱食时，胰岛素分泌增加，抑制脂肪动员，脂酸 β 氧化及酮体生成减少。

B. 糖供应不足时，糖代谢减弱，脂酸 β 氧化和酮体生成增多。糖代谢旺盛时，脂酸主要用于生成甘油三酯和磷脂。

C. 丙二酰 CoA 竞争性抑制肉碱脂酰转移酶 Ⅰ，抑制脂酰 CoA 进入线粒体。

**2. 脂酸的合成**

（1）软脂酸的合成：脂酸的合成反应不是脂酸 β 氧化的逆过程，二者的比较见表 6-3。

**表 6-3　脂酸 β 氧化分解与脂酸合成的比较**

| | 脂酸 β 氧化分解 | 脂酸的合成 |
|---|---|---|
| 反应的组织 | 除脑组织外，以肝、肌肉最活跃 | 绝大多数组织 |
| 亚细胞部位 | 细胞质和线粒体 | 细胞质 |
| 限速酶 | 肉碱脂酰转移酶 Ⅰ | 乙酰 CoA 羧化酶 |
| 受氢体/供氢体 | FAD、NAD$^+$ | NADPH |
| 能量变化 | 产能 | 耗能 |
| 脂酰基载体 | CoASH | ACP |
| ADP/ATP 值影响 | 比值高，促进反应 | 比值低，促进反应 |
| 柠檬酸激活作用 | 无 | 有 |
| 脂酰 CoA 抑制作用 | 无 | 有 |

1）合成部位：肝（主要）、肾、脑、肺、乳腺及脂肪等组织细胞质中进行。

2）合成原料：合成原料有乙酰 CoA、NADPH、ATP、$CO_2$ 等。

乙酰 CoA 主要来自于葡萄糖。细胞内的乙酰 CoA 主要在线粒体内产生，通过穿梭方式以柠檬酸的形式将其乙酰基团从线粒体转运至细胞质用于脂酸合成，该转运方式也被称为柠檬酸-丙酮酸循环。

NADPH 主要来源于磷酸戊糖途径，细胞质中异柠檬酸脱氢酶及苹果酸酶催化的反应也可提供少量的 NADPH。

3）脂酸合成酶系及反应过程

A. 丙二酰 CoA 的合成：乙酰 CoA 羧化为丙二酰 CoA（又称丙二酸单酰 CoA），由乙酰 CoA 羧化酶催化，它是脂酸合成的限速酶，辅基是生物素，$Mn^{2+}$ 是其激活剂。其活性受别构调节和磷酸化、去磷酸化修饰调节。

B. 脂酸合成：从乙酰 CoA 及丙二酰 CoA 合

成长链脂酸，是一个重复加成反应过程，每次延长 2 个碳原子。

大肠埃希菌脂酸合成酶是 7 种酶蛋白构成的多酶体系。酰基载体蛋白（ACP）的辅基与 CoASH 相同，脂酸合成的各步反应均在 ACP 的辅基上进行。哺乳动物脂酸合成酶属多功能酶，7 种酶活性在一条多肽链上，由一个基因编码，有活性的酶为两相同亚基首尾相连组成的二聚体。

软脂酸合成的总反应式为

$$CH_3COSCoA + 7HOOCCH_2COSCoA + 14NADPH$$
$$+ 14H^+ \longrightarrow CH_3(CH_2)_{14}COOH + 7CO_2 + 6H_2O$$
$$+ 8HSCoA + 14NADP^+$$

（2）脂酸碳链的加长

1）脂酸碳链在内质网中的延长：以丙二酰 CoA 为二碳单位供体，由 NADPH+H$^+$ 供氢，合成过程类似软脂酸合成，但脂酰基连在 CoASH 上进行反应。

2）脂酸碳链在线粒体中的延长：以乙酰 CoA 为二碳单位供体，由 NADPH+H$^+$ 供氢，过程与 β 氧化的逆反应基本相似。

（3）不饱和脂酸的合成：由去饱和酶催化。人体只能合成软油酸、油酸单不饱和脂酸。

（4）脂酸合成的调节：以限速酶——乙酰 CoA 羧化酶为例，通过代谢物和激素进行调节，见表 6-4。

**表 6-4　乙酰 CoA 羧化酶的调节**

| | 乙酰 CoA 羧化酶活性上升（促进脂酸合成） | 乙酰 CoA 羧化酶活性下降（抑制脂酸合成） |
|---|---|---|
| 形式 | 有活性的多聚体 | 无活性的单体 |
| 共价修饰 | 去磷酸化使酶活性恢复 | 磷酸化使酶活性失活 |
| 别构调节 | 柠檬酸、异柠檬酸、乙酰 CoA | 脂酰 CoA（包括软脂酰、长链脂酰 CoA） |
| 膳食影响 | 高糖食物 | 高脂肪食物 |
| 激素影响 | 胰岛素 | 胰高血糖素、生长激素 |

**3. 甘油和脂酸合成甘油三酯**

（1）合成部位：肝、脂肪组织及小肠为合成甘油三酯的主要场所，以肝的合成能力最强。

（2）合成原料：3-磷酸甘油和脂酸是合成甘油三酯的基本原料，主要由葡萄糖代谢提供。

（3）合成基本过程

1）甘油一酯途径（小肠黏膜细胞）

2）二酰甘油（又称甘油二酯）途径（肝、脂肪细胞等）

**4. 多不饱和脂酸的重要衍生物** 前列腺素、血栓烷、白三烯是重要的生理活性物质，在细胞内含量很低，但具有很强的生理活性，几乎参与了所有细胞代谢活动，而且与炎症、过敏、免疫、心血管病等重要病理生理过程有关，在调节细胞代谢上也具有重要作用。

花生四烯酸是合成前列腺素、血栓烷、白三烯的前体。

**（三）磷脂代谢**

**1. 磷脂概念** 含磷酸的脂类被称为磷脂，磷脂有甘油磷脂和鞘磷脂两大类，其分子组成见表6-5。

重要的甘油磷脂有磷脂酰胆碱（卵磷脂）、磷脂酰乙醇胺（脑磷脂）、二磷脂酰甘油（心磷脂）、磷脂酰甘油、磷脂酰丝氨酸、磷脂酰肌醇等。

**表 6-5 甘油磷脂和鞘磷脂的分子组成**

|  | 相同的组成成分（分子数） |  | 不同或不尽相同的组成成分 |  |
|---|---|---|---|---|
|  | 磷酸 | 脂酸 | 醇类 | 其他成分 |
| 甘油磷脂 | 1 | 2 | 甘油 | 胆碱、乙醇胺、肌醇、丝氨酸等 |
| 鞘磷脂 | 1 | 1 | 鞘氨醇 | 胆碱 |

**2. 磷脂在体内具有重要的生理功能**

（1）磷脂是构成生物膜、血浆脂蛋白的重要成分

（2）不同的磷脂还有其特殊的功能，如磷脂酰肌醇是第二信使的前体、二软脂酰胆碱是肺泡表面活性物质的重要成分等。

**3. 甘油磷脂的合成与降解**

（1）甘油磷脂的合成

1）合成部位：全身各组织内质网，肝、肾、肠等组织最活跃。

2）合成原料：脂酸、甘油、磷酸盐、胆碱等为合成甘油磷脂的基本原料。其2位多为不饱和脂酸。

合成除需 ATP 外，还需 CTP 参与。CTP 为合成 CDP-胆碱、CDP-乙醇胺、CDP-甘油二酯等活化中间物所必需。

3）合成基本过程

A. 甘油二酯合成途径：磷脂酰胆碱和磷脂酰乙醇胺主要通过此途径合成。

B. CDP-甘油二酯合成途径：磷脂酰肌醇、磷脂酰丝氨酸、心磷脂由此途径合成。

（2）甘油磷脂的降解：多种磷脂酶分别作用于甘油磷脂分子中不同的酯键，见表6-6。

**表 6-6 甘油磷脂的降解**

| 作用部位 |  | 产物 |
|---|---|---|
| 磷脂酶 $A_1$ 或磷脂酶 $A_2$ | 1位或2位酯键 | 溶血磷脂、脂酸 |
| 磷脂酶 $B_1$ 或磷脂酶 $B_2$ | 溶血磷脂1位或2位酯键 | 甘油磷酸胆碱、脂酸 |
| 磷脂酶 C | 3 位磷酸酯键 | 甘油二酯、磷酸胆碱或磷酸乙醇胺等 |
| 磷脂酶 D | 磷酸取代基间酯键 | 磷酸脂、含氮碱 |

**4. 鞘磷脂的代谢**

（1）鞘氨醇的合成

A. 合成部位：全身各细胞内质网，脑组织最活跃。

B. 合成原料：软脂酰 CoA、丝氨酸是基本原料，还需磷酸吡哆醛、$NADPH+H^+$ 及 $FADH_2$ 等参与。

（2）神经鞘磷脂的合成：在脂酰转移酶的催化下，鞘氨醇与脂酰 CoA 生成 N-脂酰鞘氨醇，后者由 CDP-胆碱供给磷酸胆碱生成神经鞘磷脂。

（3）神经鞘磷脂的降解：由神经鞘磷脂酶（属磷脂酶 C）水解磷酸酯键，产物为磷脂胆碱及 N-脂酰鞘氨醇。

**（四）胆固醇代谢**

**1. 胆固醇的合成**

（1）合成部位：主要在细胞质及光面内质网中。除成年动物脑组织及成熟红细胞外，几乎全身各组织均可合成。肝是合成胆固醇的主要场所。

（2）合成原料：乙酰 CoA 是合成胆固醇的原料，还需 NADPH 供氢、ATP 供能。

（3）合成过程

1）乙酰 CoA 缩合成 HMG-CoA 并还原为甲羟戊酸。

2）进一步缩合成鲨烯（30C）。

3）经环化等反应生成胆固醇（27C）。

（4）胆固醇的酯化：细胞内：由脂酰 CoA 提供脂酰基，脂酰 CoA 胆固醇脂酰转移酶催化。血浆中：由卵磷脂提供脂酰基，卵磷脂胆固醇脂酰转移酶催化。

（5）胆固醇合成的调节：限速酶——HMG-CoA 还原酶受多种因素的调控，见表6-7。

#### 表 6-7 胆固醇合成的调节

| | HMG-CoA 还原酶活性上升（促进胆固醇合成） | HMG-CoA 还原酶活性下降（抑制胆固醇合成） |
|---|---|---|
| 日周期 | 午夜合成最高 | 中午合成最少 |
| 共价修饰 | 去磷酸化使酶活性恢复 | 磷酸化使酶活性失活 |
| 饮食影响 | 高糖、高脂肪饮食 | 饥饿、禁食 |
| 负反馈 | — | 胆固醇、7β-羟胆固醇、25-羟胆固醇 |
| 激素影响 | 胰岛素、甲状腺素 | 胰高血糖素、皮质醇 |

综上所述，胆固醇合成受酶昼夜节律性、别构调节、激素调节、酶含量调节等，最重要的是受细胞胆固醇含量的调节。

**2. 胆固醇的转化**　胆固醇的母核-环戊烷多氢菲在体内不能被降解，但侧链可被氧化、还原或降解，实现胆固醇的转化。

胆固醇可在肝转变为胆汁酸（胆固醇在体内代谢的主要去路）；在肾上腺皮质、睾丸、卵巢等转化为类固醇激素；在皮肤可转化为维生素 $D_3$。

### （五）血浆脂蛋白代谢

**1. 血脂**　血浆中所含脂质统称为血脂，包括甘油三酯、胆固醇及其酯、磷脂、游离脂酸等。血脂的来源与去路见表 6-8。

#### 表 6-8　血脂的来源和去路

| 血脂的来源 | 血脂的去路 |
|---|---|
| （1）食物中摄取 | （1）氧化分解供能 |
| （2）体内合成 | （2）进入脂库储存 |
| （3）脂肪动员释放 | （3）构成生物膜 |
| | （4）转化为其他物质 |

**2. 血浆脂蛋白**　脂质在血浆中是与蛋白质结合，以脂蛋白的形式而运输的。

血浆脂蛋白有如下 2 种分类法。①电泳法分为乳糜微粒（CM）、β 脂蛋白、前 β 脂蛋白和 α 脂蛋白。②超速离心法（密度法）：分为 CM、极低密度脂蛋白（VLDL）、低密度脂蛋白（LDL）、高密度脂蛋白（HDL）。血浆脂蛋白的分类、组成、合成部位及功能见表 6-9。

血浆脂蛋白中的蛋白质部分称载脂蛋白。载脂蛋白分为 apoA、apoB、apoC、apoD、apoE 等五大类。不同脂蛋白含不同的载脂蛋白。例如，

LDL 几乎只含 $apoB_{100}$，CM 含 $apoB_{48}$ 而不含 $apoB_{100}$。载脂蛋白的主要作用：结合和转运脂质，稳定脂蛋白的结构；参与脂蛋白受体的识别；调节脂蛋白代谢的关键酶活性。

血浆脂蛋白是脂质和载脂蛋白结合形成的球形复合体，是血浆脂质的运输和代谢形式。球形复合体的表面为载脂蛋白、磷脂、游离胆固醇的亲水基团，这些化合物的疏水基团朝向球内，球形复合体的内核为甘油三酯、胆固醇酯等疏水脂质。

#### 表 6-9　血浆脂蛋白的分类、组成、合成部位及功能

| 密度法分类 | CM | VLDL | LDL | HDL |
|---|---|---|---|---|
| 电泳法分类 | CM | 前β脂蛋白 | β脂蛋白 | α脂蛋白 |
| 密度 | 最低，<0.95 | 0.95~1.006 | 1.006~1.063 | 最高，1.063~1.210 |
| 所含主要脂类 | 含甘油三酯最多 | 含甘油三酯较多 | 含胆固醇及其酯最多 | 含磷脂和胆固醇较多 |
| 所含蛋白质 | 最少，0.5%~2% | 5%~10% | 20%~25% | 最多，约50% |
| 合成部位 | 小肠黏膜细胞 | 肝细胞 | 血浆 | 肝、肠、血浆 |
| 功能 | 转运外源性甘油三酯及胆固醇 | 转运内源性甘油三酯及胆固醇 | 转运内源性胆固醇 | 逆向转运胆固醇 |

**3. 血浆脂蛋白代谢**

（1）CM：在小肠黏膜形成，运输外源性甘油三酯和胆固醇。脂蛋白脂肪酶（LPL）催化 CM 中的甘油三酯及磷脂逐步水解，apoC Ⅱ 是 LPL 不可缺少的激活剂。

（2）VLDL：以肝合成为主，运输内源性甘油三酯和胆固醇至肝外组织。小肠黏膜也可合成少量 VLDL。VLDL 的甘油三酯在 LPL 作用下逐步水解，同时其表面的 apoC、磷脂及胆固醇向 HDL 转移，而 HDL 的胆固醇酯又转移到 VLDL，其密度逐步增大，变为中间密度脂蛋白（IDL）。部分 IDL 被肝细胞摄取，其余 IDL 中的甘油三酯被 LPL、肝脂肪酶（HL）进一步水解，最后只剩胆固醇酯和 $apoB_{100}$，即生成了 LDL。

（3）LDL：主要由血浆中 VLDL 转变生成，运输内源性胆固醇到肝外。LDL 降解的主要器官是肝。约 2/3 的 LDL 与细胞膜上 LDL 受体结合，被内吞入细胞与溶酶体融合，经 LDL 受体途径降解。另 1/3 的 LDL 被修饰后，可被巨噬细胞及血管内皮细胞通过细胞膜表面的清道夫受体清除。

（4）HDL：在肝、肠、血浆中形成，参与胆固醇的逆向转运。HDL 在卵磷脂胆固醇脂酰转移酶（LCAT）、apoA I、胆固醇酯转运蛋白（CETP）等的作用下，将胆固醇从肝外组织运到肝，被肝摄取的胆固醇可合成胆汁酸或直接通过胆汁排出体外。HDL 也是 apoC II 的储存库。

**4. 血浆脂蛋白代谢异常** 血脂水平高于正常范围上限为高脂血症，也认为是高脂蛋白血症，有原发性和继发性两大类。已发现脂蛋白代谢关键酶、载脂蛋白、脂蛋白受体等的遗传缺陷。血浆脂蛋白的变化与动脉粥样硬化（AS）的发生发展密切相关。LDL 和 VLDL 具有致动脉粥样硬化作用，而 HDL 具有抗动脉粥样硬化作用。

# 中英文专业术语

脂质　lipids
类脂　lipoid
甘油三酯　triglyceride
脂肪动员　fat mobilization
肉碱　carnitine
脂酸　fatty acid
必需脂肪酸　essential fatty acid
β 氧化　β-oxidation
酮体　ketone bodies
酰基载体蛋白　acyl carrier protein，ACP
磷脂　phospholipid
磷脂酶　phospholipase
胆固醇　cholesterol
脂蛋白　lipoprotein
载脂蛋白　apolipoprotein
乳糜微粒　chylomicron，CM
极低密度脂蛋白　very low density lipoprotein，VLDL
低密度脂蛋白　low density lipoprotein，LDL
高密度脂蛋白　high density lipoprotein，HDL
高脂血症　hyperlipidemia
激素敏感性脂肪酶　hormone sensitive lipase，HSL

# 练 习 题

## 一、A1 型选择题
1. 构成生物膜的脂质中，含量最多的是
A. 甘油磷脂　　B. 胆固醇酯　　C. 糖脂
D. 胆固醇　　E. 鞘磷脂
2. 类脂的主要功能是

A. 空腹或饥饿时体内能量的主要来源
B. 保持体温，防止散热
C. 具有缓冲作用可保护体内各种脏器
D. 氧化分解供能
E. 维持生物膜的正常结构与功能
3. 下列属于必需脂肪酸的是
A. 亚油酸、软脂酸、花生四烯酸
B. 亚油酸、亚麻酸、花生四烯酸
C. 软脂酸、硬脂酸、花生四烯酸
D. 亚油酸、亚麻酸、软脂酸
E. 亚油酸、硬脂酸、亚麻酸
4. 下列关于类脂的叙述，错误的是
A. 是生物膜的基本成分
B. 主要功能是维持正常生物膜的结构与功能
C. 分布于体内各种组织中，以神经组织中最少
D. 胆固醇及其酯、磷脂、糖脂等总称为类脂
E. 含量变动很小，又称固定脂
5. 下列关于脂酸功能的叙述，错误的是
A. 氧化分解供能
B. 提供合成前列腺素的原料
C. 是胆固醇酯的组成成分之一
D. 是合成脂肪的原料
E. 甘油磷脂中一般不含脂酸
6. 在脂肪消化中需要辅脂酶，其主要作用是
A. 催化脂肪中甘油的 α 位所连脂酸水解
B. 阻止胰脂酶将甘油一酯水解为游离脂酸（FFA）
C. 将胰脂酶锚定于微团的水油界面上
D. 促使脂肪分散为较小的微团
E. 与脂酸结合，防止脂酸在肠液中扩散
7. 脂肪在肠道中被消化吸收后的直接产物是
A. 甘油和游离脂酸
B. 甘油一酯和游离脂酸
C. 甘油二酯和游离脂酸
D. 甘油一酯、甘油二酯和游离脂酸
E. 甘油-3-磷酸和脂酰 CoA
8. 食物中的胆固醇有游离胆固醇和胆固醇酯。下列关于胆固醇消化吸收的描述，正确的是
A. 消化道只吸收食物中的游离胆固醇，胆固醇酯随粪便排出体外
B. 食物中胆固醇酯被胆固醇酯酶作用转变为游离胆固醇而被吸收
C. 正常时机体一般不吸收食物中的胆固醇
D. 消化道直接吸收食物中的游离胆固醇和胆固醇酯
E. 在消化道中将游离胆固醇酯化后再连同胆固醇酯一起被吸收

9. 下列关于有关脂肪的叙述，错误的是
A. 是人体中含量最多的脂质，其含量在不同人体中差异较大
B. 脂肪最重要的生理功能是氧化分解供能
C. 构成脂肪中的 3 个脂酸可以相同，也可以不同
D. 人体脂肪中的脂酸以饱和脂酸为主
E. 植物油中所含脂酸一般缺乏饱和脂酸

10. 在甘油三酯的消化吸收中，必需的成分有
A. 胆汁酸盐、胰酯酶、辅酯酶
B. 胆汁酸盐、胰酯酶、甘油磷脂
C. 胰酯酶、辅酯酶、甘油磷脂
D. 胆汁酸盐、辅酯酶、甘油磷脂
E. 胆汁酸盐、胰酯酶、必需脂肪酸

11. 下列不属于类脂的是
A. 甘油磷脂　　　B. 鞘磷脂　　　C. 甘油三酯
D. 胆固醇　　　E. 磷脂酰肌醇

12. 脂肪动员主要是指
A. 机体利用各细胞自身储备的甘油三酯
B. 机体利用脂肪组织中储备的甘油三酯
C. 机体利用 CM 中的甘油三酯
D. 机体利用 VLDL 中的甘油三酯
E. 机体利用 LDL 中的甘油三酯

13. 脂肪动员释放入血的产物是
A. 游离脂酸、甘油一酯
B. 游离脂酸、甘油二酯
C. 游离脂酸、甘油
D. 甘油、甘油一酯
E. 甘油、甘油二酯

14. 下列哪种物质不是脂解激素
A. 促肾上腺素皮质激素　　　B. 胰高血糖激素
C. 胰岛素　　　D. 肾上腺素
E. 促甲状腺素

15. 脂肪动员的限速酶是
A. 甘油一酯脂肪酶　　　B. 甘油二酯脂肪酶
C. LPL　　　D. 激素敏感性脂肪酶
E. 组织脂肪酶

16. 脂肪动员产生的甘油，其主要去路是
A. 在肝、肾中氧化分解供能
B. 在肌肉中氧化分解供能
C. 在肝、肾中异生为糖
D. 在肌肉组织中异生为糖
E. 脂肪细胞再用于合成脂肪

17. 机体中，甘油只能被肝、肾等少数组织细胞利用的原因是
A. 甘油激酶仅分布在肝、肾等少数组织细胞中
B. 磷酸甘油脱氢酶仅分布在肝、肾等少数组织细胞中

C. 仅在肝、肾等少数组织细胞的细胞膜上有甘油的转运蛋白
D. 仅肝、肾等少数组织细胞能分解磷酸二羟丙酮
E. 仅肝、肾等少数组织细胞能利用甘油合成脂肪

18. 血液清蛋白（白蛋白）常用于运输小分子脂溶性物质，但除外的是
A. 游离脂酸　　　B. 未结合胆红素
C. 磺胺类药物　　　D. 胆汁酸
E. 维生素 $D_3$

19. 在小肠黏膜细胞中，合成甘油三酯的主要途径是
A. 甘油一酯途径　　　B. 甘油二酯途径
C. 甘油三酯途径　　　D. CDP-甘油二酯途径
E. CDP-甘油一酯途径

20. 小肠黏膜细胞内合成的脂蛋白主要是
A. LDL　　　B. VLDL　　　C. IDL
D. HDL　　　E. CM

21. 脂酸的活化形式是
A. 脂酰肉碱　　　B. 增加不饱和度
C. 烯酰 CoA　　　D. 脂酰 CoA
E. 酮酰 CoA

22. 葡萄糖与甘油之间的代谢交汇点是
A. 3-磷酸甘油酸　　　B. α-磷酸甘油
C. 磷酸二羟丙酮　　　D. 磷酸烯醇丙酮酸
E. 乳酸

23. ★脂酸 β 氧化的限速酶是
A. 脂酰 CoA 合成酶　　　B. 肉碱脂酰转移酶 I
C. 肉碱脂酰转移酶 II　　　D. 脂酰 CoA 脱氢酶
E. 脂酰 CoA 硫解酶

24. 线粒体外的长链脂酰 CoA 进入线粒体基质，脂酰基必须要哪种物质来携带
A. α-磷酸甘油　　　B. 肉碱　　　C. 苹果酸
D. 转移酶　　　E. 转位酶

25. 脂酸彻底氧化分解的步骤中没有
A. 脂酸活化　　　B. 硫解　　　C. 脱氢
D. 缩合　　　E. 氧化磷酸化

26. ▲脂酰 CoA 在肝内 β 氧化的顺序是
A. 脱氢，再脱氢，加水，硫解
B. 硫解，脱氢，加水，再脱氢
C. 脱氢，脱水，再脱氢，硫解
D. 脱氢，加水，再脱氢，硫解
E. 加水，脱氢，硫解，再脱氢

27. 偶数碳脂酰 CoA 在肝内 β 氧化的最终产物是
A. 乙酰 CoA，$NADH + H^+$，$FADH_2$
B. 乙酰 CoA，$NADPH + H^+$，$FADH_2$
C. 乙酰 CoA，减少 2C 的脂酰 CoA
D. $NADPH + H^+$，$FADH_2$，减少 2C 的脂酰 CoA

E. 减少 2C 的脂酰 CoA, 乙酰 CoA, NADH + H⁺

28. 脂酸被细胞彻底氧化分解所需经历的过程中, 除外的是
A. 细胞质中活化　　B. β 氧化
C. 三羧酸循环　　D. 氧化磷酸化
E. 脂酸磷酸化

29. ▲长期饥饿时体内能量主要来源是
A. 泛酸　　B. 磷脂　　C. 葡萄糖
D. 胆固醇　　E. 甘油三酯

30. ▲下列激素可直接激活甘油三酯脂肪酶, 例外的是
A. 肾上腺素　　B. 胰高血糖素
C. 胰岛素　　D. 去甲肾上腺素
E. 促肾上腺皮质激素

31. 下列属于脂肪动员产物的是
A. 甘油　　B. 3-磷酸甘油
C. 甘油醛-3-磷酸　　D. 1, 3-二磷酸甘油酸
E. 2, 3-二磷酸甘油酸

32. ▲关于脂酸 β 氧化的叙述, 错误的是
A. 酶系存在于线粒体中
B. 不发生脱水反应
C. 需要 FAD 及 NAD⁺为受氢体
D. 脂酸的活化是必需的步骤
E. 每进行一次 β 氧化产生 2 分子乙酰 CoA

33. ▲脂肪在体内氧化分解过程中的叙述, 错误的是
A. β 氧化中的氢受体为 NAD⁺和 FAD
B. 含 16 个碳原子的软脂酸经过 8 次 β 氧化
C. 长链脂酰 CoA 需转运入线粒体
D. 脂酸首先要活化生成脂酰 CoA
E. β 氧化的 4 步反应为脱氢、加水、再脱氢和硫解

34. 下列关于酮体的叙述, 错误的是
A. 酮体在肝内生成　　B. 肝不能利用酮体
C. 酮体包括乙酰乙酸, β-羟丁酸和丙酮酸
D. 糖尿病可能出现酮症酸中毒
E. 饥饿时酮体生成增加

35. 肝细胞酮体合成的原料是
A. 葡萄糖　　B. 乙酰 CoA　　C. 甘油
D. 脂酸　　E. 丙酮酸

36. 临床上酮体生成过多主要见于
A. 脂酸摄取过多　　B. 肝中脂代谢紊乱
C. 肝功能低下　　D. 脂肪运输障碍
E. 糖供应不足或利用障碍

37. 下列哪种化合物是酮体
A. 乙酰乙酰 CoA　　B. 丙酮
C. 乙酰 CoA　　D. γ-氨基丁酸

E. γ-羟基丁酸

38. ★酮体不能在肝中氧化的主要原因是肝缺乏
A. HMG-CoA 合成酶　　B. HMG-CoA 还原酶
C. HMG-CoA 裂解酶　　D. 乙酰乙酰 CoA 硫激酶
E. β-羟丁酸脱氢酶

39. 下列哪个酶是肝细胞线粒体特有酮体合成的酶
A. HMG-CoA 合成酶　　B. HMG-CoA 还原酶
C. 乙酰 CoA 羧化酶　　D. 琥珀酰 CoA 转硫酶
E. 乙酰乙酰硫激酶

40. 下列关于酮体生成的生理意义的描述, 错误的是
A. 酮体是脂酸在肝代谢的正常产物
B. 肝功能异常时对脂酸的不完全分解代谢产物
C. 饥饿或糖供应不足时, 为脑细胞提供能源物质
D. 酮体分子量小, 呈水溶性, 易被组织细胞利用
E. 酮体是肝正常情况下输出能量的一种形式

41. 组织细胞利用酮体分解供能所经历的过程, 除外的是
A. β-羟丁酸可转变为乙酰乙酸
B. 乙酰乙酸活化为乙酰乙酰 CoA
C. 在细胞质中酮体裂解为乙酰 CoA
D. 乙酰 CoA 进入三羧酸循环彻底分解
E. 经呼吸链电子传递释放能量

42. 临床上, 1 型糖尿病容易出现酮血症、酮尿症, 关键原因是
A. 胰岛素可抑制脂肪动员, 使酮体合成减少
B. 胰岛素可增加组织细胞对酮体的利用
C. 血液葡萄糖增高有利于肝细胞产生酮体
D. 胰高血糖素可抑制组织细胞利用酮体
E. 细胞中 ATP 增多可促进细胞利用酮体

43. 1mol 软脂酸（16C）在体内彻底氧化分解, 净生成 ATP 的摩尔数为
A. 106　　B. 108　　C. 110　　D. 112　　E. 126

44. 脂酸合成的部位是
A. 线粒体　　B. 微粒体
C. 细胞核　　D. 高尔基体
E. 细胞质

45. 脂酸生物合成时所需要的氢来自于
A. NADH　　B. NADPH　　C. FMNH₂
D. FADH₂　　E. CoASH

46. 脂肪细胞酯化脂酸所需的甘油来自于
A. 主要来自于葡萄糖　　B. 由糖异生形成
C. 由氨基酸转化生成　　D. 由脂解作用生成
E. 由磷脂分解生成

47. 乙酰 CoA 羧化酶的别构抑制剂是
A. 柠檬酸　　B. 异柠檬酸　　C. ATP

D. CoASH    E. 长链脂酰 CoA

48. 催化软脂酸碳链延长的酶系存在于
A. 细胞质    B. 线粒体    C. 溶酶体
D. 细胞膜    E. 高尔基复合体

49. 将乙酰 CoA 从线粒体转运到细胞质,是通过
A. 转变为柠檬酸    B. 乳酸循环
C. 三羧酸循环    D. 鸟氨酸循环
E. 丙氨酸-葡萄糖循环

50. 脂肪大量动员时,肝内生成的乙酰 CoA 的主要去路之一是转变为
A. 葡萄糖    B. 脂酸    C. 胆固醇
D. 酮体    E. 胆固醇酯

51. 脂酸合成中先合成的脂酸是
A. 软脂酸    B. 硬脂酸
C. 亚油酸    D. 花生四烯酸
E. α-亚麻酸

52. 丙酮酸羧化酶和乙酰 CoA 羧化酶的相同点为
A. 辅酶为 NAD⁺    B. 辅酶为 CoASH
C. ATP 能抑制酶活性    D. 辅酶为生物素
E. NADH 能别构激活

53. 下列物质中,与脂酸 β 氧化分解无关的是
A. FAD    B. NAD⁺    C. NADP⁺
D. 肉碱    E. CoASH

54. 下列有关体内脂酸合成的描述正确的是
A. 不能利用乙酰 CoA
B. 只能合成少于 10 碳的饱和脂酸
C. 需要丙二酰 CoA 作为中间产物
D. 以 NADH + H⁺为供氢体
E. 反应主要在线粒体内进行

55. 在内质网中,脂酸碳链延长所需二碳单位供给体是
A. 一碳单位    B. 丙二酰 CoA    C. 甘油
D. 乙酰 CoA    E. 乙酰 CoA 和丙二酰 CoA

56. 细胞质中催化柠檬酸产生乙酰 CoA 的酶是
A. 柠檬酸合酶    B. 顺乌头酸酶
C. 苹果酸酶    D. 柠檬酸裂解酶
E. 丙酮酸脱氢酶

57. 下列有关柠檬酸-丙酮酸循环的描述,错误的是
A. 主要作用是将线粒体中乙酰 CoA 转运至细胞质
B. 通过此循环,也可分解掉线粒体中更新后的草酰乙酸
C. 细胞质的苹果酸主要经苹果酸穿梭机制被转运至线粒体
D. 细胞质中 ATP-柠檬酸裂解酶参与此循环
E. 线粒体丙酮酸脱氢酶系参与此循环

58. 下列关于脂酸合成酶系的描述,正确的是
A. 在每次循环中直接消耗的是乙酰 CoA
B. 包括缩合、加氢、脱水、再加氢等 4 步反应的重复循环
C. 包括缩合、脱氢、加水、再脱氢等 4 步反应的重复循环
D. 合成的产物有饱和脂酸和部分不饱和脂酸
E. 合成的产物有偶数碳原子和奇数碳原子的脂酸

59. 合成血栓烷的原料是
A. 硬脂酸    B. 软脂酸    C. 软油酸
D. 油酸    E. 花生四烯酸

60. 体内糖能转化为脂肪的关键原因是
A. 多数组织细胞中有合成脂酸、脂肪的酶类,可以利用糖合成脂肪
B. 糖能转变为乙酰 CoA,为脂酸合成提供原料,进而合成脂肪
C. 在细胞能量充足时,线粒体中的乙酰 CoA 通过柠檬酸被转运至细胞质
D. 线粒体内膜上有乙酰 CoA 转运载体,可将乙酰 CoA 转运至细胞质
E. 在脂肪细胞的细胞质中,可直接分解糖为乙酰 CoA,进而合成脂酸和脂肪

61. 下列属于乙酰 CoA 羧化酶的别构激活剂是
A. 异柠檬酸    B. 苹果酸    C. 丙酮酸
D. 脂酰 CoA    E. 草酰乙酸

62. 细胞合成脂酸过程中,脂酰基的载体是
A. CoA-SH    B. FH₄    C. ACP
D. ADP    E. 肉碱

63. 脂酸的合成通常称作还原性合成,下列哪个化合物是该途径中的还原剂
A. NADP⁺    B. FAD    C. FADH₂
D. NADPH    E. NADH

64. 机体合成白三烯的原料是
A. 亚油酸    B. 花生四烯酸    C. 软脂酸
D. 亚麻酸    E. 硬脂酸

65. 若机体缺乏维生素 B₂,β 氧化过程中哪个中间产物合成会受到抑制
A. 脂酰 CoA    B. β-脂酰 CoA
C. 烯脂酰 CoA    D. L-β-羟脂酰 CoA
E. 乙酰 CoA

66. 下列不能产生乙酰 CoA 的是
A. 酮体    B. 脂酸    C. 胆固醇
D. 磷脂    E. 葡萄糖

67. 脂酸 β 氧化的逆反应可见于
A. 细胞质中脂酸的合成
B. 细胞质中胆固醇的合成

C. 线粒体中脂酸的延长

D. 内质网中脂酸的延长

E. 不饱和脂酸的合成

68. 能随着脂酸 β 氧化的不断进行而产生的化合物不包括

A. $H_2O$　　　B. 乙酰 CoA　　C. 脂酰 CoA

D. $NADH + H^+$　　E. $FADH_2$

69. 二酰甘油+NDP-胆碱 $\longrightarrow$ NMP+磷脂酰胆碱，此反应中，NMP 代表

A. AMP　　B. CMP　　C. GMP

D. TMP　　E. UMP

70. 合成卵磷脂时，所需的活性中间物是

A. CDP-胆碱　　B. CDP-乙醇胺

C. UDP-胆碱　　D. GDP-胆碱

E. GDP-乙醇胺

71. 肝细胞中合成甘油三酯的途径是

A. 甘油一酯途径　　B. 甘油二酯途径

C. 甘油三酯途径　　D. CDP-甘油一酯途径

E. CDP-甘油二酯途径

72. 新合成的脂酸不会被立即分解，其主要原因是

A. 脂酸在合成的条件下，脂酸被运输到线粒体的过程被抑制

B. 合成脂酸的组织缺乏降解脂酸的酶

C. 高水平的 NADPH 会抑制脂酸的 β 氧化

D. 在合成的过程中，参与脂酸降解的调节酶没有被诱导

E. 新合成的脂酸不能够被转变为相应的脂酰 CoA

73. 脂酸和胆固醇合成需要共同经历的循环是

A. 乳酸循环

B. 鸟苷酸循环

C. 柠檬酸-丙酮酸循环

D. 丙氨酸-葡萄糖循环

E. 三羧酸循环

74. 作用于卵磷脂，降解产物含溶血卵磷脂的酶是

A. 磷脂酶 A　　B. 磷脂酶 B

C. 磷脂酶 C　　D. 磷脂酶 D

E. 鞘磷脂酶

75. 胆固醇是下列哪一种化合物的前体

A. CoASH　　B. CoQ　　C. 维生素 A

D. 维生素 D　　E. 维生素 E

76. 哺乳动物体内，清除胆固醇的主要手段是

A. 将其彻底氧化分解为 $CO_2$ 和 $H_2O$

B. 转变为胆汁酸盐，随排泄系统排出体外

C. 将其转变为维生素 D

D. 将其转变为类固醇激素

E. 储存在肝细胞中

77. 机体合成胆固醇中，合成原料是

A. 脂肪酸　　B. 乙酰 CoA

C. 氨基酸　　D. 甘油磷脂

E. 丙二酰 CoA

78. 正常机体调节细胞胆固醇合成的主要因素是

A. HMG-CoA 还原酶的昼夜节律性

B. 胰高血糖素和胰岛素的调控作用

C. 饮食中糖类物质的含量

D. 饮食中脂肪所含高饱和脂酸的含量

E. 细胞中胆固醇含量

79. 胆固醇在体内不能转化成

A. 皮质醇　　B. 雌二醇　　C. 胆色素

D. 维生素 $D_3$　　E. 胆汁酸

80. LDL 的生成部位是

A. 小肠黏膜　　B. 脂肪组织　　C. 血浆

D. 肾　　E. 肝

81. 血脂组成成分中，错误的是

A. 甘油三酯　　B. 磷脂　　C. 游离脂酸

D. 胆固醇酯　　E. 酮体

82. 运输外源性甘油三酯的血浆脂蛋白是

A. CM　　B. VLDL　　C. LDL

D. IDL　　E. HDL

83. 肝合成的甘油三酯由下列哪种血浆脂蛋白运送

A. CM　　B. VLDL　　C. LDL

D. HDL　　E. CM、HDL

84. 将胆固醇从肝外组织运往肝的是

A. CM　　B. VLDL　　C. LDL

D. IDL　　E. HDL

85. 细胞内催化胆固醇酯化为胆固醇酯的酶是

A. 脂酰 CoA 胆固醇脂酰转移酶

B. 卵磷脂胆固醇脂酰转移酶

C. 磷脂酶 C

D. 磷脂酶 D

E. 脂蛋白脂酶

86. 血浆中催化胆固醇酯化为胆固醇酯的酶是

A. 脂酰 CoA 胆固醇脂酰转移酶

B. 卵磷脂胆固醇脂酰转移酶

C. 磷脂酶 C

D. 磷脂酶 D

E. 脂蛋白脂酶

87. 载脂蛋白 C II 能激活的酶是

A. 脂蛋白脂酶　　B. 肉碱脂酰转移酶 I

C. 辅脂酶　　D. 卵磷脂胆固醇脂酰转移酶

E. 脂酰 CoA 胆固醇脂酰转移酶

88. 载脂蛋白 A I 能激活的酶是
A. 脂蛋白脂酶　　　　B. LCAT
C. 肝脂酶　　　　　　D. 脂肪组织脂肪酶
E. 胰脂酶

89. 有助于防止动脉粥样硬化的血浆脂蛋白是
A. CM　B. VLDL　　C. LDL　D. HDL　E. IDL

90. ★胆固醇合成的限速酶是
A. 鲨烯环化酶　　　　　　B. 鲨烯合酶
C. HMG-CoA 还原酶　　D. HMG-CoA 合成酶
E. HMG-CoA 裂解酶

91. ★肝在脂肪代谢中产生过多酮体主要由于
A. 肝功能不好
B. 肝中脂肪代谢紊乱
C. 酮体是病理性代谢产物
D. 脂肪摄食过多
E. 糖的供应不足

92. ★先天缺乏琥珀酰 CoA 转硫酶的患者若长期摄取低糖饮食，将会产生的代谢障碍是
A. 酮血症　　　　　B. 高脂血症
C. 低血糖　　　　　D. 苯丙酮酸尿症

93. ★脂酸 β 氧化、酮体生成及胆固醇合成的共同中间产物是
A. 乙酰乙酰 CoA　　　B. 甲基二羟戊酸
C. HMG-CoA　　　　　D. 乙酰乙酸

94. ★乙酰 CoA 出线粒体的机制是
A. 三羧酸循环
B. 苹果酸-天冬氨酸穿梭
C. 柠檬酸-丙酮酸循环
D. α 磷酸甘油穿梭

95. ★下列有关脂酸合成的叙述错误的是
A. 脂酸合成酶系存在于胞液
B. 生物素是参与合成的辅助因子之一
C. 合成时需要 NADPH
D. 合成过程中不消耗 ATP
E. 丙二酰 CoA 是合成的中间产物

96. ★胞质中合成脂酸的限速酶是
A. β-酮脂酰合成酶　　　B. 硫解酶
C. 乙酰 CoA 羧化酶　　D. 脂酰转移酶
E. β-酮脂酰还原酶

97. ★乙酰 CoA 羧化酶的别构激活剂是
A. AMP　　　　　B. 柠檬酸
C. ADP　　　　　D. 果糖-2，6 双磷酸

98. ★可以作为合成前列腺素原料的物质是
A. 软脂酸　　　　　　B. 硬脂酸
C. 花生四烯酸　　　　D. 棕榈油酸

99. ★1g 软脂酸（分子量 256）较 1g 葡萄糖（分子量 180）彻底氧化所生成的 ATP 大约高多少倍

A. 2　　　　B. 2.5　　　C. 3　　　D. 3.5　　　E. 5

100. ★下列脂肪降解和氧化产物可以转化为糖的有
A. 硬脂酸　　　　B. 乙酰 CoA　　　C. 酮体
D. 丙酰 CoA　　　E. 油酸

101. ★脂酸在肝进行 β 氧化时，不生成下列何种物质
A. $NADH+H^+$　　B. $FADH_2$　　　C. $H_2O$
D. 乙酰 CoA　　　E. 脂酰 CoA

102. ★下列磷脂中，合成代谢过程需要进行甲基化的是
A. 磷脂酰乙醇胺　　　　B. 磷脂酰胆碱
C. 磷脂酰丝氨酸　　　　D. 磷脂酸

103. ★合成脑磷脂需要的物质是
A. CDP-乙醇胺　　　　　B. CDP-胆碱
C. UDP-胆碱　　　　　　D. UDP-乙醇胺
E. GDP-乙醇胺

104. ★磷脂酰肌醇-4，5-二磷酸可为下列哪一种酶水解为甘油二酯和 1，4，5-三磷酸肌醇
A. 磷脂酶 $A_1$　　　　B. 磷脂酶 $A_2$
C. 磷脂酶 B　　　　　D. 磷脂酶 C
E. 磷脂酶 D

105. ★血浆中主要运输内源性胆固醇的脂蛋白是
A. CM　　　　　B. VLDL　　　C. LDL
D. $HDL_2$　　　E. $HDL_3$

106. ★血浆各种脂蛋白中，按其所含胆固醇及其酯的量从多到少的排列是
A. CM、VLDL、LDL、HDL
B. HDL、LDL、VLDL、CM
C. VLDL、LDL、HDL、CM
D. LDL、HDL、VLDL、CM
E、LDL、VLDL、HDL、CM

107. ★下列哪种不是肝在脂质代谢中的特有作用
A. 酮体的生成　　　　B. LDL 的生成
C. VLDL 的生成　　　D. 胆汁酸的生成
E. LCAT 的合成

108. ★可被巨噬细胞和血管内皮细胞吞噬和清除的脂蛋白是
A. LDL　　B. VLDL　　C. CM　　D. HDL

109. ★能够逆向转运胆固醇至肝的脂蛋白是
A. CM　　B. LDL　　　C. VLDL　　D. HDL

110. ▲脂酸 β 氧化发生部位为
A. 胞质　　　　B. 线粒体　　　C. 内质网
D. 胞质和线粒体　E. 胞质和内质网

111. ▲酮体包括
A. 草酰乙酸、β-羟丁酸、丙酮

B. 乙酰乙酸、β-羟丁酸、丙酮酸
C、乙酰乙酸、γ-羟丁酸、丙酮
D. 乙酰乙酸、β-羟丁酸、丙酮
E. 乙酰丙酮、β-羟丁酸、丙酮

**112.** ▲酮体不能在肝中氧化是因为肝中缺乏
A. HMG-CoA 合成酶　　B. HMG-CoA 还原酶
C. HMG-CoA 裂解酶　　D. 琥珀酸-CoA 转硫酶
E. 琥珀酸脱氢酶

**113.** ▲体内脂酸合成的主要原料是
A. NADPH 和乙酰 CoA
B. NADH 和乙酰 CoA
C. NADPH 和丙二酰 CoA
D. NADPH 和乙酰乙酸
E. NADH 和丙二酰 CoA

**114.** ▲血浆蛋白琼脂糖电泳图谱中脂蛋白迁移率从快到慢的顺序是
A. α脂蛋白、β脂蛋白、前β脂蛋白、CM
B. β脂蛋白、前β脂蛋白、β脂蛋白、CM
C. α脂蛋白、前β脂蛋白、β脂蛋白、CM
D. CM、α脂蛋白、β脂蛋白、前β脂蛋白
E. β脂蛋白、前β脂蛋白、α脂蛋白、CM

**115.** ▲控制长链脂酸进入线粒体氧化的关键因素是
A. ATP 水平
B. 肉碱脂酰转移酶Ⅰ的活性
C. 脂酰 CoA 合成酶的活性
D. 脂酰 CoA 的水平
E. 脂酰 CoA 脱氢酶的活性

**116.** ▲胆固醇在体内合成的原料
A. 胆汁酸盐和磷脂酰胆碱
B. 17-羟类固醇和 17-酮类固醇
C. 胆汁酸和维生素 D 等
D. 乙酰 CoA 和 NADPH
E. 胆汁酸

**117.** ▲胆固醇体内代谢的主要去路是在肝中转化为
A. 乙酰 CoA　　　　B. NADPH
C. 维生素 D　　　　D. 类固醇
E. 胆汁酸

**118.** ▲有关柠檬酸-丙酮酸循环不正确的是
A. 提供 NADH
B. 提供 NADPH
C. 使乙酰 CoA 进入胞液
D. 参与 TAC 的部分反应
E. 消耗 ATP

## 二、A2 型选择题

**1.** 老年男性,患糖尿病多年,上呼吸道感染多日,尿检有酮体。心、肾利用酮体所需的酶是
A. HMG-CoA 合酶　　B. HMG-CoA 裂解酶
C. β-羟丁酸脱氢酶　　D. 琥珀酸脱氢酶
E. 琥珀酰 CoA 转硫酶

**2.** 羟基柠檬酸是一种来源于植物的天然化合物,由于可抑制柠檬酸裂解酶活性而被用于减肥。据此推测,羟基柠檬酸对柠檬酸裂解酶的作用很可能是
A. 不可逆抑制作用　　B. 竞争性抑制作用
C. 非竞争性抑制作用　　D. 反竞争性抑制作用
E. 酶的自杀性抑制作用

**3.** 脂肪肝是一种代谢性疾病,它主要是由于
A. 肝脂肪代谢障碍
B. 脂蛋白不能及时将肝细胞脂肪输出
C. 肝细胞摄取了过多的游离脂酸
D. 肝细胞膜脂酸载体异常
E. 肝细胞分解脂肪的能力障碍

**4.** 从一组样品中提取了 1 种脂质,分析其组成成分含有脂酸、磷酸和胆碱,但不含甘油。这种脂质最可能是
A. 卵磷脂　　B. 脑磷脂　　C. 磷脂酸
D. 心磷脂　　E. 神经鞘磷脂

**5.** 甲状腺功能亢进患者通常伴有低胆固醇血症,其主要原因是
A. 甲状腺素抑制肠道胆固醇的吸收
B. 甲状腺素促进胆固醇转变为胆汁酸
C. 甲状腺素可抑制 HMG-CoA 还原酶
D. 甲状腺素可促进肝胆固醇的直接排泄
E. 甲状腺素能促进胆固醇的降解

**6.** Ⅳ型高脂蛋白血症的主要变化是
A. 血 CM 增高,甘油三酯与胆固醇均增高
B. 血 VLDL 增高,甘油三酯增高,胆固醇不明显增高
C. 血 LDL 增高,甘油三酯增高,胆固醇不明显增高
D. 血 CM、VLDL 增高,胆固醇增高,甘油三酯不明显增高
E. 血 VLDL 增高,甘油三酯与胆固醇均增高

**7.** 如果刚吃完一个馒头、一包薯片和一杯牛奶,那么,最能反映肝细胞正在发生的代谢状况的是
A. 糖原合成、糖异生和脂酸合成
B. 糖原分解、糖酵解和脂酸合成
C. 糖原合成、糖酵解和脂酸合成
D. 糖原分解、糖异生和脂酸分解

E. 糖原分解、糖酵解和脂酸分解

8. ★甲状腺功能亢进时,患者血清胆固醇含量降低的原因是
A. 胆固醇合成原料减少
B. 类固醇激素合成减少
C. 胆汁酸的生成增加
D. HMGCoA 还原酶被抑制

9. ★大鼠出生后喂食去脂饮食,结果将引起下列哪种脂质缺乏
A. 磷脂酰胆碱　　　B. 甘油三酯
C. 鞘磷脂　　　　　D. 胆固醇
E. 前列腺素

10. 下图是肝细胞合成磷脂酰胆碱的示意图,相应步骤用字母 A、B、C、D、E 表示。那么磷脂酰胆碱合成的主要调控位点最有可能是步骤

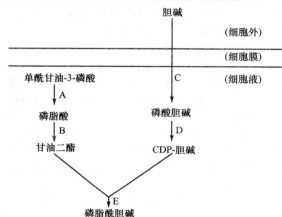

A. A　　B. B　　C. C　　D. D　　E. E

问题 11 和 12 是基于以下描述:
严重感冒后会引起食欲减退。某 1 岁男孩经医院检查为低血糖症、高血氨症、肌无力和心功能失调。这些症状与肉碱转运系统缺陷是相符的。尝试饮食补充肉碱治疗,失败;但含微量长链脂酸并补充中链甘油三酯的饮食,有效。

11. 肉碱缺乏可能会干扰
A. β 氧化　　　　B. 由乙酰 CoA 合成酮体
C. 软脂酸合成　　D. 脂肪动员
E. 细胞从血液摄取脂酸

12. 患儿被诊断为肉碱-脂酰肉碱转位酶缺乏症。饮食治疗有效是因为
A. 患儿可从碳水化合物中获取所需的全部能量
B. 缺乏位于过氧化物酶体系,因此肉碱没用
C. 中链脂酸可不经肉碱转运而直接进入线粒体
D. 中链甘油三酯含有大量羟化脂酸
E. 中链脂酸在肝细胞更容易转化为葡萄糖

问题 13 和 14 是基于以下描述:

中链酰基 CoA 脱氢酶缺乏是一种 β 氧化过程中的疾病,通常在出生后的前 2 年因为一段时间的禁食出现症状。典型症状包括呕吐、嗜睡和低酮、低糖血症。多余的中链二羧酸、甘氨酸的中链酯及肉碱从尿中排泄有助于明确诊断。

13. 脂酸的 β 氧化
A. 产生 ATP
B. 只利用偶数碳的饱和脂酸为底物
C. 在饥饿时通常受到抑制
D. 利用 NADP$^+$
E. 通过重复的 4 部连锁反应发生

14. 该病出现低血糖时,很少伴随有低血酮症,正是因为酮体浓度通常会随饥饿引起的低血糖症而升高。机体酮体的合成
A. 一般不受糖代谢影响
B. 一般不受脂代谢影响
C. 与组织细胞中甘油磷脂合成同步
D. β 氧化受阻时合成
E. 主要在肝细胞线粒体合成

15. 将肝脂酸合成酶系复合物的纯化制剂和乙酰CoA 、 $^{14}$C 标记羧基的丙二酸单酰 CoA（ HOO$^{14}$C-CH$_2$·CO～SCoA ）、酰基载体蛋白及 NADPH 一起保温,分离合成的软脂酸并测定 $^{14}$C 的分布,预期是下列结果的哪一种
A. 所有的奇数碳原子被标记
B. 除 C-1 外,所有奇数碳原子被标记
C. 所有的偶数碳原子被标记
D. 除 C-16 外,所有偶数碳原子被标记
E. 没有一个碳原子被标记

16. 他汀类（statin）药物如洛伐他汀、辛伐他汀等,由于其属于 HMG-CoA 结构类似物而用于临床上治疗高胆固醇血症。患者服药后,会引起血液胆固醇水平明显降低,也常出现肝细胞中 HMG-CoA 还原酶的蛋白水平明显增高。下列叙述正确的是
A. 他汀类药物的作用机制很可能是作为 HMG-CoA 还原酶的不可逆抑制剂
B. 肝细胞中 HMG-CoA 还原酶的蛋白水平明显增高是为了加速对他汀类药物的代谢
C. 患者服药后血液胆固醇水平降低是因为肝细胞中 HMG-CoA 还原酶酶量增多所致
D. 肝细胞中 HMG-CoA 还原酶的蛋白水平明显增高表明底物对酶合成具有诱导作用
E. 高胆固醇血症的发生原因与肝细胞 HMG-CoA 还原酶酶量减少有关

问题 17 和 18 是基于以下描述:
变态反应是心血管病的一个危险因素。LDL 与

HDL 在血液中的分布比总胆固醇水平对于评价疾病的风险性更为重要。有 2 种办法可以降低血清中的胆固醇水平：饮食和药物。他汀类是一种备选药物，它能抑制 HMG-CoA 还原酶，如果有必要，也可以联合应用胆酸结合树脂。

17. 下列有关 HMG-CoA 还原酶的叙述，错误的是
A. 存在于成年动物所有细胞胞质的滑面内质网上
B. 是细胞胆固醇生物合成过程中的调节酶
C. 酶活性呈昼夜节律性变化，中午活性最高，午夜活性最低
D. 饥饿、禁食时，肝 HMG-CoA 还原酶合成量减少
E. 食物胆固醇增多可减少肝 HMG-CoA 还原酶的酶蛋白量

18. LDL 中的胆固醇
A. 与细胞表面受体相结合，分散在细胞膜表面
B. 当它进入细胞能够抑制脂酰 CoA 胆固醇脂酰转移酶
C. 一旦进入细胞即被卵磷脂胆固醇脂酰转移酶酯化为胆固醇酯
D. 主要来源于肝细胞自身合成的胆固醇
E. 参与对外周细胞中胆固醇的清除

19. 前列腺素和白三烯是生理上的高反应活性的复合物，它们都参与了部分炎症反应过程。阿司匹林等非甾体类抗炎药能够有效抑制前列腺素的合成但对白三烯没有类似的作用。前列腺素和白三烯的合成原料是
A. 胆固醇　　　　B. 花生四烯酸
C. 软脂酸　　　　D. 亚油酸
E. 甘氨酸

20. 鞘磷脂代谢障碍（脂质储存疾病）是一类由于溶酶体酶缺失导致的疾病。该病鞘脂的合成正常，但是未降解的鞘脂会在溶酶体中积聚。该病的严重性部分是由发病的器官决定的。像泰-萨克斯病（Tay-Sachs disease），病发于脑和神经组织，会在出生几年后死亡。由于酶的缺乏存在于所有细胞中，因此那些易于获得的组织（如皮肤成纤维细胞）可以用来进行相应酶表达与否的检测。大多数这类疾病目前没有有效的治疗办法，唯一只能寄希望于基因工程的研究。体内降解鞘磷脂的酶是鞘磷脂酶，该酶属于
A. 磷脂酶 A　　　　B. 磷脂酶 B₁
C. 磷脂酶 B₂　　　　D. 磷脂酶 C
E. 磷脂酶 D

21. 曲美他嗪（trimetazidine）是一种抗心绞痛药，其主要作用是减慢脂酸的氧化，促进葡萄糖在心肌细胞的氧化。当氧气供应有限时，该药物可解除或减轻心痛，这是因为
A. 脂酸氧化产生的 ATP 没有等量的葡萄糖氧化产生的多
B. 心肌细胞氧化脂酸的速度没有氧化葡萄糖快
C. 被消耗的每分子氧氧化葡萄糖比氧化脂酸产生更多的 ATP
D. 心肌细胞葡萄糖氧化比脂酸氧化产生能更多的 ATP
E. 心肌细胞正常情况下只能氧化脂酸来产生 ATP

22. 体内产生的丙酰 CoA（$CH_3CH_2COSCoA$）可经过羧化酶、差向异构酶、变位酶等的作用而转变为琥珀酰 CoA，后者可转变为草酰乙酸，进一步可异生为糖。上述丙酰 CoA 的主要来源是
A. 葡萄糖分解过程中的不完全分解产物
B. 偶数碳原子脂酸经 β 氧化过程产生
C. 奇数碳原子脂酸经 β 氧化过程产生
D. 部分氨基酸分解的不完全分解产物
E. 乙酰 CoA 经羧化酶的作用而产生

23. 患者，男性，42 岁。1 型糖尿病病史 12 年，一直予以胰岛素治疗，血糖具体控制情况不详。患者 3 天前受凉后出现咳嗽，未给予治疗。1 天前出现意识模糊，家属发现患者呼吸急促，并有"烂苹果味"，血糖 45.72mmol/L（空腹血糖参考值 3.0～6.0mmol/L），β-羟丁酸 11.2mmol/L（参考值＜0.25mmol/L），乙酰乙酸 4.6mmol/L（参考值＜0.01～0.18mmol/L），临床诊断为糖尿病酮症酸中毒并发糖尿病高渗性昏迷。胰岛素对机体酮体合成的作用是
A. 抑制脂肪动员，使进入肝内脂酸减少，进而酮体合成减少
B. 促使肝外组织细胞利用酮体分解供能增加，降低血酮体浓度
C. 加速肝细胞利用酮体合成脂酸增多，增加机体脂肪的合成
D. 增加脂肪动员，使进入肝脂酸增多，进而酮体合成增加
E. 抑制肝细胞释放酮体，进而使肝细胞对酮体的储备增多

24. ▲某脂酰 CoA（20∶0）经 β 氧化可分解为 10mol 乙酰 CoA，此时可形成 ATP 的摩尔数为
A. 114　　B. 124　　C. 136　　D. 144　　E. 154

## 三、B 型选择题

（1～8 题共用备选答案）
A. 清蛋白　　　　B. CM　　　　C. HDL
D. LDL　　　　　E. VLDL

1. 转运外源性甘油三酯的是
2. 转运内源性甘油三酯的是
3. 转运内源性胆固醇的是
4. 逆向转运胆固醇的是
5. 转运游离脂酸的是
6. 密度最低的血浆脂蛋白是
7. 含载脂蛋白 B48 的血浆脂蛋白是
8. 含载脂蛋白 D 最多的血浆脂蛋白是
（9～13 题共用备选答案）
A. 细胞质　　　　　B. 线粒体
C. 内质网　　　　　D. 细胞质和内质网
E. 细胞质和线粒体
9. 脂酸合成酶系存在于
10. 胆固醇合成的相关酶存在于
11. 甘油磷脂合成的相关酶存在于
12. 肝内合成酮体的相关酶存在于
13. 肝外组织氧化利用酮体的酶存在于
（14～18 题共用备选答案）
A. 脂蛋白脂酶　　　　　B. 组织脂肪酶
C. 激素敏感性脂肪酶　　D. 胰脂酶
E. 辅脂酶
14. 不能催化水解甘油三酯的酶是
15. 脂肪动员的限速酶是
16. 催化水解 CM 中甘油三酯的酶是
17. 催化甘油三酯水解生成甘油一酯（2-甘油一酯）的酶是
18. 催化水解 VLDL 中甘油三酯的酶是
（19～25 题共用备选答案）
A. 乙酰乙酰 CoA　　　　B. 乙酰 CoA
C. 丙酰 CoA　　　　　　D. 丙二酰 CoA
E. 软脂酰 CoA
19. 脂酸 β 氧化过程中每次循环释放的相同产物是
20. 酮体的合成原料是
21. 属于脂酸活化形式的是
22. 合成脂酸时二碳单位的直接来源是
23. 属于酮体活化形式的是
24. 奇数碳原子脂酸经 β 氧化后最终剩下的成分是
25. 在体内经转化后可作为糖异生原料的是
（26～30 题共用备选答案）
A. 磷脂酶 A　　　　B. 磷脂酶 $B_1$
C. 磷脂酶 $B_2$　　　D. 磷脂酶 C
E. 磷脂酶 D
26. 水解产物含溶血磷脂的酶是
27. 催化溶血磷脂 1 位酯键发生水解作用的是
28. 催化水解的产物中含有磷脂酸的酶是
29. 催化水解的产物中含有甘油二酯的酶是
30. 以溶血磷脂为底物，通常水解产物含游离多

不饱和脂酸的酶是
（31～36 题共用备选答案）
A. 肉碱　　　　B. $NAD^+$　　　C. CTP
D. TPP　　　　E. 乙酰 CoA
31. 脂酸 β 氧化多酶复合体中的辅助因子是
32. 脂酸合成需要
33. 胆固醇合成需要
34. 甘油磷脂合成需要
35. 活化脂酸转移入线粒体需要
36. 脂酸 β 氧化可产生的中间产物是
（37～41 题共用备选答案）
A. NADPH　　　　B. FAD　　　　C. $NAD^+$
D. 生物素　　　　E. 泛酸
37. 脂酰 CoA 脱氢酶的辅酶是
38. 乙酰 CoA 羧化酶的辅酶是
39. HMG-CoA 还原酶的辅酶是
40. β-羟丁酸脱氢酶的辅酶是
41. 酰基载体蛋白的辅基含
（42～45 题共用备选答案）
A. 柠檬酸　　　　　　B. 胆固醇
C. 长链脂酰 CoA　　　D. β-羟脂酰 CoA
E. 丙二酰 CoA
42. 乙酰 CoA 羧化酶的别构激活剂是
43. 乙酰 CoA 羧化酶的别构抑制剂是
44. HMG-CoA 还原酶的别构抑制剂是
45. 肉碱脂酰转移酶 I 的别构抑制剂是
（46～47 题共用备选答案）
A. HMG-CoA 合酶　　B. 琥珀酰辅酶 A 转硫酶
C. 乙酰乙酸硫激酶　　D. 乙酰 CoA 羧化酶
46. ★参与酮体合成的酶是
47. ★参与胆固醇合成的酶是
（48～49 题共用备选答案）
A. HMG-CoA 合酶　　　B. HMG-CoA 还原酶
C. 乙酰乙酸硫激酶　　　D. 乙酰 CoA 羧化酶
48. ★参与酮体分解的酶是
49. ★胆固醇合成的关键酶是
（50～51 题共用备选答案）
A. 胆汁　　B. 胆固醇　　　C. 胆绿素
D. 血红素　　E. 胆素
50. ★在体内可转变生成胆汁酸的原料是
51. ★在体内可转变生成胆色素的原料是
（52～53 题共用备选答案）
A. 溶酶体　　　　B. 内质网
C. 线粒体　　　　D. 细胞液
52. ★糖异生和三羧酸循环共同的代谢场所是
53. ★胆固醇合成和磷脂合成的共同代谢场所是

（54～55 题共用备选答案）

A. 丙氨酸-葡萄糖循环

B. 柠檬酸-丙酮酸循环

C. 三羧酸循环

D. 鸟氨酸循环

E. 乳酸循环

54. ★将肌肉中的氨以无毒形式运送至肝

55. ★为机体合成脂酸提供 NADPH

（56～57 题共用备选答案）

A. 丙二酰 CoA　　　　B. 脂肪酰 CoA

C. β-羟丁酸　　　　　D. 乙酰乙酰 CoA

56. ★脂酸 β 氧化途径中，脂酸的活化形式是

57. ★胆固醇合成的重要中间产物是

（58～59 题共用备选答案）

A. 脂酰 CoA 脱氢酶　　B. 脂酰 CoA 合成酶

C. HMG-CoA 还原酶　　D. 肉碱脂酰转移酶 I

58. ★脂酸 β 氧化的关键酶是

59. ★胆固醇合成的关键酶是

（60～61 题共用备选答案）

A. CM　　　　　B. VLDL　　　　C. LDL

D. HDL　　　　　E. VHDL

60. ★运输内源性甘油三酯的主要脂蛋白是

61. ★有助于防止动脉粥样硬化的脂蛋白是

**四、X 型选择题**

1. CM 中含有的成分包括

A. 甘油三酯　　　B. 胆固醇　　　C. 磷脂

D. 蛋白质　　　　E. 脂酸

2. 下列哪些组织细胞能将酮体氧化为 $CO_2$

A. 红细胞　　　　B. 肝细胞　　　C. 脑细胞

D. 心肌细胞　　　E. 骨骼肌细胞

3. 在肝细胞中，乙酰 CoA 可以合成的物质有

A. 脂酸　　　　　B. 胆固醇　　　C. 酮体

D. 甘油　　　　　E. 葡萄糖

4. 正常人在空腹 12h 后，血浆胆固醇主要分布于

A. CM　　　　　B. VLDL　　　　C. LDL

D. HDL　　　　　E. 游离于血浆

5. 下列物质中，参与脂酸 β 氧化的有

A. $NAD^+$　　　B. $NADP^+$　　　C. CoA-SH

D. FAD　　　　　E. TPP

6. ★酮体是脂酸在肝氧化分解时的正常中间代谢产物，它包括

A. 乙酰乙酸　　　　　　B. β-羟丁酸

C. 丙酮　　　　　　　　D. 乙酰 CoA

7. ★下列关于琥珀酰辅酶 A 代谢去路的叙述中，正确的是

A. 可异生为糖

B. 可氧化供能

C. 是合成卟啉化合物的原料

D. 参与酮体的氧化

8. ★参与脂酸 β 氧化的酶有

A. 肉碱脂酰转移酶 I

B. 肉碱脂酰转移酶 II

C. 乙酰乙酰 CoA 硫激酶

D. 脂酰 CoA 脱氢酶

9. ★溶血卵磷脂是由

A. 磷脂酶 A1 催化卵磷脂生成

B. 磷脂酶 C 催化卵磷脂生成

C. 磷脂酶 D 催化卵磷脂生成

D. 卵磷脂胆固醇脂酰转移酶催化卵磷脂进行脂酰基转移后生成

10. ★下列脂蛋白中，由肝合成的有

A. CM　　B. HDL　　C. LDL　　D. VLDL

11. ★下列关于 LDL 的叙述，正确的是

A. LDL 主要由 VLDL 在血浆中转变而来

B. LDL 的主要功能是运输内源性甘油三酯

C. LDL 受体广泛存在于各种细胞膜表面

D. LDL 的密度大于 HDL

12. ★通常高脂蛋白血症中，下列哪几种脂蛋白可能增高

A. CM　　　B. VLDL　　　C. HDL　　　D. LDL

**五、名词解释**

1. 必需脂肪酸

2. 脂肪动员

3. 酮体

4. β 氧化

5. 酰基载体蛋白

6. 载脂蛋白

7. 血浆脂蛋白

8. 血脂

9. 胆固醇逆向转运

10. 脂解激素

11. LDL 受体

12. 激素敏感性脂肪酶

13. 脂蛋白酯酶

14. 肉碱转运系统

15. 酮症

**六、简答题**

1. 简述乙酰 CoA 在体内的来源和去路。

2. 葡萄糖在体内能否转变为脂肪？若能，写出简要过程；若不能，请说明理由。

3. 什么是酮体？酮体代谢主要的特点和生理意义是什么？

4. 胆固醇合成的原料、限速酶是什么？胆固醇在体内可以转变为哪些物质？

5. 电泳法和超速离心法能将血浆脂蛋白分为哪几类？试述各种血浆脂蛋白的产生部位和生理功能。

6. 什么是酮血症？解释酮血症的形成原因。

7. 简述细胞利用长链脂酸彻底分解供能的基本过程

8. 简述甘油磷脂的基本结构与功能

9. 在机体生物合成过程中，很多基团是以活性形式参与到反应中，如乙酰基的提供形式是乙酰CoA。写出下列基团的活性形式：

（1）磷酸基团　　　　（2）葡萄糖残基

（3）磷酸乙醇胺基　　（4）脂酸基

（5）甲基　　　　　　（6）脂酸合成中的二碳单位

## 七、分析论述题

1. 以软脂酸为例,试从反应的组织、亚细胞部位、限速酶、受氢体/供氢体、ADP/ATP 值影响方面比较脂酸 β 氧化分解与脂酸的合成。

2. 羟基柠檬酸是从某种植物中分离出的一种化合物，被用作为减肥药，其作用是能抑制柠檬酸裂解酶（又称 ATP-柠檬酸裂解酶）

$$CH_2—COO^-$$
$$HO—C—COO^-$$  （羟基柠檬酸）
$$HO—CH—COOH$$

（1）这种抑制作用属于哪一类抑制？

（2）为什么柠檬酸裂解酶活性的抑制能够阻止糖转变为脂肪？

（3）还可能有哪些物质的合成会受到羟基柠檬酸的抑制？为什么？

3. 某小女孩,吃正常的均衡饮食仍表现出轻度的酮血症和全身无力，体型偏瘦。分析表明，其体内对奇数碳原子脂酸的代谢不如偶数碳原子脂酸正常。询问病史发现，患儿经常偷偷吃生鸡蛋（提示：生鸡蛋中含有干扰生物素吸收的抗生素蛋白）。请解释其相关的生化机制。

4. 一个正常的喂得很好的动物用 $^{14}C$ 标记甲基的乙酸（$^{14}CH_3-COOH$）静脉注射（提示：乙酸在体内转变为乙酰 CoA），几小时后动物死亡，从肝中分离出糖原和甘油三酯，测定其放射性分布。

（1）预期分离得到的糖原和甘油三酯放射性的水平是相同还是不同？为什么？

（2）推测糖原中是否可能有放射性分布？为什么？

（3）推测甘油三酯中哪些碳原子会被大量标记？

为什么？

5. 结合人体内胆固醇的来源与去路,请分析高胆固醇血症患者体内胆固醇升高的可能原因，以及相应的饮食和药物干预措施。

# 参 考 答 案

## 一、A1 型选择题

| | | | | | | |
|---|---|---|---|---|---|---|
| 1. A | 2. E | 3. B | 4. C | 5. E | 6. C | 7. B |
| 8. B | 9. E | 10. A | 11. C | 12. B | 13. C | 14. C |
| 15. D | 16. C | 17. A | 18. E | 19. A | 20. E | 21. D |
| 22. C | 23. B | 24. B | 25. D | 26. D | 27. A | 28. E |
| 29. E | 30. C | 31. A | 32. E | 33. B | 34. C | 35. B |
| 36. E | 37. B | 38. D | 39. A | 40. B | 41. C | 42. A |
| 43. A | 44. E | 45. B | 46. A | 47. E | 48. B | 49. A |
| 50. D | 51. A | 52. B | 53. C | 54. C | 55. B | 56. D |
| 57. C | 58. B | 59. E | 60. C | 61. A | 62. C | 63. D |
| 64. B | 65. C | 66. C | 67. C | 68. A | 69. B | 70. A |
| 71. B | 72. C | 73. C | 74. D | 75. D | 76. B | 77. B |
| 78. E | 79. C | 80. A | 81. C | 82. D | 83. B | 84. E |
| 85. A | 86. B | 87. A | 88. B | 89. D | 90. C | 91. E |
| 92. A | 93. C | 94. C | 95. D | 96. C | 97. B | 98. C |
| 99. B | 100. D | 101. C | 102. B | 103. A | 104. D |  |
| 105. C | 106. D | 107. B | 108. A | 109. D | 110. B |  |
| 111. D | 112. D | 113. A | 114. C | 115. B | 116. D |  |
| 117. E | 118. A |  |  |  |  |  |

## 二、A2 型选择题

| | | | | | | |
|---|---|---|---|---|---|---|
| 1. E | 2. B | 3. B | 4. E | 5. B | 6. B | 7. C |
| 8. C | 9. E | 10. D | 11. A | 12. C | 13. E | 14. E |
| 15. E | 16. D | 17. C | 18. D | 19. B | 20. D | 21. C |
| 22. C | 23. A | 24. C |  |  |  |  |

## 三、B 型选择题

| | | | | | | |
|---|---|---|---|---|---|---|
| 1. B | 2. E | 3. D | 4. C | 5. A | 6. B | 7. B |
| 8. C | 9. A | 10. D | 11. C | 12. B | 13. B | 14. E |
| 15. C | 16. B | 17. D | 18. A | 19. B | 20. B | 21. E |
| 22. D | 23. A | 24. C | 25. C | 26. A | 27. B | 28. E |
| 29. D | 30. C | 31. B | 32. E | 33. E | 34. C | 35. A |
| 36. E | 37. B | 38. D | 39. C | 40. C | 41. E | 42. A |
| 43. A | 44. B | 45. E | 46. C | 47. A | 48. C | 49. D |
| 50. B | 51. B | 52. C | 53. D | 54. A | 55. B | 56. C |
| 57. D | 58. C | 59. C | 60. B | 61. B |  |  |

## 四、X 型选择题

| | | | | |
|---|---|---|---|---|
| 1. ABCD | 2. CDE | 3. ABC | 4. CD | 5. ACD |
| 6. ABC | 7. ABCD | 8. ABD | 9. AD | 10. BD |
| 11. AC | 12. ABD |  |  |  |

## 五、名词解释

1. 必需脂肪酸：维持机体生命活动必需，但机体自身不能合成或合成量不足，必须由食物供给的脂酸称必需脂肪酸。人体必需脂肪酸是一些多不饱和脂酸，包括亚油酸、亚麻酸和花生四烯酸。

2. 脂肪动员：储存在脂肪细胞中的脂肪，经脂肪酶逐步水解为游离脂酸和甘油并释放入血，通过血液运输至其他组织氧化利用的过程称脂肪动员。

3. 酮体：酮体是脂酸在肝氧化分解时产生的特有中间代谢物，包括乙酰乙酸、β-羟丁酸和丙酮。肝细胞以乙酰 CoA 为原料合成酮体，经血液运输到肝外组织氧化利用。酮体是肝输出能源的一种形式。

4. β 氧化：脂酰 CoA 经肉碱转运进入线粒体基质后，在脂酸 β 氧化多酶复合体的有序催化下，从脂酰基的 β 碳原子开始，经脱氢、加水、再脱氢和硫解 4 步连续的反应，脂酰基断裂生成 1 分子乙酰 CoA、1 分子比原来少 2 个碳原子的脂酰 CoA、1 分子 $NADH+H^+$ 及 1 分子 $FADH_2$。β 氧化循环进行，最终将偶数碳原子脂酸的脂酰基全部氧化为乙酰 CoA。

5. 酰基载体蛋白：是脂酸生物合成过程中脂酰基的载体，脂酸生物合成的各步反应均在该载体上进行。

6. 载脂蛋白：血浆脂蛋白中的蛋白质部分称为载脂蛋白，主要有 apoA、apoB、apoC、apoD、apoE 等 5 类，具有在血浆中结合和转运脂质、参与脂蛋白受体的识别、调节脂蛋白代谢酶的活性等作用。

7. 血浆脂蛋白：血浆脂蛋白是脂质和载脂蛋白结合形成的球形复合体，是血浆脂质的运输和代谢形式。球形复合体的表面为载脂蛋白、磷脂、游离胆固醇的亲水基团，这些化合物的疏水基团朝向球内，球形复合体的内核为甘油三酯、胆固醇酯等疏水脂质。

8. 血脂：血浆中所含脂类统称为血脂。包括甘油三酯、胆固醇及其酯、磷脂、游离脂酸等。临床上常用的血脂指标是甘油三酯和胆固醇。

9. 胆固醇逆向转运：新生 HDL 从肝外组织细胞获取胆固醇并在血浆 LCAT 作用下被酯化，逐步膨胀成单脂层球状成熟 HDL，经血液运输至肝，与肝细胞膜表面 HDL 受体结合，被肝细胞摄取降解。被肝摄取的胆固醇可合成胆汁酸或直接通过胆汁排出体外。这种将肝外组织细胞内的胆固醇转运至肝代谢并排出体外的过程称胆固醇逆向转运。

10. 脂解激素：能增高脂肪细胞激素敏感性脂肪酶活性，促进脂肪动员的激素称脂解激素，如肾上腺素、胰高血糖素、促肾上腺皮质激素等。

11. LDL 受体：LDL 受体广泛存在于全身各组织的细胞膜表面，能特异性识别和结合含 apoE 或 $apoB_{100}$ 的脂蛋白，又称 apoB，E 受体，主要生理功能是摄取和降解 LDL 并参与维持细胞内胆固醇平衡。

12. 激素敏感性脂肪酶：即脂肪细胞中对激素调节敏感的脂肪酶，活性受多种激素的调节，胰岛素能抑制其活性，而胰高血糖素、肾上腺素等能增强其活性，是脂肪动员的调节酶。

13. 脂蛋白酯酶：能催化 CM 和 VLDL 核心中的甘油三酯分解为脂酸和甘油，为组织提供供能物质和储存，主要存在于实体组织毛细血管内皮细胞，apoCⅡ 是其关键的辅助因子。

14. 肉碱穿梭系统：长链脂酰 CoA 通过与肉碱结合成脂酰-肉碱的形式从胞质中转运至线粒体内的循环穿梭系统，从而使活化的脂酸在线粒体内进一步氧化。

15. 酮症：脂酸在肝可分解并生成酮体，但肝细胞缺乏利用酮体的酶，只能将酮体经血液循环运至肝外组织利用。在糖尿病、严重饥饿等情况下，体内大量动用脂肪，酮体的生产量超过了肝外组织利用量时，血液酮体浓度增高，称为酮症或酮血症。

## 六、简答题

1. 乙酰 CoA 在体内的来源：糖氧化、脂酸氧化、氨基酸氧化、酮体氧化等产生。乙酰 CoA 在体内的去路：进入三羧酸循环彻底氧化、合成脂酸、合成胆固醇、合成酮体、参与乙酰化反应等。

2. 葡萄糖在体内能转变为脂肪，过程简示如下：
葡萄糖→丙酮酸→乙酰 CoA→合成脂酸→脂酰 CoA
葡萄糖→磷酸二羟丙酮→甘油-3-磷酸
脂酰 CoA+甘油-3-磷酸→磷脂酸→甘油二酯→脂肪

3. 酮体是脂酸在肝氧化分解代谢时产生的特有中间代谢物，包括乙酰乙酸、β-羟丁酸和丙酮。酮体代谢主要的特点：酮体只能在肝合成，肝利用脂酸氧化产生的乙酰 CoA 为原料合成酮体，经血液运输到肝外组织，在肝外组织利用酮体氧化供能。酮体代谢的生理意义：酮体是脂酸在肝内正常的中间代谢产物，是肝输出能源的一种形式。酮体是溶于水的小分子，能通过血脑屏障及肌肉毛细血管壁，尤其在饥饿、糖供不足时，酮体可代替葡萄糖成为脑及肌肉的主要能源。

4. 胆固醇合成的原料主要有乙酰 CoA、NADPH<sup>+</sup>H<sup>+</sup>和 ATP 等。限速酶是 HMG-CoA 还原酶。胆固醇在体内可以转变为如下物质：在肝转变为胆汁酸（主要）；在肾上腺皮质、睾丸、卵巢等转化为类固醇激素；在皮肤可转化为维生素 $D_3$。

5. 血浆脂蛋白有 2 种分类法：电泳法分为乳糜微粒、β 脂蛋白、前 β 脂蛋白和 α-脂蛋白；超速离心法分为 CM、VLDL、LDL、HDL。CM 在小肠黏膜形成，运输外源性甘油三酯和胆固醇；VLDL 主要在肝形成，运输内源性甘油三酯和胆固醇；LDL 主要在血浆中形成，运输内源性胆固醇到肝外；HDL 在肝、肠、血浆中形成，将胆固醇从肝外组织逆向转运到肝。

6. 正常条件下，血中仅含少量酮体。当酮体生成量超过肝外组织的利用能力时血中酮体升高，称酮血症。酮血症主要见于长期饥饿或严重糖尿病等情况，脂肪动员加强，脂酸氧化分解加强，肝生成酮体量增加，一旦超过了肝外组织的利用能力，就会出现酮血症。

7. 细胞利用长链脂酸彻底分解供能的基本过程：①脂酸活化为脂酰 CoA；②肉碱将脂酰基链转运至线粒体基质；③脂酰基链的 β 氧化产生乙酰 CoA；④三羧酸循环彻底分解乙酰 CoA；⑤通过呼吸链电子传递释放还原性氢（$FADH_2$ 和 NADH）的能量，经氧化磷酸化合成 ATP。

8. （1）甘油磷脂的基本结构：含有 1 分子甘油、2 条脂酸链构成 2 条疏水尾，磷酸与含氮化合物构成极性头的两性分子。
（2）甘油磷脂的功能：作为生物膜的构成成分；参与血浆脂蛋白组成；其他特殊作用如二软脂酰胆碱是肺泡表面活性物质的重要成分等。

9. 基因的活性形式如下表所示。

| 基团 | 活性形式 |
| --- | --- |
| 磷酸基团 | ATP |
| 葡萄糖基 | UDPG |
| 乙醇胺基 | CDP-乙醇胺 |
| 脂酸基 | 脂酰 CoA |
| 甲基 | SAM |
| 脂酸合成中的二碳单位 | 丙二酸单酰 CoA |

## 七、分析论述题

1. 比较结果见下表。

| | 脂酸 β 氧化分解 | 脂酸的合成 |
| --- | --- | --- |
| 反应的组织 | 除脑组织外，以肝、肌肉最活跃 | 绝大多数组织 |
| 亚细胞部位 | 细胞质和线粒体 | 细胞质 |
| 限速酶 | 肉碱脂酰转移酶 I | 乙酰 CoA 羧化酶 |
| 受氢体/供氢体 | FAD、NAD<sup>+</sup> | NADPH |
| ADP/ATP 值影响 | 比值高，促进反应 | 比值低，促进反应 |

2. （1）这种抑制作用属于竞争性抑制，因为羟基柠檬酸与柠檬酸结构相似，可作为柠檬酸裂解酶的竞争性抑制剂。
（2）糖转变为脂肪，需要乙酰 CoA，这一步发生在线粒体基质，而脂酸的合成发生在细胞质，故线粒体的乙酰 CoA 需要通过柠檬酸循环将其转运至细胞质，再在柠檬酸裂解酶作用下重新变为乙酰 CoA，因此，抑制了柠檬酸裂解酶的活性就相当于阻止了乙酰 CoA 从线粒体进入细胞质，从而抑制了糖转变为脂肪。
（3）胆固醇及胆固醇相关化合物的合成也受羟基柠檬酸的抑制，因为它们的合成前体也是细胞质中的乙酰 CoA。

3. （1）生物素是所有需要 ATP 的羧化酶的辅助因子，生物素的缺乏会导致这些羧化酶的活性低下。
（2）丙酮酸羧化酶是线粒体中补充草酰乙酸的主要酶，该酶活性下降导致三羧酸循环受阻，造成患者的全身无力和轻度的酮血症。
（3）乙酰 CoA 羧化酶是脂酸合成的调节酶，该酶活性下降导致脂酸合成受限，进一步影响脂肪合成，所以患者体型偏瘦。
（4）丙酰 CoA 羧化酶是人体代谢奇数碳原子脂酸的末端三碳片段所需的酶，该酶活性下降导致对奇数碳原子脂酸的代谢障碍，但对偶数碳原子脂酸的代谢不受影响。

4. （1）乙酸进入细胞内，先被活化为乙酰 CoA。
（2）糖原与甘油三酯的放射性分布不同。因为动物不能将乙酰 CoA 转变为糖，但乙酰 CoA 可作为脂酸及甘油三酯的合成原料。
（3）糖原中可能有放射性分布。虽然乙酰 CoA 不能直接转变为糖原，但乙酰 CoA 中标记的碳可进入三羧酸循环，并将 <sup>14</sup>C 提供给苹果酸、草酰乙酸等物质，后者可作为糖异生的原料进而异生为糖原。
（4）在甘油三酯中，标记主要出现在脂酰基链的相间隔的位置上。因为，作为原料的乙酰 CoA 的 2 个碳会一同进入新合成的脂酰基链中。

$^{14}CH_3—CH_2—(^{14}CH_2—CH_2)_n—^{14}CH_2—COSCoA$

**5.** 人体内胆固醇的来源包括食物直接消化吸收、自身合成等。胆固醇合成的原料主要有乙酰CoA、$NADPH^+H^+$ 和 ATP 等。限速酶是 HMG-CoA 还原酶。胆固醇在体内可以转变为如下物质：在肝转变为胆汁酸（主要）；在肾上腺皮质、睾丸、卵巢等转化为类固醇激素；在皮肤可转化为维生素 $D_3$。体内胆固醇升高的可能原因：食物中胆固醇多；自身合成过多；排泄障碍。干预措施：减少高胆固醇食物摄入；抑制自身合成如 HMG-CoA 还原酶的抑制剂等。

（刘先俊）

# 第七章 氨基酸代谢

## 学 习 要 求

了解蛋白质、氨基酸的生理功能。了解氮平衡的概念。熟悉营养必需氨基酸的概念、种类。了解蛋白质营养价值和互补作用的概念。

了解食物蛋白质在胃肠消化的基本过程。了解胃肠中消化蛋白质的多种蛋白水解酶的作用特点。了解氨基酸在小肠的吸收方式。熟悉蛋白质腐败作用的概念，了解假神经递质的概念，了解蛋白质腐败产物的生成及可能对人类健康的危害。

了解真核蛋白质降解的两条途径。熟悉氨基酸代谢库中氨基酸的来源与去路。掌握转氨基作用的概念，熟悉转氨酶催化的反应及其辅酶，了解体内主要转氨酶分布的特点与临床意义，了解转氨酶的作用机制。熟悉 L-谷氨酸脱氢酶催化的氧化脱氨基作用及酶的组织分布特点。熟悉联合脱氨基作用的概念、转氨酶偶联 L-谷氨酸脱氢酶催化的联合脱氨基作用及其生理意义。了解 α-酮酸的代谢去路。了解生糖氨基酸、生酮氨基酸、生糖兼生酮氨基酸的概念和相应氨基酸种类。

掌握体内氨的来源、去路。熟悉葡萄糖-丙氨酸循环及谷氨酰胺的运氨作用。熟悉谷氨酰胺的合成与分解及在氨代谢中的重要地位。熟悉尿素合成的部位、原料、基本过程、关键酶、重要中间产物（鸟氨酸、瓜氨酸、精氨酸）、能量消耗情况。了解尿素合成的调节。了解高血氨症和氨中毒。

熟悉氨基酸的脱羧基作用。了解 γ-氨基丁酸、组胺、5-羟色胺、多胺的生成及作用。掌握一碳单位的概念、载体、生成原料及主要生理作用，了解一碳单位的种类，了解一碳单位的生成及相互转变。熟悉 S-腺苷甲硫氨酸的作用，了解其生成及与一碳单位代谢的联系。了解甲硫氨酸循环及其生理意义、维生素 $B_{12}$ 在循环中的作用。了解高同型半胱氨酸血症。了解肌酸与磷酸肌酸的代谢。了解牛磺酸的代谢。了解硫酸根的代谢与活性形式。熟悉苯丙氨酸转变成酪氨酸的过程、苯丙氨酸羟化酶及其辅酶。了解苯丙酮尿症。了解儿茶酚胺的合成、帕金森病与儿茶酚胺的关系。了解黑色素的合成、关键酶、与白化病的关系。了解酪氨酸与甲状腺激素合成的关系。了解尿黑酸尿症。

## 讲 义 要 点

本章纲要见图 7-1。

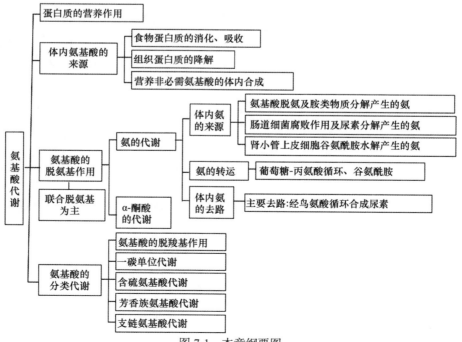

图 7-1 本章纲要图

## （一）蛋白质的营养作用

### 1. 体内蛋白质的代谢状况——氮平衡

（1）氮平衡：摄入食物的含氮量与排泄物（尿与粪）中含氮量之间的关系。

- 氮总平衡：摄入氮＝排出氮（正常成人）
- 氮正平衡：摄入氮＞排出氮（儿童、孕妇等）
- 氮负平衡：摄入氮＜排出氮（饥饿、消耗性疾病患者等）

（2）氮平衡的意义：可以反映体内蛋白质代谢的概况。

（3）蛋白质的生理需要量：成人每日蛋白质最低生理需要量为30～50g，我国营养学会推荐成人每日蛋白质需要量为80g。

### 2. 蛋白质的营养价值

（1）营养必需氨基酸：是指机体需要而又不能自身合成，必须由食物提供的氨基酸，共有8种：缬氨酸、异亮氨酸、亮氨酸、苯丙氨酸、甲硫氨酸（或称蛋氨酸）、色氨酸、苏氨酸、赖氨酸。其余12种氨基酸体内可以合成，称为营养非必需氨基酸。

- 精氨酸和组氨酸人体虽能合成，但合成量不多，故有时也被归为营养必需氨基酸。
- 营养必需氨基酸的同音记忆：写一两本淡色书来（缬-异-亮-苯-蛋-色-苏-赖）。

（2）蛋白质的营养价值：指食物蛋白质在体内的利用率，其高低主要取决于食物蛋白质中必需氨基酸的数量、种类和比例。

（3）蛋白质的互补作用：指营养价值较低的蛋白质混合食用，其必需氨基酸可以互相补充而提高营养价值。

## （二）蛋白质的消化、吸收与腐败

**1. 蛋白质的消化** 食物蛋白质的消化自胃开始，主要在小肠中进行。蛋白质在胃中被胃蛋白酶水解生成多肽和少量氨基酸，在小肠中由胰腺及肠黏膜细胞分泌的多种蛋白水解酶和肽酶协同作用，进一步水解成小肽和氨基酸。

**2. 氨基酸的吸收** 氨基酸的吸收主要在小肠进行。食物蛋白质消化水解生成的氨基酸和小肽，通过主动转运机制被吸收。转运的方式主要有2种：转运蛋白与γ-谷氨酰基循环。

**3. 蛋白质的腐败作用** 肠道细菌对肠道中未被消化的蛋白质及未被吸收的氨基酸的分解作用称为腐败作用。实际上，腐败作用是肠道细菌本身的代谢过程，以无氧分解为主。腐败作用的产物大多数对机体有害，如胺、氨、酚、吲哚及硫化氢等，但也有小部分产物对人体具有一定的营养作用，如脂肪酸及维生素等。

（1）胺类物质的生成

$$蛋白质 \xrightarrow{蛋白酶} 氨基酸 \xrightarrow{脱羧基作用} 胺类(amines)$$

假神经递质：某些物质（如苯乙醇胺、β-羟酪胺）结构与脑内的神经递质儿茶酚胺相似，称假神经递质。假神经递质增多时，可竞争性干扰脑内儿茶酚胺的合成及作用，阻碍神经冲动传递，引起大脑产生异常抑制。

（2）氨的生成：氨基酸在肠道细菌作用下脱氨基作用生成氨，或渗入肠道的尿素经肠道细菌尿素酶水解而生成氨。降低肠道的pH，可减少氨的吸收，这是酸性灌肠的依据。

（3）其他有害物质的生成：腐败作用还可产生其他有害物质，如苯酚、吲哚、$H_2S$等。

正常情况下，腐败作用产生的有害物质大部分随粪便排出体外，只有小部分被吸收入血液，经肝的生物转化而解毒，故不会发生中毒现象。

## （三）氨基酸的一般代谢

**1. 组织蛋白质的降解** 体内的蛋白质处于不断合成与降解的动态平衡。正常情况下，成人体内的蛋白质每天有1%～2%被降解，主要是肌肉蛋白质。蛋白质降解产生的氨基酸，75%～80%又被重新利用合成新的蛋白质。

（1）蛋白质降解速率：蛋白质降解速率可用半寿期（$t_{1/2}$）表示，即蛋白质降解到其原浓度一半所需要的时间。蛋白质降解速率随生理需要而变化，在各种蛋白质之间有很大差异。

（2）真核细胞蛋白质降解途径：真核细胞内蛋白质的降解主要有如下2条途径。

1）不依赖ATP的溶酶体途径：在溶酶体中利用组织蛋白酶进行降解，不需要消耗ATP，对所降解的蛋白质选择性较差，主要降解外源性蛋白、膜蛋白和胞内长寿命蛋白。

2）依赖ATP的泛素-蛋白酶体途径：泛素-蛋白酶体途径广泛存在于细胞核和细胞质内，主要降解异常蛋白质和短寿命蛋白质。此途径需要泛素、蛋白酶体和ATP的参与。

**2. 氨基酸代谢库** 食物蛋白质经消化而被吸收的氨基酸（外源性氨基酸）与体内组织蛋白质降解产生的氨基酸及体内合成的非必需氨基酸（内源性氨基酸）混合在一起，分布于体内各处，参与体内氨基酸的代谢，称为氨基酸代谢库。

体内氨基酸代谢的概况参见图7-2。

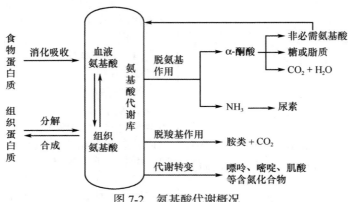

图 7-2　氨基酸代谢概况

**3. 氨基酸的脱氨基作用**　氨基酸可以通过多种方式脱去氨基，如转氨基、氧化脱氨基和联合脱氨基等，其中以联合脱氨基最为重要。

（1）转氨基作用

1）转氨基作用与转氨酶

A. 转氨基作用：是指在转氨酶催化下，α-氨基酸的氨基转移到 α-酮酸上，结果是原来的氨基酸脱去氨基生成了相应的 α-酮酸，而原来的 α-酮酸则转变成相应的氨基酸。

B. 转氨酶：也称为氨基转移酶。除个别氨基酸外，体内大多数氨基酸都可以参与转氨基作用。体内存在着多种转氨酶，其中以 *L*-谷氨酸和 α-酮酸的转氨酶最为重要，如丙氨酸转氨酶（ALT，也称谷丙转氨酶，GPT）、天冬氨酸转氨酶（AST，也称谷草转氨酶，GOT），它们在体内广泛存在，但在各组织中含量不同。

正常时转氨酶主要存在于细胞内，而血清中的活性很低。急性肝炎患者血清丙氨酸转氨酶活性明显上升；心肌梗死患者血清天冬氨酸转氨酶显著升高。临床上以此作为疾病诊断和预后的参考指标之一。

C. 转氨基作用的生理意义：反应可逆。转氨基作用既是氨基酸的分解代谢过程，也是体内某些氨基酸（营养非必需氨基酸）合成的重要途径。通过此种方式未产生游离氨。

2）转氨基作用机制：转氨酶的辅酶是维生素 $B_6$ 的磷酸酯，即磷酸吡哆醛。磷酸吡哆醛与磷酸吡哆胺的相互转变起着传递氨基的作用。

（2）氧化脱氨基作用

1）*L*-谷氨酸脱氢酶：*L*-谷氨酸脱氢酶催化 *L*-谷氨酸氧化脱氨生成 α-酮戊二酸和氨。

$$谷氨酸 \xrightarrow[\substack{NAD(P)^+ \quad NAD(P)H+H^+}]{L\text{-谷氨酸脱氢酶}} \quad \underset{\substack{\text{(CH}_2)_2 \\ C=NH_2^+ \\ COO^-}}{COO^-} \xrightleftharpoons[-H_2O]{+H_2O} \quad \underset{\substack{\alpha\text{-酮戊二酸}}}{\overset{COO^-}{\underset{\substack{(CH_2)_2 \\ C=O \\ COO^-}}{}}} +NH_3$$

$L$-谷氨酸脱氢酶广泛存在于肝、肾、脑组织中，辅酶为 $NAD^+$ 或 $NADP^+$；是一种别构酶，GTP、ATP 为其抑制剂，GDP、ADP 为其激活剂。

2）氨基酸氧化酶：在肝肾组织中还存在氨基酸氧化酶，属黄素蛋白酶类，其辅基是 FMN 或 FAD。氨基酸氧化酶在体内分布不广，活性不高，对脱氨作用并不重要。

（3）联合脱氨基作用：体内实现真正意义上的脱氨基主要是通过转氨基偶联谷氨酸氧化脱氨基进行的联合脱氨基作用完成。

1）概念：α-氨基酸先与 α-酮戊二酸进行转氨基作用，生成相应的 α-酮酸及 $L$-谷氨酸，然后 $L$-谷氨酸在 $L$-谷氨酸脱氢酶作用下，经氧化脱氨基作用生成 α-酮戊二酸并释放出游离的氨，即转氨基作用与 $L$-谷氨酸氧化脱氨基作用偶联实现氨基酸的脱氨基作用，称为转氨脱氨作用又称联合脱氨基作用（图7-3）。

2）部位：主要在肝、肾和脑组织进行。

3）意义：联合脱氨基作用既是氨基酸脱氨基的主要方式，也是体内合成非必需氨基酸的主要途径。

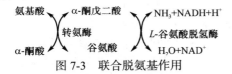

图 7-3　联合脱氨基作用

（4）非氧化脱氨基作用：主要在微生物体内进行，在动物体内也存在，但不普遍。

**4. α-酮酸的代谢**　氨基酸脱氨基后生成的 α-酮酸主要有如下 3 条代谢去路。

（1）可被彻底氧化分解并提供能量。

（2）经氨基化生成营养非必需氨基酸。

（3）可转变成糖或脂质：据此可将氨基酸分为生糖氨基酸、生酮氨基酸及生糖兼生酮氨基酸（表7-1）。

**表 7-1　氨基酸生糖及生酮性质的分类**

| 类别 | 氨基酸 |
| --- | --- |
| 生糖氨基酸 | 甘氨酸、丙氨酸、丝氨酸、缬氨酸、组氨酸、精氨酸、半胱氨酸、脯氨酸、谷氨酸、谷氨酰胺、天冬氨酸、天冬酰胺、甲硫氨酸 |
| 生酮氨基酸 | 亮氨酸、赖氨酸 |
| 生糖兼生酮氨基酸 | 异亮氨酸、苯丙氨酸、酪氨酸、苏氨酸、色氨酸 |

### （四）氨的代谢

**1. 体内氨的来源**

（1）氨基酸脱氨及胺类物质分解产生的氨：氨基酸脱氨基产生的氨是体内氨的主要来源。胺类物质的分解也可以产生氨。

（2）肠道细菌腐败作用及尿素分解产生的氨。

（3）肾小管上皮细胞谷氨酰胺水解产生的氨。

**2. 氨的转运——在血液中以丙氨酸和谷氨酰胺的形式转运氨**

（1）葡萄糖-丙氨酸循环——氨从肌肉转运至肝

1）循环途径：肌肉中的氨基酸经转氨基作用将氨基转给丙酮酸，生成丙氨酸，丙氨酸经血液运送到肝。在肝中，丙氨酸通过脱氨基作用生成丙酮酸和氨。氨用于合成尿素，丙酮酸则沿糖异生途径生成葡萄糖。葡萄糖由血液运送到肌肉组织，通过糖酵解途径转变成丙酮酸，后者再接受氨基而生成丙氨酸。如此，丙氨酸和葡萄糖在肌肉和肝之间反复进行氨的转运，称为葡萄糖-丙氨酸循环（图7-4）。

2）生理意义：使肌肉中的氨以无毒的丙氨酸形式运往肝，同时，肝又为肌肉提供了葡萄糖。

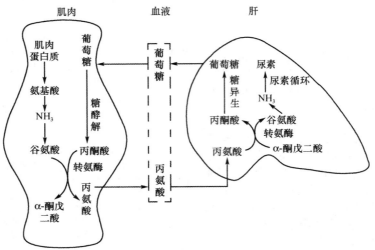

图 7-4　葡萄糖-丙氨酸循环

（2）谷氨酰胺的运氨作用——氨从脑和肌肉等组织运往肝或肾：脑和肌肉等组织中，氨与谷氨酸在谷氨酰胺合成酶的催化下生成谷氨酰胺，并由血液运送到肝或肾。而肝、肾组织中存在的谷氨酰胺酶可将谷氨酰胺水解成谷氨酸和氨。生理意义：谷氨酰胺既是氨的解毒产物，也是氨的储存及运输形式。

**3. 体内氨的去路**

（1）合成尿素——氨在体内的主要去路

1）尿素合成机制的鸟氨酸循环学说：氨在肝中合成尿素的过程由 Hans Krebs 和 Kurt Henseleit 提出，称为鸟氨酸循环（orinithine cycle），又称尿素循环（urea cycle）或克雷布斯-亨泽莱特（Krebs-Henseleit）循环。

2）肝中合成尿素的详细步骤（图 7-5）

A. 氨基甲酰磷酸的合成：反应在线粒体中进行。反应由氨基甲酰磷酸合成酶Ⅰ（CPS-Ⅰ）催化，是鸟氨酸循环启动的关键酶，N-乙酰谷氨酸为其激活剂。反应消耗 2 分子 ATP。

B. 氨基甲酰磷酸与鸟氨酸反应生成瓜氨酸和磷酸：反应在线粒体中进行。反应由鸟氨酸氨基甲酰转移酶催化。

C. 瓜氨酸与天冬氨酸反应生成精氨酸代琥珀酸：瓜氨酸生成后被转运进入细胞质进行后续反应。反应由精氨酸代琥珀酸合成酶催化，此反应也需要 ATP 供能。天冬氨酸提供了尿素分子中的第二个氮原子。精氨酸代琥珀酸合成酶是尿素合成的限速酶。

D. 精氨酸代琥珀酸裂解生成精氨酸和延胡索酸。

E. 精氨酸水解生成尿素及鸟氨酸。鸟氨酸通过线粒体内膜上载体的转运再进入线粒体，参

与新一轮鸟氨酸循环。

尿素合成的生理意义：把有毒的氨经鸟氨酸循环转变为中性、无毒、易溶于水的尿素而解除氨毒。

反应小结：①部位：尿素合成场所在肝细胞线粒体和胞质中。②2 个氮原子：一个来自于游离氨，另一个来自天冬氨酸。③关键酶：氨基甲酰磷酸合成酶Ⅰ、精氨酸代琥珀酸合成酶。④耗能：每合成 1 分子尿素需要消耗 4 个高能磷酸键。

3）鸟氨酸循环的一氧化氮（NO）支路：在一氧化氮合酶（NOS）催化下少量精氨酸可在鸟氨酸循环中直接被氧化生成瓜氨酸，同时产生 NO。

$$\text{精氨酸} + O_2 \xrightarrow[\text{NADPH} + H^+ \quad\quad \text{NADP}^+]{\text{NOS}} \text{瓜氨酸} + NO$$

4）尿素合成的调节

A. CPS-Ⅰ的调节：是鸟氨酸循环启动的关键酶，N-乙酰谷氨酸激活 CPS-Ⅰ启动尿素合成。

B. 精氨酸代琥珀酸合成酶的调节：是尿素合成启动后的限速酶，可调节尿素合成的速度。

C. 食物蛋白质的影响：高蛋白膳食时，尿素合成速度加快。

5）高血氨症和氨中毒：肝合成尿素是维持血氨浓度的关键。肝功能受损害或尿素合成相关酶存在遗传性缺陷时，尿素合成发生障碍，使血氨浓度升高，称为高血氨症。血氨浓度升高导致氨中毒，可引起脑功能障碍。

（2）氨在体内的其他去路

1）合成谷氨酰胺：由谷氨酰胺合成酶催化。

2）合成非必需氨基酸及其他含氮化合物。

3）形成铵盐从肾排出体外。

体内氨的来源与去路总结见图 7-6。

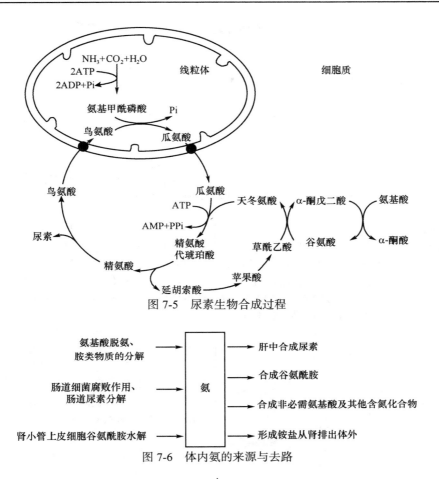

图 7-5  尿素生物合成过程

氨基酸脱氨、胺类物质的分解 → 肝中合成尿素

肠道细菌腐败作用、肠道尿素分解 → 合成谷氨酰胺

肾小管上皮细胞谷氨酰胺水解 → 合成非必需氨基酸及其他含氮化合物

氨 → 形成铵盐从肾排出体外

图 7-6  体内氨的来源与去路

## （五）氨基酸的分类代谢

**1. 氨基酸的脱羧基作用**  有些氨基酸在体内相应的氨基酸脱羧酶（辅酶是磷酸吡哆醛）催化下，脱去羧基生成相应的胺类物质。例如，谷氨酸经谷氨酸脱羧酶催化生成 γ-氨基丁酸；组氨酸脱羧基生成组胺；色氨酸生成 5-羟色胺；鸟氨酸可产生多胺。

**2. 一碳单位代谢**

（1）一碳单位与四氢叶酸

1）一碳单位的概念：某些氨基酸在分解代谢过程中产生的含有一个碳原子的有机基团，称为一碳单位，又称一碳基团。

2）一碳单位的种类：甲基（—$CH_3$）、甲烯基（亚甲基，—$CH_2$—）、甲炔基（次甲基，—$CH$＝）、甲酰基（—$CHO$）、亚氨甲基（—$CH$＝$NH$）等。$CO_2$ 不属于一碳单位。

3）一碳单位的载体：四氢叶酸（$FH_4$）作为一碳单位的运载体参与一碳单位代谢。一碳单位通常是结合在四氢叶酸分子的 $N^5$、$N^{10}$ 位上。

哺乳类动物体内，四氢叶酸的生成反应如下：

叶酸 →（二氢叶酸还原酶，$NADPH+H^+$ → $NADP^+$）→ 二氢叶酸 →（二氢叶酸还原酶，$NADPH+H^+$ → $NADP^+$）→ 四氢叶酸

（2）一碳单位的来源、转换：一碳单位主要来源于丝氨酸、甘氨酸、组氨酸和色氨酸的分解代谢。

在适当条件下，一碳单位可以彼此转变（图 7-7）。但是，$N^5$—$CH_3$—$FH_4$ 的生成是不可逆的。

（3）一碳单位的功能：一碳单位在核酸的生物合成中具有重要作用，可作为嘌呤和嘧啶的合成原料。一碳单位代谢是氨基酸代谢与核苷酸代谢相互联系的重要途径。

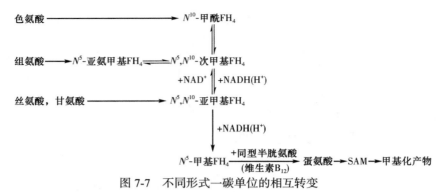

图 7-7　不同形式一碳单位的相互转变

### 3. 含硫氨基酸代谢

（1）甲硫氨酸的代谢

1）甲硫氨酸与转甲基作用：甲硫氨酸分子中含有 $S$-甲基，在腺苷转移酶的催化下与 ATP 反应生成 $S$-腺苷甲硫氨酸（SAM）。SAM 中的甲基称为活性甲基，SAM 称为活性甲硫氨酸。

SAM 是体内最重要、最直接的甲基供体，通过转甲基作用可生成多种含甲基的生理活性物质，如肾上腺素、胆碱、肉碱、肌酸等。

2）甲硫氨酸循环

A．反应过程（图 7-8）

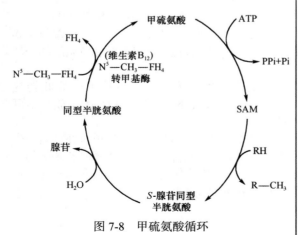

图 7-8　甲硫氨酸循环

B．生理意义：通过此循环可为体内广泛的甲基化反应提供甲基，$N^5$—$CH_3$—$FH_4$ 可看作体内甲基的间接供体；通过此循环 $N^5$—$CH_3$—$FH_4$ 释放出甲基，可使四氢叶酸再生；通过此循环可减少体内甲硫氨酸的消耗，反复利用以满足机体甲基化的需求。

3）肌酸的生成——甲硫氨酸为肌酸合成提供甲基：肌酸和磷酸肌酸是能量储存、利用的重要化合物。肌酸以甘氨酸为骨架，精氨酸提供脒基，SAM 供给甲基而合成。肝是合成肌酸的主要器官。肌酸在肌酸激酶的作用下，转变为磷酸肌酸。肌酸和磷酸肌酸代谢的终产物为肌酸酐。

（2）半胱氨酸的代谢

1）半胱氨酸与胱氨酸的互变

2）牛磺酸的生成：半胱氨酸经氧化、脱羧可转变成牛磺酸，牛磺酸是结合胆汁酸的组成成分。

3）硫酸根的代谢：含硫氨基酸氧化分解均可产生硫酸根，半胱氨酸是体内硫酸根的主要来源。体内的硫酸根一部分以无机盐形式随尿排出，另一部分则由 ATP 活化生成活性硫酸根，即 3′-磷酸腺苷-5′-磷酸硫酸（PAPS）。

### 4. 芳香族氨基酸代谢

（1）苯丙氨酸和酪氨酸的代谢（图 7-9）

1）苯丙氨酸的代谢：正常情况下，苯丙氨酸在体内的主要代谢途径是在苯丙氨酸羟化酶（辅酶是四氢生物蝶呤）催化下经羟化作用生成酪氨酸。此反应不可逆。

苯丙酮尿症（PKU）：先天性苯丙氨酸羟化酶缺陷的患者，苯丙氨酸不能正常地转变成酪氨酸，堆积的苯丙氨酸经转氨基作用大量生成苯丙酮酸，后者进一步转变成苯乙酸和苯乳酸等产物，并从尿中排出。

2）酪氨酸的代谢：酪氨酸可转变为儿茶酚胺、黑色素或彻底氧化分解，酪氨酸还参与甲状腺激素的合成。

A. 帕金森病：患者多巴胺生成减少。

B. 白化病：患者先天缺乏酪氨酸酶，黑色素合成障碍，皮肤、毛发等发白。

C. 尿黑酸尿症：体内代谢尿黑酸的酶先天缺陷时，尿黑酸分解受阻。

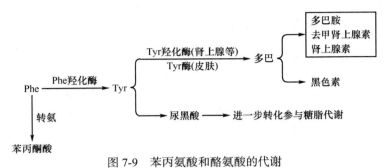

图 7-9　苯丙氨酸和酪氨酸的代谢

（2）色氨酸的代谢：色氨酸除生成 5-羟色胺外，在肝中色氨酸生成甲酸，后者可产生 $N^{10}$—CHO—$FH_4$，色氨酸分解可产生丙酮酸与乙酰乙酰 CoA，少部分色氨酸还可转变为烟酸。

**5. 支链氨基酸代谢**　支链氨基酸包括亮氨酸、异亮氨酸和缬氨酸。肌肉组织是体内支链氨基酸分解代谢的主要场所。

**6. 总结**　各种氨基酸除了作为合成蛋白质的原料外，还可以转变成多种重要的含氮生理活性物质或产生一些重要的化学基团。表 7-2 列举了一些氨基酸衍生的重要化合物。

表 7-2　氨基酸衍生的重要含氮化合物

| 氨基酸 | 衍生的化合物 | 生理功能 |
| --- | --- | --- |
| 天冬氨酸、谷氨酰胺、甘氨酸 | 嘌呤碱 | 含氮碱基、核酸成分 |
| 天冬氨酸、谷氨酰胺 | 嘧啶碱 | 含氮碱基、核酸成分 |
| 谷氨酸 | γ-氨基丁酸 | 神经递质 |
| 组氨酸 | 组胺 | 血管舒张剂 |
| 半胱氨酸 | 牛磺酸 | 结合胆汁酸成分 |
| 鸟氨酸、甲硫氨酸 | 精胺、精脒 | 细胞增殖促进剂 |
| 甘氨酸 | 卟啉化合物 | 血红素、细胞色素 |
| 甘氨酸、精氨酸、甲硫氨酸 | 肌酸、磷酸肌酸 | 能量储存 |
| 苯丙氨酸、酪氨酸 | 儿茶酚胺、甲状腺激素、黑色素 | 神经递质、激素、皮肤色素 |
| 色氨酸 | 烟酸、5-羟色胺 | 维生素、神经递质 |
| 精氨酸 | 一氧化氮 | 细胞信号转导分子 |

# 中英文专业术语

氨平衡　nitrogen balance
必需氨基酸　essential amino acid
蛋白质的腐败作用　putrefaction
转氨基作用　transamination
转氨酶　transaminase
α-酮酸　α-ketoacid
氨　ammonia
鸟氨酸循环　ornithine cycle
尿素循环　urea cycle
一碳单位　one carbon unit
*S*-腺苷甲硫氨酸　*S*-adenosyl methionine，SAM
甲硫氨酸循环　methionine cycle

# 练　习　题

## 一、A1 型选择题

1. 苯丙氨酸和酪氨酸代谢出现缺陷时有可能会导致下列哪种疾病的发生
A. 氨中毒　　　　　　B. 尿黑酸尿症
C. 镰状细胞贫血　　　D. 蚕豆病
E. 肿瘤

2. 在体内合成 PAPS 需要下列哪种物质的参加
A. 酪氨酸　　B. 半胱氨酸　　　C. GTP
D. CTP　　　E. 苯丙氨酸

3. SAM 提供甲基可生成的物质是
A. 脂肪　　B. 苯丙氨酸　　C. 胸腺嘧啶
D. 肌酸　　E. 嘌呤

4. ▲氨生成尿素通过
A. 柠檬酸循环　　　　B. 嘌呤循环
C. 鸟氨酸循环　　　　D. 丙酮酸循环
E. 核苷酸循环

5. 哪一种物质是体内氨的储存及运输形式
A. 谷氨酸　　　B. 酪氨酸　　　C. 谷氨酰胺
D. 谷胱甘肽　　E. 天冬酰胺

6. 在尿素循环中,合成尿素的第二分子氨是由下列哪个物质提供
A. 游离氨　　　B. 谷氨酰胺　　C. 天冬酰胺
D. 氨基甲酰磷酸　E. 天冬氨酸

7. ▲属于生酮兼生糖氨基酸的是
A. 亮氨酸　　　B. 苯丙氨酸　　C. 赖氨酸
D. 精氨酸　　　E. 甲硫氨酸

8. ▲人体内合成尿素的主要部位是
A. 脑　　　　B. 肌组织　　　C. 肾
D. 肝　　　　E. 心

9. 生物体内转运一碳单位的载体是
A. 叶酸　　　B. 四氢叶酸　　C. 硫胺素
D. 生物素　　E. 维生素 $B_{12}$

10. 下列氨基酸中属于人体必需氨基酸的是
A. 甘氨酸　　　B. 丙氨酸　　　C. 苏氨酸
D. 天冬氨酸　　E. 丝氨酸

11. 鸟氨酸循环启动后的限速酶是
A. 精氨酸代琥珀酸合成酶
B. 鸟氨酸氨基甲酰转移酶
C. 氨基甲酰磷酸合成酶 I
D. 精氨酸代琥珀酸裂解酶
E. 精氨酸酶

12. 在尿素生物合成过程中,下列哪步反应需要由 ATP 提供能量
A. 鸟氨酸+氨基甲酰磷酸 ——→ 瓜氨酸+磷酸
B. 草酰乙酸+谷氨酸 ——→ 天冬氨酸+α-酮戊二酸
C. 精氨酸代琥珀酸 ——→ 精氨酸+延胡素酸
D. 精氨酸 ——→ 鸟氨酸+尿素
E. 瓜氨酸+天冬氨酸 ——→ 精氨酸代琥珀酸

13. 氨基酸在体内的主要吸收方式是
A. 不耗能的 γ-谷氨酰基循环
B. 不耗能的被动吸收
C. 耗能的主动吸收
D. 不需要 $Na^+$ 的被动吸收
E. 需要 $Na^+$,但是不需要消耗能量

14. 在体内丙氨酸转氨酶活性最高的组织是
A. 心肌　　　B. 肝　　　　C. 骨骼肌
D. 脑组织　　E. 肾

15. 转氨酶的辅酶组分含有的维生素是
A. 泛酸　　　B. 维生素 $B_2$　　C. 维生素 PP

D. 维生素 $B_6$　　　E. 维生素 $B_1$

16. 在生物体内氨的最主要代谢去路是
A. 合成非必需氨基酸
B. 合成尿素
C. 合成 $NH_4^+$ 随尿排出
D. 合成必需氨基酸
E. 合成嘌呤、嘧啶等

17. 生物体内氨基酸代谢脱氨基的主要方式
A. 氧化脱氨基　　　B. 还原脱氨基
C. 水解脱氨基　　　D. 转氨基作用
E. 联合脱氨基

18. ▲下列氨基酸中能转化生成儿茶酚胺的是
A. 天冬氨酸　　B. 色氨酸　　C. 酪氨酸
D. 脯氨酸　　　E. 甲硫氨酸

19. 关于 L-谷氨酸脱氢酶的描述,下列哪一项是错误的
A. 催化氨基酸的氧化脱氨反应
B. 在生物体内活力不高
C. 联合转氨酶共同催化氨基酸脱氨基作用
D. 辅酶是 $NAD^+$ 或 $NADP^+$
E. 是一种别构酶

20. 肌酸的合成需要
A. 甲硫氨酸、甘氨酸和丝氨酸
B. 甲硫氨酸、精氨酸和甘氨酸
C. 酪氨酸、精氨酸和甘氨酸
D. 甲硫氨酸、色氨酸和甘氨酸
E. 精氨酸、甘氨酸和丝氨酸

21. α-酮戊二酸可以通过下列哪一种氨基酸经过转氨基作用生成?
A. 天冬氨酸　　B. 丙氨酸　　C. 谷氨酸
D. 丝氨酸　　　E. 甘氨酸

22. 在体内能转化成黑色素的氨基酸是
A. 甲硫氨酸　　B. 脯氨酸　　C. 色氨酸
D. 酪氨酸　　　E. 谷氨酸

23. 下列哪种氨基酸与尿素循环无关
A. 瓜氨酸　　　B. 精氨酸　　C. 天冬氨酸
D. 鸟氨酸　　　E. 赖氨酸

24. ▲属于酪氨酸衍生物的物质是
A. 组胺　　　B. 精胺　　　C. 腐胺
D. 5-羟色胺　　E. 多巴胺

25. ★去甲肾上腺素可来自
A. 色氨酸　　　B. 酪氨酸　　C. 赖氨酸
D. 脯氨酸　　　E. 苏氨酸

26. 在尿素循环中,尿素由下列哪种物质最后直接产生
A. 鸟氨酸　　　　　B. 精氨酸代琥珀酸
C. 瓜氨酸　　　　　D. 半胱氨酸

E. 精氨酸

27. 在磷脂的生物合成中，甲基的直接供体是
A. 半胱氨酸　　　B. SAM　　　C. 甲硫氨酸
D. 胆碱　　　　　E. 四氢叶酸

28. 下列哪种维生素参与了 L-谷氨酸脱氢酶的辅酶的形成
A. 维生素 B$_1$　　B. 维生素 B$_2$　　C. 泛酸
D. 维生素 PP　　E. 叶酸

29. ▲参与联合脱氨基作用的酶是
A. NADH-泛醌还原酶　　　B. HMG-CoA 还原酶
C. 葡糖-6-磷酸酶　　　　D. 谷氨酸脱氢酶
E. 乙酰 CoA 羧化酶

30. ▲磷酸吡哆醛作为辅酶可参与的反应是
A. 过氧化反应　　　B. 转甲基反应
C. 酰基化反应　　　D. 磷酸化反应
E. 转氨基反应

31. 下列哪种氨基酸是尿素循环的中间产物
A. 组氨酸　　B. 色氨酸　　C. 甲硫氨酸
D. 赖氨酸　　E. 鸟氨酸

32. ★氨在血中主要以下列哪种形式运输的
A. 谷氨酸　　B. 天冬氨酸　　C. 谷氨酰胺
D. 天冬酰胺　　E. 谷胱甘肽

33. 在体内氨基转移不是氨基酸脱氨基的主要方式，主要是因为
A. 转氨酶在体内分布有组织特异性
B. 转氨酶催化的反应只是转氨基，没有根本上把氨脱掉
C. 转氨酶作用的特异性太差
D. 转氨酶的辅酶缺乏
E. 一些氨基酸没有相应的转氨酶

34. 下列关于一碳单位的描述，不正确的是
A. 不能自由独立存在
B. 含有一个碳原子的化合物
C. 往往需要载体携带参与反应
D. 参与核苷酸的合成
E. 是某些氨基酸分解的代谢产物

35. ▲经代谢转变生成牛磺酸的氨基酸是
A. 半胱氨酸　　B. 甲硫氨酸　　C. 苏氨酸
D. 赖氨酸　　E. 缬氨酸

36. 在肝细胞中，瓜氨酸生成的具体位置是
A. 高尔基复合体　　B. 溶酶体
C. 内质网　　　　D. 线粒体
E. 细胞核

37. 鸟氨酸氨基甲酰转移酶催化的反应是
A. 精氨酸的水解　　B. 鸟氨酸生成瓜氨酸
C. 鸟氨酸的合成　　D. 精氨酸代琥珀酸的裂解
E. 氨甲酰磷酸的合成

38. 脱羧后能生成 5-羟色胺的氨基酸是
A. 色氨酸　　　B. 组氨酸　　　C. 酪氨酸
D. 谷氨酸　　　E. 甘氨酸

39. ★将肌肉中的氨以无毒形式运送至肝的是
A. 葡萄糖-丙氨酸循环
B. 柠檬酸-丙酮酸循环
C. 三羧酸循环
D. 鸟氨酸循环
E. 乳酸循环

40. 体内蛋白质彻底氧化分解，其代谢的最终产物是
A. 氨基酸　　　　B. CO$_2$、水、尿素
C. 肌酸、肌肝　　D. 胺类、尿酸
E. 酮酸

41. 蛋白质营养价值的高低取决于
A. 氨基酸的种类
B. 必需氨基酸的种类、数量及比例
C. 非必需氨基酸的数量
D. 必需氨基酸的数量
E. 非必需氨基酸的种类多少

42. 肾中产生的氨主要来自
A. 氨基酸的联合脱氨基作用
B. 尿素的水解
C. 氨基酸的氧化脱氨基作用
D. 氨基酸的非氧化脱氨基作用
E. 谷氨酰胺的水解

43. 下列哪种情况出现氮的总平衡
A. 恶性肿瘤晚期患者
B. 长期饥饿的人
C. 营养充足的恢复期患者
D. 孕妇
E. 健康成人

44. 对氨基酸代谢中转氨基作用错误的描述是
A. 转氨酶的辅酶是磷酸吡哆醛
B. 是合成非必需氨基酸的途径之一
C. 是氨基酸与 α-酮酸之间的酶促互变
D. 是体内氨基酸脱氨基的主要方式
E. 反应可逆

45. 属于人体非必需氨基酸的是
A. 苏氨酸　　　　B. 甲硫氨酸
C. 谷氨酸　　　　D. 苯丙氨酸
E. 色氨酸

46. 鸟氨酸循环启动阶段的关键酶是
A. 精氨酸代琥珀酸裂解酶
B. 精氨酸酶
C. 精氨酸代琥珀酸合成酶
D. 氨基甲酰磷酸合成酶 I

E. 鸟氨酸氨基甲酰转移酶

**47.** 氨基酸分解后，碳骨架的代谢去路错误的是

A. 氨基化生成氨基酸　　B. 氧化成 $CO_2$ 和水

C. 生糖、生脂　　　　　D. 合成必需氨基酸

E. 转化为丙酮酸、α-酮戊二酸、延胡索酸、草酰乙酸等

**48.** 下列哪种氨基酸转氨基作用后生成草酰乙酸

A. 天冬氨酸　　B. 谷氨酸　　C. 苏氨酸

D. 脯氨酸　　　E. 丙氨酸

**49.** ▲食物蛋白质的互补作用是

A. 蛋白质的营养价值与脂肪酸的作用互补

B. 营养必需氨基酸与营养必需微量元素的互补

C. 营养必需氨基酸之间的互相补充

D. 营养必需氨基酸和非必需氨基酸互补

E. 营养物质与非营养物质的互补

**50.** 在生物体内合成 1 分子尿素需要

A. 1 分子 $NH_3$ 和 1 分子 $CO_2$

B. 3 分子 $NH_3$ 和 1 分子 $CO_2$

C. 2 分子 $CO_2$ 和 1 分于 $NH_3$

D. 2 分子 $CO_2$ 和 2 分子 $NH_3$

E. 2 分子 $NH_3$ 和 1 分子 $CO_2$

**51.** SAM 的主要生物学作用是

A. 生成腺嘌呤核苷　　　B. 合成四氢叶酸

C. 合成同型半胱氨酸　　D. 提供甲基

E. 补充甲硫氨酸

**52.** 下列哪种物质是氨基甲酸磷酸合成酶 I 的激活剂

A. 乙酰 CoA　　B. GTP　　C. $N$-乙酰谷氨酸

D. 谷氨酰胺　　E. $NAD^+$

**53.** ▲下列氨基酸中哪一种不能提供一碳单位

A. 甘氨酸　　　B. 丝氨酸　　C. 组氨酸

D. 色氨酸　　　E. 酪氨酸

**54.** ★酪氨酸在体内不能转变生成的是

A. 肾上腺素　　B. 黑色素　　C. 延胡索酸

D. 苯丙氨酸　　E. 乙酰乙酸

**55.** ★下列氨基酸相应的 α-酮酸，何者是三羧酸循环的中间产物

A. 丙氨酸　　　B. 鸟氨酸　　C. 缬氨酸

D. 赖氨酸　　　E. 谷氨酸

**56.** 体内支链氨基酸分解代谢的主要场所是

A. 肝　　　　B. 肾　　　　C. 肌肉组织

D. 胃肠道　　E. 脑

**57.** 苯丙酮尿症是因为细胞缺乏

A. 苯丙氨酸羟化酶　　B. 苯丙氨酸转氨酶

C. 酪氨酸羟化酶　　　D. 酪氨酸酶

E. 酪氨酸转氨酶

**58.** 与三羧酸循环中的草酰乙酸相似，在尿素循

环中既是起点又是终点的物质是

A. 氨基甲酰磷酸　　　B. 鸟氨酸

C. 精氨酸　　　　　　D. 瓜氨酸

E. 精氨酸代琥珀酸

**59.** 在体内氨中毒发生的根本原因是

A. 肠道吸收氨过多

B. 氨基酸在体内分解代谢加强

C. 肝功能损伤，合成尿素障碍

D. 肾功能衰竭排出障碍

E. 合成谷氨酰胺减少

**60.** 在尿素合成中，能穿出线粒体进入细胞质继续进行反应的物质是

A. 鸟氨酸　　　B. 瓜氨酸　　C. 精氨酸

D. 氨基甲酰磷酸　　E. 精氨酸代琥珀酸

**61.** 鸟氨酸循环的作用是

A. 合成 ATP　　　　　B. 脱去氨基

C. 合成非必需氨基酸　　D. 协助氨基酸的吸收

E. 合成尿素

**62.** $L$-谷氨酸脱氢酶的别构激活剂是

A. ATP　　　B. UTP　　　C. ADP

D. NADH　　E. NADPH

**63.** 下列疾病中，能导致血天冬氨酸转氨酶活性明显上升的是

A. 心肌梗死　　B. 急性胰腺炎

C. 肾炎　　　　D. 肠黏膜细胞坏死

E. 脑动脉血栓

**64.** 除了三羧酸循环外，Krebs 还提出了

A. 柠檬酸-丙酮酸循环

B. 葡萄糖-丙氨酸循环

C. 尿素循环

D. 甲硫氨酸循环

E. γ-谷氨酰基循环

**65.** 真核细胞降解外来蛋白质的主要场所是

A. 内质网　　B. 高尔基体　　C. 线粒体

D. 溶酶体　　E. 细胞核

**66.** 下列关于转氨基的叙述，错误的是

A. 有新氨基酸的生成

B. 需要磷酸吡哆醛

C. 转出的氨是血氨的主要来源

D. 反应可逆

E. 氨基酸脱去氨基生成了相应的 α-酮酸

**67.** 下列氨基酸的代谢产物可参与胆汁酸形成的是

A. 酪氨酸　　　B. 半胱氨酸

C. 赖氨酸　　　D. 天冬氨酸

E. 甲硫氨酸

**68.** 可作为氨基酸氧化酶辅酶的是

A. 四氢叶酸　　B. FMN　　C. $NAD^+$

D. NADP$^+$    E. CoQ

**69.** 不能脱下游离氨的脱氨基方式是

A. 氧化脱氨基作用    B. 转氨基作用

C. 联合脱氨基作用    D. 嘌呤核苷酸循环

E. 以上都不是

**70.** 临床上对高血氨患者禁用碱性液灌肠的原因是

A. 碱性条件下易形成铵盐排出

B. 碱性条件下机体代谢会加强

C. 碱性条件下对肠道损伤过大

D. 碱性条件下易造成 $NH_3$ 被肠黏膜细胞吸收

E. 碱性条件下使转氨酶活性增强

**71.** 泛素的特点错误的是

A. 有高度保守的一级结构

B. 依赖于 ATP 的协助

C. 与被降解的靶蛋白形成共价连接而使其激活

D. 广泛存在于原核和真核细胞内

E. 可降解异常蛋白质

**72.** 对高血氨患者的错误处理是

A. 低蛋白饮食

B. 使用碱性利尿剂

C. 静脉补充葡萄糖

D. 口服抗生素，抑制肠道细菌

E. 使用排氨药物

**73.** 生物合成下列化合物所需的甲基，哪种不是由 SAM 提供的？

A. 肾上腺素    B. 胆碱    C. 肉碱

D. 肌酸    E. 胸腺嘧啶

**74.** 下列哪一组氨基酸全部是人体必需氨基酸

A. 甲硫氨酸、苯丙氨酸、亮氨酸、异亮氨酸

B. 苯丙氨酸、赖氨酸、甘氨酸、色氨酸

C. 谷氨酸、丝氨酸、甲硫氨酸、脯氨酸、

D. 亮氨酸、甲硫氨酸、脯氨酸、半胱氨酸

E. 缬氨酸、酪氨酸、甲硫氨酸、脯氨酸

**75.** 下列哪种氨基酸可以产生一碳单位

A. 脯氨酸    B. 丝氨酸    C. 谷氨酸

D. 苏氨酸    E. 酪氨酸

**二、A2 型选择题**

**1.** 厌食症患者肌蛋白降解，为肝合成葡萄糖提供糖异生的原料，但下列哪种氨基酸仍留在肌细胞为肌细胞提供能量

A. 丙氨酸    B. 天冬氨酸    C. 谷氨酸

D. 亮氨酸    E. 苏氨酸

**2.** 36 岁女性素食者被怀疑为维生素 $B_{12}$ 缺乏，正等待进一步血液检查结果，下列哪一项可能与假设诊断不符

A. 同型半胱氨酸水平升高

B. 成熟红细胞减少

C. 巨幼红细胞增多

D. 叶酸水平正常

E. 苯丙酮酸水平升高

**3.** 新生儿被诊断出苯丙氨酸羟化酶基因缺陷，这类患儿需要在饮食上严格控制，下列哪种营养非必需氨基酸需要在食物中补充

A. 丙氨酸    B. 天冬氨酸    C. 谷氨酸

D. 酪氨酸    E. 甘氨酸

**4.** 48 岁男性患者，既往慢性乙型肝炎 8 年，肝硬化 3 年。突然神志不清，伴抽搐 2min 而入院。入院后检查血氨为 112μg/dl。入院诊断：肝性脑病、肝硬化失代偿期、慢性乙型肝炎。给予六合氨基酸静脉注射及补钾等处理。其中六合氨基酸不应包含下列哪种氨基酸

A. $L$-亮氨酸      B. $L$-酪氨酸

C. $L$-精氨酸      D. $L$-缬氨酸

E. $L$-谷氨酸

**5.** 1947 年杰维斯（Jervis）对受试者进行了苯丙氨酸负荷实验，发现正常人肝组织上清液能将苯丙氨酸转变为酪氨酸。但苯丙酮尿症患者的肝组织缺乏这种能力，从而揭示了苯丙酮尿症发病的生化机制是肝苯丙氨酸的代谢障碍。苯丙酮尿症患者缺乏的这种能力主要涉及下列哪种酶

A. 苯丙氨酸转氨酶    B. 苯丙氨酸脱羧酶

C. 苯丙氨酸羟化酶    D. 酪氨酸转氨酶

E. 酪氨酸羟化酶

**6.** 患儿，男性，1 岁，发育明显低于同龄人，生长迟缓，毛发浅淡色，汗液和尿液均散发出难闻的鼠尿味。患儿最可能的诊断是

A. 侏儒症      B. 白癜风

C. 苯丙酮尿症      D. 尿黑酸尿症

E. 白化病

**7.** 一名 2 个月女婴血清中苯丙氨酸、苯丙酮酸水平升高，皮肤颜色苍白，诊断为苯丙酮尿症。下列哪项检测与该病一致

A. 血清尿黑酸水平升高

B. 血清磷酸吡哆醛水平升高

C. 维生素 $B_{12}$ 缺乏

D. 患儿尿布散发新鲜枫糖浆气味

E. 苯丙氨酸羟化酶活性仅为正常人的 2%

**8.** 机体需要而又不能自身合成的氨基酸必须由食物提供，而对于大部分非必需氨基酸来说，其合成的碳骨架的最终来源是

A. 葡萄糖    B. 脂肪酸    C. 核苷酸

D. 甘油    E. 胆固醇

9. 多巴胺是一种重要的神经递质,帕金森病患者多巴胺生成减少。治疗帕金森病时,患者可服用有利于多巴代谢的化合物,这种化合物是
A. 磷酸吡哆醛　　　　　B. 生物素
C. 维生素 $B_1$　　　　　D. 维生素 $B_2$
E. 维生素 PP

10. γ-氨基丁酸是中枢神经系统抑制性神经递质,对中枢神经有抑制作用。在生物体内 γ-氨基丁酸由下列哪种氨基酸脱羧生成
A. 酪氨酸　　　B. 组氨酸　　　C. 谷氨酸
D. 苯丙氨酸　　E. 色氨酸

11. 组胺在体内分布广泛,具有重要生理功能。组氨酸在体内通过下列哪种作用生成组胺
A. 还原作用　　　　　B. 羟化作用
C. 转氨基作用　　　　D. 脱羧基作用
E. 水化作用

12. 白化症的患者黑色素合成障碍,皮肤、毛发等发白。白化症的发生是因为缺乏下列哪种酶
A. 酪氨酸转氨酶　　　B. 酪氨酸酶
C. 苯丙氨酸羟化酶　　D. 尿黑酸氧化酶
E. 苯丙氨酸转氨酶

13. 现已证实,一氧化碳作为一种重要的信号转导分子,参与体内多种病理生理过程,如神经传导、血压调控、平滑肌舒张等。人体内能在一氧化氮合酶催化下产生一氧化碳的氨基酸是
A. 谷氨酸　　　B. 鸟氨酸　　　C. 瓜氨酸
D. 精氨酸　　　E. 氨基甲酰磷酸

14. 将几种营养价值较低的蛋白质混合食用,彼此间营养必需氨基酸可以得到互相补充,从而提高蛋白质的营养价值。豆类和谷类食物的互补氨基酸是
A. 赖氨酸和酪氨酸　　　B. 赖氨酸和丙氨酸
C. 赖氨酸和甘氨酸　　　D. 赖氨酸和谷氨酸
E. 赖氨酸和色氨酸

15. 凡生长旺盛的组织如癌瘤组织等,多胺的含量都有所增加。目前临床上把测定患者血或尿中多胺的水平作为肿瘤辅助诊断及观察病情变化的生化指标之一。下列哪种氨基酸在体内经脱羧基作用可以产生多胺
A. 半胱氨酸　　　B. 组氨酸　　　C. 色氨酸
D. 鸟氨酸　　　　E. 谷氨酸

16. 在体内,α-酮酸可以转变成糖或脂质。营养学研究发现,用不同的氨基酸饲养人工造成糖尿病的犬时,某些氨基酸可使葡萄糖及酮体的排出同时增加。下列哪一种氨基酸既能转变成糖又能转变成酮体
A. 丙氨酸　　　B. 羟脯氨酸　　　C. 丝氨酸

D. 苯丙氨酸　　　E. 亮氨酸

17. 5-羟色胺在体内分布广泛,神经组织、胃肠、血小板、乳腺细胞等都可以生成 5-羟色胺。下列哪一种物质是 5-羟色胺的前体物质
A. 丝氨酸　　　B. 胆碱　　　C. 色氨酸
D. 胆固醇　　　E. 组氨酸

18. 饥饿时机体糖异生作用增强。下列哪种物质在饥饿时不被用做糖异生原料
A. 乳酸　　　B. 甘油　　　C. 丙氨酸
D. 亮氨酸　　E. 苏氨酸

19. 1932 年,德国科学家 Hans krebs 和 Kurt Henseleit 提出了鸟氨酸循环学说。这是第一条被发现的循环代谢途径。关于鸟氨酸循环的描述,错误的是
A. 氨基甲酰磷酸合成所需的酶存在于肝线粒体
B. 尿素由精氨酸水解而得
C. 循环只在肝线粒体中进行
D. 每合成 1 分子尿素需消耗 4 个高能磷酸键
E. 循环中生成的瓜氨酸不参与天然蛋白质的合成

20. 用亮氨酸喂养实验性糖尿病犬时,哪种物质从尿中排出增多?
A. 乳酸　　　B. 葡萄糖　　　C. 酮体
D. 脂肪　　　E. 非必需氨基酸

## 三、B 型选择题

1. 体内氨的主要来源是
2. 肾分泌的氨主要是来自
3. 氨在血液中的运输形式有
4. 氨的主要排出形式是
A. 谷氨酰胺　　　B. 氨基酸　　　C. 尿素
D. 组胺　　　　　E. 一碳单位
5. 谷氨酸脱羧生成
6. 组氨酸脱羧生成
7. 色氨酸羟化脱羧生成
A. 5-羟色胺　　　B. 多胺　　　C. γ-氨基丁酸
D. 组胺　　　　　E. 牛磺酸
8. 参与氨的转运的是
9. 参与氨基酸转运的是
10. 参与尿素合成的是
11. 参与生成 SAM 提供甲基的是
A. 葡萄糖-丙氨酸循环　　　B. 甲硫氨酸循环
C. 三羧酸循环　　　　　　D. 鸟氨酸循环
E. γ-谷氨酰基循环
12. 参与肌酸合成的是
13. 分解代谢生成 α-酮戊二酸的是
14. 可在体内转变成胆碱的是

15. 可在体内合成黑色素的是
16. 可在尿素合成过程中生成的是
A. 丝氨酸　　　B. 谷氨酸　　　C. 酪氨酸
D. 瓜氨酸　　　E. 甘氨酸
17. 发生还原作用的是
18. 发生转氨基作用的是
19. 发生脱羧基作用的是
20. 发生羟化作用的是
21. 发生甲基化作用的是
A. 二氢叶酸→四氢叶酸
B. 多巴→多巴胺
C. 去甲肾上腺素→肾上腺素
D. 苯丙氨酸→苯丙酮酸
E. 苯丙氨酸→酪氨酸

## 四、X 型选择题

1. 一碳单位的主要存在形式有
A. —CH=　　　B. —CHO　　　C. $CO_2$
D. —CH=NH　　　E. —CH_3
2. 下列氨基酸中，不属于必需氨基酸的有
A. 甘氨酸　　　B. 脯氨酸　　　C. 苏氨酸
D. 亮氨酸　　　E. 色氨酸
3. 甘氨酸可作为下列哪些物质合成的原料
A. 多胺　　　B. 肌酸　　　C. 嘌呤碱基
D. 嘧啶碱基　　　E. 一碳单位
4. 四氢叶酸中与一碳单位运载有关的氮原子是
A. $N^2$　B. $N^5$　C. $N^8$　D. $N^{10}$　E. $N^{12}$
5. 在鸟氨酸循环中，需要消耗 ATP 的反应有
A. 瓜氨酸的合成
B. 氨基甲酰磷酸的合成
C. 精氨酸代琥珀酸裂解
D. 精氨酸水解
E. 精氨酸代琥珀酸的生成
6. 酪氨酸在体内能转变生成
A. 苯丙氨酸　　　B. 黑色素　　　C. 延胡索酸
D. 乙酰乙酸　　　E. 多巴胺
7. 尿素循环中间产物有
A. 瓜氨酸　　　B. 精氨酸　　　C. 鸟氨酸
D. 组氨酸　　　E. 琥珀酸
8. 氨在血液中主要是以哪些形式转运的
A. 丙氨酸　　　B. 丙酮酸　　　C. 乳酸
D. 谷氨酰胺　　　E. 酮体

## 五、名词解释

1. 营养必需氨基酸
2. 氮平衡
3. 转氨基作用
4. 尿素循环

5. 一碳单位
6. 蛋白质的腐败作用
7. 泛素
8. 联合脱氨基作用
9. 葡萄糖-丙氨酸循环
10. 高血氨症
11. 甲硫氨酸循环

## 六、简答题

1. 简述体内氨的来源与去路。
2. 什么是鸟氨酸循环？有何生物学意义？
3. 为什么说转氨基反应在氨基酸合成和降解过程中都起重要作用？
4. 简述一碳单位的概念、载体形式和主要功能。
5. 氨基酸脱氨基后生成的 α-酮酸的代谢途径有哪些？
6. 何谓葡萄糖-丙氨酸循环？有何生理意义？
7. 如果你的饮食中富含丙氨酸但缺乏天冬氨酸，那么能否看到缺乏天冬氨酸的症状呢？请解释。
8. 试述谷氨酸代谢可生成哪些物质？
9. 简述谷氨酰胺的运氨作用及其生理意义。

## 七、分析论述题

1. 试述丙氨酸在体内彻底分解生成 $CO_2$、$H_2O$ 和 ATP 的主要代谢途径。
2. 说明叶酸、维生素 $B_{12}$ 缺乏导致巨幼红细胞性贫血的生化机制。
3. 病例：患者于某年 6 月 12 日凌晨 5：00 出现意识丧失。体检：中度昏迷，稍偏瘦，皮肤偏黑，肝未触及，无瘫痪征，心电检测无异常，头颅 CT 检查无异常。立即使用甘露醇 250ml 静脉滴注及输液，3h 后清醒。醒后检查其记忆力、判断力、计算力等均正常。追问病史，反复发作性昏迷已有半年，来自血吸虫病疫区。每次发病前均有进食高蛋白食物史但未引起重视，本次发病前在亲戚家进食鸡蛋 2 个、烤鹅约 300g 及少量猪肉等。肝功能检查结果：血氨 150μmol/L（血清正常值小于 45μmol/L），丙氨酸转氨酶 135U/L（正常值小于 40U/L），天冬氨酸转氨酶 45U/L（正常值小于 40U/L）。B 超检查示血吸虫性肝纤维化。诊断：血吸虫性肝硬化并发肝性脑病（肝昏迷）。
（1）患者进食高蛋白食物与肝性脑病发病的关系如何？
（2）检测丙氨酸转氨酶、天冬氨酸转氨酶的意义如何？
（3）分析高血氨症引起肝性脑病的生化机制。

# 参 考 答 案

## 一、A1 型选择题

| | | | | | | |
|---|---|---|---|---|---|---|
| 1. B | 2. B | 3. D | 4. C | 5. C | 6. E | 7. B |
| 8. D | 9. B | 10. C | 11. A | 12. E | 13. C | 14. B |
| 15. D | 16. B | 17. E | 18. C | 19. B | 20. B | 21. C |
| 22. D | 23. E | 24. C | 25. B | 26. E | 27. B | 28. D |
| 29. D | 30. E | 31. E | 32. C | 33. B | 34. B | 35. A |
| 36. D | 37. B | 38. A | 39. A | 40. B | 41. B | 42. E |
| 43. E | 44. D | 45. C | 46. D | 47. B | 48. A | 49. C |
| 50. E | 51. C | 52. E | 53. C | 54. B | 55. E | 56. C |
| 57. A | 58. B | 59. C | 60. B | 61. C | 62. C | 63. A |
| 64. C | 65. D | 66. C | 67. B | 68. B | 69. B | 70. D |
| 71. D | 72. B | 73. E | 74. A | 75. B | | |

## 二、A2 型选择题

| | | | | | | |
|---|---|---|---|---|---|---|
| 1. D | 2. E | 3. D | 4. B | 5. C | 6. C | 7. E |
| 8. B | 9. A | 10. C | 11. B | 12. D | 13. D | 14. E |
| 15. D | 16. B | 17. C | 18. D | 19. C | 20. C | |

## 三、B 型选择题

| | | | | | | |
|---|---|---|---|---|---|---|
| 1. B | 2. A | 3. A | 4. C | 5. C | 6. D | 7. A |
| 8. A | 9. E | 10. D | 11. B | 12. E | 13. B | 14. A |
| 15. C | 16. D | 17. A | 18. D | 19. B | 20. B | 21. C |

## 四、X 型选择题

| | | | | |
|---|---|---|---|---|
| 1. ABDE | 2. AB | 3. BCE | 4. BD | 5. BE |
| 6. BCDE | 7. ABC | 8. AD | | |

## 五、名词解释

1. 营养必需氨基酸:指机体需要而又不能自身合成,必须由食物提供的氨基酸。人体营养必需氨基酸有8种:缬氨酸、异亮氨酸、亮氨酸、苯丙氨酸、甲硫氨酸、色氨酸、苏氨酸、赖氨酸。

2. 氮平衡:指摄入食物的含氮量与排泄物(尿与粪)中含氮量之间的关系,可以反映体内蛋白质代谢的概况。人体氮平衡有3种情况,即氮的总平衡、氮的正平衡及氮的负平衡。

3. 转氨基作用:在转氨酶的催化下,一种氨基酸上的氨基转移到α-酮酸上,结果是原来的氨基酸脱去氨基生成了相应的α-酮酸,而原来的α-酮酸则转变成相应的氨基酸。

4. 尿素循环:也称鸟氨酸循环,是将含氮化合物分解产生的氨经过一系列反应转变成尿素的过程,有解除氨毒的作用。

5. 一碳单位:指某些氨基酸在分解代谢过程中产生的含有一个碳原子的有机基团。主要包括甲基、甲烯基、甲炔基、甲酰基、亚氨甲基等。

6. 蛋白质的腐败作用:指肠道细菌对肠道中未被消化的蛋白质及未被吸收的氨基酸的分解作用。腐败作用的产物大多数对机体有害,也有小部分产物对人体具有一定的营养作用。

7. 泛素:是由76个氨基酸残基组成的高度保守的小分子蛋白质,广泛存在于真核细胞。通过共价键与被选择降解的靶蛋白连接,使靶蛋白带上泛素标记,引发降解过程。

8. 联合脱氨基作用:α-氨基酸先与α-酮戊二酸进行转氨基作用,生成相应的α-酮酸及L-谷氨酸,然后L-谷氨酸在L-谷氨酸脱氢酶作用下,经氧化脱氨基作用生成α-酮戊二酸并释放出游离的氨,即转氨基作用与L-谷氨酸氧化脱氨基作用偶联实现氨基酸的脱氨基作用,称为转氨脱氨作用,又称联合脱氨基作用。

9. 葡萄糖-丙氨酸循环:肌肉中的氨基酸经转氨基作用将氨基转给丙酮酸,生成丙氨酸,丙氨酸经血液运送到肝。在肝中,丙氨酸通过脱氨基作用生成丙酮酸和氨。氨用于合成尿素,丙酮酸则沿糖异生途径生成葡萄糖。葡萄糖由血液运送到肌肉组织,通过糖酵解途径转变成丙酮酸,后者再接受氨基而生成丙氨酸。如此,丙氨酸和葡萄糖在肌肉和肝之间反复进行氨的转运,称为葡萄糖-丙氨酸循环。

10. 高血氨症:肝功能受损害或尿素合成相关酶存在遗传性缺陷时,尿素合成发生障碍,使血氨浓度升高,称为高血氨症。

11. 甲硫氨酸循环:指甲硫氨酸活化生成SAM,给机体提供甲基后转变为S-腺苷同型半胱氨酸,后者脱去腺苷生成同型半胱氨酸,再接受$N^5$—$CH_3$—$FH_4$上的甲基重新生成甲硫氨酸的循环过程,称为甲硫氨酸循环。

## 六、简答题

1. 体内氨的来源:①氨基酸脱氨及胺类物质分解产生的氨。氨基酸脱氨基作用产生的氨是体内氨的主要来源。②肠道吸收的氨,包括肠道细菌腐败作用及尿素分解产生的氨。③肾小管上皮细胞分泌的氨。肾小管上皮细胞分泌的氨主要来自谷氨酰胺的水解。体内氨的去路:①合成尿素。肝能把有毒的氨转变成无毒的尿素,然后经肾排出体外,这是体内氨的主要代谢去路。②合成谷氨酰胺。③合成非必需氨基酸及其他含氮化合物。④形成铵盐从肾排出体外。

2. 鸟氨酸循环即尿素循环,是将含氮化合物分解产生的氨经过一系列反应转变成尿素的过程。生物学意义:把有毒的氨转变为中性、无毒、易溶于水的尿素,经肾排出体外(即解除氨毒)。尿素合成障碍可引起高血氨症与氨中毒。

3. ①在氨基酸合成过程中,转氨基反应是营养非必需氨基酸合成的重要途径,可以通过转氨酶的催化作用,α-酮酸接受来自谷氨酸的氨基而形成相应的氨基酸。②在氨基酸的分解过程中,氨基酸可以先经转氨基作用把氨基酸上的氨基转移到α-酮戊二酸上形成谷氨酸,谷氨酸在谷氨酸脱氢酶的作用下脱去氨基。

4. 某些氨基酸在分解代谢过程中产生的含有一个碳原子的有机基团,称为一碳单位,又称一碳基团。主要包括甲基($—CH_3$)、甲烯基(亚甲基,$—CH_2—$)、甲炔基(次甲基,$—CH=$)、甲酰基($—CHO$)、亚氨甲基($—CH=NH$)等。四氢叶酸是一碳单位的载体形式。主要功能:一碳单位在核酸的生物合成中具有重要作用,可作为嘌呤和嘧啶的合成原料。一碳单位代谢是氨基酸代谢与核苷酸代谢相互联系的重要途径。

5. 氨基酸脱氨基后生成的 α-酮酸的代谢途径:①可被彻底氧化分解并提供能量;②经氨基化生成营养非必需氨基酸;③可转变成糖或脂质。在体内可以转变成糖的氨基酸称为生糖氨基酸;能转变成酮体的氨基酸称为生酮氨基酸;既能转变成糖又能转变成酮体的氨基酸称为生糖兼生酮氨基酸。

6. ①肌肉中的氨基酸经转氨基作用将氨基转给丙酮酸,生成丙氨酸,丙氨酸经血液运送到肝。在肝中,丙氨酸通过脱氨基作用生成丙酮酸和氨。氨用于合成尿素,丙酮酸则沿糖异生途径生成葡萄糖。葡萄糖由血液运送到肌肉组织,通过糖酵解途径转变成丙酮酸,后者再接受氨基而生成丙氨酸。如此,丙氨酸和葡萄糖在肌肉和肝之间反复进行氨的转运,称为葡萄糖-丙氨酸循环。②生理意义:通过这个循环,使肌肉中的氨以无毒的丙氨酸形式运往肝,同时,肝又为肌肉提供了葡萄糖。

7. 看不到缺乏天冬氨酸的症状。因为富含丙氨酸,丙氨酸经转氨可生成丙酮酸,丙酮酸经羧化又可生成草酰乙酸,后者经转氨就可生成天冬氨酸。

8. 谷氨酸代谢可生成:①谷氨酸是编码氨基酸,参与蛋白质合成;②经谷氨酸脱氢酶催化生成 α-酮戊二酸和游离氨;③经谷氨酰胺合成酶催化生成谷氨酰胺;④经脱羧酶催化生成γ-氨基丁酸和$CO_2$;⑤其他,如经糖异生合成葡萄糖、经转氨酶催化合成非必需氨基酸、可提供氨参与尿素合成等。

9. ①谷氨酰胺的运氨作用:谷氨酰胺将氨从脑和肌肉等组织运往肝或肾。脑和肌肉等组织中,氨与谷氨酸在谷氨酰胺合成酶的催化下生成谷氨酰胺,并由血液送到肝或肾。而肝、肾组织中

存在的谷氨酰胺酶可将谷氨酰胺水解成谷氨酸和氨。②生理意义:谷氨酰胺既是氨的解毒产物,也是氨的储存及运输形式。

## 七、分析论述题

1. 丙氨酸在体内分解代谢的主要代谢途径包括:①经脱氨基作用生成丙酮酸;②丙酮酸转变为乙酰CoA;③乙酰CoA经三羧酸循环生成$CO_2$及NADH和$FADH_2$;④NADH和$FADH_2$经氧化磷酸化作用将其中的氢氧化为$H_2O$的同时产生ATP。

2. ①四氢叶酸是一碳单位的载体。一碳单位在核酸的生物合成中具有重要作用,可作为嘌呤、嘧啶的合成原料。叶酸缺乏,会使四氢叶酸合成受阻,导致嘌呤、嘧啶的合成减少,进而影响核酸与蛋白质的合成及细胞的增殖,影响红细胞的发育和成熟,造成巨幼红细胞性贫血。②维生素$B_{12}$是 $N^5—CH_3—FH_4$ 转甲基酶的辅酶。维生素$B_{12}$缺乏时,$N^5—CH_3—FH_4$上的甲基不能转移,会影响四氢叶酸的再生,使一碳单位代谢障碍,同样引起巨幼红细胞性贫血。

3. (1)肝性脑病发病机制虽然复杂,但根据本病例特点来看,支持氨中毒学说。患者每次发病都有较明确诱因,即有进食高蛋白食物史,超过肝对氨的解毒功能,使氨进入脑组织,导致大脑功能受损,临床上称肝性脑病,也称肝昏迷。患者进食高蛋白食物是导致肝性脑病发生的直接原因。限制蛋白质摄入量是控制该病发生的一个重要方面。

(2)正常时转氨酶主要存在于细胞内,而血清中的活性很低。丙氨酸转氨酶在肝细胞中活性最高,天冬氨酸转氨酶在心肌细胞中活性最高。当某种原因使细胞膜通透性增高或细胞破裂时,大量转氨酶从细胞内释放入血,造成血中转氨酶活性明显升高。因此测定血清转氨酶活性可作为肝、心组织损伤的参考指标。例如,此病例中患者血清转氨酶活性明显上升,提示患者肝细胞有损害。

(3)肝性脑病的生化机制较为复杂,血氨浓度升高导致氨中毒是其重要发病机制之一。血氨增高时引起脑氨增多,氨可与脑中的 α-酮戊二酸结合生成谷氨酸,氨也可与谷氨酸进一步结合生成谷氨酰胺。高血氨症时脑中氨的增多可使脑中的 α-酮戊二酸减少,导致三羧酸循环受抑制,脑中ATP生成降低,导致大脑功能障碍,严重时可发生昏迷。另一种可能机制是谷氨酸和谷氨酰胺增多,渗透压增大引起脑水肿。临床上常采取服用酸性利尿剂、酸性液灌肠、静脉输入谷氨酸和精氨酸等措施,其目的就是降低患者血氨浓度。

(李 梨)

# 第八章 核苷酸代谢

## 学 习 要 求

了解核酸的消化吸收。掌握核苷酸的生物学功用。熟悉 5 种主要核苷酸的结构。掌握核苷酸从头合成的概念。熟悉 2 类核苷酸从头合成的特点。了解反应过程。熟悉核苷酸补救合成的概念及生理意义。熟悉脱氧核苷酸的生成过程。了解 2 种核苷酸的分解代谢过程。熟悉嘌呤核苷酸分解代谢产物。尿酸与痛风的关系及别嘌呤醇治疗痛风的作用机制。了解核苷酸合成过程的主要调节酶和抗核苷酸代谢药物的生化机制。

## 讲 义 要 点

本章纲要见图 8-1。

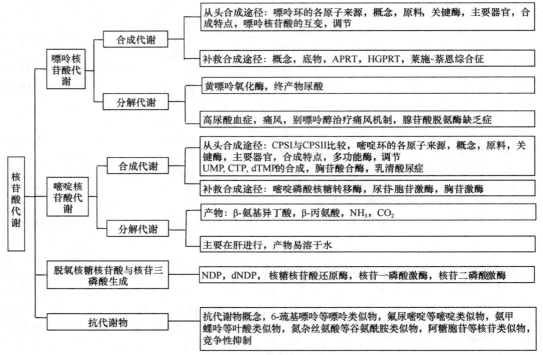

图 8-1 本章纲要图

## （一）核苷酸代谢概述

**1. 核酸的消化吸收** 核酸主要在小肠消化为磷酸、碱基和戊糖。除戊糖被吸收，嘌呤碱基和嘧啶碱基大多被分解排出体外，很少被机体利用。因此，核苷酸不属于营养必需物质。

**2. 核苷酸的生物学功能**

（1）作为核酸合成的原料：这是核苷酸最主要功能，dNTP 是 DNA 合成原料，NTP 是 RNA 合成原料。

（2）体内能量利用形式：ATP、GTP 直接参与体内各种耗能代谢反应。

（3）参与代谢与生理调节：cAMP/cGMP 是第二信使。

（4）组成辅酶：腺苷酸是三大辅酶 $NAD^+$、FAD、辅酶 A 组成成分。

（5）核苷酸衍生物是许多生物合成中的活化中间产物：如 UDPG、CDP-胆碱、CDP-甘油二酯、SAM。

**3. 核苷酸代谢概述**

（1）合成代谢：主要有 2 种合成途径：即从头合成途径（de novo synthesis pathway）和补救合成途径（salvage pathway）（表 8-1 和表 8-2）。

（2）分解代谢

### 表8-1  2种核苷酸合成途径的特点

| | 从头合成 | 补救合成 |
|---|---|---|
| 定义 | 指利用磷酸核糖、氨基酸、一碳单位及 $CO_2$ 等简单物质为原料，经过一系列酶促反应，合成嘌呤核苷酸 | 指利用体内游离嘌呤或嘌呤核苷，经简单反应过程，合成嘌呤核苷酸 |
| 合成部位 | 肝（主要部位）、小肠黏膜及胸腺的胞液 | 脑、骨髓 |
| 反应 | 是复杂的酶促反应 | 是简单反应 |
| 特点 | 需消耗氨基酸等原料及大量ATP | 消耗能量少 |
| 合成比例 | 主要合成途径（占总合成的90%） | 次要合成途径（占总合成的10%） |
| 生理意义 | 核苷酸合成的主要途径 | 可节省从头合成时的能量和一些氨基酸的消耗；体内某些组织器官，如脑、骨髓等只能进行补救合成 |

### 表8-2  嘌呤核苷酸和嘧啶核苷酸合成与分解的比较

| | | 嘌呤核苷酸 | 嘧啶核苷酸 |
|---|---|---|---|
| 合成碱基 | | A、G | C、U、T |
| 从头合成 | 特点 | 嘌呤碱基是在 5'-磷酸核糖的基础上逐步合成的 | 先合成嘧啶环，再与 5'-磷酸核糖连接 |
| | 部位 | 肝（主要部位）、小肠黏膜及胸腺的胞液 | 肝脏胞液 |
| | 原料 | 天冬氨酸、甘氨酸、谷氨酰胺、$CO_2$、一碳单位磷酸核糖焦磷酸（PRPP） | 天冬氨酸、谷氨酰胺、$CO_2$ PRPP |
| | 关键酶 | PRPP 合成酶、PRPP 酰胺转移酶 | 氨基甲酰磷酸合成酶Ⅱ |
| | 中间物 | 次黄嘌呤核苷酸（IMP） | UMP |
| 补救合成 | 部位 | 脑、骨髓 | |
| | 原料 | 游离的嘌呤碱、嘌呤核苷 | 游离的嘧啶碱 |
| 分解代谢 | 产物 | 尿酸 | C、U→β-丙氨酸，$NH_3$，$CO_2$ T → β-氨基异丁酸，$NH_3$，$CO_2$ |

## （二）嘌呤核苷酸的合成与分解代谢

### 1. 嘌呤核苷酸的合成

（1）从头合成途径

1）原料：天冬氨酸、甘氨酸、谷氨酰胺、$CO_2$、一碳单位；5'-磷酸核糖作为 PRPP 的供体。

2）过程：包括两个阶段。

A. 重要中间代谢产物 IMP 的合成：包括 11 步反应。

B. IMP 分别转变为 AMP 和 GMP。

3）调节：反馈调节机制，即终产物 AMP 和 GMP 等对关键酶 PRPP 合成酶和 PRPP 酰胺转移酶进行反馈抑制调节。

（2）补救合成途径

1）补救合成的方式

A. 利用现有的嘌呤碱（A、G、I）合成嘌呤核苷酸：由 PRPP 提供磷酸核糖，腺嘌呤磷酸核糖转移酶（APRT）、次黄嘌呤-鸟嘌呤磷酸核糖转移酶（HGPRT）催化，合成 AMP、GMP、IMP。

$$腺嘌呤 + PRPP \xrightarrow{APRT} AMP + PPi$$
$$次黄嘌呤 + PRPP \xrightarrow{HCPRT} IMP + PPi$$
$$鸟嘌呤 + PRPP \xrightarrow{HCPRT} GMP + PPi$$

B. 利用嘌呤核苷重新合成嘌呤核苷酸

$$腺嘌呤核苷 \xrightarrow[ATP \quad ADP]{腺苷激酶} AMP$$

2）补救合成的调节：APRT 受 AMP 的反馈调节；HGPRT 受 IMP、GMP 的反馈调节。

3）补救合成的生理意义

A. 可节省从头合成时能量和一些氨基酸的消耗。

B. 体内的某些组织，如脑、骨髓等由于缺乏从头合成嘌呤核苷酸的酶体系，它们只能进行补救合成。

莱施-奈恩综合征（Lesch-Nyhan syndrome），又称自毁容貌症，是由于次黄嘌呤-鸟嘌呤磷酸核糖转移酶（HGPRT）基因缺陷所引起的遗传性代谢病。

（3）体内嘌呤核苷酸可以相互转变：IMP←→AMP←→GMP

### 2. 嘌呤核苷酸的分解——终产物是尿酸

（1）嘌呤碱基分解代谢终产物是尿酸；主要酶是黄嘌呤氧化酶。

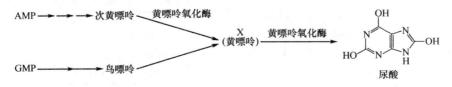

（2）尿酸与痛风的关系：尿酸水溶性差，当血尿酸浓度高于470μmol/L，尿酸盐沉积于关节、软组织等部位，引起的疼痛称痛风症。

别嘌呤醇结构与次黄嘌呤类似，可竞争性抑制黄嘌呤氧化酶，减少尿酸的生成，临床常用于治疗痛风。

（3）腺苷酸脱氨酶缺乏症：是因腺苷酸脱氨酶（ADA）基因缺陷引起的常染色体隐性遗传代谢病。患者表现为严重联合免疫功能低下，是重症联合免疫缺陷（SCID）疾病的一个亚型，故又特称为腺苷脱氨酶缺乏引起的重症联合免疫缺陷（ADA-SCID）。

**（三）嘧啶核苷酸的合成与分解代谢**

**1. 嘧啶核苷酸的合成代谢**

（1）嘧啶核苷酸的从头合成途径（图8-2）

1）从头合成的大致步骤：①氨基甲酰磷酸的合成；②UMP的合成；③CTP的合成；④脱氧胸腺嘧啶核苷酸的生成。

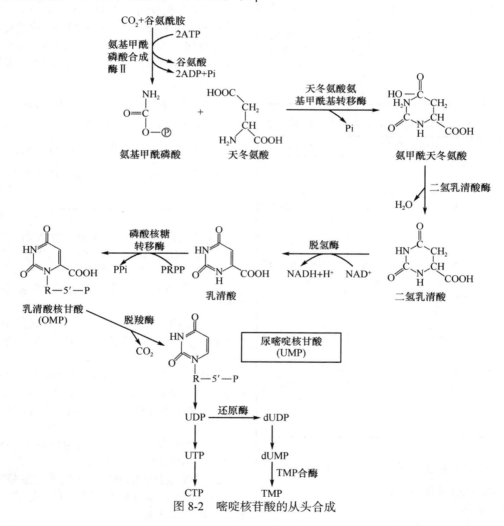

图8-2 嘧啶核苷酸的从头合成

2）从头合成的调节

A. 人类调节的关键酶是氨基甲酰磷酸合成酶Ⅱ，主要受UMP的负反馈调节。

B. 细菌中调节的关键酶是天冬氨酸氨基甲酰转移酶，主要受CTP的负反馈调节。

C. 此外代谢产物还可通过抑制PRPP合成酶而使PRPP合成减少，抑制嘧啶核苷酸的合成。

（2）嘧啶核苷酸的补救合成：嘧啶磷酸核糖转移酶是嘧啶补救合成的主要酶，此酶能利用尿嘧啶、胸腺嘧啶及乳清酸作为底物，但对胞嘧啶不起作用。此外，尿苷激酶也是一种补救合成酶。

**2. 嘧啶核苷酸的分解代谢** 嘧啶碱基分解

代谢终产物有 β-丙氨酸、β-氨基异丁酸、$NH_3$ 和 $CO_2$，均为易溶于水的小分子化合物。

**（四）脱氧核糖核苷酸与核苷三磷酸的合成**

**1. 脱氧（核糖）核苷酸的生成在二磷酸核苷水平进行**　无论脱氧嘌呤核苷酸、还是脱氧嘧啶核苷酸，都不能由核糖直接还原而成，而是以二磷酸核苷的形式还原产生。

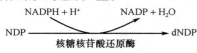

**2. 核苷三磷酸（NTP）的合成**　核苷一磷酸激酶和核苷二磷酸激酶。

**（五）核苷酸的抗代谢物**

**1. 核苷酸代谢疾病**　核苷酸代谢疾病是由于核苷酸代谢紊乱所导致的疾病。核苷酸代谢紊乱的主要原因是其代谢过程中相关酶基因缺陷引起的酶异常，酶的异常导致核苷酸代谢中间物或产物量的异常，进而累及相应的组织器官，由此引发各种疾病。核苷酸代谢疾病基本上都属于遗传代谢病。

**2. 核苷酸抗代谢物**　抗代谢物是指能够干扰或抑制细胞内正常代谢物的作用，进而影响生物体内正常代谢的一类人工合成或天然存在的化合物。这类物质通常与其干扰的代谢物的结构类似。核苷酸抗代谢物通常是一些参与核苷酸合成代谢的嘌呤、嘧啶、氨基酸和叶酸等的类似物，能够干扰或抑制细胞内正常核苷酸代谢的作用，进而抑制核苷酸和核酸合成。除了用于癌症治疗外，一些核苷酸抗代谢物还是有效的抗菌药物和抗病毒药物（表 8-3）。

（1）嘌呤类似物：6-巯基嘌呤（6-MP）、6-巯基鸟嘌呤、8-氮杂鸟嘌呤等。

（2）嘧啶类似物：氟尿嘧啶（5-FU）等。

（3）叶酸类似物：氨甲蝶呤（MTX）和甲氧苄啶等

（4）核苷类似物：叠氮胸苷（AZT）、阿糖胞苷等

（5）谷氨酰胺类似物：氮杂丝氨酸、6-重氮-5-氧正亮氨酸等

**表 8-3　常见的核苷酸抗代谢物及其作用机制**

| 抗代谢物 | 类似物 | 作用机制 |
|---|---|---|
| 6-MP | IMP、次黄嘌呤 | 抑制 IMP 转变为 AMP、GMP 等。 |
| 氮杂丝氨酸 | 谷氨酰胺 | 干扰谷氨酰胺在嘌呤核苷酸中的作用，抑制嘌呤核苷酸和 CTP 合成 |

续表

| 抗代谢物 | 类似物 | 作用机理 |
|---|---|---|
| 氨甲蝶呤 | 叶酸 | 抑制二氢叶酸还原酶，阻断叶酸还原。 |
| 5-FU | 胸腺嘧啶 | 抑制胸苷酸合酶，阻断 dTMP 的合成。 |
| 阿糖胞苷 | 核苷 | 抑制 CDP 还原成 dCDP，也能影响 DNA 的合成 |

# 中英文专业术语

从头合成途径　de novo synthesis pathway
补救合成途径　salvage pathway
尿酸　uric acid
痛风　gout

# 练 习 题

**一、A1 型选择题**

1. 嘌呤核苷酸从头合成时，首先合成的核苷酸为
A. UMP　　　B. AMP　　　C. IMP
D. XMP　　　E. GMP

2. 下列哪种物质不是营养必需物质
A. 糖　　　　B. 维生素　　　C. 水
D. 核酸　　　E. 蛋白质

3. 核苷酸从头合成时，磷酸戊糖直接供体是
A. UDPG　　　B. UDPGA　　　C. 葡萄糖
D. 核糖　　　E. PRPP

4. 嘧啶核苷酸合成时，氨基甲酰磷酸中的氨基来自于
A. $NH_3$　　　B. 天冬酰胺　　　C. 谷氨酸
D. 天冬氨酸　　E. 谷氨酰胺

5. 脱氧胸苷酸合成的直接前体是
A. dUDP　　　B. TMP　　　C. dUMP
D. UDP　　　E. dCMP

6. 别嘌呤醇治疗痛风的机制是
A. 增加尿酸的溶解度
B. 抑制黄嘌呤氧化酶
C. 干扰嘌呤核苷酸的合成代谢
D. 减少嘌呤核苷酸的吸收
E. 抑制核糖核苷酸还原酶

7. 下列关于嘧啶核苷酸合成的叙述，错误的是
A. 先合成嘧啶环——乳清酸
B. 最先合成的是尿苷酸
C. 嘧啶环的 2 个氮原子来自于氨基甲酰磷酸和谷氨酰胺
D. 合成原料中有 $CO_2$

E. dTMP 的合成是在一磷酸水平完成的

8. 核苷酸的生理功能不包括
A. 参与复制　　　　　B. 翻译的原料
C. 转录的原料　　　　D. 第二信使
E. 辅酶的组成成分

9. 不能进行嘌呤核苷酸从头合成的组织是
A. 肝　　　　B. 肾　　　　C. 小肠黏膜
D. 脑组织　　　E. 胸腺

10. 人体嘌呤核苷酸分解代谢的主要终产物是
A. 尿素　　B. 黄嘌呤　　C. 尿酸
D. 次黄嘌呤　　E. β-丙氨酸

11. 有关嘌呤核苷酸合成的叙述，错误的是
A. IMP 是 AMP、GMP 的前体
B. 谷氨酰胺提供氨基使 XMP 生成 GMP
C. 天冬酰胺提供氨基使 IMP 生成 GMP
D. 天冬氨酸提供氨基使 IMP 生成 AMP
E. XMP 是 GMP 的直接前体

12. 动物体内嘧啶碱基代谢的终产物不包括
A. $NH_3$　　　　　B. $CO_2$　　　　C. β-丙氨酸
D. β-氨基异丁酸　　E. 尿酸

13. 关于嘧啶分解代谢的叙述，正确的是
A. 可引起痛风　　　　B. 生成尿酸
C. 需要黄嘌呤氧化酶　　D. 产生尿囊酸
E. 可能进入三羧酸循环

14. 氟尿嘧啶抑制
A. UTP 生成 CTP　　　B. dUMP 生成 dTMP
C. CDP 生成 dCTP　　　D. UDP 生成 dUDP
E. CDP 生成 dCDP

15. 人体内，嘧啶核苷酸合成调节的主要酶是
A. 氨基甲酰磷酸合成酶 I
B. 氨基甲酰磷酸合成酶 II
C. 天冬氨酸氨基甲酰转移酶
D. 磷酸核糖转移转移酶
E. 二氢乳清酸酶

16. 下列关于嘧啶核苷酸抗代谢物的叙述，错误的是
A. 6-巯基嘌呤能抑制 IMP 转变为 AMP
B. 6-巯基嘌呤能阻止补救合成途径
C. 6-巯基嘌呤能阻止从头合成途径
D. 6-巯基嘌呤的结构与黄嘌呤相似
E. 6-巯基嘌呤能抑制 IMP 转变为 GMP

17. 关于脱氧核苷酸的生成，正确的是
A. 在 NMP 水平进行
B. 在 NDP 水平进行
C. 在 NTP 水平进行
D. dTMP 由 UTP 直接转变
E. dTMP 由 UDP 直接转变

18. IMP 转变为 GMP 时，发生了
A. 转甲基反应　　　　B. 脱水反应
C. 氧化反应　　　　D. 生物转化反应
E. 还原反应

19. 引起痛风的直接物质是
A. 尿素　　B. 尿酸　　C. 胆固醇
D. 黄嘌呤　　E. PRPP

20. 合成嘌呤环和嘧啶环都必需的物质为
A. 谷氨酰胺和天冬氨酸
B. 谷氨酸和天冬氨酸
C. 谷氨酰胺和甘氨酸
D. 甘氨酸和天冬氨酸
E. 谷氨酰胺和天冬酰胺

21. 嘧啶核苷酸从头合成时最先合成的核苷酸是
A. IMP　　　　B. XMP　　　　C. UMP
D. CMP　　　　E. TMP

22. 嘧啶核苷酸补救合成的主要酶是
A. 脱羧酶
B. 脱氢酶
C. 胞苷激酶
D. 嘧啶磷酸核糖转移酶
E. 氨基甲酰磷酸合成酶 II

23. 嘧啶核苷酸从头合成时，氨基甲酰磷酸合成的部位是
A. 细胞核　　B. 线粒体　　C. 溶酶体
D. 细胞液　　E. 内质网

24. 不需要 PRPP 做底物的反应是
A. 5-磷酸核糖胺的生成
B. 次黄嘌呤转变为 IMP
C. 腺嘌呤转变为 AMP
D. 鸟嘌呤转变为 GMP
E. 腺苷转变为 AMP

25. 分解产物是 β-氨基异丁酸的核苷酸是
A. dAMP　　　B. dTMP　　　C. dGMP
D. dUMP　　　E. dCMP

26. 氮杂丝氨酸干扰核苷酸合成的作用点是
A. 作为甘氨酸的类似物
B. 作为丝氨酸的类似物
C. 作为谷氨酸的类似物
D. 作为谷氨酰胺的类似物
E. 作为天冬氨酸的类似物

27. HGPRT 参与的反应是
A. 鸟嘌呤生成 GMP　　B. 腺嘌呤生成 AMP
C. 胞嘧啶生成 CMP　　D. 尿嘧啶生成 UMP
E. 腺苷生成 AMP

28. 由 IMP 转变为 AMP 时，提供氨基的是
A. $NH_3$　　　　B. 谷氨酸　　　　C. 天冬氨酸

D. 谷氨酰胺　　E. 天冬酰胺

29. 嘌呤核苷酸从头合成过程中，受 AMP 和 GMP 共同抑制的酶是
A. 氨基甲酰磷酸合成酶Ⅰ
B. PRPP 酰胺转移酶
C. 腺苷酸代琥珀酸合成酶
D. 氨基甲酰磷酸合成酶Ⅱ
E. 腺苷激酶

30. 下列关于嘧啶核苷酸从头合成的叙述，正确的是
A. 谷氨酸是氮原子供体
B. 碱基是在磷酸核糖基础上逐步形成的
C. 氨基甲酰磷酸在线粒体合成
D. 一碳单位直接为嘧啶环提供碳原子
E. 天冬氨酸直接提供了氮原子

31. 下列关于氨基甲酰磷酸的叙述哪项是正确的
A. 它主要用来合成谷氨酰胺
B. 用于尿酸的合成
C. 合成胆固醇
D. 为嘧啶核苷酸合成的中间产物
E. 为嘌呤核苷酸合成的中间产物

32. 下列哪种物质不是合成嘌呤核苷酸的原料
A. 甘氨酸　　　B. 天冬氨酸　　　C. $CO_2$
D. 谷氨酸　　　E. 一碳单位

33. 阿糖胞苷作为抗肿瘤药物的机制是干扰核苷酸合成的哪种酶
A. 二氢叶酸还原酶　　　B. 核糖核苷酸还原酶
C 二氢乳清酸脱氢酶　　　D. 胸苷酸合成酶
E. 氨基甲酰磷酸合成酶

34. 次黄嘌呤核苷酸合成腺苷酸的过程中，天冬氨酸提供氮后，碳构架转变成
A. 延胡索酸　　　B. 琥珀酸　　　C. 草酰乙酸
D. 苹果酸　　　E. -羟丁酸

35. 磷酸戊糖途径为合成核苷酸提供
A. $NADPH+H^+$　　　B. 4-磷酸赤藓糖
C. 5-磷酸核酮糖　　　D. 5-磷酸木酮糖
E. 5-磷酸核糖

36. 细胞增殖的指标之一是
A. 精氨酸酶
B. 精氨酸代琥珀酸裂解酶
C. 氨基甲酰磷酸合成酶-Ⅱ
D. 氨基甲酰磷酸合成酶-Ⅰ
E. 鸟氨酸氨基甲酰转移酶

37. 嘌呤核苷酸的从头合成是
A. 先合成嘌呤环
B. 嘌呤环的碳原子均来自氨基酸
C. 嘌呤环的碳原子均由一碳单位直接掺入

D. 在 PRPP 的基础上合成嘌呤环
E. 以上都不对

38. 使用谷氨酰胺的类似物作抗代谢物，不能阻断核酸代谢的哪个环节
A. IMP 的生成　　　B. XMP→GMP
C. UMP→CMP　　　D. UMP→dTMP
E. UTP→CTP

39. 哺乳类动物体内直接催化尿酸生成的酶是
A. 尿酸氧化酶　　　B. 黄嘌呤氧化酶
C. 核苷酸酶　　　D. 鸟嘌呤脱氨酶
E. 腺苷脱氨酶

40. 尿中 β-氨基异丁酸排出量增多可能是
A. 体内蛋白质分解增加
B. 体内酮体含量增高
C. 体内 DNA 分解增加
D. 体内糖酵解增强
E. 体内氨基酸合成增加

41. 肿瘤患者长期化疗后，检查尿液成分明显增多的是
A. 苯丙酮酸
B. 肌酸、尿酸
C. 尿酸、β-氨基异丁酸
D. 乳酸、丙酮酸
E. 草酰乙酸、草酸

42. 关于氨基甲酰磷酸的叙述错误的是
A. 可在胞液中生成
B. 可由氨提供氮
C. 仅由谷氨酰胺提供氮源
D. 可在肝线粒体中生成
E. 氨基甲酰磷酸是高能化合物

43. 氨甲蝶呤可用于治疗白血病的原因是
A. 抑制二氢叶酸还原酶
B. 抑制 DNA 合成酶系
C. 抑制蛋白质的分解代谢
D. 阻断蛋白质的合成代谢
E. 破坏 DNA 的分子结构

44. 胸腺嘧啶在体内合成的甲基来自
A. $N^{10}$-甲酰四氢叶酸　　　B. 胆碱
C. $N^5$, $N^{10}$-甲烯四氢叶酸　　　D. SAM
E. 肉碱

45. ▲嘌呤从头合成的氨基酸有
A. 鸟氨酸　　　B. 谷氨酸　　　C. 天冬酰胺
D. 天冬氨酸　　　E. 丙氨酸

46. ▲合成嘌呤，嘧啶的共同原料是
A. 甘氨酸　　　B. 天冬酰胺　　C. 谷氨酸
D. 天冬氨酸　　　E. 氨基甲酰磷酸

47. ▲与体内尿酸堆积相关的酶是

A. 酰胺转移酶　　　　B. 四氢叶酸还原酶
C. 转甲酰基酶　　　　D. 黄嘌呤氧化酶
E. 磷酸核糖焦磷酸合成酶

48. ▲患者，男，51 岁，近 3 年来出现关节炎症状和尿路结石，进食肉类食物时病情加重。该患者发生的疾病涉及代谢途径时
A. 糖代谢　　　　　　B. 脂代谢
C. 嘌呤核苷酸代谢　　D. 嘧啶核苷酸代谢
E. 氨基酸代谢

49. ▲下列物质含量异常可作为痛风诊断指征的是
A. 嘧啶　　B. 嘌呤　　C. β-氨基异丁酸
D. 尿酸　　E. β-丙氨酸

50. ▲在体内能分解生成 β-氨基异丁酸的是
A. AMP　　　B. GMP　　　C. CMP
D. UMP　　　E. TMP

51. ▲氮杂丝氨酸干扰核苷酸合成是因为它的结构相似于
A. 丝氨酸　　B. 甘氨酸　　C. 天冬氨酸
D. 天冬酰胺　E. 谷氨酰胺

52. ★合成嘌呤，嘧啶的共同原料是
A. 甘氨酸　　B. 一碳单位　　C. 谷氨酸
D. 天冬氨酸　E. 氨基甲酰磷酸

53. ★直接参与嘌呤、嘧啶和尿素合成的氨基酸是
A. 谷氨酰胺　　　B. 天冬氨酸
C. 丙氨酸　　　　D. 亮氨酸

54. ★从头合成嘌呤的直接原料是
A. 谷氨酸　　　　B. 甘氨酸
C. 天冬酰胺　　　D. 氨基甲酰磷酸

55. ★最直接联系核苷酸合成与糖代谢的物质是
A. 葡萄糖　　　　B. 6-磷酸葡萄糖
C. 1-磷酸葡萄糖　D. 1，6-双磷酸葡萄糖
E. 5-磷酸核糖

56. ★嘌呤核苷酸从头合成时首先生成的核苷酸中间产物是
A. UMP　　B. GMP　　C. AMP　　D. IMP

57. ★嘌呤核苷酸补救合成的底物是
A. 甘氨酸　　　　B. 天冬氨酸
C. 谷氨酰胺　　　D. 腺嘌呤

58. ★下列核苷酸经和糖核苷酸还原酶催化时，能转变生成脱氧核苷酸的是
A. NMP　　B. NDP　　C. NTP　　D. dNTP

59. ★人体内嘌呤分解代谢的最终产物是
A. 尿素　　　　B. 胺　　　　C. 肌酸
D. β-丙氨酸　　E. 尿酸

60. ★下列哪种代谢异常，可引起血中尿酸含量增高

A. 蛋白质分解代谢增加
B. 胆红素代谢增加
C. 胆汁酸代谢增加
D. 嘌呤核苷酸代谢增加
E. 嘧啶核苷酸代谢增加

61. ★别嘌呤醇治疗痛风的机制可能是
A. 抑制黄嘌呤氧化酶
B. 促进 dUMP 的甲基化
C. 促进尿酸生成的逆反应
D. 抑制脱氧核糖核苷酸的生成

62. ★在嘧啶合成途径中，合成 CTP 的直接前体是
A. GMP　　B. UTP　　C. UMP　　D. ATP

63. ★合成 dTMP 的直接前体是
A. dUMP　B. dUDP　C. dCMP　D. dCDP

64. ★在体内能分解生成 β-氨基异丁酸的是
A. AMP　　　B. GMP　　　C. CMP
D. UMP　　　E. TMP

65. ★胸腺嘧啶分解代谢的产物是
A. β-羟基丁酸　　　B. β-氨基异丁酸
C. β-丙氨酸　　　　D. 尿酸

66. ★氮杂丝氨酸干扰核苷酸合成时因为它的结构相似于
A. 丝氨酸　　　　B. 甘氨酸　　C. 天冬氨酸
D. 天冬酰胺　　　E. 谷氨酰胺

67. ★谷氨酰胺类似物所拮抗的反应是
A. 脱氧核糖核苷酸的生成
B. dUMP 的甲基化
C. 嘌呤核苷酸的从头合成
D. 黄嘌呤氧化酶催化的作用

二、A2 型选择题

1. 患者，男，51 岁，近 3 年来出现关节炎症状和尿路结石，进食肉类食物时病情加重。该患者发生的疾病涉及的代谢途径是
A. 糖代谢　　　　　　B. 脂代谢
C. 嘌呤核苷酸代谢　　D. 嘧啶核苷酸代谢
E. 氨基酸代谢

2. 患者，男，40 岁，2 年来因全身关节疼痛伴反复低热就诊。均被诊断为"风湿性关节炎"。经抗风湿和激素治疗后，疼痛稍有好转。2 个月前，因疼痛加重，经抗风湿治疗不明前来就诊。查体：体温 37.5℃，双足第一趾关节红肿，压痛。双踝关节肿胀，左侧较明显，局部皮肤有脱屑和瘙痒现象，双侧耳郭触及绿豆大小的结节数个，白细胞 $9.5×10^9$/L，红细胞沉降率 67mm/h。初步诊断为
A. 关节炎　　　　B. 风湿病　　　　C. 痛风

D. 骨质增生 　　E. 外周神经炎

3. 患者，男，38岁。因脚趾关节红肿，疼痛到医院就诊，患者于发病前夜曾约朋友畅饮啤酒。该患者可能是因为血中某种物质在关节，软组织处沉积而致病，该物质成分为

A. 尿酸　　B. 尿素　　C. 胆固醇
D. 黄嘌呤　　E. 次黄嘌呤

4. 患者，男，21岁。就诊时幼稚面容，体型消瘦，双耳耳郭可见多发痛风结石，趾、膝关节多处肿胀畸形伴破溃，可见豆渣样溢出物，四肢肌张力增高，巴宾斯基征阳性。患者智力和体格发育迟缓，5岁时会简单词语，构音障碍，行走步态不稳，有舞蹈样动作，有吮吸手指的习惯。检测血尿酸水平明显升高，为948μmol/L，血气分析，风湿免疫指标均正常。初步诊断为 Lesch-Nyhan 综合征，该病症与下列哪种酶在体内的表达缺陷有关

A. 次黄嘌呤-鸟嘌呤磷酸核糖转移酶
B. 天冬氨酸转氨甲酰酶
C. 鸟嘌呤脱氢酶
D. 氨基甲酰磷酸合成酶 I
E. 二氢乳清酸脱氢酶

5. 乳清酸尿症（orotic aciduria）是一种遗传性疾病，主要临床表现尿中排出大量乳清酸，生长迟缓和重度贫血。该疾病是因为什么酶缺陷

A. 氨基甲酰磷酸合成酶 II
B. 天冬氨酸氨基甲酰基转移酶
C. 二氢乳清酸酶
D. 二氢乳清酸脱氢酶
E. 乳清酸磷酸核糖转移酶和乳清酸核苷酸脱羧酶

## 三、B 型选择题

1. 黄嘌呤氧化酶
2. 氨基甲酰磷酸合成酶 II
3. 腺苷激酶
A. 参与嘌呤核苷酸从头合成
B. 参与嘌呤核苷酸补救合成
C. 参与嘌呤核苷酸分解代谢
D. 参与嘧啶核苷酸从头合成
E. 参与嘧啶核苷酸分解代谢
4. 氨甲蝶呤
5. 别嘌呤醇
6. 氟尿嘧啶
A. 氨基酸类似物　　B. 次黄嘌呤类似物
C. 嘧啶类似物　　D. 叶酸类似物
E. AMP 类似物

7. 参与尿素合成
8. 参与嘌呤核苷酸合成
9. 参与嘌呤和嘧啶核苷酸合成
A. 氨基甲酰磷酸合成酶 I
B. 氨基甲酰磷酸合成酶 II
C. PRPP 合成酶
D. 腺苷酸代琥珀酸合成酶
E. 二氢乳清酸酶

10. ▲干扰 dUMP 转变生成 dTMP 的是
11. ▲抑制黄嘌呤氧化酶的是
A. 6-巯基嘌呤　　B. 氨甲蝶呤　　C. 链霉素
D. 别嘌呤醇　　E. 阿糖胞苷

12. ★属于生酮氨基酸的是
13. ★可作为合成嘧啶原料的是
A. 亮氨酸　　　　B. 甘氨酸
C. 两者都是　　　D. 两者都不是

14. ★能直接转变生成 dUDP 的是
15. ★能直接转变生成 dTMP 的是
A. UTP　B. UDP　C. UMP　D. IMP　E. IMP

16. ★干扰 dUMP 转变生成 dTMP 的是
17. ★抑制黄嘌呤氧化酶的是
A. 6-巯基嘌呤　　B. 氨甲蝶呤
C. 氮杂丝氨酸　　D. 别嘌呤醇
E. 阿糖胞苷

18. ★抑制 IMP →AMP 的嘌呤，嘧啶核苷酸抗代谢物的是
19. ★抑制 UTP→ CTP 的嘌呤，嘧啶核苷酸抗代谢物的是
A. 氟尿嘧啶　　　B. 氮杂丝氨酸
C. 两者均是　　　D. 两者均非

## 四、X 型选择题

1. 下列反应需要一碳单位参加的是
A. IMP 的合成　　B. IMP-GMP
C. UMP 的合成　　D. dTMP 的生成
E. PRPP 的合成

2. 下列关于核糖核苷酸还原成脱氧核糖核苷酸的叙述正确的是
A. 4 种核苷酸都涉及相同的还原酶体
B. 都发生在二磷酸核苷水平上
C. 还原酶系包括硫氧还蛋白氧化型和硫氧还原蛋白还原型
D. 与 NADPH+H⁺ 有关
E. dTMP 由 TMP 直接还原生成的

3. ★嘌呤碱的合成原料有
A. 甘氨酸　　　　B. 天冬酰胺
C. 谷氨酸　　　　D. $CO_2$

4. ★尿酸是下列哪些化合物分解代谢的终产物?
A. AMP    B. CMP    C. GMP    D. IMP

**五、名词解释**

1. 核苷酸的从头合成途径
2. 核苷酸的抗代谢物
3. 核苷酸的补救合成途径
4. 痛风

**六、简答题**

1. 为什么核酸(或核苷酸)不是营养必需物质?
2. 核苷酸的生物学功能主要有哪些?
3. 试述别嘌呤醇治疗痛风的机制。
4. 简述 PRPP 在核苷酸代谢中的重要性。

**七、分析论述题**

1. 患者,女,32 岁,被诊断为卵巢绒毛膜癌(choriocarcinoma)。5 周前该患者进行常规手术切除卵巢。2 周前患者开始服用氨甲蝶呤进行化疗,治疗期间被建议避免摄入含叶酸的维生素,近几日出现口腔黏膜溃疡。临床检查患者无发热,口腔出现数处黏膜溃疡,上腹部压痛。血检报告显示血小板 60 000/mm³(正常范围 150 000~450 000/mm³)。
(1)简述氨甲蝶呤抗肿瘤效应的生化机制。
(2)分析患者出现口腔黏膜溃疡和血小板降低的可能生化机制。
2. 线粒体氨基甲酰磷酸合成酶的缺乏导致血氨水平升高。
(1)该酶缺乏将导致线粒体内的氨基甲酰磷酸的堆积吗?将促进细胞质中的嘧啶核苷酸的合成吗?
(2)细胞质中氨基甲酰磷酸合成酶缺乏将导致什么后果?为什么不会导致血氨升高?细胞质中氨基甲酰磷酸合成酶缺乏的患者应该补充什么物质?为什么?

# 参 考 答 案

**一、A1 型选择题**

| 1. C | 2. D | 3. E | 4. C | 5. C | 6. B | 7. C |
|------|------|------|------|------|------|------|
| 8. B | 9. D | 10. C | 11. C | 12. E | 13. E | 14. B |
| 15. B | 16. D | 17. B | 18. C | 19. B | 20. A | 21. C |
| 22. D | 23. D | 24. E | 25. B | 26. D | 27. A | 28. C |
| 29. B | 30. E | 31. D | 32. A | 33. B | 34. A | 35. E |
| 36. C | 37. D | 38. D | 39. B | 40. C | 41. C | 42. C |
| 43. A | 44. C | 45. D | 46. D | 47. D | 48. C | 49. D |
| 50. E | 51. B | 52. D | 53. B | 54. B | 55. B | 56. D |
| 57. D | 58. B | 59. E | 60. B | 61. A | 62. B | 63. A |

64. E  65. B  66. E  67. C

**二、A2 型选择题**

1. C  2. C  3. A  4. A  5. E

**三、B 型选择题**

| 1. C | 2. D | 3. B | 4. D | 5. B | 6. C | 7. A |
|------|------|------|------|------|------|------|
| 8. D | 9. C | 10. B | 11. D | 12. A | 13. D | 14. B |
| 15. E | 16. B | 17. D | 18. D | 19. B | | |

**四、X 型选择题**

1. AD    2. ABCD    3. AD    4. ACD

**五、名词解释**

1. 核苷酸的从头合成途径:指利用氨基酸、$CO_2$、一碳单位等小分子物质为原料,经过多步酶促反应,合成核苷酸的过程。
2. 核苷酸的抗代谢物:是一些嘌呤、氨基酸或叶酸等的类似物。它们主要以竞争性抑制或"以假乱真"等方式干扰或阻断嘌呤核苷酸的合成代谢,进而阻止核酸及蛋白质的生物合成,达到抗肿瘤的作用。
3. 核苷酸的补救合成途径:指利用体内游离的碱基或核苷,经过简单的反应,合成核苷酸的过程,称为补救合成(或重新利用)途径。
4. 痛风:尿酸水溶性差,当血尿酸浓度高于 470μmol/L,尿酸盐沉积于关节、软组织等部位,引起的疼痛称痛风。

**六、简答题**

1. 首先,人体能利用氨基酸、一碳单位等小分子物质,通过从头合成途径,生成自身所需要的所有核苷酸;其次,食物核酸的消化产物中的碱基部分,仅很少部分能被机体吸收利用。因此,核酸不是人体必需营养素。
2. 核苷酸的生物学功能:①作为核酸合成的原料,这是核苷酸最主要的功能。②体内能量的利用形式(ATP 是能量代谢的中心)。③参与代谢与生理调节(cAMP/cGMP 是第二信使)。④组成辅酶(腺苷酸是三大辅酶 $NAD^+$、FAD、辅酶 A 的组成成分)。⑤活化的中间代谢物(如 UDPG 是活性葡萄糖的载体)。
3. 别嘌呤醇结构与次黄嘌呤类似,可竞争性抑制黄嘌呤氧化酶,减少尿酸的生成;此外,别嘌呤醇与 PRPP 反应生成别嘌呤核苷酸,减少了 PRPP;同时,别嘌呤核苷酸还能反馈抑制嘌呤核苷酸的合成,从而使体内合成的嘌呤核苷酸减少。因此临床常用于治疗痛风。
4. PRPP 在嘌呤核苷酸、嘧啶核苷酸的从头和补救合成途径中都是不可缺少的原料。首先,核苷酸从头合成过程中，PRPP 为 2 种核苷酸提供了磷酸核糖；其次，在核苷酸的补救合成途径中，PRPP 与游离碱基直接反应生成核苷酸。

## 七、分析论述题

1.（1）食物中的叶酸进入人体细胞后，经二氢叶酸还原酶催化生成二氢叶酸，再经二氢叶酸还原酶催化生成四氢叶酸。四氢叶酸是体内一碳单位转移酶的辅酶，一碳单位的载体。一碳单位来源于丝氨酸和甘氨酸等氨基酸，参与嘌呤环和 dTMP 合成，进而合成相应核苷酸，为核酸生物合成提供原料。肿瘤发生的关键主要是由于控制细胞生长增殖、分化和凋亡的原癌基因异常激活、抑癌基因异常失活，导致细胞生长增殖的失控而形成肿瘤。肿瘤细胞的生长分裂速度比正常细胞更快，需要更多的核苷酸作为原料用于 DNA 复制合成。氨甲蝶呤属于抗代谢物，与叶酸化学结构相似，竞争性抑制二氢叶酸还原酶，抑制四氢叶酸的生成，进而抑制嘌呤核苷酸和 dTMP 的合成，DNA 合成的原料如 dATP、dGTP 和 dTTP 合成受阻，导致 DNA 合成障碍，最终抑制肿瘤细胞的快速生长分裂。氨甲蝶呤在临床上作为化疗药用于卵巢绒毛膜癌等恶性肿瘤的治疗。

（2）正常细胞如口腔黏膜细胞、胃肠黏膜细胞和骨髓细胞等生长分裂速度也很快，同样需要合成大量的核苷酸用于 DNA 复制合成。因此，氨甲蝶呤作为叶酸类似物同样能通过上述机制抑制这些正常细胞的 DNA 合成，抑制其生长分裂，使患者出现口腔黏膜溃疡和血小板降低等副作用。

2.（1）不会，因为线粒体内氨基甲酰磷酸合成酶以 $NH_3$ 和 $CO_2$ 合成氨基甲酰磷酸，氨基甲酰磷酸合成酶缺乏，$NH_3$ 和 $CO_2$ 就不能生成氨基甲酰磷酸，氨基甲酰磷酸就不可能有堆积。线粒体内的氨基甲酰磷酸合成酶（CPS-I）的缺乏不会促进细胞质内的嘧啶核苷酸的合成。这是两种不同性质的酶，线粒体内的氨基甲酰磷酸合成酶（CPS-I）负责尿素的合成，与肝细胞的分化功能相关；而细胞质内的氨基甲酰磷酸合成酶（CPS-II）负责嘧啶核苷酸的合成，与细胞的增殖有关。

（2）细胞质中的氨基甲酰磷酸合成酶（CPS-II）缺乏，将产生后果是 UMP 生成被阻断，相应的 CTP 和 dTMP 生成被抑制，细胞的 DNA 和 RNA 合成受阻。细胞质内的氨基甲酰磷酸合成酶（CPS-II）催化嘧啶核苷酸合成途径中的第一步反应，它的底物是谷氨酰胺，而不是 $NH_3$，故它的缺乏不会导致血氨升高。细胞质中的氨基甲酰磷酸合成酶的缺乏必然影响嘧啶核苷酸的合成，故患者应补充嘧啶类化合物，如尿嘧啶、尿嘧啶核苷和尿嘧啶核苷酸。它们在体内可转变为 UMP，CTP 和 dTMP。

（汪长东）

# 第九章 物质代谢的联系与调节

## 学习要求

了解物质代谢的特点。了解物质代谢的相互联系。了解重要组织器官的代谢特点及联系。了解体内代谢调节的基本方式。熟悉细胞水平代谢调节中对酶的调节方式；掌握关键酶的概念和特点；掌握关键酶活性的调节方式：快速调节和迟缓调节。了解两类激素的受体模式。了解饱食、空腹、饥饿、应激状态下的整体物质代谢调节特点。了解代谢综合征、肥胖、糖尿病及其代谢改变。

## 讲 义 要 点

本章纲要见图 9-1

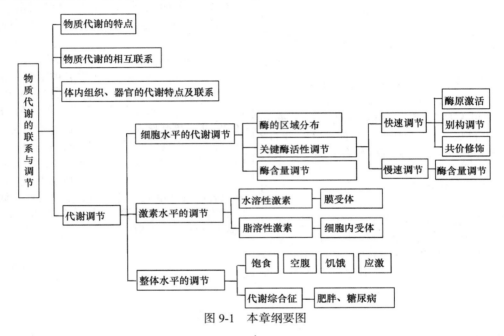

图 9-1 本章纲要图

### （一）物质代谢的特点

**1. 整体性** 体内各种物质包括糖、脂、蛋白质、水、无机盐、维生素等的代谢过程不是彼此孤立的，而是在细胞内同时进行，且彼此相互联系、转变、依存，构成生物体这个统一的整体。

**2. 受到精细的调节** 通过对代谢精细的调节，使机体能适应内外环境的不断变化，反应有条不紊地进行。

**3. 各组织器官代谢各有特色** 不同的组织、器官结构和生理功能不同，除了有细胞基本的代谢过程外，酶系的种类和含量不同，以适应和完成各自特征的代谢途径及生理功能。

**4. 体内各种代谢物都具有共同的代谢池** 不管来源如何，同一代谢物在进行代谢时，不分彼此，在共同的代谢池中参与代谢。

**5. ATP 是机体储存和消耗能量的共同形式**

**6. NADPH 提供合成代谢所需的还原当量** 氧化分解代谢的脱氢酶常以 $NAD^+$ 为辅酶，而还原性合成代谢的还原酶则多以 NADPH 为辅酶。

### （二）物质代谢的相互联系

**1. 各种能源物质的代谢相互联系相互制约**

（1）联系：糖、脂、蛋白质三大营养素都可在体内氧化供能，虽然它们在体内氧化分解的代谢途径有所不同，但乙酰 CoA 是它们共同的代谢中间物，三羧酸循环和氧化磷酸化则是它们最后分解的共通途径，释出能量以 ATP 方式储存。

（2）机体对三大营养素的利用可以互相代替并互相制约：机体利用能源分子的顺序依次是糖、脂肪和蛋白质，尽量节约蛋白质的消耗。

**2. 三大能源物质通过中间代谢物而相互联系**（图 9-2）

（1）体内糖可转变为脂肪，但脂肪酸不能转变为糖。摄入的糖量超过能量消耗时，过多的糖分解为乙酰CoA，作为脂肪酸合成的原料。脂肪的甘油部分能在体内经糖异生途径转变为糖，但因丙酮酸转变为乙酰CoA的反应不可逆，故脂肪酸不能转变为糖。此外，脂肪的分解代谢还受糖代谢的影响。饥饿、糖供应不足或糖代谢障碍可引起脂肪大量动员，酮体生成增加，可能会导致酮血症。

（2）体内糖与大部分氨基酸碳架部分可以相互转变。氨基酸能异生为葡萄糖（凡能转化为酵解途径中间产物的氨基酸都是生糖氨基酸）。糖代谢的中间产物能作为非必需氨基酸的合成原料，如丙酮酸转变为丙氨酸、草酰乙酸转变为天冬氨酸等。

（3）脂质不能转变为氨基酸，但氨基酸能转变为脂肪，丝氨酸等氨基酸还可作为合成磷脂的原料。

（4）某些氨基酸是核苷酸合成的前体，此外，核苷酸合成需要的磷酸核糖则由磷酸戊糖途径提供。

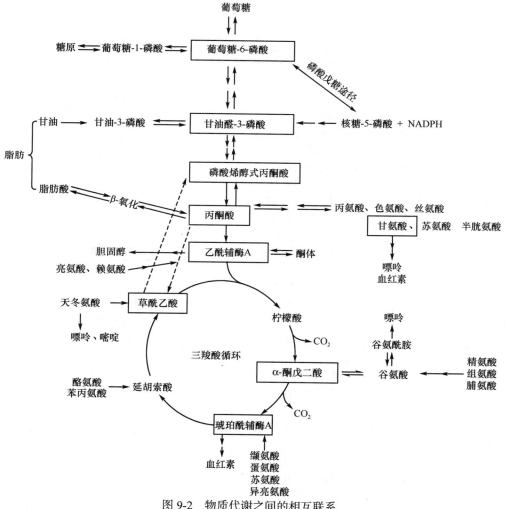

图 9-2 物质代谢之间的相互联系

## （三）体内重要组织、器官的代谢特点及联系

体内重要组织及器官氧化代谢的特点见表 9-1。

**表 9-1　重要组织及器官氧化代谢的特点**

| 器官组织 | 特有的酶 | 功能 | 主要代谢途径 | 主要供能物质 | 代谢和输出的产物 |
|---|---|---|---|---|---|
| 肝 | 葡糖激酶，葡糖-6-磷酸酶，甘油激酶，磷酸烯醇丙酮酸羧激酶 | 代谢枢纽 | 糖异生，脂肪酸β氧化，糖有氧氧化，糖原代谢，酮体生成等 | 葡萄糖，脂肪酸，乳酸，甘油，氨基酸 | 葡萄糖，VLDL，HDL，酮体等 |
| 脑 | | 神经中枢 | 糖有氧氧化，糖酵解，氨基酸代谢 | 葡萄糖，酮体，氨基酸等 | 乳酸，$CO_2$，$H_2O$ |
| 心 | 脂蛋白脂酶，呼吸链丰富 | 泵出血液 | 有氧氧化 | 脂肪酸，葡萄糖，酮体，VLDL | $CO_2$，$H_2O$ |
| 脂肪组织 | 脂蛋白脂酶，激素敏感脂肪酶 | 储存及动员脂肪 | 酯化脂肪酸，脂解 | VLDL，CM | 游离脂肪酸，甘油 |
| 骨骼肌 | 脂蛋白脂酶，呼吸链丰富 | 收缩 | 有氧氧化，糖酵解 | 脂肪酸，葡萄糖，酮体 | 乳酸，$CO_2$，$H_2O$ |
| 肾 | 甘油激酶，磷酸烯醇丙酮酸羧化激酶 | 排泄尿液 | 糖异生，糖酵解，酮体生成 | 脂肪酸，葡萄糖，乳酸，甘油 | 葡萄糖 |
| 红细胞 | 无线粒体 | 运输氧 | 糖酵解 | 葡萄糖 | 乳酸 |

## （四）代谢调节

代谢调节是生命的重要特征，有机体对代谢的精确调节对于有机体适应体内外环境的变化和维持机体内环境的相对恒定具有至关重要的作用。代谢调节是生物进化过程中逐步形成的一种适应能力，进化程度越高的生物其代谢调节方式越复杂。单细胞微生物主要通过细胞内代谢物浓度的变化对酶的活性及含量进行调节，此为细胞水平的调节。高等生物包括人，细胞水平的调节更为精细复杂，还通过分泌激素发挥代谢调节作用，此为激素水平的调节。高等动物包括人还有功能复杂的神经系统，通过神经-体液途径对机体各组织器官的代谢进行整体调节，此为整体水平的调节。

人作为高等动物，从细胞水平、激素水平和整体水平对机体代谢进行精细的调节，三级水平代谢调节中，激素和整体水平的代谢调节是通过细胞水平实现的，因此细胞水平代谢调节是基础。

### 1. 细胞水平的代谢调节——主要调节调节酶的活性

（1）细胞内酶的隔离分布（表 9-2）。不同代谢途径相关的酶系分布于不同的亚细胞结构中，避免了代谢途径的相互干扰，且便于调控。

**表 9-2　主要代谢途径多酶体系在细胞内的分布**

| 多酶体系 | 分布 | 多酶体系 | 分布 |
|---|---|---|---|
| DNA 及 RNA 合成 | 细胞核 | 糖酵解 | 细胞质溶胶 |
| 蛋白质合成 | 内质网，细胞质溶胶 | 磷酸戊糖途径 | 细胞质溶胶 |

续表

| 多酶体系 | 分布 | 多酶体系 | 分布 |
|---|---|---|---|
| 糖原合成 | 细胞质溶胶 | 糖异生 | 细胞质溶胶 |
| 脂肪酸合成 | 细胞质溶胶 | 脂肪酸β氧化 | 线粒体 |
| 胆固醇合成 | 内质网，细胞质溶胶 | 多种水解酶 | 溶酶体 |
| 磷脂合成 | 内质网 | 三羧酸循环 | 线粒体 |
| 血红素合成 | 细胞质溶胶，线粒体 | 氧化磷酸化 | 线粒体 |
| 尿素合成 | 细胞质溶胶，线粒体 | 呼吸链 | 线粒体 |

（2）调节酶——有时又称关键酶（表 9-3）

1）调节酶的概念：在代谢途径中，催化限速步骤和关键步骤的酶通常都是代谢调节的靶点，受到细胞内和细胞外各种因素的调节，这些酶统称为调节酶。

2）调节酶的特点：催化的反应速度最慢；催化单向反应，决定整个代谢途径的速度和方向；受多种代谢物及效应剂的调节。

**表 9-3　某些代谢途径的调节酶**

| 代谢途径 | 调节酶 |
|---|---|
| 糖原分解 | 磷酸化酶 |
| 糖原合成 | 糖原合酶 |
| 糖酵解 | 己糖激酶，磷酸果糖激酶-1，丙酮酸激酶 |
| 糖有氧氧化 | 丙酮酸脱氢酶系，柠檬酸合酶，异柠檬酸脱氢酶，α-酮戊二酸脱氢酶 |
| 糖异生 | 丙酮酸羧化酶，磷酸烯醇丙酮酸羧激酶，果糖双磷酸酶-1 |
| 脂肪酸合成 | 乙酰 CoA 羧化酶 |
| 胆固醇合成 | HMG CoA 还原酶 |

3）对调节酶的调节方式分为两类：一是通过改变酶的分子结构，进而改变细胞已有酶的活性来调节酶促反应速度，该类调节较快，称为快速调节，包括别构调节和酶的化学修饰调节；二是通过调节酶蛋白分子的合成或降解以改变细胞内酶的含量来调节酶促反应速度，一般需数小时或数天才能实现，因此称为迟缓调节或慢速调节。

（3）酶活性的调节——快速调节方式

1）别构调节

A. 概念：小分子的别构效应剂与酶蛋白分子活性中心以外的某一部位特异结合，引起酶蛋白质分子构象变化，进而改变酶活性，这种对酶活性的调节称为酶的别构调节。别构效应剂有别构激活剂和别构抑制剂。

B. 调节酶多数受到别构调节，代谢途径的起始物或产物通过别构调节影响代谢途径，代谢途径的终产物对起始关键酶的负反馈抑制作用多为别构抑制作用。某些代谢途径中的别构酶及别构效应剂见表9-4。

表 9-4　一些代谢途径中的别构酶及其别构效应剂

| 代谢途径 | 别构酶 | 别构激活剂 | 别构抑制剂 |
|---|---|---|---|
| 糖酵解 | 己糖激酶 | AMP、ADP、FDP、Pi | G-6-P 柠檬酸 |
| | 磷酸果糖激酶-1 | | |
| | 丙酮酸激酶 | FDP | ATP, 乙酰CoA |
| 三羧酸循环 | 柠檬酸合酶 | AMP | ATP, 长链脂酰CoA |
| | 异柠檬酸脱氢酶 | AMP, ADP | ATP |
| 糖异生 | 丙酮酸羧化酶 | 乙酰CoA, ATP | AMP |
| 糖原分解 | 磷酸化酶b | AMP, G-1-P, Pi | ATP, G-6-P |
| 脂肪酸合成 | 乙酰CoA羧化酶 | 柠檬酸, 异柠檬酸 | 长链脂酰CoA |
| 氨基酸代谢 | 谷氨酸脱氢酶 | ADP, 亮氨酸, 甲硫氨酸 | GTP, ATP, NADH |
| 嘌呤合成 | 谷氨酰胺PRPP酰胺转移酶 | | AMP, GMP |
| 嘧啶合成 | 天冬氨酸转甲酰酶 | | CTP, UTP |
| 核酸合成 | 脱氧胸苷激酶 | dCTP, dATP | dTTP |

C. 别构调节的生理意义

• 代谢终产物反馈抑制反应途径中的酶，使代谢物不致生成过多。

• 别构调节使能量得以有效利用，不致浪费。

• 别构调节使不同的代谢途径相互协调。

2）化学修饰调节

A. 概念：酶蛋白肽链上某些残基在酶的催化下发生可逆的共价修饰从而引起酶活性改变，这种对酶活性的调节方式称为酶的化学修饰调节，也称共价修饰调节。

B. 方式：最常见的化学修饰调节为酶的磷酸化作用和去磷酸化作用。

C. 部位：磷酸化修饰的部位为酶蛋白分子中丝氨酸、苏氨酸或酪氨酸的羟基。

D. 化学修饰的特点

被化学修饰的酶有两种形式，有活性（高活性）和无活性（低活性），通过磷酸化和去磷酸化修饰在酶活性两种形式之间转变；催化互变反应的酶在体内可受调节因素（如激素）的调控。

• 具有放大效应，效率较别构调节高。

磷酸化与去磷酸化是最常见的方式。

（4）酶含量的调节——慢速调节方式

1）调节酶蛋白含量可通过诱导或阻遏酶蛋白基因的表达。加速酶合成的化合物称为诱导剂，减少酶合成的化合物称为阻遏剂。

• 具体机制参见第十三章基因表达及其调控。

2）调节细胞酶含量也可通过改变酶蛋白降解速度，酶蛋白的降解与一般蛋白质的降解途径相同，主要包括溶酶体蛋白酶降解途径（不依赖ATP的降解途径）和非溶酶体蛋白酶降解途径（依赖ATP和泛素的降解途径）。

• 具体机制参见第七章氨基酸代谢。

**2. 激素水平的调节——激素通过作用特异受体而调节代谢**

高等动物还通过激素来调控体内的物质代谢。激素作用的一个重要特点是不同的激素作用于不同组织产生不同的生物效应，表现较高的组织特异性和效应特异性。

激素调节代谢的作用机制为：内、外环境改变→机体相关组织分泌激素→激素与靶细胞的受体结合→受体将激素的信号转化并传递至细胞内触发一系列的信号转导反应过程→靶细胞产生生物学效应，适应环境改变。

激素按照溶解性质大致区分为水溶性激素（如胰岛素等多肽或蛋白质类）和脂溶性激素（如类固醇类激素），前者通过膜受体介导细胞信号转导，后者则通过胞内受体介导细胞信号转导，最终都可通过影响代谢途径中关键酶的活性或含量而调节代谢。

• 具体参见第十六章细胞信号转导。

**3. 整体水平的调节——机体通过神经系统及神经-体液途径调节代谢**

（1）概念：整体调节是指机体在神经系统的主导下，通过神经-体液途径直接调控所有细胞水平和激素水平的调节方式，使不同组织、器官中物质代谢途径相互协调和整合，以适应环境的变化，维持内环境的相对恒定。

（2）实例

1）饱食

A. 混合膳食状态下，机体的整体改变：①机体主要分解葡萄糖供能；②未被分解的葡萄糖，一部分合成肝糖原和肌糖原储存；另一部分转换为甘油三酯；③吸收的甘油三酯大部分被脂肪组织、肌肉组织等转换、储存或利用，少部分经肝转换为内源性甘油三酯。

B. 高糖膳食状态下，机体的整体改变：消化吸收而来的葡萄糖少部分合成糖原；大部分葡萄糖转换成甘油三酯等非糖物质储存或利用。

C. 高脂膳食状态下，机体的整体改变：肝糖原分解补充血糖，肌组织氨基酸分解为糖异生提供原料；消化吸收而来的甘油三酯主要运输到脂肪和肌组织等储存或利用；脂肪利用加强，肝酮体生成增多。

D. 高蛋白膳食状态下，机体的整体改变：肝糖原分解补充血糖；消化吸收而来的氨基酸一部分作为糖异生的原料，少部分转化为甘油三酯，还有少部分氨基酸直接运送到骨骼肌利用。

2）空腹

A. 概念：空腹通常指餐后 12h 以后。

B. 空腹状态下，机体的整体改变：肝糖原分解水平较低，主要依靠肝糖异生补充血糖；脂肪动员中度增加，脂肪酸氧化及酮体的生成均增多；少量肌组织蛋白分解，补充肝糖异生的原料。

3）饥饿——糖、脂和蛋白质在不同饥饿状态有不同改变

A. 短期饥饿时——脂肪动员增加而减少糖的利用：短期饥饿时，糖原不断耗竭，血糖水平趋于降低，引起胰岛素分泌减少，胰高血糖素分泌增加，使机体发生一系列代谢改变。脂代谢：脂肪动员加强，酮体生成增多。糖代谢：糖异生加强，组织对葡萄糖利用降低。蛋白质代谢：肌组织蛋白质分解加强，氨基酸异生成糖。

B. 长期饥饿时——各组织发生与短期饥饿不同的代谢改变：蛋白质分解减少；肝肾糖异生增强，肝糖异生的主要原料为甘油；脂肪动员进一步加强，脑组织利用酮体增加。

4）应激——应激增加糖、脂和蛋白质分解的能源供应，限制能源存积

A. 概念：应激指人体受到一些异乎寻常的刺激，如创伤、剧痛、冻伤、缺氧、中毒、感染及剧烈情绪波动等所作出一系列反应的"紧张状态"。

B. 应激状态下，机体的整体改变：交感神经兴奋；肾上腺髓质及皮质激素分泌增多；胰高血糖素、生长激素增加，胰岛素分泌减少，引起一系列的代谢变化。

C. 应激状态下，机体的代谢特点

· 血糖升高，这对保证大脑、红细胞的供能有重要意义。

· 脂肪动员增强，为心肌、骨骼肌及肾等组织供能。

· 蛋白质分解加强，肌肉释出丙氨酸等氨基酸增加。

5）代谢综合征（MS）：以肥胖、高血压、糖代谢及血脂异常等为主要临床表现的症候群。超重和肥胖在代谢综合征发生、发展中起着决定性的作用。

A. 肥胖：是一种由食欲和能量调节紊乱引起的疾病，与遗传、膳食结构和体力活动等多种因素有关。肥胖者增加脂肪储存有不同类型，主要分为单纯性肥胖和继发性肥胖。肥胖者常表现出胰岛素分泌、功能异常和糖脂代谢的紊乱的症状。

B. 糖尿病：是一种以血糖升高为特征的疾病症候群，目前临床分为 I 型糖尿病和 II 型糖尿病。

糖尿病时，糖原合成减少而糖原分解加强，并且糖利用障碍；脂肪组织内脂肪酸和甘油三酯合成减少，脂肪动员加强；肝组织内，甘油三酯合成增多且以 VLDL 形式入血；同时 LPL 活性降低，VLDL 和 CM 难从血浆清除。上述代谢变化反映在血液中则表现为高血糖、高脂血症。血糖浓度增高超出肾糖阈时则出现尿糖。

# 中英文专业术语

调节酶　regulatory enzymes
关键酶　key enzymes
限速酶　limiting velocity enzymes
应激　stress
代谢综合征　metabolic syndrome，MS

# 练 习 题

## 一、A1 型选择题

1. 别构激活剂与酶结合的部位是
A. 活性中心的催化基团
B. 活性中心的结合基团

C. 酶分子中的任意部位

D. 底物结合部位

E. 酶蛋白中的调节部位

2. 脂肪酸氧化、糖异生、酮体生成都可发生的组织是

A. 肠黏膜细胞　　　B. 肝　　　　　C. 肌肉

D. 胰腺　　　　　　E. 脑组织

3. 下列组织细胞中不能进行氧化磷酸化的是

A. 脑组织　　　　B. 肌肉组织　　　C. 红细胞

D. 胰腺 B 细胞　　E. 肝细胞

4. ▲下列哪种组织细胞把葡萄糖作为唯一能利用的能源物质

A. 肝脏　　　　　　B. 红细胞　　　　C. 脑细胞

D. 脂肪组织　　　　E. 肌肉组织

5. 下列叙述中，正确的是

A. 三羧酸循环是三大能源物质互变的枢纽，因此，偏食哪种食物都可以

B. 糖可以转变为脂肪，因此食物中不含脂质物质，不会影响健康

C. 蛋白质食物完全可以代替糖和脂质食物

D. 脂质物质是营养必需物质

E. 食物中不能缺少核酸

6. 下列代谢过程中，与肝无关的是

A. 药物的羟化反应　　　B. 尿素合成

C. 氧化乙酰乙酸　　　　D. 合成胆汁酸

E. 游离胆红素变为结合胆红素

7. 酶的别构调节作用，不会影响

A. 酶与底物的亲和力　　B. 酶促反应速度

C. 酶分子的构象　　　　D. 酶促反应平衡点

E. 酶的催化活性

8. 下列关于关键酶的叙述，错误的是

A. 关键酶常位于代谢途径的起始反应

B. 关键酶在整个代谢途径中活性最高

C. 关键酶常受激素调节

D. 关键酶常催化不可逆反应

E. 很多关键酶是别构酶

9. 关于酶含量的调节，错误的是

A. 酶含量的调节属细胞水平的调节

B. 底物常可诱导酶的合成

C. 产物常抑制酶的合成

D. 是一种快速调节

E. 激素或药物也可诱导某些酶的合成

10. 关于酶的化学修饰的叙述，错误的是

A. 化学修饰可使酶活性发生显著变化

B. 通常磷酸化能使酶活性增加

C. 调节效率比别构调节高

D. 磷酸化修饰不是唯一的化学修饰方式

E. 化学修饰受激素的调控

11. 当 ATP/ADP 值降低时，产生的效应为

A. 抑制柠檬酸合酶　　　B. 抑制己糖激酶

C. 抑制丙酸酸激酶　　　D. 抑制磷酸果糖激酶

E. 抑制糖原合酶

12. 关于别构酶的描述，正确的是

A. 只有代谢途径的最终产物能作为别构酶的效应剂

B. 别构酶必须由两个或两个以上的亚基组成

C. 别构效应剂能导致别构酶与底物间的亲和力改变

D. 别构调节的效率比共价修饰调节的效率高

E. 别构效应剂一般结合在别构酶的活性中心内

13. 突然受到惊吓时，以下机体的变化出现最早的是

A. 血糖升高　　　　　　B. 血糖降低

C. 脂肪动员减少　　　　D. 蛋白质大量分解

E. 糖异生作用显著增强

14. 长时间饥饿时，机体的代谢变化错误的是

A. 糖异生增强　　　　　B. 酮体生成增加

C. 脂肪动员增加　　　　D. 胰岛素分泌增加

E. 蛋白分解增加

15. 饥饿时，肾中哪种代谢途径会增加

A. 糖原合成　　　　　　B. 糖原分解

C. 糖异生作用　　　　　D. 磷酸戊糖途径

E. 糖的有氧氧化

16. 应激状态下，血中物质改变哪种是错误的

A. 游离脂肪酸增加　　　B. 葡萄糖增加

C. 酮体增加　　　　　　D. 氨基酸减少

E. 甘油增多

17. 长期饥饿时，大脑的主要能源物质是

A. 葡萄糖　　　　B. 脂肪酸　　　　C. 酮体

D. 氨基酸　　　　E. 糖原

18. 饥饿时，肝的哪条代谢途径加快

A. 糖酵解　　　　　　　B. 磷酸戊糖途径

C. 糖的有氧氧化　　　　D. 脂肪酸 β 氧化

E. 胆固醇合成

19. 使糖异生增强，糖酵解减弱的主要因素为

A. 果糖-2，6-双磷酸浓度降低

B. 柠檬酸浓度降低

C. ATP/ADP 值增加

D. ATP/ADP 值降低

E. 乙酰 CoA 浓度降低

20. ★作用于细胞内受体的激素是

A. 类固醇激素　　　　　B. 儿茶酚胺类激素

C. 生长因子　　　　　　D. 肽类激素

E. 蛋白类激素

21. 磷酸二羟丙酮是哪两种物质代谢途径之间的交叉点
A. 糖-氨基酸
B. 糖-脂肪酸
C. 糖-胆固醇
D. 糖-核酸
E. 糖-甘油

二、A2 型选择题

1. 2012 年 5 月 20 日，16 名重庆旅客在穿越黔江区灰千梁子原始森林至湖北省坪坝营的途中，不慎迷路被困灰千梁子原始森林。黔江区与湖北省咸丰县紧急组成搜救组，前往事发地展开救援，最终成功救出被困人员。在被救人员中，有人已经长达 19h 未进食，其体内发生的反应错误的是
A. 胰岛素分泌减少
B. 胰高血糖素分泌增加
C. 脂肪动员加强
D. 肌肉蛋白质分解减少
E. 糖异生作用增加

2. 2018 年 6 月 23 日，泰国少年足球队 12 名队员和一名教练被困当地"睡美人洞"。由于他们在入洞前吃了东西，所以没有带任何食物入洞，受困期间只能靠从钟乳石滴下的雨水充饥。最终经过各方面的努力，首批 4 名少年在 7 月 8 日获救。下列关于这 4 名少年机体组织代谢改变的说法，错误的是
A. 脑组织以葡萄糖为主要能源物质
B. 脂肪动员加强
C. 肌肉组织以脂肪酸为主要能源物质
D. 肾糖异生作用显著增强
E. 血中酮体含量显著增加

3. 对于一个 70kg 的人来说，下列哪个时间里酮体提供了大脑所需能量的主要部分
A. 规律饮食
B. 禁食过夜
C. 禁食 2 天
D. 禁食 4 周
E. 禁食 5 个月

4. 胰岛素瘤是一种罕见的神经内分泌肿瘤，其细胞主要来源于胰腺 B 细胞。下列哪一项逻辑上符合胰岛素瘤的特征
A. 患者体重减轻
B. 患者体内蛋白质分解加强
C. 患者经常出现低血糖表现
D. 患者体内的胰岛素水平降低
E. 患者体内肝糖原分解加强

5. 青年女性，因出汗、心慌、颤抖、面色苍白来院急诊，自述早上由于起床晚怕迟到未吃早餐，午餐因为减肥没有吃，傍晚朋友相约打羽毛球，运动后即出现上述症状。实验室检查：血糖

2.75mmol/l，该患者出现低血糖的生化基础是
A. 肝糖异生作用减弱
B. 肾糖异生作用减弱
C. 肌组织脂肪酸氧化减弱
D. 肌组织糖酵解加强
E. 组织蛋白质分解减弱

6. 进食高脂膳食后，关于食物中的脂肪代谢，下列哪一项是正确的
A. 大部分游离脂肪酸储存在磷脂中
B. 在小肠内甘油三酯被组装成 LDL 形式
C. LPL 被胰岛素下调
D. 在肝中甘油三酯被组装成 VLDL 形式
E. 以上说法均正确

7. 在肌组织剧烈运动下，下列叙述哪一项是正确的
A. 仅消耗血液葡萄糖供能
B. 停止糖有氧氧化供能
C. 糖无氧氧化供能明显增加
D. 加速肌糖原合成
E. 磷酸肌酸含量增加

8. 患者男性，48 岁，实验室检查结果：血糖 12mmol/l；游离脂肪酸 2.0 mmol/l（正常值 0.5～0.7mmol/l）；酮体 10mmol/l（正常值：0.02～0.2mmol/l）。该结果提示这名受试者为
A. 已经饥饿 4 天者
B. 已经饥饿 1 个月者
C. 未控制的糖尿病患者
D. 空腹 8～10h 的健康人
E. 进食后 2h 的健康人

9. 普兰林肽（pramlintide）是一种用于降低餐后血糖的胰淀素替代物。胰淀素（amylin）是胰腺 B 细胞分泌的一种肽类激素，也称胰岛淀粉样多肽，当餐后血糖水平升高时，能抑制胰高血糖素的分泌。服用这种药物后，机体组织的代谢改变正确的是
A. 激素敏感性脂肪酶活性升高
B. 糖原磷酸化酶活性升高
C. 肌细胞对葡萄糖的摄取加强
D. 丙酮酸脱氢酶复合体活性降低
E. 糖原合酶活性降低

10. 2 型糖尿病伴肥胖的患者，临床上首选的降糖药物为二甲双胍。下列哪一项在逻辑上符合二甲双胍在肌肉中的作用
A. 减少循环中的葡萄糖摄取
B. 加强脂肪酸氧化
C. 减少脂肪酸氧化
D. 刺激葡萄糖的释放

E. 增强糖异生作用

11. 1 型糖尿病和 2 型糖尿病的主要区别在于

A. 体重

B. 产生胰岛素的能力

C. 血浆低密度脂蛋白水平

D. 血糖水平

E. 血清甘油三酯水平

12. 2 型糖尿病患者,其空腹血糖和糖化血红蛋白（HbA1c）水平控制良好但午餐和晚餐餐后 1h 血糖水平升高明显。他的日常饮食为肉类、土豆、西兰花、牛奶和减肥饮料。这些食物中,哪种对他餐后 1h 血糖水平升高明显负主要责任

A. 肉　　　　B. 土豆　　　　C. 西兰花

D. 牛奶　　　E. 减肥饮料

### 三、B 型选择题

1. 下列哪种代谢途径只在线粒体进行

2. 下列哪种代谢途径只在细胞质溶胶进行

3. 下列哪种代谢途径只在肝细胞的细胞质溶胶和线粒体共同完成

A. 酮体生成　　　　B. 尿素合成

C. 糖原合成　　　　D. 糖异生

E. 脂肪酸的利用

4. 空腹初期,血糖主要来自

5. 短期饥饿时,糖异生的主要原料

6. 长期饥饿时,肌组织的主要能源物质

A. 肝糖原　　　　B. 酮体　　　　C. 氨基酸

D. 甘油　　　　　E. 脂肪酸

### 四、X 型选择题

作用于膜受体的激素有

A. 肾上腺素　　　　B. 甲状腺素

C. 生长激素　　　　D. 胰岛素

E. 胰高血糖素

### 五、名词解释

1. 快速调节

2. 迟缓调节

3. 应激

4. 代谢综合征

### 六、简答题

1. 简述物质代谢的特点。

2. 举例说明代谢调节中的反馈抑制及其意义。

3. 试述体内草酰乙酸在物质代谢中的作用。

### 七、分析论述题

1. 应激状态下机体的典型特征是血糖迅速升高。用物质代谢的三级调节模式说明其血糖升高的生化机制。

2. 有一种氨基酸的 α-酮酸分别参与了糖、尿素、氨基酸、核苷酸代谢。

（1）写出该氨基酸及其 α-酮酸的名称。

（2）如果膳食中长期缺乏该氨基酸,是否会引起机体蛋白质合成障碍？为什么？

（3）简述该氨基酸的 α-酮酸分别在糖、尿素、氨基酸、核苷酸代谢中的作用。

## 参 考 答 案

### 一、A1 型选择题

1. E　2. B　3. C　4. B　5. D　6. C　7. D

8. B　9. D　10. B　11. E　12. C　13. A　14. D

15. C　16. D　17. C　18. D　19. A　20. A　21. E

### 二、A2 型选择题

1. D　2. A　3. D　4. C　5. D　6. D　7. C

8. C　9. C　10. B　11. B　12. B

### 三、B 型选择题

1. A　2. C　3. B　4. A　5. C　6. E

### 四、X 型选择题

ACDE

### 五、名词解释

1. 快速调节:通过改变酶的分子结构,进而改变细胞已有酶的活性来调节酶促反应速度,该类调节较快,故称为快速调节,包括别构调节、化学修饰以及酶原激活。

2. 迟缓调节:通过调节细胞内酶蛋白分子的合成或降解以改变细胞内酶的含量来调节酶促反应速度,一般需数小时或数天才能实现,因此称为迟缓调节或慢速调节。

3. 应激：指人们受到一些特殊的刺激,如创伤、中毒、感染以及情绪剧烈变化等所作出的一系列反应的"紧张状态"。

4. 代谢综合征:是多种代谢成分异常积聚发生在某一个机体的异常病理生理现象,这些异常现象包括：糖尿病或糖调节异常、高血压、血脂紊乱、全身或腹部肥胖、脂肪肝、高胰岛素血症伴胰岛素抵抗、微量白蛋白尿、高纤溶酶原激活抑制物、高尿酸血症等。

### 六、简答题

1. ①整体性:体内各种物质的代谢不是彼此孤立的,而是同时进行的,彼此相互联系、相互转变、相互依存,构成统一的整体；②代谢调节：机体通过调节机制调节物质代谢的强度、方向和速度以适应内外环境的改变；③各组织、器官物质代

谢各具特色；④各种代谢物均具有各自共同的代谢池；⑤ATP 是机体能量利用的共同形式；⑥NADPH 是合成代谢所需的还原当量；⑦代谢途径存在多样性。

2. 反馈抑制调节：指在某一代谢途径中，过量生成的终产物通过对该途径关键酶的活性或表达的抑制达到抑制该代谢途径的调节机制。反馈抑制调节是一种经济有效的代谢调节方式，能有效避免中间产物和终产物的堆积，节省营养物及能量的消耗。例如，①HMG-CoA 还原酶是胆固醇合成的关键酶，当胆固醇在细胞内浓度升高时，胆固醇会反馈抑制 HMG-CoA 还原酶活性，使胆固醇合成减少；当胆固醇水平降低时，这种抑制作用减弱，从而维持胆固醇水平的动态平衡，这种反馈抑制作用，可以防止中间产物及终产物的堆积，以维持机体的正常代谢。②在嘌呤核苷酸合成过程中，其起始阶段的酶 PRPP 合成酶和 PRPP 酰胺转移酶均可被 AMP 和 GMP 反馈抑制。通过对合成速度的精确调节，既满足了机体合成核酸所需的原料，又不会供过于求，以节省营养物及能量的消耗。

3. 草酰乙酸在三羧酸循环中起着催化剂一样的作用，其量决定细胞内三羧酸循环的速度。草酰乙酸主要来源于糖代谢丙酮酸羧化，故糖代谢障碍时，三羧酸循环及脂肪酸的分解代谢将不能顺利进行；草酰乙酸是糖异生的重要代谢物；草酰乙酸与氨基酸代谢及核苷酸代谢有关；草酰乙酸参与了乙酰 CoA 从线粒体转运至细胞质的过程，这与糖转变为脂的过程密切相关；草酰乙酸参与了细胞质内 NADH 转运到线粒体的过程（苹果酸-天冬氨酸穿梭）；草酰乙酸可通过转氨基作用

生成天冬氨酸；草酰乙酸还可以在细胞质中转化生成丙酮酸，然后进入线粒体彻底氧化分解。

## 七、分析论述题

1. （1）物质代谢的三级调节模式是神经水平（整体水平）、激素水平和细胞水平，通常的调节方式是神经水平通过调节激素、激素通过作用于物质代谢途径的关键酶进而发挥调节作用。

（2）在应激状态下，首先是交感神经兴奋，引起相关激素的分泌。主要有肾上腺素等升高血糖激素的分泌增加，而降低血糖激素——胰岛素则分泌减少。

（3）上述激素通过 cAMP-蛋白激酶 A 信号转导途径作用于多种组织细胞，特别是肝中糖原合成和分解途径的关键酶，抑制糖原合酶活性抑制肝糖原合成，提高糖原磷酸化酶活性促使肝糖原分解，使血糖升高。

（4）cAMP-蛋白激酶 A 信号转导途径也可抑制葡萄糖分解过程的关键酶减少葡萄糖分解，增强糖异生途径关键酶活性增加葡萄糖合成及提高脂肪动员的关键酶活性加速脂肪动员。

2. （1）天冬氨酸，草酰乙酸。

（2）不会，因为天冬氨酸是非必需氨基酸。

（3）①糖代谢：为三羧酸循环（或有氧氧化）提供草酰乙酸；②尿素代谢中：作为氨基载体，为尿素分子提供另一个氮元素；③氨基酸代谢中：为天冬氨酸合成提供 α-酮酸；④核苷酸代谢中：为核苷酸从头合成提供氮元素或碳元素。

（蒋　雪）

# 第三篇　遗传信息传递及其调控

遗传信息的流动或传递规律可归纳为中心法则（central dogma），最早由 DNA 双螺旋的发现者 F. Crick 于 1958 年提出，后经补充完善。

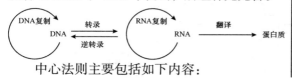

中心法则主要包括如下内容：

1. 遗传信息的传递——DNA 的复制：即遗传信息如何忠实地从亲代传递至子代？
2. 遗传信息的表达——转录和翻译：即遗传信息如何表达为有功能的产物？
3. 中心法则的发展与补充——病毒中的逆转录和 RNA 复制。

# 第十章　DNA 的生物合成

## 学 习 要 求

掌握半保留复制的概念，了解半保留复制的实验证据。了解双向复制、复制起点、复制子的概念。掌握半不连续复制、领头链、后随链和冈崎片段的基本概念。掌握 DNA 复制的原料、复制的基本化学反应。

掌握原核生物（如大肠埃希菌）DNA 聚合酶Ⅰ的作用，了解大肠埃希菌其他 DNA 聚合酶的作用，了解常见的真核生物 DNA 聚合酶及其作用。掌握解旋酶、DNA 拓扑异构酶、单链 DNA 结合蛋白（SSB）、DNA 连接酶、引物酶的作用。

熟悉原核生物 DNA 复制起始区的结构与功能、引发体的概念，了解原核生物复制的延长与终止过程，了解真核生物 DNA 复制过程与原核生物的差异。熟悉端粒的概念、端粒酶的结构与作用，了解端粒的作用、端粒酶参与端粒合成的机制。了解滚环复制等其他复制方式。

掌握逆转录的概念与逆转录酶的作用。了解逆转录的生物学意义。

掌握 DNA 损伤的概念、突变的概念与主要类型。熟悉常见的 DNA 损伤因素、了解突变的生物医学意义。熟悉 DNA 修复的常见方式，熟悉切除修复的基本过程，了解光修复、重组修复、SOS 修复等其他 DNA 损伤修复方式。

## 讲 义 要 点

本章纲要图见图 10-1。
DNA 的生物合成包括基因组 DNA 的复制、逆转录及 DNA 损伤的修复等。

### （一）复制的基本规律

#### 1. 半保留复制是 DNA 复制的基本特征

（1）复制的概念：复制是指遗传信息的传代，即以母链 DNA 为模板合成子链 DNA 的过程。

（2）半保留复制的概念：在 DNA 复制过程中，DNA 双螺旋结构的两条多核苷酸链彼此分开，然后，每条链各自作为模板，在其上分别合成出一条互补链，新形成的两个 DNA 分子（子代 DNA）与原来 DNA 分子（亲代 DNA）的核苷酸序列完全相同。在此过程中，每个子代 DNA 的两条链，一条来自亲代 DNA，另一条链则是新合成的，这种方式称为 DNA 的半保留复制。

（3）半保留复制的实验证据：1958 年由 Meselson 和 Stahl 通过核素示踪实验予以证实。

#### 2. DNA 复制从起始点向两个方向延伸形成双向复制（表 10-1）

（1）复制叉：DNA 双链解开分成两股，各自作为模板，子链沿模板延长所形成的 Y 字形结构。

（2）复制子：是独立完成复制的基本功能单位，每个起始点产生两个移动方向相反的复制叉，复制完成时，复制叉相遇并汇合连接。习惯上把两个相邻起始点之间的距离定为一个复制子。

表 10-1　原核生物与真核生物双向复制的比较

|  | 原核生物 | 真核生物 |
| --- | --- | --- |
| 基因组 DNA | 环状 | 线性 |
| 复制起始点 | 一个 | 多个 |
| 复制子 | 单复制子（复制体） | 多（数以万计） |

#### 3. DNA 的半不连续复制

（1）体内催化 DNA 合成的酶仅有 5′→3′ 方向的 DNA 聚合酶；而 DNA 为两条反向平行的

多核苷酸链构成且复制过程中会保留亲代的一条DNA链。

（2）在同一复制叉上只有一个解链方向。因此，在子链的形成过程中，一条链的合成是连续进行的，称为前导链，其合成方向与解链方向相

同；而另一条子链的合成是不连续、分段合成的，其合成方向与解链方向相反，必须待模板解开至足够的长度后方可合成，称为后随链。

（3）在DNA复制过程中合成后随链时形成的不连续片断，称为冈崎片段。

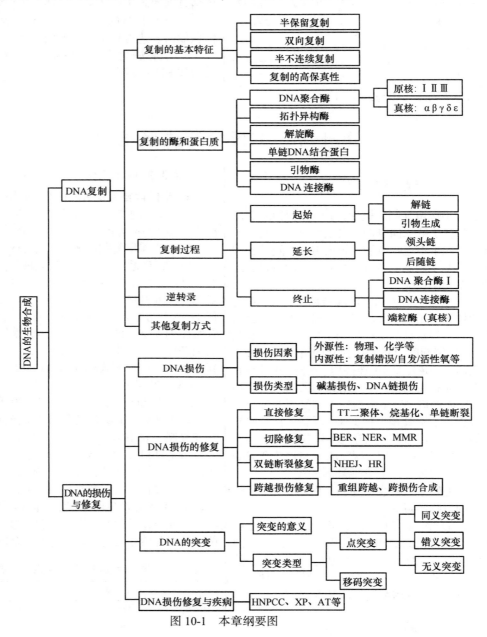

图 10-1　本章纲要图

## （二）DNA 复制的酶学和拓扑学变化

**1. DNA 复制需多种生物分子共同参与**

DNA 复制是在酶催化下的核苷酸聚合过程，需要多种生物分子共同参与。

（1）底物（原料）：4 种 dNTP（dATP、dGTP、dCTP、dTTP）

（2）模板：解开成单链的 DNA 母链

（3）引物：短 RNA 片段，提供 3′-OH 末端，

使 dNTP 可以依次聚合。

（4）酶类及蛋白质：DNA 聚合酶等

## 2. 参与 DNA 复制的酶及蛋白质

（1）DNA 聚合酶：大肠埃希菌 DNA 聚合酶Ⅰ是最早发现的 DNA 聚合酶,其作用见表 10-2。

**表 10-2　大肠埃希菌 DNA 聚合酶Ⅰ的作用**

| 酶活性 | 作用 |
| --- | --- |
| 5′→3′聚合酶活性 | 催化脱氧核苷酸在模板单链上聚合 |
| 5′→3′外切酶活性 | 切除复制过程中的 RNA 引物 |
| 3′→5′外切酶活性 | 校正复制过程中的错误 |

原核生物中共有 3 种 DNA 聚合酶（DNA 聚合酶Ⅰ、Ⅱ、Ⅲ）,常见的真核生物 DNA 聚合酶有 5 种（DNA 聚合酶 α、β、γ、δ、ε）,作用见表 10-3。

**表 10-3　原核生物与真核生物 DNA 聚合酶**

| | 种类 | 作用 |
| --- | --- | --- |
| 原核生物 | DNA 聚合酶Ⅰ | 校正复制错误,填补复制、修复中的空隙 |
| | DNA 聚合酶Ⅱ | 可能参与 DNA 损伤应急状态的修复 |
| | DNA 聚合酶Ⅲ | 其聚合酶活性远高于 DNA-聚合酶Ⅰ,是一个真正的 DNA 复制酶,功能强而又准确,可合成大多数 DNA。 |
| 真核生物 | DNA 聚合酶 α | 起始引发,有引物酶活性 |
| | DNA 聚合酶 β | 参与低保真度的复制 |
| | DNA 聚合酶 γ | 在线粒体 DNA 复制中起催化作用 |
| | DNA 聚合酶 δ | 延长子链的主要酶,有解旋酶活性 |
| | DNA 聚合酶 ε | 填补引物空隙,切除修复、重组 |

用特异的蛋白酶可将 DNA 聚合酶Ⅰ水解为大、小两个片段。

· 小片段：含 323 个氨基酸残基,有 5′→3′外切核酸酶活性。

· 大片段：又称 Klenow 片段,含 604 个氨基酸残基,有 3′→5′外切核酸酶活性和 DNA 聚合酶活性。Klenow 片段是实验室合成 DNA 和进行分子生物学研究中常用的工具酶。

DNA 复制的保真性主要依赖 3 种机制：遵守严格的碱基配对规律；聚合酶在复制延长中对碱基的选择功能；复制出错时有即时校读功能。

（2）DNA 复制所需的其他酶或蛋白质（表 10-4）：DNA 分子的碱基埋在双螺旋内部,因此复制时,需将 DNA 分子解成单链,才能起模板作用。

**表 10-4　DNA 复制所需的其他酶或蛋白质**

| 名称 | 作用 |
| --- | --- |
| 引物酶 | 催化 RNA 引物合成 |
| DNA 连接酶 | 连接 DNA 分子中的单链缺口 |
| 解旋酶 | 解开 DNA 双链 |
| DNA 拓扑异构酶 | 使超螺旋 DNA 松弛,理顺 DNA 链 |
| SSB | 稳定已解开的单链 DNA |

## （三）DNA 生物合成过程

### 1. 原核生物 DNA 的生物合成

（1）复制起始：DNA 解链和 RNA 引物合成。参与大肠埃希菌复制起始的蛋白质及其作用见表 10-5。

**表 10-5　参与大肠埃希菌复制起始的蛋白质及其作用**

| 蛋白质（基因） | 通用名 | 作用 |
| --- | --- | --- |
| DnaA（*dnaA*） | | 辨认起始点 |
| DnaB（*dnaB*） | 解旋酶 | 解开 DNA 双链 |
| DnaC（*dnaC*） | | 协同 DnaB |
| DnaG（*dnaG*） | 引物酶 | 催化 RNA 引物生成 |
| SSB | 单链 DNA 结合蛋白 | 稳定已解开的单链 |
| 拓扑异构酶 | | 理顺 DNA 链 |

1）复制起始点与 DNA 解链

大肠埃希菌有一个固定的复制起始点（表 10-6）。

**表 10-6　大肠埃希菌复制起始点**

| | 结构 | 名称 | 特性 |
| --- | --- | --- | --- |
| oriC | 3 组串联重复序列 | 识别区 | 为 DnaA 所辨认与结合 |
| | 2 对反向重复序列 | 富含 AT 区 | 容易解链 |

参与 DNA 解链的蛋白质主要有 DnaA、DnaB、DnaC,基本过程是：首先,DnaA 蛋白辨认 oriC 的识别区并与富含 AT 区结合,促使 AT 区解链；DnaB/DnaC 使双链 DNA 解开至足够长度,同时逐步置换出 DnaA 蛋白；随后是 SSB 与单链 DNA 结合。

2）引发体与 RNA 引物：含有 DnaB（解旋酶）、DnaC、DnaG（引物酶）和 DNA 复制起始区域的复合结构称为引发体；引发体在模板的适当位置,即可以单链 DNA 为模板,以 NTP（A、G、C、U）为原料,按 5′→3′方向催化一短链 RNA 引物合成。

（2）复制的延长：指在 DNA 聚合酶催化下,4 种 dNTP 以 dNMP 的方式逐个加入至引物或延长中的子链上,其化学本质是 3′, 5′-磷酸二酯键不断生成，DNA 链不断延长的过程。

（3）复制的终止：复制的终止过程见表 10-7。

**表 10-7　原核生物 DNA 复制的终止**

| 基本过程 | 参与的酶及其作用 |
|---|---|
| 去除 RNA 引物 | 核内 RNA 酶 |

续表

| 基本过程 | 参与的酶及其作用 |
|---|---|
| 填补空缺 | DNA 聚合酶 I |
| | 3′→5′外切作用 |
| | 5′→3′聚合作用 |
| 缺口连接 | DNA 连接酶 |

原核生物 DNA 复制的基本过程见图 10-2。

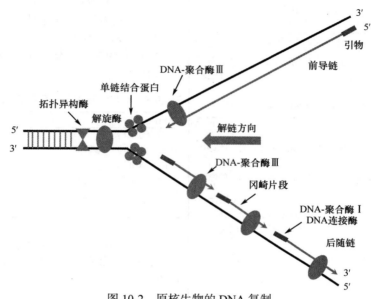

图 10-2　原核生物的 DNA 复制

### 2. 真核生物的 DNA 合成

（1）真核生物的 DNA 复制与原核生物（如大肠埃希菌）基本相似，但也有其自身的特点：①在酵母细胞复制起始点中富含 AT 的核心序列称为自主复制序列（ARS），复制起始点多，呈时序性而非同步性；②需要复制因子（replication factor，如 RFA、RFC）及增殖细胞核抗原（proliferation cell nuclear antigen，PCNA）；③DNA 复制位于细胞周期的 S 期，有相应的蛋白激酶参与调控，蛋白激酶由调节亚基（细胞周期蛋白）和催化亚基（细胞周期蛋白依赖激酶，CDK）构成；④端粒酶维持 DNA 复制的完整性。

（2）真核生物与原核生物 DNA 复制的比较（表 10-8）

**表 10-8　真核生物与原核生物 DNA 复制的比较**

| | 真核生物 | 原核生物 |
|---|---|---|
| 复制起始点 | 很多（可多达千个） | 一个 |
| 复制起始点序列特征 | 富含 AT 序列 | 3 组串联重复序列与 2 对反向重复序列 |

续表

| | 真核生物 | 原核生物 |
|---|---|---|
| 具有引物酶活性 | DNA 聚合酶 α | DnaG |
| 具有解旋酶活性 | DNA 聚合酶 δ | DnaB |
| 引物长度 | 短 | 长 |
| 冈崎片段长度 | 短 | 长 |
| 延长冈崎片段填补空隙 | DNA 聚合酶 ε | DNA 聚合酶 I |
| 主要复制酶 | DNA 聚合酶 δ | DNA 聚合酶 III |
| 复制速度 | 慢 | 快 |
| DNA 损伤修复 | DNA 聚合酶 β | DNA 聚合酶 I |

（3）端粒与端粒酶

1）端粒：是真核生物染色体线性 DNA 分子末端的结构，其序列特征是富含 T、G 短序列的多次重复序列，对维持染色体的稳定性和复制的完整性有重要作用。

2）端粒酶：是一种由 RNA 和蛋白质组成的酶，包括端粒酶 RNA 和端粒酶逆转录酶。端粒酶以其自身携带的 RNA 为模板合成互补链。

## （四）其他 DNA 复制方式

（1）滚环复制：是某些低等生物的复制形式，如 φX174 和 M13 噬菌体等。

（2）D 环复制：是线粒体 DNA 的复制形式。其特点是复制起始点不在双链 DNA 同一位点，内、外环复制有时序差别。

## （五）逆转录

**1. 逆转录的概念**　逆转录也称反转录，是 RNA 指导下的 DNA 合成。即以 RNA 为模板、以 dNTP 为原料，由逆转录酶催化合成 DNA 分子的过程。

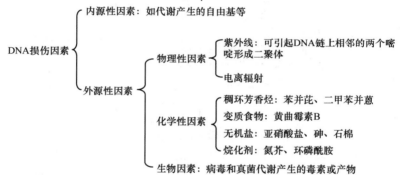

**2. 逆转录过程**　逆转录是 RNA 病毒的复制形式。以逆转录为特征的 RNA 病毒为逆转录病毒，如劳斯肉瘤病毒（RSV）、HIV。逆转录反应包括以下 3 步：①以病毒基因组 RNA 为模板，以 dNTP 为底物，合成一条 cDNA 链，构成 RNA-DNA 杂合分子；②杂化双链中的 RNA 被水解，剩下单链 DNA；③以剩下的单链 DNA 再作模板，合成第二条 DNA 互补链。

**3. 逆转录的生物学意义**

（1）拓展了中心法则的内容：逆转录现象说明在某些生物，RNA 同样具有遗传信息传代和表达的功能。

（2）拓展了病毒致癌的理论：HIV 属 RNA 病毒，具有逆转录功能，是 AIDS 的病原体。

（3）分子生物学研究中，可以利用逆转录酶将真核生物的 mRNA 逆转录为 cDNA。

## （六）DNA 的损伤与修复

**1. DNA 损伤的因素——多种化学或物理因素可诱发突变**

DNA 损伤通常泛指各种体内外因素所导致的 DNA 结构的破坏或异常，常见的 DNA 损伤形式包括 DNA 中碱基的损伤、DNA 链骨架的损伤（如 DNA 单链或双链断裂）、DNA 链内交联或 DNA 与蛋白质的交联、碱基错配（如复制时）等。

**2. DNA 损伤的结果**　绝大多数 DNA 损伤可得到有效修复。若不能得到有效修复，则导致突变（mutation）、疾病发生、衰老乃至死亡。

DNA 损伤和突变实际上是两个完全不同的概念，前者主要侧重于生物化学角度，后者则侧重遗传学角度。DNA 损伤通常泛指各种体内外因素所导致的 DNA 结构的破坏或异常；而 DNA 的突变则通常是指 DNA 碱基序列的改变或异常。细胞内的 DNA 损伤可以被 DNA 修复系统中的酶识别并加以修复，DNA 损伤时其转录和（或）复制处于停滞状态以便及时修复。而 DNA 突变则不能被酶识别且不被修复，DNA 突变后其转录和复制照常进行。

DNA 损伤与突变密切相关，因为 DNA 损伤通常导致 DNA 突变。

遗传学上广义的突变概念还包括细胞或个体遗传性状的改变。

**3. 突变的意义及其类型**

（1）突变的意义：①突变在生物界普遍存在，是进化的分子基础；②只有基因型改变的突变形成 DNA 分子的多态性；③致死性的突变可导致个体、细胞的死亡；④突变是某些疾病的发病基础。

（2）突变的分子类型及其作用

1）碱基替换和点突变——可导致氨基酸的改变

碱基替换是指 DNA 分子上一个或多个碱基对被其他碱基对所替换。

DNA 分子中单一碱基的替换则称点突变，为最常见的突变形式，又可以分为转换和颠换两种形式。转换是指同类碱基之间的互换；颠换是指异类碱基之间的互换。一般而言，颠换比转换导致的遗传后果严重。

若点突变发生在基因的编码区，遗传结果则可能有如下几种情况：

A. 同义突变（synonymous mutation）：突变不引起氨基酸种类的改变，又称沉默突变。突变多发生在遗传密码的第 3 位。

B. 错义突变（missense mutation）：突变引起氨基酸种类的改变。突变多发生在遗传密码的第一位。

C. 无义突变（nonsense mutation）：突变导致编码某种氨基酸的密码子变成了终止密码子，引起肽链合成提前终止。

2）插入和缺失——可造成蛋白质氨基酸排列顺序发生改变

A. 缺失：一个碱基或一段核苷酸链从 DNA 大分子上消失。

B. 插入：原来没有的一个碱基或一段核苷酸链插入到 DNA 大分子中间。

C. 框移突变：插入或缺失如果发生在基因编码区，则会导致三联体密码的阅读方式改变，造成蛋白质氨基酸排列顺序发生改变。

3）重组或重排——常引起遗传、肿瘤等疾病：DNA 分子内较大片断的交换称为重组或重排，如位于 11 号染色体上的 *Hbβ* 基因家族的重排引起地中海贫血。

**4. DNA 损伤的修复**

（1）直接修复系统——利用酶简单地逆转 DNA 损伤：在大肠埃希菌光修复系统中，利用光复合酶，在可见光存在时，可将胸腺嘧啶二聚体分解为原来的非聚合状态，使 DNA 恢复正常结构。

（2）切除修复系统——细胞内最重要和有效的修复方式：依据识别损伤机制的不同，分为碱基切除修复（base excision repair，BER）和核苷酸切除修复（nucleotide excision repair，NER）两种类型。

（3）非同源末端连接和同源重组修复——DNA 双链断裂的修复：DNA 分子的双链断裂是一种致死性最强的损伤。为了防止这种对生物生存造成威胁的损伤，在生物的进化过程中逐渐形成了非同源末端连接（non-homologous end joining，NHEJ）和同源重组（homologous recombination，HR）两种机制来修复这种 DNA 双链断裂的损伤。

（4）损伤跨越修复——DNA 损伤广泛而诱发的复杂反应：当 DNA 双链发生大范围的损伤时，DNA 损伤部位失去了模板作用，或复制叉内 DNA 已发生解链，无法利用互补链作为修复的模板，这将致使修复系统无法通过上述方式进行有效修复。此时，细胞可以诱导应急途径，通过跨过损伤部位先进行复制，再设法修复。根据损伤部位跨越机制的不同，损伤跨越修复（damage bypass repair）又被分为重组跨越（recombinational bypass）和跨损伤合成（translesion synthesis）两种修复类型。

**5. DNA 损伤修复与疾病** DNA 损伤修复缺陷与肿瘤、人类遗传性疾病、衰老及免疫性疾病等有关。

# 中英文专业术语

复制 replication
半保留复制 semiconservative replication
双向复制 bidirectional replication
半不连续复制 semidiscontinuous replication
复制子 replicon
复制起始点 replication origin
冈崎片段 Okazaki fragment
模板 template
引物 primer
Klenow 片段 Klenow fragment
解链酶 helicase
拓扑异构酶 topoisomerase
DNA 连接酶 DNA ligase
引物酶 primase
端粒 telomere
端粒酶 telomerase
逆转录 reverse transcription
逆转录酶 reverse transcriptase
切除修复 excision repairing
突变 mutation
点突变 point mutation
框移突变 frame shift mutation
DNA 聚合酶 DNA polymerase
非同源末端连接 non-homologous end joining, NHEJ
同源重组 homologous recombination

# 练 习 题

## 一、A1 型选择题

1. 合成 DNA 的原料是
A. dAMP/dGMP/dCMP/dTMP
B. dATP/dGTP/dCTP/dTTP
C. dADP/dGDP/dCDP/dTGP

D. ATP/GTP/CTP/UTP

E. AMP/GMP/CMP/UMP

2. DNA 复制时，序列 5′-TAGA-3′将合成下列哪种互补结构

A. 5′-TCTA-3′　　　B. 5′-ATCT-3′

C. 5′-UCUA-3′　　　D. 5′-GCGA-3′

E. 5′-AUCU-3′

3. 关于大肠埃希菌 DNA 聚合酶 I 的叙述正确的是

A. 具有 3′→5′外切核酸酶活性

B. 具有 5′→3′内切核酸酶活性

C. 是唯一参与大肠埃希菌 DNA 复制的聚合酶

D. dUTP 是它的一种作用物

E. 以双股 DNA 为模板

4. 下列对于 DNA 聚合酶Ⅲ描述错误的是

A. 催化脱氧核糖核苷酸连接到早期 DNA 的 5′端

B. 催化脱氧核苷酸连接到引物链上

C. 需 4 种不同的 5′-三磷酸脱氧核苷

D. 可以单链 DNA 为模板

E. 焦磷酸是反应的产物

5. 下列关于原核和真核生物 DNA 复制的描述错误的是

A. 以复制叉定点复制，为双向复制

B. 复制方向为 5′→3′

C. 前导链和后随链都是不连续复制

D. 必有冈崎片段，必须切去引物

E. 最后由 DNA 连接酶连接

6. DNA 连接酶的作用是

A. 使 DNA 形成超螺旋结构

B. 使 DNA 链内缺口的两个末端连接

C. 合成 RNA 引物

D. 将双螺旋解旋

E. 去除引物，填补空缺

7. DNA 连接酶在下列哪一个过程中是不需要的

A. DNA 复制　　　　　B. DNA 修复

C. DNA 断裂和修饰　　D. 制备重组 DNA

E. DNA 复制、修复及重组

8. DNA 以半保留方式进行复制，若一完全被标记的 DNA 分子，置于无放射标记的溶液中复制两代，所产生的 4 个 DNA 分子的放射性状况如何

A. 2 个分子有放射性，2 个分子无放射性

B. 均有放射性

C. 两条链中的半条具有放射性

D. 两条链中的一条具有放射性

E. 均无放射性

9. 下列生物体系信息传递方式中哪一种目前还没有确实证据

A. DNA→DNA　　　　B. DNA→RNA

C. RNA→蛋白质　　　D. 蛋白质→RNA

E. RNA→DNA

10. 与冈崎片段的生成有关的代谢是

A. 逆转录　　　　　　B. 半不连续复制

C. 不对称转录　　　　D. RNA 的剪接

E. 蛋白质的修饰

11. 在 DNA 复制中 RNA 引物的作用是

A. 使 DNA 聚合酶Ⅲ活化

B. 使 DNA 双链解开

C. 提供 5′端作合成新 DNA 链起点

D. 提供 3′-OH 作合成新 DNA 链起点

E. 提供 3′-OH 作合成新 RNA 链起点

12. 端粒酶的性质是一种

A. DNA 聚合酶　　　　　B. RNA 聚合酶

C. DNA 水解酶　　　　　D. 逆转录酶

E. 连接酶

13. 关于 DNA 复制中 DNA 聚合酶的描述，错误的是

A. 底物是 dNTP

B. 必须有 DNA 模板

C. 合成方向只能是 5′→3′

D. 需要 ATP 和 $Mg^{2+}$参与

E. 使 DNA 双链解开

14. 关于大肠埃希菌 DNA 聚合酶Ⅲ的说法，错误的是

A. 催化 dNTP 连接到 DNA 片段的 5′羟基末端

B. 催化 dNTP 连接到引物链上

C. 需要 4 种不同的 dNTP 为作用物

D. 是由多种亚基组成的不对称二聚体

E. 在 DNA 复制中链的延长起主要作用

15. DNA 复制时下列哪一种酶是不需要的

A. DNA 指导的 DNA 聚合酶

B. DNA 指导的 RNA 聚合酶

C. 连接酶

D. RNA 指导的 DNA 聚合酶

E. 解旋酶、拓扑异构酶

16. 冈崎片段是指

A. DNA 模板上的 DNA 片段

B. 后随链上合成的 DNA 片段

C. 前导链上合成的 DNA 片段

D. 引物酶催化合成的 RNA 片段

E. 由 DNA 连接酶合成的 DNA

17. DNA 复制时，不需要下列何种酶的参与

A. DNA 指导的 DNA 聚合酶　　B. DNA 连接酶

C. 拓扑异构酶　　　　　　　　D. 解链酶

E. 限制性内切酶

18. DNA 复制时，子代 DNA 的合成方式是

A. 两条链均为不连续合成
B. 两条链均为连续合成
C. 两条链均为不对称转录合成
D. 两条链均为 5′→3′ 合成
E. 一条链 5′→3′，另一条链 3′→5′ 合成

19. 辨认 DNA 复制起始点主要依靠
A. DNA 聚合酶　　　B. 解链酶
C. 引物酶　　　D. 拓扑异构酶
E. DnaA

20. 关于 DNA 的半不连续合成，错误的说法是
A. 前导链是连续合成的
B. 后随链是不连续合成的
C. 不连续合成的片段是冈崎片段
D. 前导链和后随链合成中各有一半是不连续合成的
E. 后随链的合成迟于前导链的合成

21. 前导链为连续合成，后随链为不连续合成，生命科学家习惯称这种 DNA 复制方式为
A. 全不连续复制　　　B. 全连续复制
C. 全保留复制　　　D. 半不连续复制
E. 以上都不是

22. 比较真核生物与原核生物的 DNA 复制，二者的相同之处是
A. 引物长度较短　　　B. 合成方向是 5′→3′
C. 冈崎片段长度短　　　D. 有多个复制起始点
E. DNA 复制的速度较慢

23. 参与原核 DNA 复制的主要酶是
A. DNA 聚合酶 α　　　B. DNA 聚合酶 Ⅱ
C. DNA 聚合酶 γ　　　D. DNA 聚合酶 δ
E. DNA 聚合酶 Ⅲ

24. 参与原核 DNA 修复合成的 DNA-pol 是
A. DNA 聚合酶 α　　　B. DNA 聚合酶 I
C. DNA 聚合酶 γ　　　D. DNA 聚合酶 δ
E. DNA 聚合酶 Ⅲ

25. 大肠埃希菌对紫外照射形成的损伤所进行的修复是
A. 重组修复　　　B. UvrABC
C. SOS 修复　　　D. DNA 甲基化修饰
E. 端粒酶

26. 减少染色体 DNA 末端区降解和缩短的方式是
A. 重组修复　　　B. UvrABC
C. SOS 修复　　　D. DNA 甲基化修饰
E. 端粒酶

27. 在 DNA 复制中，催化去除引物、补充空隙的酶是
A. 甲基转移酶　　　B. 连接酶
C. 引物酶　　　D. DNA 聚合酶 I

E. 末端转移酶

28. 催化 DNA 中相邻的 5′磷酸基和 3′羟基形成磷酸二酯键的酶是
A. 甲基转移酶　　　B. 连接酶
C. 引物酶　　　D. DNA 聚合酶 I
E. 末端转移酶

29. 在 DNA 复制中，催化合成引物的酶是
A. 甲基转移酶　　　B. 连接酶
C. 引物酶　　　D. DNA 聚合酶 I
E. 末端转移酶

30. 复制许可因子（replication licensing factor）在细胞周期的哪一期被激活
A. $G_1$ 期　　　B. S 期　　　C. $G_2$ 期
D. M 期　　　E. $G_2$/M 期

31. 着色性干皮病是人类的一种遗传性皮肤病，该病的分子基础是
A. 细胞膜通透性缺陷引起迅速失水
B. 在阳光下使温度敏感性转移酶类失活
C. 受紫外线照射诱导了有毒力的前病毒
D. 细胞不能合成类胡萝卜素型化合物
E. DNA 上胸腺嘧啶二聚体的切除修复系统有缺陷

32. 与 DNA 修复过程缺陷有关的疾病是
A. 着色性干皮病　　　B. 卟啉病
C. 黄疸　　　D. 黄嘌呤尿症
E. 痛风

33. 下列关于哺乳动物 DNA 复制特点的描述错误的是
A. RNA 引物较小
B. 冈崎片段较小
C. DNA 聚合酶 α、β、γ 参与
D. 仅有一个复制起点
E. 片段连接时，由 ATP 供给能量

34. DNA 复制需要：（1）DNA 聚合酶 Ⅲ，（2）解链酶（3）DNA 聚合酶 I，（4）引物酶，（5）DNA 连接酶参加，其作用的顺序是：
A. 4，3，1，2，5　　　B. 2，3，4，1，5
C. 4，2，1，5，3　　　D. 4，2，1，3，5
E. 2，4，1，3，5

35. 下列哪种酶具有引物酶和聚合酶的作用
A. DNA 聚合酶 α　　　B. DNA 聚合酶 β
C. DNA 聚合酶 γ　　　D、DNA 聚合酶 δ
E、DNA 聚合酶 ε

36. 关于真核生物 DNA 聚合酶的说法，错误的是
A. DNA 聚合酶 α 有引物酶作用
B. DNA 聚合酶 δ 催化子链的生成
C. DNA 聚合酶 β 催化线粒体 DNA 的生成

D. PCNA 参与 DNA 聚合酶 δ 的催化作用

E. 真核生物 DNA 聚合酶常见有 α、β、γ、δ 和 ε 5 种

**37.** 在原核 DNA 复制中,可与单股 DNA 链结合的是

A. PCNA　　　B. SSB　　　C. DnaA 蛋白

D. CDK2　　　E. CDK1

**38.** 下列哪种突变最可能是致死的

A. 腺嘌呤替换胸腺嘧啶

B. 胞嘧啶替换鸟嘌呤

C. 甲基胞嘧啶替换胞嘧啶

D. 缺失 3 个核苷酸

E. 插入 1 个核苷酸

**39.** DNA 复制过程中产生半不连续复制的原因之一是

A. 2 条子链由不同的 DNA 聚合酶催化合成

B. 2 条子链的合成速度不同

C. DNA 双螺旋结构由两条反向平行的链构成

D. DNA 的两条链间有碱基互补关系

E. 2 条子链由不同的引物酶催化合成引物

**40.** 拓扑异构酶具有

A. 催化 DNA 新链合成

B. 催化 3′, 5′-磷酸二酯键合成

C. 催化复制过程中引物的合成

D. 催化逆转录过程中 RNA 链的水解

E. 催化复制过程中 RNA 引物的水解

**41.** 引发体中不包括的成分是

A. DnaA　　　B. DnaB　　　C. DnaC

D. oriC　　　E. 解旋酶

**42.** 在 DNA 生物合成过程中,PCNA 的作用与哪种原核细胞 DNA 聚合酶或其亚基的作用相当

A. DNA 聚合酶 I

B. DNA 聚合酶 II

C. DNA 聚合酶 III 的 ε 亚基

D. DNA 聚合酶 III 的 β 亚基

E. DNA 聚合酶 III 的 α 亚基

**43.** 下列关于端粒酶与 DNA 聚合酶 α 的描述,错误的是

A. 端粒酶以 RNA 为模板,DNA 聚合酶 α 以 DNA 为模板

B. 二者均以 dNTP 为原料

C. 二者均以 RNA 为引物

D. 二者均催化 3′, 5′-磷酸二酯键合成

E. 二者均存在于真核细胞

**44.** 下列不能催化 3′, 5′-磷酸二酯键合成的酶是

A. 端粒酶　　　　　B. DNA 聚合酶 α

C. DNA 连接酶　　　D. 氨酰-tRNA 合成酶

E. 腺苷酸环化酶

**45.** 关于 DNA 聚合酶 III 的叙述错误的是

A. 有 5′→3′聚合酶活性

B. 有 5′→3′外切酶活性

C. 有 3′→5′外切酶活性

D. 复制延长中催化核苷酸的聚合

E. 由 10 种亚基组成的不对称异源二聚体

**46.** 大肠埃希菌复制起始点的序列特征是

A. 串联重复序列 GC 含量多

B. 串联重复序列 AT 含量多

C. 反向重复序列 GC 含量多

D. 反向重复序列 AT 含量多

E. 碱基组成无明显特征

**47.** 不参与大肠埃希菌 DNA 损伤切除修复的成分是

A. UvrA　　　　B. DNA 连接酶　　　C. dGTP

D. DNA 聚合酶 I　　E. XPA

**48.** 大肠埃希菌 DNA 损伤切除修复中,辨认并结合 DNA 受损部位的是

A. UvrA　　　　B. UvrC　　　　C. XPC

D. 特定内切核酸酶　　　　E. DNA-聚合酶

**49.** 下列疾病中,目前已明确主要由基因点突变引起的是

A. 珠蛋白生成障碍性　　　B. 镰状细胞贫血

C. 着色性干皮病　　　　　D. 糖尿病

E. 痛风

**50.** 哪种酶同时具有这 3 种酶活性:RNA 指导的 DNA 聚合酶活性,DNA 指导的 DNA 聚合酶活性和 RNase H 活性

A. DNA 连接酶　　　　　B. 拓扑异构酶

C. DNA 聚合酶 III　　　　D. DNA 聚合酶 δ

E. 逆转录酶

**51.** DNA 复制的主要方式是

A. 半保留复制　　　　　B. 全保留复制

C. 混合式复制　　　　　D. 不均一复制

E. 以上都不是

**52.** 关于 DNA 复制保真性的叙述错误的是

A. DNA 聚合酶对碱基的选择性

B. DNA 聚合酶 I 的即时校读功能

C. 严格的碱基配对原则

D. DNA 聚合酶对模板的依赖性

E. DNA 聚合酶对模板的高亲和性

**53.** 下列关于 DNA 连接酶的叙述正确的是

A. 促进 DNA 形成超螺旋结构

B. 除去引物,补空缺

C. 合成 RNA 引物

D. 使 DNA 分子内相邻的两个片段连接起来

E. 可直接连接两个断裂的 DNA 片断

54. DNA 连接酶催化的反应需要哪种核苷酸

A. ATP　　B. GTP　　C. CTP　　D. TTP　　E. UTP

55. 引起 DNA 损伤的物理因素中属于非电离辐射的是

A. α 粒子　　　　B. β 粒子　　　　C. x 射线

D. γ 射线　　　　E. 紫外线

56. 下列参与大肠埃希菌 NER 过程的蛋白质是

A. UvrA　　　　B. MutS　　　　C. RecA

D. Ku　　　　　E. LexA

57. 下列能引起移码突变的是

A. 转换同型碱基　　　　B. 颠换异型碱基

C. 点突变　　　　　　　D. 碱基缺失

E. 插入 3 个或 3 的倍数个核苷酸

58. DNA 损伤后切除修复的说法中不正确的是

A. 切除修复包括重组修复及 SOS 修复

B. 修复机制中以切除修复最为重要

C. 切除修复包括糖基化酶起始作用的修复进行正确的合成

D. 切除修复中有 UvrABC 进行的修复

E. 是对 DNA 损伤部位进行切除，随后进行正确的合成

59. 关于紫外线照射引起DNA分子形成的TT二聚体，下列叙述正确的是

A. 并不终止复制

B. 由 DNA 光裂合酶打开 TT 二聚体,恢复 DNA 正常结构

C. 由胸腺嘧啶二聚体酶所催化

D. 由两股互补核苷酸链上胸腺嘧啶之间形成共价键

E. 接移码突变阅读

60. 真核生物 DNA 复制过程中，下列哪项是复制因子 C 的作用

A. 合成 RNA 引物

B. 水解 RNA 引物

C. 解开 DNA 双链

D. 促进 DNA 聚合酶 α/δ 转换

E. 抑制 DNA 聚合酶 α/δ 转换

61. 冈崎片段的生成是由于

A. 真核生物有多个复制起始点

B. 拓扑异构酶的作用

C. RNA 引物合成不足

D. 后随链的复制与解链方向相反

E. DNA 连接酶缺失

62. 关于 RNA 引物，错误的是

A. 以游离 NTP 为原料聚合而成

B. 以 DNA 为模板合成

C. 在复制结束前被切除

D. 由 DNA 聚合酶催化生成

E. 为 DNA 复制提供 3′-OH

63. 真核生物染色体 DNA 复制特点，错误的是

A. 冈崎片段较短

B. 复制呈半不连续性

C. 需 DNA 聚合酶Ⅲ参与

D. 可有多个复制起始点

E. 为半保留复制

64 . 参与 DNA 复制的物质不包括

A. DNA 聚合酶　　　　　　B. 解链酶、拓扑酶

C. 模板、引物　　　　　　D. 光修复酶

E. SSB

65 . 进行 DNA 复制实验时，保留全部 DNA 复制体系成分，但以 DNA 聚合酶Ⅱ代替 DNA 连接酶，试分析可能会出现什么后果

A. DNA 高度缠绕，无法作为模板

B. DNA 被分解成无数片段

C. 无 RNA 引物，复制无法进行

D. 后随链的复制无法完成

E. 冈崎片段生成过量

66. 真核生物的 DNA 生物合成在细胞周期的哪一期进行

A. S 期　　　　　B. M 期　　　　　C. G$_1$ 期

D. G$_2$ 期　　　　E. G$_2$/M 期

## 二、A2 型选择题

1. 患者，男，10 岁，8 年前因面部出现褐色斑点，并伴有皮肤干燥而前来医院就诊。皮肤组织病理检查结果显示：表皮过度角化，棘层不规则增厚，基底层色素增加，血管周边有淋巴细胞浸润。结合临床表现及皮肤组织病理检查结果，诊断为着色性干皮病（xeroderma pigmentosum），有关该病发病的分子基础叙述正确的是

A. Lex A 类蛋白质缺乏

B. *MSH2* 和 *MLH1* 基因缺陷

C. Uvr 类蛋白质缺乏

D. 光复活酶缺陷

E. XP 类基因缺陷

2. 遗传性非息肉性结肠癌( hereditary non-polyposis colorectal cancer，HNPCC 又称林奇综合征，Lynch syndrome ），是一种常染色体显性遗传性疾病，占大肠癌总数的 15%～18%。其遗传学基础为错配修复基因（mismatch repair，MMR）突变。下面哪两种 MMR 基因突变在 HNPPC 的发病中起主要作用

A. *hMSH2*、*hMLH1*　　　　B. *hMSH3*、*hMSH5*

C. *hMSH3*、*hMSH6*　　　　D. *hPMS1*、*hPMS2*

E. *hMSH2*、*hPMS2*

3. DNA 分子中的胞嘧啶碱基（C）以一定的速率自发脱氨基而变成尿嘧啶（U），这样就会造成潜在的碱基突变。因为 U 与 A 配对，子代 DNA 链中有一条链是 U-A 配对，而不是 C-G 配对。但实际上因为体内存在一种 DNA 损伤修复系统可以阻止这种突变的发生。请问这种修复系统的修复酶是哪种

A. 腺嘌呤 DNA 糖苷酶　　B. 鸟嘌呤 DNA 糖苷酶
C. 胞嘧啶 DNA 糖苷酶　　D. 尿嘧啶 DNA 糖苷酶
E. 胸腺嘧啶 DNA 糖苷酶

4. 下图是 DNA 分子的超螺旋和松弛状态电子显微图，主要说明了 DNA 分子具有下列哪种特性

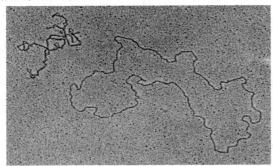

A. 拓扑　　　　　B. 电离　　　　C. 大分子
D. 紫外吸收　　　E. 酸碱性

5. 下面示意图说明了哪种酶对 DNA 的作用

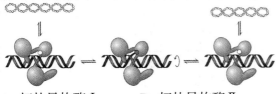

A. 拓扑异构酶 I　　　　　B. 拓扑异构酶 II
C. DNA 聚合酶 I　　　　　D. DNA 聚合酶 II
E. DNA 聚合酶 III

6. 携带有 *BRCA1* 基因突变的女性在 50 岁时会有 60% 的概率患有乳腺癌。*BRCA1* 基因产物在 DNA 双链断裂的损伤修复过程中发挥着重要的作用，如果 BRCA1 蛋白有缺陷或不足，下列哪个过程会受到严重影响

A. 胸腺嘧啶二聚体的去除
B. RNA 引物的去除
C. 同源重组
D. 错配修复
E. 致癌性 DNA 加合物的移除

7. 在某大型公司行政部门工作的一位 38 岁女性收到 1 个包裹后，发现有可疑白色粉末。经分析白色粉末中含有炭疽杆菌。她接受了环丙沙星

（ciprofloxacin，一种喹诺酮类抗生素）的治疗。请问环丙沙星是抑制下面哪种酶的活性而发挥抗菌作用

A. DNA 聚合酶 III
B. DNA 促超螺旋酶（DNA gyrase）
C. 细菌 RNA 聚合酶（bacterial RNA polymerase）
D. 细菌二氢叶酸还原酶（bacterial dihydrofolate reductase）
E. 细菌肽酰转移酶（bacterial peptidyl transferase activity）

8. 组蛋白中赖氨酸残基的乙酰化或去乙酰化可以激活或抑制基因的转录。下列哪种组蛋白最不可能参与这一过程

A. $H_1$　　B. $H_2A$　　C. $H_2B$　　D. $H_3$　　E. $H_4$

9. 患者，男性，48 岁，有长期皮肤癌的病史。在过去的 6 年中，已经从皮肤裸露部位手术切除 30 多个肿物，并被确诊为着色性干皮病，下列哪项是关于该病酶缺陷的最好描述

A. DNA 聚合酶 α
B. DNA 聚合酶 γ
C. RNA 聚合酶 III
D. 切除修复酶（Excision repair enzymes）
E. DNA 链接酶

10. 一双链 DNA 分子在体外含有 DNA 复制所需的酶和有磷-32 标记物（$^{32}P$ labeled compound）的 dNTP 体系中经过连续两次复制，下列关于复制后所得 4 个 DNA 分子放射性分布的描述，正确的是

A. 只有 1 个 DNA 分子没有放射性
B. 只有 1 个 DNA 分子中的 1 股链有放射性
C. 2 个 DNA 分子中的每股链都有放射性
D. 3 个 DNA 分子中的每股链都有放射性
E. 4 个 DNA 分子都有放射性，但每个分子中只有 1 股链有放射性

11. 流感病毒是一类 Vb 病毒，也就是说这类病毒的基因组只含有负链 RNA。当流感病毒进入宿主细胞后，下列哪项是关于负链 RNA 直接参与的活动的最好描述

A. 直接用于编码病毒蛋白
B. 作为模版合成正链病毒 mRNA
C. 作为模版合成病毒 DNA
D. 转变成前病毒
E. 整合到宿主细胞基因组

12. 镰状细胞贫血是一种常染色体隐性基因遗传病，主要症状是贫血。患者血液血红蛋白含量及红细胞含量均减少，血液红细胞表现为镰刀状。关于该病的主要原因叙述正确的是

A. 珠蛋白的 β 基因的第 6 位密码子 GAG（编码谷氨酸）突变为 GTG（编码缬氨酸）

B. 珠蛋白的 β 基因的第 6 位密码子 GTG（编码缬氨酸）突变为 GAG（编码谷氨酸）

C. 珠蛋白的 α 基因的第 6 位密码子 GAG（编码谷氨酸）突变为 GTG（编码缬氨酸）

D. 珠蛋白的 α 基因的第 6 位密码子 GTG（编码缬氨酸）突变为 GAG（编码谷氨酸）

E. 珠蛋白的 β 基因的突变属于移码突变

利用下面遗传密码表回答 13、14 题

|  | T | C | A | G |  |
|---|---|---|---|---|---|
| T | Phe | Ser | Tyr | Cys | T |
|  | Phe | Ser | Tyr | Cys | C |
|  | Leu | Ser | STOR | STOP | A |
|  | Leu | Ser | STOR | Trp | G |
| C | Leu | Pro | His | Arg | T |
|  | Leu | Pro | His | Arg | C |
|  | Leu | Pro | Gln | Arg | A |
|  | Leu | Pro | Gln | Arg | G |
| A | Ile | Thr | Asn | Ser | T |
|  | Ile | Thr | Asn | Ser | C |
|  | Ile | Thr | Lys | Arg | A |
|  | Met | Thr | Lys | Arg | G |
| G | Val | Ala | Asp | Gly | T |
|  | Val | Ala | Asp | Gly | C |
|  | Val | Ala | Glu | Gly | A |
|  | Val | Ala | Glu | Gly | G |

13.

| Phe | Thr | Val | Tyr | Leu | Glv | Met | → | Phe | Thr | Val | STOP |
|---|---|---|---|---|---|---|---|---|---|---|---|
| TTT | ACA | GTT | TAT | CTC | GGG | ATG | | | | | |

A. 错义突变　　　B. 无义突变　　　C. 同义突变

D. 没有突变　　　E. 移码突变

14.

| Phe | Thr | Val | Tyr | Leu | Glv | Met | → | Phe | Thr | Phe | Ile | STOP |
|---|---|---|---|---|---|---|---|---|---|---|---|---|
| TTT | ACA | GTT | TAT | CTC | GGG | ATG | | | | | | |

A. 第 3 个密码子的 G 删除突变

B. 第 2 个密码子的 A 删除突变

C. 在第 2 个与第 3 个密码子之间插入碱基 T 的突变

D. 在第 2 个密码子的 AC 与 C 之间插入 GT 的突变

E. 第 6 个密码子可以继续翻译

15. 一个氨基末端为亮氨酸的 25 肽，其开放阅读框至少应该由多少个核苷酸残基组成

A. 75　　B. 78　　C. 81　　D. 84　　E. 69

16. 5-溴尿嘧啶（5-BrU）进入细胞后最终会产生什么结果

A. 代替 T 参与正在合成的 DNA 中，被 NER 系统识别并修复

B. 代替 T 参与正在合成的 DNA 中，不影响 DNA 序列

C. 代替 T 参与正在合成的 DNA 中，并最终导致

AT 碱基对转换为 GC 碱基对

D. 代替 U 参与正在合成的 DNA 中，被尿嘧啶-DNA 糖苷酶系统识别并

E. 作为碱基类似物插入 DNA 碱基对之间，造成移码突变

17. 将下列 DNA 模板加入含有 DNA 聚合酶、$Mg^{2+}$ 和 4 种 dNTP 的溶液体系中，哪种模版可引发 DNA 的合成反应

A. 单链闭合环状 DNA，包含 1000 个核苷酸

B. 双链闭合环状 DNA，包含 1000 个核苷酸对

C. 单链闭合环状 DNA，包含 1000 个核苷酸，并互补结合一段包含 300 个核苷酸并具有游离的 3′-OH 的单链 DNA

D. 双链线性 DNA，包含 1000 个核苷酸对，两端均有游离的 3′-OH

E. 双链线性 DNA，包含 1000 个核苷酸对，其中一端有游离的 3′-OH

18. 自然环境中，DNA 分子中的胞嘧啶以很低的频率进行着自发的脱氨基化，导致基因突变。如果母代 DNA 分子发生了这种突变，经过 1 次和 2 次复制后，则子代中错配碱基的比例分别是

A. 25%　　25%　　　　　　B. 25%　　50%

C. 50%　　25%　　　　　　D. 50%　　50%

E. 100%　　50%

19. AZT 是一种胸苷类似物，在体内可以转变成相应的 NTP：AZTPP。AZT 目前是治疗 HIV 感染者和 AIDS 患者联合用药的基准药物，下面哪项是该药作用机制的最好描述

A. 抑制病毒蛋白的合成

B. 直接结合 HIV 逆转录酶

C. 阻止病毒多肽链的水解

D. 抑制 HIV 逆转录酶催化 DNA 的合成，造成 HIV DNA 合成的末端终止

E. 抑制病毒整合酶的活性

20. EB 是一种常用的 DNA 染料，可引起 DNA 突变而致癌，其致癌的原因是

A. 作为 DNA 嵌入试剂插入 DNA 碱基对之间，造成移码突变

B. 作为碱基类似物掺入正在复制的 DNA 中，造成突变

C. 与 DNA 紧密结合，影响 DNA 的正常复制

D. 具有很强的细胞毒性，抑制细胞增殖

E. 是 DNA 聚合酶的强抑制剂

21. 一种大肠埃希菌突变株的 Dam 甲基化酶发生突变，导致 GATC 序列不能甲基化，该突变株的错配修复系统将会发生下列哪种情况

A. 能够发生，但不能减少突变频率

B. 能够发生，并将纠正在母链上的碱基

C. 能够发生，并将纠正在子链上的碱基

D. 不能发生，因为错配的碱基不能被识别

E. 与野生型（即没有突变）没有差别

22. 大肠埃希菌中的腺嘌呤脱氨基造成的 DNA 损伤可以由下列哪种修复机制修复

A. 直接修复　　　B. BER　　　C. NER

D. 重组修复　　　E. 易错修复

23. 由于碱基突变使编码半胱氨酸的密码子 TGC 突变为 TGA，这种突变称为

A. 无义突变　　　B. 错义突变

C. 同义突变　　　D. 移码突变

E. 沉默突变

24. 同源重组是产生遗传多样性的一种重要途径。下列关于同源重组的机制哪一个是错误的

A. 分支点的迁移决定交叉的范围

B. DNA 链的断裂并非同源重组所必需

C. 链的侵入需要序列的同源性

D. 霍利迪（Holliday）连接的分离需要 180 度的旋转

E. 重新连接是同源重组的最后一步反应

25. 下列哪种 DNA 聚合酶在 PCNA 存在时进行性（即正在催化的反应）会大大提高

A. DNA 聚合酶 α　　　B. DNA 聚合酶 β

C. DNA 聚合酶 γ　　　D. DNA 聚合酶 δ

E. DNA 聚合酶 ε

26. 大肠埃希菌 E. coi 的 DNA 聚合酶Ⅲ是 DNA 复制过程中链延长的重要的酶，DNA 聚合酶Ⅲ全酶中包含几个 β 亚基

A. 1　　　B. 2　　　C. 3　　　D. 4　　　E. 5

27. 2009 年，凭借"发现端粒和端粒酶是如何保护染色体的"这一成果，伊丽莎白·布莱克本（Elizabeth Blackburn）、卡罗尔·格雷德（Carol Greider）和杰克·邵斯塔克（Jack Szostak）共同获得了当年的诺贝尔生理学或医学奖。下列有关端粒和端粒酶的说法正确的是

A. 端粒是真核生物所特有的富含 GC 碱基对的非种属特异性重复序列

B. 端粒酶负责在真核生物 DNA 的两端（即 5′- 端和 3′- 端）添加端粒序列

C. 端粒酶是一种核糖核蛋白复合物，由 RNA 和蛋白质两部分组成

D. 端粒酶中的 RNA 部分负责催化端粒的合成，具有逆转录酶的活性

E. 端粒酶中的蛋白质部分主要起结构和支撑的作用

28. 顺铂（cisplatin）是临床上用于治疗卵巢癌、前列腺癌、肺癌、食道癌等多种实体肿瘤的化疗药物，下列关于顺铂的说法正确的是

A. 特异性地抑制肿瘤细胞的 DNA 合成

B. 可以导致 DNA 的异常断裂

C. 可以导致 DNA 链的交联

D. 不干扰 DNA 的复制

E. 是细胞周期特异性的药物

29. 假如大肠埃希菌 DNA 聚合酶Ⅰ发生突变，失去 5′→3′ 外切酶活性，推测对大肠埃希菌会产生什么影响

A. 不影响 DNA 的复制，细菌正常生长

B. 后随链上冈崎片段中 RNA 引物无法切除，但细菌可以正常生长

C. 后随链上冈崎片段中 RNA 引物无法切除，最终导致细菌死亡

D. 前导链上冈崎片段中 RNA 引物无法切除，但细菌可以正常生长

E. 前导链上冈崎片段中 RNA 引物无法切除，最终导致细菌死亡

30. 在体外无细胞复制的体系中，如果用 3′-脱氧 dATP 取代 dATP，对 DNA 复制的影响是

A. 3′-脱氧 dATP 将添加在 RNA 引物的 3′端，DNA 复制受阻不受影响

B. 3′-脱氧 dATP 将添加在 RNA 引物的 3′端，导致末端终止，使 DNA 复制受阻

C. 3′-脱氧 dATP 抑制 DNA 聚合酶的活性

D. 3′-脱氧 dATP 抑制 DNA 连接酶的活性

E. 3′-脱氧 dATP 添加在引物的 3′端后，不影响前导链的合成

31. 下列细胞中具有较高端粒酶活性的是

A. 神经细胞　　　B. 心肌细胞　　　C. 红细胞

D. 肿瘤细胞　　　E. 衰老的细胞

32. 原核生物中与 DNA 甲基化修饰无关的过程是

A. SOS 修复　　　　　B. 错配修复

C. DNA 复制起始的调控　　　D. 限制与修饰系统

E. 都相关

三、B 型选择题

1. 原核生物 DNA 复制中子链合成的主要酶是

2. 大肠埃希菌切除修复中合成 DNA 的酶是

3. 真核生物 DNA 合成中延长子链的主要酶是

4. 真核生物中具有起始引发作用并具有引物酶活性的是

5. 线粒体 DNA 复制的酶是

A. DNA 聚合酶 I　　　　B. DNA 聚合酶Ⅲ

C. DNA 聚合酶 α　　　　D. DNA 聚合酶 γ

E. DNA 聚合酶 δ

6. 以 RNA 为模板合成 DNA 的过程是

7. $^{15}$N 及 $^{14}$N 标记大肠埃希菌繁殖传代的实验证明了

8. 前导链与后随链的合成说明 DNA 的复制方式是

9. 减少染色体 DNA 末端区降解和缩短的方式是

10. 发生着色性干皮病相关的缺陷是

A. DNA 的半保留复制

B. DNA 的半不连续复制

C. 逆转录

D. 端粒

E. 切除修复机制

11. 发现 DNA 聚合酶 I 的是

12. 证实 DNA 半保留复制假说的是

13. 发现冈崎片段的是

14. 发现 DNA 聚合酶 III 的是

A. R. D. Kornberg

B. A. Kornberg

C. Matthew Messelson 和 Franklin Stahl

D. Reji Okazaki

E. T. B. Kornberg

15. 参与 BER 的是

16. 在 NER 过程中发挥重要作用的是

17. 参与 DNA 损伤错配修复的是

18. 同时参与重组修复与损伤跨越修复的是

A. RecA 蛋白        B. 光复活酶

C. MLH1        D. UvrA

E. DNA 糖基化酶

**四、X 型选择题**

1. DNA 复制时参与起始的相关蛋白质有

A. DnaA        B. DnaB        C. DnaC

D. SSB        E. LexA

2. DNA 模板可用于

A. 复制        B. 转录        C. 翻译

D. 逆转录        E. PCR

3. 人类 NER 过程中,具有解旋酶活性的是

A. XPA        B. XPB        C. XPC

D. XPD        E. XPG

**五、名词解释**

1. 半保留复制

2. 半不连续复制

3. 前导链

4. 后随链

5. 冈崎片段

6. 逆转录

7. 端粒

8. 点突变

9. 框移突变

10. 切除修复

11. DNA 损伤

12. 重组修复

**六、简答题**

1. DNA 复制的主要特征有哪些?

2. 参与大肠埃希菌 DNA 复制的酶及蛋白质有哪些? 各有什么作用?

3. 写出几种 DNA 生物合成方式的名称及其生物学意义。

4. 在 DNA 复制过程中,子代的两条链为何一条是连续合成而另一条是不连续合成?

5. 有哪些机制保证 DNA 复制的忠实性?

6. 何谓逆转录? 有何生物学意义?

7. 简述逆转录的基本过程。

8. 引起 DNA 损伤的因素有哪些?

9. 简述 DNA 损伤的类型。

10. 简述 DNA 双链断裂的修复机制。

11. DNA 损伤的切除修复有哪几种类型?

12. 何谓突变? 突变有哪些类型?

**七、分析论述题**

比较原核生物与真核生物中 DNA 复制相关酶的种类及其生物学作用。

# 参 考 答 案

**一、A1 型选择题**

| | | | | | | |
|---|---|---|---|---|---|---|
| 1. B | 2. A | 3. A | 4. A | 5. C | 6. B | 7. C |
| 8. A | 9. D | 10. B | 11. D | 12. D | 13. E | 14. A |
| 15. D | 16. B | 17. E | 18. D | 19. E | 20. D | 21. D |
| 22. B | 23. E | 24. B | 25. B | 26. E | 27. D | 28. B |
| 29. C | 30. B | 31. B | 32. A | 33. D | 34. E | 35. A |
| 36. C | 37. B | 38. E | 39. C | 40. B | 41. A | 42. B |
| 43. C | 44. B | 45. B | 46. D | 47. E | 48. A | 49. B |
| 50. E | 51. A | 52. E | 53. D | 54. A | 55. E | 56. A |
| 57. D | 58. A | 59. B | 60. D | 61. D | 62. B | 63. C |
| 64. D | 65. D | 66. A | | | | |

**二、A2 型选择题**

| | | | | | | |
|---|---|---|---|---|---|---|
| 1. E | 2. A | 3. D | 4. A | 5. A | 6. C | 7. B |
| 8. A | 9. D | 10. C | 11. B | 12. A | 13. B | 14. A |
| 15. C | 16. C | 17. C | 18. C | 19. D | 20. A | 21. A |
| 22. B | 23. A | 24. B | 25. D | 26. D | 27. C | 28. C |
| 29. C | 30. B | 31. D | 32. A | | | |

**三、B 型选择题**

| | | | | | | |
|---|---|---|---|---|---|---|
| 1. B | 2. A | 3. E | 4. C | 5. D | 6. C | 7. A |

8. B  9. D  10. E  11. B  12. C  13. D  14. E
15. E  16. D  17. C  18. A

### 四、X 型选择题

1. ABCD  2. ABCE  3. BD

### 五、名词解释

1. 半保留复制：在 DNA 复制过程中，DNA 双螺旋结构的两条多核苷酸链彼此分开，然后，每条链各自作为模板，在其上分别合成出一条互补链，这样，新形成的两个 DNA 分子（子代 DNA）与原来 DNA 分子（亲代 DNA）的核苷酸序列完全相同。在此过程中，每个子代 DNA 的两条链，一条来自亲代 DNA，另一条链则是新合成的，这种方式称为 DNA 的半保留复制。

2. 半不连续复制：由于在同一复制叉上只有一个解链方向。因此，在子链的形成过程中，一条链的合成是连续进行的（前导链），而另一条子链的合成必须待模板解开至足够的长度后才能开始合成，且合成方向与解链方向相反（后随链）。随着解链的不断进行，当有足够长度的模板后，又可开始另一新链的合成。因此，后随链的合成是不连续的，这种合成方式称为半不连续复制。

3. 前导链：在 DNA 复制过程中，以连续方式合成的子链称为前导链，其合成方向与解链方向（或复制方向）相同。

4. 后随链：在 DNA 复制过程中，以不连续方式合成的子链称为后随链，其合成方向与解链方向（或复制方向）相反。

5. 冈崎片段：复制中的不连续片段，称为冈崎片段。

6. 逆转录：以 RNA 为模板合成 DNA 的过程，称为逆转录。

7. 端粒：是真核生物染色体线性 DNA 分子末端的结构，其序列特征是富含 T、G 短序列的多次重复序列。

8. 点突变：是指 DNA 分子中单个碱基的改变，为最常见的突变形式。

9. 框移突变：是指三联体密码的阅读方式改变，造成蛋白质氨基酸排列顺序发生改变。

10. 切除修复：是细胞内最重要和有效的修复方式。其基本过程包括去除损伤的 DNA、填补空隙和连接，使受损 DNA 完全恢复正常结构。

11. DNA 损伤：各种内外因素所导致的 DNA 组成和结构的变化称为 DNA 损伤。

12. 重组修复：是指依靠重组酶系，将一段未受损的 DNA 移到损伤部位，提供正确的模板，进行修复的过程。

### 六、简答题

1. ①半保留复制；②半不连续复制；③双向复制；④复制的高保真性。

2. ①DNA 聚合酶：催化新链 DNA 合成或催化脱氧核苷酸之间的聚合。②引物酶：催化 RNA 引物合成。③解旋酶：解开 DNA 双链。④拓扑异构酶：理顺 DNA 链。⑤SSB：维持 DNA 处于单链状态。⑥DNA 连接酶：连接 DNA 链内缺口。

3. ①DNA 半保留复制，使亲代遗传信息能完整传递给子代；②端粒，维持染色体的稳定性和复制的完整性；③逆转录，某些生物的 RNA 兼有遗传物质的作用；④DNA 损伤修复，恢复遗传物质（DNA）的正常结构，对于保证生物遗传物质（DNA）的稳定性有重要意义。

4. 体内催化 DNA 合成的酶仅有 5′→3′方向的 DNA 聚合酶；DNA 为两条反向平行的多核苷酸链构成且复制过程中会保留亲代的一条 DNA 链；在同一复制叉上只有一个解链方向。

5. 至少依赖 3 种机制：遵守严格的碱基配对规律；DNA 聚合酶在复制延长中对碱基的选择功能；复制出错时有即时的校读功能。

6. 参见讲义要点（五）。
7. 参见讲义要点（五）。
8. 参见讲义要点（六）。
9. 参见讲义要点（六）。
10. 参见讲义要点（六）。
11. 参见讲义要点（六）。
12. 参见讲义要点（六）。

### 七、分析论述题

参见下表：

|  | 原核生物 | 真核生物 |
| --- | --- | --- |
| DNA 聚合酶种类 | DNA 聚合酶Ⅰ、DNA 聚合酶Ⅱ、DNA 聚合酶Ⅲ | DNA 聚合酶α、DNA 聚合酶β、DNA 聚合酶γ、DNA 聚合酶δ、DNA 聚合酶ε |
| 具有引物酶活性 | DnaG | DNA 聚合酶α |
| 具有解旋酶活性 | DnaB | DNA 聚合酶δ |
| 延长子链 | DNA 聚合酶Ⅲ | DNA 聚合酶δ |
| 切除引物 | DNA 聚合酶Ⅰ | 外切核酸酶等 |
| 延长冈崎片段填补空隙 | DNA 聚合酶Ⅰ | DNA 聚合酶ε |
| DNA 损伤的切除修复 | DNA 聚合酶Ⅰ | DNA 聚合酶ε |
| 线粒体 DNA 复制 | — | DNA 聚合酶γ |
| 理顺 DNA 链 | 拓扑异构酶 | 拓扑异构酶 |
| 连接 DNA 链内缺口 | DNA 连接酶 | DNA 连接酶 |

（杨生永）

# 第十一章　RNA 的生物合成

## 学 习 要 求

了解 RNA 生物合成的主要方式。掌握复制与转录的区别。掌握转录的概念及其反应体系，包括模板、原料、酶及其化学反应。熟悉模板链、编码链等基本概念。了解 RNA 聚合酶催化的反应，了解原核生物 RNA 聚合酶的组成、各亚基的作用。了解真核生物 RNA 聚合酶的类型及作用。掌握启动子的概念，熟悉原核生物启动子的结构。

了解原核生物、真核生物转录的基本过程，了解真核生物Ⅱ型启动子的基本特征，了解转录因子的概念。了解原核生物、真核生物 tRNA、rRNA 的加工，了解原核生物 mRNA 加工，熟悉真核生物 mRNA 的加工方式，熟悉断裂基因、外显子、内含子的概念，了解帽子结构、多聚 A 尾，了解选择性剪接、RNA 编辑的概念。了解 RNA 的自我剪接与核酶。

## 讲 义 要 点

本章纲要见图 11-1。

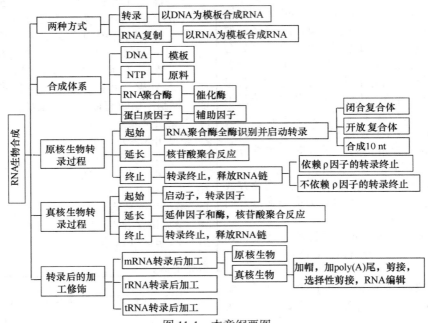

图 11-1　本章纲要图

## （一）RNA 生物合成的主要方式

（1）转录：即以 DNA 为模板合成 RNA，是生物体内的主要合成方式。

（2）RNA 复制：即以 RNA 为模板合成 RNA，常见于病毒。

## （二）转录的概念及其反应体系

**1. 概念及其反应体系**　转录是指以 DNA 双链中的一股单链作为转录模板，以 4 种 NTP 为原料，按照碱基配对原则，由 RNA 聚合酶催化合成 RNA 的过程。

转录的反应体系包括 DNA 模板、4 种 NTP、RNA 聚合酶、某些蛋白质因子等。

**2. 转录的模板**

（1）在复制时，基因组 DNA 全长均需复制。在庞大的基因组中，按细胞不同的发育时序、生存条件和生理需要，只有少部分的基因发生转录。

（2）模板链：DNA 双链中，转录时直接作为模板按照碱基配对规律指导 RNA 合成的一股单链（图 11-2）。

（3）编码链：DNA 双链中，与模板链对应的另一条单链。因其碱基序列与新合成的 RNA 链一致（只是 T 被 U 取代），若转录产物是 mRNA，则可用作蛋白质翻译的模板，按照遗传密码规则进一步决定所合成蛋白质的氨基酸序列，因此称为编码链。

```
5′……GCATTGAATCTGGTC……3′   编码链
3′……CGTAACTTAGACCAG……5′   模板链
              ↓ 转录
5′……GCAUUGAAUCUGGUC……3′   mRNA
              ↓ 翻译
N……Ala Leu Asn Leu Val……C   多肽链
```

图 11-2　DNA 双链的模板链与编码链

### 3. RNA 聚合酶（表 11-1）

**表 11-1　RNA 聚合酶**

| | 原核生物 RNA 聚合酶 | 真核生物 RNA 聚合酶 |
|---|---|---|
| 组成 | 1 种（RNA 聚合酶）；6 个亚基（$\alpha_2\beta\beta'\sigma\omega$） | 3 种：RNA 聚合酶 I、RNA 聚合酶 II、RNA 聚合酶 III |
| 描述 | 全酶（$\alpha_2\beta\beta'\sigma\omega$） | I：位于核仁，合成 45S rRNA |
| | σ 因子：即起始因子，辨认转录起始点 | II：位于核质，合成 hnRNA |
| | 核心酶（$\alpha_2\beta\beta'\omega$）：负责转录延长 | III：位于核质，合成 tRNA、5S rRNA、小 RNA |
| 备注 | 抗结核菌药物利福平专一性结合 β 亚基 | hnRNA：即核不均一 RNA，为 mRNA 的前体 |

### 4. RNA 聚合酶结合到 DNA 的启动子上启动转录

（1）启动子的概念：启动子通常位于基因转录起始位点上游、能够与 RNA 聚合酶和其他转录因子结合进而调节其下游目的基因转录起始和转录效率的一段 DNA 序列。

（2）原核生物启动子的特征

1）−35 bp 处为保守性的 TTGACA 序列，是 RNA 聚合酶的识别位点。

2）−10 bp 处为保守性的 TATAAT 序列，称为普里布诺框（Pribnow box，又称 Pribnow 盒），是 RNA 聚合酶的结合位点。

（3）真核生物启动子的特征：与原核生物相比，真核生物的启动子区域更为复杂。

真核生物有 3 类 RNA 聚合酶，分别使用 3 类不同类型的启动子，转录 3 类不同的基因。其中以 RNA 聚合酶 II 的启动子即 II 型启动子最为复杂，如 RNA 聚合酶 II 转录基因的启动子区域包含转录起始位点附近的保守序列即起始子（initiator, Inr）、起始位点上游约−40bp 处的 TATA 框或称霍格内斯框（Hogness box）、更上游的 CAAT 框、GC 框保守序列及更远端的增强子或沉默子等调控性序列（图 11-3）。参见第十三章基因表达及其调控。

图 11-3　原核生物的启动子及其保守序列

### （三）转录的基本过程

#### 1. 原核生物转录的基本过程（图 13-4）

（1）起始阶段：σ 因子识别 DNA 模板转录起始点 → 全酶结合 → 解链 → 转录开始后 σ 亚基即脱落。

（2）延长阶段：核心酶沿 DNA 模板滑动（5′→3′方向），以 4 种 NTP 为原料。

（3）终止阶段：RNA 聚合酶遇到终止信号，停止转录，转录产物 RNA 链脱落。包括依赖 ρ 因子和不依赖 ρ 因子的转录终止机制。

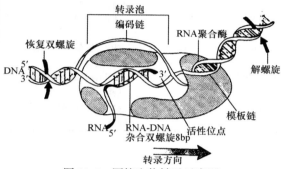

图 11-4　原核生物转录示意图

#### 2. 真核生物转录的基本过程

（1）真核生物与原核生物转录的基本过程和机制大致相同，但更为复杂（表 11-2）。

**表 11-2　原核生物与真核生物转录的不同点**

| 原核生物 | 真核生物 |
|---|---|
| 1 种 RNA 聚合酶 | 3 种。RNA 聚合酶 I、RNA 聚合酶 II、RNA 聚合酶 III |
| 转录过程和机制相对简单　转录和翻译同步进行 | 更为复杂，需要多种转录因子参与　转录与翻译分别在细胞核与细胞质进行 |
| tRNA 和 rRNA 转录后需加工修饰 | tRNA 和 rRNA 转录后需加工修饰　mRNA 需要复杂的转录后加工修饰 |
| mRNA 一般不需要转录后的加工修饰 | |

（2）真核生物有 3 种 RNA 聚合酶（I、II 和 III），分别使用 3 种不同类型的启动子，转录不同类型的基因。其中，RNA 聚合酶 II 负责几乎所有蛋白质编码基因的转录，涉及基因种类繁多且其转录水平在细胞内受到精确地控制，故其转录过程非常复杂（表 11-3）。

1）起始阶段：RNA 聚合酶 II 识别的启动子为 II 启动子。II 型启动子组成较为复杂，可以大致分为核心启动子、近端启动子和远端启动子 3 个区域。RNA 聚合酶 II 识别使用的典型的核心启动子中常见的保守性序列组件有 TF II B 识别组件、

TATA 框、起始序列/起始子和下游启动子组件。

转录因子是指直接结合或间接作用于基因启动子、形成具有 RNA 聚合酶活性的动态转录复合体的蛋白质因子，包括通用转录因子、特异性转录因子等（图 11-5）。

**表 11-3　参与 RNA 聚合酶 Ⅱ 转录起始的 TF Ⅱ**

| 转录因子 | 亚基数量 | 分子质量（kDa） | 功能 |
|---|---|---|---|
| TFⅡD | TBP（1） | 38 | 结合 TATA 框 |
| | TAF（11） | | 辅助 TBP-DNA 结合；识别其他核心启动子序列元件 |
| TFⅡA | 3 | 11，19，35 | 稳定 TFⅡB 和 TBP 与启动子的结合 |
| TFⅡB | 1 | 35 | 结合 TBP；招募 RNA 聚合酶Ⅱ-TFⅡF 复合物 |
| TFⅡE | 2 | 34，57 | 招募 TFⅡH；具有 ATP 酶和解旋酶活性 |
| TFⅡF | 2 | 30，74 | 与 RNA 聚合酶Ⅱ紧密结合；与 TFⅡB 结合 |

续表

| 转录因子 | 亚基数量 | 分子质量（kDa） | 功能 |
|---|---|---|---|
| TFⅡH | 11 | 35～89 | 解开启动子区 DNA 双螺旋（解旋酶活性）；使 RNA 聚合酶Ⅱ的 CTD 磷酸化（激酶活性）；招募核苷酸切除修复蛋白 |

2）延长阶段：RNA 聚合酶Ⅱ脱落其大部分起始因子如通用转录因子和中介蛋白，取而代之的是延长因子和 RNA 加工酶或因子。这些因子或酶在延长阶段被先后依序招募至 RNA 聚合酶Ⅱ大亚基羧基端的 CTD 尾巴上。

3）终止阶段：真核生物 RNA 聚合酶Ⅱ的转录终止与其 3′端多聚腺苷酸化加工修饰紧密偶联。一个基因的末端会有一段特殊的保守性 AAUAAA 序列。参与转录终止和多聚腺苷酸化加工修饰的酶和蛋白质因子包括切割和聚腺苷酸化特异因子、切割刺激因子及多聚腺苷酸聚合酶等。

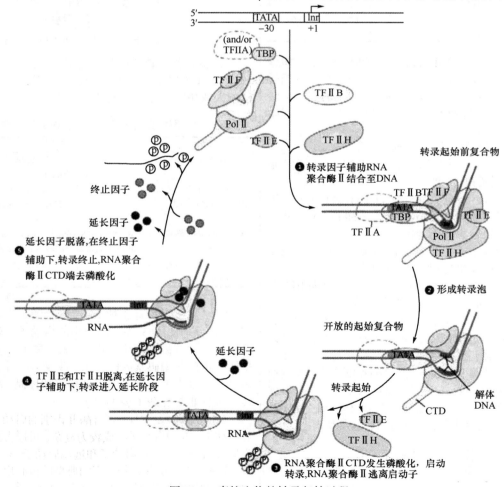

图 11-5　真核生物的转录起始过程

## （四）转录后的加工修饰

**1. 原核生物与真核生物转录后的加工修饰**（表 11-4）

**表 11-4　原核生物与真核生物转录后的加工修饰**

| | 原核生物 | 真核生物 |
|---|---|---|
| mRNA | 边转录边翻译,一般不需加工 | 首、尾修饰:5′帽子和 3′-Poly（A）尾巴结构 |
| | | 剪接:剪除"内含子",连接"外显子" |
| | | 选择性剪接和 RNA 编辑 |
| tRNA | 切去两端及中间, 3′端加—CCA 序列 | 与原核生物类似 |
| | 核苷修饰（甲基化等）→稀有碱基 | |

续表

| | 原核生物 | 真核生物 |
|---|---|---|
| rRNA | 30S 前体 →16S、23S、5S rRNA、tRNA | 45 S 前体→28 S、5.8 S、18 S rRNA |

**2. 真核生物 mRNA 转录后的加工修饰**　真核生物的 mRNA 前体，也称 hnRNA 或初级 mRNA 转录体，在转录后需要 5′端和 3′端的修饰即首、尾修饰，以及剪接加工，才能成为成熟的 mRNA，进而被转运至核糖体，指导蛋白质合成。例如，卵清蛋白基因的转录及其加工修饰过程，见图 11-6。

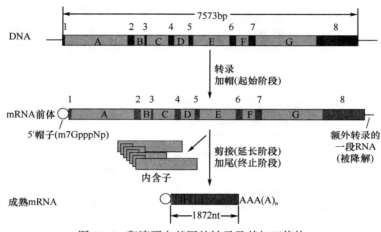

图 11-6　卵清蛋白基因的转录及其加工修饰

（1）5′端加帽子结构：指在 mRNA 的 5′起始端加上 7- 甲基鸟嘌呤的帽子结构，即 7mGppppmN。该结构不仅可保护 mRNA 避免受细胞内核酸酶的降解，而且在随后招募核糖体并继而启动翻译的过程中也具有重要作用。

（2）3′端加多聚腺苷酸尾：指在 mRNA 的 3′端加上多聚腺苷酸 Poly（A）尾巴，长度为 80～250 个核苷酸，和转录终止同时进行。Poly（A）的长短和有无可能是维持 mRNA 作为模板的活性及增加 mRNA 本身稳定性的重要因素。

（3）mRNA 前体的剪接：即剪除"内含子"，连接"外显子"。

1）真核生物基因的断裂性特点及断裂基因：真核生物基因，大多具有明显的断裂性特点，由若干外显子（被转录并呈现在 RNA 终产物上）和内含子序列（仅呈现在 RNA 初级产物上并被除去）交替排列组成，因此称为断裂基因（split

gene）。

2）内含子：真核生物断裂基因中被转录的、但在转录后加工剪接时被除去的 DNA 片段。

3）外显子：真核生物断裂基因中被转录的、在转录后加工剪接时被保留并最终呈现于成熟 RNA 中的 DNA 片段。

4）mRNA 剪接：是指去除 mRNA 前体即初级转录产物上和内含子对应的序列，把外显子对应的序列连接为成熟 mRNA 的过程。

5）剪接加工机制：mRNA 前体中内含子序列与外显子序列的邻接区域的序列非常保守，以 GU 为开始，以 AG 结束，称为"GU-AG 剪接规则"。U 系 snRNA 参与，与核内蛋白质形成剪接体；2 次转酯反应。

（4）选择性剪接：也叫可变剪接（alternative splicing），是指从一个 mRNA 前体通过不同的剪接方式（主要是选择不同的剪接位点组合）产生不同的 mRNA 剪接变体的过程。

mRNA 前体的选择性剪接极大地增加了 mRNA 和蛋白质的多样性以及基因表达的复杂程度，如降钙素基因的选择性剪接。

（5）RNA 编辑（RNA editing）：是指在初级转录物上增加、删除或置换某些核苷酸而在 RNA 水平上使遗传信息发生改变的过程，如 *apoB* 基因。

## （五）复制和转录小结

复制和转录的比较参见表 11-5。

### 表 11-5 复制与转录的比较

| | 复制 | 转录 |
|---|---|---|
| 定义 | 以 DNA 为模板合成 DNA 的过程 | 以 DNA 为模板合成 RNA 的过程 |
| 相同点 | （1）都是酶促的核苷酸聚合过程 | （5）核苷酸之间都以磷酸二酯键相连 |
| | （2）都是以 DNA 为模板 | （6）都服从碱基配对规则 |
| | （3）都是以核苷酸为原料 | （7）产物都是很长的多核苷酸链 |
| | （4）合成方向都是 5′→3′ | |
| 不同点 | （1）模板：DNA 两股单链都可作为模板 | ①模板：模板链转录 |
| | （2）原料：4 种 dNTP（dATP、dGTP、dCTP、dTTP） | ②原料：4 种 NTP（ATP、GTP、CTP、UTP） |
| | （3）配对：A=T、G≡C | ③配对：A=T、A=U、G≡C |
| | （4）酶：DNA 聚合酶、拓扑异构酶、DNA 连接酶等 | ④酶：RNA 聚合酶 |
| | （5）产物：子代双链 DNA | ⑤产物：mRNA、tRNA、rRNA、小 RNA |
| | （6）引物：需要短 RNA 片段作为引物 | ⑥引物：不需引物 |
| | （7）方式：半保留复制、双向复制、半不连续复制 | |

# 中英文专业术语

模板链　template strand
编码链　coding strand
RNA 聚合酶　RNA polymerase，RNA pol
核心酶　core enzyme
全酶　holoenzyme
利福平　rifampicin
转录起始位点　transcription start site，TSS
核不均一 RNA　heterogeneous nuclear RNA，hnRNA
启动子　promoter
操纵子　operon
转录泡　transcription bubble
放线菌素 D　actinomycin D

起始子　initiator
终止子　terminator
转录因子　transcription factor
TATA 结合蛋白　TATA binding protein，TBP
TBP 相关因子　TBP associated factor，TAF
外显子　exon
内含子　intron
剪切　cleavage
剪接　splicing
断裂基因　split gene
选择性剪接　alternative splicing
RNA 编辑　RNA editing

# 练 习 题

## 一、A1 型选择题

1. 关于 RNA 生物合成的正确叙述是
A. 逆转录属于 RNA 生物合成
B. 转录不属于 RNA 生物合成
C. RNA 生物合成仅是指以 DNA 为模板合成 RNA
D. RNA 生物合成仅是指以 RNA 为模板合成 RNA
E. RNA 的复制也属于 RNA 生物合成

2. 关于转录的正确叙述是
A. 转录过程需要引物
B. 转录模板是 DNA 双链中的两条链
C. 转录所需的原料为 dNTP
D. RNA 新链是沿 5′→3′ 方向合成
E. 转录在细胞质中进行

3. ★下列关于转录作用的叙述，正确的是
A. 以 RNA 为模板合成 cDNA
B. 以 4 种 dNTP 为原料
C. 合成反应的方向为 3′→5′
D. 转录起始不需要引物参加

4. 关于复制和转录的错误叙述是
A. 均涉及磷酸二酯键的形成
B. 均以 DNA 分子作为模板
C. 都遵从碱基配对规律
D. 新链合成的方向均是沿 5′→3′ 方向合成
E. 都以 NTP 作为原料

5. ★RNA 转录与 DNA 复制中的不同点是
A. 遗传信息储存于碱基排列的顺序中
B. 新生链的合成以碱基配对的原则进行
C. 合成方向为 5′→3′
D. RNA 聚合酶缺乏校正功能

6. 关于转录的 DNA 模板的错误叙述是

A. DNA 双链中的一条链成为模板链，另一条链为编码链

B. DNA 的两条链同时作为模板合成互补的 RNA 新链

C. 模板链和 RNA 产物的序列互补

D. 编码链和 RNA 产物的序列基本一致

E. 模板链和编码链是反向互补的

7. ★在 DNA 双链中，能够转录生成 RNA 的核酸链是

A. 领头链　　　　B. 编码链

C. 随从链　　　　D. 模板链

8. 假定 DNA 的模板链序列为 5′-AATCGTGAT-3′，由此转录合成的 mRNA 序列应为

A. 5′-ATCACGATT-3′　　B. 5′-AUCACGAUU-3′

C. 5′-AAUCGUGAU-3′　　D. 5′-AATCGTGAT-3′

E. 5′-UUAGCGCUA-3′

9. 关于基因启动子的正确叙述是

A. 起始密码子附近的 mRNA 序列

B. 翻译起始位点附近的 mRNA 序列

C. 转录起始位点附近能够与 RNA 聚合酶结合并调节转录的一段 DNA 模板序列

D. 远离结构基因且能增强或减弱基因转录的一段 DNA 模板序列

E. 内含子序列

10. ★以 5′-ACTAGTCAG-3′（DNA 链）为模板合成相应 mRNA 链的核苷酸序列为

A. 5′-TGATCAGCA-3′　　B. 5′-UGAUCAGUC-3′

C. 5′-CUGACUAGU-3′　　D. 5′-CTGACTAGT-3′

E. 5′-CAGCUGACU-3′

11. 能特异性地抑制原核生物 RNA 聚合酶的是

A. 鹅膏蕈碱　　　B. 青霉素　　C. 利福平

D. 氯霉素　　　　E. 链霉素

12. 转录过程中需要的原料是

A. ATP、GTP、TTP、CTP

B. ATP、GTP、UTP、CTP

C. dATP、dGTP、dTTP、dCTP

D. dATP、dGTP、dUTP、dCTP

E. ADP、GDP、TDP、CDP

13. 有关复制和转录的正确叙述是

A. 核苷酸之间都是通过磷酸二酯键相连

B. 合成起始均需要引物参与

C. 底物都是 4 种 NTP

D. 合成产物都不需要加工修饰

E. 合成方式均为半保留合成

14. 原核生物 RNA 聚合酶中，哪 1 个亚基主要负责转录起始

A. α 亚基　　　　B. β 亚基　　　　C. β′亚基

D. σ 亚基　　　　E. ω 亚基

15. 利福平能专一地作用于原核生物 RNA 聚合酶的哪一个亚基

A. α 亚基　　　　B. β 亚基　　　　C. β′亚基

D. σ 亚基　　　　E. ω 亚基

16. hnRNA 是由哪种酶催化合成的

A. RNA 聚合酶Ⅰ　　　　B. RNA 聚合酶Ⅱ

C. RNA 聚合酶Ⅲ　　　　D. 逆转录酶

E. 核酶

17. 关于 hnRNA 的叙述错误的是

A. 含有与外显子对应的序列

B. 含有与内含子对应的序列

C. 是初级转录产物，mRNA 的前体

D. 需要经过复杂的加工修饰过程

E. 由原核生物 RNA 聚合酶催化合成

18. ★真核生物 RNA 聚合酶Ⅱ的作用是

A. 合成 45S rRNA　　　　B. 合成 hnRNA

C. 合成 5S rRNA　　　　D. 合成 tRNA

19. ★真核生物 RNA 聚合酶Ⅰ转录后可产生的是

A. hnRNA　　　B. 45S rRNA　　　C. tRNA

D. 5S rRNA　　　E. Sn-RNA

20. 关于 mRNA 的加工修饰，叙述错误的是

A. 真核生物的 mRNA 需要经过复杂的加工修饰过程

B. 在原核生物，边转录边翻译，一般无须加工修饰

C. 真核生物的 mRNA 前体即 hnRNA

D. RNA 编辑也是一种 mRNA 加工修饰方式

E. 真核生物 mRNA 的帽子和 Poly（A）尾结构的作用不大

21. 真核生物 mRNA 转录后的加工修饰不包括

A. 5′端加帽子结构

B. 3′端加 Poly（A）尾

C. 3′端加 CCA 尾

D. 切除相应的内含子序列

E. 连接相应的外显子序列

22. 关于外显子的叙述错误的是

A. 外显子序列中含有大量的稀有碱基

B. 外显子是真核生物断裂基因中的片段

C. 外显子被转录

D. 成熟的 mRNA 中含有与外显子对应的序列

E. hnRNA 中含有与外显子对应的序列

23. 关于内含子的叙述错误的是

A. 内含子序列在加工修饰过程中被除去

B. 内含子是真核生物断裂基因中的片段

C. 内含子被转录

D. 成熟的 mRNA 中不含有与内含子对应的序列

E. hnRNA 中不含有与内含子对应的序列

24. 关于 mRNA 的帽子和 Poly（A）尾结构，叙述错误的是

A. 真核生物的 mRNA 含有帽子和 Poly（A）尾结构

B. 原核生物的 mRNA 没有帽子和 Poly（A）尾结构

C. 真核生物的 hnRNA 含有帽子和 Poly（A）尾结构

D. 可保护 mRNA 免受核酸酶的降解

E. 可控制翻译的速率

25. 关于 tRNA 的加工修饰，叙述正确的是

A. 不需要进行加工修饰

B. 需要加上帽子和 Poly（A）尾结构

C. 经加工修饰生成较多的稀有碱基

D. hnRNA 是 tRNA 的前体

E. 去除内含子，连接外显子

26. 真核生物的 45S rRNA 经加工修饰后可生成

A. 5.8S、18S 和 28S 3 种 rRNA

B. 5S、18S 和 28S 3 种 rRNA

C. 5.8S、16S 和 23S 3 种 rRNA

D. 5.8S、18S 和 23S 3 种 rRNA

E. 5S、5.8S、18S 和 28S 4 种 rRNA

27. 关于原核生物和真核生物的转录区别，下列哪一点是不同的

A. 转录延长的方向

B. 转录所需的底物

C. 转录与翻译是否同时进行

D. 转录是否需要引物

E. 转录的碱基配对原则

28. 转录延长时，RNA 聚合酶全酶组分中的 σ 亚基

A. 作为终止因子在转录终止时起作用

B. 随全酶在模板上滑动前移

C. 转录起始完成后从全酶中脱落

D. 合成转录所需的引物

E. 转录延长所必需

29. ★原核生物中识别 DNA 模板转录起始位点的亚基是

A. RNA 聚合酶的 α 亚基

B. RNA 聚合酶的 σ 因子

C. RNA 聚合酶的 β 亚基

D. RNA 聚合酶的 β′亚基

30. ★原核生物中决定转录基因类型的亚基是

A. RNA 聚合酶的 α 亚基

B. RNA 聚合酶的 σ 因子

C. RNA 聚合酶的 β 亚基

D. RNA 聚合酶的 β′亚基

31. 原核生物转录过程中，ρ 因子的主要作用是

A. 参加转录的起始过程

B. 参加转录的延长过程

C. 参加转录的终止过程

D. 负责合成转录所需的底物

E. 辨认转录起始位点

32. 在转录过程中，涉及的碱基配对方式有

A. 仅 A/T、G/C 配对方式

B. 仅 A/U、G/C 配对方式

C. A/T、A/U、G/C 配对方式

D. A/G、A/U、G/C 配对方式

E. A/G、A/U、T/C 配对方式

33. 真核基因转录因子 TFⅠ、TFⅡ和 TFⅢ的命名依据是

A. 按照其发现的先后顺序

B. 转录因子包含的亚基种类

C. 按照其包含的亚基数量

D. 根据其和真核生物 3 种 RNA 聚合酶的对应关系

E. 随机命名

34. TATA 框是

A. 能和 RNA 聚合酶结合

B. 真核生物基因的转录起始位点

C. 真核生物基因的翻译起始位点

D. 真核生物基因启动子区域中常见的保守序列

E. 原核生物基因启动子区域中常见的保守序列

35. ▲原核生物中识别 DNA 模板上转录起始位点的是

A. RNA 聚合酶的核心酶

B. RNA 聚合酶的 σ 因子

C. RNA 聚合酶的 α 亚基

D. RNA 聚合酶的 β 亚基

E. ρ 因子

36. ▲真核生物转录生成的 mRNA 前体的加工过程不包括

A. 5′端加帽          B. 3′端加多聚（A）尾

C. 甲基化修饰        D. 磷酸化修饰

E. 剪接去除内含子并连接外显子

37. ▲DNA 分子上能够被 RNA 聚合酶特异性结合的部位为

A. 外显子      B. 增强子      C. 密码子

D. 终止子      E. 启动子

38. 真核生物的转录起始阶段，需要形成转录前起始复合物（PIC），它是

A. RNA 聚合酶与转录产物 RNA 形成的复合物

B. 仅由 RNA 聚合酶和 DNA 模板形成的复合物

C. 多种转录因子与 RNA 聚合酶和 DNA 模板形成的复合物

D. 多种转录因子与 RNA 聚合酶和转录产物 RNA 形成的复合物

E. 多种转录因子与转录产物 RNA 形成的复合物

**39.** 关于 Pribnow 盒，叙述正确的是

A. 其保守序列为 TATAAT

B. 原核生物的 RNA 聚合酶能与其结合

C. 是原核生物基因转录起始位点上游的一段高度保守性序列

D. 是原核生物基因启动子区域中的一段高度保守性序列

E. 以上叙述均正确

**40.** 关于核酶，叙述正确的是

A. 能水解核酸的酶

B. 具有催化作用的 RNA

C. 其化学本质是 DNA

D. 位于细胞核中的酶的统称

E. 位于核仁中的酶的统称

**41.** 哪个转录因子识别并结合真核生物基因核心启动子区 TATA 框

A. TFⅡB B. TFⅡD 和 TFⅡE

C. TFⅡE 和 TFⅡF D. TFⅡD

E. TFⅠD

**42.** mRNA 是由哪个聚合酶转录合成

A. RNA 聚合酶Ⅰ

B. RNA 聚合酶Ⅱ

C. RNA 聚合酶Ⅰ和 RNA 聚合酶Ⅱ

D. RNA 聚合酶Ⅲ

E. RNA 聚合酶Ⅳ

**43.** 哪个 rRNA 都存在于原核生物和真核生物核糖体中

A. 5.8S RNA B. 16S RNA

C. 5S RNA D. 28S RNA

E. 26S RNA

**44.** 哪个 mRNA 含有 Poly（A）尾

A. 大肠埃希菌限制性内切酶

B. 细菌 α 水解酶

C. 人类胰岛素

D. 噬菌体 DNA 连接酶

E. 病毒膜蛋白

**45.** RNA 聚合酶Ⅱ识别启动子区的保守序列包括

A. TFⅡB

B. TATA 框

C. TATA 框和 GC 框

D. TATA 框和 CAAT 框

E. TATA 框，CAAT 框，和 GC 框

**46.** rRNA 是由（　）转录的。

A. 仅 RNA 聚合酶Ⅰ

B. 仅 RNA 聚合酶Ⅱ

C. 仅 RNA 聚合酶Ⅲ

D. RNA 聚合酶Ⅰ或 RNA 聚合酶Ⅲ

E. RNA 聚合酶Ⅱ或 RNA 聚合酶Ⅲ

**47.** 真核生物 mRNA 转录到达一个基因的末端时，会遇到一段特殊的保守性序列，从而引发转录终止和 3′端多聚腺苷酸化加工修饰。该段保守型序列是

A. TAUAAA B. AAUAAA

C. TATAAA D. GU…A…AG

E. TATA

**48.** 逆转录病毒复制是通过（　）介导的。

A. RNA B. DNA C. mRNA

D. rDNA E. tDNA

**49.** 许多菌类是剧毒的，或者含有一些化学物质，从而引起疾病。例如，有毒蘑菇（*Amanita phalloides*）含有

A. γ-羟基丁酸 B. β-胡萝卜素

C. 白喉毒素 D. α-鹅膏蕈碱

E. 利福平

**50.** 原核生物 RNA 聚合酶全酶识别（　）保守序列，进而启动转录。

A. –10 区和–35 区 B. 只识别–10 区

C. 只识别–35 区 D. 识别 CAAT 区

E. 识别 TATA 区，CAAT 区和 GC 富含区

**51.** 哪个聚合酶对α-鹅膏蕈碱（α-amanitin）最敏感？

A. 仅 RNA 聚合酶Ⅰ

B. 仅 RNA 聚合酶Ⅱ

C. 仅 RNA 聚合酶Ⅲ

D. RNA 聚合酶Ⅱ和 RNA 聚合酶Ⅲ

E. RNA 聚合酶Ⅰ和 RNA 聚合酶Ⅲ

**52.** 放线菌素 D（actinomycin D）是一种多肽类抗生素，能抑制（　）的延长。

A. 仅原核生物的 RNA 链

B. 仅真核生物的 RNA 链

C. 原核生物和真核生物的 RNA 链

D. 原核生物和真核生物的肽链

E. 仅原核生物的肽链

**53.** 如果一个 mRNA 携带了多个基因的编码信息，这个 mRNA 被称为（　）mRNA。

A. 多顺反子 B. 单顺反子

C. 内含子 D. 顺反子

E. 外显子

**54.** ★基因启动子是指

A. 编码 mRNA 的 DNA 序列的第一外显子
B. 开始转录生成 RNA 的那段 DNA 序列
C. 阻遏蛋白结合的 DNA 序列
D. RNA 聚合酶最初与 DNA 结合的那段 DNA 序列

55. ★原核生物转录起始点上游 10 区的一致性序列是
A. Pribnow 框　　　B. GC 框
C. UAA　　　D. TTATTT

56. ★TFⅡD 的结合位点是
A. TATA 框　　　B. GC 框
C. CAAT 框　　　D. CCAAT 框

57. ★转录因子 Sp1 的结合位点是
A. TATA 框　　　B. GC 框
C. CAAT 框　　　D. CCAAT 框

58. ★hnRNA 转变成 mRNA 的过程是
A. 转录起始　　　B. 转录终止
C. 转录后加工　　　D. 翻译起始

59. ★下列 RNA 中，参与形成小分子核糖体的是
A. hnRNA　　　B. mRNA
C. snRNA　　　D. tRNA

60. ★含有稀有碱基最多的 RNA 是
A. rRNA　　　B. mRNA　　　C. tRNA
D. hnRNA　　　E. snRNA

61. ★既含有内含子又含有外显子的 RNA 是
A. 不被转录的序列
B. 被转录但不被翻译的序列
C. 二者都是
D. 二者均不是

62. ★DNA 上的内含子（intron）是指
A. 不被转录的序列
B. 被转录但不被翻译的序列
C. 二者都是
D. 二者均不是

63. ★DNA 上的外显子（exon）是指
A. 不被转录的序列
B. 被转录但不被翻译的序列
C. 二者都是
D. 二者均不是

64. ★在原核生物转录中，ρ 因子的作用是
A. 辨认起始点
B. 终止转录
C. 参与转录全过程
D. 决定基因转录的特异性

65. ★真核生物与原核生物转录的相同点是
A. 都以操纵子模式进行调控
B. RNA 合成酶相同

C. 转录都具有选择性或不对称性
D. 产物都需在细胞核加工

66. ★一种由 RNA 和蛋白质组成的酶是
A. 核酶（ribozyme）　　　B. 端粒酶
C. 二者都是　　　D. 二者都不是

67. ★属于一种特殊的逆转录酶的是
A. 核酶（ribozyme）　　　B. 端粒酶
C. 二者都是　　　D. 二者都不是

68. ★具有催化作用的 RNA 是
A. 核酶（ribozyme）　　　B. 端粒酶
C. 二者都是　　　D. 二者都不是

69. ★含有 RNA 的酶
A. 核酶（ribozyme）　　　B. 端粒酶
C. 二者都是　　　D. 二者都不是

70. ▲关于真核生物 RNA 聚合酶叙述正确的是
A. 真核生物 RNA 聚合酶有 3 种
B. 由 4 个亚基组成的复合物
C. 全酶中包括一个 σ 因子
D. 全酶中包括两个 β 因子
E. 全酶中包括一个 α 因子

71. 参与转录的酶属于
A. DNA 指导的 DNA 聚合酶
B. RNA 指导的 DNA 聚合酶
C. DNA 指导的 RNA 聚合酶
D. RNA 指导的 RNA 聚合酶
E. DNA 连接酶

**二、A2 型选择题**

1. 一个 8 个月大的男孩具有 β-珠蛋白生成障碍性贫血。基因分析显示，其中一个 β-珠蛋白基因存在突变，该突变位于第一内含子拼接接受位点上游 19 核苷酸处，并突变成新的拼接接受位点。该突变基因将产生新的 mRNA，其新的 mRNA 具有以下特点
A. 外显子 1 将更短　　B. 外显子 1 将更长
C. 外显子 2 将更短　　D. 外显子 2 将更长
E. 外显子 2 将缺失

2. 一个 4 岁大的小孩，易疲劳、行走困难，被诊断为进行性假肥大性肌营养不良症（Duchenne muscular dystrophy）。进行性假肥大性肌营养不良症是一种 X 型连锁隐性遗传病。基因分析显示，患者的肌养蛋白基因的启动子区具有一个突变位点。在以下各个选项中，该突变将会产生什么效果
A. 肌养蛋白基因的转录起始将缺陷
B. 肌养蛋白基因的转录终止将缺陷
C. 肌养蛋白基因 mRNA 的帽状结构将缺失

D. 肌养蛋白基因的 mRNA 的剪接将会缺失

E. 肌养蛋白基因的 mRNA 的尾巴将会缺失

3. 真核生物 RNA 的某一段序列上存在一个突变位点,该突变将会影响 mRNA 的 3′端加 Poly(A)尾的过程。该突变位点可能存在于以下哪个序列

A. AAUAAA          B. CAAT          C. CCA

D. GU…A…AG     E. TATAAA

4. 以下哪个蛋白质因子能够识别真核生物蛋白质编码基因的启动子

A. Pribnow 盒     B. ρ          C. σ

D. TFⅡD          E. U1

5. 我们建立了一个细胞系,其 hnRNA 的拼接过程具有温度敏感性。在非许可的温度下,剪接不能发生。经研究发现,突变是存在于剪接体,该突变可能影响了以下哪个过程

A. RNA 的合成能力

B. DNA 的合成能力

C. 缺乏 3′→5′外切酶活性

D. 缺失内切酶活性

E. 缺失转录相偶联的 DNA 修复能力

6. 一位 HIV 药物受试者,对 HIV 感染仍旧呈现阳性。假如该患者只接受了一种抗病毒药物,检测发现,服药初期患者体内的病毒滴度降低,但是随着时间的推移,其体内的病毒又迅速增加。患者出现抗药性是由于下列哪个原因造成

A. 缺乏 DNA 聚合酶的校正能力

B. 缺乏 RNA 聚合酶的校正能力

C. HIV 感染细胞缺乏 DNA 修复酶系统

D. HIV 的 RNA 基因组中插入 U

E. HIV 的 RNA 基因组中插入 T

7. 一位科研人员准备制备 RNA,用于 RNA 印迹法(Northern blotting)检测分析。预实验中,使用全部 RNA 产物,结果无信号。以下哪个方法可以提高检测的灵敏度

A. 采用琼脂糖凝胶电泳,根据分子量对全部 RNA 产物进行分离

B. 通过 oligo-dT 吸附柱,将全部 RNA 产物进行分离

C. 通过 oligo-dA 吸附柱,将全部 RNA 产物进行分离

D. 采用聚丙烯酰胺凝胶电泳,根据分子量对全部 RNA 产物进行分离

E. 对全部 RNA 产物进行酚氯仿抽提

8. 一位患者具有细菌感染,利福平(rifampin)对其有效。利福平不会影响真核细胞的功能,是由于下列哪个原因

A. 真核生物和原核生物核糖体的结构差异

B. 真核生物和原核生物 RNA 聚合酶的结构差异

C. 真核生物和原核生物转录因子的差异

D. 药物不能与核小体中的 DNA 结合

E. 真核生物和原核生物核内小核糖核蛋白的结构差异

9. 一名患者具有 β-珠蛋白生成障碍性贫血。检测发现,使用 β-珠蛋白外显子 1 的探针进行 Northern blotting,结果出现两条带。其中一条条带是正常大小,另一条条带更长,比正常条带多 247 个核苷酸。下列哪个原因可能会造成这种结果

A. DNA 上存在无义突变

B. 突变产生新的选择性剪接位点

C. 缺乏 mRNA 的帽子结构

D. Poly(A)尾更长

E. 缺失 AUG 密码子

10. 对细胞成分的分析发现,细胞内存在短寿命 RNA。该短寿命 mRNA 中,腺嘌呤核苷酸具有 3 个磷酸二酯键(分别与碳的 2′、3′ 和 5′相连)。该暂时结构是在以下哪个过程中产生的

A. mRNA 帽子结构形成

B. mRNA 多聚腺苷酸化

C. hnRNA 剪接过程中

D. microRNA 转录

E. rRNA 转录

11. 一名患者具有畏寒、呕吐和抽搐等症状,被送至急诊。他食用了一种蘑菇,这种蘑菇是他当天刚刚采摘的野生蘑菇。他的症状很可能是由于哪种酶的活性受到抑制引起的

A. RNA 聚合酶Ⅰ          B. RNA 聚合酶Ⅱ

C. RNA 聚合酶Ⅲ          D. 端粒酶

E. DNA 引物酶

12. 一名研究人员在研究肝细胞系的过程中发现以下结果。他检测肝细胞系中蛋白质 X 的表达。蛋白质印迹法(Western blotting)结果显示,使用多克隆抗体显示有一条正常大小和数量的条带。酶活性分析结果显示蛋白质 X 具有正常的活性。Northern blotting 结果显示两条等量的条带,其中一条是正常大小,另一条较正常 mRNA 多 237 个核苷酸。以下哪个原因可以解释这种现象

A. DNA 上存在无义突变

B. 外显子内含子连接处缺失

C. 无效的转录起始

D. 转录终止位点的缺失

E. 获得新的选择性剪接位点

13. 研究人员选择了一种肠细胞系,用来研究含脂微粒。令人吃惊的是,该细胞系的一种突变细胞株不能产生含脂微粒。Western blotting 分析发

现，该细胞株可产生一种大小与载脂蛋白 $B_{100}$ 相同的蛋白质。下列哪个原因可能会产生这种突变

A. 剪接缺陷　　　B. 帽状结构改变

C. RNA 编辑缺陷　D. 不能进行多聚腺苷酸化

E. 启动子改变

14. 一名患者具有易疲劳、嗜睡及贫血的症状。Western blotting 分析提示 α-珠蛋白的表达量远高于 β-珠蛋白。进一步检测发现，在 β-珠蛋白内含子处存在单个碱基的改变。该点突变可能会引起哪种临床症状

A. 可产生一个 microRNA，该 microRNA 靶向结合 β-珠蛋白的 mRNA，进而引起 β-珠蛋白生成减少。

B. 产生一个选择性剪接位点，导致 β-珠蛋白表达降低

C. 产生一个新的转录起始位点，导致 β-珠蛋白 mRNA 读码框改变

D. 在 β-珠蛋白 mRNA 上产生一个新的终止密码子

E. 无多聚腺苷酸化，从而导致 β-珠蛋白生成减少

15. 两名患者具有不同程度的珠蛋白生成障碍性贫血。患者 X 的一条染色体上 α-珠蛋白基因缺失，但是其他的 α-珠蛋白和 β-珠蛋白正常表达。该患者贫血症状较轻。患者 Y 具有正常含量的 α-珠蛋白基因，但是 β-珠蛋白基因同源性突变，且 80% 的概率表达突变型 β-珠蛋白。该突变型 β-珠蛋白基因存在异常的拼接位点，从而产生新的终止密码子。患者 Y 的贫血症状更严重。患者 Y 比患者 X 的症状更加严重的原因是什么

A. 患者 X 体内 α-珠蛋白/β-珠蛋白值为 1：2，而患者 Y 体内 α-珠蛋白/β-珠蛋白值为 1：5

B. 患者 X 体内 α-珠蛋白/β-珠蛋白值为 1：2，而患者 Y 体内 α-珠蛋白/β-珠蛋白值为 5：1

C. 患者 X 体内 α-珠蛋白/β-珠蛋白值为 2：1，而患者 Y 体内 α-珠蛋白/β-珠蛋白值为 1.2：1

D. 患者 X 体内 α-珠蛋白/β-珠蛋白值为 2：1，而患者 Y 体内 α-珠蛋白/β-珠蛋白值为 1：1.2

E. 患者 X 体内 α-珠蛋白/β-珠蛋白值为 1：2，而患者 Y 体内 α-珠蛋白/β-珠蛋白值为 1.2：1

16. TFⅢA 是转录哪类 RNA 所必需的转录因子

A. mRNA　　　B. rRNA　　　C. tRNA

D. hnRNA　　　E. microRNAs

17. 一名 2 岁儿童患有横纹肌肉瘤，从而进行化疗，药物包括放线菌素 D（actinomycin D）。放线菌素 D 的抗肿瘤效应是通过以下哪个机制

A. 药物与 DNA 结合，阻断 RNA 的生物合成

B. 药物与核糖体结合，阻断翻译的进行

C. 药物与转录因子结合，阻断 RNA 的生物合成

D. 药物与 RNA 聚合酶Ⅱ结合，阻断 RNA 的生物合成

E. 药物与 DNA 结合，阻断 DNA 的复制

18. 我们在分析一个基因，该基因具有一个长的内含子和两个短的外显子。若是想形成 R-loop，需要进行以下哪个实验

A. mRNA 和单链 DNA

B. mRNA 和双链 DNA

C. mRNA 前体和单链 DNA

D. mRNA 前体和双链 DNA

E. mRNA 和 rRNA

19. 临床检测中发现了一名严重的珠蛋白生成障碍性贫血症患者。该患者没有 β-珠蛋白的生成。染色体检测发现该患者 β-珠蛋白编码区序列是正常的，但是，其产生的 mRNA 比正常 mRNA 多出 100 多个核苷酸。基因测序发现，在该基因第一内含子区存在单核苷酸突变。以下哪个原因可以解释上述现象

A. 突变影响了 mRNA 的 5′端加帽过程，影响翻译过程

B. 突变影响了 mRNA 的 3′端多聚腺苷酸化过程，影响翻译过程

C. 突变影响了剪接过程，造成翻译时可读框发生改变

D. 突变影响了 microRNA 的生成，造成 mRNA 的降解

E. 突变影响了翻译的起始过程

20. 一段 DNA 序列，其转录产生的 RNA 序列为 AAUUGGCU。那么这段 DNA 的非模板链是以下哪个序列

A. AGCCAATT　　　　B. AAUUGGCU

C. AATTGGCT　　　　D. TTAACCGA

E. UUAACCGA

21. 糖皮质激素可诱导一种酶的产生。我们从基因表达率和 mRNA 表达水平两个方面检测该酶的表达。与非处理组相比较，糖皮质激素处理可引起该酶基因表达率 10 倍的增加，而该酶的 mRNA 水平和酶活性却增加了 20 倍。这些数据提示，糖皮质激素处理降低了以下哪个过程

A. RNA 聚合酶Ⅱ的活性

B. mRNA 的翻译速率

C. 核酶对 mRNA 的降解速率

D. 核糖体与 mRNA 的结合率

E. RNA 聚合酶Ⅱ的转录起始效率

22. 一位 72 岁的老人在院进行了髋关节置换（术），但不幸的是，在术后康复期他被细菌感染。葡萄球菌对许多抗生素都产生了抗性，如阿莫西

林、甲氧西林和万古霉素等，因此很难治疗该感染。细菌获得抗生素的抗性是由于以下哪个原因

A. 现有基因的随机突变
B. 染色体的大片段缺失
C. 转座子活性
D. 产能不足
E. 膜结构的改变

## 三、B 型选择题

1. 真核生物 RNA 聚合酶 Ⅰ 的产物是
2. 真核生物 RNA 聚合酶 Ⅱ 的产物是
3. 真核生物 RNA 聚合酶 Ⅲ 的产物是

A. hnRNA                   B. 45S rRNA
C. 蛋白质                   D. tRNA 和 5S rRNA
E. 多肽

4. 真核生物转录生成的 mRNA 是
5. 原核生物转录生成的 mRNA 是
6. 真核生物断裂基因中不呈现在成熟 RNA 中的序列是
7. 真核生物断裂基因中呈现在成熟 RNA 中的序列是

A. 单顺反子               B. 多顺反子
C. 内含子                 D. 外显子
E. 断裂基因

8. 真核生物 mRNA 的加尾修饰信号是
9. Pribnow 盒的序列是
10. 真核生物基因启动子区域中的常见保守序列有
11. 真核生物基因 mRNA 的帽子结构是
12. 真核生物 hnRNA 中内含子序列与外显子序列的邻接区域的保守序列是

A. AAUAAA
B. TATAAT
C. TATA 框、GC 框和 CAAT 框
D. mGpppN
E. GU……AG

## 四、X 型选择题

1. 转铁蛋白受体（TfR）有两种，TfR1 和 TfR2。TfR1 由 *TfR1* 基因编码,产生一种重要的 mRNA，该 mRNA 的 3′端非编码区有 5 个聚在一起的铁反应原件（IRE），每个 IRE 都能结合 1 个铁调节蛋白（IRP）。铁调节蛋白 IRP 有 2 种，IRP1 和 IRP2。IRP1 起主要作用。当细胞铁充足时，IRP1 具有顺乌头酸酶活性，不能结合 IRE，即无铁调节蛋白活性；当细胞内缺铁时，IRP1 无顺乌头酸酶活性，却具有铁调节蛋白活性，可与 IRE 结合。因此，在铁缺乏情况下，IRP 就会结合到铁

蛋白基因 mRNA 的非编码区的 IRE 上，阻止 mRNA 与核糖体结合，因而抑制翻译的启动，从而减少铁蛋白的表达，减少铁的储存。在铁充足的情况下，IRP 就会从 mRNA 离开，并启动铁蛋白 mRNA 的翻译，使铁蛋白合成增加，增加铁的储存。

根据以上描述，以下哪些突变会对转铁蛋白受体 TfR mRNA 的数量产生如下效应。无论铁的浓度多少，该突变不会引起 TfR mRNA 组成型高表达或者低表达，或者该突变不会影响 TfR mRNA 水平的表达

A. 突变阻断顺乌头酸酶的产生
B. 突变位于 TfR 启动子区
C. 突变阻止顺乌头酸酶与铁的结合
D. 突变位于 TfR 开放阅读框，造成无义突变
E. 突变阻断顺乌头酸酶与 IREs 的结合

2. 真核生物 mRNA 前体的转录后加工修饰有哪些

A. 选择性剪接                 B. RNA 编辑
C. 3′端加 CCA                 D. 5′端加帽子结构
E. 3′端加 Poly（A）尾

3. ★参与真核生物 hnRNA 转录起始前复合物形成的因子有

A. TF Ⅱ D      B. TF Ⅱ A      C. TBP      D. TF Ⅲ

4. ★真核生物 mRNA 合成后的加工有

A. mRNA 编辑
B. 3′端加 Poly（A）尾
C. 前体 mRNA 剪接去除内含子
D. 在分子伴侣协助下折叠成天然构象

5. ★tRNA 的前体加工包括

A. 剪切 5′端和 3′端的多余核苷酸
B. 去除内含子
C. 3′端加 CCA-OH
D. 化学修饰

## 五、名词解释

1. 转录
2. 启动子
3. 断裂基因
4. 内含子
5. 外显子
6. 模板链
7. 编码链
8. RNA 编辑
9. 核酶
10. 选择性剪接
11. 转录后加工

12. Pribnow 盒
13. hnRNA

## 六、简答题

1. 请比较复制和转录的相同点和不同点。
2. 请简述转录的概念和转录的反应体系。
3. 简述真核生物 mRNA 前体的转录后加工修饰。
4. 请比较原核生物和真核生物转录的区别。
5. 请描述原核生物转录的基本过程。

## 七、分析论述题

人类胰腺核糖核酸酶（ribonuclease）具有 128 个氨基酸残基。

（1）编码胰腺核糖核酸酶至少需要多少个核苷酸？

（2）通过搜索核酸数据库美国国家生物技术信息中心[National Center for Biotechnology Information, NCBI（www. ncbi. nlm. nih. gov/nucleotide）]，我们发现胰腺核糖核酸酶的 mRNA 为 491 个核苷酸。如何解释你在（1）中计算的胰腺核糖核酸酶的核苷酸数量与数据库中搜索的实际核苷酸数量的不同？

（3）通过搜索核酸数据库，我们发现胰腺核糖核酸酶位于 14 号染色体 20 684 583～20 700 093 处。如何解释胰腺核糖核酸酶的 DNA 与其 mRNA 长度不同？从染色体 DNA 到 491 个核苷酸长度的 mRNA 需经过哪些过程？

（4）核糖核酸酶属于哪一大类酶？催化什么反应？

（5）如果向核糖核酸酶溶液中加入尿素和 β-巯基乙醇，会发生什么？采用什么生物化学方法可以将尿素和 β-巯基乙醇除去，除去后又会发生什么？该实验证明了什么？

# 参 考 答 案

## 一、A1 型选择题

| | | | | | | |
|---|---|---|---|---|---|---|
| 1. E | 2. D | 3. D | 4. E | 5. D | 6. B | 7. D |
| 8. B | 9. C | 10. C | 11. C | 12. B | 13. A | 14. D |
| 15. B | 16. B | 17. E | 18. D | 19. B | 20. E | 21. C |
| 22. A | 23. E | 24. C | 25. C | 26. A | 27. C | 28. C |
| 29. B | 30. A | 31. C | 32. C | 33. D | 34. D | 35. B |
| 36. D | 37. E | 38. C | 39. E | 40. B | 41. D | 42. B |
| 43. C | 44. C | 45. E | 46. D | 47. C | 48. B | 49. C |
| 50. A | 51. B | 52. C | 53. A | 54. D | 55. B | 56. A |
| 57. B | 58. C | 59. C | 60. C | 61. D | 62. B | 63. D |
| 64. B | 65. C | 66. B | 67. B | 68. A | 69. C | 70. A |
| 71. C | | | | | | |

## 二、A2 型选择题

| | | | | | | |
|---|---|---|---|---|---|---|
| 1. D | 2. A | 3. A | 4. D | 5. D | 6. B | 7. B |
| 8. B | 9. B | 10. C | 11. B | 12. D | 13. C | 14. B |
| 15. B | 16. C | 17. A | 18. A | 19. C | 20. C | 21. C |
| 22. C | | | | | | |

## 三、B 型选择题

| | | | | | | |
|---|---|---|---|---|---|---|
| 1. D | 2. A | 3. B | 4. A | 5. B | 6. C | 7. D |
| 8. A | 9. B | 10. C | 11. D | 12. E | | |

## 四、X 型选择题

1. ACDE  2. ABDE  3. ABC  4. ABC  5. ABCD

## 五、名词解释

1. 转录：以 DNA 双链中的一股单链作为转录模板，以 4 种 NTP 为原料，按照碱基配对原则，由 RNA 聚合酶催化合成 RNA 的过程。

2. 启动子：通常位于基因转录起始位点上游、能够与 RNA 聚合酶和其他转录因子结合并进而调节其下游目的基因转录起始和转录效率的一段 DNA 序列。

3. 断裂基因：真核生物基因大多具有明显的断裂性特点，由若干外显子（被转录并呈现在 RNA 终产物上）和内含子序列（仅呈现在 RNA 初级产物上并被除去）交替排列组成，称为断裂基因。

4. 内含子：真核生物断裂基因中被转录的，但在转录后加工剪接时被除去的 DNA 片段。

5. 外显子：真核生物断裂基因中被转录的，在转录后加工剪接时被保留并最终呈现于成熟 RNA 中的 DNA 片段。

6. 模板链：DNA 双链中，转录时直接作为模板按照碱基配对规律指导 RNA 合成的一股单链。

7. 编码链：DNA 双链中，与模板链对应的另一条单链。因其碱基序列与新合成的 RNA 链一致（只是 T 被 U 取代），若转录产物是 mRNA，则可用作蛋白质翻译的模板，按照遗传密码规则进一步决定所合成蛋白质的氨基酸序列，因此称为编码链。

8. RNA 编辑：指在初级转录物上增加、删除或置换某些核苷酸而在 RNA 水平上使遗传信息发生改变的过程，如 apoB 基因。

9. 核酶：一类具有催化活性的核糖核酸称为核酶。通常为 rRNA 前体，可去除自身部分片断，将其他片段连接起来。

10. 选择性剪接：或称可变剪接，是指一个 mRNA 前体通过不同的剪接方式（主要是选择不同的剪接位点组合）产生不同的 mRNA 剪接变体的过程。

11. 转录后加工：在细胞内，刚刚转录生成的 RNA 产物即初级转录产物往往还需要经过进一步的加工修饰，成为成熟的具有功能的 RNA，这一过程称为转录后加工。

12. Pribnow 盒：原核生物启动子区的高度保守序列 5′-TATAAT-3′，位于转录起始位点上游−10bp 处，是原核生物 RNA 聚合酶全酶识别位点。−10 区的共有序列是由大卫·普里布诺（David Pribnow）首次发现的，因此称为 Pribnow 盒。

13. hnRNA：即核不均一 RNA，是存在于细胞核内，经转录生成的一类不稳定、分子量大小不均一的 RNA，包括了 pre-mRNA 和其他的 snRNA 等。

## 六、简答题

**1. 转录和复制的异同如下：**

| | 复制 | 转录 |
|---|---|---|
| 定义 | 以DNA为模板合成DNA的过程 | 以 DNA 为模板合成 RNA 的过程 |
| 相同点 | （1）都是酶促的核苷酸聚合过程（2）都是以 DNA 为模板（3）都是以核苷酸为原料（4）合成方向都是 5′→3′ | （5）核苷酸之间都以磷酸二酯键相连（6）都服从碱基配对规则（7）产物都是很长的多核苷酸链 |
| 不同点 | （1）模板：DNA 两股单链都可作为模板（2）原料：4 种 dNTP（dATP、dGTP、dCTP、dTTP）（3）配对：G≡C、A＝T（4）酶：DNA 聚合酶、拓扑异构酶、DNA 连接酶等（5）产物：子代双链 DNA（6）引物：需要短 RNA 片段作为引物（7）方式：半保留复制、双向复制、半不连续复制 | 仅一股 DNA 单链即模板链被转录（2）原料：四种 NTP（ATP、GTP、CTP、UTP）（3）配对：G≡C、A＝T、A＝U（4）酶：RNA 聚合酶（5）产物：mRNA、tRNA、rRNA 等（6）引物：不需要引物 |

**2.** 转录是指以 DNA 双链中的一股单链作为转录模板，以 4 种 NTP 为原料，按照碱基配对原则，由 RNA 聚合酶催化合成 RNA 的过程。转录的反应体系包括 DNA 模板、4 种 NTP、RNA 聚合酶、某些蛋白质因子等。

**3.** 真核生物 mRNA 前体在转录后需要经过一系列的加工修饰，包括 5′端和 3′端的修饰即首尾修饰及剪接加工，才能成为具有功能的成熟的 mRNA，进而被转运至核蛋白体，指导蛋白质合成。①在 5′端加帽子结构：指在 mRNA 的 5′起始端加上 7-甲基鸟嘌呤的帽子结构，即 7mGpppmN。②在 3′端特异性位点断裂并加上多聚腺苷酸尾：指在 mRNA 的 3′端加上多聚腺苷酸 Poly（A）尾，长度为 80～250 个核苷酸，和转录终止同时进行。③mRNA 剪接：即除去

mRNA 初级转录产物上和内含子对应的序列，把外显子对应的序列连接为成熟 mRNA 的过程。④选择性剪接：是指一个 mRNA 前体通过不同的剪接方式（主要是选择不同的剪接位点组合）产生不同的 mRNA 剪接变体的过程。⑤RNA 编辑：指在初级转录物上增加、删除或置换某些核苷酸而在 RNA 水平上使遗传信息发生改变的过程。

**4. 原核生物和真核生物转录的区别如下：**

| | 原核生物 | 真核生物 |
|---|---|---|
| 酶的种类 | 1 种 RNA 聚合酶 | 3 种：RNA 聚合酶Ⅰ、RNA 聚合酶Ⅱ、RNA 聚合酶Ⅲ |
| 机制 | 转录过程和机制相对简单 | 更为复杂，需要多种转录因子参与 |
| 转录与翻译 | 转录和翻译同步进行 | 转录与翻译分别在细胞核与细胞质进行 |
| 加工修饰 | tRNA 和 rRNA 转录后需加工修饰 | tRNA 和 rRNA 转录后需加工修饰 |
| | mRNA 一般不需要转录后的加工修饰 | mRNA 需要复杂的转录后加工修饰 |

**5.** ①起始阶段：转录起始阶段的关键是 RNA 聚合酶识别并结合待转录基因的启动子从而启动转录，这也正是转录调控的关键步骤。起始阶段可分为以下三个步骤。第一步，闭合复合体形成。第二步，闭合复合体转变为开放复合体。第三步，RNA 合成的有效起始完成。②延长阶段：以解开的 DNA 双链中的模板链为模板，按照碱基互补配对原则，以 4 种 NTP 为合成原料，RNA 核心酶催化核苷酸聚合反应，使 RNA 链不断延长。③终止阶段：转录终止主要是由被转录基因末端的一些特殊的 DNA 序列信号即终止子所引发，使 RNA 聚合酶离开 DNA 模板并释放合成的 RNA 链。原核生物的转录终止机制包括依赖ρ因子与不依赖ρ因子两种，前者需要ρ因子蛋白参与，而后者则不需要，这两种终止机制分别使用不同的终止子。

## 七、分析论述题

**1.**（1）编码胰腺核糖核酸酶至少需要 128×3=384 个核苷酸。

（2）384 个核苷酸对应的是胰腺核糖核酸酶的可读框。而成熟的 mRNA 除了可读框，还包括 5′端非翻译区，3′端非翻译区。

（3）胰腺核糖核酸酶 DNA 包括了内含子和外显子区，而成熟 mRNA 是去除了内含子对应的 RNA 序列，将外显子对应序列拼接后形成的。胰腺核糖核酸酶 DNA 到成熟 mRNA 需要经过转录和转录后加工修饰。转录包括转录起始、转录

延长、转录终止。转录后加工修饰包括：5′端加帽子结构，3′端加 poly（A）尾，剪接即去除"内含子"，将"外显子"拼接起来。有的 mRNA 前体还要经过其他转录后加工修饰，如选择性剪接和 RNA 编辑。

（4）核糖核酸酶属于水解酶，催化水解 RNA 分子中的 3′，5′-磷酸二酯键。

（5）用尿素和 β-巯基乙醇处理核糖核酸酶溶液，可破坏非共价键和二硫键，使其空间结构遭到破坏，成为松散的多肽链，但肽键不受影响，此时该酶活性丧失。可以采用透析或超滤的方法去除尿素和 β-巯基乙醇。去除尿素和 β-巯基乙醇后，松散的多肽链将循其特定的氨基酸序列，又卷曲折叠成天然酶的空间构象，4 对二硫键再正确配对，酶活性恢复。该实验说明空间构象遭破坏的核糖核酸酶只要其一级结构未被破坏，就可能回复到原来的空间结构，证明了蛋白质一级结构是其空间结构和功能的基础。

（朱慧芳）

# 第十二章　蛋白质的生物合成

## 学习要求

掌握翻译的概念。掌握 mRNA 在蛋白质生物合成中的模板作用。熟悉遗传密码的概念、基本特点、起始密码子与终止密码子。掌握 tRNA 在蛋白质生物合成中的作用。熟悉氨基酰-tRNA 合成酶及其作用。了解氨基酸活化的过程。了解氨基酰-tRNA 的写法。了解 tRNA 分子上与蛋白质生物合成有关的位点。了解核糖体在蛋白质生物合成中的作用。了解核糖体上与蛋白质生物合成有关的位点。了解核糖体上 A 位、P 位、E 位和转肽酶的概念。了解蛋白质生物合成中蛋白质因子、能源物质及其作用。

了解原核生物 S-D 序列的概念。了解进位、成肽和转位的概念。了解原核生物多肽链合成的基本过程。了解各阶段蛋白质因子的作用和能量消耗情况。了解真核生物多肽链合成的基本过程。了解多聚核糖体的概念。了解蛋白质生物合成后的加工修饰方式。了解蛋白质靶向输送至细胞特定部位的方式。了解信号肽的概念与作用。了解蛋白质的生物合成异常与某些疾病发生的关系。了解抗生素的概念。了解常用抗生素抑制蛋白质生物合成的作用机制。了解白喉毒素、蓖麻蛋白致病的作用机制。

## 讲 义 要 点

本章纲要见图 12-1。

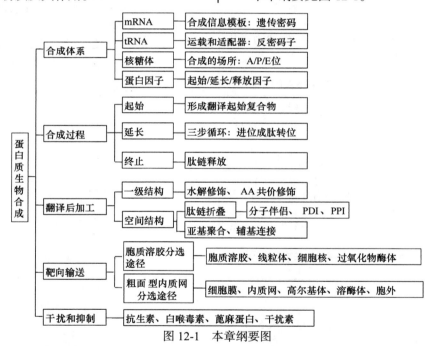

图 12-1　本章纲要图

### （一）蛋白质生物合成概述

蛋白质的生物合成，也称翻译（translation），是生物细胞以 mRNA 为模版，将 mRNA 分子中核苷酸序列解读为蛋白质氨基酸序列，从而合成蛋白质的过程。

·指导蛋白质合成的遗传信息或指令源于 DNA。虽然 mRNA 是作为蛋白质合成的直接信息模版，但真正用于指导蛋白质合成的遗传信息或指令是储存在 DNA 序列中，因为 mRNA 的序列信息"抄录"自基因组 DNA。可以说，mRNA 是 DNA 和蛋白质分子之间的信息桥梁。

### （二）蛋白质生物合成体系

蛋白质生物合成体系见表 12-1。

表 12-1　蛋白质生物合成体系

| 基本原料 | 20 种氨基酸 |
| --- | --- |
| 模板 | mRNA |
| 运载工具 | tRNA |

续表

| 合成场所 | 核糖体（rRNA+蛋白质） |
|---|---|
| 酶及蛋白质因子 | 氨基酰-tRNA 合成酶、转肽酶、起始/延长/释放因子等 |
| 能量 | ATP、GTP |
| 无机离子 | $Mg^{2+}$、$K^+$ |

### 1. mRNA 是蛋白质生物合成的直接模板

（1）mRNA 的结构特点：从 mRNA 5′端的起始密码子到 3′端的终止密码子之间的核苷酸序列，称为可读框或开放阅读框（open reading frame，ORF），见图 12-2。

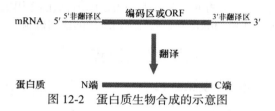

图 12-2　蛋白质生物合成的示意图

真核生物和原核生物的 mRNA 的结构明显不同，参见表 12-2。

**表 12-2　原核生物与真核生物 mRNA 的比较**

|  | 原核生物 | 真核生物 |
|---|---|---|
| 稳定性 | 不稳定，半衰期 2s 到几分钟 | 较稳定，半衰期几小时到 24h |
| 合成部位 | 细胞质中合成，不需要转移 | 核质中合成，需转移到细胞质中 |
| 结构 | 5′端无"帽子"结构，3′端无或者只有较短的 Poly（A）结构 | 5′端有"帽子"结构，3′端有 Poly（A）尾 |
| 编码蛋白质 | 同时编码几种不同的蛋白质；多顺反子 | 只编码一种蛋白质；单顺反子 |
| 翻译起始相关序列 | S-D 序列 | "帽子"结构及 Kozak 共有序列 |

（2）遗传密码

1）概念：在 mRNA 的可读框区，从 5′至 3′方向，每 3 个相邻的核苷酸为一组，在蛋白质生物合成中代表某种氨基酸或肽链合成的起始或终止信号，称为遗传密码。

从另一种角度理解，遗传密码就是一种规则，它规定了 mRNA 的核苷酸序列如何解读成蛋白质的氨基酸序列。

2）组成：遗传密码共有 64 个，其中包含 1 个起始密码子（AUG）和 3 个终止密码子（UAG、UAA、UGA）；除终止密码子外，其余 61 个密码子代表 20 种氨基酸。

·遗传密码与密码子。遗传密码（genetic code）是指 mRNA 或 DNA 中编码蛋白质的序列信息。密码子（codon），又称三联体密码子（triplet codon），是由 3 个相邻的核苷酸组成的 mRNA 基本编码单位。因此，密码子是遗传密码的单位，一个密码子由 3 个核苷酸组成。一套遗传密码共有 64 种密码子。

3）特点（表 12-3，图 12-3）

**表 12-3　遗传密码的特点**

| 特点 | 含义 |
|---|---|
| 方向性 | 从 mRNA 5′端→3′端阅读 |
| 连续性 | 3 个核苷酸为一组连续阅读，无间断 |
| 简并性 | 有的氨基酸可由多个密码子编码。为同一氨基酸编码的各密码子称为简并性密码子（或同义密码子），简并性密码子的头两位碱基大多相同，一般在第 3 位碱基有差异，提示第 3 位碱基改变往往不改变其密码子编码的氨基酸 |
| 摆动性 | mRNA 上的密码子与 tRNA 上的反密码子之间的配对有时并不严格遵守常见的碱基配对规律 |
| 通用性 | 从最简单的生物（病毒）到人类，使用同一套遗传密码（线粒体、叶绿体例外） |

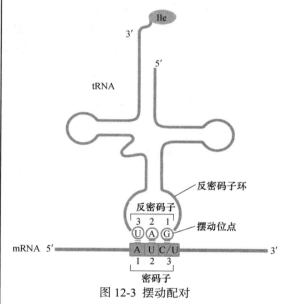

图 12-3　摆动配对

### 2. tRNA 是氨基酸的运载工具和分子"适配器"

（1）tRNA 是氨基酸的运载工具：细胞溶胶中的氨基酸需要由 tRNA 搬运到核糖体上才能组装成多肽链。

1）氨基酸的活化——氨基酰-tRNA 的合成：由氨基酰-tRNA 合成酶催化，氨基酸与 tRNA 的氨基酸接受臂的 CCA 末端结合，形成氨基酰-tRNA（具体地来讲，氨基酸的羧基与 tRNA 的 3′端腺苷酸的核糖 3′位的游离羟基以高能酯键连接）。

每个氨基酸活化需消耗 1 个 ATP 分子（2 个高能磷酸键：ATP→AMP）。

$$氨基酸 + tRNA + ATP \xrightarrow{\text{氨基酰-tRNA合成酶}}$$

$$氨基酰 - tRNA + AMP + PPi$$

2）氨基酰-tRNA 合成酶的特性

A. 高度专一性：每种氨基酰-tRNA 合成酶特异识别氨基酸和与该氨基酸结合的一组同工 tRNA，这与密码子的简并性和摆动性的特点相对应。

B. 校正活性：将错误结合的氨基酸水解去掉。

上述 2 种机制保证了氨基酸与 tRNA 的正确连接，体现出蛋白质合成的忠实性。

3）起始氨基酰-tRNA：真核生物的起始氨基酰-tRNA 是 Met-tRNA$_i^{Met}$，原核生物的起始氨基酰-tRNA 是甲酰化的甲硫氨酰-tRNA（N-甲酰甲硫氨酰-tRNA，fMet-tRNA$^{fMet}$），见表 12-4。

**表 12-4　甲硫氨酰-tRNA**

| 原核生物 | 真核生物 | 作用 |
| --- | --- | --- |
| fMet-tRNA$^{fMet}$ | Met-tRNA$_i^{Met}$ | 参与起始：与起始密码子结合 |
| Met-tRNA$^{Met}$ | Met-tRNA$_e^{Met}$ | 参与延长：为延长中肽链添加甲硫氨酸 |

（2）tRNA 是氨基酸和 mRNA 之间的分子"适配器"：tRNA 凭借自身的反密码子与 mRNA 上的密码子通过碱基互补配对作用相互识别，使不同的氨基酸按照密码子决定的次序合成多肽链，这也就是 tRNA 的适配器作用，即 mRNA 序列中密码子的排列顺序通过 tRNA 被转换成多肽链中氨基酸的排列顺序。

由于配对具摆动性，因此一种 tRNA 分子可识别一种以上的简并性密码子。

·tRNA 是两种编码语言的转换分子。tRNA 的作用不单是作为运载工具将氨基酸运输至蛋白质合成的"工厂"——核糖体，更为重要的是，不同的 tRNA 特异性地与特定氨基酸结合，而后在核糖体通过其反密码子与 mRNA 模板上的密码子配对结合，从而使不同的氨基酸按照 mRNA 模板中不同的密码子装配出相应的多肽链，这就解决了氨基酸无法直接与蛋白质合成模板 mRNA 中的密码子匹配的问题。因此，tRNA 还充当着氨基酸与 mRNA 密码子之间的分子适配器及氨基酸和核苷酸两种语言的转换分子的角色。可以说，tRNA 是 mRNA 和蛋白质分子之间的信息桥梁。

**3. 核糖体——蛋白质生物合成的场所。**

（1）核糖体的类型及组成：原核生物和真核生物的核糖体组成有所不同。但核糖体均是由大、小两个亚基组成的复合体，每个亚基都由多种核糖体蛋白质和 rRNA 组成。大、小亚基所含的蛋白质多是参与蛋白质生物合成过程的酶和蛋白质因子。

（2）核糖体的主要功能位点（图 12-4）

1）A 位：结合氨基酰-tRNA。

2）P 位：结合肽酰-tRNA。

3）E 位：释放空载 tRNA。

注意：真核生物的核糖体没有 E 位。

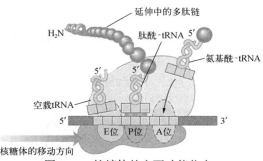

图 12-4　核糖体的主要功能位点

**4. 参与蛋白质生物合成的酶和蛋白质因子**

（1）主要的酶

1）氨基酰-tRNA 合成酶：位于胞质溶胶中，催化氨基酸的活化。

2）转肽酶：是核糖体大亚基 28S rRNA（真核）或 23S rRNA（原核）具有的活性，催化 P 位与 A 位的氨基酸之间生成肽键。

3）转位酶：是延长因子 EF-G（原核）或 eEF-2（真核）具有的活性，催化核糖体的转位。

（2）蛋白质因子：见表 12-5。

**表 12-5　参与蛋白质生物合成的各种蛋白质因子**

| | 原核生物 | 真核生物 |
| --- | --- | --- |
| 起始因子 | 3 种（IF-1、IF-2、IF-3） | 10 余种（至少 9 种 eIF1-9） |
| 延长因子 | 3 种（EF-Tu、EF-Ts、EF-G） | 3 种（eEF-1α、eEF-1βγ、eEF-2） |
| 释放因子 | 3 种（RF-1、RF-2、RF-3） | 1 种（eRF） |

**（三）蛋白质的生物合成过程**

**1. 起始阶段**　形成翻译起始复合物。

**2. 延长阶段**　包括进位—成肽—转位三步循环反应。

**3. 终止阶段**　释放新生肽链（表 12-6）。

**表 12-6 原核生物和真核生物翻译起始、延长和终止阶段的比较**

| | 原核生物 | 真核生物 |
|---|---|---|
| 起始阶段 | （1）核糖体大小亚基分离：IF-3 与小亚基结合，IF-1 占据 A 位，核糖体解离为大、小亚基 | （1）核糖体大小亚基分离：在 eIF-6 参与下，eIF-2B、eIF-3 与小亚基结合，核糖体解离为大、小亚基 |
| | （2）mRNA 与小亚基结合：小亚基 P 位对上 mRNA 的起始 AUG：①mRNA 起始 AUG 上游 S-D 序列与小亚基中 16S rRNA 3'端的一段序列互补结合；②紧邻 S-D 序列后的短序列与小亚基蛋白 rpS-1 结合 | （2）Met-tRNA$_i^{Met}$ 与小亚基结合：eIF-2 先与 GTP 结合，再结合 Met-tRNA$_i^{Met}$，然后 Met-tRNA$_i^{Met}$-eIF-2-GTP 复合物结合到小亚基 P 位 |
| | （3）fMet-tRNA$^{fMet}$ 与小亚基结合：fMet-tRNA$^{fMet}$-IF-2-GTP 复合物进入 P 位，对应于 mRNA 的起始 AUG | （3）mRNA 与小亚基结合：在帽结合蛋白复合物的帮助下，小亚基从 mRNA 的 5'端向 3'端移动扫描，当小亚基的 P 位移动至第一个 AUG（即起始 AUG，通常隐藏于 Kozak 共有序列中）时，使起始 AUG 与结合在 P 位上的 Met-tRNA$_i^{Met}$ 的反密码子相互识别结合 |
| | （4）大亚基结合：大亚基结合，同时 GTP 水解，释放出 IF-1、IF-2 和 IF-3，形成翻译起始复合物 | （4）大亚基结合：大亚基结合，同时 GTP 水解，在 eIF-5 的作用下，释放出各种起始因子，形成翻译起始复合物 |
| 延长阶段 | （1）进位：一个氨基酰-tRNA 按照 mRNA 模板的指令进入并结合到核糖体 A 位；EF-Tu 促进进位；EF-Ts 调节亚基；消耗 1 个 GTP | eEF1-α 促进进位；eEF1-βγ 调节亚基 |
| | （2）成肽：由肽酰转移酶（又称转肽酶）催化；核糖体 P 位上起始氨基酰-tRNA 的 N-甲酰甲硫氨酰基或肽酰-tRNA 的肽酰基转移到 A 位并与 A 位上氨基酰-tRNA 的 α-氨基形成肽键 | 同左 |
| | （3）转位：由 EF-G（又称转位酶）参与；使核糖体向 mRNA 的 3'端移动一个密码子的距离，下一密码子进入 A 位，而占据 A 位的肽酰-tRNA 移入 P 位，空载 tRNA 则移入 E 位（随后离开），A 位留空对应下一个密码子；消耗 1 个 GTP | eEF-2 参与；真核生物没有 E 位，空载 tRNA 直接从 P 位脱落 |
| 终止阶段 | （1）核糖体 A 位对上 mRNA 的终止密码子 | 与原核生物相似，但只有一种释放因子即 eRF，可识别所有终止密码子 |
| | （2）释放因子进入 A 位识别终止密码子：RF-1 特异识别 UAA、UAG；而 RF-2 可识别 UAA、UGA；RF-3 刺激 RF-1 和 RF-2 活性；消耗 1 个 GTP | |
| | （3）核糖体构象发生改变，使其转肽酶活性变为酯酶活性，水解 P 位上肽酰-tRNA 中连接 tRNA 和肽链之间的酯键，释放出多肽链 | |
| | （4）翻译复合物解体：释放因子、mRNA、tRNA 脱离核糖体，核糖体解离为大、小亚基 | |

注：S-D 序列：也称为核糖体结合位点（ribosomal binding site，RBS），是指原核生物 mRNA 起始密码子 AUG 上游 8～13 核苷酸部位，存在一段由 4～9 个核苷酸组成的共有序列（富含 AGGAGG），可与小亚基 16S rRNA 3'端富含 CCUCCU 的短序列互补，从而与小亚基结合

Kozak 共有序列：在真核细胞的 mRNA 起始密码子 AUG 周围有一段短的通用序列 CCRCCAUGG（R 是 A 或 G），称为 Kozak 共有序列。它为小亚基 18S rRNA 提供识别和结合位点，起始密码子 AUG 便包含其中

帽结合蛋白复合物：也称为 eIF-4F 复合物，包含 eIF-4A、eIF-4E 和 eIF-4G。其作用是在翻译起始阶段使小亚基结合在 mRNA 的 5'端，并同时将 mRNA 的"首""尾"钳住，锁定小亚基扫描寻找起始密码子 AUG 的范围

#### 4. 蛋白质生物合成小结

（1）肽链合成方向：从 N 端 → C 端延长。

（2）肽链延长过程：由进位、成肽、转位构成循环，重复进行。

（3）多聚核糖体的概念：由多个核糖体结合在 1 条 mRNA 上同时进行肽链合成所形成的聚

合物。

（4）原核生物蛋白质生物合成的能量计算

1）氨基酸活化：1个ATP（2个～P）

2）起始：2个GTP（2个～P）

3）延长：2个GTP（2个～P）

每合成一个肽键至少消耗 4 个～P（不包括形成翻译起始复合物和终止阶段所消耗的能量）。

**5. 原核生物与真核生物蛋白质生物合成的比较**（表 12-7）

**表 12-7　原核生物与真核生物蛋白质生物合成的比较**

| | 原核生物 | 真核生物 |
|---|---|---|
| 遗传密码 | 相同 | 相同 |
| mRNA | （1）多顺反子<br>（2）转录后很少加工<br>（3）转录、翻译同时进行 | （1）单顺反子<br>（2）转录后要进行加工<br>（3）转录、翻译分开进行 |
| 核糖体 | 30S 小亚基+50S 大亚基↔70S 核糖体 | 40S 小亚基+60S 大亚基↔80S 核糖体 |

**续表**

| | 原核生物 | 真核生物 |
|---|---|---|
| 起始阶段 | （1）起始氨基酰-tRNA 是 fMet-tRNA$^{fMet}$<br>（2）小亚基先结合 mRNA，再结合起始氨基酰-tRNA；<br>（3）识别起始密码子的机制：mRNA 中的 S-D 序列<br>（4）3 个起始因子 | （1）起始氨基酰-tRNA 是 Met-tRNA$_i^{Met}$<br>（2）小亚基先结合起始氨基酰-tRNA，再结合 mRNA<br>（3）识别起始密码子的机制：mRNA 中的 Kozak 共有序列、帽结合蛋白复合物<br>（4）10 余种起始因子 |
| 延长阶段 | 延长因子 EF-Tu、EF-Ts、EF-G | 延长因子 eEF-1、eEF-1、eEF-2 |
| 终止阶段 | 释放因子 RF-1、RF-2、RF-3 | 释放因子 eRF |

## （四）蛋白质的翻译后加工修饰及靶向输送

**1. 翻译后的加工**　新生多肽链从核糖体释放后，一般必须经过细胞内各种复杂的修饰处理过程，才能转变为具有天然构象的有活性的成熟蛋白质，这一过程称为翻译后加工（Post-translational modification），见表 12-8。

**表 12-8　翻译后加工**

| 类型 | 常见分子或形式 | 作用机制 |
|---|---|---|
| 一级结构的加工 | （1）肽链 N 端和 C 端的切除或修饰 | 细胞内脱甲酰基酶或氨基肽酶可以除去 N-酰基、N 端甲硫氨酸或 N 端附加序列（如信号肽）。这一过程不一定等肽链合成终止时才发生，也可在肽链合成中进行 |
| | （2）个别氨基酸的修饰 | 如磷酸化、糖基化、乙酰化、甲基化、脂基化、泛素化和小分子泛素相关修饰蛋白（small ubiquitin-related modifier protein，SUMO）化等化学修饰；二硫键形成等 |
| | （3）多肽链的水解修饰 | 某些无活性的蛋白前体可经蛋白酶水解，生成具有活性的蛋白质或多肽 |
| 多肽链折叠成天然构象的蛋白质 | （1）分子伴侣 | 可识别肽链的非天然构象，促进各功能域和整体蛋白质正确折叠，如热激蛋白、伴侣蛋白等 |
| | （2）蛋白质二硫化物异构酶（PDI） | 催化错配的二硫键断裂并形成正确的二硫键连接，使蛋白质形成热力学稳定的天然构象 |
| | （3）肽酰-脯氨酸顺反异构酶（PPI） | 可促进肽酰-脯氨酸间形成的顺反两种异构体之间的转换，使多肽在各脯氨酸弯折处形成准确折叠，是蛋白质三维构象形成的限速酶 |
| 亚基聚合形成功能性蛋白质复合物 | （1）亚基聚合 | 两条以上的肽链通过非共价键聚合，形成寡聚体 |
| | （2）辅基连接 | 与非蛋白成分结合，形成结合蛋白 |

·分子伴侣的重要作用——热激蛋白不仅是应对热刺激的蛋白。分子伴侣（molecular chaperon）是细胞中一类可识别肽链的非天然构象、促进各功能域和整体蛋白质正确折叠的保守蛋白质。

其功能包括：①封闭待折叠蛋白质暴露的疏水区段；②创建一个隔离的环境，使蛋白质的折叠互不干扰；③促进蛋白质折叠和去聚集；④遇到应激刺激，使已折叠的蛋白质去折叠。

细胞内至少有两类分子伴侣家族。①热激蛋白（heat shock protein, Hsp）：属于应激反应性蛋白质，高温应激可诱导该蛋白质合成。大肠埃希菌中参与蛋白质折叠的热激蛋白包括 Hsp70、Hsp40 和 Grp E 三族。

在蛋白质翻译后修饰过程中，这些热激蛋白可促进需要折叠的多肽链折叠为天然空间构象的蛋白质。②伴侣蛋白（chaperonin）：是分子伴侣的另一家族，如大肠埃希菌的 Gro EL 和 Gro ES（真核细胞同源物为 Hsp60 和 Hsp10）等家族，其主要功能是为非自发性折叠蛋白质提供能折叠形成天然空间构象的微环境。

· 蛋白质功能相关的化学修饰。氨基酸残基的共价化学修饰是最为常见的翻译后加工形式，这种翻译后化学稀释是对蛋白质进行共价加工的过程，由专一

的酶催化，特异性地在蛋白质的一个或多个氨基酸残基上以共价键方式加上相应的化学基团或分子。这种翻译后修饰并不仅仅是一种简单的表面上的"化妆"或"装饰"，它对于调节蛋白质的溶解度、活性、稳定性、亚细胞定位及介导蛋白质之间的相互作用均具有重要作用（表 12-9）。

翻译后修饰不仅大大增加了蛋白质中氨基酸的类别，而且使蛋白质的结构与功能更为复杂和多样化，也是对蛋白质的功能或活性进行快速调节的一种重要方式。

**表 12-9　蛋白质功能相关的化学修饰**

| 修饰方式 | 修饰物 | 供体 | 氨基酸残基 | 酶 | 主要功能 |
|---|---|---|---|---|---|
| 磷酸化 | 磷酸 | ATP | 丝氨酸（Ser）苏氨酸（Thr）酪氨酸（Tyr） | 磷酸化：蛋白激酶（Ser/Thr 激酶、Tyr 激酶、双重底物特异性蛋白激酶）去磷酸化：蛋白磷酸酶（Ser/Thr 磷酸酶、Tyr 磷酸酶） | 调节靶蛋白的酶活性或其他活性；改变靶蛋白的亚细胞定位；改变靶蛋白与其他蛋白质或生物分子的相互作用 |
| 乙酰化 | 乙酰基 | 乙酰辅酶 A | 赖氨酸（Lys） | 乙酰化：HAT（PCAF、p300 和 CBP 等 15 个）去乙酰化：HDAC（包括 HDAC1-3、HDAC4-6 和 SIRT1-7 三类） | （1）组蛋白：主要参与染色质结构的重塑和转录激活；（2）非组蛋白：调节转录因子与 DNA 的结合；调控蛋白质之间的相互作用；影响蛋白质的稳定性 |
| 甲基化 | 甲基 | SAM | 赖氨酸（Lys）精氨酸（Arg） | 甲基化：PKMT，PRMT 去甲基化：LSD1 | 影响蛋白质之间的相互作用、蛋白质和 RNA 之间的相互作用、蛋白质的定位、RNA 加工、细胞信号转导 |
| 脂基化 | 棕榈酰基 法尼基 | 棕榈酰辅酶 A 法尼基焦磷酸 | 半胱氨酸（Cys） | 棕榈酰化：PAT（可逆）法尼基化：法尼基转移酶（不可逆）四异戊二烯化：四异戊二烯转移酶（不可逆）去棕榈酰化：硫酯酶 | 增强靶蛋白在细胞膜上的亲和性；调控靶蛋白介导细胞信号转导的能力调节靶蛋白的亚细胞定位、转运、相互作用及稳定性 |
| SUMO 化 | SUMO | SUMO | 赖氨酸（Lys） | SUMO 化：E1 活化酶，E2 结合酶（Ubc9），E3 连接酶 去 SUMO 化：SUP | 调控转录因子活性；维持基因组的完整性及调节染色体凝集与分离；参与 DNA 修复过程；拮抗泛素的作用以增加蛋白质的稳定性；调节蛋白的核质转运及信号转导 |

注：被 SUMO 化修饰的底物蛋白赖氨酸残基通常出现于一种特殊的序列模式中，即 Ψ-K-X-D/E（Ψ 代表疏水性氨基酸，K 是 SUMO 修饰的赖氨酸，X 代表任意氨基酸，D 为天冬氨酸，E 为谷氨酸）

**2. 蛋白质的靶向输送**　蛋白质合成后在细胞内被定向地输送到其执行功能的场所称为蛋白质的靶向输送或蛋白质分选。这一过程与翻译后修饰过程同步进行。

真核生物合成的蛋白质按照亚细胞定位，大致可分为胞质溶胶蛋白、质膜蛋白、细胞器蛋白、核蛋白和分泌型蛋白质。蛋白质分选大致有胞质溶胶分选途径和粗面型内质网分选途径（表 12-10）。

**表 12-10　真核生物蛋白质的分选途径**

| 途径 | 蛋白质的合成部位 | 蛋白质的定位 |
|---|---|---|
| 胞质溶胶分选途径 | 游离核糖体（胞质溶胶） | 胞质溶胶、线粒体、细胞核、过氧化物酶体 |
| 粗面型内质网分选途径 | 结合核糖体（粗面型内质网） | 细胞膜、内质网、高尔基体、溶酶体、胞外 |

蛋白质所含的信号序列是决定蛋白质靶向输送特性的重要元件，由它引导蛋白质转移到细胞的适当靶部位（表 12-11）。

表 12-11　真核生物蛋白质靶向输送的信号序列和输送过程

| 蛋白质种类 | 信号序列 | 结构特点 | 输送过程 |
| --- | --- | --- | --- |
| 分泌型蛋白 | 信号肽 | 包含 12～35 个氨基酸，位于肽链 N 端，它的近 N 端区域有带正电荷的碱性氨基酸残基，它的中段是由疏水性氨基酸构成的疏水核心区，它的近 C 端区域有可被信号肽酶裂解的位点 | 由信号识别颗粒识别信号肽，引导肽链进入内质网腔，信号肽在此处被信号肽酶切除，多肽折叠，再以囊泡的形式转运至高尔基体包装进分泌小泡，随后转移至细胞膜，最后分泌到胞外 |
| 核蛋白 | 核定位信号 | 包含 4～8 个氨基酸，位于肽链内部，含 Pro、Lys 和 Arg，典型序列为 K-K/R-X-K/R | 靶向入核时还需要核输入因子、小 G 蛋白等 |
| 内质网蛋白 | 内质网滞留信号 | 位于肽链 C 端，序列为 Lys-Asp-Glu-Leu（KDEL） | KDEL 序列与内质网上相应受体结合，随囊泡输送回内质网 |
| 核基因组编码的线粒体蛋白 | 前导肽 | 包含 20～35 个氨基酸，位于肽链 N 端，富含疏水性氨基酸和碱性氨基酸 | 蛋白质通过线粒体内膜的转运是一个耗能过程，需要外膜转运体和内膜转运体 |
| 溶酶体蛋白 | 溶酶体靶向信号 | 6-磷酸甘露糖糖基化修饰 | 其靶向输送与分泌型蛋白类似，但它进入高尔基体后，将进行 6-磷酸甘露糖糖基化修饰，这种修饰是蛋白靶向输送到溶酶体的信号 |
| 过氧化物酶体蛋白 | 过氧化物酶体基质靶向序列（PTS） | PTS1：位于肽链 C 端的 Ser-Lys-Leu 序列<br>PTS2：位于肽链 N 端的由 9 个氨基酸残基构成的序列 | 其在游离核糖体中合成并折叠好后转运进入过氧化物酶体，PTS1 和 PTS2 都被保留下来，不被切除 |
| 膜蛋白 | 转运终止序列、内部插入序列 | 均为疏水性肽段 | 其靶向输送与分泌型蛋白类似；不同类型的跨膜蛋白转运机制不尽相同；细胞膜蛋白从内质网膜蛋白转运而来 |

·前导肽与信号肽。前导肽（leading peptide），是指真核生物中引导新合成的多肽到达特定的细胞器如线粒体、原核生物中引导新合成的多肽从细胞质到外周质的肽段，常在引导任务完成后被切除。

信号肽（signal peptide），又称信号序列（signal sequence），其经典含义是指分泌蛋白新生肽链 N 端的一段 20～30 氨基酸残基组成的肽段，它将分泌蛋白引导进入内质网，同时这个肽段被切除。现在这一概念已扩大到决定新生肽链在细胞内的定位或决定某些氨基酸残基修饰的一些肽段。因此，广义上来讲，前导肽也属于信号肽。

### （五）蛋白质生物合成与医学

**1. 蛋白质生物合成与疾病发生**　分子病，如镰状细胞贫血，就是因为基因突变导致蛋白质异常，进而导致疾病发生（参见第一章蛋白质的结构与功能）。事实上，不同的基因突变对蛋白质产物的功能或活性的影响是不同的（参见第十章 DNA 的生物合成）。

蛋白质生物合成过程的异常与一些疾病也密切相关，如恶性肿瘤细胞的蛋白质合成速率明显高于正常细胞。

蛋白质合成后的加工修饰异常也会引起相应的疾病，如肽链折叠异常可引起阿尔茨海默病、帕金森病等蛋白质空间构象病。

**2. 蛋白质生物合成的干扰和抑制**

（1）抗生素（表 12-12）

表 12-12　常用抗生素抑制蛋白质合成的原理与应用

| 抗生素 | 作用位点 | 作用原理 | 应用 |
| --- | --- | --- | --- |
| 四环素、土霉素 | 原核糖体小亚基 | 抑制氨基酰-tRNA 与小亚基结合，阻碍起始复合物的形成 | 抗菌药 |
| 氯霉素、红霉素、林可霉素 | 原核糖体大亚基 | 抑制转肽酶活性，阻断肽链延长 | 抗菌药 |
| 链霉素、新霉素、卡那霉素 | 原核核糖体小亚基 | 改变其构象，引起读码错误；抑制起始复合物的形成 | 抗菌药 |
| 嘌呤霉素 | 原核、真核核糖体 | 结构与酪氨酰-tRNA 相似，使肽酰基转移到它的氨基上，导致未成熟肽链释放 | 抗肿瘤药 |
| 放线菌酮 | 真核核糖体大亚基 | 抑制转肽酶活性，阻断肽链延长 | 医学研究 |

续表

| 抗生素 | 作用位点 | 作用原理 | 应用 |
|---|---|---|---|
| 伊短菌素、密旋霉素 | 原核、真核核糖体小亚基 | 阻碍起始复合物的形成 | 抗病毒药 |
| 夫西地酸、微球菌素 | 延长因子EF-G | 抑制EF-G,阻止转位 | 抗菌药 |
| 大观霉素 | 原核核糖体小亚基 | 阻碍小亚基变构,阻止转位 | 抗菌药 |

（2）其他干扰蛋白质生物合成的物质（表12-13）

**表12-13　毒素抑制蛋白质生物合成的机制**

| 名称 | 作用机制 |
|---|---|
| 白喉毒素 | 使真核生物延长因子eEF-2发生ADP糖基化共价修饰而失活,阻止转位,从而抑制真核细胞蛋白质合成 |
| 蓖麻蛋白 | 使真核生物核糖体大亚基的28S rRNA降解,导致大亚基失活 |

## （六）复制、转录和翻译的比较

复制、转录和翻译的异同见表12-14。

**表12-14　复制、转录和翻译的异同**

| | 复制 | 转录 | 翻译 |
|---|---|---|---|
| 模板 | DNA双链 | DNA模板链 | mRNA |
| 原料 | 4种dNTP | 4种NTP | 20种氨基酸 |
| 酶或蛋白质因子 | DNA聚合酶、DNA拓扑异构酶、解螺旋酶、引物酶、DNA连接酶等 | RNA聚合酶、ρ因子等 | 氨基酰-tRNA合成酶、转肽酶、转位酶、起始因子、延长因子、释放因子等 |
| 产物 | 子代双链DNA | mRNA、tRNA、rRNA等 | 蛋白质 |
| 合成方式 | 半保留复制 | 不对称转录 | 核糖体循环 |
| 合成方向 | 5'端→3'端 | 5'端→3'端 | N端→C端 |
| 碱基配对 | A-T,G-C | A-U,T-A,G-C | 密码子与反密码子配对:①标准配对;②摆动配对 |
| 生成的化学键 | 3′,5′-磷酸二酯键、氢键 | 3′,5′-磷酸二酯键 | 肽键 |
| 引物 | 需要 | 不需要 | 不需要 |
| 产物加工修饰 | 不需要 | 需要转录后加工修饰 | 需要翻译后加工修饰 |

# 中英文专业术语

蛋白质的生物合成　protein biosynthesis

翻译　translation
可读框或开放阅读框架　open reading frame,ORF
遗传密码　genetic code
密码子　codon
移码突变　frameshift mutation
反密码子　anticodon
氨基酰-tRNA合成酶　aminoacyl-tRNA synthetase
起始因子　initiation factor,IF
延长因子　elongation factor,EF
释放因子　releasing factor,RF
核糖体结合位点　ribosomal binding site,RBS
S-D序列　Shine-Dalgarno sequence
转肽酶　transpeptidase
转位酶　translocase
核糖体循环　ribosomal cycle
多聚核糖体　polyribosome
单顺反子　monocistron
多顺反子　polycistron
翻译后加工　post-translational modification
折叠酶　foldase
蛋白质二硫化物异构酶　protein disulfide isomerase
肽酰-脯氨酸顺反异构酶　peptide prolyl cis-trans isomerase
分子伴侣　molecular chaperone
热休克蛋白　heat shock protein
蛋白质的靶向输送　protein targeting
信号肽　signal peptide
信号识别颗粒　signal recognition particle,SRP
抗生素　antibiotics

# 练 习 题

## 一、A1型选择题

1. 原核生物起始氨基酰-tRNA是
A. Met-tRNA$_i^{Met}$
B. Met-tRNA$_e^{Met}$
C. fMet-tRNA$^{fMet}$
D. Val-tRNA$^{val}$
E. 任何氨基酰-tRNA

2. 真核生物起始氨基酰-tRNA是
A. Met-tRNA$_i^{Met}$
B. Met-tRNA$_e^{Met}$
C. fMet-tRNA$^{fMet}$
D. Val-tRNA$^{val}$
E. 任何氨基酰-tRNA

3. 蛋白质生物合成的方向是
A. 从C端到N端
B. 从N端到C端
C. 定点双向进行
D. 从5'端到3'端
E. 从3'端到5'端

4. 蛋白质生物合成的部位是
A. 核小体
B. 线粒体
C. 核糖体

D. 细胞核　　　　E. 内质网
5. ★蛋白质生物合成中，起始密码子是
A. UAA　B. UGA　C. UAG　D. UUU　E. AUG
6. 下列关于遗传密码的正确描述是
A. 每种氨基酸都有多个密码子
B. 编码氨基酸的密码子有 64 个
C. 细胞核和线粒体使用相同遗传密码
D. 位于 mRNA 上
E. 起始密码子和终止密码子都不止一个
7. 核糖体循环过程中，需要碱基配对的步骤是
A. 转位　　　　B. 成肽　　　　C. 进位
D. 结合释放因子　E. 释放肽链
8. 氨基酸活化所需能量来源于
A. ATP　B. GTP　C. CTP　D. TTP　E. UTP
9. 翻译延长阶段所需能量来源于
A. ATP　　B. GTP　　C. CTP　　D. TTP　　E. UTP
10. 1 分子氨基酸活化为 1 分子氨基酰-tRNA 需要消耗的高能磷酸键的数目是
A. 1　　　B. 2　　　C. 3　　　D. 4　　　E. 5
11. 氨基酸与 tRNA 结合的化学键是
A. 肽键　　　　B. 酯键　　　　C. 二硫键
D. 离子键　　　E. 氢键
12. 下列关于遗传密码的错误描述是
A. 遗传密码具有种属特异性
B. 遗传密码阅读方向是从 5′端至 3′端
C. 遗传密码的基本单位是核苷酸三联体
D. 密码子第 3 位碱基一般不影响编码氨基酸的特异性
E. 遗传密码阅读方向决定多肽链的合成方向
13. 蛋白质生物合成中，不需要消耗能量的环节是
A. 起始阶段　　B. 进位　　　C. 成肽
D. 转位　　　　　E. 终止阶段
14. 氨基酰-tRNA 合成酶的高度特异性是指
A. 一种氨基酰-tRNA 合成酶特异识别一种氨基酸和一种 tRNA
B. 一种氨基酰-tRNA 合成酶特异识别多种氨基酸和一种 tRNA
C. 一种氨基酰-tRNA 合成酶特异识别一种氨基酸和多种 tRNA
D. 一种氨基酰-tRNA 合成酶特异识别多种氨基酸和多种 tRNA
E. 不同氨基酰-tRNA 合成酶也可识别相同的氨基酸和 tRNA
15. 蛋白质磷酸化的修饰位点可以是
A. 甘氨酸　　B. 酪氨酸　　　C. 苯丙氨酸
D. 谷氨酸　　E. 赖氨酸
16. 决定 20 种氨基酸的密码子共有

A. 60 个　　　B. 61 个　　　C. 62 个
D. 63 个　　　E. 64 个
17. 翻译的产物是
A. snRNA　　　　B. rRNA　　　　C. hnRNA
D. 蛋白质　　　E. tRNA
18. 不直接参与蛋白质生物合成的是
A. DNA　　　　B. 氨基酸　　　C. mRNA
D. rRNA　　　　E. tRNA
19. 为原核生物起始氨基酰-tRNA 提供一碳单位的是
A. 甲基　　　　B. 甲烯基　　　C. 甲炔基
D. 羟甲基　　　E. 甲酰基
20. 原核生物起始氨基酰-tRNA 所需一碳单位的载体是
A. 叶酸　　　　B. 二氢叶酸　　C. 四氢叶酸
D. 甲硫氨酸　　E. S-腺苷甲硫氨酸
21. 遗传密码的基本特点不包括
A. 通用性　　　B. 连续性　　　C. 简并性
D. 多样性　　　E. 摆动性
22. 关于多聚核糖体正确的叙述是
A. 只存在于细胞核中
B. 只存在于真核细胞中
C. 是蛋白质的前体分子
D. 是多个核糖体与 mRNA 结合的聚合物
E. 是多个核糖体聚合形成的复合物
23. 与真核生物翻译起始无关的是
A. AUG　　　　B. 核糖体　　　C. RNA 聚合酶
D. 帽子结构　　E. eIF
24. 翻译延长阶段的起始步骤为
A. 转位　　　　　B. 进位　　　　C. 成肽
D. 氨基酸活化　　E. 结合释放因子
25. 关于真核生物翻译延长阶段的转位步骤的正确叙述是
A. 空载 tRNA 从 P 位移到 E 位，再脱落
B. 核糖体向 mRNA 的 5′端移动一个密码子的距离
C. 转位过程需要水解 GTP 供能
D. 肽酰-tRNA 从 P 位移到 A 位
E. eEF1-α 具有转位酶活性
26. 蛋白质合成终止的原因是
A. 核糖体到达 mRNA 分子的 3′端
B. 释放因子进入 A 位识别终止密码子
C. 终止密码子不被识别，导致 mRNA 读码间断
D. 特异的氨基酰-tRNA 进入 A 位
E. mRNA 出现发夹结构，导致核糖体无法移动
27. 蛋白质合成终止不包括
A. 释放因子进入 P 位

B. 核糖体停止移动

C. mRNA 从核糖体分离

D. 肽链从核糖体释放

E. 大小亚基分开

28. 关于原核生物与真核生物翻译起始阶段的区别的正确叙述是

A. 原核生物需要的起始因子比真核生物多

B. 真核生物起始氨基酰-tRNA 需要修饰

C. 原核生物靠帽结合蛋白复合物保证核糖体与 mRNA 正确定位结合

D. 真核生物靠 S-D 序列保证核糖体与 mRNA 正确定位结合

E. 真核生物的核糖体先结合起始氨基酰-tRNA 再结合 mRNA

29. 关于蛋白质生物合成的错误叙述是

A. 包括起始、延长、终止三个阶段

B. 延长阶段可以分为进位、成肽、转位三个步骤

C. 每个阶段都需要各种蛋白质因子参与

D. 原核生物在细胞质中完成，真核生物在细胞核中完成

E. 蛋白质的合成过程就是翻译的过程

30. 关于信号肽的错误叙述是

A. 通常位于蛋白质的 N 端

B. 可以把蛋白质定向输送到细胞的某个部位

C. C 端有碱性氨基酸

D. C 端有信号肽酶作用的位点

E. 中段为疏水核心区

31. 蛋白质翻译后加工不包括

A. 磷酸化　　B. 去除信号肽　　C. 亚基聚合

D. 肽链折叠　　　E. 蛋白降解

32. 分泌型蛋白质的输送需要

A. 信号肽酶　　　B. 磷酸化酶

C. 甲基化酶　　　D. 脱水酶

E. 氧化酶

33. 只有一个密码子的氨基酸是

A. 甲硫氨酸、丙氨酸　　B. 苏氨酸、精氨酸

C. 色氨酸、甲硫氨酸　　D. 组氨酸、赖氨酸

E. 丙氨酸、色氨酸

34. 下列氨基酸中不参与蛋白质组成的是

A. 同型半胱氨酸　　　B. 胱氨酸

C. 半胱氨酸　　　D. 苏氨酸

E. 蛋氨酸

35. 翻译起始复合物不包括

A. 核糖体大亚基　　　B. 核糖体小亚基

C. mRNA　　　D. DNA

E. 起始氨基酰-tRNA

36. 关于蛋白质生物合成的错误叙述是

A. 氨基酸必须活化

B. 必须有起始因子参与

C. 必须有 GTP 参与

D. 可以在任意的 AUG 起始

E. mRNA 做模板

37. 编码甲硫氨酸的密码子是

A. UAG　B. UCA　C. AUG　D. AGA　E. GUA

38. ★参与蛋白质生物合成的能量物质是

A. ATP、UTP　　　B. ATP、GTP

C. GTP、UTP　　　D. GTP、CTP

E. GTP、TTP

39. ★能出现在蛋白质分子中的下列氨基酸，没有遗传密码的是

A. 色氨酸、甲硫氨酸　　B. 脯氨酸、酪氨酸

C. 赖氨酸、组氨酸　　　D. 丝氨酸、缬氨酸

E. 胱氨酸、羟脯氨酸

40. ★热激蛋白（热休克蛋白）的生理功能是

A. 作为酶参与蛋白质合成

B. 促进新生多肽链的折叠

C. 参与蛋白质靶向输送

D. 肽链合成起始的关键分子

E. 参与氨基酸残基共价修饰

41. 不能影响蛋白质生物合成的物质有

A. 白喉毒素　　B. 蓖麻毒素　　C. 泛素

D. 氯霉素　　　E. 四环素

42. 四环素抑制蛋白质合成的机制是

A. 与起始因子结合，抑制翻译起始

B. 与延长因子结合，抑制翻译延长

C. 与核糖体大亚基结合，抑制转肽酶活性，阻断翻译延长

D. 与核糖体小亚基结合，阻碍翻译起始复合物的形成

E. 与核糖体小亚基结合，改变其构象，引起读码错误

43. 肽链每延长一个氨基酸残基，需要消耗的高能磷酸键的数目是

A. 1　　　B. 2　　　C. 3　　　D. 4　　　E. 5

44. 信号识别颗粒（signal recognition particle，SRP）的作用是

A. 指导 RNA 剪切

B. 引导分泌型蛋白跨内质网膜

C. 指引核糖体大小亚基结合

D. 指导转录终止

E. 引导蛋白质靶向输送到细胞核

45. ▲遗传密码的简并性是指

A. 蛋氨酸密码可作起始密码

B. 一个密码子可代表多个氨基酸

C. 多个密码子可代表同一氨基酸

D. 密码子与反密码子之间不严格配对

E. 所有生物可使用同一套密码

46. ▲能与原核生物核糖体小亚基结合，改变其构象，引起读码错误的抗生素是

A. 红霉素　　　B. 氯霉素　　C. 链霉素

D. 嘌呤霉素　　　E. 放线菌酮

47. ★如 tRNA 的反密码子是 GAU，其识别的密码子是

A. AUC　B. CUA　C. CAU　D. AAG　E. GAA

48. ★下列有关遗传密码的叙述，正确的是

A. 遗传密码只代表氨基酸

B. 一种氨基酸只有一个密码子

C. 一个密码子可代表多种氨基酸

D. 每个 tRNA 上的反密码子只能识别一个密码子

E. 从病毒到人，丝氨酸的密码子都是 AGU

49. ★下列密码子的特点中，与移码突变有关的是

A. 通用性　　B. 简并性　　　C. 连续性

D. 摆动性　　　E. 方向性

50. ★下列氨基酸中，无相应遗传密码的是

A. 异亮氨酸　B. 天冬酰胺　C. 脯氨酸

D. 羟赖氨酸　E. 色氨酸

51. ★蛋白质生物合成过程中，能在核糖体 E 位上发生的反应是

A. 氨基酰-tRNA 进位　B. 转肽酶催化反应

C. 卸载 tRNA　　　D. 与释放因子结合

E. 与起始因子结合

52. ★蛋白质生物合成时具有 GTP 酶活性的物质是

A. 23S rRNA　　　　B. EF-G　　　　C. EF-Tu

D. RF-1　　　　　E. RF-2

53. ★下列关于原核生物蛋白质合成的叙述，正确的是

A. 一条 mRNA 编码几种蛋白质

B. 释放因子是 eRF

C. 起始因子是 eIF

D. 80S 核糖体参与合成

E. 核内合成，细胞质中加工

54. ★下列选项中，属于蛋白质生物合成抑制的是

A. 氟尿嘧啶　　　B. 卡那霉素　C. 甲氨蝶呤

D. 别嘌呤醇　　　E. 利福平

55. ★对真核和原核生物翻译过程有干扰作用，故难用作抗菌药物的是

A. 四环素　　　　B. 链霉素　　　C. 卡那霉素

D. 嘌呤霉素　　　E. 放线菌酮

56. ★能与原核生物的核糖体大亚基结合的抗生素是

A. 四环素　　　　B. 氯霉素　　　C. 链霉素

D. 嘌呤霉素　　　E. 放线菌酮

57. 能够催化蛋白质乙酰化修饰的酶是

A. HAT　　　　B. HDAC　　　C. PKMT

D. PRMT　　　E. LSD1

58. 能够催化蛋白质去乙酰化的酶是

A. HAT　　　　B. HDAC　　　C. PKMT

D. PRMT　　　E. LSD1

59. 蛋白质泛素化的修饰位点是

A. 甘氨酸　　　B. 精氨酸　　　C. 赖氨酸

D. 谷氨酸　　　E. 组氨酸

60. 蛋白质乙酰化的修饰位点是

A. 甘氨酸　　　B. 精氨酸　　　C. 赖氨酸

D. 谷氨酸　　　E. 组氨酸

61. 指导分泌型蛋白靶向运输的信号序列是

A. 核定位信号　　　　　B. 信号肽

C. 内质网滞留信号　　　D. 前导肽

E. 过氧化物酶体基质靶向序列

**二、A2 型选择题**

1. 2013 年以来，美国华盛顿、纽约等地已发生多起蓖麻毒素"毒信"事件。蓖麻毒素的毒性很强，是等重量氯化钾毒性的 6000 倍，曾被用作生化武器。该毒素易损伤肝、肾等实器官，造成出血和坏死性病变，并能麻痹心血管和抑制呼吸中枢。蓖麻毒素是真核生物蛋白生物合成的抑制剂，具体机制是

A. 使真核细胞延长因子 eEF-2 发生 ADP 糖基化共价修饰而失活

B. 使真核细胞起始因子 eIF-2 发生磷酸化修饰而失活

C. 与真核细胞核糖体大亚基结合而抑制其转肽酶活性，阻止肽链延长

D. 与真核细胞核糖体小亚基结合而阻碍翻译起始复合物的形成

E. 使真核细胞核糖体大亚基的 28S rRNA 降解，导致大亚基失活

2. 与 mRNA 上密码子 AAU 配对的反密码子是

A. AUU　B. UUA　C. CUU　D. UUC　E. AAG

3. 西德尼·奥尔特曼（Sidney Altman）和托马斯·R·切赫（Thomas R. Cech）因发现核酶分享了 1989 年诺贝尔化学奖，蛋白质生物合成过程中属于核酶的是

A. 氨基酰-tRNA 合成酶

B. 帽结合蛋白复合物

C. 转肽酶

D. 转位酶

E. 释放因子

4. 促肾上腺皮质激素是由垂体分泌的一种多肽类激素，它能促进肾上腺皮质的组织增生及皮质激素的生成和分泌，检测它的水平可鉴别诊断垂体或肾上腺皮质功能亢进或低下症。促肾上腺皮质激素是由阿黑皮素原转变而来，这个转变过程属于

A. 氨基酸残基的共价化学修饰

B. 肽链折叠

C. 亚基聚合

D. 辅基连接

E. 肽链水解

5. 皮革奶是通过添加皮革水解蛋白从而提高牛奶含氮量，达到提高其蛋白质含量检测指标的牛奶。由于这种皮革水解蛋白中含有严重超标的重金属等有害物质，严重危害消费者的身体健康甚至生命安全。现农业部规定的检测方式主要是检测牛奶是否含有羟脯氨酸，这是动物胶原蛋白中的特有成分，而乳酪蛋白中则没有，所以一旦验出，则可认为是皮革奶。羟脯氨酸并不属于标准氨基酸，它是脯氨酸的

A. 磷酸化修饰的产物

B. 羟基化修饰的产物

C. 羟甲基化修饰的产物

D. 糖基化修饰的产物

E. 乙酰化修饰的产物

6. 蛋白质折叠异常，会导致蛋白质空间构象异常，引发蛋白质空间构象病，如阿尔兹海默病、帕金森病等。蛋白质空间构象形成的限速酶是

A. 肽酰-脯氨酸顺反异构酶

B. 蛋白质二硫化物异构酶

C. 分子伴侣

D. 蛋白激酶

E. 甲基转移酶

7. 抗肿瘤抗生素是由微生物代谢产生的具有抗肿瘤活性的化学物质。比如，嘌呤霉素被用于治疗淋巴瘤、乳腺癌、肺癌等。嘌呤霉素可抑制真核细胞和原核细胞的蛋白质合成，具体机制是

A. 它与核糖体小亚基结合，阻碍翻译起始复合物的形成

B. 它与核糖体小亚基结合，引起读码错误，影响肽链延长

C. 它与酪氨酰-tRNA 相似，取代后者进入核糖体 A 位，中断肽链合成

D. 它与核糖体大亚基结合，抑制转肽酶活性，阻断肽链延长

E. 它与核糖体小亚基结合，阻碍小亚基变构，

阻止转位

8. 氯霉素眼药水主要用于治疗由大肠埃希菌、流感嗜血杆菌、金黄色葡萄球菌等敏感菌所致的眼部感染，如沙眼、结膜炎、角膜炎等。氯霉素可抑制原核细胞的蛋白质合成，具体机制是

A. 抑制转肽酶，阻断肽链延长

B. 阻碍翻译起始复合物的形成

C. 阻碍小亚基变构，阻止转位

D. 引起读码错误，影响肽链延长

E. 抑制氨基酰-tRNA 与小亚基结合

9. 放线菌酮可抑制真核细胞蛋白质合成，若使用放线菌酮处理真核细胞，细胞内的蛋白质会随时间减少，因此放线菌酮在分子生物学实验中被用来确定蛋白质的半衰期或蛋白质的降解速率。下列叙述正确的是

A. 用放线菌酮处理细胞后，若蛋白质含量变化不大，说明蛋白质的降解速率快

B. 用放线菌酮处理细胞后，若蛋白质含量变化明显减少，说明蛋白质的半衰期长

C. 蛋白质的半衰期是指蛋白质降解到其原浓度1/4 所需要的时间

D. 放线菌酮与核糖体大亚基结合，抑制转肽酶活性，阻断肽链延长

E. 真核细胞蛋白质降解途径只有溶酶体降解途径

10. ★一个 tRNA 上的反密码子为 IAC，其可识别的密码子是

A. GUA  B. GUG  C. AUG  D. CUG  E. UUG

11. 实验室培养细胞时，为预防细菌污染，会在培养基中加入青霉素和链霉素。青霉素通过破坏细菌的细胞壁并在细菌繁殖期起杀菌作用，而链霉素可抑制细菌合成蛋白，因为

A. 它与核糖体小亚基结合，阻碍翻译起始复合物的形成

B. 它与核糖体小亚基结合，改变其构象，引起读码错误

C. 它与核糖体小亚基结合，阻止转位

D. 它与核糖体大亚基结合，抑制转肽酶，阻断肽链延长

E. 它与 EF-G 结合，抑制 EF-G，阻止转位

12. 利用基因工程技术生产有应用价值的药物是当今生物医药发展一个重要的方面。例如，促红细胞生成素（erythropoietin，EPO）具有促进红细胞生成的作用，现已实现在中国仓鼠卵巢（CHO）细胞中表达重组人 EPO，治疗慢性肾衰竭导致的贫血、恶性肿瘤或化疗导致的贫血等。CHO 能表达人 EPO 说明

A. 遗传密码具有摆动性

B. 遗传密码具有随机性
C. 遗传密码具有多样性
D. 遗传密码具有通用性
E. 遗传密码具有简并性

13. β-珠蛋白生成障碍性贫血（又称 β-地中海贫血）是世界上最常见的单基因遗传病之一，通常被认为是一种常染色体隐性遗传性疾病，但也发现少数显性遗传性 β-珠蛋白生成障碍性贫血病例。显性遗传性 β-珠蛋白生成障碍性贫血主要是由 β-珠蛋白基因的移码突变、错义突变和无义突变所引起，其临床表现差别很大，从轻微的临床症状到输血依赖的症状皆可以存在。下列说法错误的是

A. 移码突变是指在 mRNA 的可读框中插入或缺失核苷酸的基因突变
B. 移码突变说明遗传密码具有连续性
C. 错义突变一般改变密码子的第三位碱基
D. 错义突变不一定会影响蛋白质的结构和功能
E. 移码突变也可像无义突变一样使肽链合成提前终止

14. 1986 年，英国的 Chambers 等发现了硒代半胱氨酸，分子结构与半胱氨酸相比只是把—SH 换成了—SeH。Zinoni 进一步证实硒代半胱氨酸是由密码子 UGA 编码。自然界中硫/硒的含量相差很大，在自然条件下有利于半胱氨酸的形成，这可能是天然硒代半胱氨酸含量少的原因之一，但硒代半胱氨酸含量较高的谷胱甘肽过氧化物酶几乎存在于所有细胞中。从以上信息，我们可以得知

A. 硒代半胱氨酸不是天然氨基酸
B. 硒代半胱氨酸是由半胱氨酸衍变而来
C. 遗传密码的通用性是绝对的
D. 没有可携带硒代半胱氨酸的 tRNA
E. 终止密码子也可编码氨基酸

15. tRNA 是氨基酸的运载工具及"分子适配器"，其表达水平异常会导致疾病发生。最新研究报道 tRNA$^{Arg}_{CCG}$ 在转移性乳腺癌细胞中高表达，导致富含相应密码子的基因 EXOSC2 的表达也随之增强，后者可促进乳腺癌肺转移。下列叙述错误的是

A. 精氨酸对应 6 个简并性密码子
B. EXOSC2 基因中编码精氨酸的密码子更多的是 CGG
C. 携带精氨酸的同工 tRNA 的反密码子不同
D. 同工 tRNA 在细胞内的含量不同
E. 密码子使用不具有偏好性

16. 一名 20 岁患者患有微细胞性贫血（microcytic anemia），检测发现其体内血红蛋白的 β 链共含有 172 个氨基酸残基，而不是正常的 141 个氨基酸残基，其可能是下列哪种基因突变造成的?

A. CGA→UGA
B. GAU→GAC
C. GCA→GAA
D. UAA→CAA
E. UAA→UAG

17. 将含有 CAA 重复序列的多聚核苷酸加入无细胞蛋白合成体系中，经鉴定发现生成了三种同聚多肽（homopolypeptide）：多聚谷氨酰胺、多聚天冬酰胺和多聚苏氨酸。如果谷氨酰胺和天冬酰胺的密码子分别为 CAA 和 AAC，试推测苏氨酸的密码子应该是

A. AAC　B. ACA　C. CAA　D. CAC　E. CCA

18. 一个原本应该转运半胱氨酸的 tRNA（tRNA$^{Cys}$），在活化时错误地携带上了丙氨酸，生成了 Ala-tRNA$^{Cys}$。如果该错误不被及时校正，那么该丙氨酸残基的命运将会如何

A. 将对应于丙氨酸密码子被掺入蛋白质
B. 将对应于半胱氨酸密码子被掺入蛋白质
C. 将对应于任意密码子被随机掺入蛋白质
D. 因其不能被用于蛋白质合成，所以将一直保持与 tRNA 结合的状态
E. 将被细胞内的酶催化转变为半胱氨酸

19. 一个药物公司正在研究一个新的抑制细菌蛋白质合成的抗生素。研究人员发现，当该抗生素加入体外蛋白质合成体系中后，该体系中的 mRNA 序列 AUGUUUUUUUAG 被翻译生成的产物仅是一个二肽 fMet-Phe。该抗生素最有可能是抑制了蛋白质合成的哪一步

A. 起始　B. 进位　C. 成肽　D. 转位　E. 终止

20. 一个囊性纤维化（cystic fibrosis）患者，其细胞中的囊性纤维化跨膜传导调节因子（cystic fibrosis transmembrane conductance regulator，CFTR）基因发生了一个三核苷酸删除突变，导致 CFTR 蛋白的第 508 位苯丙氨酸残基删除，继而使该突变蛋白在细胞内折叠错误。该患者体内细胞识别到该突变蛋白，并通过添加泛素分子对其进行修饰，试问被修饰后的突变蛋白的命运如何?

A. 泛素将使突变蛋白的功能恢复正常
B. 分泌到细胞外
C. 进入储存囊泡
D. 被细胞内的酶修复
E. 被蛋白酶体降解

21. α1 抗胰蛋白酶（α1-antitrypsin，AAT）可抑制弹性蛋白酶的作用，如果 AAT 缺乏可导致肺气肿（emphysema）。AAT 在肝中合成，再分泌

至胞外，肺中 AAT 的缺陷实际上是因为肝合成的 AAT 分泌异常所致。像 AAT 这样的分泌型蛋白，下列叙述正确的是

A. 它们的合成是在游离核糖体中进行
B. 它们含有一个信号肽靶向输送信号
C. 它们的氨基端一直含有一个甲硫氨酸
D. 它们的信号肽一直保留在成熟蛋白质中
E. 它们的合成和靶向输送不涉及高尔基体

22. 合成一条由 10 个氨基酸组成的肽链，需要消耗的高能磷酸键的数量是

A. 38    B. 39    C. 40    D. 41    E. 42

23. 我国现行的免疫程序规定，儿童从 3 月龄开始接种吸附百日咳、白喉、破伤风联合疫苗第 1 针，连续接种 3 针；在一岁半至 2 周岁时再用吸附百日咳、白喉、破伤风联合疫苗加强免疫 1 针。吸附百日咳、白喉、破伤风联合疫苗是由百日咳疫苗、精制白喉和破伤风类毒素按适量比例配置而成，用于预防百日咳、白喉、破伤风三种疾病。下列叙述错误的是

A. 百日咳毒素和白喉毒素均具有 ADP-核糖基转移酶活性
B. 百日咳毒素使 $G_i$ 蛋白发生 ADP-核糖基修饰而失活，导致胞内 cAMP 高水平，影响细胞信号转导
C. 白喉毒素使 eIF-2 发生 ADP-核糖基修饰而失活，进而抑制真核细胞蛋白质合成
D. 破伤风神经痉挛毒素能封闭脊髓抑制性突触末端，阻止抑制性神经递质（甘氨酸和 γ-氨基丁酸）的释放
E. 针对百日咳、白喉或破伤风病患，可配合抗生素治疗

## 三、B 型选择题

1. 原核生物核糖体上 A 位是
2. 原核生物核糖体上 P 位是
3. 原核生物核糖体上 E 位是
A. 释放空载 tRNA 的位置
B. 结合肽酰-tRNA 的位置
C. 结合氨基酰-tRNA 的位置
D. 结合起始因子的位置
E. 结合延长因子的位置

4. 遗传密码的方向性是指
5. 遗传密码的连续性是指
6. 遗传密码的简并性是指
7. 遗传密码的摆动性是指
8. 遗传密码的通用性是指
A. 从起始密码子开始，密码子被连续阅读

B. 有的氨基酸可由多个密码子编码
C. 阅读方向从 5′端至 3′端
D. 不同物种使用同一套遗传密码
E. 密码子与反密码子出现非常规配对

9. 与原核生物识别起始密码子相关的序列是
10. 与真核生物识别起始密码子相关的序列是
A. 启动子    B. 终止子    C. 增强子
D. Kozak 共有序列    E. S-D 序列

11. 原核生物翻译过程中的转肽酶是
12. 真核生物翻译过程中的转肽酶是
A. 核糖体大亚基的 28S rRNA
B. 核糖体大亚基的 23S rRNA
C. eEF-1
D. eEF-2
E. EF-Tu

13. 指导核蛋白靶向输送的信号序列是
14. 指导内质网蛋白靶向输送的信号序列是
15. 指导核基因组编码的线粒体蛋白靶向输送的信号序列是
16. 指导溶酶体蛋白靶向输送的信号是
17. 指导过氧化物酶体蛋白靶向输送的信号序列是
A. 过氧化物酶体基质靶向序列
B. 6-磷酸甘露糖
C. 前导肽
D. 内质网滞留信号
E. 核定位信号

## 四、X 型选择题

1. ★蛋白质生物合成中，终止密码子是
A. UAA    B. UGA    C. UAG    D. UUU    E. AUG

2. 每种氨基酰-tRNA 合成酶特异识别氨基酸和与该氨基酸结合的一组同工 tRNA，这对应于遗传密码的

A. 方向性    B. 连续性    C. 简并性
D. 摆动性    E. 通用性

3. ★下列哪些因子参与蛋白质翻译延长
A. IF    B. EFG    C. EFT    D. RF    E. ρ 因子

4. ★能促使蛋白质多肽链折叠成天然构象的蛋白质有

A. 解螺旋酶    B. 拓扑酶
C. 热激蛋白 70    D. 伴侣蛋白
E. 转肽酶

5. ★蛋白质多肽链生物合成后的加工过程有
A. 二硫键形成    B. 氨基端修饰
C. 多肽链折叠    D. 辅基的结合
E. 亚基聚合

6. ★能够影响蛋白质生物合成的物质有

A. 白喉毒素　B. 泛素　　C. 抗生素
D. 干扰素　　E. 蓖麻毒素

7. 蛋白质甲基化的修饰位点主要是
A. 赖氨酸　　B. 精氨酸　　C. 甘氨酸
D. 缬氨酸　　E. 苏氨酸

8. 能够催化蛋白质甲基化修饰的酶是
A. HAT　　　B. HDAC　　C. PKMT
D. PRMT　　　E. LSD1

## 五、名词解释

1. 翻译
2. 遗传密码
3. 可读框
4. 简并性
5. 摆动性
6. 氨基酸活化
7. S-D 序列
8. 多聚核糖体
9. 翻译后加工
10. 分子伴侣
11. 蛋白质靶向输送
12. 信号肽
13. 分泌型蛋白
14. 抗生素

## 六、简答题

1. 简述蛋白质生物合成体系的组成。
2. 简述 mRNA、tRNA 和 rRNA 在蛋白质生物合成中的作用。
3. 简述遗传密码的特点。
4. 试比较原核生物和真核生物的蛋白质生物合成。
5. 说明在蛋白质生物合成过程中,如何保证翻译产物(蛋白质)的正确性?
6. 简述蛋白质的翻译后加工方式。
7. 简述蛋白质的靶向输送途径(分选途径)。
8. 比较复制、转录与翻译三种过程的异同(请从模板、原料、酶、产物、方式、方向、配对、化学键等方面进行比较)。
9. 结合真核生物基因的转录和蛋白质生物合成过程,请以胰岛素为例,简要描述人体细胞内的胰岛素基因如何最终表达为成熟的有功能的胰岛素蛋白。
10. 某个结构基因发生了 A、B 两种突变,与正常结构基因相比,突变体 A 在编码区缺失了一个脱氧核苷酸,突变体 B 则丢失了三个相连的脱氧核苷酸。试结合遗传密码的特点分析哪种突变体对其编码蛋白质的结构和功能影响更大。

## 七、分析论述题

1. 试分析:如果真核生物基因中单个碱基发生改变,对其最终表达的蛋白质终产物的活性或功能有何影响?

2. 病例分析:患者,女性,15 岁。因发热、咽剧痛、咽部有白色分泌物、抗炎治疗 5 天不见好转来诊。入院后从咽部脱落下一块灰白色假膜。右侧鼻腔内有较多血性浆液性分泌物,通气不畅,唇干,张口呼吸,口中流出带血唾液等。实验室检查:咽分泌物染色找到白喉杆菌样的细菌,白喉杆菌豚鼠毒力试验阳性。痰培养生长白喉杆菌样的细菌。初步诊断为咽白喉,立即给白喉抗毒素 13 万单位肌内注射及青霉素、氯霉素等治疗,病情一度平稳。入院第 7 天,病情突然恶化,心率减慢,心室颤动,经抢救无效死亡。
(1)从生物化学角度分析白喉的发病机制。
(2)简述氯霉素的抗菌生化机制。
(3)简述多肽链延长的过程。
(4)转肽酶的化学本质是什么?

## 参 考 答 案

### 一、A1 型选择题

| | | | | | | |
|---|---|---|---|---|---|---|
| 1. C | 2. A | 3. B | 4. C | 5. E | 6. D | 7. C |
| 8. A | 9. B | 10. B | 11. B | 12. A | 13. C | 14. C |
| 15. B | 16. B | 17. D | 18. A | 19. E | 20. C | 21. D |
| 22. D | 23. C | 24. B | 25. C | 26. B | 27. A | 28. E |
| 29. D | 30. C | 31. B | 32. A | 33. C | 34. A | 35. B |
| 36. D | 37. C | 38. B | 39. E | 40. B | 41. C | 42. B |
| 43. D | 44. B | 45. C | 46. C | 47. A | 48. E | 49. C |
| 50. D | 51. C | 52. B | 53. C | 54. E | 55. D | 56. B |
| 57. A | 58. B | 59. C | 60. C | 61. B | | |

### 二、A2 型选择题

| | | | | | | |
|---|---|---|---|---|---|---|
| 1. E | 2. A | 3. C | 4. E | 5. B | 6. A | 7. C |
| 8. A | 9. D | 10. A | 11. B | 12. D | 13. C | 14. E |
| 15. E | 16. D | 17. B | 18. B | 19. D | 20. E | 21. B |
| 22. C | 23. C | | | | | |

### 三、B 型选择题

| | | | | | | |
|---|---|---|---|---|---|---|
| 1. C | 2. B | 3. A | 4. C | 5. A | 6. B | 7. E |
| 8. D | 9. B | 10. D | 11. C | 12. A | 13. E | 14. D |
| 15. C | 16. B | 17. A | | | | |

### 四、X 型选择题

| | | | | |
|---|---|---|---|---|
| 1. ABC | 2. CD | 3. BC | 4. CD | 5. ABCDE |
| 6. ACDE | 7. AB | 8. CD | | |

## 五、名词解释

1. 翻译：细胞内以 mRNA 为模板，按照 mRNA 分子中由核苷酸组成的密码信息合成蛋白质的过程。

2. 遗传密码：在 mRNA 的可读框区，从 5′端至 3′端方向，以每 3 个相邻的核苷酸为一组，代表一种氨基酸或肽链合成的终止信号，成为遗传密码。其中的核苷酸三联体称为密码子。

3. 可读框：从 mRNA 5′端的起始密码 AUG 到 3′端终止密码之间的核苷酸序列，称为可读框或开放阅读框。

4. 简并性：同一个氨基酸有两个或更多密码子的现象称为密码子的简并性。

5. 摆动性：mRNA 上的密码子与 tRNA 上的反密码子之间的配对有时并不严格遵守常见的碱基配对规律，这一现象称为摆动性。

6. 氨基酸的活化：氨基酸与 tRNA 在氨基酰-tRNA 合成酶的催化下生成活化氨基酸，即氨基酰-tRNA。

7. S-D 序列：在原核生物的 mRNA 起始密码在 AUG 上游 8～13 个核苷酸部位，有一段由 4～9 个核苷酸组成的一致序列，富含嘌呤碱基，称为 S-D 序列。

8. 多聚核糖体：在蛋白质合成过程中，同一条 mRNA 分子能够与多个核糖体结合，同时合成若干条多肽链，结合在同一条 mRNA 上的核糖体就称为多聚核糖体。

9. 翻译后加工：新生多肽链从核糖体释放后，一般必须经过细胞内各种复杂的修饰处理过程，才能转变为具有天然构象的有活性的成熟蛋白质，这一过程称为翻译后加工。

10. 分子伴侣：细胞内一类可以识别肽链的非天然结构，促进各功能域和整体蛋白质正确折叠的保守蛋白质。

11. 蛋白质靶向输送：蛋白质合成后在细胞内被定向输送到其发挥作用部位的过程称为蛋白质的靶向输送或蛋白质分选。

12. 信号肽：多数靶向输送到溶酶体、质膜或分泌到细胞外的蛋白质，其肽链的 N 端有一段长度为 13～36 个氨基酸残基组成的特异性信号序列，称为信号肽，引导蛋白质的靶向输送。

13. 分泌型蛋白：在结合核糖体上合成的，后经粗面型内质网分选途径引导至内质网腔，再转运至高尔基复合体，最后在高尔基复合体中被包装进分泌小泡，转运至细胞膜，再分泌到细胞外的蛋白。

14. 抗生素：它是一类由某些真菌、细菌等微生物产生的代谢产物，可抑制或杀死其他微生物。对宿主无毒性的抗生素可用于预防和治疗感染性疾病。

## 六、简答题

1. ①氨基酸：蛋白质生物合成的原料。②3 种 RNA：mRNA 是蛋白质生物合成的模板，tRNA 是氨基酸的运载工具，rRNA 与蛋白质组成核糖体作为蛋白质合成的场所。③能源物质：ATP 和 GTP。④酶：氨基酰-tRNA 合成酶、转肽酶和转位酶。⑤蛋白质因子：IF、EF、RF。⑥无机离子。

2. ①mRNA 的功能是为蛋白质合成提供模板；②tRNA 的概念是与氨基酸结合生成氨基酰-tRNA，将氨基酸携带到核糖体用于合成蛋白质；③rRNA 的概念是与核糖体蛋白质构成核糖体，为蛋白质合成提供场所。

3. 遗传密码的特点包括以下几方面①方向性：翻译时遗传密码的阅读方向与 mRNA 核苷酸序列方向一致，起始密码子总是位于编码区的 5′端，而终止密码子位于 3′端，必须按照 5′到 3′方向逐一读码。②连续性：按 5′到 3′方向，从 mRNA 上起始密码子开始，按一定的可读框架连续读下去，直至遇到终止密码子为止。密码子之间及密码子内部既无间隔又无交叉。③简并性：有的氨基酸可由多个密码子编码。④通用性：从细菌到人类，使用同一套遗传密码。⑤摆动性：mRNA 上的密码子与 tRNA 上的反密码子之间的配对有时并不严格遵守常见的碱基配对规律。

4. 见表 12-7。

5. ①mRNA 分子中的遗传密码决定氨基酸的排列顺序；②tRNA 分子中的反密码子按碱基互补配对规律识别特定密码子；③氨基酰-tRNA 合成酶的高度专一性和校对活性保证氨基酸和 tRNA 的正确连接。

6. 见表 12-8。

7. 见表 12-10。

8. 见表 12-14。

9. 主要包括转录、转录后加工、翻译、翻译后加工和靶向输送 5 个阶段，此处仅列举基本要点。①转录（包括起始、延长和终止 3 个阶段）：基因组 DNA 中的基因被激活，以此为模板，以 4 种 NTP 为原料，在 RNA 聚合酶Ⅱ的催化下，合成 hnRNA 即 mRNA 的前体。②转录后加工：hnRNA 加工修饰为成熟 mRNA。具体包括加帽、加尾和剪接（去除内含子后再将外显子连接）。

某些 mRNA 还要进行更为精细的选择性剪接和 RNA 编辑等加工修饰。③翻译（包括起始、延长和终止三个阶段）：以 mRNA 为模板合成蛋白质，该过程需要复杂的真核生物蛋白质生物合成体系参与，其中氨基酸是蛋白质合成的原料，mRNA 作为蛋白质合成的模板，tRNA 做氨基酸的运载工具和"分子适配器"，rRNA 与蛋白质组成核糖体作为蛋白质合成的场所，ATP 和 GTP 作为能源物质，还需要氨基酰-tRNA 合成酶、转肽酶、转位酶、蛋白质因子和无机离子参与。④翻译后加工和靶向输送：胰岛素前体分子前胰岛素原包含胰岛素的 A 链和 B 链部分，两部分之间由 C 肽连接，前胰岛素原 N 端的信号肽引导其经粗面型内质网分选途径进行靶向运输到内质网腔，在内质网腔切除信号肽，肽链正确折叠，并形成 3 个二硫键后，前胰岛素原变成胰岛素原，再切除 C 肽后变为胰岛素。随后胰岛素被转运到高尔基复合体，在高尔基复合体中被包装进分泌小泡，转运至细胞膜，再分泌到细胞外。

10. 遗传密码的特点之一是连续性，即按 5′端到 3′端方向，从 mRNA 上起始密码子开始，按一定的可读框架连续读下去，直至遇到终止密码子为止。密码子之间及密码子内部既无间隔又无交叉。因此，与 3 个相邻脱氧核苷酸的丢失相比，编码区只丢失 1 个脱氧核苷酸一般更严重，因为前者是使蛋白产物缺少 1 个氨基酸或缺失 1 个氨基酸的同时再改变 1 个氨基酸，而后者导致蛋白产物从丢失脱氧核苷酸对应的氨基酸开始都发生改变。

## 七、分析论述题

1. 真核生物基因中单个碱基发生改变，根据其突变的位点和突变的性质不同，其对蛋白质的活性或功能的影响也不同。①突变发生在基因的启动子区：可能会导致启动子活性的显著降低或增强，最终导致蛋白质表达水平的异常升高或降低。②突变发生在基因的编码区，这又可分为几种情况：a. 发生在密码子的第三位，因为密码子的简并性，通常为同义突变，即不会导致氨基酸种类的改变，一般对蛋白质没有影响。b. 发生在密码子的第一位或第二位，通常会导致错义突变，即会导致氨基酸种类的改变，一些情况下该位点的氨基酸改变对蛋白质的高级构象形成和功能发挥影响不大，但有些情况下该位点的氨基酸改变对蛋白质的高级构象形成和功能发挥至关重要，会导致蛋白质的高级构象异常，最终会

导致蛋白质终产物的定位、活性等发生异常，进而导致疾病的发生。c. 如果导致一个编码氨基酸的密码子突变为一个终止密码子，即在编码区提前出现终止密码子，会导致肽链合成的提前终止。③突变发生在基因的剪接位点：真核生物 mRNA 的剪接一般遵循 GU/AG 剪接规律，如果剪接位点的 GU/AG 碱基发生突变，则会导致异常剪接的发生，如会出现个别外显子的缺失，通常会对蛋白质终产物有致命性的影响。④突变发生在基因的内含子区域：如果该内含子区域包含有重要的调控性元件，则会导致该基因的表达水平发生异常，最终导致蛋白质终产物的表达水平的异常升高或降低。⑤突变发生在基因的非翻译区：非翻译区在调节基因的翻译速率等方面起重要作用，因此该区的突变可能会导致 mRNA 的翻译速率发生异常，最终导致蛋白质终产物的表达水平的异常升高或降低。

2. （1）白喉毒素具有 $NAD^+$：白喉酰胺 ADP-核糖基转移酶的活性，催化 $NAD^+$ 的 ADP-核糖基团转移到真核生物蛋白质合成延长因子 EF-2 的白喉酰胺残基上。由 A、B 两个亚基组成，A 亚基起催化作用（酶），B 亚基可与细胞表面的特异受体结合，结合后使 A、B 两链之间的二硫键还原，A 链被释放进入细胞，进入胞质的 A 链可使辅酶 I（$NAD^+$）与真核延伸因子 eEF-2 产生反应，造成 eEF-2 失活，抑制蛋白质的合成（eEF-2 相当于原核的 EF-G，促进肽酰-tRNA 移位）。具体来说，eEF-2 通过其分子中组氨酸衍生物咪唑基上的 N 与 $NAD^+$ 核糖的 1′C 相互作用生成 eEF-2-核糖-ADP，产物称为白喉酰胺。eEF-2-核糖-ADP 仍可附着于核糖体，并与 GTP 结合，但不能促进转位，因而抑制了蛋白质的合成。

（2）氯霉素作用于原核生物核糖体大亚基，抑制肽酰转移酶活性，阻断肽链延长，从而抑制细菌生长。

（3）肽链延长过程是由进位、成肽和转位 3 个步骤构成的循环过程。进位是指氨基酰-tRNA 按照 mRNA 模板的指令进入并结合到核糖体的 A 位。成肽是指在转肽酶的催化下，核糖体 P 位上的起始氨基酰-tRNA 的甲酰甲硫氨酰基（原核）或起始氨基酰-tRNA 的甲硫氨酰基（真核）或肽酰-tRNA 转移到 A 位，并与 A 位上的氨基酰-tRNA 的 α-氨基结合形成肽键。转位是指在转位酶的催化下，核糖体向 mRNA 的 3′端移动一个密码子的距离，使 mRNA 序列上的下一个密码子进入

核糖体的 A 位，占据 A 位的肽酰-tRNA 进入 P 位，占据 P 位的空载 tRNA 移入 E 位。对于真核生物而言，占据 P 位的空载 tRNA 直接从 P 位离开核糖体。

（4）原核生物中的核糖体 50S 大亚基的 23S rRNA 具有转肽酶活性，真核生物中的核糖体 60S 大亚基的 28S rRNA 具有转肽酶活性，所以转肽酶是具有催化活性的 RNA，即核酶。

（张　莹）

# 第十三章　基因表达及其调控

## 学习要求

掌握基因的概念及其功能，掌握原核生物基因的结构、真核生物基因的结构，掌握操纵子的概念及组成。熟悉原核基因启动子的特征，熟悉真核生物启动子的分类及其特征，熟悉增强子、沉默子的概念。了解绝缘子、位点控制元件、核基质结合区的概念及作用。掌握基因组的概念。了解病毒基因组的结构特点。熟悉原核生物基因组的结构特点。掌握质粒的概念。熟悉质粒的作用，熟悉真核生物基因组的结构特点。了解重复序列的分类、特征及作用，了解线粒体DNA的特点与作用。

掌握基因表达的概念，掌握基因表达的2个特点（包括时间特异性和空间特异性），掌握基因表达的2种方式（包括组成性表达和适应性表达）。熟悉管家基因、可诱导基因、可阻遏基因的概念。了解基因表达的协调调节，了解基因表达调控的生物学意义。

了解原核基因表达调控的特点。掌握乳糖操纵子的组成及各组成元件的作用（包括结构基因、启动序列、操纵元件、调节基因、CAP结合位点）。掌握乳糖操纵子的调控机制（包括阻遏蛋白的负性调节、CAP的正性调节及两者的协调调节）。了解原核生物基因翻译水平的调节。

了解真核基因表达调控的特点。掌握真核基因表达多级调控所包含的环节。熟悉真核基因染色质水平的调节方式。了解表观遗传调控节的概念。熟悉组蛋白修饰的常见形式。了解组蛋白修饰的作用。熟悉染色质重塑的概念。了解染色质重塑的作用，了解CpG岛的概念，了解DNA甲基化修饰及其作用。掌握顺式作用元件的概念。熟悉区分启动子、增强子和沉默子3者的概念及作用。掌握反式作用因子的概念，掌握转录因子的概念。熟悉转录因子的分类，熟悉转录因子的结构特点及其各个结构域的作用，熟悉RNA聚合酶Ⅱ介导的真核基因转录激活的调节机制。了解真核基因转录后水平的调控，了解真核基因翻译水平和翻译后水平的调控，了解非编码RNA（包括miRNA、siRNA和lncRNA）在真核基因表达调控中的作用。熟悉miRNA、siRNA和lncRNA的概念。

## 讲　义　要　点

本章纲要见图13-1。

### （一）基因与基因组

**1. 基因**

（1）基因的概念：基因（gene）是能够表达蛋白质或RNA等具有特定功能产物的遗传信息的基本单位，是染色体或基因组的一段DNA序列。对于RNA病毒而言，基因是一段RNA序列。

（2）基因的功能包括：①利用四种碱基的不同排列荷载遗传信息。②通过复制将遗传信息稳定、忠实地遗传给子代细胞（基因突变也是普遍存在的自然现象）。③作为基因表达的模板。

（3）基因的结构：从广义上讲，基因的结构包括以下两部分。一是基因自身的序列，即作为转录模板的被转录区域，包括转录起始位点到转录终止位点之间的序列。二是基因转录的调控区序列（比如启动子、增强子等），一般位于基因转录起始位点的上游。

1）原核生物基因的结构：原核生物绝大多数基因按功能相关性成簇地串联排列于染色体上，共同组成一个转录单位——操纵子（operon）。操纵子是原核生物基因表达的协调控制单位，包括数个结构基因、启动序列、操纵元件及其他调节序列（图13-2、表13-1）。

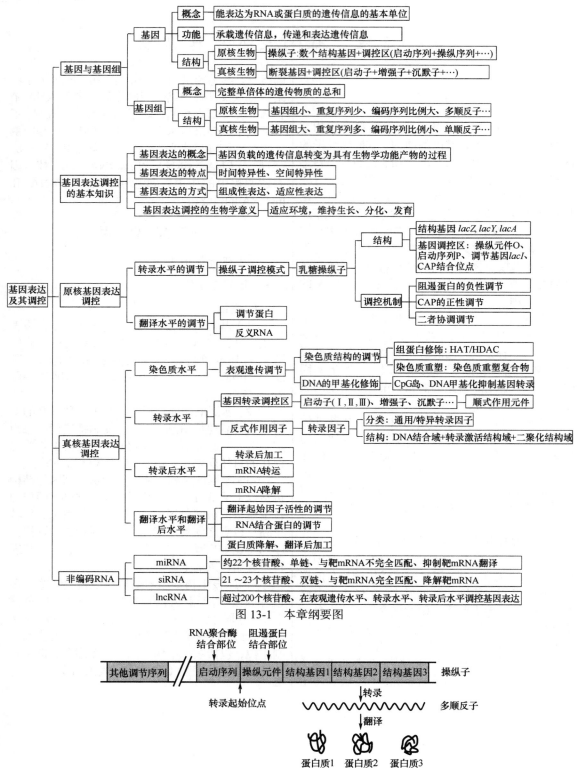

图 13-1　本章纲要图

图 13-2　操纵子的典型结构及其表达调控

表13-1　操纵子的转录调控序列

| 组成元件 | 特点 |
| --- | --- |
| 启动序列 | 一般位于结构基因转录起始位点的上游，包括3个重要位点，分别是转录起始位点（+1位碱基）、−35区（RNA聚合酶σ亚基识别的部位，含有共有序列"TTGACA"）、−10区（RNA聚合酶核心酶结合的部位，含有共有序列"TATAAT"） |
| 操纵元件 | 通常靠近启动序列，并与启动序列有部分重叠，可被具有抑制转录作用的阻遏蛋白识别并结合 |

续表

| 组成元件 | 特点 |
| --- | --- |
| 其他调节序列 | 位置通常不固定，包括编码阻遏蛋白的调节基因、结合具有激活转录作用的正调控蛋白的调节序列 |

　　2）真核生物基因的结构：真核生物编码蛋白质的基因最显著的特点是其不连续性，称为断裂基因。外显子和内含子相间排列，共同组成真核生物断裂基因的被转录区（外显子和内含子的概念详见"第十一章 RNA的生物合成"）。真核生物基因的调控序列包括启动子、增强子和沉默子等（图13-3、表13-2、表13-3）。

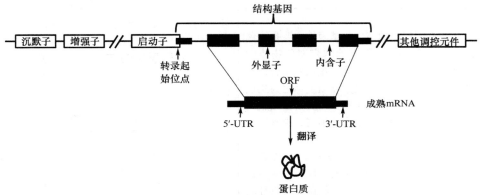

图13-3　真核生物断裂基因及其表达调控

表13-2　真核生物基因的转录调控序列

| 组成 | 特点 |
| --- | --- |
| 启动子 | 主要有3类启动子（表13-3） |
| 增强子 | 它是远离转录起始位点、增强真核生物基因启动子转录的特异DNA序列，其发挥作用的方式通常与方向、距离无关 |
| 沉默子 | 它属于负性调节元件，当其结合某些调节蛋白时，对基因转录起阻遏作用 |
| 其他调控元件 | 包括绝缘子、位点控制区、核基质结合区等。其中绝缘子位于增强子和启动子之间时，绝缘子将抑制增强子对基因的激活作用；绝缘子并不抑制位于启动子下游的另一个增强子对同一基因的激活作用；同样地也不能抑制增强子对另一基因的作用 |

表13-3　真核生物基因的三类启动子

| | Ⅰ型启动子 | Ⅱ型启动子 | Ⅲ型启动子 |
| --- | --- | --- | --- |
| 位置 | 转录起始位点上游 | 转录起始位点上游 | 转录起始位点下游 |
| 结合的RNA聚合酶 | RNA聚合酶Ⅰ | RNA聚合酶Ⅱ | RNA聚合酶Ⅲ |
| 对应基因的转录产物 | 45S rRNA | hnRNA、snRNA | tRNA、5S rRNA、snRNA |
| 结构特点 | | | |

**2. 基因组**

　　（1）基因组的概念：基因组（genome）是指细胞或者生物体的一整套完整单倍体遗传物质的总和。

　　（2）基因组的结构：原核生物与真核生物基因组的结构特点见表13-4。

**表 13-4　原核生物与真核生物基因组的结构特点**

| | 原核生物<br>（以大肠埃希菌为例） | 真核生物<br>（以人类为例） |
|---|---|---|
| 基因组<br>内容 | 染色体 DNA+质粒 | 细胞核染色体（22+X，Y）<br>+线粒体 DNA |
| 基因组<br>大小 | 小（4600kb） | 大（$3.2 \times 10^6$ kb） |
| 重复序列 | 少（不到基因组的 1%） | 多（约占基因组的 50%） |
| 非编码<br>序列 | 少（约占基因组的 50%） | 多（约占基因组的 99%） |
| 基因数量 | 少（约 4400 个） | 多（约 20 000 个） |
| 基因结构 | 以操纵子为单位 | 多为断裂基因 |
| 基因转录<br>产物 | 多顺反子 | 单顺反子 |

·原核生物基因组。原核生物基因组主要是染色体 DNA，有的还含有质粒等其他携带遗传物质的 DNA。原核生物基因组 DNA 虽然与蛋白质结合，但并不形成真正的染色体结构，只是习惯上称之为染色体 DNA。原核染色体 DNA 位于类核内，占据细胞内大部分的空间。与真核细胞的细胞核不同，类核没有膜将它和细胞的其他组分分开。

质粒是细菌细胞内一种自我复制的环状双链 DNA 分子。与大的染色体 DNA 不同，质粒通常不是细菌生长所必需的，而是携带着赋予细菌良好特性的基因，如抗生素抗性基因。此外，质粒有别于染色体 DNA 的另一个特征是每个细胞中可以有多个完整拷贝存在。

·人类基因组的基因数量。基因被定义为能够表达蛋白质或 RNA 等具有特定功能产物的遗传信息的基本单位，是染色体或基因组的一段 DNA 序列。值得注意的是，我们这里统计的基因数量只包括可编码蛋白质的基因（protein-coding genes），而不包括只表达 RNA 的基因（non-coding genes）。更严谨地来讲，截至 2019 年 5 月，根据 DNA 元素百科全书（Encyclopedia of DNA Elements，ENCODE）网站（http://www.gencodegenes.org/）最新数据，人类基因组包含的编码蛋白基因约 2 万个，ncRNA 基因约 2.3 万个（其中 lncRNA 基因约 1.6 万个，小 ncRNA 基因约 7 千个），假基因约 1.4 万个，总基因数约 5.8 万个。

## （二）基因表达调控的基本知识

**1. 基因表达的概念**　基因表达就是指基因负载的遗传信息转变为具有生物学功能产物的过程，包括基因的激活、转录、翻译及相关的加工修饰等多个步骤或过程。

·基因表达。人类基因组的基因部分转录生成 mRNA，继而翻译为蛋白质；部分转录生成除 mRNA 以外的其他 RNA，并不编码蛋白质氨基酸序列，我们称之为非编码 RNA（non-coding RNA，ncRNA），包括管家性 RNA（如 tRNA、rRNA、端粒酶 RNA）和调节性 RNA（如 miRNA、lncRNA、piRNA）。因此，并非所有基因表达都产生蛋白质，相关基因转录产生 ncRNA 的过程也属于基因表达。

**2. 基因表达的特点**

（1）时间特异性（temporal specificity）：也称阶段特异性，指基因的表达按一定的时间顺序发生。

（2）空间特异性（spatial specificity）：也称细胞特异性或组织特异性，指多细胞生物个体在某一特定生长发育阶段，同一基因在不同的组织器官表达不同。

**3. 基因表达的方式**　主要包括组成性表达（基本表达）和适应性表达（诱导或阻遏），见表 13-5。

**表 13-5　基因表达方式**

| | 组成性表达 | 适应性表达 |
|---|---|---|
| 定义 | 这些基因在一个生物个体的几乎所有细胞中和所有时间阶段都持续表达，其表达水平变化很小且较少受环境变化的影响 | 这些基因受特定环境信号刺激后表达水平发生变化 |
| 时间特<br>异性 | 无 | 有 |
| 空间特<br>异性 | 无 | 有 |
| 环境<br>影响 | 表达水平较少受环境变化的影响 | 基因表达易受环境变化的影响 |
| 基因<br>类型 | 管家基因 | 可诱导基因（表达水平随环境变化而增高）<br>可阻遏基因（表达水平随环境变化而降低） |
| 举例 | GAPDH、β-肌动蛋白 | DNA 损伤修复基因 |

**4. 基因表达调控的生物学意义**

（1）生物体调节基因表达以适应环境、维持生长和增殖。

（2）生物体调节基因表达以维持细胞分化与个体发育。

（3）基因表达调控的异常在疾病发生发展过程中起重要作用。

## （三）原核基因表达调控

**1. 原核基因表达调控的特点**

（1）原核基因表达的调控机制相对简单。

（2）原核基因表达调控呈现多级调控，但主要在转录水平（尤其是转录起始）。

（3）操纵子调控模式在原核生物基因表达调控中具有普遍性。

（4）原核基因表达调控以负性调控比较常见。

**2. 转录水平的调节——操纵子调控模式**

原核生物绝大多数基因按功能相关性成簇地串联、密集于染色体上，共同组成"操纵子"这样的转录单位。操纵子是原核生物基因表达的协调控制单位，是属于转录起始水平上的调控方式。大肠埃希菌的乳糖操纵子（*lac* operon）是最早发现的原核生物转录调控模式，它调控着与乳糖代谢相关的酶的表达。

（1）乳糖操纵子的结构：*lac* 操纵子由结构基因和调节序列组成。首先，*lac* 操纵子含有三个参与乳糖代谢的酶的结构基因，分别是 Z（编码 β-半乳糖苷酶）、Y（编码通透酶）和 A（编码乙酰基转移酶）。当 *lac* 操纵子开放时，这三个头尾相接的基因转录生成多顺反子 mRNA；在翻译时，同一核糖体沿此多顺反子移动，在翻译合成了上一个基因编码的蛋白质后，不从 mRNA 上掉下来而是继续沿 mRNA 移动合成下一个基因编码的蛋白质，由此合成这三个乳糖代谢酶。其次，*lac* 操纵子结构基因的上游含有调节序列，即一个操纵元件 O（operator，O）、一个启动序列 P（promoter，P）、一个分解代谢物基因激活蛋白（catabolite gene activator protein，CAP）结合位点和一个调节基因 I。以上序列共同构成 *lac* 操纵子的调控区，调节三个乳糖代谢酶的编码基因的表达，以实现基因产物的协调表达。*lac* 操纵子的组成及各组成元件的作用见图 13-4 和表 13-6。

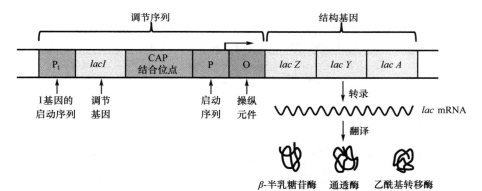

图 13-4 乳糖操纵子的结构示意图

**表 13-6 乳糖操纵子各组成元件的作用**

| 组成元件 | 作用 |
| --- | --- |
| *lac Z* | 编码 β-半乳糖苷酶，后者以四聚体活性形式主要催化乳糖分解为半乳糖和葡萄糖，其次还可催化乳糖转变为别乳糖 |
| *lac Y* | 编码通透酶，后者促进环境中的乳糖进入细菌 |
| *lac A* | 编码乙酰基转移酶，后者以二聚体活性形式催化半乳糖的乙酰化 |
| O | 操纵元件，结合阻遏蛋白，阻遏 RNA 聚合酶与启动序列结合，抑制结构基因转录。与启动序列有部分重叠 |
| P | 启动序列，结合 RNA 聚合酶，启动结构基因转录 |
| CAP 结合位点 | 结合活化的 CAP（即 cAMP-CAP），激活 RNA 聚合酶活性，促进结构基因转录 |
| *lac I* | 具有独立的启动序列 $P_1$，编码阻遏蛋白，后者可与操纵元件结合 |

（2）乳糖操纵子的调节机制

1）阻遏蛋白的负性调节：当没有乳糖时，*lac* 操纵子处于阻遏状态。调节基因 I 表达生成阻遏蛋白，阻遏蛋白与操纵元件结合，阻碍 RNA 聚合酶与启动序列结合，抑制结构基因的转录启动。

当有乳糖存在时，*lac* 操纵子可被诱导。乳糖首先被细胞内渗透表达的少量 β-半乳糖苷酶催化转变为别乳糖。半乳糖与阻遏蛋白结合，改变阻遏蛋白构象，导致阻遏蛋白与操纵元件解离，RNA 聚合酶则与启动序列结合，从而启动结构基因的转录。

·乳糖操纵子的诱导物。*lac* 操纵子真正的诱导物不是乳糖，而是别乳糖。β-半乳糖苷酶主要催化乳糖水解生成半乳糖和葡萄糖，其次催化乳糖转变为别乳糖。当有乳糖存在时，乳糖由细胞内渗透表达的少量 β-半乳糖苷酶催化转变为别乳糖，别乳糖作为直接诱导物，与阻遏蛋白结合，引起阻遏蛋白构象变化，后者与操纵元件解离，*lac* 操纵子被诱导开放。由此看出，别乳糖对阻遏蛋白活性的调节属于别构调节，阻遏蛋白为别构蛋白。

此外，异丙基硫代半乳糖苷（IPTG）也是 *lac* 操纵子的诱导物，诱导作用强而持久，主要用于实验室诱导基因表达。

2）CAP 的正性调节：当没有葡萄糖时，cAMP 浓度升高，cAMP 与 CAP 结合，引起 CAP 构象变化使其激活，CAP-CAP 复合物进而结合在启动序列附近的 CAP 结合位点，增强 RNA 聚合酶与启动序列的结合，促进结构基因的转录。

当有葡萄糖存在时，cAMP 浓度降低，CAP-cAMP 复合物减少，与 *lac* 操纵子的结合也随之减少，因此结构基因表达下降。

3）阻遏蛋白和 CAP 的协调调节：阻遏蛋白负性调节与 CAP 正性调节两种机制协调合作：当阻遏蛋白封闭转录时，CAP 对 *lac* 操纵子不能发挥作用；但是如果没有 CAP 来加强转录活性，即使阻遏蛋白从操纵元件上解聚，*lac* 操纵子仍几乎无转录活性。可见，两种机制相辅相成、互相协调、相互制约（图 13-5，表 13-7）。

表 13-7　乳糖操纵子的调节机制

| 环境 | 阻遏蛋白结合操纵元件 | CAP 结合 CAP 结合位点 | 结构基因转录活性 |
| --- | --- | --- | --- |
| 葡萄糖（＋）乳糖（－） | 是 | 否 | 无 |
| 葡萄糖（－）乳糖（－） | 是 | 是 | 无 |
| 葡萄糖（＋）乳糖（＋） | 否 | 否 | 低 |
| 葡萄糖（－）乳糖（＋） | 否 | 是 | 高 |

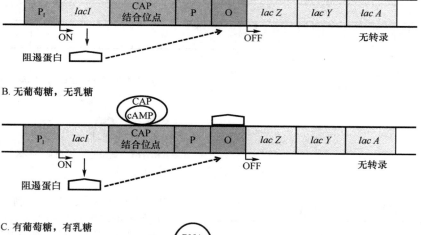

A. 有葡萄糖，无乳糖

B. 无葡萄糖，无乳糖

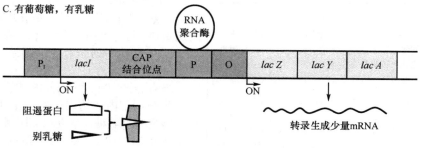

C. 有葡萄糖，有乳糖

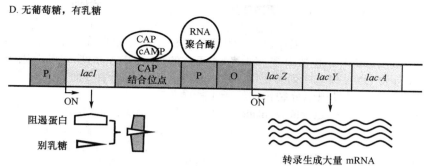

图 13-5　乳糖操纵子的调节机制

**3. 翻译水平的调节**　与转录类似，翻译一般在起始和终止阶段受到调节，尤其是起始阶段。翻译起始的调节主要靠调节分子，调节分子可直接或间接决定翻译起始位点能否为核糖体所利用。调节分子包括调节蛋白和反义 RNA。

**（四）真核基因表达调控**

**1. 真核基因表达调控的特点**

（1）人类的编码序列仅占基因组 1%，剩余99%的序列的功能至今还不清楚，可能参与基因表达调控。

（2）真核生物 DNA 在细胞核内与多种蛋白质构成染色质，这种复杂的结构直接影响着基因表达。

（3）真核生物编码蛋白质的基因是断裂基因，转录后需要剪接去除内含子，这就增加了基因表达调控的层次。

（4）真核细胞的转录和翻译分别发生在细胞核和细胞质，因此转录与翻译产物的分布、定位等环节均可被调控。

（5）真核生物 mRNA 是单顺反子（monocistron），即一个基因转录生成一条 mRNA，许多功能相关蛋白，即使是一种蛋白质的不同亚基也将涉及多个基因的协调表达。

（6）真核细胞内主要有 3 种 RNA 聚合酶，各自对应一套转录体系。

（7）真核生物的遗传信息不仅存在于核 DNA 上，而且存在于线粒体 DNA 上，核内基因与线粒体基因的表达调控既相互独立又需要协调。

（8）真核基因表达调控以正性调节为主导。

**2. 真核基因表达调控的环节**　真核基因表达的多级调控比原核更多、更为复杂，包括了染色质水平、转录水平、转录后加工、转录产物的细胞内转运、翻译水平、翻译后水平等多个环节（图 13-6），但最关键的环节仍然是在转录起始阶段。

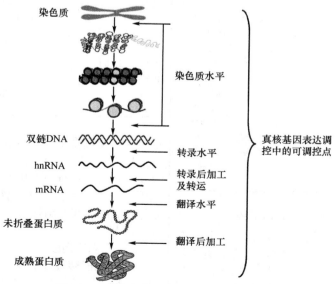

图 13-6　真核生物基因表达调控的可能环节

**3. 染色质水平的调节** 包括染色质结构的改变、染色体数目的改变、DNA 甲基化修饰、基因拷贝数的改变、基因重排等。其中染色质结构的改变（如组蛋白修饰和染色质重塑）、DNA 甲基化修饰等不涉及 DNA 碱基序列的变化，并且这种修饰模式还可以通过细胞分裂传递给子代细胞，称为表观遗传调节（epigenetic regulation），见表 13-8。

**表 13-8 表观遗传调节**

| | 具体内容 | 蛋白/酶 | 作用机制 |
|---|---|---|---|
| 组蛋白修饰 | 组蛋白修饰的常见形式包括乙酰化与去乙酰化、甲基化与去甲基化、磷酸化与去磷酸化。通过对核小体中的组蛋白进行共价修饰来改变核小体的结构，从而影响染色质的结构 | 乙酰化：组蛋白乙酰基转移酶 去乙酰化：组蛋白去乙酰基酶 | 组蛋白乙酰化修饰使核小体结构变得松散，暴露出启动子区域的 DNA，有利于转录因子结合，促进转录起始前复合体形成，激活转录起始。而去乙酰化作用则相反 |
| 染色质重塑 | 利用 ATP 水解释放能量，使核小体组蛋白核心改变位置，暂时脱离 DNA，或使核小体核心沿 DNA 滑动，促进高度有序的染色质结构松开。这种在一定能量下核小体移动或改组的过程称为染色质重塑（chromatin remodeling） | 染色质重塑复合物（如 SWI/-SNF） | 染色质重复复合物使核小体的组蛋白八聚体沿 DNA 分子侧移，暴露出启动子区域的 DNA，使转录因子和 RNA 聚合酶与之接触，促进转录起始前复合体形成，激活转录起始 |
| DNA 的甲基化修饰 | CpG 岛是指基因组 DNA 中长度为 300~3000 bp 的富含 CpG 二核苷酸的一些区域，主要存在于基因的启动子区。DNA 的甲基化修饰是指启动子区的 CpG 岛中胞嘧啶的第五位碳原子被甲基化修饰为 5-甲基胞嘧啶 | 甲基化：DNA 甲基转移酶 去甲基化：去甲基化酶 | DNA 甲基化既影响 DNA 特异序列与转录因子的结合，又可促进染色质形成致密结构。因此，启动子区 CpG 岛的高甲基化抑制基因转录，其低甲基化是激活基因转录所必需的 |

**4. 转录水平的调节** 与原核生物一样，真核基因表达调控的关键也是在转录水平，并且主要是在转录起始。但与原核生物不同的是，真核基因转录水平的调控涉及位于基因调控区的各种顺式作用元件与大量转录因子的相互作用。

（1）顺式作用元件与基因调控区。顺式作用元件（cis-acting element）的概念：顺式作用元件是位于基因附近或内部的能够调节基因自身表达的特定 DNA 序列，是转录因子的结合位点，通过与转录因子结合而实现对真核基因转录的精确调控。

顺式作用元件通常位于基因转录调控区，转录因子正是通过与顺式作用元件结合而调控基因转录。基因转录调控区包括启动子、增强子、沉默子等（表 13-2、表 13-3），其包含的顺式作用元件及结合的转录因子有所不同。例如，Ⅱ型启动子负责转录真核生物蛋白质编码基因，大致包含核心启动子、近端启动子和远端启动子 3 部分区域，其顺式作用元件组成及结合的转录因子均不同（表 13-9）。

**表 13-9 Ⅱ型启动子中的顺式作用元件**

| | 核心启动子 | 近端启动子 | 远端启动子 |
|---|---|---|---|
| 描述 | 它是 RNA 聚合酶Ⅱ精确起始转录所需要的最少的一段 DNA，能与 RNA 聚合酶Ⅱ和通用转录因子结合起始转录。不同基因的核心启动子包含的顺式作用元件的种类基本相同 | 位于核心启动子区域的上游区域，与特异转录因子结合。不同基因的近端启动子包含的顺式作用元件的种类差别大 | 位于近端启动子区域的上游区域，与特异转录因子结合。远端启动子区域常与增强子交错覆盖或连续，不同基因的远端启动子包含的顺式作用元件的种类差别最大 |
| 包含的顺式作用元件 | TATA 框[TATA（A/T）A（A/T）] | GC 框（GGGCGG）CAAT 框（GCCAAT） | |
| 结合的转录因子 | TFⅡD | Sp1（结合 GC 框）CTF、C/EBP（结合 CAAT 框） | |

（2）反式作用因子与转录因子

1）反式作用因子的概念：反式作用因子（trans-acting factor）是由某一基因表达产生的蛋白因子，通过与另一基因的特异顺式作用元件相互作用，激活或抑制其表达。这种调节方式称为反式调节。

2）转录因子的概念：转录因子（transcription factor）是指能够直接结合或间接作用于靶基因启动子、促进转录起始前复合体形成的蛋白因子。

·反式作用因子、顺式作用因子与转录因子。转录调节蛋白包含反式作用因子和顺式作用因子，它们通过结合顺式作用元件来影响基因转录。反式作用因子的编码基因与其调控的基因是不同的，即反式作用因子调节的是其他基因的表达，因此这种调节方式称为反式调节；顺式作用因子的编码基因与其调控的基因是相同的，即顺式作用因子调节的是自身基因的表达，因此这种调节方式称为顺式调节。

转录调节蛋白可激活或抑制相应基因的转录，其中发挥激活作用的转录调节蛋白称为转录因子，绝大多数转录因子属于反式作用因子。

转录因子的分类及结构特点分别详见表13-10和表13-11。

**表 13-10　转录因子的分类**

| | 通用转录因子 | 特异转录因子 |
|---|---|---|
| 定义 | 它是 RNA 聚合酶介导基因转录时所必需的一类转录因子,帮助聚合酶与启动子结合并起始转录 | 它是个别基因转录所必需的转录因子 |
| 决定基因表达的时间和空间特异性 | 否 | 是 |
| 结合部位 | 与核心启动子区域的顺式作用元件结合 | 与近端启动子、远端启动子、增强子区域的顺式作用元件结合 |
| 举例 | TF Ⅰ（RNA 聚合酶Ⅰ起始转录所必需的）TF Ⅱ（RNA 聚合酶Ⅱ起始转录所必需的）TF Ⅲ（RNA 聚合酶Ⅲ起始转录所必需的） | Sp1（与 GC 框结合）C/EBP（与 CAAT 框结合） |

**表 13-11　转录因子的结构**

| | 作用 | 种类 |
|---|---|---|
| DNA 结合域 | 转录因子通过 DNA 结合域与顺式作用元件结合 | 螺旋-环-螺旋 锌指结构 碱性亮氨酸拉链 |
| 转录激活结构域 | 转录因子通过转录激活结构域协助转录起始前复合体的组装，促进转录 | 酸性激活结构域 谷氨酰胺富含结构域 脯氨酸富含结构域 |
| 二聚化结构域 | 转录因子通过二聚化结构域形成二聚体形式 | |

（3）转录激活的调节机制：真核基因转录调节的关键节点是转录起始的激活，该步骤的关键是完成转录起始前复合体的装配，这个过程涉及染色质结构的变化、转录因子之间及其与 RNA聚合酶之间的蛋白质-蛋白质相互作用、转录因子与基因调控区的顺式作用元件之间的蛋白质-DNA 相互作用。

因为 RNA 聚合酶Ⅱ主要负责转录真核生物几乎所有的蛋白质编码基因，故其转录起始调控机制尤为复杂。RNA 聚合酶Ⅱ介导的转录起始的激活的基本调节机制如图 13-7。

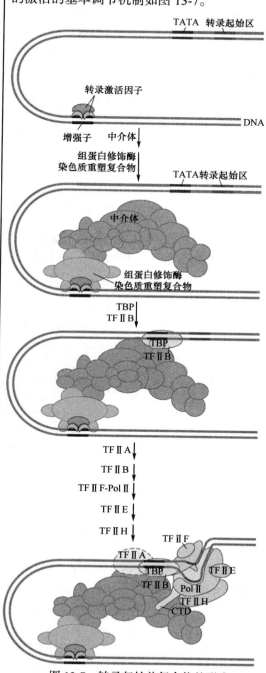

图 13-7　转录起始前复合物的形成

首先，细胞内相应的特异转录因子（多为转录激活因子）被激活，被激活的转录激活因子特异性地与位于增强子区域中的相应的顺式作用元件结合；然后，转录激活因子进一步募集组蛋白修饰酶如组蛋白乙酰化酶、染色质重塑复合物使染色质结构活化以开放转录，转录激活因子同时还招募形成中介体；最后，中介体促使通用转录因子TBP和TFⅡB与核心启动子区域的TATA框等顺式作用元件结合，紧接着RNA聚合酶Ⅱ和其他通用转录因子进一步结合，最终使转录起始前复合体装配完成。

**5. 转录后水平的调节**

（1）hnRNA加工成熟的调节：首尾修饰、选择性剪接和RNA编辑等。

（2）mRNA运输、胞质内稳定性的调节：如转铁蛋白受体mRNA的降解速率控制。

**6. 翻译水平及翻译后水平的调节**

（1）翻译起始因子活性的调节：如eIF-2α的磷酸化抑制翻译起始，eIF-4E的磷酸化激活翻译起始。

（2）RNA结合蛋白的调节：如IRE结合蛋白的活化将抑制与铁代谢相关的蛋白质（铁蛋白和ALA合酶）的翻译起始。

（3）蛋白质的降解和翻译后修饰调节

**7. 非编码RNA与真核基因表达调控**

（1）非编码RNA（non-coding RNA，ncRNA）：不作为模板编码生成蛋白质或肽的RNA分子，在基因表达调控等过程中起重要作用。包括rRNA、tRNA、核酶、细胞核小分子RNA（small nuclear, snRNA）、核仁小分子RNA（small nucleolar, snoRNA）、微RNA（microRNA, miRNA）、小干扰RNA（small interfering RNA, siRNA）、长链非编码RNA（long non-coding RNA, lncRNA）。

（2）miRNA：是长度约22个碱基的小分子非编码单链RNA，由一段具有发夹环结构的前体加工而成。它通过与其靶mRNA分子的3′UTR不完全互补结合来抑制该mRNA的翻译。

（3）siRNA：是长度在21～23个碱基的小分子非编码双链RNA，由长双链RNA酶切产生。它与其靶mRNA完全互补结合，导致靶mRNA降解，阻断翻译过程（表13-12）。

**表 13-12 siRNA 和 miRNA 的比较**

| | siRNA | miRNA |
|---|---|---|
| 前体 | 内源或外源长双链RNA | 内源发夹环结构的RNA |
| 结构 | 双链分子 | 单链分子 |
| 与靶mRNA结合 | 完全互补配对 | 不完全互补配对 |
| 作用方式 | 通过降解mRNA来抑制基因表达 | 通过阻止翻译来抑制基因表达 |
| 生物学效应 | 抑制转座子活性和病毒感染 | 发育过程的调节 |

（4）lncRNA：是一类转录本长度超过200个碱基的RNA分子，它们并不编码蛋白，而是在多个层面上（表观遗传水平、转录水平及转录后水平）调控基因表达。

综上所述，基因表达调控可发生在DNA→RNA→蛋白质合成的任何环节，但发生在转录水平，尤其是转录起始水平的调节，对基因表达起至关重要的作用，即转录起始是基因表达的基本控制点（表13-13）。

**表 13-13 原核与真核基因转录调控的基本要素**

| | 原核生物转录调控 | 真核生物转录调控 |
|---|---|---|
| 调控序列 | 主要调控机制——操纵子 共有序列——Pribnow框 启动序列（正性调节） 操纵元件（负性调节） 激活序列（正性调节） | 顺式作用元件 TATA框、CAAT框、GC框 启动子（正性调节） 沉默子（负性调节） 增强子（正性调节） |
| 转录调节蛋白 | 特异因子（正/负调节） 阻遏蛋白（负性调节） 激活蛋白（正性调节） | 顺式作用因子（正/负性调节） 反式作用因子（正/负性调节） |
| 相互作用 | DNA-蛋白质、蛋白质-蛋白质相互作用 | DNA-蛋白质、蛋白质-蛋白质相互作用 |
| RNA聚合酶 | ①启动序列的核苷酸序列可影响其与RNA聚合酶的亲和力，从而影响转录起始的频率；②诱导剂、阻遏剂等小分子信号所引起的基因表达都是通过使调节蛋白分子构象改变，直接或间接调节RNA聚合酶转录起始过程 | ①同原核生物 ②还与转录调节因子有关 特异调节蛋白在环境信号刺激下，通过DNA-蛋白质或蛋白质-蛋白质相互作用影响RNA聚合酶活性，调节转录效率 |

# 中英文专业术语

基因 gene
基因表达 gene expression
非编码RNA non-coding RNA, ncRNA

操纵子　operon
操纵元件　operator
启动子　promoter
增强子　enhancer
沉默子　silencer
绝缘子　insulator
基因组　genome
时间特异性　temporal specificity
空间特异性　spatial specificity
组成性表达　constitutive expression
管家基因　housekeeping gene
适应性表达　adaptive expression
可诱导基因　inducible gene
可阻遏基因　repressible gene
乳糖操纵子　*lac* operon
分解代谢物基因激活蛋白　catabolite gene activator protein，CAP
表观遗传调节　epigenetic regulation
组蛋白乙酰基转移酶　histone acetyltransferase，HAT
组蛋白去乙酰基酶　histone deacetylase，HDAC
染色质重塑　chromatin remodeling
顺式作用元件　*cis*-acting element
反式作用因子　*trans*-acting factor
转录因子　transcription factor
DNA 结合域　DNA binding domain，DBD
转录激活机构域　transcription activating domain，TAD
RNA 干扰　RNA interference，RNAi

# 练习题

## 一、A1 型选择题

1. 原核基因表达调控的主要环节是
A. 基因复制　　　B. 转录起始
C. 转录后加工　　D. 翻译起始
E. 翻译后加工
2. 真核基因表达调控的主要环节是
A. 染色质激活　　B. 转录起始
C. 转录后加工　　D. 翻译起始
E. 翻译后加工
3. 关于管家基因的描述，下列最确切的是
A. 在生物个体全生命过程的几乎所有细胞中持续表达
B. 在生物个体全生命过程的部分细胞中持续表达
C. 在生物个体部分生命过程的部分细胞中持续表达

D. 在特定环境下的生物个体全生命过程的所有细胞中持续表达
E. 在特定环境下的生物个体全生命过程的部分细胞中持续表达
4. 以下描述符合组成性表达的是
A. 某基因在个体出生前的脑组织细胞表达
B. 某基因在个体出生后的脑组织细胞表达
C. 某基因在个体出生前后的脑组织细胞表达
D. 某基因在个体出生前后的脑心肾组织细胞表达
E. 某基因在个体出生前后的所有细胞表达
5. 基因表达的产物是
A. DNA　　　　B. RNA　　　C. 蛋白质
D. 蛋白质和 RNA　　E. 糖类和脂类
6. 反式作用因子是指
A. 具有激活功能的调节蛋白
B. 具有抑制功能的调节蛋白
C. 对自身基因具有激活功能的调节蛋白
D. 对另一基因具有激活功能的调节蛋白
E. 对另一基因具有调节功能的蛋白
7. 基因表达是指
A. DNA 复制过程　　B. 转录过程
C. 翻译过程　　　　D. 转录和翻译过程
E. DNA 复制、转录和翻译过程
8. 关于管家基因的表达，下列描述正确的是
A. 表达水平一般较高　B. 表达水平一般较低
C. 阶段特异性不明显　D. 空间特异性明显
E. 易受环境影响
9. ▲在一个生物体的几乎所有细胞中均持续表达的基因称为
A. 断裂基因　　B. 管家基因　　C. 假基因
D. 可阻遏基因　E. 可诱导基因
10. 一个基因在受到外界因素刺激时会出现表达水平升高或降低，这类基因称为
A. 可诱导或可阻遏基因　　B. 管家基因
C. 断裂基因　　　　　　　D. 假基因
E. SOS 基因
11. 决定基因表达空间特异性的根本是
A. 器官分布　　B. 细胞分布　　C. 个体差异
D. 发育时间　　E. 生命周期
12. 原核生物基因表达调控的乳糖操纵子系统属于
A. 复制水平的调节　　B. 转录水平的调节
C. 转录后水平调节　　D. 翻译水平调节
E. 翻译后水平调节
13. 乳糖操纵子模式中的阻遏蛋白是由下列哪个基因编码
A. *lacZ*　B. *lacY*　C. *lacA*　D. *lacI*　E. P 序列

14. 乳糖操纵子的直接诱导剂是指
A. β-半乳糖苷酶    B. 葡萄糖    C. 别乳糖
D. 半乳糖    E. 乳糖

15. 乳糖操纵子的组成部分不包括
A. 结构基因    B. 阻遏蛋白    C. 操纵元件
D. 启动序列    E. CAP 结合位点

16. ★下列与 CAP 位点结合的物质是
A. 分解代谢物基因激活蛋白
B. RNA 聚合酶    C. 阻遏蛋白
D. cAMP    E. cGMP

17. 乳糖操纵子模式中阻遏蛋白去阻遏是通过
A. 阻遏蛋白化学修饰    B. 阻遏蛋白变构调节
C. 阻遏蛋白合成受阻    D. 阻遏蛋白降解加速
E. DNA 甲基化

18. 乳糖操纵子上 lacZ、lacY、lacA 基因产物分别是
A. 脱氢酶、黄素酶、辅酶 Q
B. 乳糖还原酶、乳糖合成酶、别构酶
C. 葡萄糖-6-磷酸酶、变位酶、醛缩酶
D. 乳糖酶、乳糖磷酸化酶、激酶
E. β-半乳糖苷酶、通透酶、乙酰基转移酶

19. ★乳糖操纵子中与 RNA 聚合酶结合，启动转录的是
A. 操纵元件    B. lacZ
C. CAP 结合位点    D. 启动序列
E. lacI

20. ★乳糖操纵子中与阻遏蛋白结合的序列是
A. 操纵元件    B. lacZ
C. CAP 结合位点    D. 启动序列
E. lacI

21. 别乳糖在乳糖操纵子调控模式中的作用是
A. 作为辅阻遏物结合阻遏物
B. 作为阻遏物结合操纵元件
C. 作为阻遏物结合启动序列
D. 使阻遏物变构而失去结合 DNA 的能力
E. 作为该操纵子结构基因的产物

22. 关于乳糖操纵子调节机制描述正确的是
A. CAP 是正性调节因素，阻遏蛋白是负性调节因素
B. CAP 是负性调节因素，阻遏蛋白是正性调节因素
C. CAP 和阻遏蛋白都是正性调节因素
D. CAP 和阻遏蛋白都是负性调节因素
E. CAP 和阻遏蛋白在不同的反应条件下均可显示出正性或负性调节

23. 原核细胞中识别基因转录起始点的是
A. 阻遏蛋白    B. 转录激活蛋白

C. 基础转录因子    D. 特异转录因子
E. σ 因子

24. 在原核生物中，某种代谢途径相关的酶的协调表达是通过下列哪种机制
A. 顺反子    B. 操纵子    C. 增强子
D. 沉默子    E. 衰减子

25. cAMP 能对乳糖操纵子进行调控，但要先与下列哪个物质结合
A. RNA 聚合酶    B. 阻遏蛋白    C. CAP
D. 乳糖    E. 半乳糖

26. IPTG 诱导乳糖操纵子表达的机制是
A. 与 cAMP 竞争结合 CAP
B. 与乳糖竞争结合阻遏蛋白
C. 与 RNA 聚合酶结合，使之通过操纵元件
D. 与操纵元件结合，使其不能结合阻遏蛋白
E. 与阻遏蛋白结合，使其丧失 DNA 结合能力

27. 使乳糖操纵子实现高表达的条件是
A. 乳糖存在，葡萄糖缺乏
B. 乳糖缺乏，葡萄糖存在
C. 乳糖和葡萄糖均存在
D. 乳糖和葡萄糖均不存在
E. 只要存在乳糖

28. 将大肠埃希菌的碳源由葡萄糖转变为乳糖时，细菌细胞内不发生
A. 乳糖转变为半乳糖
B. cAMP 浓度升高
C. 别乳糖与阻遏蛋白结合
D. RNA 聚合酶与启动序列结合
E. 阻遏蛋白与操纵元件结合

29. 构成最简单启动子的常见功能组件是
A. TATA 框    B. CAAT 框    C. GC 框
D. 上游调控元件    E. 位点控制区

30. 乳糖操纵子模式中的 CAP 指的是
A. 血浆载脂蛋白    B. 脂酰载体蛋白
C. 激素受体蛋白    D. 分解代谢物基因激活蛋白
E. 钙离子结合蛋白

31. ▲一个操纵子通常包含的功能元件有
A. 一个启动序列和一个编码基因
B. 一个启动序列和数个编码基因
C. 数个启动序列和一个编码基因
D. 数个启动序列和数个编码基因
E. 只有编码基因

32. cAMP-CAP 复合物与大肠埃希菌的乳糖操纵子结合后可使
A. 局部 DNA 双链无法解开
B. RNA 聚合酶与启动序列结合
C. 转录被抑制

D. 阻遏蛋白结构变构失活

E. RNA 聚合酶与操纵元件结合

33. 大肠埃希菌在无葡萄糖但有乳糖的培养基中生长时

A. 乳糖与阻遏蛋白结合

B. cAMP 合成量减少

C. 活化的 CAP 与操纵子结合

D. 阻遏蛋白与操纵元件结合

E. 乳糖操纵子处于关闭状态

34. 大肠埃希菌在有葡萄糖也有乳糖的培养基中生长时

A. 活化的 CAP 与操纵子结合

B. 别乳糖与阻遏蛋白结合

C. 阻遏蛋白与操纵元件结合

D. cAMP 合成量增加

E. 生成大量 β-半乳糖苷酶

35. 在仅含葡萄糖的培养基中，大肠埃希菌的 β-半乳糖苷酶的活性很低，是因为

A. 阻遏蛋白和操纵元件结合

B. 葡萄糖使阻遏蛋白从操纵元件上脱落

C. 活化的 CAP 与操纵子结合

D. 结构基因充分表达

E. cAMP 浓度较大

36. 对操纵子的启动序列，描述错误的是

A. 包含转录起始点上游-10 及-35 区域的共有序列

B. -10 区域即 TATA 框

C. -10 区域即 TATAAT 序列

D. 有保守序列，与 RNA 聚合酶结合牢固

E. -35 区域通常是 TTGACA 序列

37. 与乳糖操纵子正性调节相关的是

A. *lac I*　　　B. 葡萄糖　　　C. 阻遏蛋白

D. 操纵元件　　E. CAP 结合位点

38. 与乳糖操纵子负性调节相关的是

A. 乳糖　　　　B. cAMP　　　C. RNA 聚合酶

D. *lac I*　　　　E. CAP 结合位点

39. 原核基因的转录调节过程不涉及

A. 转录因子　　　　B. 阻遏蛋白

C. 激活蛋白　　　　D. RNA 聚合酶

E. σ 因子

40. 原核基因表达调控的共同特点是

A. 采用 3 种 RNA 聚合酶分别合成 mRNA、tRNA 和 rRNA

B. 转录因子决定 RNA 聚合酶识别的特异性

C. 基因激活普遍涉及阻遏蛋白的去阻遏机制

D. 基因转录活性与增强子序列有关

E. 基因转录活性与沉默子序列有关

41. Pribnow 框的特点是

A. RNA 聚合酶 σ 亚基识别的部位

B. A-T 富含区

C. 位于转录终止点

D. 非保守序列

E. 位于真核细胞基因组内

42. 乳糖操纵子模式中的阻遏蛋白的特征是

A. 由三个亚基组成

B. 可与启动序列结合

C. 与操纵元件结合后可促进 RNA 聚合酶与启动序列的结合

D. 与操纵元件结合后可阻碍启动序列的变构解链作用

E. 别乳糖可与阻遏蛋白结合

43. 乳糖操纵子的调节方式是

A. CAP 的正性调节

B. 阻遏蛋白的负性调节

C. 正、负调节机制不可能同时发挥作用

D. CAP 拮抗阻遏蛋白的转录封闭作用

E. 阻遏作用解除时，仍需 CAP 加强转录活性

44. 关于乳糖操纵子的启动序列，正确的叙述是

A. 位于操纵子的第一个结构基因处

B. 属于负性顺式调节元件

C. 能编码阻遏蛋白

D. 能与 RNA 聚合酶结合

E. 发挥作用的方式与方向无关

45. 与分解代谢相关的操纵子模型中，存在分解代谢物阻遏现象，参与这一调控的主要作用因子是

A. 阻遏蛋白　　　　　　　B. 衰减子

C. cAMP-CAP 复合物　　　D. 阿拉伯糖

E. 乳糖

46. 原核生物基因表达调控主要发生在转录水平，在负性和正性转录调控系统中，调节基因的产物依次分别是

A. 阻遏蛋白，阻遏蛋白

B. 阻遏蛋白，激活蛋白

C. 激活蛋白，阻遏蛋白

D. 激活蛋白，激活蛋白

E. 阻遏蛋白，RNA 聚合酶

47. 大肠埃希菌 β-半乳糖苷酶表达的关键调控因素是

A. 基础转录因子　　　　B. 特异转录因子

C. 起始因子　　　　　　D. 阻遏蛋白

E. ρ 因子

48. 在乳糖操纵子中，能结合别乳糖的物质是

A. 阻遏蛋白　　　　B. cAMP　　　C. CAP

D. RNA 聚合酶　　E. 转录因子

49. 关于基因诱导和阻遏表达的描述错误的是
A. 可诱导基因在特定条件下可被激活
B. 可阻遏基因在应答环境信号时被抑制
C. 乳糖操纵子机制是诱导和阻遏表达的典型例子
D. 这类基因表达只受启动序列与 RNA 聚合酶相互作用的影响
E. 这类基因表达受环境信号影响升或降

50. 外源基因在大肠埃希菌中高效表达受很多因素影响，其中 S-D 序列起的作用是
A. 提供一个 mRNA 转录终止子
B. 提供一个 mRNA 转录起始子
C. 提供一个核糖体结合位点
D. 提供翻译终点
E. 提供选择性剪接位点

51. 原核生物的表达调控不受下列哪种因素的影响
A. microRNA
B. 稀有密码子所占的比例
C. mRNA 的稳定性
D. 反义 RNA
E. 调节蛋白

52. 下列调节原核生物基因表达的是
A. 转录因子　　B. 操纵子　　C. 沉默子
D. 增强子　　E. 上游激活序列

53. 下列关于原核生物基因表达调控的说法错误的是
A. 原核生物中所有 RNA 都由一种 RNA 聚合酶催化合成
B. 原核 RNA 聚合酶的 σ 亚基可以改变 RNA 聚合酶识别启动序列的特异性
C. 阻遏蛋白直接通过蛋白质-蛋白质相互作用抑制 RNA 聚合酶活性
D. 不同基因转录起始的频率不同的原因之一是启动序列的核苷酸序列不同
E. 转录起始后由 RNA 聚合酶的核心酶催化 RNA 链的延伸

54. 关于乳糖操纵子的阻遏物的描述正确的是
A. 它是 DNA-蛋白质的复合物
B. 它是阻遏基因的表达产物
C. 它是操纵子结构基因的产物
D. 它是操纵元件的表达产物
E. 它变构后阻遏基因转录

55. 原核生物转录起始的调控机制涉及
A. RNA 干扰　　B. 衰减　　C. 抗终止
D. 分解物阻遏　　E. ρ 因子

56. 关于乳糖操纵子的叙述正确的是
A. 当存在乳糖时，调节基因表达阻遏蛋白，操纵子处于阻遏状态
B. 当没有乳糖时，阻遏蛋白从启动序列上解离，操纵子处于诱导状态
C. 当没有葡萄糖时，CAP 结合在启动序列附近，促进结构基因转录
D. 当有葡萄糖存在时，cAMP-CAP 复合物会增加
E. IPTG 是乳糖操纵子的强抑制剂

57. 下列关于操纵元件的描述正确的是
A. 与 RNA 聚合酶结合的部位
B. 与阻遏蛋白结合的部位
C. 属于结构基因的一部分
D. 具有转录活性
E. 促进结构基因转录

58. 根据乳糖操纵子模式，对基因活性起调节作用的是
A. RNA 聚合酶　　　　B. DNA 聚合酶
C. β-半乳糖苷酶　　　　D. 阻遏蛋白
E. 转录因子

59. 下列哪种方式不属于转录水平的调节
A. ρ 因子的作用　　　　B. 分解代谢阻遏
C. 增强子的作用　　　　D. 沉默子的作用
E. 衰减子的作用

60. cAMP-CAP 复合物促进乳糖操纵子转录，必须要求有
A. 葡萄糖　　　　B. 乳糖　　　C. 阿拉伯糖
D. 葡萄糖和乳糖　　E. 阿拉伯糖和乳糖

61. 关于基因表达的描述，错误的是
A. 某些基因的表达产物是 tRNA
B. 某些基因的表达产物是 rRNA
C. 某些基因的表达产物是蛋白质
D. 基因表达具有组织特异性和阶段特异性
E. 基因表达都要经过基因转录和翻译的过程

62. 真核基因转录中起正性调节作用的是
A. 启动子　　B. 操纵子　　C. 增强子
D. 衰减子　　E. 沉默子

63. 关于"转录调节蛋白"最好的解释是
A. 一类 DNA 结合蛋白
B. 一类具有转录调节功能的 DNA 结合蛋白
C. 为转录激活所必需的一类 DNA 结合蛋白
D. 通过与 DNA 或蛋白质结合影响 RNA 聚合酶活性的蛋白质
E. 一类具有转录调节功能的 DNA 结合蛋白

64. 通用转录因子中能直接识别并结合 TATA 框的是
A. TF Ⅱ A　　B. TF Ⅱ B　　C. TF Ⅱ D
D. TF Ⅱ E　　E. TF Ⅱ F

65. 基因表达过程中仅在原核生物中出现而并不

出现在真核生物的是

A. tRNA 的稀有碱基　　B. σ 因子

C. 冈崎片段　　　　　　D. DNA 连接酶

E. 起始密码子 AUG

66. 转录因子（TFⅠ、TFⅡ、TFⅢ）的命名是根据

A. 它们分别帮助 RNA 聚合酶 I、II、III 结合启动子

B. 它们分别含有 Ⅰ、Ⅱ、Ⅲ亚单位

C. 它们分别作用于 GC、CAAT、TATA 序列

D. 它们分别作用于启动序列、−35 区、−10 区

E. 它们促进转录的基因分别为 Ⅰ、Ⅱ、Ⅲ

67. CpG 序列的高度甲基化对多数基因而言是

A. 染色质呈疏松结构

B. 促进转录因子与 DNA 结合

C. 促进转录

D. 抑制转录

E. 与基因表达无关

68. Ⅱ型启动子中最典型的核心元件是

A. TATA 框　　　B. CAAT 框　　　C. GC 框

D. 八联体元件　　　E. Pribnow 框

69. 关于增强子特点的描述，正确的是

A. 增强子距离转录起始点不能太远

B. 仅存在于启动子的上游

C. 增强子作用的发挥不依赖启动子

D. 在结构基因 5′-端的 DNA 序列

E. 是较短的能增强转录的 DNA 序列

70. 下列不参与调控真核基因特异性表达的是

A. 转录抑制因子　　　B. 通用转录因子

C. 转录激活因子　　　D. 增强子

E. 沉默子

71. 真核生物体在不同发育阶段，蛋白质的表达谱也发生变化是由于

A. 特异转录因子的差异

B. 通用转录因子的差异

C. 翻译起始因子的差异

D. 衰减子的差异

E. 核心启动子的差异

72. 真核基因转录中起负性调节作用的是

A. 顺反子　　B. 沉默子　　C. 增强子

D. 操纵子　　E. 启动子

73. 属于转录因子的 DNA 结合结构域的是

A. 螺旋-环-螺旋结构域

B. 富含脯氨酸结构域

C. SH 结构域

D. PDZ 结构域

E. 溴结构域

74. 属于转录因子的转录激活结构域的是

A. 螺旋-环-螺旋结构域

B. 富含脯氨酸结构域

C. SH 结构域

D. PDZ 结构域

E. 溴结构域

75. 关于转录因子的说法正确的是

A. 转录因子的调节作用只有反式调节

B. 转录因子都通过蛋白质-蛋白质相互作用来发挥作用

C. 转录因子的调节作用都是依赖于 DNA

D. 转录因子都含有转录激活域和 DNA 结合域

E. 它由 α、β、γ 3 个亚基组成

76. 关于锌指结构的叙述正确的是

A. 凡含 $Zn^{2+}$ 的蛋白质均可形成锌指结构

B. 锌指结构是转录因子转录激活结构域的一种

C. 锌指结构必须有 $Zn^{2+}$ 和半胱氨酸或组氨酸形成配位键

D. DNA 与 $Zn^{2+}$ 结合可形成锌指结构

E. 锌指结构包含 α 螺旋和 β 转角

77. 顺式作用元件是指

A. TATA 框和 CCAAT 框

B. 具有转录调节功能的 DNA 序列

C. 结构基因的 5′侧翼序列

D. 结构基因的 3′侧翼序列

E. 非编码序列

78. 关于 TATA 框的描述正确的是

A. 通常位于转录起始点上游−25～−30bp 区域

B. 与转录起始的准确性无关

C. 它是通用转录因子 TFⅡA 的结合位点

D. 决定组织特异性表达

E. 属于近端启动子中的顺式作用元件

79. 真核生物调控转录的顺式作用元件不包括

A. TATA 框　　　　　　B. CCAAT 框

C. Pribnow 框　　　　　D. GC 框

E. 上游调控元件

80. 关于顺式作用元件叙述错误的是

A. 顺式作用元件是 DNA 上的序列

B. 增强子是一类顺式作用元件

C. 启动子中的 TATA 框和 GC 框都是顺式作用元件

D. 沉默子是一类顺式作用元件

E. 顺式作用元件只对基因转录起增强作用

81. 关于反式作用因子叙述正确的是

A. 反式作用因子是调节 DNA 复制的一类蛋白因子

B. 反式作用因子只对基因转录起增强作用

C. RNA 聚合酶是反式作用因子

D. 转录因子属于反式作用因子

E. 增强子属于反式作用因子

82. 真核生物基因组的结构特点包括

A. 基因组较小　　B. 基因不连续性

C. 多顺反子　　　D. 基因以操纵子方式组构

E. 重复序列较少

83. 活化染色质的组蛋白修饰有

A. 乙酰化　　B. 巯基化　　C. 磷酸化

D. 羟基化　　E. 泛素化

84. 转录起始调控广泛存在是因为

A. 转录起始调控机制最简单

B. 转录起始调控机制最有效

C. 各种基因的顺式作用元件相同

D. 各种基因使用的转录因子相同

E. 各种基因的调节机制相同

85. 与通用转录因子相符合的描述是

A. 可调节基因的转录效率

B. 与基因的阶段或组织特异表达有关

C. 为真核 RNA 聚合酶结合 DNA 所必需

D. 都是 DNA 结合蛋白

E. 可抑制基因转录

86. 与真核不同，原核基因表达调控的特点是

A. mRNA、rRNA 和 tRNA 由不同的 RNA 聚合酶催化合成

B. 可在染色质水平上调控基因表达

C. 可在转录产物的分布环节上调控基因表达

D. 产生的 mRNA 是单顺反子

E. 以负性调控为主

87. 真核基因与启动子、增强子的关系是

A. 少数基因只有启动子即可表达

B. 多数基因只有启动子即可表达

C. 少数基因只有增强子即可表达

D. 多数基因只有增强子即可表达

E. 少数基因表达依赖启动子、增强子同时存在

88. 以下不影响染色质结构变化的是

A. 染色质重塑　　　B. 组蛋白修饰

C. DNA 修饰　　　　D. mRNA 修饰

E. 非编码 RNA

89. 关于启动子的描述，正确的是

A. 转录启动时 RNA 聚合酶识别与结合的 DNA 序列

B. 转录后能生成 mRNA 的 DNA 序列

C. 抑制或阻遏基因转录的 DNA 序列

D. 只存在于转录起始位点上游的 DNA 序列

E. 染色质上相邻转录活性区的边界 DNA 序列

90. 以下不属于特异转录因子的是

A. Sp1　　B. TFⅡD　　C. 类固醇激素受体

D. C/EBP　　E. NF-κB

91. 关于辅激活物的描述，错误的是

A. 属于反式作用因子

B. 参与转录起始复合物的形成

C. 作为转录激活因子和转录起始前复合物的桥梁分子

D. 一般不具有 DNA 结合结构域，但具有转录激活结构域

E. 它调控基因转录的特异性

92. 转录激活因子结合顺式作用元件后促进基因转录起始的方式是

A. 修饰 RNA 聚合酶Ⅱ的羧基末端结构域

B. 组织转录激活因子入核

C. 通过与通用转录因子相互作用而发挥转录调控功能

D. 封闭转录激活因子的转录激活结构域

E. 不需辅激活物就能起作用

93. 属于真核基因转录水平调控的是

A. mRNA 的 3′端加尾

B. mRNA 的转运

C. mRNA 的细胞质定位

D. mRNA 的 5′端加帽

E. RNA 聚合酶Ⅱ的羧基末端结构域磷酸化修饰

94. 关于 TFⅡD 的叙述，正确的是

A. 具有 ATP 酶活性

B. 能与 TATA 框结合

C. 具有解螺旋酶活性

D. 具有蛋白激酶活性

E. 直接促进 RNA 聚合酶Ⅱ与启动子结合

95. 防止基因转录受邻近区域调控元件的影响的 DNA 元件是

A. 启动子　　B. 增强子　　C. 沉默子

D. 绝缘子　　E. 操纵子

96. 关于真核编码蛋白的基因的转录激活错误的是

A. 通用转录因子 TFⅡD 结合识别 TATA 框

B. 真核 RNA 聚合酶Ⅱ能单独识别结合启动子

C. 基因转录激活过程就是形成稳定的转录起始前复合物

D. 特异转录因子调节基因转录的效率

E. TFⅡD 维持基因的基础转录水平

97. ★原核生物基因组的结构特点包括

A. 核小体是其基本组成单位

B. 转录产物是多顺反子

C. 基因的不连续性

D. 线粒体 DNA 为环状结构

E. 含大量重复序列

98. ★下列蛋白质中，具有锌指模体的是
A. RNA 聚合酶　　　　B. G 蛋白
C. 细胞转运蛋白　　　D. 转录因子
E. 膜受体

99. 大肠埃希菌乳糖操纵子的 *lac I* 基因表达的特点是
A. 诱导型　　　　　　B. 阻遏型
C. 高水平组成型　　　D. 低水平组成型
E. 独自构成操纵子

100. ▲细菌经紫外线照射会发生 DNA 损伤，为修复这种损伤，细胞合成 DNA 修复酶的基因表达增强，这种现象称为
A. DNA 损伤　　　　　B. DNA 修复
C. DNA 表达　　　　　D. 诱导
E. 阻遏

101. ▲属于顺式作用元件的是
A. 转录抑制因子　　　B. 转录激活因子
C. σ 因子　　　　　　D. ρ 因子
E. 增强子

102. ▲下列属于反式作用因子的是
A. 延长因子　　B. 增强子　　C. 操纵元件
D. 启动子　　　E. 转录因子

103. ★关于基因表达的概念，错误的是
A. 基因表达具有组织特异性
B. 基因表达具有阶段特异性
C. 基因表达均经历基因转录及翻译过程
D. 某些基因表达产物是蛋白质分子
E. 有些基因表达水平受环境变化影响

104. ★组成性基因表达的正确含义是
A. 在大多数细胞中持续恒定表达
B. 受多种基因调节的基因表达
C. 可诱导基因表达
D. 可阻遏基因表达
E. 空间特异性基因表达

105. ★基因表达调控的基本控制点是
A. mRNA 从细胞核转移到细胞质
B. 转录起始
C. 转录后加工
D. 蛋白质翻译
E. 翻译后加工

106. ★原核生物乳糖操纵子受 CAP 调节，结合并活化 CAP 的分子是
A. 阻遏蛋白　　　B. RNA 聚合酶　　　C. cAMP
D. cGMP　　　　E. 乳糖

107. ★乳糖操纵子中的 *lac* I 基因编码产物是
A. β-半乳糖苷酶　　　B. 通透酶
C. 乙酰基转移酶　　　D. 一种激活蛋白

E. 一种阻遏蛋白

108. ★下列关于真核基因组结构特点的叙述，错误的是
A. 基因不连续
B. 基因组结构庞大
C. 含大量重复序列
D. 转录产物为多顺反子
E. 包括核基因组和线粒体基因组

109. ★下列关于 TATA 框的叙述，正确的是
A. 是与 RNA 聚合酶稳定结合的序列
B. 是蛋白质翻译的起始点
C. 是 DNA 复制的起始点
D. 是与核糖体稳定结合的序列
E. 是远离转录起始点，增强转录活性的序列

110. ★基因启动子是指
A. 编码 mRNA 的 DNA 序列的第一个外显子
B. 开始转录生成 RNA 的那段 DNA 序列
C. 阻遏蛋白结合的 DNA 序列
D. CAP 结合的 DNA 序列
E. RNA 聚合酶最初与 DNA 结合的那段 DNA 序列

二、A2 型选择题

1. 下列描述可考虑作为"管家基因"候选的是
A. 电刺激后细胞表达"A"分子增加
B. 电刺激后细胞表达"A"分子减少
C. 电刺激后细胞表达"A"分子水平相同
D. 电刺激前细胞表达"A"分子增加
E. 电刺激前细胞表达"A"分子减少

2. 成人血红蛋白是由两条 α 链和两条 β 链聚合而成的四聚体（$\alpha_2\beta_2$）。其实在人的一生中，血红蛋白的多肽链组成经历了多次变化，从胚胎早期的 $\delta_2\epsilon_2$，到胎儿期的 $\alpha_2\gamma_2$，再到出生后的 $\alpha_2\beta_2$。这说明人血红蛋白中珠蛋白基因的表达具有下列哪个特点：
A. 空间特异性　　　　B. 器官特异性
C. 个体特异性　　　　D. 种属特异性
E. 阶段特异性

3. 正常细胞在氧气充足时主要通过糖的有氧氧化产生 ATP。相比之下，无论氧气是否充足，肿瘤细胞的糖酵解都会增强，细胞将吸收更多的葡萄糖，这一现象称为有氧糖酵解（又称 Warburg 效应）。试问正常细胞的糖酵解酶系相关基因的表达属于
A. 阻遏表达　　　　　B. 诱导表达
C. 组成性表达　　　　D. 协调表达
E. SOS 反应

4. 下列哪种情况不能体现基因表达的阶段特异性：

A. 某个基因在分化的骨骼肌细胞表达，在未分化的心肌细胞不表达

B. 某个基因在分化的骨骼肌细胞不表达，在未分化的骨骼肌细胞表达

C. 某个基因在分化的骨骼肌细胞表达，在未分化的骨骼肌细胞不表达

D. 某个基因在胚胎发育过程表达，在出生后不表达

E. 某个基因在胚胎发育过程不表达，在出生后表达

5. 从侵入细菌到溶菌的不同感染阶段，噬菌体 DNA 的表达具有

A. 细胞特异性  B. 组织特异性

C. 阶段特异性  D. 空间特异性

E. 器官特异性

6. 果蝇幼虫（蛹）最早期只有一组"母亲效应基因"表达，使受精卵发生头尾轴和背腹轴固定，以后三组"分节基因"顺序表达，控制蛹的"分节"发育过程，最后这些"节"分别发育成成虫的头、胸、翅膀、肢体、腹及尾等。下列叙述错误的是

A. 说明基因表达具有时间特异性

B. 说明基因表达具有空间特异性

C. 说明基因表达的协调调节

D. 说明生物体调节基因表达来维持细胞分化和个体发育

E. "分节基因"也可以先于"母亲效应基因"表达

7. 采用 Western blot 方法检测目的蛋白表达水平的同时，还需检测内参蛋白（如 $\beta$-actin、GAPDH）表达水平。内参蛋白的表达方式属于

A. 诱导表达  B. 阻遏表达  C. 协调表达

D. 组成性表达  E. SOS 反应

8. 20 世纪 60 年代做过以下实验：在培养基中仅加入适合底物乳糖，2～3min 后，大肠埃希菌细胞中 $\beta$-半乳糖苷酶可迅速达到 5000 个分子，增加了 1000 倍，占细菌蛋白总量的 5%～15%。若撤销底物，该酶合成迅速停止。该现象产生的主要原因是

A. cAMP 水平升高  B. CAP 水平升高

C. cAMP 水平降低  D. CAP 水平降低

E. 阻遏蛋白变构

9. 法国科学家雅各布（Jacob）和莫诺（Monod）等采用不同培养基对大肠埃希菌进行培养及一系列研究，其中一组实验获得如下图结果。该结果最有可能的原因是

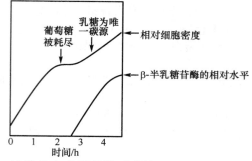

A. 培养基中有葡萄糖无乳糖

B. 培养基中无葡萄糖有乳糖

C. 培养基中有葡萄糖和乳糖

D. 培养基中缺乏葡萄糖和乳糖

E. 培养基中有阿拉伯糖和乳糖

10. 蜜二糖是由 $D$-半乳糖和 $D$-葡萄糖结合成的一种二糖。蜜二糖是乳糖操纵子的弱诱导物，它通常在自己的透性酶作用下进入细胞。但如果细胞在 42℃下生长，其透性酶失去活性，则蜜二糖只有在 $\beta$-半乳糖苷透性酶存在的情况下才能进入细胞。试问，在 42℃下，以下哪种细胞株能在以蜜二糖为唯一碳源的培养基上生长

A. $lac\ Z^-$ 突变株  B. $lac\ Y^-$ 突变株

C. $lac\ A^-$ 突变株  D. $lac\ I^-$ 突变株

E. $lac\ P^-$ 突变株

11. 苯基-$\beta$-$D$-半乳糖苷（PG）是 $\beta$-半乳糖苷酶的底物，但不是诱导物，其水解产物对细胞没有毒性。以下哪种细胞株能在以 PG 作为唯一碳源的培养基上生长：

A. $lac\ Z^-$ 突变株  B. $lac\ I^-$ 突变株

C. $lac\ Y^-$ 突变株  D. $lac\ I^- lac\ Z^-$ 突变株

E. $lac\ Z^- Y^-$ 突变株

12. 一名研究生正在进行基因工程相关实验，需要对重组的 pUC 质粒是否插入了目的基因进行蓝白斑筛选（$\beta$-互补筛选），请问他在制备用于筛选细菌的固体培养基时，不能加入下列哪样试剂：

A. 氨苄西林  B. 四环素  C. 葡萄糖

D. IPTG  E. X-gal

13. 当细菌发生热应激时，RNA 聚合酶全酶中的 $\sigma^{70}$ 被 $\sigma^{32}$ 取代，这时的 RNA 聚合酶就会改变对其常规启动序列的识别，而结合另外的启动序列，表达应激蛋白，增强细菌抗热应激的能力。以下说法错误的是

A. $\sigma^{70}$ 是最常见的 $\sigma$ 因子，能识别细菌中绝大多数启动序列

B. 不同的 $\sigma$ 因子决定着 RNA 聚合酶全酶特异性识别不同的启动序列

C. $\sigma$ 因子的作用是识别启动子，控制转录起始

D. 真核生物 RNA 聚合酶中没有细菌 RNA 聚合酶中 σ 因子的对应物

E. 应激蛋白的表达方式属于组成性表达

14. 下图显示的是 5 种大肠埃希菌操纵子的启动序列，其中-35 区和-10 区的共有序列分别是

| | -35区 | 间隔区 | -10区 | 间隔区 | 转录起始位点 |
|---|---|---|---|---|---|
| trp | TTGACA | N17 | TTAACT | N7 | A |
| tRNA^Tyr | TTTACA | N16 | TATGAT | N7 | A |
| lac | TTTACA | N17 | TATGTT | N6 | A |
| recA | TTGATA | N16 | TATAAT | N7 | A |
| ara BAD | CTGACG | N16 | TACTGT | N6 | A |

A. CTTACA，TTAGAT    B. TTTATA，TACAAT
C. CTTATG，TACGTT    D. TTGACA，TATAAT
E. TTTATA，TTTGAT

15. γ 噬菌体中一个长达 26kb 的操纵子，作为一个转录单位，编码了多种蛋白质。这些蛋白质的用量不同，相差可达千倍，需要在蛋白质翻译水平上实施差别调控。下列叙述正确的是
A. 该操纵子转录生成的 mRNA 是单顺反子
B. 操纵子只存在于原核生物 DNA
C. 该现象说明翻译水平上的基因表达调控很关键
D. 该现象说明转录水平上的基因表达调控很关键
E. 该现象说明转录后水平上的基因表达调控很关键

16. 假设大肠埃希菌中 cAMP 环化酶因基因突变而失活，其乳糖操纵子调控模式会出现下列哪种情况
A. β-半乳糖苷酶的表达减少
B. CAP 合成量减少
C. cAMP-CAP 复合物增加
D. 阻遏蛋白不与操纵元件结合
E. 可在没有葡萄糖只有乳糖的培养基中正常生长

17. 大肠埃希菌的变异株在没有乳糖存在时产生大量 β-半乳糖苷酶，造成这种变异株的原因最可能是
A. CAP 的编码序列发生突变，不能产生 CAP
B. lac I 发生突变，不能产生阻遏蛋白
C. lac I 发生突变，产生的阻遏蛋白与半乳糖结合能力变弱
D. 操纵元件发生突变，使阻遏蛋白与之结合能力变强
E. 启动序列发生突变，使 RNA 聚合酶与之结合能力变弱

18. 针对通用转录因子 TF II D 中的 TBP 亚基设计的抑制剂可抑制下列哪个过程
A. DNA 复制          B. 转录起始
C. 转录后加工        D. 翻译起始
E. 翻译后加工

19. 反义脱氧寡核苷酸通过碱基配对可反平行地与其相应的 mRNA 结合，抑制该 mRNA 指导的蛋白质合成。请问反义寡核苷酸 ACGGTAC 可与哪一种 mRNA 特异序列结合
A. ACGGUAC          B. GUACCGU
C. UGCCAUG          D. ACUUAA
E. UUCCUCU

20. 骨髓增生异常综合征（myelodysplastic sydrome，MDS）是起源于造血干细胞的一组异质性髓系克隆性疾病，特点是髓系细胞分化及发育异常，表现为无效造血、难治性血细胞减少、造血功能衰竭，高风险向急性髓系白血病转化。MDS 的发病与细胞内某些癌基因激活或抑癌基因失活有关。研究表明 DNA 甲基转移酶抑制剂（如 5-氮胞苷）和组蛋白去乙酰化酶抑制剂（如 SAHA）对 MDS 均有很好的治疗效果。下列关于这两种药物对 MDS 治疗机制的描述错误的是
A. DNA 甲基转移酶抑制剂和组蛋白去乙酰化酶抑制剂可引起 MDS 中与细胞增殖、分化相关的癌基因或抑癌基因启动子区表观遗传修饰的改变
B. DNA 甲基转移酶抑制剂可抑制抑癌基因启动子区的甲基化，增强抑癌基因的表达
C. 组蛋白去乙酰化酶抑制剂可抑制癌基因启动子区组蛋白去乙酰化，导致癌基因表达的沉默
D. DNA 甲基转移酶抑制剂和组蛋白去乙酰化酶抑制剂不能联合使用，因为它们作用机制不同
E. 两种药物均应慎用，因为它们有中枢神经系统毒性等毒副作用

21. 真核基因表达调控具有典型的多级调控特点，已知诱导剂 A 能诱导 B 基因的表达，关于诱导剂 A 调控 B 基因表达层次研究的实验体系中描述错误的是
A. 如果加入 DNA 甲基转移酶抑制剂，B 基因的表达没有改变，说明诱导剂 A 对 B 基因表达的调控不发生在染色质水平
B. 如果加入放线菌酮，B 基因的表达没有改变，说明诱导剂 A 对 B 基因表达的调控不发生在蛋白质水平
C. 如果加入鹅膏蕈碱，B 基因的 mRNA 表达没有改变，说明诱导剂 A 对 B 基因表达的调控不发生在转录水平

D. 如果加入蛋白酶体抑制剂，B 基因的表达没有改变，说明诱导剂 A 对 B 基因表达的调控不发生在翻译后水平

E. 如果诱导剂A能诱导特异miRNA生成并导致 B 基因的表达改变，说明诱导剂 A 对 B 基因表达的调控发生在转录后或翻译水平

22. 在一个实验系统中，已知 P 元件是 X 基因启动子远端的调节元件，A 蛋白加入后可通过与 P 元件结合上调 X 基因的启动子活性，再加入 B 蛋白则抑制 X 基因的启动子活性。关于 X 基因的转录调控，以下描述错误的是

A. P 元件是 X 基因的增强子元件

B. A 蛋白是 X 基因的增强子结合蛋白

C. 如果 B 蛋白可通过与 P 元件结合抑制 X 基因的表达，则 P 元件是 X 基因的沉默子元件，B 蛋白是 X 基因的沉默子结合蛋白

D. 如果 B 蛋白与 A 蛋白相互作用，则 B 蛋白可能封闭了 A 蛋白与 X 基因 P 元件的结合位点

E. B 蛋白还可以通过其他方式抑制 X 基因的表达

23. 酵母双杂交系统是检测特异的蛋白质-蛋白质相互作用的重要技术。酵母 GAL4 转录活化因子包含一个 DNA 结合结构域（DNA-BD）和一个转录激活结构域（AD），它结合到 GAL4 应答基因上游区一个序列（UAS）而启动靶基因的表达。我们将蛋白 A 构建在含 BD 的表达质粒中，将蛋白 B 构建在含 AD 的表达质粒中，当两种质粒共转染酵母细胞后，如果两种蛋白相互作用，将会检测到含 UAS 的报告基因表达。下列关于酵母双杂交系统的描述错误的是

A. 含蛋白 A 的 BD 质粒单独转染酵母细胞后，可与报告基因结合，但不能启动报告基因表达

B. 含蛋白 B 的 AD 质粒单独转染酵母细胞后，不能与报告基因结合，也不启动报告基因表达

C. 当两种质粒共转染酵母细胞后，能检测到含 UAS 的报告基因表达，说明这两种蛋白能相互作用，并使 DNA-BD 和 AD 拴在一起重建了 GAL4 的转录激活功能

D. UAS 是 GAL4 应答基因的核心启动子元件

E. 如果将 cDNA 文库构建在 AD 质粒上，酵母双杂交系统可用于筛选与蛋白 A 相互作用的蛋白

24. 同卵双胞胎拥有几乎相同的基因组，其表型特征及患遗传病的概率通常较一致，但有些疾病在双胞胎中的发生情况不同，如一方健康，另一方患有系统性红斑狼疮。许多研究表明表观遗传修饰会影响表型及疾病的发生率，针对系统性红斑狼疮的研究发现双胞胎之间 DNA 甲基化水平存在明显差异。关于表观遗传修饰，叙述正确

的是

A. 表观遗传修饰改变 DNA 的碱基序列

B. 表观遗传修饰属于转录水平的调节

C. 表观遗传修饰包括组蛋白修饰、染色质重塑、DNA 甲基化等

D. 组蛋白修饰只有乙酰化修饰

E. 基因的转录水平随其启动子区甲基化水平升高而升高

25. 双翅目昆虫的幼虫唾液腺细胞内有巨大的唾腺染色体，在幼虫发育的不同阶段，一至数个横纹带发生疏松，即染色质线高度松散，疏松区出现大量的新合成的 mRNA，疏松区出现的时间和部位随着发育阶段而顺序消长。这种基因表达调控方式属于哪个水平的调节

A. 染色质水平的调节　　B. 转录水平的调节

C. 转录后水平的调节　　D. 翻译水平的调节

E. 翻译后水平的调节

26. 抑郁症是一组以情绪异常低落为主要临床表现的精神疾病总称，有研究发现抑郁症患者额叶皮质 CREB 蛋白的表达水平下降。在正常情况下，活化的 CREB 与 cAMP 反应元件结合，从而启动靶基因（如脑源性神经生长因子和促肾上腺素皮质释放因子）的转录，进一步影响机体的神经、内分泌、行为反应。当 CREB 表达下降可使机体出现焦虑、抑郁等一系列情绪障碍。因此，可以 CREB 为靶点研制新的治疗情绪障碍的药物。下列叙述错误的是

A. CREB 属于一种转录因子

B. cAMP 反应元件属于增强子

C. cAMP 反应元件只能与 CREB 结合

D. 增强子可能表现出沉默子活性

E. 增强子增强转录的效应有严格的组织细胞特异性

27. 组蛋白修饰在时间与空间上的组合与生物学功能的关系可以作为一种重要的标志或语言，被称为"组蛋白密码"。研究组蛋白密码对药物开发具有战略意义，多种组蛋白修饰酶已经成为相关疾病治疗的靶标。例如，组蛋白去乙酰化酶（HDACs）抑制剂已应用于临床治疗多种肿瘤。下列关于"组蛋白密码"叙述错误的是

A. 组蛋白修饰属于染色质水平上的基因表达调控方式

B. 组蛋白修饰主要包括组蛋白的乙酰化、磷酸化、甲基化、泛素化及 ADP 核糖基化

C. 组蛋白甲基化修饰既可抑制又可增强基因表达

D. 组蛋白乙酰化修饰和甲基化修饰一般相互

排斥

E. 组蛋白乙酰化修饰一般选择性地使某些染色质区域的结构从松散变得紧密

28. 基因组印迹指源于父母双方同一等位基因的选择性差异表达的现象。印迹区的印迹丢失（LOI）可使印迹的原癌基因过度表达，从而促使细胞生长。伴有 LOI 的肾母细胞瘤（又称 Wilms′瘤）患者常表现为印迹基因 H19 的 CpG 岛甲基化。下列叙述错误的是

A. DNA 甲基转移酶抑制剂（如 5-氮杂胞苷）处理可使 H19 的 CpG 岛从全部甲基化变成单等位基因甲基化

B. DNA 甲基化修饰、组蛋白的乙酰化与甲基化均参与维持基因组印迹

C. DNA 甲基化修饰常发生在基因启动子区的 CpG 岛的胞嘧啶碱基上

D. 甲基转移酶和去甲基化酶参与 DNA 甲基化修饰这个动态过程

E. 基因甲基化修饰的程度与基因的表达水平呈正比关系

29. 启动一个动物受精卵形成胚胎所需的信息预存在卵子发生期的卵母细胞里。果蝇幼虫和成虫的头-腹轴的发育由特定 mRNA 在卵母细胞中沿相同的前后轴向的定位所决定。例如，由 Bicoid 基因转录的 mRNA 优先定位在卵母细胞的前端，其编码的蛋白参与头部和胸部发育；而由 Oskar 基因转录的 mRNA 定位在后端，其编码的蛋白参与生殖细胞的形成。这个定位过程需要 mRNA 的 3′-UTR 上的特殊定位信号，微管帮助转运 mRNA 到特定部位，微丝负责锚定已到达目的地的 mRNA。下列叙述错误的是

A. Biocoid 基因和 Oskar 基因在果蝇中的表达说明基因表达具有空间特异性

B. mRNA 分子定位于细胞质的特殊区域属于转录水平的调控

C. 导致微管解聚的药物会破坏 Bicoid mRNA 在果蝇卵母细胞中的正常定位

D. 细胞质 mRNA 的定位普遍存在于具有极性的细胞中

E. 在可迁移的成纤维细胞中，肌动蛋白 mRNA 主要定位在细胞边缘

30. 2006 年诺贝尔生理学或医学奖共同授予了发现 RNA 干扰现象的美国科学家菲尔（Fire）和梅洛（Mello）。研究表明，将针对特定病毒基因的 siRNA 导入该病毒感染的细胞，可在病毒感染的早期就抑制病毒的复制，阻断病毒对细胞的感染。目前实验室合成的 siRNA 已经被用于封闭

人类免疫缺陷病毒（human immunodeficiency virus，HIV）和脊髓灰质炎病毒。关于 siRNA 描述正确的是

A. siRNA 是单链分子

B. 没有内源性 siRNA

C. siRNA 与靶 mRNA 完全互补

D. siRNA 不降解靶 mRNA

E. RNA 干扰是转录水平上的表达调控方式

31. 铁蛋白 mRNA 分子 5′端有铁反应元件（IRE），当细胞质中可溶性铁离子的水平低时，一种特异性翻译抑制蛋白与该 IRE 结合，阻断铁蛋白的翻译。当细胞质中可溶性铁离子的水平上升超过某一临界值时，与特异性翻译抑制蛋白结合，使该蛋白从 mRNA 分子 5′端的 IRE 上脱落，蛋白翻译抑制解除，铁蛋白的翻译速率显著增加。下列叙述错误的是

A. 铁蛋白的表达情况属于适应性表达

B. IRE 属于一种顺式作用元件

C. IRE 位于 mRNA 的 5′-UTR

D. 这些翻译抑制蛋白是在转录后水平上调节铁蛋白的表达

E. 这些翻译抑制蛋白通过结合铁蛋白 mRNA 的 IRE 参与蛋白翻译负调控

32. 心手综合征（又称 Holt-Oram 综合征）是一种常染色体显性遗传病，患者表现为以房间隔缺损为主的心脏异常和上肢不同部位、不同程度的畸形。TBX5 基因是其致病基因。TBX5 作为转录因子调控胚胎的生长发育，它在胚胎发育期表达于心脏、上肢芽和眼。TBX5 基因突变会使 TBX5 蛋白表达异常，将引起心脏发育不良和上肢畸形。下列叙述正确的是

A. 转录因子是一类顺式作用元件

B. 真核基因转录起始时不需要转录因子

C. TBX5 主要抑制胚胎发育过程中的基因转录

D. TBX5 调控的基因表达具有时空特异性

E. 转录因子是真核 RNA 聚合酶的组分

33. 肾上腺素和胰高血糖素可通过 G 蛋白偶联受体介导的信号转导来升高 cAMP 浓度，进而引起真核细胞快速的生理反应和缓慢持久的基因表达调控。cAMP 浓度升高能引起某些真核基因的表达水平增高的原因不包括

A. 这些基因的转录调控区有 cAMP 反应元件

B. 细胞内存在与 cAMP 反应元件结合的转录因子

C. cAMP 可激活 PKA，后者使转录因子磷酸化而活化

D. 活化的转录因子通过 DNA 结合域与 cAMP 反应元件结合

E. 形成 cAMP-CAP 复合物，促进操纵子转录活性

**34.** 彩虹（Rainbow）是一只雌性花猫，科学家已成功将其克隆。然而，彩虹和它的克隆看起来差别很大，彩虹有更多的橘黄色，而且斑点位置不同，这与 X 染色体失活机制有关。雌性哺乳动物体细胞内的 2 个 X 染色体的基因并不同时具有转录活性，而是只有 1 条 X 染色体具有转录活性，这样可以维持它与雄性动物在基因剂量上的平衡。然而，究竟哪一条 X 染色体不具有转录活性，则是一个随机失活的过程。无转录活性的 X 染色体在 Xist RNA 的作用下形成巴氏小体。已知花猫的毛色有橘黄色和黑色，下列描述错误的是

A. 彩虹与它的克隆的 DNA 相同

B. 决定毛色的等位基因位于 X 染色体上，一个 X 染色体上含有橘黄色的等位基因，另一个 X 染色体含有黑色的等位基因

C. 彩虹的克隆的体细胞中更多的是含有橘黄色等位基因的 X 染色体失活

D. Xist RNA 是参与真核基因表达调控的一种非编码 RNA

E. 若克隆雄猫，则克隆与原来的雄猫在花色上也可能有差别

**35.** IPTG 是一种乳糖类似物，它能够与乳糖操纵子阻遏蛋白结合，但不能被 β-半乳糖苷酶降解。给予在缺乏乳糖和葡萄糖的培养基上生长的大肠埃希菌适量的 IPTG，10min 之后，加入葡萄糖；再过 10min 之后，加入 cAMP。下列各图中能够反映乳糖操纵子 mRNA 表达状况的是

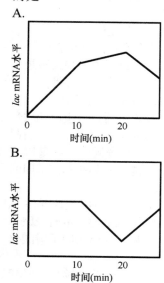

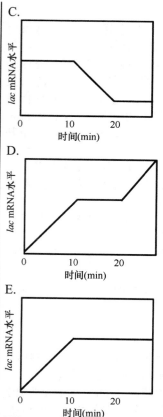

**36.** 如果将大肠埃希菌乳糖操纵子的启动子换成强启动子，那么实现乳糖操纵子最高表达的条件将是

A. 高乳糖，低葡萄糖　　B. 高乳糖，高葡萄糖

C. 低乳糖，低葡萄糖　　D. 低乳糖，高葡萄糖

E. A 和 B

**37.** 有一种突变株大肠埃希菌即使在有高浓度葡萄糖的时候，乳糖操纵子也呈现高水平的表达，此突变株最有可能是

A. 乳糖操纵子的阻遏蛋白因突变而失去活性

B. 无 CAP

C. CAP 因突变导致未结合 cAMP 的形式也有活性

D. 催化 cAMP 合成的腺苷酸环化酶丧失活性

E. 催化 cAMP 分解的磷酸二酯酶活性增强

**38.** 如果用合成丙氨酸的酶基因代替大肠埃希菌乳糖操纵子的结构基因，那么诱导大肠埃希菌表达合成丙氨酸，需要在培养基中加入

A. 丙氨酸　　　　　　B. 别乳糖

C. 葡萄糖　　　　　　D. β-半乳糖苷酶

E. 葡萄糖和乳糖

**39.** 如果将大肠埃希菌的 *lac I* 基因移至乳糖操纵子的下游，则导致

A. 结构基因将失活

B. 操纵元件将失活

C. 结构基因将组成性表达

D. 乳糖操纵子的表达无影响

E. 阻遏蛋白将失活

40. 哺乳动物神经细胞膜上由同一个基因编码的谷氨酸受体通道有两种，一种对 $Na^+$ 和 $Ca^{2+}$ 有通透性，另一种只对 $Na^+$ 有通透性，这是因为同一个基因在不同的神经元

A. 使用相同的启动子转录，但其中一种初级转录物经历了编辑

B. 使用相同的启动子转录，但初级转录物经历了选择性剪接

C. 使用相同的启动子转录，但初级转录物经历了选择性加尾

D. 使用不同的启动子进行转录

E. 翻译产物经历了不同形式的加工

41. 转录激活结构域经常通过将其他蛋白质招募到启动子上来发挥促进转录的作用。以下不可能被转录激活结构域招募到 RNA 聚合酶Ⅱ的启动子上的蛋白质是

A. TFⅡD    B. SWI/SNF 复合物    C. HAC

D. HDAC    E. TBP

42. 无眼蛋白（the eyeless protein）结合在果蝇主要的视紫红质蛋白基因（*Rh1*）启动子上游的特定碱基序列上，激活 *Rh1* 的表达。如果一种绝缘子蛋白结合在无眼蛋白和 Rh1 启动子之间的序列上，其后果将是

A. *Rh1* 的转录受到抑制

B. 绝缘子蛋白将与无眼蛋白一起，协同激活 *Rh1* 基因的转录

C. 既然无眼蛋白与 RNA 聚合酶直接作用，故 *Rh1* 的转录不受影响

D. 既然绝缘子蛋白在 DNA 复制中起作用，故 *Rh1* 的转录不受影响

E. 无眼蛋白自身基因的转录受到抑制

43. 原癌基因 *c-jun* 编码的是一种含有亮氨酸拉链的转录因子，因此它

A. 可能作为一种类固醇激素的受体起作用

B. 需要锌来稳定与 DNA 结合的构象

C. 需要二聚化才有活性

D. 直接与 TATA 框结合

E. 不需要转录激活结构域就能激活基因的转录

44. 5-氮胞苷（5-azacytidine）是胞苷的类似物，在细胞内可转变为 5-氮胞苷三磷酸，但是其嘧啶环上 5 号位是氮原子，而不是通常的碳原子。假定刚发现了一种新的生物，现正在研究其体内一

组参与有丝分裂的基因表达的调控。若将 5-氮胞苷加到此种生物的细胞之中，结果惊奇地发现有丝分裂不能再正常地进行了，由此推断 DNA 甲基化参与上述有丝分裂基因表达调控。下列描述错误的是

A. DNA 甲基化属于表观遗传调控，是不可遗传的

B. DNA 甲基化指的是胞嘧啶经第 5 位 C 原子甲基化修饰变为 5-甲基胞嘧啶

C. 5-氮胞苷三磷酸可以代替胞苷酸掺入到新合成的 DNA 链上，但 5-氮胞嘧啶不能被甲基化修饰

D. 在正常情况下，细胞分裂抑制因子因甲基化而不表达，有丝分裂正常进行

E. 加入 5-氮胞苷后，细胞分裂抑制因子因不再甲基化而表达，有丝分裂被抑制

45. 大肠埃希菌乳糖操纵子的-10 区序列是 TATGTT。有一种大肠埃希菌的突变株，其乳糖操纵子的-10 区序列变成了 TATAAT。结果发现，这种突变体乳糖操纵子的转录不再需要 CAP-cAMP 的激活。下列描述错误的是

A. 原核生物启动序列的-10 区的共有序列是 TATAAT

B. 原核生物启动序列与共有序列越接近，RNA 聚合酶与之结合的能力越强

C. 乳糖操纵子之所以需要 CAP-cAMP 的激活，是因为它的启动子是弱启动子

D. 突变体乳糖操纵子的转录不再受 CAP-cAMP 的激活是因为不再表达阻遏蛋白

E. 突变体启动序列的-10 区的改变使其从弱启动子变成强启动子

46. 肾上腺素的作用主要是快反应，但也有慢反应。肾上腺素的慢反应是通过激活蛋白激酶 A（protien kinase A，PKA）来催化 cAMP 应答元件结合蛋白（cAMP response element binding protein，CREB）磷酸化而实现的。有人将含有 cAMP 应答元件（cAMP response element，CRE）的 DNA 片段通过显微注射的方式导入受肾上腺素作用的靶细胞，这时发现靶细胞内由肾上腺素引发的慢反应受到抑制。下列描述错误的是

A. 肾上腺素引起的快反应指的是快速的生理代谢反应

B. 肾上腺素引起的慢反应指的是缓慢持久的基因表达调控

C. CREB 是一种顺式作用元件，CRE 是一种转录因子

D. PKA 将 CREB 磷酸化使其活化，后者再与 CRE 结合来激活含有 CRE 元件的基因转录，诱发靶细胞产生慢反应

E. 外源的含有 CRE 的 DNA 片段会和染色体 DNA 上的 CRE 竞争结合 CREB,从而降低 CREB 的有效浓度,抑制含有 CRE 的基因转录,使慢反应难以发生

47. 有人使用不同浓度的 RNA 聚合酶,测定在有和无 CAP-cAMP 2 种条件下乳糖操纵子启动子的启动活性。在实验中,一旦将启动子 DNA 加到含有 RNA 聚合酶、3 种 NTP 和 $MgCl_2$ 的混合物中(最后的终浓度是 $10^{-12}mol/L$),即开始计时,测定使启动子有一半转变成开放复合物所需要的时间(s),所得结果如下表所示。假定 CAP-cAMP 与三种启动子的结合不变,下列说法错误的是

| | $5 \times 10^{-10}mol/L$ RNA 聚合酶 | | $5 \times 10^{-8}mol/L$ RNA 聚合酶 | | $5 \times 10^{-6}mol/L$ RNA 聚合酶 | |
|---|---|---|---|---|---|---|
| | –CAP-cAMP | +CAP-cAMP | –CAP-cAMP | +CAP-cAMP | –CAP-cAMP | +CAP-cAMP |
| 野生型 | 100 | 1 | 10 | 0.1 | 1 | 0.1 |
| 突变 1 | 10 | 0.1 | 1 | 0.1 | 0.1 | 0.1 |
| 突变 2 | 10 | 10 | 10 | 10 | 10 | 10 |

A. 对于野生型启动子,CAP-cAMP 有助于 RNA 聚合酶与启动子的结合,使其在所有测定的 RNA 聚合酶浓度下结合得更好

B. 对于野生型启动子,随着酶浓度的增加,CAP-cAMP 的促进作用保持不变

C. 突变 1 和突变 2 均增强了启动子与 RNA 聚合酶的亲和性,而突变 2 提高的幅度更高

D. 对于突变 1 启动子,在酶浓度低的时候,CAP-cAMP 仍有促进作用。但在酶浓度最高时,启动子已经饱和,故加入 CAP-cAMP 不起作用

E. 对于突变 2 启动子,RNA 聚合酶与启动子的结合不再依赖于 CAP-cAMP 的激活

48. 大肠埃希菌的乳糖通透酶既能运输乳糖,又能运输乳糖酸(lactobionic acid)。但是,β-半乳糖苷酶水解乳糖酸的效率并不高。某些大肠埃希菌突变体内的 β-半乳糖苷酶发生了突变,使其能够更好地水解乳糖酸,这样的突变体能够生活在以乳糖酸为唯一碳源的培养基上。然而,如果培养基中没有 IPTG,突变体就不能生长。下列说法正确的是

A. 乳糖酸作为诱导物与阻遏蛋白结合,诱导乳糖操纵子的表达

B. 培养基中仅有乳糖酸,乳糖操纵子处于开放状态

C. IPTG 和乳糖酸都是 β-半乳糖苷酶的底物

D. IPTG 通过与操纵元件结合来诱导乳糖操纵子开放

E. 若操纵元件组成性缺失,大肠埃希菌可在没有 IPTG 而含有乳糖酸的培养基上生长

49. 将不同质粒转入不同的细菌内,获得以下 5 种不同的部分二倍体细菌,斜线左侧是质粒基因型,右侧是染色体基因型,请指出哪种细菌不能合成 β-半乳糖苷酶:

A. $lacZ^+ lacY^-/lacZ^- lacY^+$

B. $lac\ O\ lacZ^-\ lacY^-/lacZ^+\ lacY^-$

C. $lacP^-\ lacZ^+/lacO\ lacZ^-$

D. $lac\ I^+\ lac\ P^-\ lacZ^+/lacI^-\ lacZ^+$

E. $lacP^-\ lacZ^-/lacZ^+\ lacY^-$

50. 用基因工程的方法把组氨酸生物合成酶系的结构基因,接到大肠埃希菌乳糖操纵子的末端上,如果只用葡萄糖或乳糖为碳源的培养基培养该大肠埃希菌,那么能高水平合成组氨酸的条件是

A. 乳糖缺乏,葡萄糖存在

B. 乳糖存在,葡萄糖缺乏

C. 乳糖和葡萄糖均存在

D. 乳糖和葡萄糖均不存在

E. 只要存在乳糖

51. 假设 I 基因编码的蛋白质是 A 基因转录的负调控子,下列说法正确的是

A. 若 A 基因的转录属于负调控系统,则在 $I^-$ 突变体中 A 基因不能转录

B. 若 A 基因的转录由负调控和正调控协调调节,并且开启正调控,则在 $I^-$ 突变体中 A 基因肯定不能转录

C. 若 A 基因的转录由负调控和正调控协调调节,并且关闭正调控,则在 $I^-$ 突变体中 A 基因肯定能转录

D. 若 I 基因编码产物是 A 基因转录的正调控子,则在 $I^-$ 突变体中 A 基因不能转录

E. 若 I 基因编码产物是 A 基因转录的正调控子,则在 $I^-$ 突变体中 A 基因能转录

三、B 型选择题

1. 紫外线照射后细菌 DNA 修复酶基因表达增强是属于

2. 管家基因表达属于

3. 当培养基中葡萄糖供应充足时,细菌的乳糖代谢相关基因表达降低是属于

A. 组成性表达　　　　B. 诱导表达

C. 阻遏表达　　　　　D. 协调表达

E. SOS 反应

4. 空间特异性又称

5. 时间特异性又称

A. 阶段特异性　　　　　B. 组织特异性
C. 器官特异性　　　　　D. 个体特异性
E. 种属特异性
6. 说明基因表达与分化相关的是
7. 说明阻遏表达现象的是
8. 说明诱导表达现象的是
A. 培养液中加入环磷酰胺后细胞 *Myc* 基因的 mRNA 水平降低
B. 加入环磷酰胺前后 β-肌动蛋白在培养细胞中的表达水平相同
C. 在胚胎头胸腹尾等形成前 *Hox* 基因簇成员沿体轴顺序表达
D. *GAPDH* 基因在个体全生命过程的多种细胞表达
E. 饮酒者肝微粒体 Cyt P450 脱氢酶水平升高
9. 随外环境信号变化表达水平增高的基因是
10. 随外环境信号变化表达水平降低的基因是
11. 表达水平较少受外环境信号变化影响的基因是
A. 可诱导基因　　　　　B. 可阻遏基因
C. 管家基因　　　　　　D. SOS 基因
E. 调节基因
12. 为真核基因组织特异性转录激活所必需
13. 包含 RNA 聚合酶识别位点在内
14. 包含转录起始点在内
A. 操纵子　　B. 启动子　　C. 增强子
D. 沉默子　　E. 衰减子
15. 提出操纵子学说的是
16. 发现断裂基因并阐明 RNA 剪接机制是
17. 发现核酶的是
A. Waston 和 Crick　　　　B. Jacob 和 Monod
C. Robert 和 Sharp　　　　D. Cech 和 Altman
E. Krebs 和 Henseleit
18. 对自身基因有调节功能的 DNA 序列是
19. 对其他基因有调节功能的 DNA 序列
20. 对自身基因有调节功能的蛋白质因子是
21. 对其他基因有调节功能的蛋白质因子是
A. 顺式作用元件　　　　B. 顺式作用因子
C. 反式作用元件　　　　D. 反式作用因子
E. 全反式作用元件
22. 转录因子 Sp1 识别的顺式作用元件是
23. 转录因子 C/EBP 识别的顺式作用元件是
24. 转录因子 TBP 识别的顺式作用元件是
A. TATA 框　　B. CAAT 框　　C. GC 框
D. AP1 位点　　E. 热休克反应元件
25. 属于真核基因染色质水平的调控方式是
26. 属于真核基因转录水平的调控方式是
27. 属于真核基因转录后水平的调控方式是

28. 属于真核基因翻译水平的调控方式是
A. 加帽酶对 mRNA 的加帽
B. eIF-4E 的磷酸化
C. 组蛋白乙酰化修饰
D. 沉默子的负性调控
E. 操纵子的负性调控
29. 具有解螺旋酶活性的转录因子是
30. 具有 ATP 酶活性的转录因子是
31. 具有蛋白激酶活性的转录因子是
A. TF ⅡA　　　B. TF ⅡD　　　C. TF ⅡE
D. TF ⅡF　　　E. TF ⅡH

## 四、X 型选择题

1. 基因表达的生物学意义在于
A. 适应环境　　　　　　B. 维持生长
C. 维持细胞分裂　　　　D. 维持细胞分化
E. 维持个体发育
2. 影响基因表达水平的是
A. 转录起始　　　　　　B. 转录后加工
C. mRNA 降解　　　　　D. 蛋白质翻译及加工
E. 蛋白质降解
3. 以下基因表达的描述说明"适应"的是
A. 当葡萄糖耗尽而有乳糖存在时，细菌乳糖操纵子去阻遏
B. 有紫外线照射时细菌的 *SOS* 基因去阻遏
C. 胚胎发育早期 *Hox* 基因簇顺序表达
D. 长期饮酒者肝细胞醇氧化酶活性升高
E. 甘油醛-3-磷酸脱氢酶的持续广泛表达
4. 下列蛋白质基因表达具有组织特异性的是
A. 胰岛素　　　　　　　B. 血红蛋白
C. 磷酸果糖激酶　　　　D. 丙酮酸脱氢酶
E. 己糖激酶
5. 属于基因表达终产物的是
A. 蛋白质　　　B. mRNA　　　C. tRNA
D. rRNA　　　E. microRNA
6. ★乳糖操纵子的结构包括
A. 操纵元件 O　　　　　B. 启动序列 P
C. 调节基因 I　　　　　D. CAP 结合位点
E. 3 个编码基因
7. 乳糖操纵子的调控至少依赖于哪 2 种蛋白质因子
A. 阻遏蛋白　　　　　　B. RNA 聚合酶
C. 转录因子　　　　　　D. CAP
E. DNA 聚合酶
8. 乳糖操纵子中具有调控功能的是
A. 操纵元件　　　　B. 启动序列　　　　C. A 基因
D. Z 基因　　　　　E. Y 基因

9. 转录因子的结构包括
A. DNA 结合域　　　　B. 转录激活结构域
C. 共有序列　　　　　D. 结构基因
E. 二聚化结构域
10. 转录因子的转录激活结构域包括
A. 锌指模体
B. 碱性亮氨酸拉链模体
C. 酸性激活结构域
D. 富含谷氨酸的结构域
E. 富含脯氨酸的结构域
11. DNA 和蛋白质的结合包括
A. 阻遏物和操纵元件的结合
B. 锌指结构和 DNA 双螺旋的结合
C. RNA 聚合酶和模板的结合
D. 密码子和反密码子的结合
E. S-D 序列和核糖体的结合
12. ★真核基因的结构特点有
A. 基因不连续性
B. 单顺反子
C. 含重复序列
D. 一个启动序列后接有多个编码基因
E. 通常以操纵子形式出现

**五、名词解释**
1. 基因
2. 基因表达
3. 非编码 RNA
4. 操纵子
5. 基因组
6. 质粒
7. 管家基因
8. 染色质重塑
9. CpG 岛
10. 顺式作用元件
11. 反式作用因子
12. 转录因子
13. 微 RNA
14. siRNA
15. lncRNA

**六、简答题**
1. 比较原核生物与真核生物基因组特点。
2. 以乳糖操纵子为例,简述原核基因转录调控的原理。
3. 为什么操纵子结构在原核细胞内十分普遍,而在真核细胞内极为罕见?
4. 试述真核生物基因表达调控的基本原理及机制。
5. 比较原核生物与真核生物基因表达调控的异同。

6. 简述真核基因在染色体水平上的活化调节机制。
7. 简述转录因子的结构域及其功能。
8. 简述 RNA 聚合酶 II 转录体系中形成转录起始复合物的调节要素的组成及其作用。

**七、分析论述题**
1. 酵母细胞内有 2 种蛋白——蛋白 A 和蛋白 B,它们都由管家基因编码,然而,蛋白 A 的表达量始终高于蛋白 B。
(1)什么是管家基因?管家基因的表达方式是什么?
(2)试提出 2 种可能的机制来解释蛋白 A 的表达量始终高于蛋白 B。
2. 一种蛋白质能够与 DNA 上的 GAATTC 序列特异性地结合。
(1)如果将 GAATTC 突变为 GAACTC,你认为将会对蛋白质的结合产生何种影响?为什么?
(2)假定上述蛋白质是原核细胞内的一种阻遏蛋白,当你将与这种蛋白质结合的操纵元件放到一个真核细胞的蛋白质基因的启动子的上游,同时在真核细胞内表达这种阻遏蛋白,那么你认为这种阻遏蛋白能够阻止真核细胞的这个启动子所控制的基因的表达吗?为什么?
3. 一种蛋白质含有能够与双链 DNA 特殊序列中的 5-甲基胞嘧啶结合的结构域。你认为这种蛋白质在基因表达调控中可能具有何种功能?双链 DNA 上的哪一种序列可能含有这种蛋白质的结合位点?
4. 细菌的核糖核苷酸还原酶由 2 个不同的亚基组成(RR-A 和 RR-B)。在生长的细菌细胞内,RR-A 和 RR-B 通常一直表达,且二者的表达水平相同。然而,如果 DNA 复制受阻,dTTP 浓度升高,那么这 2 个亚基的表达量开始下降。
(1)描述核糖核苷酸还原酶催化的化学反应及其辅酶。
(2)提出一种可能的机制解释细菌细胞内的 RR-A 和 RR-B 的表达是如何协调一致的?
(3)细菌的核苷酸还原酶基因表达的最高水平相对较低,即使在 dTTP 浓度不高的时候。试解释这一现象(不考虑 dTTP 浓度对基因表达的影响)。
5. 科学家雅克·莫诺(Jacques Monod)在第二次世界大战期间研究细菌生长时发现,当把大肠埃希菌放在同时含有葡萄糖和乳糖的培养基中培养时,细菌的生长呈现典型而有趣的两相生长(diauxie),即有两个明显的快速生长阶段,中间有一个短暂的停滞(如下图)。Jacques Monod 由此深入研究发现了重要的乳糖操纵子调控机制并荣获诺贝尔奖。

（1）请简述乳糖操纵子的调控机制。

（2）请结合乳糖操纵子的调控机制解释在细菌生长的短暂停滞期细胞内发生了什么？

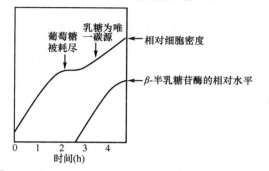

6. 人体所有细胞类型都含有胰岛素基因,但只有胰腺 B 细胞表达胰岛素。

（1）该现象说明基因表达具有什么特点？

（2）请从基因表达调控角度解释胰岛素基因仅在胰腺 B 细胞表达的分子机制。

# 参 考 答 案

## 一、A1 型选择题

| | | | | | | |
|---|---|---|---|---|---|---|
| 1. B | 2. B | 3. A | 4. E | 5. D | 6. E | 7. D |
| 8. C | 9. B | 10. A | 11. B | 12. B | 13. D | 14. C |
| 15. B | 16. A | 17. D | 18. E | 19. D | 20. A | 21. D |
| 22. A | 23. E | 24. B | 25. C | 26. E | 27. A | 28. E |
| 29. A | 30. D | 31. B | 32. B | 33. C | 34. B | 35. A |
| 36. E | 37. E | 38. D | 39. A | 40. F | 41. B | 42. E |
| 43. E | 44. D | 45. C | 46. B | 47. D | 48. A | 49. C |
| 50. C | 51. A | 52. B | 53. C | 54. B | 55. D | 56. C |
| 57. B | 58. D | 59. A | 60. B | 61. E | 62. C | 63. D |
| 64. C | 65. D | 66. A | 67. D | 68. A | 69. E | 70. B |
| 71. A | 72. B | 73. A | 74. E | 75. D | 76. C | 77. B |
| 78. A | 79. C | 80. E | 81. D | 82. B | 83. A | 84. B |
| 85. C | 86. E | 87. A | 88. D | 89. C | 90. B | 91. E |
| 92. D | 93. E | 94. B | 95. D | 96. B | 97. D | 98. D |
| 99. D | 100. D | 101. E | 102. E | 103. D | 104. D |
| 105. B | 106. E | 107. C | 108. D | 109. A | 110. E |

## 二、A2 型选择题

| | | | | | | |
|---|---|---|---|---|---|---|
| 1. C | 2. E | 3. C | 4. A | 5. C | 6. E | 7. D |
| 8. E | 9. C | 10. D | 11. B | 12. C | 13. E | 14. D |
| 15. C | 16. A | 17. D | 18. E | 19. D | 20. D | 21. A |
| 22. C | 23. D | 24. E | 25. A | 26. C | 27. E |
| 29. B | 30. D | 31. D | 32. D | 33. E | 34. E | 35. D |
| 36. E | 37. C | 38. B | 39. D | 40. A | 41. D | 42. A |
| 43. C | 44. A | 45. D | 46. C | 47. B | 48. E | 49. C |

50. B　51. D

## 三、B 型选择题

| | | | | | | |
|---|---|---|---|---|---|---|
| 1. B | 2. A | 3. C | 4. B | 5. A | 6. C | 7. A |
| 8. E | 9. A | 10. B | 11. C | 12. C | 13. B | 14. B |
| 15. B | 16. C | 17. D | 18. A | 19. C | 20. B | 21. D |
| 22. C | 23. B | 24. A | 25. C | 26. D | 27. A | 28. B |
| 29. D | 30. C | 31. D | | | | |

## 四、X 型选择题

| | | | |
|---|---|---|---|
| 1. ABCDE | 2. ABCDE | 3. ABD | 4. AB |
| 5. ACDE | 6. ABCDE | 7. AD | 8. AB |
| 9. ABE | 10. CDE | | |
| 11. ABC | 12. ABC | | |

## 五、名词解释

1. 基因：是能够表达蛋白质或 RNA 等具有特定功能产物的遗传信息的基本单位, 是染色体或基因组的一段 DNA 序列。

2. 基因表达:即基因负载的遗传信息转变生成具有生物学功能产物的过程, 包括基因的激活、转录、翻译及相关的加工修饰等多个步骤或过程。

3. 非编码 RNA：指的是一类不作为模板编码生成蛋白质或肽的 RNA 分子, 在基因表达调控等过程中起重要作用, 包括核酶、snRNA、miRNA、siRNA 和 lncRNA 等。

4. 操纵子:原核生物中, 绝大多数基因按功能相关性成簇地串联排列于染色体上, 共同组成一个转录单位, 即操纵子。操纵子是原核生物基因表达的协调控制单位, 包括结构基因、启动序列、操纵元件及其他转录调节序列。

5. 基因组:是指细胞或者生物体的一整套完整单倍体遗传物质的总和。人类基因组包含了细胞核染色体（常染色体和性染色体）DNA 及线粒体 DNA 所携带的所有遗传物质。

6. 质粒:是细菌细胞内一种自我复制的环状双链 DNA 分子, 能够稳定地独立存在于宿主染色体外, 并传递到子代, 不整合到宿主染色体 DNA 上。

7. 管家基因:指在一个生物个体的几乎所有组织细胞中和所有时间阶段都持续表达的基因, 其表达水平变化很小且较少受环境变化的影响。

8. 染色质重塑:利用 ATP 水解释放能量, 使核小体组蛋白核心改变位置, 暂时脱离 DNA, 或使核小体核心沿 DNA 滑动, 促进高度有序的染色质结构松开。这种在一定能量下核小体移动或改组的过程称为染色质重塑。

9. CpG 岛:指的是基因组 DNA 中长度为 300～3000bp 的富含 CpG 二核苷酸的一些区域, 主要存在于调控基因转录的启动子区。CpG 中胞嘧啶的第 5 位碳原子是 DNA 甲基化修饰的位点。

10. 顺式作用元件：即位于基因附近或内部的能够调节基因自身表达的特定 DNA 序列，是转录因子的结合位点，通过与转录因子结合而实现对真核基因转录的精确调控。

11. 反式作用因子：指由其他基因表达产生的，能与顺式作用元件直接或间接作用而参与调节靶基因转录的蛋白因子。

12. 转录因子：指能够直接结合或间接作用于靶基因启动子、促进转录起始前复合体形成的蛋白因子。

13. 微 RNA（microRNA）：指的是一种长度约为 22 个核苷酸的单链 RNA，通过与靶 mRNA 的 3′-UTR 结合而抑制靶 mRNA 翻译。

14. siRNA：又称小干扰 RNA，指的是一种长度在 21～23 个核苷酸的双链 RNA，通过与靶 mRNA 完全互补结合，导致靶 mRNA 降解从而阻断其翻译。

15. lncRNA：lncRNA（长链非编码 RNA）是一类转录本长度超过 200 个核苷酸的 RNA 分子，不直接参与基因编码和蛋白质合成，但可在表观遗传水平、转录水平和转录后水平调控基因表达。

## 六、简答题

1. 原核生物与真核生物基因组特点见表 13-4。

2. 原核生物中，绝大多数基因按功能相关性成簇地串联排列于染色体上，共同组成一个转录单位，即操纵子。所以原核基因的转录调控主要为操纵子模式，如乳糖操纵子、色氨酸操纵子等。操纵子即原核生物基因表达的协调控制单位，包括有结构基因、启动序列、操纵元件及其他转录调节序列。以乳糖操纵子为例：①其结构包括调节基因 I、一个操纵元件 O、一个启动序列 P、一个 CAP 结合位点，以及 3 个结构基因 Z、Y 和 A。其中调节基因 I 编码生成阻遏蛋白，后者与操纵元件结合；RNA 聚合酶与启动序列结合；分解代谢物基因激活蛋白（CAP）与 CAP 结合位点结合；结构基因 Z、Y 和 A 分别编码 3 个与乳糖代谢有关的酶，即 β-半乳糖苷酶，通透酶和乙酰基转移酶。这 3 个酶的基因即作为一个整体由同一个调控区调节，转录生成多顺反子，以实现基因的协调表达。②乳糖操纵受到阻遏蛋白和 CAP 的双重调控。a. 阻遏蛋白的负性调节：当没有乳糖时，调节基因表达生成阻遏蛋白，阻遏蛋白结合至操纵元件处，阻碍 RNA 聚合酶与启动序列结合，抑制结构基因的转录启动，此时操纵子处于关闭状态；当有乳糖存在时，乳糖经通

透酶协助转运进入细胞，再经细胞内渗透表达的少量 β-半乳糖苷酶催化转变成别乳糖，别乳糖作为诱导物，与阻遏蛋白结合，使阻遏蛋白构象变化，进而与操纵元件的亲和力降低，导致阻遏蛋白与操纵元件解离，RNA 聚合酶则与启动序列结合，结构基因转录，此时操纵子处于开放状态。b. CAP 的正性调节：当没有葡萄糖时，cAMP 浓度升高，cAMP 与 CAP 结合，引起 CAP 构象变化使其激活，这时 CAP-cAMP 复合物结合在启动序列附近的 CAP 结合位点，增强 RNA 聚合酶与启动序列的结合，从而促进结构基因的转录。当有葡萄糖存在时，cAMP 浓度降低，CAP-cAMP 复合物减少，与乳糖操纵子的结合也随之减少，因此结构基因表达下降。c. 协调调节：阻遏蛋白负性调节与 CAP 正性调节两种机制协调合作。当阻遏蛋白封闭转录时，CAP 对乳糖操纵子不能发挥作用；但是如果没有 CAP 来加强转录活性，即使阻遏蛋白从操纵元件上解聚，乳糖操纵子仍几乎无转录活性。可见，2 种机制相辅相成、互相协调、相互制约。例如，在无乳糖且有葡萄糖时，阻遏蛋白负性调节起作用，此时结构基因不被转录；在无乳糖且无葡萄糖时，CAP 正性调节和阻遏蛋白负性调节同时起作用，此时结构基因不被转录；有乳糖且有葡萄糖时，阻遏蛋白负性调节不起作用，但 CAP 正性调节不起作用，此时结构基因转录水平低；在有乳糖且无葡萄糖时，阻遏蛋白的抑制作用被解除，CAP 正性调节被激活，此时结构基因的转录水平最高。

3. 在一个操纵子内的各结构基因编码的产物具有相关的生物学功能，所以受一个启动子的控制意味着它们要么一起开放，要么一起关闭，这对生活环境千变万化且基因组小的原核生物来说既经济又有效。真核细胞缺乏操纵子结构的主要原因：①使得各单个基因的表达具有更大的灵活性；②真核细胞的基因组不需要通过形成操纵子的结构节省空间；③真核细胞起始密码子识别的机制使得各结构基因只有单独转录，形成单顺反子，才能最后得到翻译。

4. 真核基因表达的调控过程包括了染色质水平、转录水平、转录后加工、转录产物的细胞内转运、翻译水平、翻译后加工等多个环节的调控。在上述每个环节都可以对基因表达进行干预，从而使得基因表达调控呈现出多层次和综合协调的特点。和原核基因表达调控一样，转录起始阶段也是真核基因表达调控较为关键的环节。①染色质水平的调节：包括染色质结构的改变（如组蛋白修饰

或染色质重塑）、染色体数目的改变（如染色质丢失或增加）、DNA 甲基化修饰、基因拷贝数的改变（如基因扩增或缺失）、基因重排等。其中，染色质的组蛋白修饰、DNA 甲基化修饰等不涉及 DNA 碱基序列的变化，并且这种修饰模式还可以通过细胞分裂传递给子代细胞，称为表观遗传调节。②转录起始水平的调节：其中 RNA 聚合酶 I 和 RNA 聚合酶Ⅲ负责转录基因的转录调节机制相对简单，而 RNA 聚合酶Ⅱ负责转录基因的转录起始调节则非常复杂，主要调节机制为通过多种不同的转录因子和相应的顺式作用元件结合及不同转录因子之间的相互作用，影响调节转录起始复合物的形成而激活 mRNA 转录，最终实现真核基因表达的高度精确和特异性。③转录后水平的调节：a. hnRNA 加工成熟的调节，包括首尾修饰、剪接和 RNA 编辑等。b. mRNA 运输、胞质内稳定性的调节，如转铁蛋白受体 mRNA 的降解速率控制。④翻译水平及翻译后阶段的调节：a. 翻译起始因子活性的调节，如 eIF-2α 亚单位的磷酸化修饰。b. RNA 结合蛋白的调节作用。c. 蛋白质的降解速率控制。⑤非编码 RNA 对基因表达的调节作用：一些非编码 RNA 参与真核基因表达调控，如 microRNA 和 siRNA 通过抑制翻译和（或）促进 mRNA 的降解来调控真核基因表达，lncRNA 在表观遗传水平、转录水平和转录后水平调控基因表达。

5. 原核生物和真核生物基因表达调控的比较见下表：

| | | | 原核生物 | 真核生物 |
|---|---|---|---|---|
| 共同点 | | | 以使生物更好地适应外界环境和维持生长和增殖为目的；受多级调控；转录起始是基因表达的基本调控点；基因转录激活调节基本要素都是特异 DNA 序列、转录调节蛋白、DNA-蛋白质或蛋白质-蛋白质相互作用及 RNA 聚合酶与特异 DNA 序列相互作用；调节方式都存在正调节、负调节和协同调节 | |
| 区别 | 基本要素 | （1）特异 DNA 序列 | 大多数基因表达调控是通过操纵子机制实现的，包括启动序列、操纵元件及其他调节序列 | 编码基因两侧的顺式作用元件，包括启动子、增强子和沉默子等 |
| | | （2）转录调节蛋白 | 特异因子、阻遏蛋白和激活蛋白，都是 DNA 结合蛋白 | 又称转录调节因子，绝大多数是反式作用因子，还有些是顺式作用因子。大多数反式作用因子是 DNA 结合蛋白，少数不能直接结合 DNA，而是通过蛋白质-蛋白质相互作用间接结合 DNA，调节基因转录 |
| | | （3）RNA 聚合酶与基因的结合方式 | 可直接结合启动序列 | 单独与启动子亲和力极低或无亲和力，必须与转录因子形成复合物才能与启动子结合 |
| | 调节特点 | （1）RNA 聚合酶识别特异性 | 只有一种 RNA 聚合酶，σ 因子决定 RNA 聚合酶识别特异性 | RNA 聚合酶本身具有特异性（细胞内含有 RNA 聚合酶 I、RNA 聚合酶 II、RNA 聚合酶 III），分别起始不同 RNA 的转录 |
| | | （2）调控环节 | 不涉及染色质水平的调控；转录起始调节采用操纵子模式；转录后加工的调控：mRNA 无、tRNA 和 rRNA 有；不涉及转录与翻译产物的分布、等位等环节的调节；miRNA 和 siRNA 等非编码 RNA 不参与调节 | 存在染色质水平的调控；转录起始调节主要涉及顺式作用元件和转录因子及不同转录因子之间的相互作用；转录后加工的调控：mRNA、tRNA 和 rRNA 都有转录后加工，且复杂；转录与翻译产物的分布、等位等环节均可被调控；miRNA 和 siRNA 等非编码 RNA 参与调节 |
| | | （3）调控方式 | 以负性调节为主 | 以正性调节为主 |
| | | （4）线粒体 DNA 的表达调控 | 无 | 有 |

6. 染色质水平的调控是真核基因转录起始调控的前提。①染色质结构的调节。a. 组蛋白修饰：染色质核小体中组蛋白的不同化学修饰组合可形成组蛋白密码，改变染色质的转录活性。例如，组蛋白乙酰化修饰使紧凑的核小体结合变得松散，有利于转录因子与 DNA 的结合，从而激活基因的转录；而去乙酰化修饰的作用则相反。b. 染色质重塑：染色质重塑复合物利用 ATP 水解释放能量，使核小体组蛋白核心改变位置，暂时脱离 DNA，或使核小体核心沿 DNA 滑动，促进高度有序的染色质结构松开，促进促进转录起始前复合体形成而激活转录起始。②DNA 的甲基化修饰。结构基因启动子区中 CpG 岛的甲基化可抑制基因转录，所以 CpG 岛甲基化水平的降低是基因转录激活所必需的。③非编码 RNA 也参与调控染色质结构。例如，lncRNA 可促进形

成致密的染色质结构，可通过募集染色质重塑复合物而调控组蛋白修饰、可促进 DNA 甲基化。

7. 典型的转录因子包括 DNA 结合域（DBD）、转录激活结构域（TAD）和蛋白质-蛋白质相互作用结构域等。DBD 的主要作用是结合 DNA，并将 TAD 带到基础转录装置的邻近区域。常见的 DBD 模体主要有螺旋-环-螺旋模体、锌指模体、碱性亮氨酸拉链等。TAD 的主要作用是通过与基础转录装置相互作用而激活转录。根据氨基酸的组成特点，可将 TAD 分为酸性激活结构域、谷氨酰胺富含结构域、脯氨酸富含结构域。蛋白质-蛋白质相互作用结构域介导转录因子之间及转录因子与其他蛋白质之间的相互作用，最常见的是二聚化结构域。

8. RNA 聚合酶Ⅱ主要负责转录真核生物几乎所有的蛋白质编码基因，故其转录起始调控机制尤为复杂。真核基因转录调节的关键节点是转录起始的激活，该步骤的关键是完成转录起始前复合体的装配，转录起始前复合体的装配速度就决定着基因转录水平的高低。这不仅涉及染色质结构的活化，还需要大量转录因子、中介体复合物等的参与；不仅涉及各种转录因子之间及其与 RNA 聚合酶之间的蛋白质-蛋白质相互作用，而且涉及转录因子与基因调控区的顺式作用元件之间的蛋白质-DNA 相互作用。①顺式作用元件的组成及功能见表 13-9（其中启动子为Ⅱ型启动子，包含核心启动子、近端启动子和远端启动子 3 部分）。②转录因子：通用转录因子（TFⅡ）负责结合核心启动子，是 RNA 聚合酶Ⅱ基础转录水平所必需的。特异转录因子负责结合近端启动子和远端启动子，调节基因特异性转录和转录效率。③RNA 聚合酶Ⅱ：必须在通用转录因子的帮助下才能结合到核心启动子上，起始转录。④中介体是介于转录因子与 RNA 聚合酶Ⅱ基础转录机器之间的链接桥梁，是增强转录激活的辅激活物。

## 七、分析论述题

1.（1）管家基因是指在一个个体的几乎所有细胞中持续表达的基因，表达方式为组成型表达，即表达水平少受环境因素影响，在个体各个生长阶段的大多数组织中持续表达。

（2）机制一：两种基因的启动子的强弱不同，蛋白 A 的启动子与启动子的共有序列更为接近，为强启动子。而蛋白 B 的启动子与启动子的共有序列相似性较小，为弱启动子。强启动子更容易被 RNA 聚合酶或转录因子识别，故转录的效率更

高。机制二：如果启动子的强度一样，那么造成 2 种蛋白质量的差别的原因还有 3 种可能性：一是 2 种蛋白质的 mRNA 稳定性不一样，蛋白 A 的 mRNA 的稳定性要高于蛋白 B 的 mRNA；二是 2 种 mRNA 的起始密码子所处的环境不同，蛋白 A 的起始密码子更容易被识别；三是蛋白 B 的 mRNA 含有更多的稀有密码子。

2.（1）这种突变将会降低蛋白质与其结合序列的亲和性。由于 GAATTC 是一种回文序列，而与回文序列结合的蛋白质通常以同源二聚体的形式存在，故其中的一半序列内发生了突变，将会影响到蛋白质的 1 个亚基与这一半序列的亲和性，失去了 2 个亚基结合的协同性。

（2）不会。因为原核细胞内的阻遏蛋白一般通过直接干扰转录起始复合物的装配而阻遏转录，所以将它的结合位点放到启动子的上游，不会起什么作用。真核细胞内的阻遏蛋白通常通过招募其他蛋白质而干扰转录起始，因此可以在离启动子很远的地方起作用。

3. 真核细胞 DNA 分子的甲基化通常导致邻近基因转录的抑制。与甲基化序列结合的蛋白质可能参与这个过程。

（1）它与甲基化位点的结合要么阻止转录因子、RNA 聚合酶与顺式作用元件的结合，从而使转录无法启动；要么将其他阻遏蛋白招募到启动子周围，从而阻止基因的转录。

（2）甲基化的 C 通常位于启动子区的 CpG 岛上，故与这种蛋白质结合的位点最有可能是上述 CpG 岛上的 5-甲基胞嘧啶。

4.（1）核糖核苷酸还原酶催化核苷二磷酸（NDP）转变为脱氧核苷二磷酸（dNDP），辅酶是 $NADP^+$。

（2）编码 RR-A 和 RR-B 的基因共享同一个启动子，受相同的操纵子控制，控制二者表达的控制元件包括启动子、操纵元件和调节基因。操纵元件位于启动子与转录起始点之间，可能与启动子序列部分重叠。调节基因编码阻遏蛋白，但只有在与 dTTP 结合的时候才有活性。当细胞内 dTTP 浓度低的时候，阻遏蛋白无活性，这时它不与操纵元件结合，于是操纵子开放，编码 RR-A 和 RR-B 的基因能够表达；当细胞内的 dTTP 浓度高到一定水平，阻遏蛋白与 dTTP 结合而由活性，这时它与操纵元件结合，操纵子关闭，编码 RR-A 和 RR-B 的基因表达受阻。

（3）核苷酸还原酶基因的启动子为弱启动子，其 −10 区和 −35 区的序列与共有序列差别较大，因此 RNA 聚合酶 σ 亚基识别它的机会较低，这导致基础转录起始频率低，基础转录水平不高。

5. （1）参见简答题2。

（2）在细菌生长的短暂停滞期内，葡萄糖消耗殆尽，细菌开始启动乳糖操纵子结构基因转录，并翻译为分解利用乳糖的β-半乳糖苷酶、通透酶和乙酰基转移酶，从利用葡萄糖转变为利用乳糖作为碳源。一方面，乳糖经细胞内渗透表达的少量β-半乳糖苷酶催化转变成别乳糖。别乳糖作为诱导物，与阻遏蛋白结合，使其构象变化，与操纵元件的亲和力降低，与操纵元件解离，RNA聚合酶则与启动序列结合，结构基因转录并表达。另一方面，cAMP浓度高，cAMP与CAP结合，cAMP-CAP复合物结合在启动序列上游，增强RNA聚合酶与启动序列的结合，进一步增强结构基因的转录。

6. （1）说明基因表达具有空间特异性。多细胞生物个体在某一特定生长发育阶段，同一基因在不同的组织器官表达不同，称之为基因表达的空间特异性。基因表达具有时间特异性和空间特异性，显示出基因表达调控在时间上和空间上极高的有序性，从而逐步形成形态与功能各不相同、极为协调、巧妙有序的组织脏器。

（2）真核基因表达调控包括染色质水平、转录水平和翻译水平等，但其关键环节是转录水平，尤其是转录的起始。不同基因在不同组织细胞的特异性表达通常是由于特定组织细胞具有的特异性的转录因子调控特定基因的转录起始激活所致。胰岛素基因在胰腺B细胞的特异性表达，主要涉及两个方面。一方面，胰腺B细胞特异性地高表达多种特异性的转录因子如BETA2和PDX-1，其他类型细胞则不表达或表达量很低。另一方面，胰岛素基因具有独特的启动子序列，含有能结合上述转录因子的顺式作用元件。这些特异性的转录因子可与胰岛素基因启动子区相应的顺式作用元件相结合，同时与普通转录因子和（或）RNA聚合酶相互作用，从而特异性地激活胰腺B细胞中胰岛素基因的启动子，使其特异性地仅在胰腺B细胞中高表达。

（张　莹）

# 第四篇　生物化学专题

本篇主要包括以下两个方面的内容。

（1）组织器官的生物化学：肝的生物化学、血液的生物化学。

（2）细胞的生物化学：细胞信号转导。

## 第十四章　肝的生物化学

### 学 习 要 求

了解肝在 3 大物质代谢、激素和维生素代谢中的作用。

掌握生物转化的概念与生理意义。熟悉生物转化的特点及两相反应的类型。熟悉生物转化各类型反应的典型例子，包括氧化（胺氧化酶、脱氢酶类和加氧酶类的作用）、还原、水解、结合（与葡萄糖醛酸、硫酸等的结合）反应。

熟悉初级、次级、结合型、游离型胆汁酸的概念，生成的原料，关键酶及部位。了解其结构和生成过程。熟悉胆汁酸的生理意义。熟悉胆汁酸肠肝循环的概念和意义。

熟悉胆色素的概念、来源。熟悉胆红素的理化性质，生成，运输及转化。掌握结合胆红素的概念。熟悉结合胆红素在肠道的变化、胆色素的肠肝循环、尿中胆素原与胆素的来源。熟悉结合胆红素与游离胆红素的区别。了解血清胆红素与黄疸的关系。

### 讲 义 要 点

本章纲要见图 14-1。

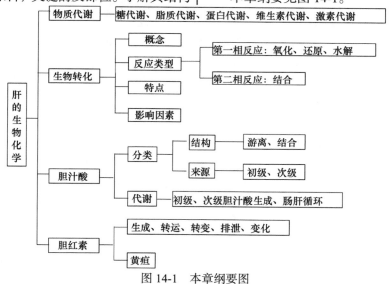

图 14-1　本章纲要图

### （一）肝在物质代谢中的作用

**1. 肝是维持血糖水平相对稳定的重要器官**　肝在糖代谢中的最主要作用是维持血糖浓度的相对稳定（表 14-1）。

**表 14-1　机体不同状态下肝糖代谢的变化**

| 机体状态 | 代谢变化 |
| --- | --- |
| 饱食 | 合成肝糖原 |

续表

| 机体状态 | 代谢变化 |
| --- | --- |
| 空腹 | 分解肝糖原 |
| 饥饿 | 糖异生作用 |

**2. 肝在脂类代谢中占据中心位置**　肝在脂类的消化、吸收、分解、合成、运输等过程均有重要作用（表 14-2）。

**表 14-2　肝在脂类代谢中的作用**

| 脂代谢 | 肝的主要作用 |
|---|---|
| 消化、吸收 | 胆汁酸，乳化 |
| 分解 | 脂肪酸的 β 氧化 |
| 合成 | 甘油三酯、酮体、胆固醇、卵磷脂 |
| 运输 | VLDL、HDL 等 |
| 转化 | 胆汁酸 |
| 排泄 | 胆固醇 |
| 利用 | 甘油→α-磷酸甘油 |

**3. 肝蛋白质合成和分解代谢均非常活跃**
肝在蛋白质合成、分解和氨基酸代谢中有重要作用（表 14-3）。

**表 14-3　肝在蛋白质代谢中的作用**

| 蛋白质（氨基酸）代谢 | 肝的主要作用 |
|---|---|
| 合成 | 自身蛋白、血浆蛋白（清蛋白、凝血因子） |
| 氨基酸分解代谢 | 转氨基、脱氨基、脱羧基等；芳香族氨基酸的分解代谢；转氨酶如 ALT 含量高 |
| 解除氨毒 | 氨→尿素；胺的生物转化 |
| 合成含氮化合物 | 如核苷酸、非必需氨基酸等 |

**4. 肝参与多种维生素与辅酶的代谢**　肝在维生素的吸收、储存、运输、转化等方面有重要作用（表 14-4）。

**表 14-4　肝在维生素代谢中的作用**

| 维生素代谢 | 肝的主要作用 |
|---|---|
| 吸收（脂溶性维生素） | 胆汁酸 |
| 转化 | 辅酶合成；维生素 A 原→维生素 A、维生素 $D_3$ → 25-OH-$D_3$ |
| 储存 | 如维生素 A、维生素 E、维生素 K 和维生素 $B_{12}$ |
| 运输 | 视黄醇结合蛋白、维生素 D 结合蛋白的合成 |

**5. 肝参与多种激素的灭活**　肝对激素进行代谢转化，使其降低或失去生物学活性的过程称为激素的灭活，如雌激素、抗利尿激素等。

**（二）肝的生物转化作用**

**1. 肝的生物转化作用是机体重要的保护机制**

（1）生物转化的概念：非营养物质在排出体外之前，机体对其进行的代谢转变。目的是增加水溶性或极性，易于通过尿液或胆汁排出体外，这一转变过程称为生物转化。肝是生物转化最重要的器官。

非营养物质：既不能作为构建组织细胞的成分，又不能作为能源物质；其中某些还对人体有一定的生物学效应或潜在的毒性作用。

（2）生物转化的生理意义

1）使非营养物质的生物学活性减低或丧失（灭活），或使有毒物质的毒性减低或消除（解毒）。

2）增加非营养物质的水溶性或极性，从而易于从胆汁或尿液排出。

3）部分非营养物质经生物转化后毒性或生物学活性会增加，即所谓"解毒致毒双重性"。

（3）生物转化的反应

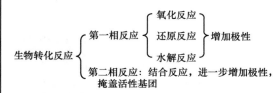

表 14-5 列出了生物转化反应第一相反应的主要酶与底物，表 14-6 列出了常见结合反应的酶与极性基团的供体。

**表 14-5　肝生物转化的第一相反应**

| | 反应类型 | 酶或酶系 | 主要底物 |
|---|---|---|---|
| 第 一 相 反应 | 氧化反应 | 单加氧酶系 | 外来化合物 |
| | | 单胺氧化酶类 | 脂肪族、芳香族胺类 |
| | | 醇脱氢酶与醛脱氢酶 | 醇类 |
| | 还原反应 | 硝基还原酶 | 硝基化合物 |
| | | 偶氮还原酶 | 偶氮化合物 |
| | 水解反应 | 酯酶、酰胺酶、糖苷酶 | 酯键、酰胺键和糖苷类化合物 |

**表 14-6　肝生物转化的第二相反应**

| | 反应类型 | 酶 | 极性基团供体 | 主要底物 |
|---|---|---|---|---|
| 第 二 相 反应 | 结合反应 | 葡萄糖醛酸基转移酶 | UDPGA | 醇、酚、胺、羧酸类化合物 |
| | | 硫酸基转移酶 | PAPS | 醇、酚、芳香胺类 |
| | | 乙酰基转移酶 | 乙酰 CoA | 某些含胺化合物 |

注：UDPGA. 尿苷二磷酸葡萄糖醛酸；PAPS. 3'-磷酸腺苷 5'-磷酸硫酸

（4）生物转化作用受许多因素的调节和影响

1）年龄、性别、营养、疾病、遗传等因素可影响生物转化。

2）可诱导性与抑制性。

### （三）胆汁与胆汁酸的代谢

**1. 胆汁分为肝胆汁和胆囊胆汁**

**2. 胆汁酸有游离型、结合型及初级、次级之分**　胆汁酸是存在于胆汁中一大类胆烷酸的总称，以钠盐或钾盐的形式存在，即胆汁酸盐，简称胆盐。

胆汁酸的分类见表 14-7。

表 14-7　胆汁酸的分类

| 分类依据 | 种类 | 描述 | 举例 |
|---|---|---|---|
| 胆汁酸结构 | 游离胆汁酸 | 分子中不含甘氨酸或牛磺酸 | 胆酸、鹅脱氧胆酸、脱氧胆酸、少量石胆酸 |
| | 结合胆汁酸 | 分子中结合有甘氨酸或牛磺酸 | 游离胆汁酸分别与甘氨酸、牛磺酸的结合物 |
| 来源 | 初级胆汁酸 | 肝细胞刚合成的胆汁酸 | 胆酸、鹅脱氧胆酸及它们与甘氨酸、牛磺酸的结合物 |
| | 次级胆汁酸 | 肠道细菌作用后的胆汁酸 | 脱氧胆酸、石胆酸及它们与甘氨酸、牛磺酸的结合物 |

**3. 胆汁酸的生理功能**

（1）促进脂类物质的消化吸收。胆汁酸的立体结构中，分子一侧是亲水面，分子另一侧是疏水面。作为乳化剂，降低了油/水两相之间的界面张力，使脂类在水（肠液）中分散为细小微团，一方面增大了与消化酶（如脂肪酶）的接触面而有利于消化；另一方面增大了与肠壁的接触面而有利于吸收。

（2）维持胆汁中胆固醇的溶解状态以抑制胆固醇析出。胆汁是机体排出胆固醇最重要的途径。胆汁中胆汁酸盐、卵磷脂、胆固醇3者按一定比例存在，使胆固醇分散为可溶性微团，以维持胆汁中胆固醇的溶解状态，抑制胆固醇析出。

**4. 胆汁酸的代谢与胆汁酸的肠肝循环**

（1）胆汁酸的合成（表 14-8）

表 14-8　胆汁酸合成

| | 初级胆汁酸 | 次级胆汁酸 |
|---|---|---|
| 直接原料 | 胆固醇 | 初级胆汁酸 |
| 合成场所 | 肝细胞 | 肠道 |
| 主要特点 | 7α-羟化酶是关键酶 | 7α-脱羟 |

（右上角：续表）

（2）胆汁酸肠肝循环及其生理意义。胆汁酸随胆汁排入肠腔后，通过重吸收经门静脉又回到肝，在肝内转变为结合型胆汁酸，经胆道再次排入肠腔的过程，称为胆汁酸肠肝循环（图 14-2）。

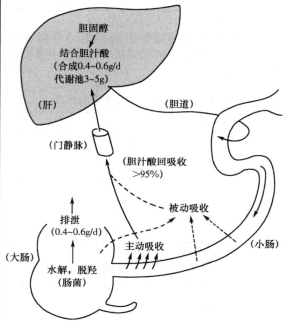

图 14-2　胆汁酸的肠肝循环

胆汁酸肠肝循环的生理意义是使有限的胆汁酸被循环利用而发挥其最大的生理作用。

### （四）胆色素代谢与黄疸

胆色素是铁卟啉类化合物的主要分解代谢产物，包括胆绿素、胆红素、胆素原和胆素。

**1. 胆红素是铁卟啉类化合物的降解产物**　铁卟啉类化合物的来源，80%来源于衰老红细胞中血红蛋白，其他来源于造血过程中红细胞的过早破坏、细胞色素、过氧化物酶、过氧化氢酶、肌红蛋白等。胆红素的分子结构中亲水基团位于分子内部，而疏水基团位于分子外部，因而表现为亲脂特性。过量胆红素对人体有害。

**2. 血液中胆红素主要与清蛋白结合而运输至肝**　胆红素与清蛋白结合有如下的意义。

（1）有利于运输。

（2）限制胆红素进入细胞造成细胞毒性。有些物质如磺胺类药、水杨酸等，干扰胆红素与清蛋白的结合，使得血液中的胆红素浓度增加。

**3. 胆红素在肝细胞中转变为结合胆红素并泌入胆小管** 胆红素在肝细胞中的代谢包括摄取、转化与排泄3个过程（表14-9）。

表14-9 胆红素在肝细胞中的代谢

| 过程 | 代谢 | 胆红素形式 |
| --- | --- | --- |
| 摄取 | 胆红素与配体蛋白结合 | 未结合胆红素 |
| 结合 | 与UDPGA提供的GA产生结合反应 | 结合胆红素 |
| 排泄 | 主动分泌至胆小管 | 结合胆红素 |

与葡萄糖醛酸结合的胆红素称为结合胆红素、肝胆红素或直接胆红素。未结合胆红素与结合胆红素的理化性质的比较见表14-10。

表14-10 两种胆红素理化性质的比较

| 理化性质 | 未结合胆红素 | 结合胆红素 |
| --- | --- | --- |
| 与葡萄糖醛酸结合 | 未结合 | 结合 |
| 水溶性 | 小 | 大 |
| 脂溶性 | 大 | 小 |
| 透过细胞膜的能力及毒性 | 大 | 小 |
| 能否通过肾小球随尿排出 | 不能 | 能 |
| 范登白试验 | 间接阳性 | 直接阳性 |

**4. 胆红素在肠道转化为胆素原和胆素** 见图14-3。

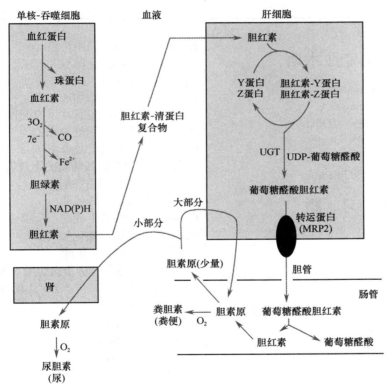

图14-3 胆色素代谢过程

**5. 高胆红素血症及黄疸**

（1）正常人胆红素的生成与排泄维持动态平衡。

正常血清：总胆红素（TB）= 未结合胆红素（4/5）+ 少量直接胆红素

TB：$3.4 \sim 17.1 \mu mol/L$（$0.2 \sim 1 mg/dl$）。当总胆红素超过 $17.1 \mu mol/L$（或 $1 mg/dl$）时称为高胆红素血症，胆红素可扩散至组织造成组织的黄染，称为黄疸，有隐形黄疸和显性黄疸之分（表14-11）。

表14-11 隐形黄疸和显性黄疸

| | 血清TB浓度 | 体征 |
| --- | --- | --- |
| 隐形黄疸 | $17.1 \sim 34.2 \mu mol/L$ | 肉眼观察不到皮肤、巩膜等黄染 |
| 显性黄疸 | $>34.2 \mu mol/L$ | 肉眼观察到皮肤、巩膜等黄染现象 |

（2）黄疸依据病因有溶血性、肝细胞性和阻塞性之分。

溶血性黄疸（肝前性黄疸）、肝细胞性黄疸（肝原性黄疸）和阻塞性黄疸（肝后性黄疸）比较于表 14-12。

**表 14-12　三类黄疸的比较**

| | | 溶血性黄疸 | 肝细胞性黄疸 | 阻塞性黄疸 |
|---|---|---|---|---|
| 发生原因 | | 红细胞大量破坏 | 肝细胞功能受损 | 胆道系统阻塞 |
| 胆红素 | 未结合 | ↑↑ | ↑ | |
| | 结合 | | ↑ | ↑↑ |
| 尿三胆 | 胆红素 | − | ++ | ++ |
| | 胆素原 | ↑ | 不一定 | ↓ |
| | 尿胆素 | ↑ | 不一定 | ↓ |
| 粪胆素原 | | ↑ | ↓或正常 | ↓或− |
| 粪便颜色 | | 深 | 变浅或正常 | 完全阻塞时呈白陶土色 |
| 疾病举例 | | 葡糖-6-磷酸脱氢酶缺乏症 | 肝肿瘤 | 胰腺癌 |

# 中英文专业术语

生物转化　biotransformation
单加氧酶　monooxygenase
尿苷二磷酸葡萄糖醛酸　UDPGA
3′-磷酸腺苷 5′-磷酸硫酸　PAPS
胆汁酸　bile acid
结合胆红素　conjugated bilirubin

# 练 习 题

## 一、A1 型选择题

1. 正常人肝合成最多的血浆蛋白是
A. 球蛋白　　B. 清蛋白　　　　C. 纤维蛋白
D. 血红蛋白　E. 脂蛋白
2. 肝细胞对胆红素生物转化作用的实质是
A. 胆红素与 Y 蛋白结合
B. 胆红素与 Z 蛋白结合
C. 胆红素破坏
D. 胆红素的受体增多
E. 胆红素极性增加，利于排泄
3. 血浆胆红素以哪一种为主要的运输形式
A. 胆红素-Y 蛋白　　B. 胆红素-球蛋白
C. 胆红素-清蛋白　　D. 胆红素-Z 蛋白
E. 胆红素-脂蛋白
4. 粪胆素原重吸收入肝后的转归是
A. 大部分以原型再排至肠道
B. 全部以原型再排至肠道
C. 大部分转化成尿胆素原
D. 全部转化成尿胆素原

E. 全部以原型从尿中排出
5. 肝细胞性黄疸患者不应出现下述那一种情况
A. 尿胆红素阳性
B. 尿胆素原轻度增加或正常
C. 血清范登白试验直接反应阳性
D. 血清中未结合胆红素增加
E. 血清结合胆红素减少
6. 胆红素-葡萄糖醛酸酯的生成需什么酶催化
A. 葡萄糖醛酸基结合酶
B. 葡萄糖醛酸基转移酶
C. 葡萄糖醛酸基生成酶
D. 葡萄糖醛酸基酯化酶
E. 葡萄糖醛酸基脱氢酶
7. 下列胆汁酸哪一种为次级游离胆汁酸
A. 牛磺胆酸　　　　　B. 甘氨胆酸
C. 脱氧胆酸　　　　　D. 牛磺鹅脱氧胆酸
E. 甘氨鹅脱氧胆酸
8. 下列哪种物质的合成过程仅在肝中进行
A. 尿素　　B. 糖原　　C. 血浆蛋白
D. 脂肪酸　E. 胆固醇
9. ★正常情况下胆固醇在体内的主要代谢去路是
A. 转变成维生素 D3　　　B. 转变成性激素
C. 转变成皮质激素　　　D. 转变成胆汁酸
E. 转变成粪固醇排出
10. ▲胆固醇转变成胆汁酸的限速酶是
A. 1-α-羟化酶　　　　　B. 26-α-羟化酶
C. 7-α-羟化酶　　　　　D. 3-α-羟化酶
E. 25-α-羟化酶
11. 下列哪一种胆汁酸是初级胆汁酸
A. 甘氨石胆酸　　B. 甘氨胆酸　C. 脱氧胆酸

D. 石胆酸　　　　　E. 甘氨脱氧胆酸

12. 血中哪一种胆红素增加会在尿中排泄出现
A. 未结合胆红素　　B. 结合胆红素
C. Y 蛋白-胆红素　　D. 间接胆红素
E. 与清蛋白结合的胆红素

13. 下列哪种情况尿中胆素原族排泄量会减少
A. 肝功能轻度损伤　　B. 肠道阻塞
C. 溶血　　D. 清蛋白增多　　E. 胆道阻塞

14. 发生溶血性黄疸时下列哪一项不存在
A. 血中游离胆红素增加
B. 粪胆素原明显增加
C. 尿胆素原明显增加
D. 尿中出现大量胆红素
E. 粪便颜色明显加深

15. ▲胆红素因为与下列哪种物质结合而被称为结合胆红素
A. 清蛋白　　B. 球蛋白　　C. Y 蛋白
D. Z 蛋白　　E. 葡萄糖醛酸

16. ▲下列对结合胆红素的叙述哪一项是错误的
A. 主要是双葡萄糖醛酸胆红素
B. 与重氮试剂呈直接反应
C. 水溶性大
D. 随正常人尿液排出
E. 不易透过生物膜

17. ★下列化合物哪一种不是胆色素
A. 血红素　　B. 胆绿素　　C. 胆红素
D. 胆素原　　E. 胆素

18. 肝细胞生成结合胆红素的亚细胞部位是
A. 微粒体　　B. 线粒体　　C. 高尔基体
D. 核糖体　　E. 溶酶体

19. 胆红素与血浆蛋白质结合的作用是
A. 限制进入细胞内，以免引起细胞中毒
B. 使它易于进入细胞内储存
C. 便于随胆汁排出体外
D. 增加其溶解度便于随尿液排出体外
E. 便于经肠道排泄

20. 下列哪项与间接胆红素无关
A. 未经肝细胞转化
B. 不能由肾小球滤过
C. 具有亲脂、疏水的性质
D. 与葡萄糖醛酸结合
E. 水中的溶解度小

21. 胆红素生成与下列哪种物质有关
A. NADH　　B. FADH$_2$　　C. FMNH$_2$
D. NADPH　　E. TPP

22. 下列哪种途径不是肝维持血糖浓度相对恒定的主要途径

A. 糖的有氧氧化　　B. 糖原的合成
C. 糖原的分解　　D. 糖异生
E. 合成 VLDL

23. 与肝无关的代谢过程有
A. 将胡萝卜素转变为维生素 A
B. 将 25-OH-D$_3$ 转变为 1，25-（OH）$_2$-D$_3$
C. 将维生素 PP 转变为 NAD$^+$和 NADP$^+$的组成成分
D. 将泛酸转变为 CoA 的组成成分
E. 维生素 B$_6$ 转变为磷酸吡哆醛

24. 影响胆红素在肝细胞内的代谢因素不包括
A. Y 蛋白缺乏　　B. UDPGA 来源不足
C. 葡萄糖醛酸基转移酶缺乏
D. 血中清蛋白浓度　　E. 血中球蛋白浓度

25. 肝在脂类代谢中没有的功能是
A. 生成酮体　　B. 利用酮体
C. 利用脂肪酸　　D. 合成脂蛋白
E. 合成胆固醇

26. 肝在蛋白质和氨基酸代谢中的作用是
A. 合成血浆蛋白　　B. 合成抗体蛋白
C. 水解尿素　　D. 生成铵盐
E. 通过嘌呤核苷酸循环脱氨

27. 正常粪便的棕黄色是由于存在下列什么物质
A. 粪胆素　　B. 尿胆素原　　C. 胆红素
D. 血红素　　E. 胆绿素

28. 肝对糖代谢最主要的作用是
A. 肝糖原的分解作用　　B. 肝糖原的合成作用
C. 维持血糖浓度的恒定　D. 将糖转变为脂肪
E. 糖异生作用

29. 胆红素主要由下列哪种物质分解产生
A. 肌红蛋白　　B. 细胞色素
C. 过氧化氢酶　　D. 过氧化物酶
E. 血红蛋白

30. 生物转化过程最重要的结果是
A. 使毒物的毒性降低
B. 使药物失效
C. 使生物活性物质灭活
D. 使某些药物药效更强或毒性增加
E. 使非营养物质极性增加，利于排泄

31. 肝功能不良时对下列哪种蛋白质的合成影响较小
A. 免疫球蛋白　　B. 清蛋白
C. 纤维蛋白原　　D. 凝血酶原
E. 凝血因子Ⅷ、凝血因子Ⅸ、凝血因子Ⅹ

32. ★最普遍进行的生物转化第二相反应是代谢物与什么物质结合
A. 硫酸结合
B. 尿苷二磷酸葡萄糖醛酸结合

C. 谷胱甘肽结合 　　　D. 乙酰基结合

E. 甲基结合

33. 下列哪个物质不参与生物转化中结合反应

A. UDP-葡萄糖醛酸 　　B. S-腺苷蛋氨酸

C. 谷胱甘肽 　　　　　D. 6-磷酸葡萄糖

E. 硫酸

34. 肝进行生物转化时葡萄糖醛酸的活性供体是

A. TDPGA 　　　B. GDPGA 　　　C. ADPGA

D. UDPGA 　　　E. CDPGA

35. 下列哪一种不是生物转化中结合物质的供体

A. 葡萄糖醛酸 　　B. PAPS 　　　C. SAM

D. UDPGA 　　　E. 乙酰-CoA

36. 哪一种物质不在肝进行代谢

A. 胆红素 　　　　B. $NH_3$ 　　　C. 酮体

D. 糖皮质激素 　　E. 苯巴比妥

37. 肝进行生物转化时活性硫酸供体是

A. $H_2SO_4$ 　　　　B. PAPS 　　　C. 半胱氨酸

D. 牛磺酸 　　　　E. 胱氨酸

38. 生物转化中参与氧化反应最重要的酶是

A. 单加氧酶 　　　B. 加双氧酶 　　C. 水解酶

D. 胺氧化酶 　　　E. 醇脱氢酶

39. 下列有关生物转化作用的论述正确的是

A. 使物质的水溶性减少

B. 总是把物质的毒性解除

C. 多数物质先经过结合反应，再进行氧化反应

D. 结合反应最常见的是与葡萄糖醛酸结合

E. 结合反应是第一相反应

40. 长期服用苯巴比妥类安眠药者，易产生耐受性的原因是

A. 肝细胞内单加氧酶活性增高 4～5 倍，因而生物转化加快之故

B. 肝细胞内双加氧酶活性增高 4～5 倍，因而生物转化加快之故

C. 肝细胞内产生其他氧化酶

D. 从肾排出加快

E. 与肝细胞摄取量增加有关

41. 下列有关胆汁酸盐的叙述哪一项是错误的

A. 参与脂肪消化、吸收过程

B. 胆汁中只有胆酸和鹅脱氧胆酸

C. 是乳化剂

D. 能进行肠肝循环

E. 缺乏可导致机体维生素 A、维生素 D、维生素 E、维生素 K 的缺乏

42. 胆囊中有限的胆汁酸之所以能发挥最大限度乳化食物中脂肪的作用原因是

A. 饭后胆汁酸立即一次全部倾入小肠

B. 饭后胆汁酸缓慢地分泌到小肠

C. 饭后可进行一次胆汁酸肠肝循环

D. 饭后可进行 2～4 次胆汁酸肠肝循环

E. 饭后肝内立即加速胆汁酸的生成，以满足乳化脂肪的需要

43. 下列关于胆汁酸与胆固醇代谢的叙述哪项是错误的

A. 在肝细胞内胆固醇转变为胆汁酸

B. 甲状腺素可加速胆固醇转变为胆汁酸

C. 肠道吸收胆固醇增加则胆汁酸合成量也增加

D. 胆固醇的消化、吸收与排泄均受胆汁酸盐的影响

E. 7-α 羟化酶受胆汁酸的反馈调节

44. 下列关于混合功能氧化酶的叙述哪一项是错误的

A. 混合功能氧化酶有高度特异性

B. 主要催化羟化反应

C. 还原型 CytP450 在 450nm 波长处有特殊吸收峰

D. 除 CytP450 外尚含有 NADPH

E. 存在于微粒体中参与生物转化作用

45. 产生脂肪肝的首选因素是

A. 肝内脂肪氧化分解减少

B. 肝将糖转变成脂肪能力亢进

C. 食物中脂肪丰富

D. 磷脂极度缺乏、输出脂肪能力下降

E. 蛋白质的供应不足

46. 有关肝细胞性黄疸患者血尿中胆红素变化描述，错误的是

A. 血清间接胆红素含量升高

B. 血清总胆红素含量升高

C. 血清直接胆红素含量升高

D. 直接胆红素含量低于间接胆红素

E. 尿胆红素阴性

## 二、B 型选择题

1. 次级结合胆汁酸是

2. 初级游离胆汁酸是

3. 次级游离胆汁酸是

4. 与游离胆汁酸结合生成结合胆汁酸的是

5. 初级结合胆汁酸是

A. 牛磺酸 　　　　　　　B. 鹅脱氧胆酸

C. 甘氨胆酸 　　　　　　D. 牛黄脱氧胆酸

E. 石胆酸

6. 生物转化中单加氧酶系催化的反应属于

7. 生物转化中硫酸化反应属于

8. 生物转化中硝基化合物生成胺类化合物的反应属于

9. 生物转化中酰基化反应属于

10. 生物转化中醛类生成酸类的反应属于
A. 还原反应　　　B. 结合反应　　C. 氧化反应
D. 水解反应　　　E. 裂解反应

11. 可以氧化维生素 D 的是
12. 可以氧化腐胺的是
13. 可以代谢乙醛的是
14. 可以代谢海洛因的是
A. 单加氧酶　　　　　　B. 单胺氧化酶
C. 醛脱氢酶　　　　　　D. 硝基还原酶
E. 葡萄糖醛酸转移酶

### 三、X 型选择题

1. 生物转化第二相反应包括
A. 硫酸结合反应　　　B. 葡萄糖醛酸结合反应
C. 氧化反应　　　　　D. 水解反应
E. GSH 结合反应

2. 能够进行肠肝循环的是
A. 胆汁酸　　　B. 胆红素　　　C. 血红素
D. 胆素　　　　E. 胆素原

3. 胆色素包括
A. 细胞色素　　　B. 胆红素　　　C. 血红素
D. 胆绿素　　　　E. 胆素

4. 影响生物转化作用的因素有
A. 年龄　　　　　B. 性别　　　　C. 疾病
D. 药物或毒物　　E. 肝细胞功能

5. 胆汁酸的性质包括
A. 具有亲水和亲脂的特性
B. 亲水基团在分子内部，因此表现为疏水性
C. 能降低油/水两相之间的表面张力
D. 疏水基团在分子内部，因此表现为亲水性
E. 可抑制胆固醇析出

6. 参与生物转化第一相反应的是
A. 单加氧酶　　　　　　B. 醇脱氢酶
C. UDPGA 转移酶　　　　D. 水解酶
E. 硝基还原酶

7. 可与游离胆汁酸结合的是
A. 甘氨酸　　　B. 谷胱甘肽　　C. 谷氨酸
D. UDPGA　　　E. 牛磺酸

8. 下列哪些是阻塞性黄疸的特征
A. 粪便颜色变浅
B. 血中直接胆红素升高
C. 血中间接胆红素无明显改变
D. 尿胆红素检查呈阴性
E. 尿胆素原降低

9. 被生物转化后的化合物可表现为
A. 水溶性增加　　　　　B. 毒性下降
C. 生物活性下降　　　　D. 毒性增加
E. 生物活性增强

10. 需进行生物转化的内源性物质有
A. 胰岛素　　　　　B. 氨　　　　　C. 胆红素
D. 多巴胺　　　　　E. 胆固醇

11. 胆红素的来源有
A. 肌红蛋白　　　B. 血红蛋白　　C. 铁蛋白
D. 过氧化氢酶　　E. 珠蛋白

### 四、名词解释

1. 初级胆汁酸
2. 胆红素
3. 生物转化
4. 胆汁酸肠肝循环
5. 黄疸

### 五、简答题

1. 简述肝在物质代谢中的作用。
2. 什么是肝生物转化作用？有何生理意义？包括哪些反应类型？
3. 什么是胆汁酸？胆汁酸怎样分类的？胆汁酸的生理功能有哪些？
4. 什么是胆汁酸的肠肝循环？有何生理意义？
5. 比较结合胆红素与未结合胆红素的主要区别。

### 六、分析论述题

患儿，男，2 岁，因面色苍白伴血尿 2 天入院。2 天前患儿食新鲜蚕豆后出现发烧、恶心、呕吐，排浓茶色尿。体格检查：体温 38℃，血压 50/80mmHg，呼吸急促，神清，萎靡，面色苍白，巩膜黄染。肝大，脾未触及，双肾区无叩痛。神经系统检查无异常。实验室检查：红细胞 $1.98 \times 10^{12}$/L，血红蛋白 53g/L，血清总胆红素 85.5μmol/L，结合胆红素 13.7μmol/L，未结合胆红素 71.8μmol/L，肾功能正常。尿蛋白（++），潜血（+），红细胞（−），尿胆红素（−），尿胆素原（+）。
（1）该患儿的初步诊断是什么？还需要进行何种检查项目可以确诊？
（2）该病的发病机制是什么？
（3）如何治疗（简述治疗原则）？

## 参 考 答 案

### 一、A1 型选择题

| 1. B | 2. E | 3. C | 4. A | 5. E |
|------|------|------|------|------|
| 6. B | 7. C | 8. A | 9. D | 10. C |
| 11. B | 12. B | 13. E | 14. D | 15. E |
| 16. D | 17. A | 18. A | 19. A | 20. D |
| 21. D | 22. A | 23. B | 24. E | 25. B |
| 26. A | 27. A | 28. C | 29. E | 30. E |
| 31. A | 32. B | 33. D | 34. D | 35. A |

| 36. C | 37. B | 38. A | 39. D | 40. A |
| 41. B | 42. D | 43. C | 44. A | 45. D |
| 46. E | | | | |

## 二、B 型选择题

| 1. D | 2. B | 3. E | 4. A | 5. C |
| 6. C | 7. B | 8. A | 9. B | 10. C |
| 11. A | 12. B | 13. C | 14. D | |

## 三、X 型选择题

| 1. ABE | 2. AE | 3. BDE | 4. ABCDE |
| 5. ACE | 6. ABDE | 7. AE | 8. ABCE |
| 9. ABCDE | 10. ABCD | 11. ABD | |

## 四、名词解释

1. 初级胆汁酸:肝细胞以胆固醇为原料直接合成的胆汁酸,包括胆酸、鹅脱氧胆酸及其分别与甘氨酸、牛磺酸结合形成的结合物。

2. 胆红素:衰老红细胞被破坏后,释放的血红蛋白被分解为珠蛋白和血红素。血红素可以被氧化为胆绿素,进一步被氧化为胆红素,是胆汁颜色的主要色素。

3. 生物转化:是机体将一些极性或水溶性较低,不易排出体外的非营养物质进行化学转变,从而增加它们的极性或水溶性,使其容易排出体外的过程。

4. 胆汁酸肠肝循环:肠道内的胆汁酸可以被肠壁重吸收入血,经门静脉回到肝。再与肝新合成的胆汁酸一起随胆汁再排入肠道。

5. 黄疸:是血液中的胆红素浓度过高,扩散入组织,造成组织黄染的现象。

## 五、简答题

1. ①在糖代谢中肝最主要的作用是维持血糖浓度的相对稳定。②肝在脂类代谢中占据中心位置,在脂类的消化、吸收、分解、合成和运输等过程均有重要作用。③肝蛋白质合成和分解代谢均非常活跃,包括在蛋白质合成、分解和氨基酸代谢中有重要作用。④肝参与多种维生素与辅酶的代谢,在维生素的吸收、储存、运输和转化等方面有重要作用。⑤肝参与多种激素的灭活。

2. ①生物转化是指非营养物质在排出体外之前,机体对其进行的代谢转变,目的是增加水溶性或极性,易于通过尿液或胆汁排出体外。肝是生物转化最重要的器官。②生物转化的生理意义:a. 使非营养物质的生物学活性减低或丧失(灭活),或使有毒物质的毒性减低或消除(解毒);b. 增加非营养物质的水溶性或极性,从而易于从胆汁或尿液排出;c. 部分非营养物质经生物转化后毒性或生物学活性会增加,即所谓"解

毒致毒双重性"。③生物转化的反应类型分为第一相反应和第二相反应。第一相反应包括氧化、还原、水解反应。第二相反应有结合反应。

3. ①胆汁酸是存在于胆汁中一大类胆烷酸的总称,以钠盐或钾盐的形式存在,即胆汁酸盐,简称胆盐。②按结构分,胆汁酸分为游离胆汁酸(未与甘氨酸或牛磺酸结合的胆汁酸)和结合胆汁酸(分子中结合有甘氨酸或牛磺酸)。③按来源分,胆汁酸分为初级胆汁酸(肝细胞以胆固醇为原料直接合成的胆汁酸)和次级胆汁酸(由肠道细菌作用而转变来的胆汁酸)。④胆汁酸的生理功能有如下几点。a. 促进脂类物质的消化吸收。胆汁酸的立体结构中,分子一侧是亲水面,分子另一侧是疏水面。作为乳化剂,降低油/水两相之间的界面张力,使脂类在水(肠液)中分散为细小微团,一方面增大了与消化酶(如脂肪酶)的接触面而有利于消化;另一方面增大了与肠壁的接触面而有利于吸收。b. 维持胆汁中胆固醇的溶解状态以抑制胆固醇析出。胆汁是机体排出胆固醇最重要的途径。胆汁中胆汁酸盐、卵磷脂、胆固醇 3 者按一定比例存在,使胆固醇分散为可溶性微团,以维持胆汁中胆固醇的溶解状态,抑制胆固醇析出。

4. ①胆汁酸随胆汁排入肠腔后,通过重吸收经门静脉又回到肝,在肝内转变为结合型胆汁酸,经胆道再次排入肠腔的过程,称为胆汁酸肠肝循环。②胆汁酸肠肝循环的生理意义是有限的胆汁酸被循环利用而发挥其最大的生理作用。

5. 未结合胆红素即胆红素-清蛋白复合物,也称血胆红素、游离胆红素或间接胆红素;结合胆红素即与葡萄糖醛酸结合的胆红素,也称肝胆红素或直接胆红素。二者的主要区别参见表 14-10。

## 六、分析论述题

(1)初步诊断:葡糖-6-磷酸脱氢酶缺乏症(蚕豆病)。高铁血红蛋白还原实验。

(2)发病机制:蚕豆病是一种葡糖-6-磷酸脱氢酶缺陷导致的疾病,表现为食用新鲜蚕豆后突然发生的急性血管内溶血。敏感性高的红细胞,因为葡糖-6-磷酸脱氢酶缺陷不能提供足够的 NADPH 以维持谷胱甘肽的还原性,在遇到氧化剂的影响因素的情况下,诱发了红细胞膜被氧化,产生溶血反应。新鲜蚕豆是很强的氧化剂,当葡糖-6-磷酸脱氢酶缺陷时则红细胞被破坏而致病。

(3)治疗:人工催吐,1∶5000 高锰酸钾溶液洗胃,25%硫酸镁口服导泻,大剂量糖皮质激素,必要时换血或输入鲜血,碱化尿液,对症处理。

(刘 洋)

# 第十五章 血液的生物化学

了解血液的组成与成分。掌握血浆蛋白的电泳分类；熟悉血浆蛋白质的性质和功能。掌握非蛋白氮的概念及其种类，了解其临床意义。

熟悉红细胞的糖代谢特点（糖酵解、2，3-BPG 支路、磷酸戊糖途径）及生理意义；熟悉血红蛋白的组成，血红素合成的原料、关键酶，了解主要反应过程及调节。了解白细胞的代谢特点及其与功能的关系。

## 讲 义 要 点

本章纲要见图 15-1。

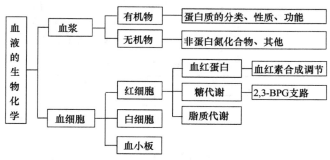

图 15-1 本章纲要图

## （一）血液的组成与成分

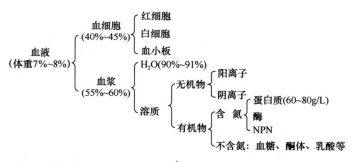

全血、血浆和血清区别见表 15-1。

表 15-1 全血、血浆和血清的区别

| 名称 | 组成 |
| --- | --- |
| 全血 | 血浆＋血细胞（有形成分） |
| 血浆 | 全血－血细胞（含抗凝剂的全血离心后所得的上清液） |
| 血清 | 全血－血细胞－纤维蛋白原－凝血因子（不含抗凝剂的全血离心后所得的上清液） |

## （二）血浆蛋白是维持体内代谢的重要物质

**1. 血浆蛋白的分类** 目前已知血浆蛋白有 200 多种，尚无恰当分类方法，一般使用电泳法分离蛋白质。可以将血清蛋白分为 5 类：清蛋白、$\alpha_1$ 球蛋白、$\alpha_2$ 球蛋白、$\beta$ 球蛋白和 $\gamma$ 球蛋白。

**2. 血浆蛋白的性质**

（1）除 $\gamma$ 球蛋白由浆细胞合成外，绝大多数血浆蛋白都在肝合成。

（2）血浆蛋白的合成场所一般位于膜结合的多核糖体上。

（3）除清蛋白外，几乎所有的血浆蛋白都是糖蛋白。

（4）许多血浆蛋白呈现多态性。

（5）每种血浆蛋白都有自己特异的半衰期。例如，清蛋白和结合珠蛋白的半衰期分别为 20 天和 5 天左右。

（6）在急性炎症或损伤时，某些血浆蛋白水平会升高，称为急性期蛋白（acute phase protein，

APP），包括 C 反应蛋白、$\alpha_1$-抗胰蛋白酶、结合珠蛋白、$\alpha_1$-酸性蛋白和纤维蛋白原等。

**3. 血浆蛋白的功能** ①维持血浆胶体渗透压；②维持血浆正常的 pH；③运输作用；④免疫作用；⑤催化作用；⑥营养作用；⑦凝血、抗凝血和纤溶作用。

### （三）非蛋白质氮

血液中除蛋白质以外的含氮物质包括尿素、尿酸、肌酸、肌酐、胆红素、氨等，这些物质含有的氮总量称为非蛋白质氮（non-protein nitrogen，NPN），非蛋白质氮多为蛋白质和核酸的分解代谢终产物。其临床意义见表 15-2。

**表 15-2 非蛋白质氮的临床意义**

| 种类 | 临床意义 |
|---|---|
| 尿素 | 蛋白质体内代谢状况；反映肾功能 |
| 尿酸 | 嘌呤代谢终产物；痛风症 |
| 肌酸 | 肝功能障碍；肌萎缩 |
| 肌酐 | 肌酸代谢终产物；全部由肾排泄；反映肾功能 |

### （四）红细胞代谢特点

成熟红细胞无细胞核，也无线粒体、核糖体等亚细胞结构，因此，不能进行核酸、蛋白质合成，不能进行有氧氧化，仅保留了糖酵解和磷酸戊糖途径。

糖酵解是成熟红细胞获得能量的唯一途径。

**1. 糖代谢**（表 15-3）

**表 15-3 红细胞的糖代谢特点**

| | 糖酵解 | | 2，3-BPG 途径 | 磷酸戊糖途径 |
|---|---|---|---|---|
| 比例 | 90%-95% | | 红细胞特有 | 5%～10% |
| 主要产物 | ATP | | 2，3-BPG | NADPH+$H^+$ |
| 生理意义 | 唯一供能途径 | | 调节作用 | 产生还原性物质 |
| 作用 | ①维持红细胞膜上的钠泵和钙泵的运转；②维持红细胞膜上脂质与血浆蛋白中的脂质进行交换；③用于谷胱甘肽、$NAD^+$ 的生物合成；④活化葡萄糖，启动糖酵解过程 | | 调节血红蛋白的运氧功能 | 对抗氧化剂，保护细胞膜蛋白、血红蛋白和酶蛋白的巯基不被氧化，从而维持红细胞的正常功能 |

**2. 脂质代谢** 成熟红细胞的脂质几乎都存在于细胞膜。成熟红细胞已不能从头合成脂肪酸，但膜脂的不断更新却是红细胞生存的必要条件。红细胞通过主动掺入和被动交换不断地与血浆进行脂质交换，以维持其正常的脂质组成、结构和功能。

**3. 血红蛋白的合成** 血红蛋白是红细胞最主要的成分，由珠蛋白和血红素组成。血红素还是肌红蛋白、细胞色素、过氧化物酶、过氧化氢酶等的辅基。

（1）血红素的合成体系及过程：体内绝大多数组织都具有合成血红素的能力，但主要合成部位是骨髓和肝，参与血红蛋白组成的血红素主要在骨髓的幼红细胞和网织红细胞中合成，成熟红细胞不含线粒体，故不能合成血红素。

血红素合成的起始和终末阶段在线粒体内，中间阶段在胞液中进行。

在线粒体中合成的血红素转移至胞液后，在骨髓的幼红细胞和网织红细胞中，与珠蛋白结合成为血红蛋白，见表 15-4。

**表 15-4 血红素合成的体系及过程**

| | 血红素合成 |
|---|---|
| 原料 | 甘氨酸、琥珀酰辅酶 A、$Fe^{2+}$ |
| 细胞部位 | 线粒体（起始和终末阶段）和细胞液（中间阶段） |
| 关键酶 | ALA 合酶，辅酶是磷酸吡哆醛 |
| 大致过程 | （1）δ-氨基-γ-酮戊酸（δ-aminolevulinic acid，ALA）的生成<br>（2）胆色素原的生成<br>（3）尿卟啉原Ⅲ与粪卟啉原Ⅲ的生成<br>（4）血红素的生成 |

（2）血红蛋白合成的调节，见表 15-5。

**表 15-5 血红蛋白合成的调节**

| 调节因素 | 作用 |
|---|---|
| 血红素 | 直接负反馈抑制 ALA 合成酶<br>和阻抑蛋白结合，活化阻抑蛋白抑制 ALA 合成酶 |
| 促红细胞生成素（EPO） | 红细胞生成的主要调节剂<br>肾生成<br>受机体对氧的需要及氧供应情况影响<br>在骨髓作用 |
| 雄激素 | 诱导 ALA 合成酶的合成 |

（3）卟啉症：铁卟啉合成代谢异常而导致卟啉或其中间代谢物排出增多。

1）先天性卟啉症：血红素合成酶系遗传缺陷。

2）后天性卟啉症：铅中毒/药物。

**（五）白细胞代谢特点**

（1）糖代谢：以糖酵解为主，提供能量；磷酸戊糖途径产生的 NADPH 经氧化酶的电子体系使 $O_2$ 还原产生超氧阴离子、$H_2O_2$、OH·等自由基，起杀菌作用。

（2）脂代谢：不能从头合成脂肪酸；可将花生四烯酸转变成血栓素、前列腺素、白三烯等活性物。

（3）氨基酸和蛋白质代谢：粒细胞中，氨基酸的浓度较高，由于成熟粒细胞缺乏内质网，故蛋白质合成量很少。而单核吞噬细胞的蛋白质代谢很活跃，能合成多种酶、补体和各种细胞因子。

# 中英文专业术语

非蛋白质氮　non protein nitrogen
2，3-双磷酸甘油酸　2，3-diphosphoglycerate，2，3-BPG
促红细胞生成素　erythropoietin，EPO
血红素　heme
卟啉症　porphyria

# 练 习 题

**一、A1 型选择题**

1. 正常血液 pH 是
A. 7.15～7.25　　B. 7.25～7.35
C. 7.35～7.45　　D. 7.45～7.55
E. 7.55～7.65

2. 血浆占全血容积的
A. 15%　B. 20%　C. 40%
D. 60%　E. 70%

3. 血浆中含量最多的蛋白质是
A. 清蛋白　　B. $\alpha_1$ 球蛋白
C. β 球蛋白　D. γ 球蛋白
E. $\alpha_2$ 球蛋白

4. 血清中没有
A. 糖　　B. 无机盐　C. 蛋白质
D. 纤维蛋白原　E. 酶

5. 非蛋白质氮主要来于
A. 尿酸　　B. 肌酐　C. 核酸
D. 氨基酸　E. 尿素

6. 清蛋白不具有的功能
A. 营养作用　　B. 运输作用
C. 维持渗透压　D. 抗体
E. 缓冲作用

7. ★血浆胶体渗透压主要取决于
A. 球蛋白　B. 清蛋白　C. 血糖
D. 无机盐　E. 血红蛋白

8. 哪种细胞能够合成血红素
A. 淋巴细胞　　B. 成熟红细胞
C. 白细胞　　D. 血小板
E. 网织红细胞

9. 下列哪个酶是血浆功能酶
A. LPL　　B. 葡糖激酶
C. 淀粉酶　D. 脲酶
E. 糖原合酶

10. 关于血红素的叙述，错误的是
A. 合成的原料需要甘氨酸
B. 关键酶是 ALA 合成酶
C. 不需要维生素 $B_6$ 的参与
D. 最后需要有 $Fe^{2+}$ 参与
E. 可以作过氧化氢酶的辅酶

11. ALA 合酶的存在部位是
A. 细胞核　B. 核糖体　C. 内质网
D. 线粒体　E. 细胞液

12. ALA 合酶的辅酶含有哪种维生素
A. 维生素 $B_1$　　B. 维生素 $B_2$
C. 维生素 $B_6$　　D. 维生素 $B_5$
E. 维生素 $B_{12}$

13. 血红素合成的限速酶是
A. ALA 合酶　　B. ALA 脱水酶
C. ALA 氧化酶　D. ALA 脱氢酶
E. ALA 还原酶

14. 正常情况下人血清清蛋白与球蛋白之比为
A. 1～2　B. 1.5～2.5　C. 2～3
D. 2.5～3.5　E. 0.5～1.5

15. ★成熟红细胞特有的代谢途径是
A. 三羧酸循环　　B. 糖酵解
C. 脂肪酸氧化　　D. 2，3-BPG 支路
E. 酮体合成

16. 红细胞中，GSSG 还原为 GSH 时，供氢体来自于
A. 磷酸戊糖途径　B. 糖酵解
C. 糖有氧氧化　　D. NADH
E. $FADH_2$

17. 肝不合成的是
A. 纤维蛋白原　　B. HDL
C. 清蛋白　　D. 免疫球蛋白

E. 凝血酶原
18. 成熟红细胞的能量主要来自
A. 糖有氧氧化　　　　B. 糖异生
C. 脂肪酸氧化　　　　D. 糖酵解
E. 糖原分解
19. 生成促红细胞生成素的器官是
A. 骨髓　　B. 脾脏　　C. 心脏
D. 肝　　　E. 肾
20. 血浆中胆红素的运载工具是
A. 脂蛋白　　B. 清蛋白　　C. X蛋白
D. β球蛋白　　E. 运输蛋白
21. ▲在pH 8.6时电泳血浆蛋白，泳动最快的是
A. 纤维蛋白原　　　　B. 清蛋白
C. $\alpha_1$球蛋白　　　　D. β球蛋白
E. γ球蛋白
22. 下列哪个蛋白质的辅基是血红素
A. ALA合酶　　　　B. 细胞色素
C. ALA脱水酶　　　D. 铁螯合酶
E. 卟啉还原酶
23. 粒细胞中糖的代谢途径主要是
A. 糖酵解　　　　B. 糖有氧氧化
C. 糖原合成　　　D. 糖异生
E. 糖醛酸途径
24. 不是蛋白质的凝血因子是
A. 凝血因子Ⅰ　　　B. 凝血因子Ⅱ
C. 凝血因子Ⅲ　　　D. 凝血因子Ⅳ
E. 凝血因子Ⅴ
25. 血红素合成的终末阶段在哪里进行
A. 细胞液　　B. 细胞核　　C. 线粒体
D. 内质网　　E. 微粒体
26. 蚕豆病是由于缺乏
A. 葡糖-6-磷酸脱氢酶　B. 葡糖激酶
C. 葡糖-6-磷酸酶　　　D. 己糖激酶
E. 葡糖氧化酶
27. GSH的作用是
A. 保护细胞膜　　　　B. 分解供能
C. 辅酶　　D. 氧化剂　　E. 信号分子
28. 血浆蛋白总浓度为
A. 20~30mg/ml　　B. 25~35mg/ml
C. 35~45mg/ml　　D. 50~60mg/ml
E. 60~80mg/ml
29. 催化纤维蛋白降解的酶是
A. 凝血酶　　B. 蛋白酶　　C. 纤溶酶
D. 磷酸酶　　E. 链激酶
30. ★成熟红细胞的代谢特点错误的是
A. 主要由糖酵解获得能量
B. 2，3-BPG调节血红蛋白的运氧功能

C. 可以合成血红素
D. 不能从头合成脂肪酸
E. 没有其他细胞器
31. 催化2，3-BPG生成的酶是
A. 3-磷酸甘油酸激酶
B. 2，3-BPG变位酶
C. 2，3-BPG磷酸酶
D. 2-磷酸甘油酸激酶
E. 2，6-双磷酸果糖激酶
32. 关于2，3-BPG的描述正确的是
A. 增加血红蛋白与氧的亲和力
B. 与血红蛋白的α亚基形成离子键
C. pH增高时，2，3-BPG浓度降低
D. 带大量的正电荷
E. 生成2，3-BPG需要磷酸酶

二、B型选择题
1. 血红素合成需要
2. 可保护血红蛋白被氧化
3. 血液凝固需要
A. 维生素D　　　　B. 维生素K
C. 维生素$B_6$　　　D. 维生素A
E. 维生素C
4. 调节红细胞生成的激素是
5. 血红素合成关键酶的辅基是
6. 需要有还原剂才能有活性的是
A. ALA合酶　　　　B. ALA脱水酶
C. 亚铁螯合酶　　　D. 促红细胞生成素
E. 磷酸吡哆醛
7. 常用来测定肾功能的是
8. 正常情况不会出现在尿中的是
9. 析出导致关节障碍的是
10. 血浆中主要的非蛋白质氮的来源的是
A. 肌酐　　B. 尿酸　　C. 尿素
D. 胆红素　　E. 血红素
11. 成熟红细胞的能量来自
12. 红细胞中的NADPH来自
13. 红细胞中的2，3-BPG来自
A. 糖酵解　　　　B. 糖有氧氧化
C. 磷酸戊糖途径　　D. 2，3-BPG支路
E. 糖原分解

三、X型选择题
1. 血液的功能包括
A. 运输　　B. 调节体温　　C. 防御
D. 调节渗透压　　E. 调节酸碱平衡
2. 血浆中的电解质的作用包括
A. 维持血浆晶体渗透压

B. 维持酸碱平衡
C. 维持神经肌肉兴奋性
D. 维持血浆胶体渗透压
E. 维持体温
3. 下列属于非蛋白质氮化合物的是
A. 尿素　　　B. 胆红素　　　C. 甘氨酸
D. 肌酸　　　E. 柠檬酸
4. 血浆蛋白的功能包括
A. 运输作用　B. 催化作用　　C. 营养作用
D. 免疫作用　E. 纤溶作用
5. 需要维生素 K 的凝血因子有
A. 凝血因子Ⅱ　　　　B. 凝血因子Ⅶ
C. 凝血因子Ⅷ　　　　D. 凝血因子Ⅸ
E. 凝血因子Ⅹ
6. 血红素合成过程涉及的中间代谢产物包括
A. 胆色素原　　B. 尿卟啉原　　C. 粪卟啉原
D. 原卟啉原　　E. 胆红素
7. 对重金属敏感的酶是
A. ALA 合酶　　　　B. ALA 脱水酶
C. 尿卟啉同合酶　　D. 亚铁螯合酶
E. 粪卟啉脱羧酶
8. 能抑制血红素合成的是
A. 血红素　　　B. 铅　　　　C. EPO
D. 高铁血红素　E. 谷胱甘肽

**四、名词解释**
1. 非蛋白质氮
2. 2，3-BPG 支路
3. 卟啉症
4. 促红细胞生成素

**五、简答题**
1. 简述血浆蛋白的功能。
2. 简述成熟红细胞糖代谢的特点及生理意义。
3. 简述血红素合成的原料及调节。
4. 简述 2，3-BPG 在红细胞中的功能及作用机制。

# 参 考 答 案

**一、A1 型选择题**

| | | | | |
|---|---|---|---|---|
|1. C|2. D|3. A|4. D|5. E|
|6. D|7. B|8. E|9. A|10. C|
|11. D|12. C|13. A|14. B|15. D|
|16. A|17. D|18. D|19. E|20. B|
|21. B|22. B|23. A|24. D|25. C|
|26. A|27. A|28. E|29. C|30. C|
|31. B|32. C|

**二、B 型选择题**

| | | | | |
|---|---|---|---|---|
|1. C|2. E|3. B|4. D|5. E|
|6. C|7. A|8. E|9. B|10. C|
|11. A|12. C|13. D|

**三、X 型选择题**

| | | | |
|---|---|---|---|
|1. ABCDE|2. ABC|3. ABD|4. ABCDE|
|5. ABDE|6. ABCD|7. BD|8. ABDE|

**四、名词解释**
1. 非蛋白质氮：血液中除蛋白质以外的含氮物质，称为非蛋白质氮，包括尿素、尿酸、肌酸、肌酐、胆红素、氨等。
2. 2，3-BPG 支路：红细胞内糖酵解途径的支路，由 1，3-双磷酸甘油酸经变位酶催化生成 2，3-双磷酸甘油酸，主要调节红细胞的运氧功能。
3. 卟啉症：铁卟啉合成代谢异常而导致卟啉或其中间代谢产物排除增多的疾病。
4. 促红细胞生成素：由 166 个氨基酸组成的糖蛋白，主要在肾合成。加速有核红细胞的成熟及血红素和 Hb 的合成，是红细胞生成的主要调节剂。

**五、简答题**
1. ①维持血浆的胶体渗透压；②维持血浆正常的 pH；③运输作用；④免疫作用；⑤催化作用；⑥营养作用；⑦凝血、抗凝血和纤溶作用。
2. ①红细胞的糖代谢特点：a. 没有糖的有氧氧化，只能进行糖酵解和磷酸戊糖途径；b. NADH 可以还原高铁血红蛋白，NADPH 提供氢还原氧化型 GSSG；c. ATP 用于维持红细胞膜上钠钙泵的运转；d. 具有 2，3-BPG 代谢支路，调节红细胞的运氧能力。②生理意义：a. 糖酵解是红细胞获得能量主要途径；b. 使高铁血红蛋白还原为有功能的血红蛋白；c. 调节红细胞的运氧能力。
3. ①原料：甘氨酸、琥珀酰辅酶 A、$Fe^{2+}$。②调节：a. ALA 合酶是血红素合成限速酶。受维生素 $B_6$、血红素的影响。b. ALA 脱水酶和亚铁螯合酶，对重金属敏感。c. 促红细胞生成素，红细胞生成的主要调节剂。
4. 功能：调节红细胞中血红蛋白与氧的结合，主要是降低氧和血红蛋白的结合。机制：2，3-BPG 可以结合到脱氧血红蛋白2个β亚基的中间口袋中，稳定脱氧血红蛋白处于紧张态（T），降低了氧和血红蛋白的亲和力。

（刘　洋）

# 第十六章　细胞信号转导

## 学习要求

了解细胞信号转导的概念、基本路线。了解细胞外信号分子（第一信使）的分类，了解受体、配体的概念，熟悉受体的特征。了解受体的分类与结构。熟悉第二信使的概念、常见第二信使的种类。熟悉 G 蛋白的概念、结构，了解 G 蛋白的类型与作用，了解其他常见的胞内信号蛋白质与酶及其在胞内信号转导中的作用。

熟悉 G 蛋白偶联受体介导的 cAMP-PKA 途径转导信号的基本过程、主要配体如肾上腺素、胰高血糖素等。了解 PKA 的作用及调节机制。熟悉 G 蛋白偶联受体介导的 PLC-IP$_3$/DAG-PKC 途径、主要配体如血管经张素 II 等。了解 Ras-MAPK 途径、PI3K-AKT 途径、JAK-STAT 途径及其相应配体。了解胞内受体信号转导的基本途径与主要配体。了解信号转导途径的特点与规律。了解细胞信号转导异常与疾病发生、治疗等的关系。

## 讲义要点

本章纲要见图 16-1。

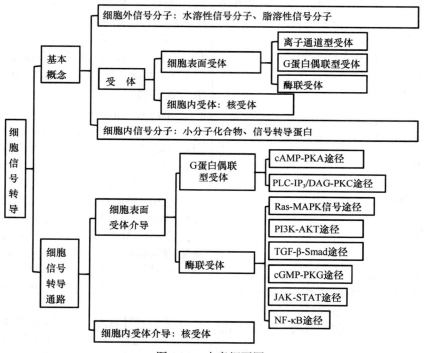

图 16-1　本章纲要图

## （一）细胞信号转导概述

### 1. 基本概念

（1）细胞信号转导：细胞对外界环境信号的应答，启动胞内信号级联应答，最终调节基因表达和生理代谢反应。

（2）细胞信号转导的基本路线：特定的细胞释放信号物质→信息物质经扩散或血循环到达靶细胞→与靶细胞的受体特异性结合→受体对信号进行转换并启动细胞内信使系统→靶细胞产生生物学效应。

（3）第一信使：即细胞间信息物质，是指由细胞分泌的调节靶细胞生命活动的化学物质。

### 2. 常见细胞外信号及其分类

（1）根据信号的作用距离远近，分为以下 3 类。

内分泌信号：激素；作用距离最远

旁分泌/自分泌信号：细胞因子等；作用于周围细胞/自身

神经递质：作用距离最短，神经元突触内

（2）根据化学性质，分为以下两类。

水溶性信号：蛋白质和肽类（如生长因子、细胞因子）
　　　　　　氨基酸及衍生物（如肾上腺素）
脂溶性信号：类固醇激素（如性激素）
　　　　　　脂肪酸衍生物（如前列腺素）

（3）细胞表面分子也是重要的细胞外信号。细胞质膜外表面的表面分子（蛋白质、糖蛋白、蛋白聚糖等），与相邻细胞的膜表面分子特异性识别和相互作用，达到功能上的相互协调，这种细胞通讯方式称为膜表面分子接触通讯。

（4）气体信号分子：如 NO 和 CO 等。

**3. 受体及其分类**

（1）受体的概念：受体是细胞膜上或细胞内能识别外源信号分子（配体）并与之结合的成分，其化学本质是蛋白质，多数是糖蛋白。它能把识别和接受的外源信号转换、放大并传递到细胞内部，进而引起生物学效应。

配体是能与受体特异结合的分子，细胞间信息物质是最常见的配体。

（2）受体与配体结合的特点：①高度专一性；②高度亲和力；③高度饱和性；④可逆性；⑤特定的作用模式。

（3）受体的分类：受体可分为细胞表面受体（膜受体包括离子通道型受体、G 蛋白偶联受体和酶联受体）和细胞胞内受体两大类。

1）细胞表面受体：也称膜受体，主要存在于细胞膜上，多为镶嵌糖蛋白。其配体多为水溶性信号分子和其他细胞表面的信号分子。包括离子通道型受体、G 蛋白偶联受体和酶联受体。

A. 离子通道受体：与神经递质结合，使离子通道打开或关闭。主要在神经冲动的快速传递中发挥作用，是通过将化学信号转变成为电信号而影响细胞功能。离子通道型受体可以是阳离子通道（如乙酰胆碱、谷氨酸、5-羟色胺的受体），也可以是阴离子通道（如甘氨酸受体）。

B. G-蛋白偶联受体：也称七次跨膜受体或蛇形受体，具有 7 个跨膜 α 螺旋结构，胞内部分结构可与 G 蛋白结合，并使 G 蛋白活化而转导信号。其配体为多种神经递质、肽类激素、趋化因子等。

C. 酶联受体：也称为单次跨膜受体，大多为糖蛋白，具有单个跨膜 α 螺旋结构，其信号转导的共同特征是需要直接依赖酶的催化作用作为信号传递的第一步反应。这些受体或自身具有酶活性，或者自身没有酶活性，但与酶分子结合

存在。单跨膜受体主要接受生长因子和细胞因子的信号，调节细胞内蛋白质的功能和表达水平、调节细胞增殖和分化。

该类受体以酪氨酸蛋白激酶受体和酪氨酸蛋白激酶偶联型受体为最多。

· 酪氨酸蛋白激酶受体：与配体结合后具有酪氨酸蛋白激酶活性，使底物蛋白磷酸化，进而传递信号。

· 酪氨酸蛋白激酶偶联型受体：受体与酪氨酸蛋白激酶偶联。

2）胞内受体：位于细胞质或细胞核中，多为反式作用因子即 DNA 结合蛋白，当与相应配体结合后被激活，具有转录因子活性，能与 DNA 的顺式作用元件结合，调节基因转录。

其配体系脂溶性信号分子，如类固醇激素、甲状腺素和维 A 酸等。

**4. 常见的细胞内信号转导分子**　受体介导的跨细胞膜信号转导是一细胞内网络系统。构成这一网络系统的基础是一些小分子物质和蛋白质及酶分子。根据化学性质及作用方式可将细胞内的信号转导分子分为以下几类。

（1）小分子化合物：第二信使：在细胞内传递信息的小分子化合物。

1）无机离子：$Ca^{2+}$。

2）脂类衍生物：二酰甘油（DAG）、神经酰胺（ceramide）$PIP_2$、$IP_3$ 等。

3）核苷酸：cAMP、cGMP。

（2）信号蛋白/酶：如 G 蛋白、各种蛋白激酶、转录因子等。

1）G 蛋白

· G 蛋白即鸟苷酸结合蛋白，是一类和 GTP 或 GDP 结合的，位于细胞膜胞液面的外周蛋白，由 3 个亚基（αβγ）组成。

· G 蛋白是细胞内的一类重要信号转导分子，与七次跨膜受体相结合，存在于细胞膜内侧，将外来的信号转化为传向细胞内的信号，细胞信号转导中常见的 G 蛋白及其功能见表 16-1。

· G 蛋白有两种构象，一种以 αβγ 三聚体存在并与 GDP 结合（GDP-$G_{\alpha\beta\gamma}$），为非活化型；另一种构象是 α 亚基与 GTP 结合并导致 βγ 二聚体的脱落（$G_\alpha$-GTP），此为活化型。

· G 蛋白这种有活性和无活性状态的转换称为 G 蛋白循环。

· 活化型 G 蛋白通过调节下游靶分子如 AC、PLC 等而参与信号转导。

· 小 G 蛋白：是低分子量的 G 蛋白（21kDa），相当于三聚体 G 蛋白的 α 亚基，在多种细胞信号转导途径中发挥重要作用（表 16-1），如 Ras 家族蛋白。

**表 16-1　细胞信号转导中常见的 G 蛋白**

| G 蛋白类型 | α 亚基 | 功能 |
| --- | --- | --- |
| $G_s$ | $\alpha_s$ | 激活腺苷酸环化酶 AC |
| $G_i$ | $\alpha_i$ | 抑制腺苷酸环化酶 AC |
| $G_q$ | $\alpha_q$ | 激活磷脂酶 PLC |
| $G_o$ | $\alpha_o$ | 大脑中主要的 G 蛋白，可调节离子通道 |
| $G_T$ | $\alpha_T$ | 激活视觉 |

2）接头蛋白和支架蛋白

· 衔接蛋白是信号转导途径中不同信号转导分子的接头，分别连接上游和下游分子。

· 支架蛋白一般是分子量较大的蛋白质，可同时结合多个位于同一信号转导途径中的转导分子，形成隔离区域，维持信号转导途径的特异性，并增加了调控的复杂性和多样性。

3）蛋白激酶/蛋白磷酸酶系统

细胞内的蛋白激酶催化靶蛋白的磷酸化，蛋白磷酸酶催化磷酸化的蛋白质分子发生去磷酸化，二者共同构成了细胞内蛋白质信号转导分子的重要开关系统。

细胞内主要的蛋白激酶是丝氨酸/苏氨酸激酶和酪氨酸激酶。

A. 蛋白丝氨酸/苏氨酸激酶催化下游靶蛋白的丝氨酸或苏氨酸羟基磷酸化，细胞内重要丝氨酸/苏氨酸激酶的包括 PKA、PKG、PKC、$Ca^{2+}$/CaM-PK，以及受 $PIP_2$ 调控的 PKB、受细胞周期蛋白调控的 CDK 和丝裂原激活蛋白激酶（MAPK）等，在物质代谢、细胞增殖和分化调节中发挥着重要的作用。

B. 蛋白酪氨酸激酶（PTK）催化下游靶蛋白的酪氨酸羟基磷酸化，可分为受体型蛋白酪氨酸激酶和非受体型蛋白酪氨酸激酶。

· 受体型蛋白酪氨酸激酶是一类存在于细胞膜上的生长因子受体，在结构上均为单跨膜蛋白，其胞外部分为配体结合区，中间为跨膜区，胞内部分为含有 PTK 活性的催化结构域。

· 非受体型蛋白酪氨酸激酶主要作为受体与效应分子之间的信号转导分子，有些直接与受体相结合，如 Src 家族、JAK 家族；有些与活化后的受体结合或间接结合于其他信号分子而发挥信号转导作用。

**（二）细胞内信号转导途径**

常见的细胞内信号转导途径可大致区分为膜受体介导的信号转导途径和胞内受体介导的信号转导途径，其中以膜受体介导的信号转导途径最为复杂。其大致分类及其特点参见表 16-2。

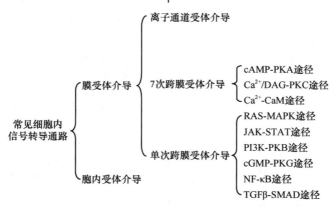

**表 16-2　常见细胞内信号转导途径汇总**

| 激素 | 受体类型 | 受体特点 | 细胞信号转导途径 |
| --- | --- | --- | --- |
| 肾上腺素、胰高血糖素 | 七次跨膜受体 | 与 Gs 型 G 蛋白偶联 | cAMP-PKA |
| 促甲状腺素释放激素、去甲肾上腺素、血管紧张素 II | 七次跨膜受体 | 与 Gq 型 G 蛋白偶联 | PLC-IP$_3$/DAG-PKC |
| 表皮生长因子、胰岛素等 | 单次跨膜受体 | 具有酪氨酸蛋白激酶活性 | Ras-MAPK |
| 干扰素、白细胞介素等 | 单次跨膜受体 | 与酪氨酸蛋白激酶偶联 | JAK-STAT |
| TGF-β、BMP 等 | 单次跨膜受体 | 具有丝氨酸/苏氨酸蛋白激酶活性 | SMAD |

| 激素 | 受体类型 | 受体特点 | 细胞信号转导途径 |
|---|---|---|---|
| TNFα 等 | 单次跨膜受体 | 与丝氨酸/苏氨酸蛋白激酶偶联 | NFκB |
| 心钠素、NO | 单次跨膜受体 | 具有鸟苷酸环化酶活性 | cGMP-PKG |
| 甲状腺素、性激素等 | 核内受体 | DNA 结合蛋白 | 核内受体 |

**1. 膜受体介导的信号转导途径**

（1）七次跨膜受体介导的信号转导——G 蛋白偶联介导

1）cAMP-PKA 途径：以靶细胞内 cAMP 浓度改变和激活 cAMP-蛋白激酶途径为主要特征。

基本路线为：肾上腺素、胰高血糖素等信号分子→与 G 蛋白偶联型七次跨膜受体结合→G 蛋白激活→激活腺苷酸环化酶活性→ATP 转化为 cAMP→cAMP 激活 PKA→磷酸化修饰多种底物蛋白→生物学效应。

• cAMP 的合成和降解：细胞外信号→七次跨膜受体→G 蛋白→激活腺苷酸环化酶（AC），AC 再催化 ATP 转化为 cAMP，使得细胞内 cAMP 浓度增高。同时，细胞内存在磷酸二酯酶（PDE）可将 cAMP 降解为 $5'$-AMP，使 cAMP 浓度降低。

• cAMP 对 PKA 的激活：cAMP 对细胞的调节作用是通过激活 cAMP 依赖性蛋白激酶（PKA）系统来实现的。PKA 是由 2 个催化亚基（C）和 2 个调节亚基（R）组成的四聚体。每个调节亚基上有 2 个 cAMP 结合位点，催化亚基具有催化底物蛋白的丝氨酸/苏氨酸残基磷酸化的功能。四聚体的 PKA 无催化活性，这是由于调节亚基与催化亚基结合后抑制了其催化活性。当 4 个 cAMP 分子结合到 2 个调节亚基上，使其构象变化，与催化亚基分开，催化亚基则表现出催化活性。

• PKA 的作用：PKA 被激活后，可使多种蛋白质底物的丝氨酸或苏氨酸残基发生磷酸化，改变其活性状态，底物分子包括一些糖、脂代谢相关的酶类、离子通道和某些转录因子等。

2）PLC-IP$_3$/DAG-PKC 途径：该途径实际上为双信号途径，包含了 Ca$^{2+}$/DAG-PKC 和 Ca$^{2+}$-CaM 途径。

基本路线为血管紧张素 II 等激素→偶联型七次跨膜受体结合→激活磷脂酶 C 型 G 蛋白即 Gq→激活 PLC→PLC 分解 PIP$_2$ 生成肌醇三磷酸（IP$_3$）和二酰甘油（DAG）→IP$_3$ 激活 Ca$^{2+}$通道导致 Ca$^{2+}$浓度升高，Ca$^{2+}$与 CaM 结合后激活 Ca$^{2+}$/CaM-PK→同时 DAG 和 Ca$^{2+}$激活 PKC→Ca$^{2+}$/CaM-PK 和 PKC 磷酸化修饰多种底物蛋白→生物学效应。

• 磷脂酶 PLC 分解 PIP$_2$ 生成肌醇三磷酸（IP$_3$）和二酰甘油（DAG）。

• IP$_3$ 是水溶性分子，可在细胞内扩散至内质网膜上，并与其受体结合。IP$_3$ 的受体是 IP$_3$ 控制的 Ca$^{2+}$通道，结合 IP$_3$ 后开放，促进细胞钙库内的 Ca$^{2+}$迅速释放，导致细胞中局部 Ca$^{2+}$浓度迅速升高。

• Ca$^{2+}$是一个重要的第二信使。Ca$^{2+}$在细胞中的分布具有明显的区域特征，细胞外液 Ca$^{2+}$浓度远高于细胞内，细胞内的 Ca$^{2+}$主要存在于钙库（内质网和线粒体）。

• Ca$^{2+}$的信号功能主要通过钙调蛋白（CaM）实现，CaM 为 Ca$^{2+}$结合蛋白，每分子 CaM 可结合 4 个 Ca$^{2+}$，结合后被激活，激活后可作用于钙调蛋白依赖性蛋白激酶（Ca$^{2+}$/CaM-PK）。

• Ca$^{2+}$和 DAG 可激活 PKC，PKC 被激活后，可使多种蛋白质底物的丝氨酸或苏氨酸残基发生磷酸化，改变其活性状态，底物分子包括质膜受体、膜蛋白、多种酶和转录因子等。

（2）单次跨膜受体介导的信号转导：受体本身具有酶活性或与酶分子偶联。许多生长因子受体属于催化型受体，这些受体本身具有酶活性。而大多数生长因子的受体本身具有酪氨酸蛋白激酶活性。

1）Ras-MAPK 途径是 EGFR 的主要信号途径。

• Ras 蛋白循环：Ras 蛋白相当于异三聚体 G 蛋白的 α 亚基，具有 GTP 酶活性，结合 GDP 时为无活性态，结合 GTP 时为活性态。Ras 在 SOS 作用下释放 GDP，结合 GTP，从而被激活，并激活 Raf-1 蛋白激酶，将信号传递下去。但 Ras 只有较弱的 GTP 水解能力；而在 GTP 酶激活蛋白作用下，加速活化态 Ras 迅速水解 GTP，从而使其钝化。GAPs 是直接与自身磷酸化的受体相结合的。这样，Ras 分别在 SOS 和 GAP 的作用下，启动和终止其活性，形成 Ras 蛋白循环。

• 蛋白激酶级联反应：活性态 Ras 激活 Raf-1，即 MAPKK 激酶，后者催化 MEK，即 MAPK 激酶磷酸化而激活，MEK 进一步使细胞外信号调节激酶磷酸化而激活。活化的 ERK 进入核内使转录因子磷酸化而被活化，调节与生长有关的基因转录。ERKs 亦可使 MAPK 磷酸酶（MKP1）磷酸化而被激活，反馈作用 ERKs，使其脱磷酸失活，减弱此信号途径产生的反应。由此可见，Raf-l/MEK/ERK 形成蛋白激酶级联反应。

2）PI3K-PKB 途径：胰岛素、生长因子受体等均能激活 PI3K。PI3K 由一个调节亚基（p85）和一个催化亚基（p110）组成。PIP2 在 PLC 的作用下产生肌醇-1，4，5-三磷酸，而活化的 PI3K 可转移一个磷酸基团至肌醇环第 3 位，产生第二信使 PIP3。PIP3 通过 PDK1 激活 PKB。被激活的 PKB 通过调控哺乳动物西罗莫司靶蛋白信号转导途径促进细胞生长与蛋白质合成。PI3K-PKB 途径与细胞增殖、分化、凋亡及葡萄糖转运等多种细胞生物学功能密切相关。

3）cGMP-PKG 途径：与 cAMP 相似，鸟苷酸环化酶催化 GTP 转化为 cGMP，磷酸二酯酶可将 cGMP 降解为 5′-GMP。cGMP 对细胞的调节作用是通过激活蛋白激酶 G（PKG）来实现的。PKG 是由相同亚基构成的二聚体。与 PKA 不同，PKG 的调节结构域和催化结构域存在于同一个亚基内。

该途径的基本路线为心钠素或 NO 等信号分子→与具有鸟苷酸环化酶活性的受体结合→激活鸟苷酸环化酶→GTP 转化为 cGMP→激活 PKG→生物学效应。

4）NF-κB 途径主要涉及机体的炎症和应急反应。

5）TGF-β 受体是蛋白丝氨酸激酶。

6）TGF-β-SMAD 途径参与调节增殖、分化、迁移和凋亡等多种细胞反应。

7）JAK-STAT 途径转导白细胞介素受体信号。

**2. 细胞内受体介导的信号转导途径**

（1）配体：类固醇激素、甲状腺素、维生素 D 等。

（2）受体：位于细胞内，多为 DNA 结合蛋白。

**3. 基本路线**　激素进入细胞后→形成激素-受体复合物→受体构象发生变化→与顺式作用元件结合→在转录水平调节基因表达→生物学效应（图 16-2）。

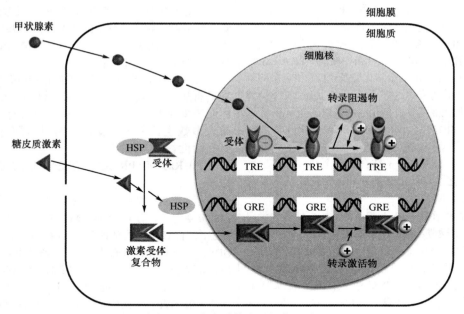

图 16-2　胞内受体介导的信号转导

**（三）细胞信号转导的基本规律**

（1）一个信号分子可以激活多条信号转导途径。

（2）一条信号转导途径中的成员，可参与另一条信号转导途径。

（3）不同的信号可以在信号途径中的不同部位发生聚合和整合，产生相同或相似的生物学效应。

（4）信号途径间既有相互协同又有相互制约，见图 16-3。

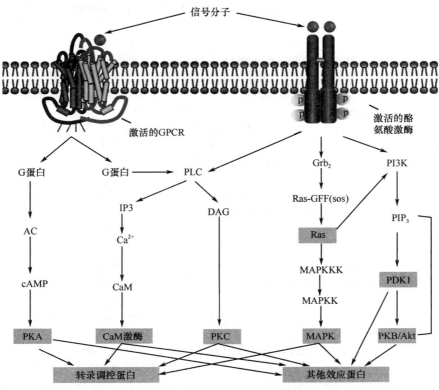

图 16-3　细胞信号转导网络

## （四）细胞信号转导异常与疾病

**1. 信号转导异常与疾病的发生**　细胞信号转导异常的原因和机制很复杂多样，但基本上是源于 3 个方面的原因，即胞外信号分子异常、受体功能紊乱和细胞内信号转导分子的功能失调。

信号转导分子的结构改变是许多疾病发生发展的基础，细胞信号转导机制的研究有助于对疾病发病机制的深入认识。

**2. 细胞信号转导分子与疾病治疗**　信号转导分子是重要的药物作用靶点，随着信号转导研究的不断深入和发展，特别是信号转导分子结构功能改变与疾病发生关系的研究促进了新的疾病诊疗手段的发展，为新药的筛选和开发提供了靶点。

# 中英文专业术语

细胞信号转导　cellular signal transduction
激素　hormone
神经递质　neurotransmitter
生长因子　growth factor
细胞因子　cytokine

第一信使　first messenger
内分泌　endocrine
旁分泌　paracrine
自分泌　autocrine
受体　receptor
配体　ligand
细胞表面受体　cell surface receptor
膜受体　membrane receptor
跨膜受体　transmembrane receptor
细胞内受体　intracellular receptor
核受体　nuclear receptor
离子通道型受体　ionotropic receptor
G 蛋白偶联型受体　G-protein coupled receptor, GPCR
酶联受体　enzyme linked receptor
受体酪氨酸激酶　receptor tyrosine kinase, RTK
第二信使　second messenger
环腺苷酸　cyclic AMP, cAMP
环鸟苷酸　cyclic GMP, cGMP
磷酸二酯酶　phosphodiesterase
腺苷酸环化酶　adenylate cyclase
鸟苷酸环化酶　guanylate cyclase

衔接蛋白　adaptor protein
支架蛋白　scaffold protein
蛋白激酶　protein kinase
丝氨酸/苏氨酸蛋白激酶　protein serine/threonine kinase，PSTK
酪氨酸蛋白激酶　protein tyrosine kinase，PTK
蛋白磷酸酶　protein phosphatase
丝氨酸/苏氨酸蛋白磷酸酶　protein serine/threonine phosphatase
酪氨酸蛋白磷酸酶　protein tyrosine phosphatase
蛋白激酶A　protein kinase A，PKA
cAMP应答元件　cAMP response element，CRE
cAMP应答元件结合蛋白　cAMP response element binding protein，CREB
蛋白激酶C　protein kinase C，PKC
钙调蛋白　calmodulin，CaM
$Ca^{2+}$-CaM依赖性的蛋白激酶　$Ca^{2+}$/CaM-dependent protein kinase，CaMK
促分裂原活化的蛋白激酶　mitogen-activated protein kinase，MAPK
胞外信号调节激酶　extracellular signal-regulated kinase，ERK
表皮生长因子　epidermal growth factor，EGF
血小板源性生长因子　platelet-derived growth factor，PDGF
磷脂酰肌醇3-激酶　phosphatidylinositol 3-kinase，PI3K
蛋白激酶B　protein kinase B，PKB
转化生长因子-β　transforming growth factor β，TGF-β
蛋白激酶G　protein kinase G，PKG
心房钠尿肽　atrial natriuretic peptide，ANP
信号转导及转录激活蛋白　signal transducer and activator of transcription，STAT
核因子κB　nuclear factor-κB，NF-κB
肿瘤坏死因子　tumor necrosis factor，TNF
糖皮质激素应答元件　glucocorticoid response element，GRE
激素应答元件　hormone response element

# 练 习 题

## 一、A1型选择题

1. 下列属于G蛋白的分子是
A. 蛋白质激酶A　　B. 鸟苷酸环化酶
C. 蛋白质激酶G　　D. 鸟苷酸结合蛋白
E. 生长因子结合蛋白-2

2. 与G蛋白活化密切相关的核苷酸是
A. ATP　　B. CTP　　C. GTP
D. TTP　　E. UTP

3. G蛋白具有的酶活性是
A. 蛋白酶　　　　　B. 氧化酶
C. 三磷酸腺苷酶　　D. 三磷酸鸟苷酶
E. 核糖核酸酶

4. PKA所磷酸化的氨基酸主要是
A. 酪氨酸/半胱氨酸　B. 甘氨酸/苏氨酸
C. 酪氨酸/甘氨酸　　D. 甘氨酸/丝氨酸
E. 丝氨酸/苏氨酸

5. 下列在体内发生可逆磷酸化修饰的主要氨基酸残基是
A. 甘氨酸、丝氨酸、缬氨酸
B. 苏氨酸、丝氨酸、酪氨酸
C. 丙氨酸、异亮氨酸、亮氨酸
D. 苯丙氨酸、苏氨酸、缬氨酸
E. 酪氨酸、缬氨酸、甘氨酸

6. 下列可直接激活蛋白激酶C的分子是
A. $IP_3$　　B. $PIP_2$　　C. DAG
D. cAMP　　E. cGMP

7. 蛋白激酶所催化的蛋白质修饰反应是
A. 糖基化　B. 磷酸化　C. 乙酰化
D. 泛素化　E. 甲基化

8. 下列可作为受体的蛋白激酶是
A. 蛋白酪氨酸激酶
B. cGMP依赖的蛋白质激酶
C. cAMP依赖的蛋白质激酶
D. $Ca^{2+}$-磷脂依赖的蛋白质激酶
E. $Ca^{2+}$-钙调蛋白依赖的蛋白质激酶

9. 鸟苷酸环化酶的底物是
A. cAMP　　B. cGMP　　C. ATP
D. GTP　　E. ADP

10. 下列可激活蛋白激酶A的分子是
A. cAMP　　B. cGMP　　C. $Ca^{2+}$
D. $PIP_2$　　E. $K^+$

11. 可溶性鸟苷酸环化酶位于
A. 细胞膜　B. 细胞质　C. 细胞核
D. 线粒体　E. 内质网

12. 下列不属于细胞内传递信息第二信使的分子是
A. 胰岛素　　　　　B. 环鸟苷酸
C. 环腺苷酸　　　　D. 甘油二酯
E. 三磷酸肌醇

13. 可被cGMP激活的酶是
A. 磷脂酶C　　　　B. 磷脂酶A
C. 蛋白激酶G　　　D. 蛋白激酶A

E. 蛋白激酶 C

14. 不以产生第二信使为主要信号传递方式的细胞外信号是
A. 肾上腺素
B. 甲状腺素
C. 胰高血糖素
D. 去甲肾上腺素
E. 促肾上腺皮质激素

15. 关于脂溶性化学信号受体的描述，错误的是
A. 主要存在于细胞内
B. 主要存在于细胞膜上
C. 大部分属于转录因子
D. 大多属于 DNA 结合蛋白质
E. 可结合基因调控区改变转录速度

16. 影响离子通道开放的配体主要是
A. 神经递质
B. 甲状腺素
C. 生长因子
D. 无机离子
E. 类固醇激素

17. 下列不属于离子通道受体的是
A. 谷氨酸受体
B. 乙酰胆碱受体
C. 5-羟色胺受体
D. γ-氨基丁酸受体
E. 表皮生长因子受体

18. 关于 G 蛋白偶联受体的叙述，正确的是
A. 存在于细胞内
B. 属于单跨膜受体
C. 不依赖第二信使传递信号
D. 通过 G 蛋白向下游传递信号
E. 可直接激活蛋白质激酶传递信号

19. 下列属于 G 蛋白偶联受体的是
A. 干扰素受体
B. 雌激素受体
C. 肾上腺素受体
D. 乙酰胆碱受体
E. 表皮生长因子受体

20. ★cAMP 能别构激活下列哪种酶
A. 磷脂酶 A
B. 蛋白激酶 A
C. 蛋白激酶 C
D. 蛋白激酶 G
E. 蛋白酪氨酸激酶

21. 胰岛素受体所具有的蛋白激酶活性是
A. 蛋白激酶 A
B. 蛋白激酶 C
C. 蛋白激酶 G
D. $Ca^{2+}$-CaM 激酶
E. 蛋白酪氨酸激酶

22. 转录因子 Smad 活化的主要方式是
A. 磷酸化
B. 泛素化
C. 甲基化
D. 糖基化
E. 乙酰化

23. 关于 MAPK 分子的结构与功能的叙述，错误的是
A. 属于蛋白酪氨酸激酶
B. 属于丝氨酸/苏氨酸蛋白激酶
C. 可入核调控转录因子的活性
D. 包括 ERK、p38 和 JNK 家族

E. 上游衔接多个分子的磷酸化级联活化

24. 关于表皮生长因子受体的叙述，错误的是
A. 属于蛋白酪氨酸激酶
B. 可以活化三聚体 G 蛋白
C. 主要激活 Ras-MAPK 途径
D. 可以活化低分子量 G 蛋白
E. 与配体结合后可发生自我磷酸化

25. 下列关于信号转导网络的叙述，错误的是
A. 不同信号途径可协同调节基因表达
B. 不同信号途径可拮抗基因表达调控效应
C. 一条信号途径只调节一种转录因子的活性
D. 不同信号途径激活可作用于同一转录因子
E. 一条信号途径可同时调节多个转录激活因子

26. 下列关于信号转导基本规律的叙述，错误的是
A. 细胞信号在转导过程中可被逐级放大
B. 信号的传递和终止涉及许多双向反应
C. 细胞信号转导途径有通用性又有专一性
D. 特定受体在所有细胞中的下游信号途径相同
E. 同一细胞中不同信号途径之间有广泛交联互动

27. 霍乱毒素在体内的毒性作用机制是
A. 使磷酸二酯酶活性丧失
B. 使腺苷酸环化酶活性丧失
C. 使 G 蛋白的α亚基发生磷酸化
D. 使 G 蛋白不能作用于下游效应分子
E. 使 G 蛋白的α亚基发生 ADP 核糖基化

28. 肢端肥大症的信号转导异常的关键环节是
A. $G_i$过度激活
B. $G_{sa}$过度激活
C. cAMP 生成过多
D. 生长抑素分泌减少
E. 生长激素释放激素分泌过多

29. 转录因子 NF-κB 的主要活化方式是
A. 自身含量增加
B. 与抑制性蛋白质解离
C. 自身发生磷酸化修饰
D. 自身发生泛素化修饰
E. 自身发生糖基化修饰

30. PKA 的别构激活物是
A. $IP_3$
B. $Ca^{2+}$
C. DAG
D. cAMP
E. cGMP

31. 蛋白质激酶作用于蛋白质底物的反应
A. 脱磷酸
B. 磷酸化
C. 甲基化
D. 促进合成
E. 酶促水解

32. 关于酶偶联受体结构与功能的叙述，错误的是
A. 属于单跨膜受体
B. 通过蛋白质激酶来传递信号
C. 直接通过 G 蛋白活化传递信号
D. 有些受体具有蛋白质激酶活性

E. 配体主要是生长因子和细胞因子

33. G 蛋白偶联受体所属的受体类别是
A. 环状受体　　　　B. 催化性受体
C. 七次跨膜受体　　D. 细胞核内受体
E. 细胞质内受体

34. 酶偶联受体所属类别是
A. 环状受体　　　　B. 单跨膜受体
C. 七次跨膜受体　　D. 细胞核内受体
E. 细胞质内受体

35. 最早被发现的第二信使是
A. NO　　B. $IP_3$　　C. $Ca^{2+}$
D. cAMP　　E. cGMP

36. 下列可直接活化蛋白质激酶 C 的第二信使是
A. 环腺苷酸　　　　B. 环鸟苷酸
C. 甘油二酯　　　　D. 甘油三酯
E. 三磷酸肌醇

37. $IP_3$ 与相应受体结合致胞质内浓度升高的离子是
A. $K^+$　　　B. $Cl^-$　　　C. $Na^+$
D. $Ca^{2+}$　　E. $Mg^{2+}$

38. 对于 cAMP-PKA 信号转导途径的叙述,错误的是
A. 激素与受体结合后激活 G 蛋白
B. 释放活化的 α 亚基并激活腺苷酸环化酶
C. 腺苷酸环化酶催化产生小分子信使 cAMP
D. cAMP 结合 PKA,通过磷酸化作用激活 PKA
E. cAMP 结合 PKA,通过变构调节作用激活 PKA

39. 下列不属于 IP3/DAG-PKC 信号转导途径的反应是
A. 受体活化并激活低分子量 G 蛋白
B. 释放活化的 α 亚基并激活磷脂酶 C
C. 磷脂酶 C 水解膜组分 $PIP_2$,生成 DAG 和 $IP_3$
D. $IP_3$ 进入胞质并促进钙储库内的 $Ca^{2+}$ 迅速释放
E. DAG、磷脂酰丝氨酸与 $Ca^{2+}$ 共同促使 PKC 变构活化

40. 下列不属于 $Ca^{2+}$/钙调蛋白依赖蛋白质激酶信号途径的反应是
A. 细胞质内钙离子浓度升高
B. 形成 $Ca^{2+}$/钙调蛋白复合物
C. 细胞钙储库内 $Ca^{2+}$ 浓度升高
D. $Ca^{2+}$/CaM 复合物激活蛋白激酶
E. 钙调蛋白依赖性激酶激活效应蛋白质

41. 下列受 $G_{\alpha s}$ 亚基作用而被激活的酶是
A. 磷脂酶 C　　　　B. 腺苷酸环化酶
C. 蛋白质激酶 A　　D. 蛋白质激酶 C
E. 蛋白质激酶 G

42. 胞内受体的激素结合区的作用是

A. 激活转录　　　　B. 与配体结合
C. 与 G 蛋白偶联　　D. 使受体二聚体化
E. 与热休克蛋白结合

43. TGF-β 的代表性信号途径是
A. Smad　　　　　　B. PI3K-Akt
C. RAS-MAPK　　　D. JAK-STAT
E. PLCγ-IP3-$Ca^{2+}$

44. 下列关于 PKA 结构与功能的叙述,错误的是
A. 可被 cAMP 变构激活
B. 属于蛋白质丝氨酸/苏氨酸激酶
C. 仅作用于物质代谢相关的酶类
D. 由 2 个调节亚基和 2 个催化亚基构成
E. 能够磷酸化一些转录因子并调节其活性

45. 介导细胞信号转导产生快速效应的是
A. 染色质结构重塑
B. 转录因子磷酸化修饰
C. 蛋白质的合成增加
D. 酶蛋白的磷酸化修饰
E. 非编码 RNA 分子的表达

46. 下列对基因表达调控作用最小的信号途径是
A. JAK-STAT 途径　　B. RAS-MAPK 途径
C. cAMP-PKA 途径　　D. TGFβ-Smad 途径
E. 乙酰胆碱受体途径

47. 关于激素应答元件的叙述,错误的是
A. 属于顺式作用元件
B. 属于反式作用因子
C. 具有特征性的 DNA 序列
D. 位于基因的转录调控区域
E. 可结合特定激素-受体复合物

48. 在核受体中一般不存在的结构是
A. PH 结构域　　　　B. 核定位信号
C. 配体结合结构域　　D. 转录激活结构域
E. DNA 结合结构域

49. 下列不属于膜受体对转录因子调控方式的是
A. 改变其表达水平
B. 直接调节其活性
C. 经由胞内蛋白质激酶激活其活性
D. 通过第二信使直接变构激活其活性
E. 通过第二信使/蛋白质激酶激活其活性

50. IFN-γ受体下游的主要信号途径是
A. Smad　　　　　　B. PI3K-Akt
C. RAS-MAPK　　　D. JAK-STAT
E. PLCγ-IP3-$Ca^{2+}$

51. 下列哪类物质属于细胞间信息物质
A. 环核苷酸　　　　B. 甘油二酯
C. 三磷酸肌醇　　　D. 蛋白激酶
E. 神经递质

52. 百日咳毒素主要直接干扰哪种 G 蛋白活性
A. 激动型 G 蛋白（Gs）
B. 抑制型 G 蛋白（Gi）
C. 与视觉相关的 G 蛋白（Gt）
D. 与离子通道开放相关的 G 蛋白（Go）
E. 与磷脂酶 C（PLC）活化相关的 G 蛋白（Gq）

53. G 蛋白是
A. 蛋白激酶 A
B. 鸟苷酸环化酶
C. 蛋白激酶 G
D. Grb2 结合蛋白
E. 鸟苷酸结合蛋白

54. 有关 G 蛋白描述，正确的是
A. 3 个亚基结合在一起才有活性
B. 由 α、β、γ 3 个亚基组成，3 种亚基通常以独立的形式存在
C. 无活性 G 蛋白通常结合 GTP
D. 被活化的单次跨膜 α 螺旋受体可激活 G 蛋白
E. G 蛋白的 α 亚基具有 GTP 酶的活性

55. ★直接影响细胞内 cAMP 含量的酶是
A. 酪氨酸蛋白激酶
B. 腺苷酸环化酶
C. 蛋白激酶 C
D. 磷脂酶
E. 蛋白激酶 A

56. ▲可以激活蛋白激酶 A 的是
A. IP₃
B. DG
C. cAMP
D. cGMP
E. PIP₃

57. ▲下列属于胞内信号分子的是
A. 胰岛素
B. 甲状腺素
C. 肾上腺素
D. 甘油二酯
E. 类固醇激素

58. ★可作为信号转导第二信使的物质是
A. 一磷酸甘油
B. 腺苷酸环化酶
C. 甘油二酯
D. 生长因子

59. ★下列涉及 G 蛋白偶联受体信号的主要途径是
A. cAMP-PKA 信号途径
B. 酪氨酸激酶受体信号途径
C. 雌激素-核受体信号途径
D. 丝氨酸/苏氨酸激酶受体信号途径

60. ★下列哪种激酶会引起 cAMP 浓度降低
A. 蛋白激酶 A
B. 蛋白激酶 C
C. 磷酸二酯酶
D. 磷脂酶 C
E. 蛋白激酶 G

61. ★下列关于 GTP 结合蛋白（G 蛋白）的叙述，错误的是
A. 膜受体通过 G 蛋白与腺苷酸环化酶偶联
B. 可催化 GTP 水解为 GDP
C. 霍乱毒素可使其失活
D. 有 3 种 α、β、γ

62. ★下列蛋白中，属于小 G 蛋白的是

A. 异三聚体 G 蛋白
B. Grb2
C. MAPK
D. Ras

63. ★下列因素中，与 Ras 蛋白活性无关的是
A. GTP
B. Grb2
C. 鸟苷酸交换因子
D. 鸟苷酸环化酶

64. ★通过胞内受体发挥作用的是
A. 肾上腺素
B. 甲状腺激素
C. 胰高血糖素
D. 胰岛素
E. 促肾上腺皮质激素

65. ★与细胞生长、增殖和分化关系最为密切的信号转导途径主要是
A. cAMP-蛋白激酶途径
B. cGMP-蛋白激酶途径
C. 受体型 PTK-Ras-MAPK 途径
D. JAK-STAT 途径

66. ★下列关于 Ras 蛋白特点的叙述，正确的是
A. 具有 GTP 酶活性
B. 能使蛋白酪氨酸磷酸化
C. 具有 7 个跨膜螺旋结构
D. 属于蛋白质丝氨酸/苏氨酸激酶

67. ★在经典的信号途径中，受 G 蛋白激酶直接影响的酶是
A. PKC
B. MAPK
C. JAK
D. AC

68. ★下列关于蛋白激酶的叙述，正确的是
A. 底物可以是脂类物质
B. 可以是亮氨酸残基磷酸化
C. 蛋白质磷酸化后活性改变
D. 属于第二信使分子

## 二、A2 型选择题

1. 目前的临床资料表明，导致癌症患者死亡最主要的原因是肿瘤的转移。在肿瘤转移的过程中，肿瘤细胞受到远处靶器官（肿瘤转移的目的地）所分泌的炎症因子和细胞因子的作用而发生趋化运动。你认为这种信号分子发挥作用的方式属于
A. 旁分泌
B. 内分泌
C. 自分泌
D. 外分泌
E. 神经分泌

2. 肿瘤细胞的一个重要特征就是众多癌基因异常活化所导致的信号途径异常，目前临床上已开发出多种小分子抑制剂来对此进行干预，其中一类小分子抑制剂的靶标便是肿瘤细胞表面的受体分子，而另一大类靶标则位于肿瘤细胞内部，你认为这一类小分子抑制剂的靶标很可能是
A. DNA
B. RNA
C. 核糖体
D. 蛋白质激酶
E. 细胞骨架蛋白质

## 三、B 型选择题

A. 蛋白质酪氨酸激酶

B. cGMP 依赖的蛋白质激酶

C. cAMP 依赖的蛋白质激酶

D. $Ca^{2+}$-甘油二酯依赖的蛋白质激酶

E. $Ca^{2+}$-钙调蛋白依赖的蛋白质激酶

1. 蛋白激酶 A 是

2. 蛋白激酶 C 是

3. 蛋白激酶 G 是

4. 包括受体型和非受体型的蛋白激酶是

A. 胰岛素　　　　　　B. 生长激素

C. 甲状腺素　　　　　D. 肾上腺素

E. 胰高血糖素

5. 依靠激活蛋白质酪氨酸激酶活性传递信号的激素是

6. 可以通透细胞膜并与细胞内受体相结合的激素是

A. cAMP　　B. cGMP　　C. ATP

D. GTP　　E. ADP

7. 腺苷酸环化酶催化反应的底物是

8. 鸟苷酸环化酶催化反应的底物是

9. PKA 的变构激活物是

A. $IP_3$　　B. $Ca^{2+}$　　C. DAG

D. cAMP　　E. cGMP

10. NO 的第二信使是

11. 肾上腺素的第二信使是

12. 可促进内质网和肌浆网向胞质释放钙的第二信使是

A. 钙结合蛋白　　　　B. DNA 结合蛋白

C. 鸟苷酸结合蛋白　　D. 补体 4b 结合蛋白

E. cAMP 应答元件结合蛋白

13. G 蛋白属于

14. CaM 属于

15. 胞内受体是

A. 细胞膜　　　B. 细胞质　　　C. 细胞核

D. 线粒体　　　E. 内质网

16. 可溶性鸟苷酸环化酶位于

17. 细胞内的 $Ca^{2+}$ 储存于

18. 胰岛素受体位于

A. $K^+$　　　　　B. $Ca^{2+}$　　　C. $PIP_2$

D. cAMP　　　E. cGMP

19. 激活蛋白质激酶 A 所需要的分子是

20. 激活蛋白质激酶 C 所需要的分子是

21. 激活蛋白质激酶 G 需要的分子是

A. 鸟苷酸环化酶　　　B. 腺苷酸环化酶

C. 磷酸二酯酶　　　　D. $Ca^{2+}$

E. AMP

22. 可直接使 cAMP 浓度降低的分子是

23. 可直接使 cAMP 浓度增高的分子是

24. 可直接使 cGMP 浓度增高的分子是

## 四、X 型选择题

1. 通过 G 蛋白偶联受体途径发挥作用的是

A. 肾上腺素　　　　　B. 甲状腺素

C. 胰高血糖素　　　　D. 抗利尿激素

E. 促肾上腺皮质激素

2. 细胞因子发挥生物学作用的方式包括

A. 内分泌　　　B. 外分泌　　　C. 旁分泌

D. 自分泌　　　E. 突触分泌

3. G 蛋白激活后可以直接活化的分子是

A. 腺苷酸环化酶　　　B. 蛋白激酶 A

C. 蛋白激酶 G　　　　D. 鸟苷酸环化酶

E. 磷脂酰肌醇特异性磷脂酶 C

4. 受体与配体结合的特点包括

A. 高度专一性　　　　B. 高度亲和力

C. 可饱和性　　　　　D. 可逆性

E. 特定的作用模式

5. 常见的调节受体活性的机制包括

A. 磷酸化作用　　　　B. 脱磷酸化作用

C. G 蛋白的调节　　　D. 酶促水解作用

E. 膜磷脂代谢衍生物

6. 下列能与 GDP/GTP 结合的蛋白质是

A. Ras　　　B. RAF　　　C. REL A

D. Grb2　　　E. G 蛋白

7. 自身具有蛋白质酪氨酸激酶活性的受体是

A. 干扰素受体　　　　B. 胰岛素受体

C. 生长激素受体　　　D. 表皮生长因子受体

E. 血小板源性生长因子受体

8. 位于细胞内的激素受体的作用包括

A. 激活转录　　　　　B. 与 G 蛋白偶联

C. 与水溶性配体结合　D. 与热休克蛋白结合

E. 可结合于激素应答元件

9. 磷脂酰肌醇特异性磷脂酶 C 催化磷脂酰肌醇 4,5-二磷酸水解产生的物质是

A. $IP_3$　　　B. DAG　　　C. cAMP

D. cGMP　　　E. 花生四烯酸

10. 三聚体 G 蛋白的结构与功能特点包括

A. 属于鸟苷酸结合蛋白

B. α 亚基具有 GTP 酶活性

C. βγ 亚基可激活腺苷酸环化酶

D. 完整三聚体具有 ATP 酶活性

E. 不同 G 蛋白的功能差异主要在 α 亚基

11. 下列与 RAS 活化直接相关的蛋白质或核苷酸是

A. SOS　　　B. RAF　　　C. GTP

D. CTP　　　E. Grb2

12. 下列属于激素作用的第二信使的分子是
A. IP$_3$　　B. Ca$^{2+}$　　C. DAG
D. PIP$_2$　　E. cAMP

13. 蛋白质分子中较易发生磷酸化的氨基酸是
A. 甘氨酸　　B. 丝氨酸　　C. 苏氨酸
D. 酪氨酸　　E. 苯丙氨酸

14. 细胞内环核苷酸增加可直接激活的分子是
A. AC　　B. GC　　C. PKC
D. PKG　　E. PKA

15. 小分子第二信使直接相关的细胞信号转导途径包括
A. PKA 途径　　　　B. PKC 途径
C. PKG 途径　　　　D. PTK 途径
E. JAK-STAT 途径

16. ★细胞内信息传递中，能作为第二信使的是
A. cAMP　　　　B. AMP
C. DAG　　　　D. TPK

17. ★参与 GPCR 途径的分子有
A. G 蛋白　　　　B. cAMP
C. FAD　　　　D. AC

18. ★参与 G 蛋白偶联受体介导信号转导途径的分子有
A. 七次跨膜受体　　B. G 蛋白
C. 腺苷酸环化酶　　D. CMP

19. ★具有酪氨酸激酶活性的信号分子有
A. MAPK　　　　B. G 蛋白
C. Src 蛋白激酶　　D. 表皮生长因子受体

## 五、名词解释

1. 受体
2. 配体
3. SH2 结构域
4. 衔接蛋白
5. G 蛋白
6. 小 G 蛋白
7. 第二信使
8. G 蛋白偶联受体
9. 单次跨膜受体
10. 钙调蛋白
11. 细胞信号转导

## 六、简答题

1. 简述细胞信号转导的基本过程。
2. 受体的作用是什么？其与配体相互作用的特点有哪些？
3. 细胞信号转导的共同规律和特征是什么？
4. 列举膜受体的分类及其介导的细胞信号转导的方式。

5. 简述 G 蛋白偶联受体介导的 cAMP-PKA 途径的基本过程。
6. 简述 G 蛋白偶联受体介导的 PLC-IP$_3$/DAG-PKC 途径的基本过程。
7. 简述核受体介导的信号转导途径的基本过程。
8. 简述 EGF 介导的 ras-MAPK 途径的基本过程。
9. 列举第二信使分子的种类及其主要特点。
10. 细胞信号转导异常通常发生在哪些层次上？

## 七、分析论述题

结合物质代谢的调节原理、cAMP-PKA 信号转导途径和真核基因表达调控知识，以胰高血糖素或肾上腺素为例，阐述其对糖原分解或脂肪动员的调节机制。

# 参 考 答 案

## 一、A1 型选择题

| | | | | |
|---|---|---|---|---|
| 1. D | 2. C | 3. D | 4. E | 5. B |
| 6. C | 7. B | 8. A | 9. D | 10. A |
| 11. B | 12. A | 13. C | 14. B | 15. B |
| 16. A | 17. E | 18. D | 19. C | 20. B |
| 21. E | 22. A | 23. A | 24. B | 25. C |
| 26. D | 27. E | 28. B | 29. D | 30. D |
| 31. B | 32. C | 33. C | 34. B | 35. D |
| 36. C | 37. D | 38. D | 39. A | 40. C |
| 41. B | 42. B | 43. D | 44. C | 45. D |
| 46. D | 47. B | 48. A | 49. D | 50. D |
| 51. E | 52. B | 53. E | 54. E | 55. B |
| 56. C | 57. D | 58. C | 59. A | 60. C |
| 61. C | 62. D | 63. D | 64. B | 65. C |
| 66. A | 67. D | 68. C | | |

## 二、A2 型选择题

| | |
|---|---|
| 1. B | 2. D |

## 三、B 型选择题

| | | | | |
|---|---|---|---|---|
| 1. C | 2. D | 3. B | 4. A | 5. A |
| 6. C | 7. C | 8. D | 9. A | 10. E |
| 11. D | 12. A | 13. C | 14. A | 15. B |
| 16. B | 17. E | 18. A | 19. D | 20. B |
| 21. E | 22. C | 23. B | 24. A | |

## 四、X 型选择题

| | | | |
|---|---|---|---|
| 1. ACDE | 2. ACD | 3. AE | 4. ABCDE |
| 5. ABCDE | 6. AE | 7. BDE | 8. ACE |
| 9. AB | 10. ABE | 11. ACE | 12. ABDE |
| 13. BCD | 14. DE | 15. ABC | 16. AC |
| 17. ABD | 18. ABC | 19. CD | |

## 五、名词解释

1. 受体:指位于细胞膜上或细胞内能特异识别外源化学信号并与之结合的成分,其化学本质是蛋白质、糖蛋白或糖脂。它能把识别和接收的信号正确无误地放大并传递到细胞内部,进而引起生物学效应。

2. 配体:指能与受体特异性结合的生物活性分子。细胞间信息物质是最常见的配体。除了体内的生物活性分子可作为受体的配体外,某些药物、维生素和毒物也可作为受体的配体。

3. SH2 结构域:是与原癌基因 *src* 编码的蛋白质酪氨酸激酶区同源的结构域,能识别和结合蛋白质分子中磷酸化的酪氨酸及其相邻的 3~6 个氨基酸残基所构成的模体。

4. 衔接蛋白:指信号转导途径中不同信号转到分子的接头,连接上游信号转导分子和下游信号转导分子。其发挥作用的结构基础是含有蛋白质之间相互作用的结构域,功能是募集和组织信号转导复合物。

5. G 蛋白:是鸟苷酸结合蛋白的简称,存在着结合 GTP 和结合 GDP 这 2 种分子形式,因而可处于不同的构象。G 蛋白结合 GDP 时处于无活性状态。GDP 被 GTP 取代时,G 蛋白成为活化形式,能够与下游分子结合,并通过变构效应激活下游分子,使相应信号途径开放。

6. 小 G 蛋白:属于小分子量的 GTP 结合蛋白,与异源三聚体 G 蛋白类似,具有 GTP 酶活性。

7. 第二信使:指位于靶细胞内的具有信号转导功能的小分子化合物,包括无机离子、脂类衍生物、糖类衍生物、环核苷酸等。当细胞外化学信号与受体结合后,可引起细胞内第二信使浓度和分布的变化,第二信使作用于下游信号分子,可起到信息传递和放大作用。

8. G 蛋白偶联受体:是一类重要信号转导分子,与七次跨膜受体相结合,存在于细胞膜内侧,能与 GDP 或 GTP 结合,由 α、β 和 γ 3 亚基组成。以三聚体形式存在并与 GDP 结合者(GDP-$G_{\alpha\beta\gamma}$)为无活性形式,当七跨膜受体接受外源信号引起 G 蛋白构象变化,导致 α 亚基与 βγ 亚基分开,并与 GTP 结合为 G 蛋白的活性形式($G_{\alpha}$-GTP)。活化型 G 蛋白通过调节下游靶分子的活性而参与信号转导。

9. 单跨膜受体:属于糖蛋白,只有 1 个跨膜区段,与细胞增殖、分化、分裂及癌变相关。主要有蛋白质酪氨酸激酶型受体、蛋白质丝氨酸/苏氨酸激酶型受体、非酶类等。

10. 钙调蛋白:是细胞内 $Ca^{2+}$ 的受体,每分子 CaM 可结合 4 个 $Ca^{2+}$,结合后被激活,可作用于钙调蛋白依赖性性激酶。

11. 细胞信号转导:指细胞针对外源信息所发生的细胞内生物化学变化及效应的全过程。其基本过程包括特定的细胞释放信息物质→信息物质经扩散或血循环到达靶细胞→与靶细胞的受体特异性结合→受体对信息进行转换并启动细胞内信使系统→靶细胞产生生物学效应。

## 六、简答题

1. 细胞信号转导的基本过程:①特定的细胞释放信息物质;②信息物质经扩散或血循环到达靶细胞;③信息物质与靶细胞的受体专一性结合;④受体对信号进行转换并启动靶细胞内信号传递系统;⑤靶细胞内的序贯分子变化产生应答反应而改变细胞行为。

2. 受体有两个方面的作用:一是识别外源信号分子并与之结合;二是转换配体信号,使之成为细胞内分子可识别的信号,并传递至其他分子引起细胞应答。受体与配体的相互作用有以下特点。①高度专一性:受体选择性地与特定配体结合,这种选择性是由分子的空间构象所决定的。②高亲和力:受体与信号分子的亲和力一般高于酶与底物、抗原与抗体相互作用的亲和力,这就保证了很低浓度的信号分子即可充分起到调控作用。③可饱和性:一个靶细胞的受体数目是有限的。④可逆性:受体与配体以非共价键结合,当生物效应发生后,配体即与受体解离。

3. 细胞信号转导的共同规律和特征:①对于外源信息的反应信号的发生和终止十分迅速,即可以迅速满足功能调整的需要,已经产生的信号又可及时终止以便细胞恢复常态。②信号转导过程是多级酶反应,因而具有级联放大效应,以保证细胞反应的敏感性。③细胞信号转导系统具有一定的通用性,亦称为信号的会聚,指的是不同信号产生相同或者类似生物学效应的现象。一些信号转导分子和信号转导途径常常为不同的受体共用,而不是每一个受体都有自己完全专用的分子和途径,使得细胞内有限的信号转导分子即可满足多种受体信号转导的需求。④不同信号转导途径之间存在广泛的信号交联互动,导致信号的发散,即一种信号可以产生多种不同生物学效应的现象。信号发散的原因是一种信号往往可以激活多条信号转导途径。这是细胞内信号途径网络的体现和必然结果。

4. 膜受体可以分为 3 大类,即离子通道受体、G

蛋白偶联受体（GPCR）和酶偶联受体。离子通道型受体是一类自身为离子通道的受体，通道的开放或关闭直接受化学配体（主要的配体为神经递质）的控制。乙酰胆碱结合受体并改变其构象，从而控制离子通道的开放。离子通道受体信号转导的作用是改变细胞膜电位，引起的细胞应答主要是去极化与超极化。GPCR 在结构上均为单体蛋白，氨基端位于细胞膜外表面，羧基端在胞膜内侧，完整的肽链反复跨膜 7 次，因此又称为七次跨膜受体。由于肽链反复跨膜，在膜外侧和膜内侧形成了几个环状结构，它们分别负责接受外源信号的刺激和细胞内的信号传递，其细胞质部分可以与三聚体 G 蛋白相互作用。此类受体通过 G 蛋白向下游传递信号，因此称为 G 蛋白偶联受体。信号转导过程主要包括以下几个步骤。①配体结合并激活受体；②G 蛋白激活/失活循环；③G 蛋白激活下游效应分子；④第二信使的产生或分布变化；⑤第二信使激活蛋白质激酶；⑥蛋白质激酶激活效应蛋白质。酶偶联受体所结合的配体主要是生长因子、细胞因子等蛋白质分子。信号转导过程：①胞外信号分子与受体结合。②第一个蛋白质激酶被激活，这一步反应是"蛋白质激酶偶联受体"名称的由来。但是，"偶联"却有两种形式。有的受体本身具有蛋白质激酶活性，此步骤是激活受体胞内结构域的蛋白质激酶活性。③下游信号分子的序贯激活，通过蛋白质-蛋白质相互作用或蛋白质激酶的磷酸化修饰作用，有序地激活下游信号转导分子，完成信号传递。大部分信号传递是激活一些特定的蛋白质激酶，有些是级联激活。蛋白质激酶通过磷酸化修饰激活代谢途径中的关键酶、转录调节中的反式作用因子等，影响代谢途径、基因表达、细胞运动、细胞增殖等细胞行为。

5. cAMP-PKA 信号途径的基本过程：配体与 G 蛋白偶联受体结合后导致受体构象改变，受体与 G 蛋白受体结合形成复合体，G 蛋白的 α 亚基构象改变，结合 GTP 活化。α 亚基解离，活化腺苷酸环化酶（AC），AC 可利用 ATP 生成 cAMP。cAMP 与依赖 cAMP 的蛋白激酶（PKA）的调节亚基和催化亚基分离，活化催化亚基。催化亚基将代谢途径中的一些靶蛋白中的丝氨酸或苏氨酸残基磷酸化，将其激活或钝化。被磷酸化的靶蛋白往往是调节酶或重要功能蛋白，因而可以介导细胞外信号，调节细胞反应。

6. PLC-IP$_3$/DAG-PKC 信号途径的基本过程：配体作用于特定的 G 蛋白（Gq）激活 PLC，PLC 则水解膜组分-磷脂酰肌醇 4，5-二磷酸（PIP$_2$）而生成 DAG 和 IP$_3$。IP$_3$ 使细胞质内的 Ca$^{2+}$ 浓度升高。而 Ca$^{2+}$ 能与细胞质内的蛋白激酶 C（protein kinase C，PKC）结合并聚集至质膜并被激活。DAG 生成后在磷脂酰丝氨酸和 Ca$^{2+}$ 的配合下激活 PKC。PKC 被激活后可引起一系列靶蛋白的丝氨酸残基和（或）苏氨酸残基发生磷酸化反应，或通过调节基因表达启动一系列生理、生化反应。

7. 核受体介导的信号途径的基本过程：有些脂溶性小分子，它们可以透过细胞膜，进入细胞内与核受体结合，直接调节特异基因转录。I 型受体的配体为固醇类激素。与配体结合前位于细胞质内，与热休克蛋白结合，处于静止状态。当相应激素进入细胞内与其配体结合后即可使其激活，从而进入细胞核内，与特定的 DNA 特异应答元件结合，调控下游靶基因的表达。II 型受体的配体有甲状腺素、维生素 D 及维 A 酸。与配体结合前，在核内结合于 DNA 上相应的应答元件，使转录处于阻抑状态。一旦甲状腺素等相应的配体与其受体结合，则使与特异元件结合的受体活化，解除转录抑制而促进相应基因的表达。

8. EGF 受体（EGFR）是一典型的 RTK，分子质量约 170kDa。该受体的信号转导过程如下所示。①受体形成二聚体改变构象，PTK 活性增强，通过自我磷酸化作用将受体胞内区数个酪氨酸残基磷酸化。②酪氨酸磷酸化的 EGFR 产生了可被 SH2 结构域所识别和结合的位点，含有 1 个 SH2 结构域和 2 个 SH3 结构域的生长因子结合蛋白（growth factor binding protein，GRB2）作为衔接分子结合到酪氨酸磷酸化的受体上。③GRB2 通过募集 SOS 而激活 RAS（低分子量 G 蛋白）。SOS 含有可以被 GRB2 的 SH3 识别和结合的模体结构，结合到 GRB2 后被活化。SOS 是 RAS 的正调节因子，促进 RAS 的 GDP 释放和 GTP 结合。④活化的 RAS（Ras-GTP）引起 MAPK 级联活化。活化的 RAS 作用于其下游分子 RAF，使之活化。RAF 是 MAPK 磷酸化级联反应的第一个分子（属于 MAPKKK），作用于 MEK（属于 MAPKK），磷酸化的 MEK 再作用于 ERK1（属于 MAPK），至此完成了 MAPK 的三级磷酸化及激活过程。⑤转录因子磷酸化。活化的 ERK 转位至细胞核。一些转录调控因子是 ERK 的底物，在其作用下发生磷酸化，进而影响靶基因表达水平，调节细胞对外来信号产生生物学应答。

9. 第二信使分子的种类主要包括环腺苷酸（cAMP）、环鸟苷酸（cGMP）、甘油二酯（DAG）、三磷酸肌醇（IP$_3$）、磷脂酰肌醇-3，4，5-三磷酸

（PIP₃）、Ca²⁺、NO 等。第二信使分子的主要特点包括如下几点。①为细胞内具有信号转导功能的小分子化合物。②在完整细胞中，该分子的浓度或分布在外源泉信号的作用下发生迅速改变。③该分子类似物可模拟外源泉信号的作用。④阻断该分子的变化可阻断细胞对外源信号的反应。⑤该分子在细胞内有确定的靶分子。⑥其可作为别位效应剂作用于靶分子。⑦其不应位于能量代谢途径的中心。⑧其在信号转导过程中的主要变化是浓度的变化。

10. 信号转导异常可发生在 2 个层次上，即受体功能异常和细胞内信号转导分子的功能异常。受体异常激活和失能：在正常情况下，受体只有在结合外源信号分子后才能激活，并向细胞内传递信号，但基因突变可导致异常受体的产生，不依赖外源信号的存在而激活细胞内的信号途径，同时受体分子数量、结构或调节功能发生异常变化时，可导致受体异常失能，不能正常传递信号。信号转导分子的异常激活和失活：细胞内信号转导分子可因各种原因而发生功能的改变。如果其功能异常激活，可持续向下游传递信号，而不依赖外源信号及上游信号转导分子的激活。如果信号转导分子失活，则导致信号传递的中断，使细胞失去对外源信号的反应性。

## 七、分析论述题

1. ①人作为高等动物，其代谢调节主要通过细胞水平、激素水平和整体水平对机体代谢进行精细的调节，三级水平代谢调节中，激素和整体水平的代谢调节是通过细胞水平实现的，因此细胞水平代谢调节是基础，细胞水平的代谢调节主要通过调节关键酶的活性而实现。②cAMP-PKA 信号转导途径：激素→受体→G 蛋白→AC→cAMP→PKA→磷酸化修饰关键酶蛋白和转录因子（注：反式作用因子激活后和靶基因启动子区域的顺式作用元件相互作用从而调节基因表达）→关键酶的活性变化和表达水平改变（即酶水平调节的快速调节和慢速调节）→代谢应答。③胰高血糖素或肾上腺素通过 cAMP-PKA 信号转导途径对代谢的调节：a. 使磷酸化酶激酶磷酸化而活化→使糖原分解关键酶-糖原磷酸化酶 b 磷酸化为有活性的糖原磷酸化酶 a→促进糖原分解；b. 使脂肪动员关键酶-HSL 磷酸化而活化，加强脂肪动员。

（张春冬　蒋　雪）

# 第五篇　分子生物学专题

本篇主要介绍与医学相关的分子生物学知识、常用分子生物学技术的原理及其应用。主要包括以下 3 方面内容。

1. 基因与疾病：癌基因和抑癌基因。

2. 分子生物学技术及其应用：常用技术简介、DNA 重组与基因工程、基因诊断与基因治疗。

3. 组学。

## 第十七章　癌基因和抑癌基因

### 学 习 要 求

了解肿瘤发生相关基因的分类。

掌握癌基因和原癌基因的概念。了解常见的原癌基因和癌基因家族。了解常见的病毒癌基因。熟悉原癌基因的特点。掌握原癌基因活化的 4 种常见机制。掌握生长因子的概念。掌握生长因子的 3 种作用模式。了解常见生长因子的名称。熟悉生长因子的功能及作用机制。了解原癌基因与生长因子信号转导之间的关系。了解作为肿瘤治疗靶点的重要癌基因。

掌握抑癌基因的概念。熟悉抑癌基因的功能。了解抑癌基因的发现。掌握抑癌基因失活的 3 种常见机制。熟悉杂合性缺失的概念。了解单倍体不足型抑癌基因、显性负效突变的概念。了解常见抑癌基因（RB、TP53 和 PTEN）的功能及分子作用机制。了解癌基因和抑癌基因在肿瘤发生发展过程中的作用。

### 讲 义 要 点

本章纲要见图 17-1。

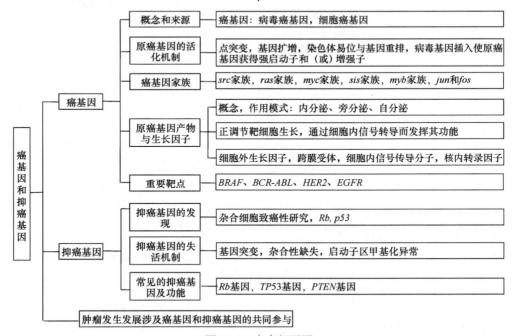

图 17-1　本章纲要图

## （一）与肿瘤发生相关的三类基因

**1. 原癌基因**　其作用通常是促进细胞的生长和增殖，阻止细胞分化，抵抗凋亡。

**2. 抑癌基因**　或称肿瘤抑制基因，通常抑制增殖，促进分化，诱发凋亡。

**3. 基因组维护基因**　参与 DNA 损伤修复，维持基因组完整性，归属于抑癌基因。

当细胞受到各种致癌因素的作用时，可引起原癌基因或抑癌基因的结构或表达调控异常，导致原癌基因活化或抑癌基因失活，直接导致细胞生长增殖的失控而形成肿瘤。而基因组维护基因的编码产物则不直接抑制细胞增殖，这类基因在致癌因素的作用下发生突变失活后，可导致基因组不稳定，从而间接地通过增加基因突变频率，使原癌基因或抑癌基因突变来引发肿瘤发生。

### （二）癌基因

癌基因是能导致细胞发生恶性转化和诱发癌症的基因。绝大多数癌基因是细胞内正常的原癌基因突变或表达水平异常升高转变而来，某些病毒也携带癌基因。

**1. 原癌基因是人类基因组中具有正常功能的基因** 原癌基因及其表达产物是细胞正常生理功能的重要组成部分，原癌基因所编码的蛋白质在正常条件下并不具致癌活性，原癌基因只有经过突变等被活化后才有致癌活性，转变为癌基因。

原癌基因和癌基因区分为不同的基因家族，重要的有 *SRC*、*RAS* 和 *MYC* 等基因家族。

**2. 某些病毒的基因组中含有癌基因** 一些病毒能导致肿瘤发生，称为肿瘤病毒。肿瘤病毒大多为 RNA 病毒，且都是逆转录病毒。

RNA 肿瘤病毒和 DNA 肿瘤病毒的致癌机制不同。

RNA 肿瘤病毒携带的癌基因来源于细胞原癌基因，故也可视为是原癌基因的活化或激活形式，它有利于病毒在肿瘤细胞中的复制，但对病毒复制包装无直接作用，对病毒基因组不是必需的。

DNA 病毒的癌基因则是其基因组不可或缺的部分，对病毒复制是必需的，目前没有证据表明其有同源的原癌基因，如 *HPV* 基因组中的癌基因 *E6* 和 *E7*。

病毒有致癌能力并不意味着其一定含有病毒癌基因。有致癌特性的急性转化逆转录病毒含有癌基因，而慢性转化逆转录病毒则不含癌基因，而是通过激活宿主细胞的原癌基因而诱发肿瘤。

**3. 原癌基因有多种活化机制** 在物理、化学及生物因素的作用下，从原癌基因转变为具有促进细胞恶性转化（癌变）的致癌基因的过程称为原癌基因活化。这种转变属于功能获得突变。

原癌基因活化的机制主要有 4 种。

（1）基因突变常导致原癌基因编码的蛋白质的活性持续性激活。

（2）基因扩增导致原癌基因过量表达。

（3）染色体易位导致原癌基因表达增强或产生新的融合基因。

（4）获得启动子或增强子导致原癌基因表达增强。

**4. 原癌基因编码的蛋白质与生长因子密切相关** 生长因子是一类由细胞分泌的、类似于激素的信号分子，多数为肽类或蛋白质类物质，具有调节细胞生长与分化的作用。生长因子与多种生理及病理状态（如肿瘤、心血管疾病等）有关。

常见的生长因子有表皮生长因子（EGF）、血小板源生长因子（PDGF）、转化生长因子（TGF）、类胰岛素生长因子（IGF）、神经生长因子（NGF）、促红细胞生成素（EPO）等。

（1）生长因子主要有 3 种作用模式包括内分泌、旁分泌和自分泌。

（2）生长因子的功能主要是正调节靶细胞生长。

（3）生长因子通过细胞内信号转导而发挥其功能。

（4）原癌基因编码的蛋白质涉及生长因子信号转导的多个环节，包括细胞外生长因子（如 *SIS*）、跨膜生长因子受体（如 *EGFR*、*HER2*）、细胞内信号转导分子（如 *SRC*、*RAF*、*RAS*）和核内转录因子（如 *MYC*）。

**5. 癌基因是肿瘤治疗的重要分子靶点**

（1）*BRAF* 是黑素瘤治疗的重要分子靶点。

（2）*BCR-ABL* 是慢性髓性白血病治疗的重要分子靶点。

（3）*HER2* 是乳腺癌治疗的重要分子靶点。

### （三）抑癌基因

抑癌基因，也称肿瘤抑制基因，是防止或阻止癌症发生的基因。与原癌基因活化诱发癌变的作用相反，抑癌基因的部分或全部失活可显著增加癌症发生风险。

**1. 抑癌基因对细胞增殖起负性调控作用** 包括抑制细胞增殖、调控细胞周期检查点、促进凋亡和参与 DNA 损伤修复等。

**2. 抑癌基因有多种失活机制** 癌基因的作用是显性的，而抑癌基因的作用往往是隐性的。原癌基因的两个等位基因只要激活一个就能发挥促癌作用，而抑癌基因则往往需要两个等位基因都失活才会导致其抑癌功能完全丧失。

但也有一些抑癌基因只失活其等位基因中的一个拷贝就会引起肿瘤发生，即其一个正常的等位基因拷贝不足以完全发挥其抑癌功能, 称为单倍体不足型抑癌基因。还有一些抑癌基因, 当其一个等位基因突变失活后, 其表达的突变蛋白则能抑制另一个正常等位基因产生的野生型即正常蛋白的功能, 这种突变称为显性负效突变。

抑癌基因失活的方式常见有以下 3 种。

（1）基因突变常导致抑癌基因编码的蛋白质功能丧失或降低。

（2）杂合性丢失导致抑癌基因彻底失活。

（3）启动子区甲基化导致抑癌基因表达抑制。

**3. 抑癌基因在肿瘤发生发展中具有重要作用**

（1）*RB* 主要通过负调控细胞周期而发挥其抑癌功能。

（2）*TP53* 主要通过调控 DNA 损伤应答和诱发细胞凋亡而发挥其抑癌功能。

（3）*PTEN* 主要通过抑制 PI3K/AKT 途径而发挥其抑癌功能。

**4. 肿瘤发生发展涉及癌基因和抑癌基因的共同参与** 肿瘤的发生发展是多个原癌基因和抑癌基因突变累积的结果, 经过起始、启动、促进和癌变几个阶段逐步演化而产生。

# 中英文专业术语

原癌基因 proto-oncogene
抑癌基因 tumor suppressor gene
肿瘤抑制基因 tumor suppressor gene
基因组维护基因 genome maintenance gene
癌基因 oncogene
肿瘤病毒 tumor virus
生长因子 growth factor
单倍体不足型抑癌基因 haploid deficiency tumor suppressor gene
显性负效突变 dominant negative mutation
杂合性丢失 loss of heterozygosity, LOH

# 练 习 题

**一、A1 型选择题**

1. 原癌基因的作用是

A. 促进细胞的生长和增殖, 促进细胞分化, 诱发凋亡

B. 促进细胞的生长和增殖, 阻止细胞分化, 抵抗凋亡

C. 抑制细胞的生长和增殖, 促进细胞分化, 诱发凋亡

D. 抑制细胞的生长和增殖, 阻止细胞分化, 抵抗凋亡

E. 促进细胞的生长和增殖, 促进细胞分化, 抵抗凋亡

2. 抑癌基因的作用是

A. 促进细胞的生长和增殖, 促进细胞分化, 诱发凋亡

B. 促进细胞的生长和增殖, 阻止细胞分化, 抵抗凋亡

C. 抑制细胞的生长和增殖, 促进细胞分化, 诱发凋亡

D. 抑制细胞的生长和增殖, 阻止细胞分化, 抵抗凋亡

E. 抑制细胞的生长和增殖, 抑制细胞分化, 诱发凋亡

3. 原癌基因是

A. 人类基因组中具有正常功能的基因, 基因序列正常

B. 人类基因组中具有致癌功能的基因, 基因序列发生了突变

C. 病毒基因组中具有正常功能的基因, 基因序列正常

D. 病毒基因组中具有致癌功能的基因, 基因序列发生了突变

E. 人类基因组中具有正常功能的基因, 基因序列发生了突变

4. 有致癌能力的急性转化逆转录病毒

A. 属于 DNA 病毒

B. 含有癌基因 *E6* 和 *E7*

C. 通过病毒基因组中含有的癌基因而诱发肿瘤

D. 通过激活宿主细胞的原癌基因而诱发肿瘤

E. 通过破坏宿主细胞的抑癌基因而诱发肿瘤

5. 原癌基因活化是

A. 属于功能失活突变

B. 病毒基因组中正常的癌基因转变为具有致癌能力的癌基因的过程

C. 病毒基因组中正常的原癌基因转变为具有致癌能力的癌基因的过程

D. 人体细胞内正常的癌基因转变为具有致癌能力的癌基因的过程

E. 人体细胞内正常的原癌基因转变为具有致癌能力的癌基因的过程

6. *RAS* 癌基因编码的蛋白是

A. 生长因子　　　　B. 跨膜生长因子受体

C. G 蛋白　　　　　D. 酪氨酸蛋白激酶

E. 转录因子

7. *SRC* 癌基因编码的蛋白是

A. 生长因子　　　　B. 跨膜生长因子受体

C. 酪氨酸蛋白激酶

D. *丝氨酸/苏氨酸蛋白激酶*

E. 转录因子

8. *MYC* 癌基因编码的蛋白是

A. 生长因子 　　　 B. 跨膜生长因子受体

C. 酪氨酸蛋白激酶

D. 丝氨酸/苏氨酸蛋白激酶

E. 转录因子

9. 编码蛋白具有 GTP 酶活性的癌基因是

A. *SRC* 　　　 B. *RAS* 　　　 C. *MYC*

D. *PTEN* 　　　 E. *TP53*

10. 编码蛋白属于转录因子的癌基因是

A. *SRC* 　　　 B. *RAS* 　　　 C. *MYC*

D. *PTEN* 　　　 E. *TP53*

11. 编码蛋白属于转录因子的抑癌基因是

A. *RB* 　　　 B. *RAS* 　　　 C. *MYC*

D. *PTEN* 　　　 E. *TP53*

12. RB 蛋白

A. 能与 E2F1 结合并增强 E2F1 的功能

B. 能与 E2F1 结合并抑制 E2F1 的功能

C. 属于生长因子

D. 属于膜受体

E. 属于转录因子

13. *TP53* 抑癌基因编码的蛋白是

A. 生长因子

B. 跨膜生长因子受体

C. 酪氨酸蛋白激酶

D. 丝氨酸/苏氨酸蛋白激酶

E. 转录因子

14. *PTEN* 抑癌基因的编码蛋白具有

A. 腺苷酸环化酶活性

B. 蛋白激酶 A 活性

C. 酪氨酸蛋白激酶活性

D. GTP 酶活性

E. 磷脂酰肌醇-3，4，5-三磷酸 3-磷酸酶活性

15. 不属于原癌基因活化机制的是

A. 基因扩增 　　　 B. 启动子区高度甲基化

C. 基因突变 　　　 D. 染色体易位

E. 获得启动子或增强子

16. 属于抑癌基因失活机制的是

A. 基因扩增 　　　 B. 获得强启动子

C. 获得增强子 　　　 D. 染色体易位

E. 杂合性丢失

17. 关于病毒癌基因叙述正确的是

A. 不引起感染宿主细胞发生肿瘤

B. 只来源于 DNA 病毒基因组

C. 属于原癌基因

D. 能随机整合于宿主细胞基因组

E. LTR 与原癌基因激活无关

18. 关于 *TP53* 基因描述不正确的是

A. 是一种转录因子

B. 正常细胞存在野生型 *TP53*

C. 在肿瘤细胞中突变失活

D. 促进 p21 蛋白表达

E. 不参与 DNA 损伤的修复

19. 下列不属于癌基因产物的是

A. 生长因子 　　　 B. 生长因子受体

C. 第二信使分子 　　 D. 细胞信号转导蛋白

E. 转录因子

20. 关于原癌基因描述不正确的是

A. 存在于 DNA 或 RNA 肿瘤病毒

B. 在进化上高度保守

C. 激活后导致肿瘤

D. 正常细胞基因组中存在

E. 维持正常细胞生长等功能

21. 可导致致癌的融合蛋白产生的是

A. 染色体易位

B. 基因启动子区高度甲基化

C. 基因扩增

D. 基因突变

E. 获得强启动子或增强子

22. 导致原癌基因拷贝数和转录水平均上调的是

A. 基因突变 　　　　 B. 染色体易位

C. 获得启动子或增强子

D. 基因启动子区高度甲基化

E. 基因扩增

23. 作为重要靶点已成功研发出药物并用于临床恶性肿瘤靶向治疗的是

A. PTEN 　　　 B. RAS 　　　 C. EGFR

D. TP53 　　　 E. MYC

24. 原癌基因激活和抑癌基因失活的机制都有

A. 基因扩增 　　　　　　 B. 杂合性丢失

C. 启动子区高度甲基化 　　 D. 染色体易位

E. 基因突变

25. 关于生长因子的叙述不正确的是

A. 多数为肽类或蛋白类物质

B. 细胞分泌的生长因子可作用于临近细胞，也可作用于其自身

C. 生长因子的功能主要是正调节靶细胞生长

D. 大部分生长因子受体具有丝氨酸/苏氨酸激酶活性

E. 生长因子主要通过细胞内信号转导而发挥其功能

26. 关于 EGFR 的叙述不正确的是

A. 属于原癌基因，活化后才转化为癌基因

B. 具有丝氨酸/苏氨酸蛋白激酶活性

C. 配体 EGF 与其结合后将其激活

D. 被激活后可激活 MAPK 途径

E. EGFR 是恶性肿瘤如肺癌治疗的重要分子靶点

27. 关于肿瘤病毒的叙述正确的是

A. 病毒有致癌能力并不意味着其一定含有病毒癌基因

B. 急性转化逆转录病毒含有癌基因，能在几天内迅速诱发肿瘤

C. 慢性转化逆转录病毒通过将其基因组插入至宿主细胞的原癌基因附近，从而激活原癌基因而诱发肿瘤，故其致癌效应较慢

D. 病毒癌基因也是病毒基因组的一部分，参与病毒的复制包装

E. PDGF 拮抗剂可作为抗肿瘤靶向药物

28. 原癌基因 RAS 突变后，持续处于结合 GTP 的组成性激活状态，是因为

A. 突变的 RAS 蛋白不容易结合 GTP

B. 突变的 RAS 蛋白转变为三聚体 G 蛋白

C. 突变的 RAS 蛋白不易受鸟嘌呤核苷酸交换因子（GEF）作用而失活

D. 突变的 RAS 蛋白不易受 GTP 酶激活蛋白（GAP）作用而失活

E. 突变的 RAS 蛋白不易受腺嘌呤核苷酸交换因子（GEF）作用而失活

29. 原癌基因 *RAS* 突变激活后，主要激活

A.cAMP-PKA 途径　　　B.cGMP-PKG 途径

C.JAK-STAT 途径　　　D.MAPK 途径

E. 核受体信号途径

30. ▲下列有关病毒癌基因概念的叙述，正确的是

A. 表达产物可抑制细胞恶性变

B. 亦称为原癌基因

C. 存在于正常细胞

D. 具有致宿主细胞恶变能力

E. 表达产物为宿主活动所必需

31. ▲关于病毒癌基因叙述，正确的是

A. 主要存在于前病毒中

B. 在体外不能引起细胞转化

C. 又称原癌基因

D. 可直接合成蛋白质

E. 感染宿主细胞能随即整合于宿主细胞基因组

32. ▲关于抑癌基因的正确叙述是

A. 其产物具有抑制细胞增殖的能力

B. 与癌基因的表达无关

C. 肿瘤细胞出现时才表达

D. 不存在于人类正常细胞

E. 缺失与细胞的增殖和分化有关的因子

33. ★下列关于细胞原癌基因的叙述，正确的是

A. 存在于 DNA 病毒中

B. 存在于正常真核生物基因组中

C. 存在于 RNA 病毒中

D. 正常细胞含有即可导致肿瘤的发生

34. ★下列可以导致原癌基因激活的机制是

A. 获得启动子

B. 转录因子与 RNA 的结合

C. 抑癌基因的过表达

D. p53 蛋白诱导细胞凋亡

35. ★下列关于 PTEN 的叙述，正确的是

A. 细胞内受体

B. 抑癌基因产物

C. 作为第二信使

D. 具有丝氨酸/苏氨酸激酶活性

36. ★下列关于原癌基因的叙述，正确的是

A. 只存在哺乳动物中

B. 进化过程中高度变异

C. 维持正常细胞生理功能

D. *Rb* 基因是最早发现的原癌基因

37. ★产物为生长因子受体的癌基因是

A. *ras*　　　　　B. *sis*　　　　　C. *myc*

D. *Cyclin D*　　　E. *erb-B2*

## 二、A2 型选择题

1. 患者，女，66 岁，不吸烟，因"反复咳嗽伴痰中带血 2 月，头晕 1 周余"入院体检。胸部 CT 示：右上肺前段占位，约 3cm×3cm，提示肺恶性病变可能，累及纵隔胸膜，两肺多发小病灶，胸椎 3，5 椎体破坏，提示骨转移可能，纵隔内多发小淋巴结。头颅磁共振成像（magnetic resonance imaging，MRI）：颅内三个占位，最大病灶位于顶叶，约 2cm×2cm，周围见明显水肿带。腹部 B 超检测未见异常。骨扫描见胸椎 3、5 椎体放射性浓聚。计算机体层摄影（computerized tomography，CT）引导下行右肺肿块穿刺活检，肺部穿刺病理示：肺腺癌。病理检测结果显示，抑癌基因 *TP53* 表达阳性。抑癌基因 *TP53* 在各种癌症中最常见的失活机制是

A. 基因突变　　　　　B. 基因扩增

C. 启动子甲基化　　　D. 启动子获得

E. 染色体易位

2. 女性患者，55 岁，乏力、头晕半年，查体发现脾肿大，外周血常规检查提示贫血，白细胞为 $45×10^9/L$，血和骨髓涂片检查可见大量中幼粒细

胞、晚幼粒细胞，费城染色体（Ph）呈阳性，诊断为慢性粒细胞白血病。该患者的原癌基因活化机制是

A. 基因扩增　　　　B. 启动子获得
C. 启动子甲基化　　D. 增强子获得
E. 染色体易位

### 三、B 型选择题

A. *RAS*　　　B. *RAF*　　　C. *EGFR*
D. *MYC*　　　E. *SIS*

1. 编码产物为跨膜生长因子受体
2. 编码产物为生长因子
3. 编码产物为丝氨酸/苏氨酸蛋白激酶
4. 编码产物为膜结合的 GTP 结合蛋白
5. 编码产物为 DNA 结合蛋白

A. 产生新的融合蛋白
B. 原癌基因内出现单个碱基的变化
C. 病毒基因组 LTR 插入细胞原癌基因附近或内部
D. 原癌基因拷贝数增加导致基因表达水平升高
E. 启动子区 CpG 岛呈高度甲基化

6. 原癌基因扩增
7. 染色体易位
8. 获得启动子与增强子
9. 点突变

A. 酪氨酸蛋白激酶　　B. GTP 结合蛋白
C. DNA 结合蛋白　　　D. 生长因子
E. 细胞骨架蛋白

10. *SRC* 家族的编码产物
11. *RAS* 家族的编码产物
12. *MYC* 家族的编码产物
13. *SIS* 家族的编码产物

A. 细胞原癌基因　　B. 抑癌基因
C. 病毒癌基因　　　D. 操纵子调节基因

14. ★p53 基因是一种
15. ★正常细胞内可以编码生长因子的基因是

### 四、X 型选择题

1. 原癌基因的特点有
A. 正常细胞不表达
B. 来源于病毒癌基因
C. 经基因突变等方式激活后转化为癌基因
D. 维持细胞正常生长、增殖功能
E. 在进化上高度保守

2.原癌基因的表达产物有
A. 生长因子　　　B. 生长因子受体
C. 细胞内信号转导分子D. 转录因子
E. DNA 修复基因

3. 原癌基因的活化机制包括
A. 基因突变　　　　B. 基因扩增
C. 染色体易位　　　D. 获得启动子或增强子
E. 杂合性丢失

4. 抑癌基因的失活机制包括
A. 基因突变　　　　B. 杂合性丢失
C. 基因扩增　　　　D. 基因启动子区高度甲基化
E. 获得增强子

5. 属于癌基因的是
A. *SRC*　　　B. *MYC*　　　C. *PTEN*
D. *RAS*　　　E. *SIS*

6. 属于抑癌基因的是
A. *TP53*　　　B. *MYC*　　　C. *PTEN*
D. *RB*　　　　E. *EGFR*

7. 抑癌基因的功能包括
A. 抑制细胞增殖　　　B. 抑制细胞周期进程
C. 调控细胞周期检查点D. 促进凋亡
E. 参与 DNA 损伤修复

8. 编码产物中，属于转录因子的癌基因有
A. *c-JUN*　　　　　B. *c-FOS*
C. *c-SIS*　　　　　D. *c-MYC*

★9. 编码的产物属于生长因子受体的癌基因有
A. *ERB-B*　　　　　B. *HER-2*
C. *SIS*　　　　　　D. *JUN*

10. ★细胞癌基因的产物有
A. 生长因子受体　　　B. 转录因子
C. p53 蛋白　　　　　D. 酪氨酸蛋白激酶

11. ★关于生长因子的叙述，正确的有
A. 其化学本质属于多肽
B. 其受体定位于细胞核中
C. 主要以旁分泌和自分泌方式起作用
D. 具有调节细胞生长与增殖功能

### 五、名词解释

1. 原癌基因
2. 癌基因
3. 生长因子
4. 抑癌基因
5. 杂合性丢失
6. 原癌基因的活化

### 六、简答题

1. 什么是癌基因？简述原癌基因的4种活化机制。
2. 什么是抑癌基因？简述抑癌基因常见的 3 种失活方式。
3. 什么是生长因子？简述原癌基因与生长因子信号转导的关系。

4. 简述抑癌基因 *TP53* 的作用机制。

## 七、分析论述题

*RAS* 是一个常见的癌基因家族，约 20% 的人类肿瘤中发现有原癌基因 *RAS* 的突变活化，在特定类型的恶性肿瘤如胰腺癌更是高达 90%。请结合细胞信号转导的相关知识，简述 *RAS* 突变后引发细胞癌变的分子机制。

# 参 考 答 案

## 一、A1 型选择题

| | | | | |
|---|---|---|---|---|
| 1. B | 2. C | 3. A | 4. C | 5. E |
| 6. C | 7. C | 8. E | 9. B | 10. C |
| 11. E | 12. B | 13. E | 14. E | 15. B |
| 16. E | 17. D | 18. E | 19. C | 20. A |
| 21. A | 22. E | 23. C | 24. E | 25. D |
| 26. B | 27. D | 28. D | 29. D | 30. D |
| 31. E | 32. A | 33. B | 34. A | 35. B |
| 36. C | 37. E | | | |

## 二、A2 型选择题

| | |
|---|---|
| 1. A | 2. E |

## 三、B 型选择题

| | | | | |
|---|---|---|---|---|
| 1. C | 2. E | 3. B | 4. A | 5. D |
| 6. D | 7. A | 8. C | 9. B | 10. A |
| 11. B | 12. C | 13. D | 14. B | 15. A |

## 四、X 型选择题

| | | | |
|---|---|---|---|
| 1. CDE | 2. ABCD | 3. ABCD | 4. ABD |
| 5. ABDE | 6. ACD | 7. ABCDE | 8. ABD |
| 9. AB | 10. ABD | 11. ACD | |

## 五、名词解释

1. 原癌基因：是人类基因组中具有正常功能的基因。原癌基因及其表达产物是细胞正常生理功能的重要组成部分，原癌基因所编码的蛋白质在正常条件下并不具致癌活性，原癌基因只有经过突变等被活化后才有致癌活性，转变为癌基因。

2. 癌基因：是能导致细胞发生恶性转化和诱发癌症的基因。绝大多数癌基因是细胞内正常的原癌基因突变或表达水平异常升高转变而来，某些病毒也携带癌基因。

3. 生长因子：是一类由细胞分泌的、类似于激素的信号分子，多数为肽类（含蛋白质类）物质，具有调节细胞生长与分化的作用。

4. 抑癌基因：也称肿瘤抑制基因，是防止或阻止癌症发生的基因。抑癌基因的部分或全部失活可显著增加癌症发生风险。

5. 杂合性丢失：是指一对杂合的等位基因变成纯合状态的现象。杂合性丢失是肿瘤细胞中常见的异常遗传学现象，发生杂合性丢失的区域也往往就是抑癌基因所在的区域。

6. 原癌基因的活化：从正常的原癌基因转变为具有使细胞发生恶性转化功能的癌基因的过程称癌基因的活化，是功能获得的过程。原癌基因的活化机制有点突变、基因扩增、染色体易位和基因重排、病毒基因插入使原癌基因获得强启动子或增强子。

## 六、简答题

1. 癌基因是能导致细胞发生恶性转化和诱发癌症的基因。绝大多数癌基因是细胞内正常的原癌基因突变或表达水平异常升高转变而来，某些病毒也携带癌基因。原癌基因的 4 种活化机制：①基因突变常导致原癌基因编码的蛋白质的活性持续性激活；②基因扩增导致原癌基因过量表达；③染色体易位导致原癌基因表达增强或产生新的融合基因；④获得启动子或增强子导致原癌基因表达增强。

2. 抑癌基因也称肿瘤抑制基因，是防止或阻止癌症发生的基因。其常见的 3 种失活方式：①基因突变常导致抑癌基因编码的蛋白质功能丧失或降低；②杂合性丢失导致抑癌基因彻底失活；③启动子区甲基化导致抑癌基因表达抑制。

3. 生长因子是一类由细胞分泌的、类似于激素的信号分子，多数为肽类（含蛋白质类）物质，具有调节细胞生长与分化的作用。原癌基因编码的蛋白质涉及生长因子信号转导的多个环节。依据其作用分为 4 类：①生长因子，如 *sis* 等，发挥促进细胞生长增殖的功能；②生长因子受体，如 EGFR 等，多数为受体酪氨酸激酶，可激活 MAPK 途径、PI3K-AKT 等多种信号途径，加速增殖信号在胞内转导；③细胞内信号传导分子，其编码产物包括非受体酪氨酸激酶 SRC 和 ABL 等、丝氨酸/苏氨酸激酶 RAF 等、低分子量 G 蛋白 RAS 等；④核内转录因子，如 MYC 等，与特定靶基因启动子区域的 DNA 序列结合调节下游相关基因的表达，导致细胞的生长失控和癌变，促进细胞的生长和分裂过程。

4. *TP53* 基因的表达产物 p53 蛋白属于转录因子，包含有典型的转录激活结构域、DNA 结合结构域、寡聚结构域。野生型 p53 蛋白在维持细胞正常生长、抑制恶性增殖中起着重要作用，因而被冠以"基因组卫士"称号。当细胞受电离辐射或化学试剂等作用导致 DNA 损伤时，p53 表达水平迅速升高, 同时 p53 蛋白中包含的一些丝氨酸残基被磷酸化修饰而被活化。活化的 p53 从细胞质移位至细胞核内, 调控大量下游靶基因的转录而发挥其生物学功能。例如, p53 的靶基因之一 *p21* 可阻止细胞通过 $G_1/S$ 期检查点, 使其停滞于 $G_1$ 期; 另一靶基因 *GADD45* 的产物是 DNA 修复蛋白。这就使 DNA 受损的细胞不再分裂, 并且修复损伤而能维持基因组的稳定性。如果修复失败, p53 蛋白就会通过激活一些靶基因如 *BAX* 的转录而启动细胞凋亡, 阻止有癌变倾向突变细胞的生成。p53 突变后, 则 DNA 损伤不能得到有效修复并不断累积, 导致基因组不稳定, 进而导致肿瘤发生。

## 七、分析论述题

RAS 是一种低分子量的 G 蛋白, 由一条多肽链构成, 相当于 G 蛋白的 α 亚基。它在两个不同构象之间循环, 与 GTP 结合时呈激活态, 与 GDP 结合时呈无活性态。鸟嘌呤核苷酸交换因子 (GEF) SOS 使 Ras 释放 GDP, 结合 GTP, 从而被激活; 而 GTP 酶激活蛋白 (GAP) 则使 Ras 迅速水解 GTP, 使其失活。恶性肿瘤中 RAS 的激活突变通常是错义点突变, 如第 12 位甘氨酸突变为缬氨酸, 该突变使 RAS 不易受 GAP 作用而失活, 从而持续处于结合 GTP 的组成性激活状态。RAS 蛋白是 MAPK 途径的一个重要信号转导分子。突变激活的 Ras 引起持续的 MAPK 级联活化。活化的 Ras 首先作用于其下游分子 Raf, 使之活化。Raf 蛋白是 MAPK 磷酸化级联反应的第一个分子 (属于 MAPKKK), Raf 进而磷酸化激活 MEK (属于 MAPKK), MEK 再磷酸化激活 ERK( 属于 MAPK), 至此完成了 MAPK 的三级磷酸化及激活过程。活化的 ERK 进入细胞核, 使一些转录因子如 Elk1 等磷酸化而被活化, 调节与细胞生长有关的基因转录。最终促进细胞的恶性增殖而发生癌变。

(汪长东)

# 第十八章　常用分子生物学技术的原理与应用

## 学习要求

掌握 PCR 技术的工作原理。熟悉逆转录 PCR、原位 PCR 等 PCR 衍生技术的基本原理。熟悉定量 PCR 技术的工作原理。了解 PCR 技术的主要用途。掌握探针、分子杂交、印迹等基本概念。熟悉分子杂交与印迹技术的分类及其基本原理。了解分子杂交技术的应用。掌握双脱氧链末端终止法测序的工作原理，了解化学降解法测序，了解新型的 DNA 测序技术及其应用。掌握生物芯片的基本概念，了解基因芯片与蛋白质芯片的基本原理与用途。掌握蛋白质分离纯化的原理和常用的分离技术，熟悉蛋白质一级结构及空间结构的分析。了解几种生物大分子相互作用研究技术的原理及其用途。

掌握 RNA 干扰的概念，熟悉 RNA 干扰技术的原理及其用途，了解反义寡核苷酸技术和核酶技术的原理及其用途。掌握基因组编辑的基本概念和常用的 CRISPR/Cas 基因组编辑技术，熟悉兆核酸酶、ZFN 和 TALEN 基因编辑技术。掌握转基因技术、基因敲除等相关概念，了解转基因动物与基因敲除动物的建立方法及其应用。

## 讲义要点

本章纲要见图 18-1。

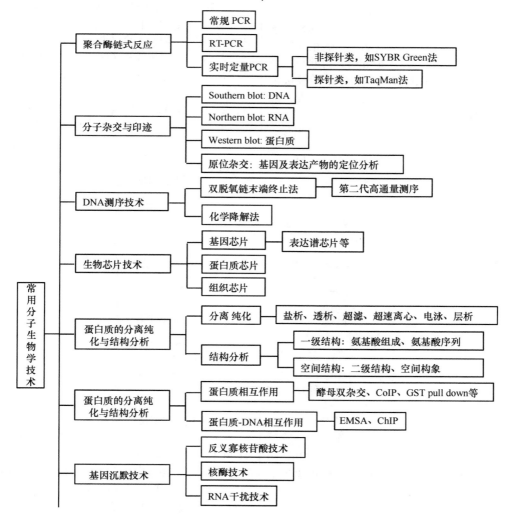

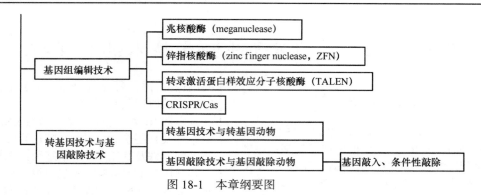

图 18-1　本章纲要图

## （一）PCR 技术

### 1. PCR 的概念及其基本原理

（1）概念：PCR 即聚合酶链式反应（polymerase chain reaction，PCR）的英文缩写，是一种在体外对特定的 DNA 片断进行高效扩增的技术。

（2）工作原理：PCR 技术的基本原理类似于 DNA 的体内复制过程，即以拟扩增的 DNA 分子为模板、以一对分别与模板 5'端和 3'端相互补的寡核苷酸片断为引物、以 4 种 dNTP 为原料、由 DNA 聚合酶按照半保留复制的机制沿着模板链延伸而合成新的 DNA，不断重复这一过程，即可使目的 DNA 分子得到扩增。

1）反应体系：包括模板 DNA、一对引物、4 种 dNTP、耐热性 DNA 聚合酶及含有 $Mg^{2+}$ 的缓冲液。

2）反应步骤：PCR 由变性、退火和延伸 3 个基本反应步骤构成（图 18-2）。①模板 DNA 的变性：模板 DNA 经加热至 95℃左右一定时间后，使模板 DNA 双链变性解离成为单链，以便它与引物结合，为下轮反应作准备。②模板 DNA 与引物的退火（复性）：模板 DNA 经加热变性成单链后，将反应体系的温度下降至适宜温度（约 55℃左右），引物与模板 DNA 单链的互补序列配对结合。③引物的延伸：与 DNA 模板结合的引物在 DNA 聚合酶的作用下，以 dNTP 为反应原料，靶序列为模板，按碱基配对与半保留复制原理，合成一条新的与模板 DNA 链互补的新链。

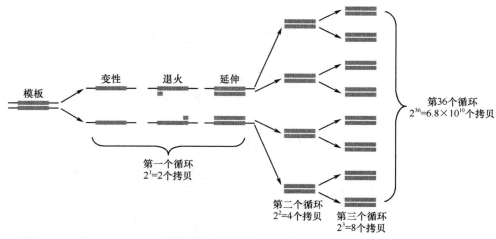

图 18-2　PCR 技术原理

上述 3 个步骤称为一个循环，需 2～4min，每一循环新合成的 DNA 片段继续作为下一轮反应的模板，经多次循环（25～40 次），1～3h，即可将引物靶向的特定区域的 DNA 片段迅速扩增至上千万倍。

### 2. 常见的 PCR 衍生技术

（1）逆转录 PCR（reversetranscription-PCR，RT-PCR），是将 RNA 的逆转录反应和 PCR 反应联合应用的一种技术。即首先以 RNA 为模板，在逆转录酶的作用下合成互补 DNA 即 cDNA，再以 cDNA 为模板通过 PCR 反应来扩增目的基因。

（2）巢式 PCR（nested PCR），也称嵌套式 PCR，该技术主要使用两对位置不同的引物，分别称为内侧引物和外侧引物，即其中一对引物（内侧引物）在模板上的位置位于另一对引物（外侧引物）扩增区域的内部，通过使用两套引物进行两轮 PCR，使其检测的灵敏度和特异性大大提高，尤其适用于扩增模板含量较低的样本。

（3）甲基化特异性 PCR（Methylation-specific PCR，MSP），主要用于检测基因组 DNA 中 CpG 岛的甲基化状态，具有简便、特异和敏感等优点。

（4）多重 PCR（multiple PCR）是指在一个 PCR 反应中同时加入多组引物，同时扩增同一 DNA 模板或不同 DNA 模板中的多个区域，在临床疾病诊断中尤其具有重要的价值，可以利用同一份患者样本对多个致病基因进行检测。

（5）原位 PCR（in situ PCR），是将 PCR 技术和原位杂交技术两种技术有机结合起来，充分利用了 PCR 技术的高效特异敏感与原位杂交的细胞定位特点，从而实现在组织细胞原位检测单拷贝或低拷贝的特定的 DNA 或 RNA 序列。

（6）其他：①高保真 PCR，使用保真性更高的 Taq 酶，扩增保真度高。②长距离 PCR，使用扩增能力更强的 Taq 酶，可扩增长片段。③热启动 PCR，在 PCR 体系中加入 Taq 酶抗体，可有效提高扩增特异性。④梯度 PCR，在一个 PCR 仪上同时使用多个退火温度进行扩增，达到对退火温度的快速优化。

**3. 定量 PCR**

（1）概念：定量 PCR（quantitative PCR，Q-PCR），也称实时 PCR（real-time PCR），或实时定量 PCR（quantitativereal-time PCR），是指在 PCR 反应体系中加入荧光基团，通过监测 PCR 反应管内荧光信号的变化来实时监测整个 PCR 反应进程，并由此对反应体系中的模板进行精确定量的方法。因为该技术需要使用荧光染料，故也称实时荧光定量 PCR 或荧光定量 PCR。

（2）基本原理：将荧光信号强弱与 PCR 扩增情况结合在一起，通过监测 PCR 反应管内荧光信号的变化来实时检测 PCR 反应进行的情况，PCR 反应管内的荧光信号强度到达设定阈值所经历的循环数（即 Ct）与扩增的起始模板量存在线性对数关系，由此可以对扩增样品中的目的基因的模板量进行准确的绝对和/或相对定量。

循环阈值（cycle threshold，Ct）是指在 PCR 扩增过程中，扩增产物的荧光信号达到设定的荧光阈值时所经历的循环数。

荧光阈值（threshold）一般是以 PCR 反应的前 15 个循环的荧光信号作为荧光本底信号（baseline），缺省设置是 3～15 个循环的荧光信号的标准偏差的 10 倍。实际上就是荧光信号开始由本底信号进入指数增长阶段的拐点时的荧光信号强度。

（3）常见的定量 PCR 技术

1）非探针类定量 PCR：在常规 PCR 体系中仅加入能与双链 DNA 结合的荧光染料，由此来实现对 PCR 过程中产物量的全程监测。最常用的荧光染料为 SYBR Green，能结合到 DNA 双螺旋小沟区域；游离状态时荧光信号很弱，但结合 DNA 后荧光信号大大增强，且荧光信号的强度和结合的双链 DNA 的量成正比。优点：成本低。缺点：特异性和定量精确性较差。

2）探针类定量 PCR：通过使用探针来产生荧光信号。探针除了能产生荧光信号用于监测 PCR 进程之外，因其同样能和模板 DNA 待扩增区域结合，因此大大提高了 PCR 的特异性。

常用的探针类型包括 TaqMan 探针、分子信标探针和 FRET 探针等。

**4. PCR 技术的应用**

（1）在生物医学研究方面的应用

1）目的基因的获得。

2）核酸的定量分析，即 DNA 和 RNA 的定量分析，包括人类和各种微生物的基因组中基因的拷贝数及基因的 mRNA 表达水平分析等。

3）其他：如基因定点突变操作、探针的标记与制备等。

（2）在体外诊断方面的应用

1）临床诊断。

2）法医刑侦。

3）动植物检验检疫。

**（二）分子杂交与印迹技术**

**1. 分子杂交技术**

（1）概念：分子杂交一般即指核酸分子杂交，是指核酸分子在变性后再复性的过程中，来源不同但互补配对的核酸单链（包括 DNA 和 DNA，DNA 和 RNA 及 RNA 和 RNA）相互结合形成杂合双链的特性或现象。

而依据此特性建立的一种对目的核酸分子进行定性和定量分析的技术则称为分子杂交技术，通常是将一种核酸单链用同位素或非同位素标记即探针，再与另一种核酸单链进行分子杂交，通过对探针的检测而实现对未知核酸分子的检测和分析。

（2）分类：分子杂交技术可按作用环境大致分为液相杂交和固相杂交两种类型。

液相杂交是最早建立的分子杂交类型，操作烦琐，应用极少。以固相杂交最常用。

固相杂交是将参加反应的核酸等分子首先固定在硝酸纤维素滤膜、尼龙膜、乳胶颗粒、磁珠和微孔板等固体支持物上，然后再进行杂交反应。其中以硝酸纤维素滤膜和尼龙膜最为常用，特称为滤膜杂交或膜上印迹杂交。

固相杂交按照操作方法可分为原位杂交、印迹杂交、斑点杂交和反向杂交等。

**2. 印迹技术**

（1）概念：印迹或转印（blot 或 blotting）技术是指将核酸或蛋白质等生物大分子通过一定方式转移并固定至尼龙膜等支持载体上的一种方法，该技术类似于用吸墨纸吸收纸张上的墨迹，故称为印迹技术。

如果被转印的物质是 DNA 或 RNA，一般使用核酸分子杂交技术进行后续检测。

如果被转印的物质是蛋白质，一般通过与标记的特异性抗体通过抗原-抗体结合反应而间接显色来进行后续检测，故也称为免疫印迹技术（immuno-blotting）。

（2）常用的转印支持介质：常用的有尼龙膜（核酸）、硝酸纤维素膜（核酸或蛋白质）和 PVDF 膜（蛋白质）。

（3）转印方法及其分类：按照操作方式或原理不同，常用转印方法主要有毛细管虹吸转移法、电转移法和真空转移法。

按照转印的分子种类不同，可分为用于 DNA 的 DNA 印迹技术（又称 Southern 印迹技术），用于 RNA 的 RNA 印迹技术（又称 Northern 印迹技术）和用于蛋白质的蛋白质印迹技术（又称 Western 印迹技术）。

**（三）分子杂交技术与印迹技术的关系**

分子杂交与印迹技术实质上是两个完全不同的技术，但在实际研究工作中，由于二者密切相关，往往联合使用。

· 在实际研究工作中，尤其是研究核酸分子的时候，二者往往联合使用，此时可简称分子杂交技术或印迹技术。例如，DNA 的印迹技术因为往往和核酸分子杂交技术联用，所以很多人也称其为 DNA 印迹或 DNA 杂交或 DNA 印迹杂交技术。

· 有些时候，分子杂交技术或印迹技术又不是联合使用的，这个时候就需要注意术语的正确使用，不能乱用和混淆。例如，蛋白质的印迹技术就不和分子杂交技术联用而是和免疫酶法检测联用，因此不能称为分子杂交技术，只能称为印迹技术，一般称其为蛋白质印迹或 Western 印迹或免疫印迹。此外，原位杂交技术也不和印迹技术联用（图 18-3）。

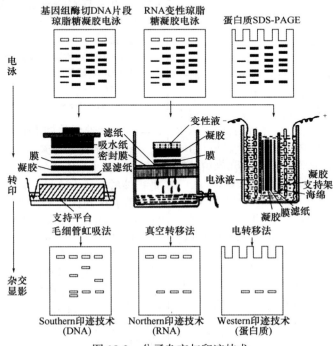

图 18-3　分子杂交与印迹技术

**4. 探针的种类及其制备**

（1）概念：探针（probe）就是一种用同位素或非同位素标记的核酸单链，通常是人工合成的寡核苷酸片段。

探针的作用：①方便后续的检测；②探针序列已知，故可以通过对探针的检测而获取或判断待检核酸样品的相关信息。

（2）种类

1）放射性核素标记探针：目前应用最多，优点是灵敏度和特异性极高，假阳性率较低；主要缺点是存在放射线污染，而且半衰期短，探针必须随用随标记，不能长期存放。常用的放射性核素有 $^{32}P$、$^{3}H$ 和 $^{35}S$ 等，以 $^{32}P$ 应用最多。

2）非放射性标记探针：优点是无放射性污染，稳定性好，标记探针可以保存较长时间，处理方便；缺点是灵敏度及特异性有时还不太理想。目前常用非放射性标记物主要有生物素、地高辛、异硫氰酸荧光素（FITC）和罗丹明等荧光素。

（3）探针的制备：探针的制备大致分为合成、标记和纯化 3 个步骤。探针的合成与标记可以是先合成再标记，但在不少方法中合成与标记是同时进行的，即边合成边标记。

1）化学法：是利用标记物分子上的活性基因与探针分子上的基因（如磷酸基因）发生的化学反应将标记物直接结合到探针分子上。最常用的是 $^{125}I$ 标记和生物素标记，多用于寡核苷酸探针。

2）酶法标记：也叫酶促标记法，将标记物预先标记到核苷酸（NTP 或 dNTP）分子上，然后利用酶促反应将标记的核苷酸分子掺入到探针分子中去。该类标记方法常见有缺口平移法、随机引物标记法及末端标记法等。①缺口平移法：它利用大肠埃希菌 DNA 聚合酶 Ⅰ 的多种酶促活性将标记的 dNTP 掺入到新形成的 DNA 链中去，从而合成高比活的均匀标记的 DNA 探针。此标记反应体系的主要成分有 DNA 酶 Ⅰ，大肠埃希菌 DNA 聚合酶，3 种三磷酸脱氧核糖核苷酸如 dATP、dTTP、dGTP，一种核素标记的核苷酸 $^{32}P$-dCTP，待标记 DNA 片段。②随机引物标记法：随机引物是人工合成的长度为 6 个核苷酸残基的寡聚核苷酸片段的混合物。③末端标记法：是将标记物导入线型 DNA 或 RNA 的 3′端或 5′端的一类标记法，可分为 3′端标记法、5′端标记法和 T4 聚合酶替代法。末端标记法主要用于寡核苷酸探针或短的 DNA 或 RNA 探针的标记，用该法标记的探针携带的标记分子较少。

**5. 常用的分子杂交与印迹技术**

（1）Southern 印迹：或称 Southern 杂交，主要用于检测基因组 DNA。其基本流程：基因组 DNA→限制性内切酶消化→琼脂糖凝胶电泳分离→碱变性处理→转印至尼龙膜→烘干固定→与探针进行杂交→放射自显影检测。

（2）Northern 印迹：或称 Northern 杂交，主要用于 RNA 的检测。基本流程与 Southern 印迹类似，但 RNA 不需要事先进行限制性内切酶处理，可直接电泳；不进行碱变性，而是采用甲醛变性琼脂糖凝胶电泳。

（3）Western 印迹：或称免疫印迹，主要用于蛋白质的检测。基本流程与核酸印迹技术类似，但采用变性聚丙烯酰胺凝胶电泳进行蛋白质分离，利用免疫学的抗原-抗体反应来检测被转印的蛋白质，被检测物是蛋白质，"探针"是抗体，"显色"用标记的二抗。

（4）斑点印迹：也称斑点杂交，是先将被测的 DNA 或 RNA 变性后固定在滤膜上然后加入过量的标记好的 DNA 或 RNA 探针进行杂交。无须酶切和电泳处理。

（5）反向杂交：用标记的样品核酸与未标记的固化探针 DNA 杂交。

（6）原位杂交：是以特异性探针与细菌、细胞或组织切片中的核酸进行杂交并对其进行检测的一种方法。主要包括用于基因克隆筛选的菌落原位杂交，以及检测基因在细胞内的表达与定位和基因在染色体上定位的组织或细胞原位杂交等方法。

**（三）DNA 测序技术**

**1. 双脱氧链末端终止法**　也称为 Sanger 法，是目前应用最为广泛的方法。基本原理：它巧妙地利用了 DNA 复制的原理，是利用 ddNTP 来部分代替常规的 dNTP 作为底物进行 DNA 合成反应。在 DNA 合成时，一旦 ddNTP 掺入到合成的 DNA 链中，由于 ddNTP 脱氧核糖的 3′-位碳原子上缺少羟基而不能与下一位核苷酸的 5′-位磷酸基之间形成 3′，5′-磷酸二酯键，从而使得正在延伸的 DNA 链在此 ddNTP 处终止（图 18-4）。

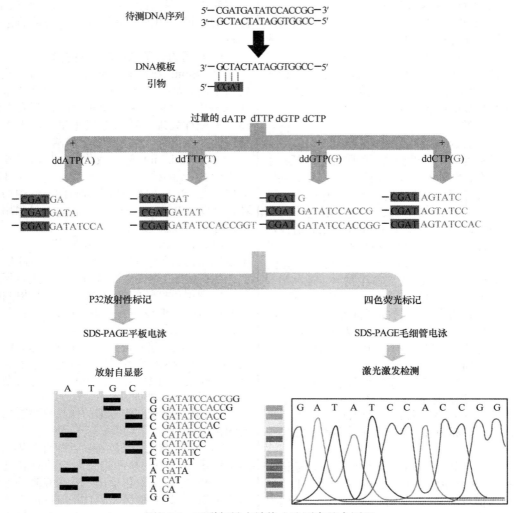

图 18-4 双脱氧链末端终止法测序基本原理

目前基于此原理的全自动测序多是用4种不同的荧光染料标记4种不同的终止底物 ddNTP。

**2. 化学降解法**

**3. 新型的 DNA 测序技术** 即第二代的高通量测序技术，鉴于其对传统测序技术的划时代革新，故又被称为下一代测序技术，由于其测序的通量高，使得在短期内对一个物种的转录组和基因组进行细致全貌的分析成为可能，故又被称为深度测序。

目前的第二代高通量测序技术主要以罗氏（Roche）公司的 454 测序仪、美国宜曼达（Illumina）公司推出的 Solexa 基因组分析平台和英国应用生物系统（Applied Biosystems，ABI）公司的 SOLiD 测序仪为代表。

**（四）生物芯片技术**

生物芯片（biochips）技术是以微电子系统技术和生物技术为依托，在固相基质表面构建微型生物化学分析系统，将生命科学研究中的许多不连续过程（如样品制备、生化反应、检测等步骤）在一块普通邮票大小的芯片上集成化、连续化、微型化，以实现对蛋白质、核酸等生物大分子的准确、快速、高通量检测。

生物芯片主要分为基因芯片和蛋白质芯片。

**1. 基因芯片** 又称生物集成模片、DNA 芯片、DNA 微阵列或寡核苷酸微芯片，是基于核酸分子杂交原理建立的一种对 DNA 进行高通量、大规模、并行分析的技术，其基本原理是将大量寡核苷酸分子固定于支持物上，然后与标记的待测样品进行杂交，通过检测杂交信号的强弱进而对待测样品中的核酸进行定性和定量分析，基本技术流程大致包括芯片微阵列制备、样品制备、分子杂交、信号检测与分析等步骤。

**2. 蛋白质芯片**　或称蛋白质微阵列，与基因芯片原理相似，但芯片上固定的是蛋白质如抗原或抗体等。

**（五）蛋白质的分离纯化与结构分析**

**1. 蛋白质的沉淀和盐析**

（1）有机溶剂沉淀：某些有机溶剂如乙醇、丙酮等，能使蛋白质表面水化膜破坏而沉淀，再将其溶解在小体积溶剂中即可获得浓缩的蛋白质溶液。在溶液 pH 等于等电点时，由于蛋白质不带电，沉淀效果更佳。为保持其结构和生物活性，需要在 0～4℃低温下进行丙酮或乙醇沉淀，沉淀后应立即分离，否则蛋白质会发生变性。

（2）盐析：采用高浓度中性盐溶液破坏蛋白质在水溶液中的稳定因素（破坏蛋白质表面的水化膜并中和其电荷），使蛋白质颗粒相互聚集而沉淀的现象称为盐析（salting out）。常用的中性盐有硫酸铵、硫酸钠或氯化钠等。各种蛋白质盐析时所需的盐浓度不同，采用不同盐浓度可将蛋白质分别沉淀，称为分级沉淀。

（3）免疫沉淀：利用特异抗体识别相应抗原并形成抗原抗体复合物的性质，可从蛋白质混合溶液中分离获得抗原蛋白。这就是可用于特定蛋白质定性和定量分析的免疫沉淀法。

**2. 透析和超滤法**　主要用于去除蛋白质溶液中的小分子化合物。

利用透析袋将大分子蛋白质与小分子化合物分开的方法称为透析（dialysis）。透析袋是用具有超小微孔的膜（如硝酸纤维素膜）制成，一般只允许分子质量为 10kDa 以下的化合物通过，大分子蛋白质则留在袋内。将蛋白质溶液装在透析袋内，置于水中，硫酸铵、氯化钠等小分子物质可透过薄膜进入水溶液，由此可对盐析浓缩后的蛋白质溶液进行除盐。如果透析袋外放置吸水剂如聚乙二醇，则袋内水分伴同小分子物质透出袋外，可达到浓缩目的。

应用正压或离心力使蛋白质溶液透过有一定截留分子量的超滤膜，达到浓缩蛋白质溶液的目的，称为超滤法。

**3. 电泳**（electrophoresis）　溶液中带电粒子在电场力作用下向着其所带电荷相反的方向泳动的现象叫电泳。蛋白质在高于或低于其 pI 的溶液中成为带电颗粒，在电场中能向正极或负极移动。根据上述现象，科学家建立了电泳技术用

以分离各种蛋白质。根据支撑物的不同，电泳可分为纤维薄膜电泳、凝胶电泳等。

（1）SDS-PAGE：十二烷基硫酸钠-聚丙烯酰胺凝胶电泳（sodium dodecylsulfate-polyacrylamide gel electrophoresis，SDS-PAGE）的主要原理是，向蛋白质样品加入还原剂（打开蛋白质的二硫键）和过量 SDS，SDS 是阴离子去垢剂，使蛋白质变性解聚，并与蛋白质结合成带强负电荷的复合物，掩盖了蛋白质之间原有电荷的差异，故而在聚丙烯酰胺凝胶中电泳时迁移率主要取决于蛋白质分子大小。是分析蛋白质和多肽及测定其分子量等的常用方法。

（2）双向凝胶电泳（two-dimentional gel electrophoresis，2-DE）：也称二维凝胶电泳，是根据蛋白质的等电点和分子量大小，分别在凝胶介质二维空间上对蛋白质分子进行等电点聚焦和电泳来分离与纯化蛋白质的技术，是蛋白质组学研究的重要技术（参见第二十一章组学）。

**4. 层析**（chromatography）　也称色谱，是基于不同物质在流动相和固定相之间的分配系数不同而将混合组分分离的技术。层析种类很多，此处仅介绍常用的两种。

（1）凝胶过滤层析（gel filtration chromatography）：又称分子筛层析（molecular sieve chromatography）或尺寸排阻层析（size exclusion chromatography），主要依据分子大小进行分离。常用的层析介质有葡聚糖凝胶等。层析柱内填满带有小孔的凝胶颗粒，蛋白质溶液加于柱上部，向下流动时，小分子可进入孔内，故在柱中移动速度较慢，滞留时间较长；而大分子则不能进入孔内，移动速度快，故先被洗脱下来。该法常用于蛋白质盐析沉淀后的脱盐，也可用于计算蛋白质的分子量。

（2）离子交换层析（ion exchange chromatography）：主要依据蛋白质所带总电荷进行分离，包括阴离子交换层析和阳离子交换层析。蛋白质是两性电解质，在特定 pH 时，不同蛋白质电荷量及性质不同，故可通过离子交换层析得以分离。以阴离子交换层析为例，将带正电荷的阴离子交换剂填入层析柱内，溶液中带正电荷的蛋白质分子可直接通过柱子，而带负电的蛋白质分子则被吸附，随后可用不同浓度的阴离子洗脱液（如 Cl⁻）将结合的蛋白质分子逐级取代洗脱下来。

**5. 超速离心**（ultracentrifugation）　主要用于分离或分析鉴定病毒颗粒、细胞器、蛋白质等生物大分子，既可以用来分离纯化蛋白质，又可

以用作测定蛋白质的分子量。

**6. 蛋白质的一级结构分析**

（1）蛋白质的氨基酸组成分析：蛋白质经盐酸水解后成为游离氨基酸，用离子交换树脂将各种氨基酸分开，测定它们的量，算出各氨基酸在蛋白质中的百分组成或个数。

（2）测定多肽链的氨基端和羧基端的氨基酸残基：F.桑格（F. Sanger）最初用二硝基氟苯与多肽链的α-氨基作用生成二硝基苯氨基酸，然后将多肽水解，分离出带有二硝基苯基的氨基酸。

（3）肽链序列的测定：将肽链水解成片段，分别进行分析。常用有胰蛋白酶法、胰凝乳蛋白酶法、溴化氰法等。

蛋白质水解生成的肽段，可通过层析和电泳及质谱将其分离纯化并鉴定，得到的图谱称为肽图（peptide map），由此可明确肽段的大小和数量。各肽段的氨基酸排列顺序一般采用埃德曼降解法（Edman degradation）进行分析。对分析出的各肽段中的氨基酸顺序，进行组合排列对比，最终得出完整肽链中的氨基酸排列顺序。

近年来，由于基因克隆和DNA测序技术更为方便快捷，因此可以通过克隆测定基因序列来推导其编码蛋白质的氨基酸序列。

**7. 蛋白质的空间结构分析**

（1）二级结构分析：通常采用圆二色（circular dichroism，CD）光谱法测定溶液状态下的蛋白质二级结构。测定含α螺旋较多的蛋白质，该法所得结果更为准确。

（2）三维空间结构解析：X射线衍射法是测定蛋白质三维空间结构最准确的方法，在体外进行，需要制备蛋白质晶体。X射线衍射指X线受到原子核外电子的散射而发生的衍射现象。蛋白质和核酸等分子晶体中规则的原子排列可产生规则的衍射图像，可据此计算分子中各种原子间的距离和空间排列，从而分析蛋白质等大分子的空间结构。核磁共振（nuclear magnetic resonance，NMR）技术主要用于测定蛋白质的液相三维空间结构，该技术不需要蛋白质晶体，但主要限于小分子量蛋白质。冷冻电镜（cryo-electron microscopy）技术是一种对快速冷冻的含水生物样品的透射电镜成像技术，是近年来兴起的蛋白质三维结构研究技术。

（3）生物信息学预测：蛋白质的一级结构是其高级结构的基础。目前，根据蛋白质的一级结构即氨基酸序列，可以采用多种在线软件来预测其二级结构和包含的典型模体或结构域，还可以采用同源建模（homology modeling）等生物信息

学方法来预测其空间结构。

**（六）生物大分子相互作用研究技术**

**1. 蛋白质与蛋白质相互作用研究技术** 包括蛋白质免疫共沉淀、GST-Pull down、酵母双杂交技术、间接免疫荧光、蛋白质组学技术、荧光共振能量转移分析等方法。

（1）蛋白质免疫共沉淀：是以抗体和抗原之间的特异性作用为基础建立的用于研究蛋白质相互作用的经典方法，基本实验流程包括细胞裂解液制备、抗原抗体结合反应与复合物沉淀、Western印迹检测三大步骤。

（2）酵母双杂交技术：其理论依据是真核生物转录激活因子的转录激活作用是由其功能相对独立的DNA结合结构域（binding domain，BD）和转录激活结构域（activation domain，AD）共同完成的。

通常是将编码某一蛋白X的编码序列与BD的编码序列构建融合表达载体，表达的蛋白称诱饵蛋白，将编码另一蛋白Y的编码序列与AD的编码序列构建融合表达载体，表达的蛋白称捕获蛋白或猎物蛋白。当两个融合表达载体共转化酵母细胞（含报告基因）后，在酵母中表达并分布于细胞核中。若X和Y没有相互作用，则单独不能激活报告基因的转录；若X与Y之间有且发生相互作用时，则可发挥激活转录的功能，使受调控的下游报告基因得到表达。因此，最后通过简便的酵母遗传表型分析即对报告基因的转录进行检测来推测蛋白质X和Y之间是否存在相互作用。

**2. DNA与蛋白质相互作用研究技术** 包括电泳迁移率变动分析、染色质免疫沉淀、酵母单杂交技术等。

（1）电泳迁移率变动分析（electrophoretic mobility shift assay，EMSA）：也称凝胶迁移分析或凝胶阻滞分析，是一种在体外研究蛋白质与核酸相互作用的技术。基本原理为当蛋白质与带有标记的核酸（DNA或RNA）探针结合后可形成复合物，这种复合物在电泳时比无蛋白结合的游离探针在凝胶中的泳动速度慢，即表现为相对滞后。基本实验流程包括探针的合成标记与纯化、细胞核裂解液的制备、探针与蛋白质的结合反应、电泳与检测五大步骤。

（2）染色质免疫沉淀（chromatin immunoprecipitation，ChIP）：是一种主要用来研究细胞内基因组DNA的某一区域与特定蛋白质[包括组蛋白和非组蛋白（如转录因子）]相互作用的技术。

基本实验流程包括 DNA 与蛋白质交联、裂解细胞、DNA-蛋白质复合物的免疫沉淀、DNA 纯化和 PCR 扩增。

### （七）基因沉默技术

**1. 反义寡核苷酸技术和核酶技术**

（1）反义寡核苷酸：主要指反义寡脱氧核苷酸，长度一般为 20nt 左右，进入细胞后可通过碱基互补配对原则与靶 mRNA 或双链 DNA 结合而导致基因表达抑制即基因沉默。由此建立的抑制基因表达的技术称为反义寡核苷酸技术。

反义寡核苷酸抑制基因表达的机制主要有以下几种。①与靶 mRNA 互补结合后以位阻效应抑制靶基因的翻译；②与靶 mRNA 互补结合后诱发 RNase H 降解靶 mRNA；③也可通过直接与双链 DNA 结合形成 3 股螺旋而抑制基因转录。

（2）核酶技术：核酶是一类具有催化活性的 RNA 分子，可通过碱基配对特异性地水解灭活靶 mRNA，故也可以用来抑制基因的表达。主要分为锤头状核酶和发夹状核酶两大类，以前者应用居多。

**2. RNA 干扰技术**

（1）RNA 干扰（RNA interference，RNAi）的概念：RNAi 是一种进化上保守的通常由小分子 RNA 诱发的能介导基因沉默的机制，因其主要发生于转录后水平，故也称为序列特异性转录后基因沉默。

主要有两类小分子 RNA，即小干扰 RNA（siRNA）和 miRNA，均可以有效引发 RNAi。一般认为，siRNA 主要参与抵御外来病毒性核酸的侵染及抑制转座子基因的表达，在低等和高等真核生物均有存在；miRNA 主要参与内源性基因的表达调节，目前主要发现存在于高等真核生物。

（2）RNAi 的机制：经典的 siRNA 介导的 RNAi 可分为两个阶段，即起始阶段和效应阶段。

1）起始阶段：外源性 dsRNA 进入细胞后与 Dicer 酶结合，被剪切成更短的长度 21～23nt 的 dsRNA，即 siRNA。

2）效应阶段：siRNA 与 RNA 诱导的沉默复合物（RNA-induced silencing complex，RISC）结合，并被解旋酶解开为正义链和反义链两个单链。其中反义链也称引导链，能与靶 mRNA 互补结合，同时引发 RISC 对该靶 mRNA 进行快速的切割降解，从而引起目的基因的表达沉默。

miRNA 引发 RNAi 的机制与 siRNA 基本类似：其前体即 pre-miRNA 在细胞中合成后，也经 Dicer 酶剪切，生成长度 21～23nt 的 miRNA，然后也和 RISC 结合介导基因沉默。和 siRNA 不同，miRNA 可以和很多靶 mRNA 并非完美的碱基互补配对：当完全互补配对时，则和 siRNA 一样，可引起 RISC 对靶 mRNA 的剪切降解；当不完全互补配对时，则只阻止翻译而不引起 RISC 对靶 mRNA 的剪切降解。

（3）RNAi 技术及其实施策略

1）通常采用以下两种实施策略。①体外合成 siRNA：通常是采用化学合成法来直接合成特定序列的 siRNA。②siRNA 表达载体介导：一般是首先根据 siRNA 的序列设计一条发夹状的 DNA 序列片段，然后克隆到 siRNA 表达载体的 RNA 聚合酶Ⅲ型启动子和转录终止信号之间。细胞内的 RNA 聚合酶Ⅲ可驱动载体中发夹状 DNA 序列的转录，合成短发夹状 RNA（shRNA），该 shRNA 即可被 Dicer 酶切割生成 dsRNA，进而引发目的基因的沉默。

2）优缺点：和反义寡核苷酸等传统技术相比，RNAi 技术具有很高的特异性、基因沉默效率高的显著优点。但也存在引发免疫应答等副作用。

（4）RNAi 技术的应用：主要用于基因功能研究、基因治疗两个方面。

### （八）基因组编辑技术

基因组编辑（genome editing）是一种在基因组水平上对某个基因或某些基因的序列进行有目的的定向改造的遗传操作技术，也称基因组工程（genome engineering），或简称为基因编辑（gene editing）。已经建立的基因组编辑技术主要有 4 种。其基本原理是利用人工构建或天然的核酸酶，在预定的基因组位置切开 DNA 链，切断的 DNA 链在被细胞内的 DNA 修复系统修复过程中会产生序列的变化，从而达到定向改造基因组的目的（图 18-5）。

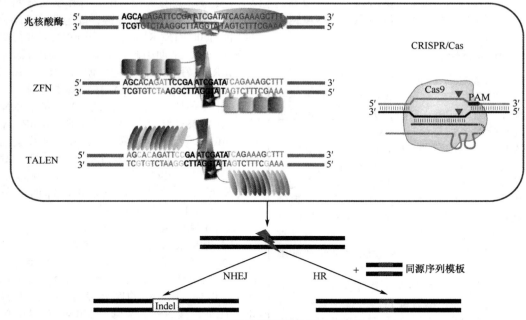

图 18-5　基因组编辑技术的基本原理

**1. 兆核酸酶**（meganuclease）　是一类识别位点序列较长（12～40bp 的 DNA 双链序列）的内切脱氧核糖核酸酶，存在于一些细菌、古菌、噬菌体、真菌藻类和植物中。由于其识别序列较长，用它切割一种基因组 DNA，通常只有一个切点，故而特异性高。

在采用生物技术手段对天然兆核酸酶进行定点突变等改造，可改变其识别的 DNA 序列，获得各种工程化的兆核酸酶。目前兆核酸酶技术的研发和应用主要集中于某些较大的生物技术公司，已有用于基因治疗的临床基因组编辑实践。

**2. 锌指核酸酶**（zinc finger nuclease，ZFN）是一种人工改造的限制性核酸内切酶，由特异性的 DNA 结合结构域和非特异性的 DNA 切割结构域两部分构成。DNA 结合结构域部分是由多个锌指模体结构单元串联而成，每个锌指结构单元可特异识别 3bp 长的 DNA 序列。非特异性的 DNA 切割结构域则是来自海床黄杆菌限制性内切酶 Fok Ⅰ 的 C 端 96 个氨基酸残基组成的活性中心结构域。

**3. 转录激活蛋白样效应分子核酸酶**（transc-ription activator-like effector nuclease，TALEN）也是一种人工改造的限制性核酸内切酶，由特异性的 DNA 结合结构域和非特异性的 DNA 切割结构域两部分构成。TALEN 技术与 ZFN 技术非

常类似，其 DNA 切割结构域也是来自 Fok Ⅰ，不同之处在于其 DNA 结合结构域是采用人工改造的转录激活蛋白样效应分子（transcription activator like effector，TALE）。TALEN 技术中同样也需要根据拟编辑的靶标位点两侧的序列设计一对 TALEN，以便两个 Fok Ⅰ 切割结构域形成二聚体从而切割靶标位点。

**4. CRISPR/Cas**

（1）CRISPR/Cas 系统概述：CRISPR/Cas 系统是在细菌和古菌中发现的适应性免疫系统，用于抵抗噬菌体感染或其他外源核酸入侵。

CRISPR 即成簇规律间隔短回文重复序列（clustered regularly interspaced short palindromic repeats，CRISPR），是存在于细菌和古菌基因组中的由一段富含 AT 的前导序列及相同的短重复序列（repeat）和来自噬菌体等外源核酸的间隔序列（spacer）相互间隔、重复串联、成簇排列所形成的短片段微阵列，也称 CRISPR 阵列（CRISPR arrays）。Cas 基因（CRISPR-associated，Cas gene）与 CRISPR 阵列相邻，编码具有核酸酶活性的 Cas 蛋白。CRISPR 基因座（CRISPR locus）主要包括 CRISPR 阵列和 Cas 基因两部分。

CRISPR/Cas 系统分两类，一类系统包括Ⅰ、Ⅲ和Ⅳ型，采用多个 Cas 蛋白复合物进行靶向切割；二类系统包括Ⅱ、Ⅴ和Ⅵ型，采用单一的 Cas 蛋白进行靶向切割。

（2）常用的 CRISPR/Cas 基因组编辑技术：在多种 CRISPR-Cas 系统中，二类系统仅采用一个 Cas 核酸酶进行靶向切割干扰，因此最适合应用于基因组编辑技术。

1）CRISPR-Cas9：二类 Ⅱ 型的 Cas9 应用最早且最为广泛，即 CRISPR-Cas9 技术。使用最多的是来自产脓链球菌的 Cas9（Streptococcus pyogenes Cas9，SpCas9）。在 CRISPR-Cas9 系统中，pre-crRNA 加工时，需要一种反式激活 crRNA（trans-activating crRNA，tracrRNA）与 pre-crRNA 互补结合形成 dsRNA，从而被 Cas9 和 RNase Ⅲ 切割，并进一步修剪成为成熟 crRNA。在干扰阶段，必须存在两个条件才可触发激活 Cas9 的核酸酶活性：Cas9 与特定的原间隔序列邻近模体（protospacer adjacent motif，PAM）序列旁的靶 DNA 结合；crRNA 中的间隔序列与靶 DNA 的一条链形成正确碱基配对。Cas9 具有 HNH 和 RuvC 两个核酸酶结构域，分别切割靶 DNA 的两条单链，导致双链 DNA 断裂。在实际操作中，crRNA 和 tracrRNA 可融合为一个嵌合的单一引导 RNA（single-guide RNA，sgRNA），从而建立一个仅有 Cas9 和 sgRNA 组成的二组分系统。

2）其他：二类 Ⅴ 型的 CRISPR-Cas12a（也称 Cpf1）和二类 Ⅵ 型的 CRISPR-Cas13a（也称 C2c2）近年来也被开发应用。Cas12a 由一个 crRNA 引导，需要 PAM 序列，crRNA 与靶 DNA 链正确互补配对后可激活其仅有的 RuvC 核酸酶活性切割靶 DNA 的两条单链。Cas13a 也仅有一个 crRNA 引导，但不需要 PAM 序列，靶向切割单链 RNA。

（3）CRISPR/Cas 技术的应用：CRISPR/Cas 技术主要用于各种基因组编辑（如突变破坏基因、突变纠正、定点转入外源基因等）。也可用于调控目的基因的转录。此外，还可将 dCas9 与 GFP 等荧光蛋白融合，用于基因组 DNA 成像。

（4）CRISPR/Cas 技术的优势与不足：CRISPR/Cas 技术是由 RNA 引导识别特定的靶 DNA 序列，仅需改变引导 RNA 的靶向序列即可，操作非常简便，技术门槛低。不仅用于基因功能研究等基础研究领域，而且也用于人类基因治疗等临床领域。

CRISPR/Cas 技术用于基因组编辑也仍存在不足：首先是其仍存在一定的脱靶现象，其次，Cas9 蛋白对于靶序列的切割还要求其靶序列附近存在 PAM 序列（一般为 NGG），否则不能触发 Cas9 的核酸酶活性，这也限制了其不能对任意序列进行切割或编辑。

## （九）转基因技术与基因敲除技术

转基因技术与基因敲除技术通常是在个体水平上进行操作，涉及基因工程、胚胎工程等多种技术。

**1. 转基因技术与转基因动物**

（1）概念：转基因技术是指将外源基因导入受体动物染色体基因组内，使外源基因稳定整合并能遗传给后代的技术。由此构建的动物，则称为转基因动物。从某种程度上来讲，转基因动物是人类按自己的主观意愿有目的、有计划、有根据、有预见地改变动物的遗传组成或遗传性状。

（2）转基因动物的建立

1）基本原理：借助分子生物学和胚胎工程的技术，将外源目的基因在体外扩增和加工，导入动物的早期胚胎细胞中，使其整合到染色体上，然后将胚胎移植到代孕动物的输卵管或子宫中后，最后发育成携带有外源基因的转基因动物。

2）基本流程包括外源目的基因的获得、外源目的基因的有效导入、胚胎培养与移植、外源目的基因表达的检测等。

3）主要方法：根据目的基因导入的方法与对象不同，分为基因显微注射法、逆转录病毒感染法、胚胎干细胞介导法、精子载体导入法等。

**2. 基因敲除技术与基因敲除动物**

（1）概念：基因敲除，或称基因剔除，是一种主要建立在 DNA 同源重组原理基础上的新型分子生物学技术，是通过一定的操作使机体特定的基因失活或缺失即被敲除的技术。即在构建转基因动物时，利用 DNA 同源重组原理，使导入的外源同源 DNA 片段替代基因组中的靶基因片段，从而达到基因敲除的目的。

通过基因敲除技术建立的动物称为基因敲除动物。

目前小鼠是基因敲除研究的最主要的动物模型。

（2）基因敲除动物的建立

1）基本流程：构建基因敲除载体即打靶载体；导入小鼠胚胎干细胞；筛选获得发生了同源重组而使内源靶基因缺失或功能丧失的小鼠胚胎干细胞；显微注射转入假孕母体小鼠的囊胚中参与胚胎发育，获得含有一个等位基因被剔除的小鼠嵌合体；嵌合体动物进一步交配，获得纯合的基因敲除小鼠。

2）条件性基因敲除技术：主要是采用重组酶 Cre 介导的位点特异性重组技术，即 Cre/LoxP

系统，可使一些在胚胎生长发育阶段非常重要的功能基因在特定的时期或某些特定类型的细胞中被敲除。

**3. 转基因技术与基因敲除技术的应用**
（1）研究基因的功能及其表达调控机制
（2）建立疾病动物模型
（3）制备生物活性蛋白
（4）人类疾病基因治疗
（5）扩大移植供体来源
（6）改良动物品种

# 中英文专业术语

聚合酶链反应　polymerase chain reaction，PCR
逆转录 PCR　reverse transcription PCR，RT-PCR
甲基化特异性 PCR　methylation-specific PCR，MSP
实时定量 PCR　quantitative real-time PCR
原位 PCR　in situ PCR
分子杂交　molecular hybridization
Southern 印迹　Southern blot
Northern 印迹　Northern blot
Western 印迹　Western blot
斑点印迹　dot blot
探针　probe
引物　primer
原位杂交　in situ hybridization
生物芯片　biochip
基因芯片　gene chip
DNA 微阵列　DNA microarray
蛋白质芯片　protein chip
透析　dialysis
电泳　electrophoresis
盐析　salting out
层析　chromatography
凝胶过滤　gel filtration
超速离心　ultracentrifugation
十二烷基硫酸钠-聚丙烯酰胺凝胶电泳　sodium dodecylsulfate-polyacrylamide gel electrophoresis，SDS-PAGE
双向凝胶电泳　two-dimentional gel electrophoresis，2-DE
凝胶过滤层析　gel filtration chromatography
分子筛层析　molecular sieve chromatography
尺寸排阻层析　size exclusion chromatography
离子交换层析　ion exchange chromatography
圆二色　circular dichroism，CD

核磁共振　nuclear magnetic resonance，NMR
冷冻电镜　cryo-electron microscopy
酵母双杂交系统　yeast two hybrid system
电泳迁移率变动分析　electrophoretic mobility shift assay，EMSA
染色质免疫沉淀技术　chromatin immunoprecipitation assay，ChIP
反义寡核苷酸　antisense oligonucleotides，ASON
RNA 干扰　RNA interference，RNAi
双链 RNA　double stranded RNA，dsRNA
短发夹状 RNA　short hairpin RNA，shRNA
小干扰 RNA　small interfering RNA，siRNA
微 RNA　microRNA，miRNA
基因组编辑　genome editing
基因编辑　gene editing
兆核酸酶　meganuclease
锌指核酸酶　zinc finger nuclease，ZFN
转录激活蛋白样效应分子核酸酶　transcription activator-like effector nuclease，TALEN
转录激活蛋白样效应分子　transcription activator like effector，TALE
成簇规律间隔短回文重复序列　Clustered regularly interspaced short palindromic repeats，CRISPR
Cas 基因　CRISPR-associated gene，Cas gene
原间隔序列　proto spacer
反式激活 crRNA　trans-activating crRNA，tracrRNA
原间隔序列邻近模体　proto spacer adjacent motif，PAM
单一引导 RNA　single-guide RNA，sgRNA
核酸酶失活型 Cas9　nuclease-deactivated Cas9，dCas9
CRISPR 干扰　CRISPR interference，CRISPRi
CRISPR 激活　CRISPR activation，CRISPRa
转基因技术　transgenic techniques
转基因动物　transgenic animals
基因敲除　gene knockout
基因敲除动物　gene knockout animals
条件性基因敲除　conditional gene knockout

# 练 习 题

**一、A1 型选择题**
1. DNA 变性的本质是哪种化学键的断裂
A. 离子键　　B. 氢键　　C. 离子键
D. 共价键　E. 3′，5′-磷酸二酯键
2. 一般影响核酸变性的温度可选在

A. 60～70℃　　　　　B. 70～80℃

C. 80～90℃　　　　　D. 90～100℃

E. 50～60℃

3. DNA 印迹分析正确的操作步骤是

A. 样品制备→电泳分离→变性→转膜→预杂交→杂交→检测

B. 样品制备→电泳分离→转膜→变性→预杂交→杂交→检测

C. 样品制备→电泳分离→变性→预杂交→杂交→转膜→检测

D. 样品制备→变性→电泳分离→转膜→预杂交→杂交→检测

E. 样品制备→变性→电泳分离→预杂交→转膜→杂交→检测

4. 在将固定于膜上的 DNA 片段与探针进行杂交之前，必须将膜上所有能与 DNA 结合的位点全部封闭，称为

A. 杂交　　　　　　　B. 封阻或预杂交

C. 杂交前处理　　　　D. Northern 印迹杂交

E. 固定

5. 在 Southern 印迹杂交中用来标记核酸探针最常用的放射性同位素是

A. $^{32}P$　　　B. $^{3}H$　　　C. $^{35}S$

D. $^{125}I$　　　E. $^{15}N$

6. 免疫印迹是指

A. Southern 印迹　　　B. Western 印迹

C. Northern 印迹　　　D. Eastern 印迹

E. ChIP

7. 蛋白质印迹中基本原理是

A. DNA 与蛋白质作用　B. DNA 与探针作用

C. 抗原-抗体作用　　　D. RNA 与探针作用

E. DNA 与 RNA 相互作用

8. DNA 合成的原料是

A. dNMP　　　B. dNDP　　　C. dNTP

D. NTP　　　　E. NMP

9. 合成 cDNA 需要的逆转录酶是

A. DNA 指导的 DNA 聚合酶

B. 核酸酶

C. RNA 指导的 RNA 聚合酶

D. DNA 指导的 RNA 聚合酶

E. RNA 指导的 DNA 聚合酶

10. 关于 PCR 技术的叙述，错误的是

A. 以 DNA 复制为基础建立起来的技术

B. 利用 PCR 技术可完全无误的扩增基因

C. 反应体系需模板、一对引物、dNTP、Taq 酶和缓冲液

D. 以变性-退火-延伸为基因反应步骤

E. PCR 过程中也会和复制一样出现碱基错配

11. PCR 反应中，决定产物特异性扩增的最关键因素是

A. 酶　　　　B. $Mg^{2+}$　　　C. 模板

D. 引物　　　E. 缓冲液

12. 下列选项中，属于 PCR 技术的主要用途的是

A. 目的基因的克隆

B. 基因突变

C. DNA 和 RNA 的微量分析

D. DNA 序列测定

E. 以上均正确

13. 以 5′-AGTCCGTAAT……GCTAATCGATGCA-3′为基准，设计的引物可能是

A. AGTCCGTAAT 和 GCTAATCGATGCA 一对引物

B. TCAGGCATTA 和 CGATTAGCTACGT 一对引物

C. AGTCCGTAAT 和 CGATTAGCTACGT 一对引物

D. TCAGGCATTA 和 GCTAATCGATGCA 一对引物

E. AGTCCGTAAT 和 TGCATCGATTAGC 一对引物

14. 下列关于 DNA 测序的叙述中，正确的是

A. Sanger 法测的是双链 DNA，化学测序法测的单链

B. Sanger 法测的是单链 DNA，化学测序法测的双链

C. 二者测的都是单链 DNA

D. 二者测的都是双链 DNA

E. 二者都不需要进行标记

15. Sanger 法测序时 4 个反应体系中加入的相同组分有

A. 模板、引物、酶、dNTP

B. 模板、引物、酶、dNDP

C. 模板、引物、酶、ddNTP

D. 引物、酶、ddNTP、dNTP

E. 模板、引物、酶、ddNTP、dNTP

16. Sanger 法测序时各个反应中加入的 ddNTP：dNTP 一般为

A. 1：100　　　B. 1：5　　　C. 1：50

D. 1：10　　　　E. 1：1

17. 有关马克萨姆-吉尔伯特法 Maxam-Gilbert DNA sequencing，又称 DNA 化学测序法；化学降解法的叙述，错误的是

A. DMS 在中性 pH 环境中，主要作用于 G

B. 甲酸具有脱嘌呤作用

C. 肼在酸性条件下，作用于嘧啶

D. 肼在碱性条件下，加入高浓度的盐，主要作用于胞嘧啶

18. Sanger 法和 Maxam-Gilbert 化学裂解法 DNA 测序法中，都必须依赖于哪种电泳方式

A. 琼脂糖凝胶电泳

B. 双向电泳

C. 醋酸纤维素薄膜电泳

D. 变性聚丙烯凝胶电泳

E. 非变性聚丙烯凝胶电泳

19. 下列关于建立 cDNA 文库的叙述中，哪一项是错误的

A. 从特定组织或细胞中提取 RNA

B. 用逆转录酶合成 mRNA 对应的单链 DNA

C. 以新合成的单链 DNA 为模板和成双链 DNA

D. 新合成的双链 DNA 甲基化

E. 合成的 cDNA 还要插入合适的载体中

20. 下列关于探针的叙述中，错误的是

A. 定量 PCR 技术不需要探针

B. 用于核酸分子杂交

C. 用于 Southern 印迹或 Northern 印迹

D. 探针序列已知，故可通过对探针的检测而获取或判断待检核酸样品的相关信息

E. 探针的标记是为了方便后续的检测

21. 下列关于 RNAi 的叙述，错误的是

A. RNAi 技术具有特异性高和基因沉默效率高的显著优点

B. RNAi 引发的基因沉默主要发生于转录后水平

C. RNAi 也称为序列特异性转录后基因沉默

D. RNAi 仅在个别物种上出现，不是一种进化上保守的生物学现象

E. RNAi 技术在基因功能研究和基因治疗上具有重要应用

22. 有关分子杂交与印迹技术的叙述中，错误的是

A. 分子杂交技术和印迹技术是两个密切联系的技术，往往联合使用

B. 分子杂交一般是指核酸分子杂交

C. Western 印迹技术中一般不和分子杂交联用

D. 斑点杂交时，核酸样品同样需要酶切处理和电泳分离

E. 核酸和蛋白质大分子都以使用印迹技术进行转印

23. 下列哪种技术或方法不可能使用 DNA 聚合酶

A. RT-PCR          B. Western 印迹

C. DNA 测序        D. 实时定量 PCR

E. 探针的标记与合成

24. 基因芯片是建立在哪种技术基础之上的

A. 核酸分子杂交      B. 酵母双杂交

C. 免疫印迹          D. EMSA

E. 定量 PCR

25. 基因芯片是将哪种成分以何种方式固定于单位面积的支持物上

A. 许多特定的多肽片段有规律地紧密排列

B. 许多特定的探针有规律地紧密排列

C. 许多特定的 DNA 片段有规律地紧密排列

D. 许多特定的 DNA 片段随机地紧密排列

E. 许多特定的蛋白质有规律地紧密排列

26. 下列不属于生物芯片范畴的是

A. DNA 芯片          B. 半导体芯片

C. 蛋白质芯片        D. 组织芯片

E. 以上都不属于

27. 盐析法沉淀蛋白质的原理是

A. 降低蛋白质溶液的介电常数

B. 中和表面电荷，破坏水化膜

C. 与蛋白质结合形成不溶性蛋白

D. 将蛋白质溶液 pH 调整到等电点

E. 破坏蛋白质高级结构，使其变性

28. 以下哪一种蛋白质分离、纯化方法与其他的方法原理不同

A. 透析        B. 盐析        C. 离心

D. 凝胶过滤    E. 超滤

29. 下列关于聚丙烯酰胺凝胶电泳的叙述，错误的是

A. 通过蛋白质分子大小、所带电荷不同在电场中泳动而达到分离各种蛋白质的技术

B. 向聚丙烯酰胺凝胶电泳系统中加入 SDS，可导致蛋白质分子间的电荷差异消失

C. 蛋白质在电场中泳动时还叠加了分子筛效应

D. 在电场作用下，蛋白质分子由正极向负极泳动

E. 电泳结束后，经染色可以看到不同的条带，代表不同种类的蛋白质分子

30. 蛋白质在电场中的泳动方向取决于

A. 蛋白质的分子量

B. 蛋白质分子所带的净电荷

C. 蛋白质的空间构象

D. 蛋白质所在溶液的浓度

E. 蛋白质所在溶液的温度

31. 聚丙烯酰胺凝胶电泳分辨率比一般的电泳更高是因其具有

A. 梯度浓缩效应        B. 分子筛效应

C. 电荷聚集效应        D. 黏度效应

E. 等电点效应

32. 在蛋白质分离纯化中，具有分子筛效应的层析方法是

A. 吸附层析　　　　　　　B. 离子交换层析
C. 凝胶过滤层析　　　　　D. 亲和层析
E. 纸层析

33. 下列不是根据蛋白质分子量的不同来分离、纯化蛋白质的方法是
A. 透析　　　　　　B. 聚丙烯酰胺凝胶电泳
C. 离子交换层析　　D. 凝胶过滤层析
E. 超滤

34. 用离子交换层析进行蛋白质纯化的原理，正确的是
A. 离子交换层析利用了蛋白质具有两性解离的特性
B. 当溶液 pH>pI 时，蛋白质表面带有阳离子，可以通过阳离子交换层析得以分离
C. 阴离子交换层析，其离子交换剂上带负电荷，能与蛋白质溶液中带有阳离子的蛋白质通过静电作用结合
D. 阳离子交换层析，其离子交换剂上带正电荷，用于分离携带正电荷的蛋白质样品
E. 阴离子交换层析，用含阴离子的溶液洗脱，含负电量大的蛋白质首先被洗脱下来

35. 凝胶过滤法分离蛋白质时，从层析柱上先被洗脱下来的是
A. 分子量小的　　　　B. 分子量大的
C. 带电荷多的　　　　D. 带电荷少的
E. 肽链短的

36. 主要根据所带电量不同分离蛋白质的方法是
A. 盐析　　　B. 透析　　　C. 电泳
D. 离心　　　E. 超滤

37. 常用于测定多肽 N 端氨基酸的试剂是
A. 溴化氢　　B. 丹磺酰氯　　C. 羟胺
D. 过甲酸　　E. 尿素

38. 某蛋白质的等电点为 7.5，在 pH 6.0 的条件下进行电泳，它的泳动方向是
A. 原点不动　　　　　B. 向正极移动
C. 向负极移动　　　　D. 向下移动
E. 无法预测

39. 用凝胶过滤层析柱分离蛋白质时，下列哪项是正确的
A. 分子体积最大的蛋白质最先洗脱下来
B. 分子体积最小的蛋白质最先洗脱下来
C. 不带电荷的蛋白质最先洗脱下来
D. 带电荷的蛋白质最先洗脱下来
E. 没有被吸附的蛋白质最先洗脱下来

40. 盐析法沉淀蛋白质的原理是
A. 盐与蛋白质结合成不溶性盐蛋白
B. 降低蛋白质溶液的介电常数

C. 调节蛋白质溶液的等电点
D. 改变蛋白质分子大小
E. 中和电荷，破坏水化膜

41. 下列哪种因素处理蛋白后仍然可以保持蛋白质的天然活性
A. 高温有机溶剂　　　B. 重金属盐
C. 加热振荡　　　　　D. 强酸强碱
E. 透析

42. 下列哪种因素处理蛋白后仍然可以保持蛋白质的天然活性
A. 高温有机溶剂　　　B. 重金属盐
C. 加热振荡　　　　　D. 强酸强碱
E. 亲和层析

43. 不是主要用于研究蛋白质相互作用的方法是
A. 酵母双杂交　　　　B. 各种亲和分析
C. EMSA　　　　　　D. 免疫共沉淀
E. 荧光共振能量转换效应分析

44. 不是主要用于研究 DNA-蛋白质相互作用的技术是
A. EMSA　　　　　　　B. ChIP 技术
C. 染色质免疫共沉淀技术　D. 双向电泳
E. 酵母单杂交

45. 有关酵母双杂交技术的叙述中，正确的是
A. 不能用于证明两种已知蛋白的相互作用
B. 将拟研究蛋白的编码基因与 BD 基因融合成为"诱饵"表达质粒
C. 将拟研究蛋白的编码基因与 AD 基因融合成为"诱饵"表达质粒
D. 只能用于筛选与"诱饵"蛋白有相互作用的未知蛋白
E. 酵母双杂交主要用于研究 DNA 与蛋白质之间的相互作用

46. TALEN 是
A. 兆核酸酶　　　　　B. 锌指核酸酶
C. 转录激活蛋白样效应分子核酸酶
D. 成簇规律间隔短回文重复序列
E. 核酸酶

47. CRISPR 是指
A. 成簇规律间隔短回文重复序列
B. 转录激活蛋白样效应分子核酸酶
C. 转录激活蛋白样效应分子
D. 锌指核酸酶
E. 兆核酸酶

48. ZFN 是指
A. 成簇规律间隔短回文重复序列
B. 转录激活蛋白样效应分子核酸酶
C. 转录激活蛋白样效应分子

D. 锌指核酸酶

E. 兆核酸酶

49. 含有锌指结构的是

A. 兆核酸酶　　　　B. ZFN　　　　C. TALEN

D. CRISPR　　　　E. Cas9

50. 由 RNA 引导识别靶 DNA 序列的是哪种酶

A. 兆核酸酶　　　　B. ZFN　　　　C. TALEN

D. 限制性内切酶　　E. Cas9

51. 哪种技术是通过 RNA 引导来识别靶 DNA 序列

A. 兆核酸酶　　　　B. ZFN　　　　C. TALEN

D. CRISPR/Cas9　　E. RNAi

52. 最为简便高效的基因组编辑技术是

A. 兆核酸酶　　　　B. ZFN　　　　C. TALEN

D. CRISPR/Cas9　　E. RNAi

53. ZFN 和 TALEN 技术主要使用的典型蛋白质结构域是

A. RNA 结合结构域和 DNA 切割结构域

B. RNA 结合结构域和 DNA 切割结构域

C. DNA 结合结构域和 RNA 切割结构域

D. DNA 结合结构域和 RNA 切割结构域

E. DNA 结合结构域和 DNA 切割结构域

54. 基因组编辑技术中造成的 DNA 链断裂主要引发的 DNA 修复是

A. 非同源末端连接修复或同源重组修复

B. 非同源末端连接修复或错配修复

C. 切除修复或同源重组修复

D. 切除修复或错配修复

E. 直接修复或同源重组修复

55. 基因组编辑技术可以实现

A. 移码突变，导致被编辑的基因破坏失活

B. 基因定点突变

C. 突变基因或缺陷基因纠正

D. 定点转入外源基因

E. 以上均可以

56. Cas9 实际上属于

A. 核酸外切酶　　　　　　B. 限制性内切酶

C. RNase　　D. DNase　　E. DNA 连接酶

57. Cas9 实际上属于

A. 核酸外切酶　　　　　　B. DNA 聚合酶

C. RNase　　　　　　　　D. 核酸内切酶

E. DNA 连接酶

58. CRISPR-Cas9 系统主要涉及哪两种 RNA

A. siRNA 和 miRNA　　B. tracrRNA 和 crRNA

C. siRNA 和 shRNA　　D. mRNA 和 tRNA

E. lncRNA 和 miRNA

59. CRISPR-Cas9 系统不涉及哪种 RNA

A. siRNA　　　　B. tracrRNA　　C. crRNA

D. pre-crRNA　　E. sgRNA

60. CRISPR-Cas9 系统不涉及哪种 RNA

A. miRNA　　　　B. tracrRNA　　C. crRNA

D. pre-crRNA　　E. sgRNA

61. CRISPRi 技术主要用于

A. 抑制目的基因转录

B. 激活目的基因转录

C. 导致目的基因定点突变

D. 使目的基因发生移码突变

E. 修复突变的目的基因

62. CRISPRa 技术主要用于

A. 抑制目的基因转录

B. 激活目的基因转录

C. 导致目的基因定点突变

D. 使目的基因发生移码突变

E. 修复突变的目的基因

63. 有关转基因动物的叙述中，正确的是

A. 是指用人工方法将外源基因导入或整合到基因组内，并能稳定传代的一类动物

B. 是指用远缘杂交获得新性状并能稳定传代的一类动物

C. 绵羊"多莉"就是一头转基因羊

D. 转基因动物不安全，没有研究的必要

E. 转基因动物是能够执行转基因功能的一类动物

64. 基因敲除技术是指

A. 采用 RNAi 技术使细胞内的目的基因失活

B. 将目的基因导入动物体细胞内，使其表达

C. 采用同源重组技术有目的地去除动物体内某种基因

D. 将动物的体细胞核导入另一个体的去除了胞核的卵细胞内，使其发育成个体

E. 将目的基因整合入受精卵细胞或胚胎干细胞，导入动物子宫使之发育成个体

65. 转基因技术是指

A. 采用 RNAi 技术使细胞内的目的基因失活

B. 将目的基因导入动物体细胞内，使其表达

C. 采用同源重组技术有目的地去除动物体内某种基因

D. 将动物的体细胞核导入另一个体的去除了胞核的卵细胞内，使其发育成个体

E. 将目的基因整合入受精卵细胞或胚胎干细胞，导入动物子宫使之发育成个体

66. 下面哪项信息无法从 cDNA 克隆中获得

A. 外显子序列　　　　B. 编码产物的氨基酸序列

C. mRNA 序列　　　　D. 启动子序列

E. 序列的相似性

67. 用寡脱氧胸腺嘧啶核苷酸纤维素（oligo-dT纤维素）分离纯化 mRNA 的层析方法称为
A. 亲和层析　　　B. 离子交换层析
C. 排阻层析　　　D. 疏水层析
E. 反相层析

68. 第一个作为重组 DNA 载体的质粒是
A. pBR322　　B. pUC18　　C. pSC101
D. pBEU1　　　E. ColE1

69. 下列哪种载体对外源 DNA 的容量最大
A. 质粒　　　B. 酵母人工染色体（YAC）
C. BAC 载体　D. 噬菌体载体
E. 黏粒

70. 当用过量的 RNA 探针与有限的 DNA 杂交时
A. 所有的 RNA 杂交　B. 所有的 DNA 杂交
C. 50%的 RNA 杂交　　D. 50%的 DNA 杂交
E. 25%的 DNA 杂交

71. 检测蛋白质-蛋白质直接相互作用的技术是
A. 免疫共沉淀（CoIP）　B. GST pull down 实验
C. Western 印迹　　　　D. PCR
E. EMSA

72. 体外检测 DNA-蛋白质相互作用的技术是
A. 酵母双杂交实验　　B. ChIP　　C. EMSA
D. GST pull down 实验　E. 免疫共沉淀（CoIP）

73. 识别 4 个碱基序列的限制性核酸内切酶，大约每隔多少个碱基进行一次切割
A. $2^4$　　B. $4^2$　　C. $4^4$　　D. $10^4$　　E. $2^{10}$

74. 对 DNA 片断作物理图谱分析，需要用
A. DNA 聚合酶Ⅱ　　　B. DNA 连接酶
C. 核酸外切酶　　　　D. 限制性核酸内切酶
E. DNase Ⅰ

75. SDS-PAGE 测定蛋白质的分子量是根据各种蛋白质的
A. 分子极性不同
B. 分子大小不同
C. 溶解度不同
D. 在一定条件下所带的静电荷不同
E. 等电点不同

76. PCR 反应体系中必须含有下列哪种金属离子
A. $Ca^{2+}$　　B. $Mg^{2+}$　　C. $Na^+$
D. $Cu^{2+}$　　E. $Fe^{2+}$

77. PCR 反应的基本原理与下列生物体内哪一合成过程最为类似
A. DNA 复制　　B. 转录　　C. 翻译
D. 逆转录　　　E. 核苷酸的从头合成途径

78. 下列关于常规 PCR 反应体系的基本成分错误的是
A. 模版 DNA　　B. 特异引物　C. ddNTP

D. DNA 聚合酶　　E. 含有 $Mg^{2+}$的缓冲液

79. 1993 年，美国科学家 KB Mullis 因下列哪项技术而获得了诺贝尔化学奖
A. ChIP　　　　　B. PCR
C. EMSA　　　　D. GST pull down 实验
E. CRISPR Cas9 基因编辑

80. 下列关于对 PCR 引物设计的一般原则叙述错误的是
A. 引物长度常为 20bp 左右
B. GC 含量以 40%～60%为宜，ATGC 最好随机分布
C. 引物的 5′-端可以进行化学修饰
D. 引物内部或上下游引物之间不应出现互补序列
E. 常在引物的 3′-端进行化学修饰

81. 用下列哪种 PCR 技术可获取大量单链 DNA
A. 多重 PCR　　　　B. 不对称 PCR
C. 巢式 PCR　　　　D. 锚定 PCR
E. 反向 PCR

82. 欲扩增已知序列两侧的未知 DNA 序列，应用下列哪种 PCR
A. 多重 PCR　　　　B. 不对称 PCR
C. 原位 PCR　　　　D. 锚定 PCR
E. 反向 PCR

83. 有关 TaqMan 探针法实时定量 PCR 的叙述错误的是
A. TaqMan 探针特异结合在引物对之间的序列
B. 每次循环后与模版特异结合的 TaqMan 探针都被 DNA 聚合酶降解
C. TaqMan 探针可大大提高 PCR 反应的特异性
D. 每次循环后 TaqMan 探针存留在扩增产物中
E. 探针的 5′-端有一个荧光报告基团，3′-端有一个荧光淬灭基团

84. 有关分子信标（molecular beacon）探针法实时定量 PCR 的叙述错误的是
A. 探针呈发夹状结构
B. 探针的环部序列与靶序列特异结合
C. 探针的 5′-端有一个荧光报告基团，3′-端有一个荧光淬灭基团
D. 不能对靶序列进行点突变或单核苷酸多态性（single nucleotide polymorphism，SNP）分析
E. 分子信标与靶序列互补结合后产生荧光

85. 有关 FRET（fluorescence resonance energy transfer）探针法实时定量 PCR 的叙述错误的是
A. 由两条能与模版 DNA 互补的特异探针组成
B. 探针属于水解类探针
C. 检测到的信号是实时信号，是可逆的
D. 检测到的信号是累计的，不可逆的

E. 一般上游探针的 3'-端标记有荧光供体基团

86. 下列哪种测序技术既不需要进行电泳也不需要 DNA 片断的荧光标记

A. Sanger 测序

B. Maxam-Gilbert 化学裂解法测序

C. Roche 454 焦磷酸测序

D. Illumina 公司 Solexa 的边合成边测序技术

E. ABI 公司的 Solid 测序技术

87. 下列关于 cDNA 文库的叙述错误的是

A. cDNA 文库含有组织或细胞的 mRNA 信息

B. 可以从 cDNA 文库中获得某一基因的编码信息

C. 可以从 cDNA 文库中获得某一基因的启动子信息

D. 可用核酸分子杂交法从 cDNA 文库中筛选含有目的基因的克隆

E. cDNA 文库具有组织或细胞特异性

88. 下列关于基因文库的叙述错误的是

A. 基因文库指的是一个包含了某一生物体全部 DNA 序列的克隆群体

B. 基因文库可分为基因组 DNA 文库和 cDNA 文库

C. 可用核酸分子杂交法从基因文库中筛选含有目的基因的克隆

D. 基因文库指一定条件下某一组织细胞的所有 cDNA 序列的克隆群体

E. 对某一基因的结构或功能进行研究时，可从基因文库中获得该基因

89. 下列关于基因组文库的叙述错误的是

A. 基因组文库含有组织或细胞的全部基因组 DNA 信息

B. 可以从基因组文库中获得某一基因的编码信息

C. 可以从基因组文库中获得某一基因的非编码信息

D. λ 噬菌体、酵母人工染色体等可用作构建基因组文库的载体

E. 基因组文库具有组织或细胞特异性

90. 利用 Poly（A）引物制备的某一细胞的 cDNA 文库包含

A. 该细胞的全部基因信息

B. 该细胞来源个体的全部基因信息

C. 该细胞的全部 RNA 信息

D. 该细胞来源个体的全部 RNA 信息

E. 在获取该细胞时，其所转录的 mRNA 信息

91. 基因芯片事实上就是高通量的

A. EMSA　　B. ChIP　C. 蛋白质印迹

D. 核酸分子杂交　　E. 实时荧光定量 PCR

92. 基因芯片检测的原理是基于

A. 双色荧光标记探针系统的应用

B. 化学发光信号标记系统的应用

C. 放射性核素标记系统的应用

D. 抗原-抗体系统的应用

E. 生物素-亲和素标记系统的应用

93. 酵母双杂交实验可用来检测

A. 蛋白质-DNA 相互作用

B. 蛋白质-蛋白质相互作用

C. 蛋白质-RNA 相互作用

D. DNA-DNA 相互作用

E. DNA-RNA 相互作用

94. 用于体内检测蛋白质-DNA 相互作用的技术是

A. EMSA

B. GST pull down 实验

C. 染色质免疫共沉淀（ChIP）

D. 酵母双杂交实验

E. 免疫共沉淀（CoIP）

95. 可用于基因及表达产物定位分析的杂交技术是

A. ChIP　　　　B. FISH　　C. Southern 印迹技术

D. Northern 印迹技术　　E. Western 印迹技术

96. 印迹技术中最常用的固相介质是

A. 琼脂胶　　　　　　B. 琼脂糖凝胶

C. 聚丙烯酰胺凝胶　　D. 硝酸纤维素薄膜

E. 醋酸纤维素薄膜

97. 一般不会用作探针的物质是

A. 蛋白质分子　　　　B. 单链 DNA 分子

C. 氨基酸分子　　　　D. RNA 分子

E. 化学合成的寡核苷酸片断

98. 下列关于 DNA 测序技术中，说法错误的是

A. DNA 测序是分析基因结构的核心技术

B. DNA 测序有双脱氧链终止法和化学裂解法

C. 目前自动化测序技术已经广泛使用

D. 自动化测序技术主要是从化学裂解法衍生而来的

E. 自动化测序技术中通常需要用到 4 种荧光标记的 ddNTP

99. 通常用于高通量研究细胞在 RNA 水平整体基因表达谱改变的技术是

A. ChIP-on-chip　　　　B. Northern 印迹技术

C. 蛋白质芯片　　　　D. RT-PCR

E. cDNA 芯片

100. PCR 扩增时不需要加入下列哪种成分

A. DNA 聚合酶　　　　B. RNA 聚合酶

C. dNTP　　　　　　　D. 模版 DNA

E. 引物

101. PCR 技术不能用于

A. 基因的体外突变　　B. DNA 的微量分析

C. DNA 序列测定　　　D. 蛋白质含量测定

E. 目的基因的克隆

**102.** 目前确定样品中 DNA 或 cDNA 拷贝数最敏感、最准确的方法是

A. Southern 印迹技术　　B. 普通 PCR

C. FISH　　　　　　　D. 实时定量 PCR

E. cDNA 芯片

**103.** 欲研究某一转录因子在细胞内是否对多个基因进行表达调控，常用的高通量的研究方法是

A. Northern 印迹技术　　B. ChIP

C. ChIP-on-chip　　　　D. 实时定量 PCR

E. Western 印迹技术

**104.** 下列有关核酸分子杂交的叙述，错误的是

A. 对某一已知基因，可利用核酸分子杂交技术进行染色体定位

B. 可定性或定量检测特异 DNA 或 RNA 序列片段

C. 用核酸分子杂交技术可从 cDNA 文库或基因组文库中筛选出特定的克隆

D. 可用于遗传病的基因诊断

E. 不需要探针即可进行核酸分子杂交

**105.** Southern 印迹技术的基本过程是

A. 将 RNA 转到膜上，用 DNA 探针杂交

B. 将 RNA 转到膜上，用 RNA 探针杂交

C. 将 DNA 转到膜上，用 DNA 探针杂交

D. 将蛋白质转移到膜上，用抗体做探针杂交

E. 将 DNA 转到膜上，用 RNA 探针杂交

**106.** Western 印迹技术的基本过程包括

A. 将 RNA 转到膜上，用 DNA 探针杂交

B. 将 RNA 转到膜上，用 RNA 探针杂交

C. 将 DNA 转到膜上，用 DNA 探针杂交

D. 将蛋白质转移到膜上，用抗体做探针杂交

E. 将 DNA 转到膜上，用 RNA 探针杂交

**107.** Northern 印迹技术的基本过程包括

A. 将 RNA 转到膜上，用 cDNA 探针杂交

B. 将 RNA 转到膜上，用 RNA 探针杂交

C. 将 DNA 转到膜上，用 DNA 探针杂交

D. 将蛋白质转移到膜上，用抗体做探针杂交

E. 将 DNA 转到膜上，用 RNA 探针杂交

**108.** RT-PCR 可用于

A. RNA 结构分析

B. 蛋白质表达分析

C. 蛋白质氨基酸序列分析

D. DNA 序列测定

E. 基因表达分析

**109.** 在分子杂交中，最常用的 DNA 变性方式是

A. 热变性

B. 化学试剂变性，如尿素、甲醛等

C. 酸变性

D. 碱变性

E. 紫外线照射

**110.** 关于 RNA 酶保护分析法（RNase protection assay，RPA），下列叙述错误的是

A. 可用于 mRNA 定量，确定内含子在相应基因中的位置等

B. 常用反义 RNA 作探针

C. 不能用来确定内含子在相应基因中的位置

D. 属于核酸分子杂交

E. 用 RNase T1 和 RNase H 消化单链 RNA，杂交体则不被消化

**111.** 有关探针制备的方法，下列叙述错误的是

A. 可用随机引物法合成探针

B. 可用 PCR 反应合成探针

C. 利用 Klenow 酶进行切口平移法合成探针

D. 利用 T4 核苷酸激酶将 [α-$^{32}$P] ATP 标记到探针的 5'-端

E. 可用体外转录法合成探针

**112.** 基因芯片不应用于下述哪个方面

A. 检测基因突变

B. 基因表达分析

C. 基因测序及基因图绘制

D. 微生物菌种鉴定

E. 蛋白表达谱分析

**113.** 下列关于探针的标记叙述，不正确的是

A. 可用放射性或非放射性物质标记

B. 生物素标记属于非放射性标记

C. 可用荧光素进行标记

D. 探针标记后不需要纯化

E. 非放射性标记具有标记稳定，安全、探针寿命较长的优点

**114.** 2006 年两名美国科学家安德鲁·法尔（Andrew Fire）和克雷格·梅洛（Craig C. Mello）因下列哪项成就获得诺贝尔医学奖

A. ChIP　　　　　B. RNAi　　　C. PCR 技术

D. CRISPR Cas9　　E. EMSA

**115.** 在 RNAi 中，长的双链 RNA（ds RNA）在哪种酶的作用下首先切割成 21～23nt

A. Dicer　　　　　B. RISC　　　C. 解旋酶

D. 核酸外切酶　　E. 拓扑异构酶 II

**116.** RNAi 不具有下列哪项特点

A. 属于转录后水平的基因沉默

B. 具有较高的特异性

C. 高效性

D. RNAi 效应可以突破细胞的界限，在细胞间传递

E. 没有 off-target 效应

117. 已知一个有效的 siRNA 序列，需要维持较长时间的基因沉默，最好用下列哪种方法制备 siRNA

A. 化学合成法　　　　　B. 体外转录法

C. 长片断双链 RNA 经 RNase Ⅲ 降解

D. 病毒载体表达 siRNA

E. siRNA 表达组件（siRNA expression cassette）

118. 下列有关 RNAi 的叙述不正确的是

A. siRNA 序列可设计在启动子区域，也可在编码区

B. 可从 mRNA 水平、蛋白质水平、细胞表型水平层次来检测干扰效率

C. 只能从 mRNA 水平、蛋白质水平检测干扰效率

D. 可用 Western 印迹，ELISA 检测蛋白水平的变化

E. 可用定量 PCR，Northern blot 印迹检测 mRNA 水平的变化

119. 下列哪种技术或方法不是直接从 RNA 水平抑制或阻断基因表达的

A. 反义寡核苷酸技术　　　B. 核酶技术

C. miRNA　　　　　　　　D. RNAi

E. CRISPR-Cas9

120. 下列关于对转基因技术与基因敲除技术的应用的叙述，不正确的是

A. 研究基因的功能及表达调控机制

B. 建立疾病动物模型

C. 制备生物活性蛋白

D. 改良动物品种

E. 目前已经用于人的 ES 细胞进行基因治疗的研究

121. 下列关于 Cre/LoxP 系统的叙述，不正确的是

A. 可用来构建某一组织或细胞基因敲除的动物模型

B. 可用来构建特定阶段某一组织或细胞基因敲除的动物模型

C. 可用来研究特定基因的功能

D. 常用来构建整体性基因敲除的动物模型

E. 通过控制 Cre 在不同组织或细胞的表达实现基因的条件性敲除

122. 研究人员利用下面哪种原理构建基因敲除动物模型

A. 同源重组　　　　　　B. 非同源重组

C. 转座　　　　　　　　D. 基因扩增

E. RNAi

123. 酵母单杂交用于检测

A. 蛋白质-DNA 相互作用

B. 蛋白质-蛋白质相互作用

C. DNA-DNA 相互作用

D. DNA-RNA 相互作用

E. 蛋白质-RNA 相互作用

124. 下列关于探针的叙述不正确的是

A. 用于核酸分子杂交

B. 标记探针是为了方便后续的检测

C. 用于 Southern 印迹技术或 Northern 印迹技术

D. 已知探针序列就可通过对探针的检测来判断核酸样品的相关信息

E. 实时定量 PCR 技术总是需要使用探针

## 二、A2 型选择题

1. 某研究小组发现 X 转录因子在乳腺癌组织中高表达，为了进一步研究该因子在乳腺癌发生发展中的作用及分子机制，想从寻找 X 因子所调控的靶基因入手分析。下列哪种方法可以高通量筛选 X 因子的靶基因

A. Southern 印迹技术　　B. Northern 印迹技术

C. 实时定量 PCR　　　　D. FISH

E. RNA-seq

2. 某研究小组通过免疫组化染色发现 B 基因所表达的蛋白质在胃癌组织中升高。还可用下面哪种方法从蛋白水平检测该基因在胃癌组织中有高表达

A. Southern 印迹技术　　B. Northern 印迹技术

C. Western 印迹技术　　　D. FISH

E. 实时定量 PCR

3. 一科研工作者用含有 F 转录因子的核蛋白提取物与标记的探针进行了 EMSA 实验，结果如下图所示，有关该实验结果的叙述最能说明下列哪种情况

A. 转录因子 F 与探针之间有相互作用

B. 转录因子 F 与探针之间无相互作用

C. 不能确定转录因子 F 与探针之间的相互作用

D. 不能用 ChIP 技术进一步证实转录因子 F 与探针之间的相互作用

E. IgG 的作用是阳性对照

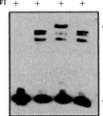

4. 凝胶过滤层析是最常用的蛋白质分离纯化的方法，层析柱内填满带有微孔的胶粒（如葡聚糖凝胶颗粒）制成，蛋白质溶液加于柱顶部，随着溶液向下渗漏，分管收集不同时间段流出的洗脱液就可使混合蛋白质样品得以分离。对于这种方法的原理，下列描述正确的是

A. 根据蛋白质等电点的不同来分离

B. 根据蛋白质分子量的不同来分离蛋白

C. 分子量小的蛋白质首先从凝胶中分离出来，分子量大的蛋白质随后从凝胶中分离出来

D. 在一定 pH 的溶液中，酸性蛋白质可以吸附在凝胶上，而碱性蛋白质无法吸附，因此将酸性蛋白质和碱性蛋白质分离

E. 两种分子量接近，酸碱性差异的蛋白质可以用凝胶过滤的方法分离

5. 一研究生用免疫荧光染色实验发现 A 蛋白和 B 蛋白共定位在细胞某一特定的位置，于是他想体外证明这两种蛋白之间是否有直接相互作用，可以用下列哪种技术

A. CoIP    B. GST pull down

C. 酵母双杂交    D. ChIP

E. EMSA

6. 如图是正常肝组织与肝癌组织的基因芯片的局部扫描结果图（注：正常肝组织的 mRNA 经逆转录成 cDNA 后用绿色荧光标记，肝癌组织的用红色荧光标记，二者 cDNA 等量混合后进行芯片实验），请问哪几种基因在癌组织中表达升高

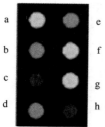

A. a，f，g        B. b，d，e    C. c，h

D. b，d，c，e，h  E. a，b，e，f，g

7. 研究人员想快速，简单的研究某一基因在乳腺癌组织的表达情况，可以采用下列哪种杂交技术

A. Southern 印迹技术    B. Northern 印迹技术

C. Western 印迹技术    D. Dot 印迹技术

E. FISH

8. 下列杂交技术中没有与印迹技术联用的是

A. Southern 印迹技术    B. Northern 印迹技术

C. Western 印迹技术    D. 免疫电泳印迹技术

E. FISH

9. 欲研究 G 基因在肝细胞再生过程中的作用，下面哪种技术和方法可以建立只在肝细胞而不在其他细胞或组织脏器敲除 G 基因的小鼠动物模型

A. 注射 siRNA 序列

B. 注射表达 siRNA 序列的载体

C. 注射 miRNA

D. Cre-LoxP 系统

E. 注射核酶

10. 聚合酶链反应（polymerase chain reaction，PCR）可将微量的目的 DNA 片断大量扩增，是分子生物学研究中应用最为广泛的方法。可分为常规 PCR 和实时定量 PCR。下列 PCR 技术中没有使用荧光标记物质的是

A. Molecular beacon 探针法

B. SYBR Green 荧光染料实时 PCR

C. TaqMan 探针法

D. 常规 PCR

E. FRET 探针法

11. 已知某核酸内切酶在一双链环状 DNA 上有 5 个切点，如果用该酶切割此 DNA，可以产生几个片断

A. 7    B. 6    C. 5    D. 4    E. 3

12. 对于肝组织的 cDNA 文库和基因组 DNA 文库比较的叙述不正确的是

A. cDNA 文库不含基因的启动子序列，但含有编码序列

B. 基因组 DNA 文库含有基因的启动子序列，非编码序列和编码序列

C. cDNA 文库不含内含子序列，而基因组 DNA 文库则含有

D. cDNA 文库和基因组 DNA 文库都含有外显子序列

E. cDNA 文库不含有基因的启动子序列，但含有内含子序列

13. 用限制性核酸内切酶切割 DNA 时，所得片断的长度与该酶所专一性作用的核苷酸序列的碱基对有关。如果用限制性核酸内切酶 *Hae* Ⅲ（特异性识别序列为 GGCC）切割一含有 50%GC 含量的高分子量的 DNA 分子的均一群体，并假定 DNA 核苷酸序列是随机分布的，片段的平均长度应该是多少 bp

A. 32    B. 64    C. 128    D. 256    E. 512

14. 临床发现一组患者因无法清除体内的代谢废物而造成代谢紊乱。其可能的发病机制与 X 基因有关，其编码的蛋白产物为 Y。对 4 个患者的组织样本进行分组诊断，A 是正常人，B 是隐性携带者，但其后代表现出代谢异常，C、D、E 是患

者。下图是 3 种印迹的结果示意图。有关对这组患者的下述分析，不正确的是

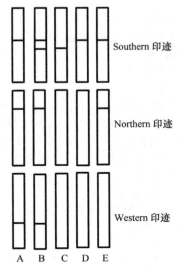

A. 患者 B 的一个等位基因正常，另外一个发生突变，但 X 基因可正常转录和翻译

B. 患者 C 的等位基因正常，但 X 基因既不转录也不翻译

C. 患者 D 的基因正常，但不转录，不翻译

D. 患者 E 的基因正常，转录但不翻译

E. 患者 B 不表现出临床症状

15.镰状细胞贫血是由于 β-珠蛋白基因的第 6 位密码子由 GAA 突变为 GUA，导致 HbS 的 β 链第 6 位的谷氨酸被缬氨酸替代。下述关于从分子水平诊断镰状细胞贫血的技术或方法的叙述，不正确的是

A. PCR/限制酶谱分析

B. PCR/DNA sequencing

C. 用特异的寡核苷酸探针进行 Southern 印迹技术分析

D. 测定异常血红蛋白患者的珠蛋白 mRNA 的 RT-PCR 产物序列

E. Western 印迹技术检测珠蛋白分子量的变化

16.2018 年 12 月，世界顶尖学术期刊、英国《自然》杂志（Nature）发布了本年度影响世界的十大科学人物，其中，因世界首例基因编辑婴儿而饱受争议的中国学者贺建奎名列其中。他运用了 CRISPR-Cas9 基因编辑技术获得了免疫艾滋病的基因编辑婴儿。有关 CRISPR-Cas9 技术和该事件的叙述，不正确的是

A. CRISPR-Cas9 技术是从 DNA 水平上敲除目的基因

B. CRISPR-Cas9 技术存在脱靶效应

C. CRISPR-Cas9 技术不能用于人类生殖细胞的研究

D. 在该例基因编辑婴儿中，靶基因是 CCR5 基因

E. 基因编辑技术用于人类传染性疾病的预防是可行的，他的做法也是完全可以接受的

## 三、B 型选择题

1. Southern 印迹检测的物质是
2. Northern 印迹检测的物质是
3. Western 印迹检测的物质是

A. DNA　　　　B. RNA　　　　C. 蛋白质

D. 脂肪　　　　E. 糖

4. 主要用于研究蛋白质与蛋白质相互作用的技术是
5. 主要用于研究 DNA 与蛋白质相互作用的技术是
6. 能够对核酸进行微量分析的技术是
7. 能够对基因表达水平进行大规模分析的技术是
8. 能够抑制细胞内源性目的基因表达的技术是

A. EMSA 或 ChIP　　　　B. 酵母双杂交技术

C. PCR 技术　　　　　　D. 基因芯片技术

E. RNAi 技术

9. 可以分析 mRNA 表达水平的 PCR 技术是
10. 用于研究基因甲基化状态的 PCR 技术是
11. 使用两套引物的 PCR 技术是
12. 可以直接对组织细胞内的核酸进行扩增检测的 PCR 技术是
13. 可以同时扩增检测多个基因的 PCR 技术是

A. RT-PCR　　　　　B. 甲基化特异性 PCR

C. 巢式 PCR　　　　D. 原位 PCR

E. 多重 PCR

14. RNAi 是指
15. dsRNA 是指
16. shRNA 是指
17. siRNA 是指
18. miRNA 是指

A. RNA 干扰　　　　　　B. 双链 RNA

C. 短发夹状 RNA　　　　D. 小干扰 RNA

E. 微 RNA

19. 体外研究蛋白质-蛋白质直接相互作用技术的是
20. 体外研究 DNA-蛋白质相互作用技术的是
21. 体内研究 DNA-蛋白质相互作用技术的是
22. 研究某一基因在染色体上定位的技术是

A. EMSA　　　B. ChIP　　　C. GST pull down

D. FISH　　　　E. 酵母双杂交

23. 高通量研究蛋白质表达谱、蛋白质功能、蛋白质相互作用的技术是

24. 高通量研究 mRNA 表达水平的技术是

25. 高通量研究基因在不同组织表达水平、分布情况的技术是

26. 高通亮研究转录因子所结合的 DNA 片断或所调控的基因的技术是

27. 高通亮定性、定量检测基因表达水平并能发现未知基因的技术是

A. 组织芯片　　B. cDNA 芯片　　C. ChIP-on-chip

D. 蛋白质芯片　E. RNA-seq

## 四、X 型选择题

1. 用于研究蛋白质-蛋白质相互作用的技术有

A. 酵母双杂交　　　　B. GST pull down

C. CoIP　D. ChIP　　E. EMSA

2. 用于研究 DNA-蛋白质相互作用的技术有

A. 酵母单杂交　　　　B. GST pull down

C. CoIP　D. ChIP　　E. EMSA

3. PCR 技术的用途有

A. DNA 序列测定　　　B. 目的基因的克隆

C. DNA 和 RNA 的微量分析

D. 基因的体外突变　　E. 蛋白质含量的测定

4. 构建基因组 DNA 文库的基本流程包括

A. 用限制性内切酶消化基因组 DNA

B. 基因组 DNA 的酶切片断与载体连接

C. 重组载体感染宿主菌

D. 用探针进行杂交获得目的基因

E. 可对目的基因进行测序做进一步的鉴定

5. 核酸分子杂交可以发生在

A. DNA 与 DNA 之间　　B. DNA 与 RNA 之间

C. RNA 与 RNA 之间　　D. 蛋白质与蛋白质之间

E. DNA 与蛋白质之间

6. 使用限制性内切酶 Fok I 的 DNA 切割结构域的技术是

A. 兆核酸酶　　　B. ZFN　　　　C. TALEN

D. CRISPR/Cas9　　E. RNAi

7. 其"导航系统"是通过蛋白质来识别靶 DNA 序列的技术是

A. 兆核酸酶　　　B. ZFN　　　　C. TALEN

D. CRISPR/Cas9　　E. RNAi

8. 属于基因组编辑技术的是

A. 兆核酸酶　　　B. ZFN　　　　C. TALEN

D. CRISPR/Cas9　　E. RNAi

9. 基因组编辑技术中造成的 DNA 链断裂主要引发的 DNA 修复是

A. 非同源末端连接修复　　B. 同源重组修复

C. 错配修复　　　　　　D. 切除修复

E. 直接修复

10. CRISPR-Cas9 系统涉及哪种 RNA?

A. siRNA　　　　B. tracrRNA　　C. crRNA

D. shRNA　　　　E. miRNA

## 五、名词解释

1. PCR

2. PCR 引物

3. Ct

4. 核酸分子杂交

5. 印迹或转印

6. 探针

7. 盐析

8. 透析

9. 电泳

10. 层析

11. Southern blot

12. Northern blot

13. Western blot

14. dot blot

15. 原位杂交

16. 蛋白质免疫共沉淀（Co-IP）

17. EMSA

18. ChIP

19. 酵母双杂交

20. 基因芯片

21. RNAi

22. 基因组编辑

23. 兆核酸酶

24. 锌指核酸酶（ZFN）

25. 转录激活蛋白样效应分子核酸酶（TALEN）

26. CRISPR

27. Cas9

28. 基因打靶

29. 转基因技术与转基因动物

30. 基因敲除与基因敲除动物

## 六、简答题

1. 简述 PCR 技术的基本原理。

2. 简述 PCR 的基本过程。

3. 简述 PCR 的反应体系的基本成分。

4. 探针的标记方法有哪几种?

5. 简述 Sanger 测序法的基本原理。

6. 简述 Southern 印迹的基本流程。

7. 简述 Western blot 的主要步骤。

8. 简述 EMSA 的基本原理和应用。

9. 简述 ChIP 的基本原理和应用。

10. 什么是 RNAi? 简述 RNAi 的机制。

11. 简述 RNAi 技术的应用。

12. 简述酵母双杂交的原理。
13. 何谓标签融合蛋白实验？简述其原理。
14. 简述酵母单杂交的原理。
15. 什么是定量 PCR？和常规 PCR 技术相比，有什么优势？
16. 简述凝胶过滤层析的基本原理。
17. 简述离子交换层析的基本原理。
18. 什么是基因组编辑？简述基因组编辑技术的基本原理。
19. 简述 CRISPR/Cas 适应性免疫机制。
20. 简述利用同源重组构建基因敲除小鼠模型的基本流程。
21. 简述转基因技术与基因敲除技术的应用。

**七、分析论述题**

1. 列举几种 PCR 衍生技术及其基本原理。
2. 比较正常人乳腺上皮细胞系与乳腺癌细胞系中基因表达差异时的 DNA 芯片的主要步骤。DNA 芯片有哪些应用？
3. 某研究人员采用分子生物学技术检测了基因 X 和 Y 在肺癌组织及其癌旁正常组织的表达水平，结果表明，与癌旁正常组织相比，基因 X 和 Y 在肺癌组织的 mRNA 和蛋白表达水平均显著升高。生物信息学分析结果提示，基因 X 的编码蛋白属于转录因子，研究人员推测基因 X 的编码蛋白可能直接调控基因 Y 的转录。

（1）研究人员最有可能使用哪种分子生物学技术检测了基因 X 和 Y 在肺癌组织及其癌旁正常组织的 mRNA 和蛋白表达水平？简述其主要操作步骤。
（2）研究人员应该采用什么分子生物学技术检测转录因子 X 与基因 Y 启动子区的结合。简述其基本原理。

# 参 考 答 案

**一、A1 型选择题**

| | | | | |
|---|---|---|---|---|
|1. B|2. D|3. A|4. B|5. A|
|6. B|7. C|8. C|9. E|10. B|
|11. D|12. E|13. E|14. C|15. A|
|16. D|17. C|18. D|19. B|20. A|
|21. D|22. B|23. E|24. A|25. C|
|26. C|27. B|28. B|29. D|30. D|
|31. B|32. C|33. C|34. A|35. B|
|36. C|37. B|38. C|39. D|40. E|
|41. E|42. E|43. C|44. D|45. B|
|46. C|47. A|48. D|49. B|50. E|
|51. D|52. D|53. E|54. A|55. E|
|56. D|57. D|58. B|59. A|60. A|
|61. A|62. B|63. A|64. C|65. E|
|66. D|67. A|68. C|69. B|70. D|
|71. B|72. C|73. C|74. D|75. B|
|76. D|77. A|78. C|79. E|80. E|
|81. B|82. E|83. C|84. B|85. D|
|86. C|87. C|88. C|89. D|90. E|
|91. D|92. A|93. C|94. C|95. B|
|96. D|97. C|98. E|99. E|100. B|
|101. D|102. D|103. C|104. E|105. C|
|106. D|107. A|108. E|109. D|110. D|
|111. D|112. E|113. C|114. B|115. A|
|116. E|117. D|118. C|119. E|120. E|
|121. D|122. C|123. A|124. D| |

**二、A2 型选择题**

| | | | | |
|---|---|---|---|---|
|1. E|2. C|3. A|4. B|5. B|
|6. C|7. D|8. E|9. D|10. D|
|11. C|12. E|13. D|14. B|15. E|
|16. E| | | | |

**三、B 型选择题**

| | | | | |
|---|---|---|---|---|
|1. A|2. B|3. C|4. B|5. A|
|6. C|7. D|8. E|9. A|10. B|
|11. C|12. D|13. E|14. A|15. B|
|16. B|17. D|18. E|19. C|20. A|
|21. B|22. A|23. D|24. B|25. A|
|26. C|27. E| | | |

**四、X 型选择题**

| | | | |
|---|---|---|---|
|1. ABC|2. ADE|3. ABCD|4. ABCDE|
|5. ABC|6. BC|7. ABC|8. ABCD|
|9. AB|10. BC| | |

**五、名词解释**

1. PCR：即聚合酶链式反应（polymerase chain reaction，PCR）的英文缩写，是一种在体外对特定的 DNA 片断进行高效扩增的技术，基本原理类似于 DNA 的体内复制过程。
2. PCR 引物（primer）：通常是一对长 18～22nt 的寡核苷酸片段，分别与待扩增区域 DNA 的两个末端部分的碱基序列互补，称为上游引物和下游引物，可以限定待扩增的 DNA 区域。
3. Ct：即循环阈值（cycle threshold，Ct），是指在 PCR 扩增过程中，扩增产物的荧光信号达到设定的荧光阈值时所经历的循环数。它与 PCR 扩增的起始模板量存在线性对数关系，由此可以对扩增样品中的目的基因的模板量进行准确的绝对和/或相对定量。

4. 核酸分子杂交:是指核酸分子在变性后再复性的过程中,来源不同但互补配对的核酸单链(包括 DNA 和 DNA,DNA 和 RNA 及 RNA 和 RNA)相互结合形成杂合双链的特性或现象,依据此特性建立的一种对目的核酸分子进行定性和定量分析的技术则称为分子杂交技术。

5. 印迹或转印:是指将核酸或蛋白质等生物大分子通过一定方式转移并固定至尼龙膜等支持载体上的一种方法,该技术类似于用吸墨纸吸收纸张上的墨迹。

6. 探针:是一种用同位素或非同位素标记的核酸单链,通常是人工合成的寡核苷酸片段。

7. 盐析:采用高浓度中性盐溶液破坏蛋白质在水溶液中的稳定因素(破坏蛋白质表面的水化膜并中和其电荷),使蛋白质颗粒相互聚集而沉淀的现象。

8. 透析:利用透析袋将大分子蛋白质与小分子化合物分开的方法。

9. 电泳:溶液中带电粒子在电场力作用下向着其所带电荷相反的方向泳动的现象。

10. 层析:也称色谱,是基于不同物质在流动相和固定相之间的分配系数不同而将混合组分分离的技术。

11. Southern blot:Southern 印迹(或 Southern blotting),或称 Southern 杂交,是由 E. M Southern 于 1975 年建立的用于基因组 DNA 样品检测的技术。

12. Northern blot:Northern 印迹(或 Northern blotting),一种与 Southern blot 相类似的,用于分析样品中 RNA 分子大小和丰度的分子杂交技术,为了与 Southern 杂交相对应,科学家们则将这种 RNA 印迹方法趣称为 Northern 印迹。

13. Western blot:印迹技术不仅可用于核酸分子的检测,也可以用于蛋白质的检测。蛋白质在电泳分离之后也可以转移并固定于膜上,相对应于 DNA 的 Southern 印迹和 RNA 的 Northern 印迹,该印迹方法则被称为 Western 印迹(Western blot 或 Western blotting)。

14. dot blot:斑点印迹,也称斑点杂交,是先将被测的 DNA 或 RNA 变性后固定在滤膜上然后加入过量的标记好的 DNA 或 RNA 探针进行杂交。

15. 原位杂交(in situ hybridization):是以特异性探针与细菌、细胞或组织切片中的核酸进行杂交并对其进行检测的一种方法。

16. 蛋白质免疫共沉淀(Co-IP):蛋白质免疫共沉淀(co-immunoprecipitation,Co-IP)是以抗体和抗原之间的特异性作用为基础建立的用于研究蛋白质相互作用的经典方法,是确定两种蛋白质在细胞内生理性相互作用的有效方法。

17. EMSA:电泳迁移率变动分析(electrophoretic mobility shift assays,EMSA),也称凝胶迁移分析(gel shift assay)或凝胶阻滞分析(gel retardation assay),是一种在体外研究蛋白质与核酸相互作用的技术,是基因转录调控研究的经典方法。这一技术最初用于研究 DNA 结合蛋白和特定 DNA 序列的相互作用,目前也已用于研究 RNA 结合蛋白和特定的 RNA 序列的相互作用。

18. ChIP:染色质免疫沉淀(chromatin immuno-precipitation,ChIP)是一种主要用来研究细胞内基因组 DNA 的某一区域与特定蛋白质(包括组蛋白如 H3 和非组蛋白如各种转录因子)相互作用的技术。

19. 酵母双杂交:是一种根据真核生物转录激活因子的转录激活作用是由其功能相对独立的 DNA 结合结构域和转录激活结构域共同完成这一原理而建立的在酵母细胞内分析蛋白质-蛋白质相互作用的研究方法。

20. 基因芯片:又称 DNA 芯片或 DNA 微阵列,是基于核酸分子杂交原理建立的一种对 DNA 进行高通量、大规模、并行分析的技术,其基本原理是将大量寡核苷酸分子固定于支持物上,然后与标记的待测样品进行杂交,通过检测杂交信号的强弱进而对待测样品中的核酸进行定性和定量分析。

21. RNAi:即 RNA 干扰,是一种进化上保守的通常由小分子 RNA 诱发的能介导基因沉默的机制,因其主要发生于转录后水平,故也称为序列特异性转录后基因沉默。

22. 基因组编辑:是一种在基因组水平上对某个基因或某些基因的序列进行有目的的定向改造的遗传操作技术,也称基因组工程,或简称基因编辑。包括兆核酸酶、锌指核酸酶(ZFN)、转录激活蛋白样效应分子核酸酶(TALEN)和 CRISPR/Cas 4 种。

23. 兆核酸酶:是一类识别位点序列较长(12～40bp 的 DNA 双链序列)的内切脱氧核糖核酸酶。

24. 锌指核酸酶(ZFN):是一种人工改造的限制性核酸内切酶,由特异性的 DNA 结合结构域和非特异性的 DNA 切割结构域两部分构成。DNA 结合结构域部分是由多个锌指模体结构单元串联而成,每个锌指结构单元可特异识别 3bp 长的 DNA 序列。非特异性的 DNA 切割结构域则是来自海床黄杆菌限制性内切酶 Fok I 的 C 端 96 个氨基酸残基组成的活性中心结构域。

25. 转录激活蛋白样效应分子核酸酶（TALEN）：是一种人工改造的限制性核酸内切酶，由特异性的 DNA 结合结构域和非特异性的 DNA 切割结构域两部分构成。TALEN 技术与 ZFN 技术非常类似，其 DNA 切割结构域也是来自 Fok I，不同之处在于其 DNA 结合结构域是采用人工改造的转录激活蛋白样效应分子（transcription activator like effector，TALE）。

26. CRISPR：即成簇规律间隔短回文重复序列（Clustered regularly interspaced short palindromic repeats，CRISPR），是存在于细菌和古菌基因组中的由一段富含 AT 的前导序列及相同的短重复序列和来自噬菌体等外源核酸的间隔序列相互间隔、重复串联、成簇排列所形成的短片段微阵列，也称 CRISPR 阵列。CRISPR 与 Cas 组成的 CRISPR/Cas 系统是在细菌和古菌中发现的适应性免疫系统，用于抵抗噬菌体感染或其他外源核酸入侵，也被改造为一种简单高效的基因组编辑技术。

27. Cas9 是一种 Cas9 基因编码的蛋白，具有核酸酶活性，存在于细菌和古菌，能在 RNA 的引导下对靶 DNA 进行切割，是 CRISPR/Cas9 适应性免疫系统和基因组编辑技术的重要效应核酸酶。

28. 基因打靶（gene targeting），是一种利用同源重组原理对哺乳动物细胞中特定的内源基因进行改造的技术。

29. 转基因技术与转基因动物：转基因技术是指将外源基因导入受体动物染色体基因组内，使外源基因稳定整合并能遗传给后代的技术。由此构建的动物，则称为转基因动物。

30. 基因敲除与基因敲除动物：基因敲除，或称基因剔除，是一种主要建立在 DNA 同源重组原理基础上的新型分子生物学技术，是通过一定的操作使机体特定的基因失活或缺失即被敲除的技术。通过基因敲除技术建立的动物称为基因敲除动物。

## 六、简答题

1. 参见讲义要点（一）。
2. 参见讲义要点（一）。
3. 参见讲义要点（一）。
4. 参见讲义要点（二）。
5. 参见讲义要点（三）。
6. 参见讲义要点（二）。
7. 参见讲义要点（二）。

8. 蛋白质与带有标记的核酸（DNA 或 RNA）探针结合形成复合物，这种复合物在电泳时比无蛋白结合的游离探针在凝胶中的泳动速度慢，即表现为相对滞后，据此即可研究蛋白质与核酸的相互作用。

9. 在活细胞状态下固定蛋白质-DNA 复合物，用超声波将其随机切断为 200～1000bp 范围的染色质片断，然后用针对蛋白质的特异性抗体沉淀此复合物，再用 PCR 技术特异性地扩增与目的蛋白质结合的 DNA 片断，从而得到 DNA 与蛋白质相互作用的信息。此法主要用于研究体内 DNA 与蛋白质之间的相互作用。

10. 参见讲义要点（七）。

11. 参见讲义要点（七）。

12. 利用转录因子激活报告基因的表达来检测蛋白质-蛋白质相互作用。通常是将编码某一蛋白 X 的编码序列与 BD 的编码序列构建融合表达载体，将编码另一蛋白 Y 的编码序列与 AD 的编码序列构建融合表达载体。当两个融合表达载体共转化酵母细胞（含报告基因）后，在酵母中表达并分布于细胞核中。若 X 和 Y 没有相互作用，则不能激活报告基因的转录；若 X 与 Y 之间有相互作用时，则报告基因得到表达。

13. 利用一种带有特殊标签（如 His、Flag、GST 等）的纯化融合蛋白作为诱饵，在体外与另外一种待检测的纯化蛋白或含有待测蛋白的细胞裂解液温育，然后用可以结合蛋白标签的琼脂糖珠将融合蛋白沉淀回收，洗脱液经过电泳分离并染色。与融合蛋白有直接相互作用的待测蛋白电泳胶中可以检测到相应的条带。或电泳后用抗待检测的蛋白的抗体直接进行 Western 印迹检测。

14. 类似于酵母双杂交系统，但将酵母的转录因子 GAL4 的 DNA 结合结构域（BD）置换为其他蛋白，只要这种蛋白能与目的基因相互作用，就可以通过 GAL4 的转录激活结构域激活 RNA 聚合酶，并启动对下游报告基因的转录。

15. 定量 PCR，也称实时定量 PCR 或实时荧光 PCR，是在 20 世纪 90 年代末期发展起来的一种全新技术，它将荧光信号强弱与 PCR 扩增情况结合在一起，通过监测 PCR 反应管内荧光信号的变化来实时检测 PCR 反应进行的情况，因为反应管内的荧光信号强度到达设定阈值所经历的循环数（即 Ct）与扩增的起始模板量存在线性对数关系，所以可以对扩增样品中的目的基因的模板量进行准确的绝对和/或相对定量。而常规的 PCR 技术只能对 PCR 扩增的终产物进行定量和定性分析，无法对起始模板准确定量，也无法对扩增反应实时监测。作为一种新型的 PCR 技术，实时定量 PCR 技术不仅解决了传统 PCR 技术难以对扩增起始模板的量进行测定的难题，并具有快速、灵敏度高和避免交叉污染等特点，已经广泛应用于基础研究中基因表达水平的分析和临床实践中基因诊断等领域。

16. 凝胶过滤层析，又称分子筛层析或尺寸排阻层析，主要依据分子大小进行分离。常用的层析介质有葡聚糖凝胶等。层析柱内填满带有小孔的凝胶颗粒，蛋白质溶液加于柱上部，向下流动时，小分子可进入孔内，故在柱中移动速度较慢，滞留时间较长；而大分子则不能进入孔内，移动速度快，故先被洗脱下来。该法常用于蛋白质盐析沉淀后的脱盐，也可用于计算蛋白质的分子量。

17. 离子交换层析主要依据蛋白质所带总电荷进行分离，包括阴离子交换层析和阳离子交换层析。蛋白质是两性电解质，在特定 pH 时，不同蛋白质电荷量及性质不同，故可通过离子交换层析得以分离。以阴离子交换层析为例，将带正电荷的阴离子交换剂填入层析柱内，溶液中带正电荷的蛋白质分子可直接通过柱子，而带负电的蛋白质分子则被吸附，随后可用不同浓度的阴离子洗脱液（如 Cl⁻）将结合的蛋白质分子逐级取代洗脱下来。

18. 基因组编辑是一种在基因组水平上对某个基因或某些基因的序列进行有目的的定向改造的遗传操作技术，也称基因组工程，或简称为基因编辑。已经建立的基因组编辑技术主要有兆核酸酶、锌指核酸酶（ZFN）、转录激活蛋白样效应分子核酸酶（TALEN）和 CRISPR/Cas 4 种。其基本原理是利用人工构建或天然的核酸酶，在预定的基因组位置切开 DNA 链，切断的 DNA 链在被细胞内的 DNA 修复系统修复过程中会产生序列的变化，从而达到定向改造基因组的目的。在 DNA 链发生断裂后，细胞主要启动非同源末端连接（NHEJ）或同源重组（HR）两条修复途径，对 DNA 损伤进行修复。如果是 NHEJ 修复途径，可使 DNA 链断裂处的碱基序列出现插入或缺失（indel），从而造成移码突变，可导致被编辑的基因破坏失活。如果是同源重组修复途径，则需要人为提供一段同源序列，该同源序列可包含拟定向改造的序列位点或拟插入或拟替换的基因，最终经过同源重组修复，DNA 双链断裂处的碱基序列就会被同源序列替代，从而实现基因定点突变、突变基因或缺陷基因纠正、定点转入外源基因等多种基因组改造目的。

19. CRISPR/Cas 适应性免疫机制包括以下 3 个阶段。①适应：当噬菌体等入侵时，细菌检测到外源核酸，由 Cas1-Cas2 复合物将外源 DNA 的一部分序列即原间隔序列（protospacer）整合入细菌的 CRISPR 阵列中，即间隔序列。②表达：CRISPR 阵列转录成为一段长的 crRNA 前体（pre-CRISPR RNA，pre-crRNA），被 Cas 蛋白或 RNA 酶加工为成熟的 crRNA（CRISPR RNA），Cas 效应核酸酶与成熟 crRNA 结合形成监视复合物（surveillance complex）。③干扰：当噬菌体等再次入侵时，成熟 crRNA 引导 Cas 核酸酶识别同源的噬菌体外源核酸，一旦 crRNA 与靶序列互补结合，Cas 核酸酶即切割外源核酸，实施靶向干扰和免疫。

20. 参见讲义要点（九）。

21. 参见讲义要点（九）。

### 七、分析论述题

1. ①RT-PCR（逆转录聚合酶链反应）：是将 RNA 的逆转录和 PCR 反应联合应用的一种技术。首先以 RNA 为模版在逆转录酶的作用下合成 cDNA，再以 cDNA 为模版通过 PCR 反应来扩增目的基因。既可以用来获取目的基因，又可以用来对已知序列的 RNA 进行定量分析，又可称为半定量 PCR。②锚定 PCR（anchored PCR）：常用于扩增那些已知一端序列的目的 DNA。对于一端序列已知、一端未知的 DNA 片断，可以通过 DNA 末端转移酶给未知序列的那一端加上一个多聚 dG 的尾巴，然后分别用多聚 dC 和已知的序列作为引物进行 PCR，扩增出未知序列的片断。③反向 PCR（inverse PCR）：用于扩增已知 DNA 序列两侧的未知序列。选择一个在已知序列中没有，而在其两侧都存在的限制性内切酶位点，用相应的限制性内切酶切后，将酶切片断在连接酶的作用下环化，使得已知序列在环状分子上。再根据已知序列的两端设计一对引物，以环状分子为模板进行 PCR，就可扩增出已知序列两侧的未知序列。④原位 PCR：是将原位杂交的细胞定位技术与 PCR 的高灵敏度相结合的一种技术。将组织固定，处理细胞内的 DNA 或 RNA 后，进行 PCR 扩增，然后用特异的探针进行原位杂交。⑤实时 PCR（real time PCR）：参见简答题 15 参考答案。⑥巢式 PCR（nested PCR）：先用一对外侧引物扩增含目的基因的大片段，再用内侧引物以大片段为模板扩增获取目的基因。筑巢 PCR 可以提高 PCR 的效率和特异性。⑦多重 PCR：在一次反应中加入多对引物，由于每一对引物与模板 DNA 的不同片段相结合，因而扩增片段长短不同。由此可检测是否存在某些基因片段的缺失或突变。⑧不对称 PCR：两条引物使用不同的浓度，在低浓度引物逐渐耗尽时，高浓度引物介导的 PCR 反应就会产生大量单链 DNA。

2. ①主要步骤：提取正常人乳腺上皮细胞系和乳腺癌细胞系的总 mRNA，在逆转录时分别以两种不同颜色的荧光染料标记合成的 cDNA，然后等量混匀，上样到 DNA chip。在芯片上的每个基因与其互补的标记的 cDNA 探针杂交，洗脱除去未杂交的 cDNA，在芯片上的每个斑点，用计算机的扫描共聚焦激光显微镜进行分析。测定每个斑点的荧光强度，并将数据储存在计算机中，最后对数据进行分析。②应用：可以用于分析基因组广泛的表达，能高通量的分析大量基因的表达，分析在特异的生理反应或发育过程的整个转录情况。运用人类基因芯片，可以显示在不同的组织、器官、不同的发育阶段，以及疾病细胞与相应的正常细胞比较的基因表达的特性。还可以用于分析细胞对药物或不同生理条件的反应。目前已经被广泛应用于检测肿瘤组织和正常组织基因表达在 mRNA 水平上的差异，为研究肿瘤的发生机制，临床诊断和个性化治疗等，提供实验数据。还可用于感染性疾病和基因突变型疾病的诊断。

3.（1）基因 mRNA 水平的分子生物学检测方法主要有定量 RT-PCR 和 Northern 印迹，蛋白质水平的分子生物学检测方法主要是 Western 印迹。

（2）采用 EMSA 技术检测转录因子 X 与基因 Y 启动子区的体外（*in vitro*）结合，采用 ChIP 技术检测其在体（*in vivo*）结合。

（卜友泉　杨生永）

# 第十九章　DNA 重组与基因工程

## 学 习 要 求

掌握 DNA 重组的概念。熟悉自然界 DNA 重组与基因转移的常见类型（同源重组、细菌的基因转移与重组、位点特异重组及转座重组）。掌握同源重组的概念。了解同源重组的机制及模型。熟悉接合、转化和转导的概念。熟悉位点特异性重组的概念。熟悉转座的概念和形式。熟悉转座子的概念。了解转座子的结构及转座机制。

掌握基因工程、克隆、重组 DNA 的概念。掌握限制性内切核酸酶的概念。了解限制性内切核酸酶的分类、命名。熟悉限制性内切核酸酶的作用特点及用途。熟悉 DNA 聚合酶 I、Klenow 片段、Taq DNA 聚合酶、逆转录酶、末端转移酶、DNA 连接酶的主要功能，并了解其用途。掌握载体的概念。熟悉载体的特征。熟悉载体的分类。

了解质粒载体的特点及用途。了解噬菌体载体的特点及用途。了解病毒载体的常见种类及用途。熟悉克隆载体的特点及用途。熟悉原核表达载体和真核表达载体的特点及用途。

掌握重组 DNA 技术的基本原理与过程。熟悉获得目的 DNA 的常用方法，了解基因组文库和 cDNA 文库的概念。熟悉外源 DNA 导入原核细胞和真核细胞的方法。了解感受态细胞的概念。熟悉常见的重组体筛选与鉴定方法。了解标志补救和 α 互补的概念及原理。了解原核表达体系与真核表达体系的差异及优缺点。了解重组 DNA 技术与医学的关系。

## 讲 义 要 点

本章纲要见图 19-1。

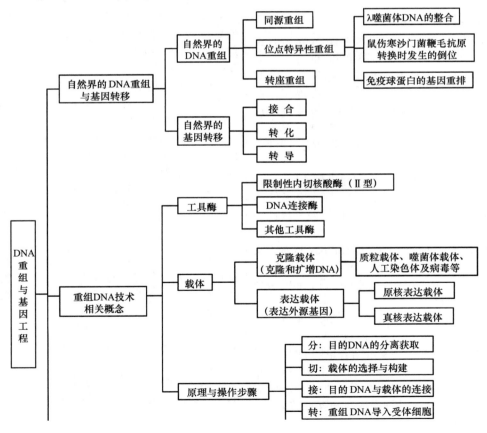

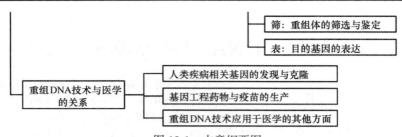

图 19-1 本章纲要图

## （一）自然界的 DNA 重组与基因转移

DNA 重组和基因转移在自然界普遍存在，是物种进化或演变的遗传基础。

DNA 重组是指发生在 DNA 分子内或 DNA 分子之间碱基序列的交换、重排和转移的现象，是已有遗传物质或遗传信息的重新组合，包括同源重组、位点特异性重组、转座重组 3 种主要方式。

基因转移是指基因或遗传信息从一个细胞转移至另一个细胞的现象，通常是指水平基因转移，在原核生物中普遍存在，主要包括转化、接合和转导。

### 1. 自然界的 DNA 重组

（1）同源重组——最基本的 DNA 重组方式

1）概念：发生在同源序列间的重组。

同源重组，也称基本重组，指发生在同源序列间的重组。它通过链的断裂和再连接，在两个 DNA 分子同源序列间进行单链或双链片段的交换。同源重组不需要特异 DNA 序列，而是依赖两分子之间序列的相同或类似性。同源重组在原核和真核生物都有发生。

2）4 个关键步骤——霍利迪模型（Holliday model）：①两个同源 DNA 分子相互靠近；②两个 DNA 分子各有一条链在相同位置被特异性的 DNA 内切酶切开；③被切开的链交叉并与同源的链连接，形成 χ（chi）状的 Holliday 连接（又称 Holliday 结构或 Holliday 中间体）；④Holliday 连接分叉迁移、内部 180° 旋转和拆分，形成两个双链重组体 DNA。

3）分子机制：目前对 *E. coli* 的同源重组分子机制了解最清楚。需数十种酶参与。

RecA 蛋白（最关键）可结合单链 DNA，形成 RecA-ssDNA 复合物。该复合物可与含有同源序列的靶双链 DNA 相互作用，将结合的单链 DNA 插入双链 DNA 的同源区，与互补链配对，将同源链置换出来。

RecBCD 复合物具有外切核酸酶、内切酶和解螺旋酶活性，可切出单链。RuvC 内切酶可切开同源重组的中间体。DNA 连接酶则起连接作用。

（2）位点特异重组——即特异位点间发生的整合

1）概念：发生在 DNA 特异性位点上的重组。多数情况下，需要重组位点具有较短的同源碱基序列。可以发生在两个 DNA 分子之间（导致整合），也可以发生在 1 个 DNA 分子内部（导致缺失或倒位）。

2）分子机制：位点特异性重组酶负责识别重组位点、切割和重新连接 DNA。

位点特异性重组酶包括酪氨酸重组酶和丝氨酸重组酶两大家族。这两类都依赖活性中心的酪氨酸或丝氨酸残基侧链上的羟基引发对重组点上的 3′, 5′-磷酸二酯键的亲核攻击，从而导致 DNA 链的断裂。

酪氨酸重组酶家族的成员较多（140 余种），如整合酶、大肠埃希菌 XerD 蛋白、P1 噬菌体的 Cre 蛋白和酵母的 FLP 蛋白。

3）常见类型：λ 噬菌体的位点特异性整合、鼠伤寒沙门菌鞭毛抗原转换时发生的倒位和免疫球蛋白基因的重排。

4）意义：广泛存在，发挥重要的作用；利用这种重组的高度特异性，开发出相应的基因操作技术。

（3）转座重组

1）概念：DNA 分子上的一段序列从一个位置转移到另一个位置的现象。发生转位的 DNA 片段被称为转座子或可移动的元件，有时还被称为跳跃基因。

2）特点：转座重组的靶点和转座子之间不需要序列的同源性（与同源重组和位点特异性重组不同）。

接受转座子的靶点大多数是随机的。转座子的插入可改变附近基因的活性（基因失活或激活基因）。

3）分类：细菌中的转座子有以下 4 类。

第 1 类是插入序列（最简单的转座元件，内部通常含转座酶基因）。

第 2 类是反向重复序列。

第 3 类由两个插入序列和抗生素抗性间隔序列组合而成（插入序列可独立转位，也可与间隔序列一起进行转移）。

第 4 类见于 Mu 噬菌体（含有转座酶基因，通过转座方式将其 DNA 随机整合至宿主细菌基因组）。

真核转座子分为以下 2 类。

第 1 类为逆转录转座子，转座过程是 DNA →RNA→DNA，包括逆转录反应，需要 RNA 中间体。

第 2 类为 DNA 转座子，转座过程是 DNA→DNA，无 RNA 中间体。

每类转座子又可分为自主型和非自主型转座子。自主型转座子能独立地进行转座。非自主型转座子不能独立地进行转座（需自主型转座子的转座酶辅助进行转座）。

4）转座机制：两种类型。

简单转座（也称直接转座、保留型转座或非复制型转座），即转座子在原位被剪切下来，再粘贴到新的靶点上，转座子发生位置移动，拷贝数不变。

复制型转座，即转座子被复制一份，再粘贴到新的靶点上，每转座一次，拷贝数就增加一份。

**2. 自然界的基因转移**　细菌中，可以通过接合、转化、转导和细胞融合 4 种方式，在不同 DNA 分子间发生共价连接，即基因转移；并通过 DNA 重组以适应外界环境。

（1）接合：染色体或某些质粒 DNA 等遗传物质，在细胞与细胞或细菌间通过菌毛相互接触时，从一个细胞（或细菌）转移至另一细胞（或细菌）。接合一般进行较大片段的 DNA 转移。

（2）转化：是指接受细胞（或细菌）获得供体细胞（或细菌）游离的 DNA 片段，并引起自身遗传改变的过程。受体菌需处于敏化状态，这种敏化状态可以通过自然饥饿、生长密度或实验室诱导而达到。转化分为自然转化和人工转化。

（3）转导：通过病毒或病毒载体介导将一个宿主的 DNA 转移到另一个宿主细胞中并引起 DNA 重组现象。噬菌体介导的转导包括普遍性转导和局限性转导（或称特异性转导）。

## （二）重组 DNA 技术相关概念

克隆即来自同一始祖的相同副本或拷贝的集合。

重组 DNA 技术（又称 DNA 克隆、分子克隆或基因克隆）是指通过体外操作将不同来源的两个或以上 DNA 分子重新组合，形成新功能 DNA 分子的方法。其主要操作流程是在体外将目的 DNA 片段与能自主复制的遗传元件（又称载体）连接，形成重组 DNA 分子，进而在宿主细胞中复制、扩增及克隆化，从而获得该重组 DNA 分子的大量拷贝。

基因工程是在体外应用人工方法进行的 DNA 重组，可产生人类需要的基因产物或者改造、创造新的生物类型。狭义的基因工程指实验室里的 DNA 重组技术。从广义上讲，基因工程可定义为重组 DNA 技术的产业化设计与应用，包括上游技术和下游技术两大组成部分。上游技术是外源基因的重组、克隆及表达的设计与构建即重组 DNA 技术；下游技术则涉及含外源基因的重组菌或细胞的大规模培养及外源基因表达产物的分离纯化与鉴定等过程工艺。

## （三）常用的工具酶

**1. 限制性内切核酸酶**

（1）概念：限制性内切核酸酶（简称限制性内切酶或限制酶）是识别 DNA 的特异序列，并在识别位点或其周围切割双链 DNA 的一类内切酶。目前发现有 6000 种以上。

（2）功能：限制性内切核酸酶存在于细菌体内，与相伴存在的甲基化酶共同构成细菌的限制修饰系统，限制外源 DNA，保护自身 DNA，对细菌遗传性状的稳定遗传具有重要意义。

（3）命名：根据含有该酶的微生物种属而定，通常由 3 个斜体字母的略语来表示。

第一个字母取自产生该酶的细菌属名，用大写。第二、第三个字母是该细菌的种名，用小写。第四个字母代表株（大写或小写）。用罗马数字表示发现的先后次序。如 *Hin* dⅢ 表示是来自 *Haemophilus influenzae* d 株流感嗜血杆菌 d 株的第三种酶。

（4）分类及作用特点：根据酶的组成及其裂解 DNA 方式的不同，可以分为Ⅰ型、Ⅱ型和Ⅲ型 3 类限制酶，基因工程技术中常用的是Ⅱ型酶。Ⅱ型酶作用特点如下所示。

1）大部分Ⅱ型酶识别 DNA 位点呈回文结构序列（核苷酸序列呈二元旋转对称），参见表 19-1。

表 19-1　常见的限制性内切酶

| 名称 | 识别序列及切割位点 | 名称 | 识别序列及切割点 |
|---|---|---|---|
| 切割后产生 5′突出末端： | | *Hae* Ⅱ | 5′…PuGCGC▼Py…3′ |
| *Bam*H I | 5′…G▼GATCC…3′ | *Kpn* I | 5′…GGTAC▼C…3′ |
| *Bgl* Ⅱ | 5′…A▼GATCT…3′ | *Pst* I | 5′…CTGCA▼G…3′ |
| *Eco*R I | 5′…G▼AATTC…3′ | *Sph* I | 5′…GCATG▼C…3′ |
| *Hind* Ⅲ | 5′…A▼AGCTT…3′ | 切割后产生平末端： | |
| *Hpa* Ⅱ | 5′…C▼CGG…3′ | *Alu* I | 5′…AG▼CT…3′ |
| *Mbo* I | 5′…▼GATC…3′ | *Eco*R V | 5′…GAT▼ATC…3′ |
| *Nde* I | 5′…GA▼TATG…3′ | *Hae* Ⅲ | 5′…GG▼CC…3′ |
| 切割后产生 3′突出末端： | | *Pvu* Ⅱ | 5′…CAG▼CTG…3′ |
| *Apa* I | 5′…GGGCC▼C…3′ | *Sma* I | 5′…CCC▼GGG…3′ |

2）切割 DNA 均产生含 5′-磷酸基和 3′-羟基端。

3）错位切割产生具有 5′或 3′突出的黏端；而沿对称轴切割双链 DNA 产生平端，也称钝性末端。

4）有些限制性内切酶虽然来源不同，但能识别同一序列（切割位点可相同或不同），这样的酶彼此互称为同切点酶或异源同工酶。

5）有些限制性内切酶虽然识别序列不完全相同，但切割 DNA 后，产生相同的黏性末端，称为同尾酶。这两个相同的黏性末端称为配伍末端。

### 2. DNA 连接酶

（1）作用：催化 DNA 中相邻的 5′-磷酸基和 3′-羟基端之间形成磷酸二酯键，使 DNA 切口封合或使两个 DNA 分子或片段连接。

（2）T4-DNA 连接酶（T4-DNA Ligase）：由大肠埃希菌 T4 噬菌体基因编码。T4-DNA 连接酶能够连接具有互补碱基的黏性末端和平末端，需 ATP 辅助因子，活性高，是常用的 DNA 连接酶。

### 3. 其他工具酶
除了限制内切酶和连接酶外，重组 DNA 操作过程中还必须借助多种工具酶才能达到改造基因的目的。部分常见工具酶参见表 19-2。

表 19-2　重组 DNA 技术中常用的工具酶

| 工具酶 | 功能 |
|---|---|
| 限制性内切核酸酶 | 识别特异序列，切割 DNA |
| DNA 连接酶 | 催化 DNA 中相邻的 5′-磷酸基和 3′-羟基端之间形成磷酸二酯键，使 DNA 切口封合或使两个 DNA 分子或片段连接 |
| DNA 聚合酶 I | （1）合成双链 DNA 分子或片段连接<br>（2）缺口平移制作高比活探针<br>（3）DNA 序列分析<br>（4）填补 3′端 |
| Klenow 片段 | 又名 DNA 聚合酶 I 大片段，具有完整 DNA 聚合酶 I 的 5′→3′聚合、3′→5′外切活性，而无 5′→3′外切活性。常用于 cDNA 第二链合成，双链 DNA 3′端标记等 |
| 逆转录酶<br>（逆转录酶） | ①合成 cDNA<br>②替代 DNA 聚合酶 I 进行填补，标记或 DNA 序列分析 |
| 多聚核苷酸激酶 | 催化多聚核苷酸 5′-羟基端磷酸化，或标记探针 |
| 末端转移酶 | 在 3′-羟基端进行同质多聚物加尾 |
| 碱性磷酸酶 | 切除末端磷酸基 |

## （四）常用的载体

### 1. 载体简介

（1）载体的定义：载体（vector）是可以插入外源核酸片段、并携带外源核酸进入特定宿主细胞（host cell），进行独立和稳定的自我复制的核酸分子。基因工程中广泛应用的载体多来自人工改造的细菌质粒、噬菌体或病毒核酸等。

（2）载体特点——载体应具备的条件：①能在适当的宿主细胞中复制；②具有两个以上的遗传标记物，便于重组体的筛选和鉴定；③具有多种限制酶的单一切点（即所谓多克隆位点）以便外源 DNA 插入；④较小的分子量和较高的拷贝数；⑤易进入宿主细胞并有较高的遗传稳定性，也容易从宿主细胞中分离纯化出来，便于遗传操作。⑥对于表达型载体还应配备与宿主细胞相适应的启动子、增强子、加尾信号等表达元件。

（3）载体的分类

1）按照其功能或使用目的不同，可以分为以下 2 类。

克隆载体：可携带插入的目的 DNA 进入宿主细胞内并能进行复制扩增的 DNA 分子。

表达载体：能使插入的外源 DNA 进入宿主细胞并表达为功能产物的载体。它除具克隆载体的基本元件，还要具有转录、翻译所必需的 DNA 序列。包括原核表达载体和真核表达载体两类。

2）按宿主细胞类型，可以分为以下 3 类。

原核载体：以原核细胞为宿主细胞的载体。

真核载体：以真核细胞为宿主细胞的载体。

穿梭载体：含原核和真核生物的复制子，能够在原核和真核细胞中存在和复制的载体，因而可以运载目的 DNA 穿梭往返于两种生物之间。

3）按载体的特性，可以分为质粒、噬菌体、黏性质粒（黏粒）、酵母人工染色体（YAC）、病毒载体等。

**2. 常用的载体及特点简介**

（1）克隆载体：目前使用的克隆载体，按其特性可分为 6 类：质粒、λ 噬菌体载体、黏性质粒（柯斯质粒）、M13 噬菌体载体、酵母载体及真核细胞病毒载体。前 4 类克隆载体用于原核细胞中；酵母和病毒载体则属于真核细胞克隆或表达载体。

1）质粒：是存在于细菌染色体外的小的共价、闭环双链 DNA 分子，能自主复制，并在细胞分裂时遗传给子代细胞。质粒可赋予宿主细胞一些遗传性状如抗药性等，通过质粒赋予细菌的表型可识别质粒的存在，这是筛选重组转化子的基础。

最广泛应用的质粒载体如 pBR322、pUC 系列等。其质谱图如图 19-2 所示。

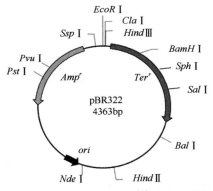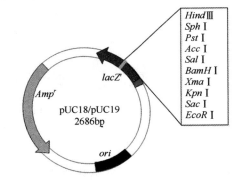

图 19-2　pBR322 及 pUC18 质粒图谱

作为载体的质粒一般具有以下特点：分子相对较小（3～10kb）；松弛型复制；具有适当的多克隆位点以便外源 DNA 插入；具有插入失活筛选标志，便于从平板上直接筛选阳性重组子；质粒能携带的外源 DNA 片段一般较小（＜15kb）。

2）噬菌体 DNA 载体

A. λ 噬菌体载体：野生型 λ 噬菌体的基因组为 48.5kb 的线性双链 DNA 分子，在分子的两端各有 12 碱基的互补单链序列，是天然的黏性末端，称为 cos 位点。

所有 λ 噬菌体载体均为通过切除非必需的中央区，并增减某些限制性酶切位点和插入适当的筛选标记基因改造而成。已构建的 λ 噬菌体载体

分为以下两类。①EMBL 系列置换型载体，适于克隆 5～20kb 的外源基因片段，常用于构建基因组 DNA 文库。②λgt 系列插入型载体，允许插入 5～7kb 的外源 DNA，适于构建 cDNA 文库。

B. 黏粒载体：黏粒（柯斯质粒）是指含有 λ 噬菌体黏性末端的杂种质粒，由 λDNA 的 cos 区与质粒重组而成，兼具质粒和噬菌体二者的优点。在宿主细胞中可作为正常噬菌体进行复制，但不表达任何噬菌体的功能。

黏粒适于构建真核生物基因组文库（可容纳 40～50kb 的外源 DNA 大片段）。

C. M13 噬菌体载体：M13 基因组大小为 6407bp；它是一种闭环的单链 DNA 分子，在感染细菌后呈双链复制型 DNA。因此用作克隆载

体的双链 DNA 可从细菌中分离得到。在 M13 基因组中含 507 个核苷酸的基因间隔区，在此区域插入外源 DNA 不会影响 M13 的繁殖和生存，现在使用的 M13mp 系列载体等均为对此区域进行改造而获得。

M13 克隆的缺点：不能插入较大的外源 DNA 片段（一般＜1000bp）；

M13 载体的优点：从细菌中释放出来的噬菌体颗粒中含有一条与克隆的模板 DNA 互补的单链，适合于制备 DNA 测序时用的单链模板和核酸杂交用 DNA 探针。

3）酵母人工染色体载体（YAC）：酵母人工染色体由酵母染色体的着丝粒（cen4）、自主复制序列（ARS1）和来自四膜虫的端粒（Tel）等功能性 DNA 序列组成。

YAC 是染色体克隆测序的主要工具（可携带长达 200～1000kb 的 DNA 片段，适合人基因组 DNA 大片段的克隆）。

（2）表达载体：是指一类用于在宿主细胞中表达（转录和翻译）外源基因的载体。这类载体除了具有克隆载体所具备的特性外，还带有转录和翻译所必需的元件。对不同的表达系统，需要构建不同的表达载体。

1）原核表达载体（图 19-3）。

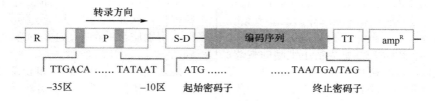

图 19-3　原核表达载体的基本功能元件

R. 调节序列；P. 启动子；S-D. S-D 序列；TT. 转录终止序列

2）真核表达载体（图 19-4）。

图 19-4　真表达载体的基本功能元件

*ori^pro*. 原核复制起始序列；P. 启动子；MCS. 多克隆位点；TT. 转录终止序列；*ori^euk*. 真核复制起始序列（注：不是所有真核表达载体都含有整合序列）

## （五）重组 DNA 技术基本原理与步骤

实施重组 DNA 技术之前需进行总体设计。设计者必须要明确进行克隆或表达的基因的序列特性和蛋白质性质；选择合适的载体（克隆载体和表达载体）、表达系统（原核系统或真核系统）及配套的菌株等。

接下来的重组 DNA 技术的操作过程可形象归纳为分、切、接、转、筛和表（图 19-5）。

**1. 目的 DNA 的获取——分**

（1）目的 DNA 概念及其类型：应用重组 DNA 技术有时是为了分离、获得某一感兴趣的基因或 DNA 序列，或是为了获得感兴趣的表达产物——蛋白质。这些感兴趣的基因或 DNA 序列就是目的 DNA，或称外源性 DNA。

目的 DNA 主要有以下两种类型。

1）cDNA：指经逆转录合成的、与 RNA（通常指 mRNA 或病毒 RNA）互补的单链 DNA。以单链 cDNA 为模板、经聚合反应可合成双链 cDNA。

2）基因组 DNA：指代表一个细胞或生物体整套遗传信息（染色体及线粒体）的所有 DNA 序列。

（2）获取目的 DNA 的主要方法

1）化学合成法制备 DNA 片段：主要用于一些小的 DNA 片段的合成，通过 DNA 合成仪合成。

前期要求目的基因的核苷酸序列或其产物的氨基酸序列清楚。

2）通过建立和筛选基因文库分离靶基因：基因文库是指通过克隆方法保存在适当宿主中的一群混合的 DNA 分子，所有这些分子中插入片段的总和可代表某种生物的全部基因组序列或全部 mRNA 序列，因此基因文库实际上是包含了某一生物体或生物组织样本的基因序列的克隆群体。

基因文库包括两类：基因组文库和 cDNA 文库。两类文库的比较见表 19-3。

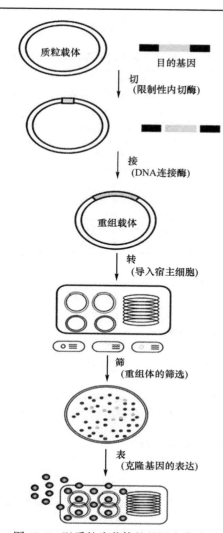

图 19-5 以质粒为载体的基因克隆过程

**表 19-3 基因组文库和 cDNA 文库**

| | 基因组文库 | cDNA 文库 |
|---|---|---|
| 概念 | 含有某种生物体(或组织、细胞)全部基因的随机片段的重组 DNA 克隆群体 | 以特定组织或细胞的全部 mRNA 逆转录合成的 cDNA 组成的重组克隆群体 |
| 文库构建基本步骤 | 准备载体（如置换型 λ 噬菌体载体），用适当的限制酶消化并分离得到载体的左右两臂<br>↓<br>纯化真核细胞高分子量 DNA，并用适当的限制酶部分消化；<br>↓<br>分离适当大小基因组 | mRNA 分离<br>↓<br>cDNA 第一链合成<br>↓<br>cDNA 第二链合成<br>↓<br>载体与 cDNA 的连接<br>↓<br>噬菌体的包装及转染<br>↓<br>cDNA 文库的扩增和保存 |

**续表**

| | 基因组文库 | cDNA 文库 |
|---|---|---|
| | DNA 片段（20～24kb）<br>↓<br>连接载体与外源 DNA<br>↓<br>连接产物体外包装及感染<br>↓<br>基因组文库的扩增 | |
| 特点 | （1）包含了染色体所有随机片段形成的重组 DNA 克隆<br>（2）利用适当的筛选方法，可以从中找出携带所需目的基因片段的重组克隆 | （1）cDNA 是指以 mRNA 为模板，在逆转录酶的作用下形成的 cDNA<br>（2）从 cDNA 文库可以获得较完整的连续编码序列（不含内含子），便于表达成蛋白质 |

3）PCR：对于已知全部或部分核苷酸序列的基因，可以通过 PCR 技术，设计引物，以基因组 DNA 或 cDNA 模板扩增得到目的 DNA 片段。

**2. 克隆载体的选择和构建——切** 目的不同，操作基因的性质不同，载体的选择和改建方法也不同。

**3. 外源基因与载体的连接——接** 即 DNA 的体外重组。与自然界发生的 DNA 重组不同，这种人工 DNA 重组是靠 DNA 连接酶将外源 DNA 与载体共价连接。主要有如下几种连接方式（表 19-4）。

**表 19-4 外源 DNA 与载体常见连接方式**

| 方法 | 特点 |
|---|---|
| 黏端连接 | （1）不同的内切酶产生的互补黏端：可实现定向克隆，连接效率高，是重组方案中最有效、简捷的途径。<br>（2）单一相同黏端（同一限制酶、同尾酶或同切点酶切割产生）：需考虑载体自连、目的 DNA 自连、双向插入及多拷贝插入等情况。<br>（3）PCR 制造黏端<br>（4）同聚物加尾连接<br>（5）人工接头连接 |
| 平端连接 | 不同方式产生的平端 DNA 片段，可以在 DNA 连接酶的作用下直接连接。<br>优点:可用 T4 DNA 连接酶连接任何 DNA 平端。<br>缺点：连接效率比黏端低，需较多 T4 -DNA 连接酶和较高的底物浓度 |
| 黏-平端连接 | 目的 DNA 插入载体可通过一端黏端另一端平端的方式连接。<br>优点：目的 DNA 可定向插入载体，避免了载体分子自身环化。<br>缺点:连接效率低。一般只作为没有可选择的产生不同黏端的限制酶切位点之时的权宜之计 |

**4. 重组DNA导入宿主细胞——转** 体外连接的重组 DNA 分子必须导入适当的宿主细胞中才能大量的复制、增殖和表达。导入的宿主细胞包括原核和真核细胞，一般前者既可用于复制扩增，又可用于表达基因；而真核细胞一般只用作基因表达。

（1）适当的宿主细胞，应具备以下条件。

1）对载体的复制和扩增没有严格的限制。

2）不存在特异的内切酶体系降解外源 DNA。

3）在重组 DNA 增殖过程中，不会对它进行修饰。

4）重组缺陷型，不会产生体内重组。

5）容易导入重组 DNA 分子。

6）符合重组 DNA 操作的安全标准。

（2）根据重组 DNA 时采用的载体性质不同，有多种导入方式。

1）相关概念，见表 19-5。

**表 19-5　重组子导入宿主细胞的相关概念**

| 概念 | 特点 |
| --- | --- |
| 转化 | 指以质粒为载体，将外源基因导入细菌宿主细胞的过程（人工转化）<br>转化时，细菌必须经过适当的处理使之处于感受态——即容易接受外源 DNA 的状态 |
| 转染 | 借助适当的转染试剂，将外源 DNA 导入真核宿主细胞的过程 |
| 感染 | 以病毒颗粒作为运载体将外源 DNA 运载体导入哺乳细胞的过程 |
| 感受态细胞 | 用特殊方法处理后，具备接受外源 DNA 的能力的细菌，可利用短暂热休克使 DNA 导入感受态细胞宿主中 |

2）常用导入方法，见表 19-6。

**表 19-6　重组子导入宿主细胞的方法**

| 宿主细胞 | 常用方法 | 特点 |
| --- | --- | --- |
| 原核细胞 | 氯化钙法 | 原理：低温下，钙使质膜变脆，经瞬间加热产生裂隙，外源 DNA 进入细胞<br>应用：最经典、应用最广泛 |
| | 电击法 | 原理：随着外加电场电压升高，细胞膜被压缩变薄；当膜电压升到一定数值时，膜被击穿，形成微孔，外源 DNA 由此进入细胞质内；切断电场后，被击穿的膜孔可自行复原<br>优点：转化率高；原核和真核细胞均可<br>不足：如电压过大，致不可逆的膜损伤，细胞成活率低 |
| | 体外包装感染法 | 以 λ 噬菌体或黏粒为载体构建的重组 DNA 可采用此方法导入大肠埃希菌。将 λ 噬菌体的头部蛋白和尾部蛋白（已商品化）与重组 DNA 混合，组装成完整的噬菌体颗粒，然后感染大肠埃希菌 |
| 真核细胞 | 磷酸钙-DNA 共沉淀 | 原理：将被转染的 DNA 和正在溶液中形成的磷酸钙微粒共沉淀，共沉淀复合物颗粒附着在细胞表面，通过内吞作用进入宿主细胞<br>应用：适用于任何外源 DNA 导入哺乳动物细胞进行瞬时表达或建立外源 DNA 稳定表达的细胞系 |
| | 脂质体介导法 | 原理：带正电的脂质体可以靠静电作用结合到 DNA 的磷酸骨架和带负电的细胞膜表面。被俘获的 DNA 就会被细胞内吞<br>优点：转染效率高（但转染时需除血清，且转染效果随细胞类型变化大）；重复性好；细胞毒性很低；操作简便等<br>应用：目前较常用的转染方法 |
| | 病毒感染法 | 原理：以病毒（RNA 病毒或 DNA 病毒）为载体构建的重组 DNA，在相应的包装细胞内包装成完整的病毒颗粒，并释放到培养基上清中。这些病毒颗粒可高效感染宿主细胞（哺乳动物细胞），从而实现基因转移<br>应用：基因治疗 |
| | 显微注射法 | 原理：利用显微注射仪，通过机械方法把外源 DNA 直接注入细胞质或细胞核<br>工具：特制的玻璃微管<br>不足：转染细胞数有限<br>应用：真核生物中较大的细胞如卵细胞 |
| | 原生质体融合 | 原理：通过带有多拷贝重组质粒的细菌原生质体与培养的哺乳动物细胞直接融合，细菌内容物转入动物细胞质中，质粒 DNA 被转移到细胞核中 |
| | 聚乙二醇介导 | 原理：细胞用消化细胞壁的酶处理以后变成球形体，在适当浓度的聚乙二醇 6000（PEG 6000）的介导下，将外源 DNA 导入宿主细胞<br>应用：一般用于转染酵母细胞及其他真菌细胞 |

**5. 重组体的筛选——筛**　DNA 重组体导入宿主细胞后，还要进行严格的筛选，必须从宿主细胞中筛选出含有目的 DNA 的重组 DNA 细胞，并鉴定重组 DNA 的正确性。可根据宿主细胞特性及外源基因在宿主细胞内的表达情况采用不同的筛选方法（表 19-7）。

表 19-7　重组体筛选的方法

| 方法 | | 特点 |
|---|---|---|
| 遗传学方法 | 抗药性标志筛选 | 利用克隆载体带有某种抗药性标志基因，转化后只有含这种抗药基因的转化子细菌才能在含该抗生素的平板上存活并形成菌落，从而区分转化菌与非转化菌 |
| | 标志补救 | 如常用借助 $\beta$-半乳糖苷酶系统的 α-互补筛选 |
| | 噬菌斑筛选 | 利用噬菌体在克隆中伴随生长特性改变而出现噬菌斑变化进行筛选 |
| 分子生物学方法 | 菌落快速裂解、鉴定 | 从平板上直接挑选菌落裂解后，直接电泳检测载体质粒大小，判断有无插入片段存在，该法适于插入片段较大的重组子初筛 |
| | 限制性内切酶图谱 | 经初筛鉴定有重组子的菌落，小量培养后，再分离出重组质粒或重组噬菌 DNA 用相应的内切酶切割释放出插入片断 |
| | | 对于可能存在双向插入的重组子，还要用内切酶消化鉴定插入方向 |
| | PCR 扩增 | 一些载体的外源 DNA 插入位点两侧存在特定的序列，如启动子序列等，利用这些特异性序列作为引物，对小量制备的质粒 DNA 进行聚合酶链反应（PCR）分析，不但可迅速扩增插入片断，判断是否阳性重组子，还可直接对插入进行 DNA 序列分析 |
| | 核酸分子杂交 | 用标记的核酸探针与转移至硝酸纤维素薄膜上的转化子 DNA 或克隆 DNA 片段进行分子杂交（如菌落印迹杂交、斑点杂交，原位杂交、Southern 印迹杂交及 Northern 印迹杂交等），直接选择和鉴定目的 DNA |
| | | 该法操作烦琐、成本较高，目前已经不是首选 |
| | DNA 序列分析 | DNA 序列分析是最后确定分离的 DNA 是否是特异的外源性插入 DNA 的唯一方法，也是最确定的方法 |
| | | DNA 序列分析已实现自动化，是一个快速、简便和实用的方法 |
| 免疫学方法 | | 利用特异抗体与目的基因表达产物相互作用进行的筛选，属于非直接选择法。如免疫化学方法及酶联免疫检测分析等 |

**6. 克隆基因的表达——表**　基因工程的表达体系包括原核和真核表达体系（表 19-8）。原核表达体系中 *E. coli* 表达体系最为常用；真核表达体系如酵母、昆虫、哺乳类动物细胞等表达体系显示了比原核表达体系更多的优越性。

表 19-8　原核表达体系和真核表达体系的差别

| 表达体系 | 优点 | 缺点 |
|---|---|---|
| 原核表达体系 | （1）培养方法简单、迅速、经济<br>（2）适合大规模生产工艺 | （1）缺乏转录后加工机制<br>（2）缺乏适当翻译后加工机制，表达的蛋白不能形成适当的折叠或修饰<br>（3）细菌本身产生的内毒素等致热源不易去除干净<br>（4）表达的蛋白质常形成不溶的包涵体<br>（5）很难在 *E. coli* 表达体系表达大量可溶性蛋白 |
| 真核表达体系 | （1）可表达克隆的 cDNA 及真核基因组 DNA<br>（2）有转录后加工和翻译后加工机制，可适当修饰表达的蛋白质<br>（3）目的蛋白不易降解<br>（4）蛋白可分泌表达 | （1）宿主细胞繁殖速度慢，培养条件高<br>（2）蛋白表达水平低<br>（3）操作过程复杂、费时、成本高 |

## （六）重组 DNA 技术与医学的关系

**1. 重组 DNA 技术广泛应用于生物制药**　一方面可用于改造传统的制药工业，如可改造制药所需的工程菌种或创建新的工程菌种，从而提高抗生素、维生素、氨基酸等药物的产量；另一方面利用该技术生产有药用价值的重组蛋白质/多肽类药物、基因工程疫苗、基因工程抗体等产品，用于疾病的治疗和预防等。制备核酸药物，开展人类疾病的基因治疗等（参见第二十章基因诊断和基因治疗）。

**2. 重组DNA技术广泛应用于医学基础研究** 重组 DNA 技术可用于医学基础研究的很多方面。在采用功能获得或功能失活策略进行人类基因的功能研究时，需要在细胞或动物水平进行基因过表达、基因沉默、基因敲除、基因敲减、基因敲入、基因编辑等各种操作，这些都使用重组 DNA 技术（参见第十八章常用分子生物学技术的原理与应用）。采用重组 DNA 技术还制备各种遗传修饰动物模型，从而建立人类疾病的动物模型及用于器官移植的转基因动物等（第十八章常用分子生物学技术的原理与应用）。

# 中英文专业术语

接合　conjugation
同源重组　homologous recombination
转化　transformation
转导　transduction
转座子　transposon
重组 DNA　recombinant DNA
克隆　clone/cloning
基因工程　genetic engineering
表达载体　expression vector
克隆载体　cloning vector
基因文库　gene library
质粒　plasmid
包涵体　inclusion body
限制性内切核酸酶　restriction endonuclease
位点特异性重组　site-specific recombination

# 练 习 题

## 一、A1 型选择题

1. 免疫球蛋白基因重排的分子机制是
A. 同源重组　　　B. 位点特异性重组
C. 转座重组　　　D. 转导
E. 接合

2. 由整合酶催化，在两个 DNA 序列的特异位点间发生的整合称
A. 位点特异性重组　　B. 同源重组
C. 随机重组　　　　　D. 基本重组
E. 基本作用

3. 无荚膜肺炎双球菌与有荚膜肺炎双球菌的 DNA 混合培养，产生有荚膜菌的过程为
A. 转导　　　B. 同源重组　　　C. 转化

D. 突变　　　E. 转座

4. F 因子从一个细胞转移至另一个细胞的基因中，此转移过程称
A. 转化　　　　B. 接合　　　　C. 转导
D. 转座　　　　E. 转染

5. 下列不是细菌基因转移与重组方式的是
A. 接合　　　　B. 转化　　　　C. 转导
D. 细胞融合　　E. 转换

6. ★可识别并切割 DNA 分子内特异序列的酶称为
A. 限制性外切核酸酶
B. 限制性内切核酸酶
C. 非限制性外切核酸酶
D. 非限制性内切核酸酶
E. DNA 酶（DNase）

7. 在基因操作中所用的限制性内切核酸酶是指
A. Ⅰ型限制酶　　　　　B. Ⅱ型限制酶
C. Ⅲ型限制酶　　　　　D. 内切核酸酶
E. RNAase

8. Ⅱ型限制酶反应中必需的阳离子是
A. $Na^+$　　　　B. $Ca^{2+}$　　　　C. $Mg^{2+}$
D. $Zn^{2+}$　　　E. $Mn^{2+}$

9. 需进行 DNA 部分酶切时，控制下列哪种条件最合适
A. 反应时间和 pH　　　B. 反应体积
C. pH 和反应温度　　　D. 限制酶量和反应时间
E. 反应温度和反应体积

10. ★限制性内切酶的作用是
A. 特异切开单链 DNA　　B. 特异切开双链 DNA
C. 在 5′端切开 DNA　　　D. 切开变性的 DNA
E. 切开错配的 DNA

11. 下列有关回文序列的描述错误的是
A. 是Ⅱ型限制酶的识别序列
B. 是某些蛋白的识别序列
C. 是基因的旁侧序列
D. 是高度重复序列
E. 正向反向序列相同

12. 下列关于Ⅱ型限制酶的叙述错误的是
A. 它既有内切酶的活性，又有外切酶活性
B. 在特异位点对 DNA 进行切割
C. 同一限制酶切割双链 DNA 时产生相同的末端序列
D. 有些限制酶切割双链 DNA 产生黏性末端
E. 有些限制酶切割双链 DNA 产生平末端

13. 在双链状态下可能是Ⅱ型限制酶识别序列的是
A. ATATCG　　　　　　B. CCCTGG

C. GATATC　　　　　　D. AGCCGA

E. GAGTC

14. 用同一种酶切割载体和目的 DNA 后进行连接，连接产物会含大量自身环化载体，采用下列哪种酶处理，可防止自身环化

A. 内切核酸酶　　　　B. 核苷酸激酶

C. 外切核酸酶　　　　D. 末端转移酶

E. 碱性磷酸酶

15. 限制性内切核酸酶的工作方式不包括

A. 不同酶可形成相同黏性末端

B. 不同酶可识别相同序列

C. 对称切割形成平端

D. 非对称切割形成黏性末端

E. 识别 3-8bp 的单链 DNA 序列

16. ▲限制性内切酶是一种

A. 核酸特异的内切酶

B. DNA 特异的内切酶

C. DNA 序列特异的内切酶

D. RNA 特异的内切酶

E. RNA 序列特异的内切酶

17. 不属于噬菌体 DNA 载体的是

A. 黏粒　　　　　　B. 慢病毒载体

C. λgt 载体系列　　D. EMBL 载体系列

E. M13mp 载体系列

18. 大部分 Ⅱ 型限制性内切酶识别的序列呈

A. 长末端重复序列　B. 短末端重复序列

C. 共有序列　　　　D. 回文结构

E. 镜面对称

19. 下列哪个序列在双链状态下属于完全回文结构

A. AGTCCTGA　　　　B. AGTCAGTC

C. AGTCGACT　　　　D. GACTCTGA

E. CTGAGATC

20. *Eco*RⅠ切割 DNA 双链产生

A. 平末端　　　　B. 5′突出黏性端

C. 3′突出黏性端　D. 黏-平末端

E. 配伍末端

21. 关于同切点酶描述正确的是

A. 来源不同，识别不同序列，切点相同

B. 来源不同，识别同一序列，切点相同或不同

C. 来源相同，识别不同序列，切点相同

D. 来源相同，识别序列随机，切点相同

E. 来源不同，识别序列随机，切点相同

22. 在 DNA 重组技术中，将目的 DNA 与载体连接起来的酶是

A. Taq 聚合酶　　　B. Klenow 片段

C. 限制性内切核酸酶　D. DNA 连接酶

E. 逆转录

23. 大肠埃希菌出现感受态的生理期是

A. 潜伏期　　　　B. 对数期

C. 对数后期　　　D. 平衡期

E. 衰亡期

24. 关于感受态细胞的下列说法不正确的是

A. 有人工感受态细胞和自然感受态细胞

B. 具有可诱导性

C. 感受态细胞

D. 不同种细菌出现感受态的生理时期不同

E. 不同种细菌出现感受态的比例不同

25. 质粒是基因工程最常用的载体，它的主要特点是

①能自主复制 ②不能自主复制 ③结构很小

④蛋白质⑤环状 RNA ⑥环状 DNA

A. ①③⑤　　　B. ②④⑥　　C. ①③⑥

D. ②③⑥　　　E. ①④⑤

26. 重组 DNA 技术的操作主要是在什么水平上进行的重组

A. 细胞　　　B. 细胞器　　C. 分子

D. 原子　　　E. 以上均不对

27. 下列属于基因载体所必须具有的条件是

①具有某些标志基因

②环状的 DNA 分子

③能够在宿主细胞内独立自主复制

④具有多种单一限制性内切酶位点

A. ①②　　　B. ①③④　　C. ①③

D. ②④　　　E. ①②③④

28. 细菌"核质以外的遗传物质"是指

A. mRNA　　　B. 核糖体　　C. 质粒

D. 异染颗粒　　E. 性菌毛

29. ▲下列 DNA 中，一般不用作基因工程载体的是

A. 大肠埃希菌染色体 DNA

B. 酵母人工染色体

C. 质粒 DNA

D. 噬菌体 DNA

E. 腺病毒 DNA

30. 重组 DNA 技术领域常用的质粒 DNA 是

A. 病毒基因组 DNA 的一部分

B. 细菌染色体外的独立遗传单位

C. 细菌染色体 DNA 的一部分

D. 真核细胞染色体外的独立遗传单位

E. 真核细胞染色体 DNA 的一部分

31. ▲作为克隆载体的最基本条件是

A. DNA 分子量较小

B. 环状双链 DNA 分子

C. 有自我复制功能

D. 有一定遗传标志

E. 带有抗生素抗性基因

32. 载体的无性繁殖主要依赖的是

A. 卡那霉素抗性　　　B. 青霉素抗性

C. 自我复制能力　　　D. 自我表达能力

E. 自我转录能力

33. 下列哪种元件是真核表达载体所独有的

A. 启动子　　　　　　B. 多克隆位点

C. 筛选标志　　　　　D. Poly（A）加尾信号

E. 转录终止信号

34. 下列哪种元件是原核表达载体上所独有的

A. 抗性筛选基因　　　B. 启动子

C. 多克隆位点　　　　D. S-D 序列

E. 终止子

35. 常用的原核表达体系的是

A. 酵母　　B. 昆虫　　　C. 哺乳动物细胞

D. 大肠埃希菌　　E. 真菌

36. 常用的真核表达体系是

A. 支原体　　B. 大肠埃希菌　　C. 酵母

D. 噬菌体　　E. 衣原体

37. 下列不属于获取目的 DNA 的方法是

A. 化学合成法　　　　B. 基因芯片

C. 基因组 DNA 文库　　D. cDNA 文库

E. PCR

38. ▲可获得目的 DNA 的方法是

A. 质粒降解　　　　　B. 外切核酸酶水解

C. 核酸变性　　　　　D. 逆转录合成

E. 蛋白质降解

39. 有关基因工程的叙述正确的是

A. 限制性内切酶只在获得目的 DNA 时才用

B. 重组质粒的形成在细胞内完成

C. 质粒都可以作为运载体

D. 蛋白质的结构可为合成目的 DNA 提供资料

E. 以上均不对

40. 经改造后常作为基因工程中载体的一组结构是

A. 质粒、线粒体、噬菌体的 DNA

B. 染色体、叶绿体、线粒体的 DNA

C. 质粒、噬菌体、动植物病毒的 DNA

D. 细菌、噬菌体、动植物病毒的 DNA

E. 以上均不对

41. 关于 cDNA 描述正确的是

A. 同 RNA 互补的单链 DNA

B. 同 mRNA 互补的双链 DNA

C. 以 mRNA 为模板合成的 cDNA

D. 以 DNA 为模板合成的双链 DNA

E. 以上都不是

42. 能催化聚合酶链（PCR）反应的酶是

A. T4-DNA 连接酶　　B. 限制性内切核酸酶

C. 某端转移酶　　　　D. Taq DNA 聚合酶

E. 碱性磷酸酶

43. ▲下列选项中，符合Ⅱ型限制性内切核酸酶特点的是

A. 识别的序列呈回文结构

B. 没有特异酶解位点

C. 同时有连接酶活性

D. 可切制细菌体内自身 DNA

E. 识别位点之外切割 DNA

44. ▲下列选项中，不属于重组 DNA 技术常用工具酶的是

A. 拓扑异构酶　　　　B. DNA 连接酶

C. 逆转录酶　　　　　D. 限制性内切核酸酶

E. Taq DNA 聚合酶

45. ▲能识别 DNA 特异性序列并在识别位点或其周围切割双链 DNA 的一类酶是

A. 外切核酸酶　　　　B. 内切核酸酶

C. 限制性外切核酸酶　D. 限制性内切核酸酶

E. 核酸末端转移酶

46. 重组 DNA 技术操作过程可归纳为

A. 分、切、接、转、筛

B. 接、分、转、切、筛

C. 切、接、转、分、筛

D. 转、分、接、切、筛

E. 以上均不对

47. 限制性内切酶切割 DNA 后产生

A. 5'-磷酸基和 3'-羟基端

B. 3'-磷酸基和 5'-羟基端

C. 5'-磷酸基和 3'-磷酸基端

D. 5'-羟基和 3'-羟基端

E. 以上都不是

48. 识别 DNA 链上不同序列但切割后产生相同黏端的限制性内切酶是

A. 同切点酶　　　　　B. 同尾酶

C. 外切核酸酶　　　　D. 异源同工酶

E. DNA 酶

49. ▲在重组 DNA 技术中催化目的 DNA 和载体连接形成重组 DNA 分子的酶是

A. DNA 聚合酶　　　　B. 解链酶

C. DNA 连接酶　　　　D. 拓扑异构酶

E. 内切核酸酶

50. 下列哪种酶作用时需要引物

A. 限制酶　　　　　　B. 末端转移酶

C. 逆转录酶　　　　　D. DNA 连接酶

E. 解链酶

51. 与 DNA 聚合酶 I 相比，Klenow 酶没有

A. 3′→5′外切酶活性 　　B. 5′→3″聚合酶活性

C. 5′→3′外切酶活性 　　D. 5′→3′合成酶活性

E. 转移酶活性

52. 关于 cDNA 的正确提法是

A. 编码链 DNA

B. 模板链 DNA

C. 以 mRNA 为模板合成的 cDNA

D. 以 DNA 为模板合成的双链 DNA

E. 以上都不是

53. 分子克隆中的"克隆"指的是

A. 制备单克隆抗体 　　B. 制备多克隆抗体

C. 有性繁殖 DNA 　　D. 无性繁殖 DNA

E. 构建重组 DNA 分子

54. 某限制性内切酶按 GGG↓CGCCC 方式切割产生的末端突出部分含

A. 1 个核苷酸 　　　　B. 2 个核苷酸

C. 3 个核苷酸 　　　　D. 4 个核苷酸

E. 5 个核苷酸

55. 某限制性内切酶切割 5′-G↓AATTC-3′序列后产生

A. 5′突出端 　　　　　B. 3′突出端

C. 5′及 3′突出端 　　　D. 5′或 3′突出端

E. 平端

56. 可用于筛选重组体的方法是

①抗药性标志筛选

②酵母杂交法

③分子杂交法

④RNAi

⑤免疫学方法

⑥标志补救法

A. ①②④⑤⑥ 　　　　B. ①③④⑤⑥

C. ①②③⑤⑥ 　　　　D. ①③⑤⑥

E. ①②③④⑤⑥

57. 下列叙述中错误的是

A. 同源重组是最基本的 DNA 重组方式

B. 细菌中可以通过接合、转化、转导和细胞融合等方式进行基因转移

C. 两个 DNA 序列的特异位点间可在整合酶的催化下发生整合

D. 只有转座子介导的基因移位或重排才称为转座

E. 自然界 DNA 重组和基因转移现象是经常发生的

58. cDNA 文库包括该种生物的

A. 某些蛋白质的结构基因

B. 所有蛋白质的结构基因

C. 所有结构基因

D. 内含子和调控区

E. 以上全包括

59. cDNA 文库包含

A. 一个生物的全部遗传信息

B. 一个组织或细胞的全部遗传信息

C. 一个生物的全部 RNA 信息

D. 一个组织或细胞的全部 RNA 信息

E. 一个生物体组织或细胞所表达的 mRNA 信息

60. 就分子结构而论，质粒是

A. 环状双链 DNA 分子 B. 环状单链 DNA 分子

C. 环状单链 RNA 分子 D. 线状双链 DNA 分子

E. 线状单链 DNA 分子

61. ★现在医学科学工作者通过获得大量特异 DNA，结合适当的分析技术即可鉴定基因缺陷。当前临床或研究室获得大量特异 DNA 片段最流行的方法是

A. 化学合成 　　　　　B. DNA 合成仪合成

C. 从外周血细胞大量制备

D. 基因克隆 　　　　　E. 聚合酶链反应（PCR）

62. 在已知序列信息的情况下，获取目的 DNA（1500bp）的最方便方法是

A. PCR 反应 　　　　　B. 化学合成法

D. 机械破碎法 　　　　C. cDNA 文库法

E. 基因组文库法

63. 基因工程中对目的 DNA 的获取，最不常用的方法是

A. 化学合成 　　　　　B. cDNA 文库

C. 基因组 DNA 文库 　D. 聚合酶链式反应（PCR）

E. 从真核基因染色体直接分离

64. 构建 cDNA 文库时，首先需分离细胞的

A. 染色体 DNA 　　　　B. 总 mRNA

C. 线粒体 DNA 　　　　D. 叶绿体 DNA

E. 质粒 DNA

65. 构建核基因组 DNA 文库时，首先需分离细胞的

A. 染色体 DNA 　　　　B. 线粒体 DNA

C. 总 mRNA 　　　　　D. 总 tRNA

E. 总 rRNA

66. 下列叙述中正确的是

A. 克隆不同的目的 DNA 时，载体选择和改建方法是相同的

B. 只有同一限制酶切点才能进行连接

C. 不同限制酶切位点也可进行连接

D. 平末端不能进行连接

E. 人工接头不同进行连接

67. 下列不能产生相同黏性末端是

A. 同尾酶酶切
B. 同切点酶（*Bam*H Ⅰ 和 *Bst* Ⅰ）酶切
C. 同一限制性内切酶酶切
D. 限制性内切酶（*Sma* Ⅰ）在识别序列对称轴上切割 DNA
E. 同聚物加尾

68. 关于蓝白斑筛选，错误的是
A. 属于标志补救的一种
B. 又称 α-互补
C. 含有重组体的是蓝色菌落
D. 在 *lacZ* 基因内插入外源基因
E. 是一种有效的筛选阳性重组体的方法

69. 应用 α-互补筛选重组体时，含有外源基因的重组体菌落颜色应为
A. 紫色　　　B. 蓝色　　　C. 白色
D. 无色　　　E. 以上都不是

70. α-互补筛选法属于
A. 抗药性标志筛选　　　B. 酶联免疫筛选
C. 标志补救筛选　　　D. 原位杂交筛选
E. 免疫化学筛选

71. ★关于重组 DNA 技术的叙述错误的是
A. 质粒、噬菌体可作为载体
B. 限制性内切酶是主要工具酶之一
C. 重组 DNA 由载体 DNA 和目的 DNA 组成
D. 重组 DNA 分子经转化或转染可进入宿主细胞
E. 进入细胞内的重组 DNA 均可表达目标蛋白

72. 基因工程的表达系统包括
A. 细菌和细胞系统　　　B. 细菌和酵母细胞
C. 酵母和细胞系统　　　D. 原核和真核系统
E. 细菌和病毒系统

73. *E. coli* 表达体系在实际应用中存在哪些不足之处
①不宜表达真核基因组 DNA
②很难表达大量的可溶性蛋白
③表达的真核蛋白质不能形成适当的折叠或进行糖基化修饰
④表达的蛋白质常形成不溶性的包涵体
A. ①③④　　　B. ②③④　　　C. ①②④
D. ①②③　　　E. ①②③④

74. 关于表达载体描述错误的是
A. 根据表达所用的宿主细胞可分为原核表达载体和真核表达载体
B. 是一类用于在宿主细胞中只进行复制扩增的载体
C. 表达载体一般兼具克隆和表达的两种功能
D. 对不同的表达系统，需要构建不同的表达载体
E. 外源 DNA 片段要获得其编码的蛋白质产物可借助表达载体

75. 重组 DNA 技术与医学实践相结合，包含的领域及内容是
A. 疾病基因的发现与克隆　　B. 生物制药
C. 基因治疗　　　D. 基因诊断
E. 以上均正确

76. 将质粒 DNA 导入细菌并引起细菌遗传变化，称为
A. 转化　　　B. 转导　　　C. 转染
D. 感染　　　E. 传染

77. 在基因工程操作中，转染是指
A. 把重组质粒导入宿主细胞
B. 把 DNA 重组体导入真核细胞
C. 把 DNA 重组体导入原核细胞
D. 把外源 DNA 导入宿主细胞
E. 把重组的噬菌体或病毒导入原核细胞

78. 人源蛋白质最适宜在哪类表达体系中表达
A. *E. coli* 表达体系　　　B. 酵母表达体系
C. 原核表达体系　　　D. 哺乳细胞表达体系
E. 昆虫表达体系

79. 下列关于基因文库的叙述中，正确的是
A. 基因文库实际上是包含了某一生物体或生物组织样本的基因序列的克隆群体
B. 基因文库是指包含了某一生物体全部基因序列的单一克隆
C. 基因文库就是基因组文库，是某一生物体所有 cDNA 序列的克隆群体
D. 基因文库是某一生物体或生物组织样本的所有基因形成的数据库
E. 以上均正确

80. 下面关于多克隆位点（multiple clone site, MCS）的描述，不正确的是
A. 仅位于质粒载体中
B. 具有多种酶的识别序列
C. 不同酶的识别序列可以有重叠
D. 一般是人工合成后添加到载体中
E. 此处可插入外源 DNA 序列

81. 下列哪种载体对外源 DNA 的容载量最大
A. 质粒　　　B. 黏粒
C. 酵母人工染色体（YAC）
D. 细菌人工染色体（BAC）
E. 噬菌体载体

82. 制备感受态细胞最常用的盐是
A. $CaCl_2$　　B. KCl　　　C. $MgCl_2$
D. $CaSO_4$　　E. $(NH_4)_2SO_4$

83. 人类基因组计划是指
A. 对所有生物基因进行定位并测序

B. 对真核生物基因进行定位并测序

C. 对原核生物基因进行定位并测序

D. 对人类活性基因进行定位并测序

E. 对人类全部基因进行定位并测序

**84.** 人类基因组计划主要用的载体是

A. 病毒　　B. 质粒　　C. 噬菌体

D. 枯草杆菌　E. 酵母人工染色体

**85.** 筛选重组子细胞的分子杂交法（Southern 印迹杂交）是利用

A. 特异抗体与目的 DNA 表达产物杂交

B. 标记核酸探针与重组子细胞 DNA 杂交

C. 标记核酸探针与重组子细胞 RNA 杂交

D. 特异抗体与重组子细胞 DNA 杂交

E. 特异抗体与重组子细胞 RNA 杂交

**86.** 以大肠埃希菌体系生产真核生物基因产物，常常利用含有乳糖操纵子的质粒，将需要表达 DNA 片段插入其某一区域，此区域常是

A. O（操纵部位）　　B. P（启动子）

C. Z 基因　　D. Y 基因　　E. A 基因

**87.** 关于转座重组描述错误的是

A. 指 DNA 分子上的一段序列从一个位置转移到另一个位置

B. 转座重组的靶点和转座子之间不需要序列的同源性

C. 接受转座子的靶点大多数是随机的

D. 转座子的插入可改变附近基因的活性

E. 转座重组属于特殊的位点特异性重组

**88.** 下列用于基因治疗较为理想的载体是

A. 质粒载体　　　　B. 噬菌体载体

C. 腺病毒相关病毒载体（AAV）

D. YAC 载体　　　　E. Au 序列

**89.** 相对载体而言，插入的 DNA 片段称为

A. 转座基因　　　　B. 质粒 DNA

C. 外源 DNA　　　　D. cDNA

E. 基因组 DNA

**90.** 连接目的 DNA 与载体不能采用

A. 黏端连接　　　　B. 平端连接

C. 黏-平连接　　　　D. 人工接头

E. 非共价键连接

**91.** Sanger 法进行核酸测序时，最常使用的载体是

A. pBR322 质粒　　　B. M13 噬菌体载体

C. 黏粒　　　　　　D. YAC 载体

E. 动物病毒载体

**92.** 基因工程特点是

A. 在细胞水平上操作，在分子水平上表达

B. 在细胞水平上操作，在细胞水平上表达

C. 在分子水平上操作，在细胞水平上表达

D. 在分子水平上操作，在分子水平上表达

E. 以上均是

**93.** 噬菌体 T4-连接酶能催化连接的 DNA 末端是

A. 5′- P 和 3′-P　　　　B. 5′- OH 和 3′-P

C. 5′- P 和 3′-OH　　　　D. 5′- OH 和 3′-OH

E. 任意两种

**94.** ▲基因工程中的可以进行黏性末端连接的是

A. PCR 引物与 DNA 模板连接

B. 氨基酸之间的肽键形成

C. 同一限制酶切位点的连接

D. cDNA 与 RNA 形成杂交体

E. mRNA 和模板 DNA 碱基互补配对

**95.** 有关 cDNA 文库的叙述中，错误的是

A. cDNA 文库是包含某一组织细胞在一定条件下所表达的全部 mRNA 经逆转录而合成的 cDNA 序列的克隆群体

B. cDNA 是指以 mRNA 为模板，在逆转录酶的作用下合成的 cDNA

C. 从 cDNA 文库中筛选目的 DNA 的克隆也可以用核酸分子杂交方法进行

D. 用克隆载体构建的 cDNA 文库也可以利用特异性抗体或结合蛋白筛选目的 DNA

E. cDNA 文库实际上是包含了某一生物体或组织样本的 cDNA 序列的克隆群体

**96.** 构建基因组文库的实验步骤一般为

A. 提取基因组 DNA→片段大小筛选→限制酶消化→克隆到载体中→转化扩增

B. 提取基因组 DNA→限制酶消化→片段大小筛选→克隆到载体中→转化扩增

C. 提取基因组 DNA→限制酶消化→片段大小筛选→转化扩增→克隆到载体中

D. 提取基因组 DNA→限制酶消化→克隆到载体中→转化扩增→片段大小筛选

E. 以上均不对

## 二、A2 型选择题

**1.** 慢性粒细胞白血病（CML）为一种起源于骨髓多能造血干细胞的骨髓克隆性增殖性疾病，其特征为 9 号染色体（ch9）和 22 号染色体（ch22）长臂易位。来自 ch9 上的致癌基因 *v-ABL* 与 ch22 上的管家基因 *BCR* 形成融合基因 *BCR-ABL1*，融合基因经转录、翻译形成 BCR-ABL1 蛋白。*BCR-ABL1* 融合基因存在于所有 CML 患者中。这种不同 DNA 分子断裂和连接而产生 DNA 片那段的交换并重新组合形成新的 DNA 分子的过程称为

A. DNA 重组　　　B. 人工重组　　　C. 接合

D. 转化　　　　　E. 转导

2. 葡萄的颜色主要由花青素（anthocyanidin）决定的，而花青素的合成主要由一些 *Myb* 相关基因控制，比如 *VlmybA1-1*、*VlmybA1-2* 及 *VlmybA2* 等。葡萄品种卡本内（Cabernet）是红色的，一个叫 *Gret1* 的基因片段插入了 *VlmybA1* 基因，该基因功能丧失，导致了绿葡萄霞多丽（Chardonnay）的产生；之后某次 *Gret1* 基因片段又在 *VlmybA1* 基因内跳跃了一次，基因重排引起了基因表型的部分恢复，这个事件导致了另一种红色葡萄的奥山红宝石（Ruby Okuyama）出现。试分析 *Gret1* 基因片段在整个过程中扮演的角色是

A. 信号肽序列　　　　B. 转座子
C. 外源目的基因　　　D. 整合序列
E. 整合酶

3. 基因治疗的目的是将正常的基因导入含有缺陷基因的细胞中。第一例授权的人类基因治疗是针对一名腺苷脱氨酶（adenosine deaminase，ADA）缺乏而患先天性免疫缺陷病的4岁女孩。ADA 儿童具有重度联合免疫缺陷（severe combined immunodeficiency disease，SCID），通常在患病后一年内因严重感染而死亡。研究人员通过构建含有正常 ADA 基因的逆转录病毒载体，感染患病儿童 T 细胞从而导入正常的基因。再将此修饰过的 T 细胞重新输入患者体内，从而完成基因治疗的目的。目前患者免疫功能趋于正常。此基因工程中的目的 DNA 是

A. 腺苷酸脱氨酶
B. 编码正常腺苷酸脱氨酶的基因
C. 编码缺陷腺苷酸脱氨酶基因
D. 逆转录 cDNA
E. 逆转录病毒颗粒

4. 乙型肝炎病毒（hepatitis B virus，HBV）基因组是由一负股长链和一正股短链组成的部分双链环状 DNA。长链有 4 个开放读码框架，分别称为 S 区、C 区、P 区和 X 区。其中，C 区是乙型肝炎核心抗原（HBcAg）编码区，编码产物参与 HBV 的核心与外壳的装配。酶切分析表明，C 区 DNA 序列上有 *Acl* Ⅰ、*Bgl* Ⅱ、*Ssp* Ⅰ及 *Stu* Ⅰ等单酶切位点。现准备将 C 区基因片段两端引入酶切位点后插入到到质粒载体 pUC18 上，已知 pUC18 载体多克隆位点区域有 *Eco*R Ⅰ、*Bam*H Ⅰ、 *Hind*Ⅲ及 *Pst* Ⅰ等单酶切位点。请问下列可以考虑引入到 C 基因两端的酶切位点组合是（　）：
A. *Acl* Ⅰ、*Bgl* Ⅱ　　　B. *Eco*R Ⅰ、*Bam*H Ⅰ

C. *Bgl* Ⅱ、*Hind*Ⅲ　　　D. *Pst* Ⅰ、*Bgl* Ⅱ
E. *Acl* Ⅰ、*Eco*R Ⅰ

5. 生物技术领域公开了一种敬钏缨毛蛛粗毒中活性多肽 JZTX58 的高效表达系统与分离纯化方法的发明。该发明通过基因工程技术，采用表达质粒 pVT102 U/α 和酿酒酵母 S78 菌株构成的表达系统，经过分离纯化、质谱分析鉴定成功表达，得到敬钏毒素 58（JZTX58）蛋白质，可用于进一步的功能研究。下面描述正确的是
A. pVT102 U/α 属于真核表达载体
B. pVT102 U/α 属于原核表达载体
C. pVT102 U/α 在原核细胞和真核细胞中均能高效复制和表达
D. pVT102 U/α 只能在真核细胞复制，不能在原核细胞复制
E. pVT102 U/α 和 S78 菌株构成了配套的高效原核表达系统

6. 某研究需要获得 *SPA* 信号肽基因与尿素酶基因融合成的目的 DNA。以金黄色葡萄球菌 ATCC6538 为模板，PCR 扩增 *SPA* 信号肽编码基因，5′端和 3′端引入的酶切位点分别为 *Nco* Ⅰ和 *Nde* Ⅰ；再以产朊假丝酵母菌为模板，PCR 扩增尿酸酶编码基因，5′端和 3′端分别引入酶切位点分别为 *Nde* Ⅰ和 *Xoh* Ⅰ；将 *SPA* 信号肽编码基因和尿酸酶编码基因用 *Nde* Ⅰ酶切，连接，获得目的 DNA 命名为 sUOX。请分析 sUOX 的 5′端和 3′端酶切位点分别是：
A. *Nco* Ⅰ和 *Nde* Ⅰ　　　B. *Nde* Ⅰ和 *Xoh* Ⅰ
C. *Nco* Ⅰ和 *Xoh* Ⅰ　　　D. *Xoh* Ⅰ和 *Nco* Ⅰ
E. *Xoh* Ⅰ和 *Nde* Ⅰ

7. 某 10 岁男性患儿诊断为获得性血友病 A。现治疗方案：每 3 天 1 次（10U/kg·次）注射重组人凝血因子Ⅷ进行预防治疗；发生急性出血时予按需治疗，关节理疗。患儿使用的重组人凝血因子Ⅷ是
A. 基因工程药物　　　　B. 化学合成药物
C. 重组疫苗　　　　　　D. 血液制品药物
E. 单克隆抗体

8. 某研究拟借助基因工程手段将外源抗寒基因导入黄瓜，以期获得抗寒转基因黄瓜。前期研究工作如下：①从拟南芥基因组 DNA 中扩增目的 DNA CBF3；②采用 TA 克隆的方法，将 *CBF3* 基因克隆于 pUCm-T 载体上，测序鉴定；③*CBF 3* 基因片段 与 Ca MV 3 5 S 启动子和 Nos 终止子连接后，插入到 pBINPLUS 载体中，构建成重组表达载体 pBINP-35S-CBF 3；④以冻融法将其导入农杆菌菌株并转化黄瓜子叶，获得具有卡那

霉素抗性的黄瓜再生植株。在 DNA 重组的过程中用到了 3 个载体 pUCm-T、pBI NPLUS、pBINP-35S-CBF 3，下面的描述正确的是：

A. 3 者均为表达载体

B. 3 者均为克隆载体

C. pBI NP-35S-CBF 3 是插入外源基因的真核表达载体

D. pBINPLUS 载体上没有卡那霉素筛选标记

E. pUCm-T 是未插入外源基因的真核表达载体

9. 下图为 DNA 分子在不同酶的作用下发生的变化的示意图，图中依次表示限制性内切酶、DNA 聚合酶、DNA 连接酶、解旋酶作用的正确顺序是

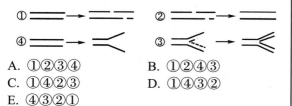

A. ①②③④　　　B. ①②④③

C. ①④②③　　　D. ①④③②

E. ④③②①

10. 在表达载体的构建过程中用到了 EcoR1 酶，下图表示酶切割 DNA 的过程，从图中可知 EcoR1 识别的碱基序列及切点

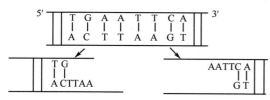

图 19-6　酶切割 DNA 过程图

A. CTTAAG，切点在 C 和 T 之间

B. CTTAAG，切点在 G 和 A 之间

C. GAATTC，切点在 G 和 A 之间

D. GAATTC，切点在 T 和 C 之间

E. TGAATTCA，切点在 G 和 A 之间

11. LKB1（Liver kinase B1）基因位于人 19 号染色体短臂 13.3 位置，是肿瘤常见突变基因，编码丝氨酸/苏氨酸激酶。某研究构建了人野生型 LKB1 基因真核表达载体。以人皮肤永生化角质细胞 HaCat 的 cDNA 文库为模板，通过 PCR 获得 LKB1 基因的编码区序列，PCR 产物纯化后用 XhoI 和 EcoRI 限制性内切酶切开；同时双酶切 pCMV-Mye 质粒；连接，转化，筛选，鉴定后得到重组真核表达载体 pCMV-Mye-LKB1，下列描述错误的是

A. 目的 DNA 为人野生型 LKB1 基因编码区序列

B. pCMV-Mye 质粒双酶切用的酶为 Xho Ⅰ和

EcoR Ⅰ

C. 理论上 HaCat 的 cDNA 文库包含人基因组全部 RNA 信息

D. LKB1 基因编码区序列中不含 Xho Ⅰ和 EcoR Ⅰ两个酶切位点

E. LKB1 基因编码区序列与载体的连接使用 DNA 连接酶

12. 日本下村修、美国沙尔菲和钱永健因在发现绿色荧光蛋白（GFP）等研究方面做出突出贡献，获得 2008 年度诺贝尔化学奖。这种绿色荧光蛋白由 236 个氨基酸构成，其中有 3 种氨基酸构成发光环，在紫外光的照射下会发出绿色荧光。依据 GFP 的特性，你认为该蛋白在生物工程中可以

A. 作为标记基因，研究基因的复制

B. 作为标记蛋白，研究细胞的转移

C. 注入肌肉细胞，繁殖发光小白鼠

D. 标记噬菌体外壳，示踪 DNA 路径

E. 标记宿主基因组，进行体外测序

13. 大麻提取物具有镇痛、止呕、治疗青光眼等多种作用。研究发现大麻主要与人体内相应的大麻素Ⅰ型受体（human cannabinoid receptor 1，hCBⅠ）结合而发生作用。某研究以人脑皮质细胞的总 RNA 为模板，扩增获得 hCBⅠ基因编码区序列，克隆至真核表达载体 pGV230，构建重组表达质粒 pGV230-hCBⅠ。根据所学知识分析，下列说法错误的是

A. 真核表达载体 pGV230-hCBⅠ携带有外源目的 DNA

B. 真核表达载体 pGV230 中至少含有启动子、复制起始序列、翻译起始和终止序列及选择标记等

C. 获取目的 DNA hCBⅠ的方法是 RT-PCR

D. pGV230-hCBⅠ能在大肠埃希菌中表达 hCBⅠ蛋白

E. 大麻素Ⅰ型受体基因有内含子和外显子

14. 铁调素（hepcidin）是调节体内铁平衡的多肽类激素，单拷贝在细菌表达中的表达量较低。某研究为增加基因剂量，将 8 个 hepcidin 基因片段串联，构建了载体 pGEM-8Hepc。在多拷贝载体构建的过程中利用了同尾酶 BamH Ⅰ和 Bgl Ⅱ。下列关于这对同尾酶描述正确的是

A. 来源不同，识别的序列不同，产生相同的黏性末端

B. 来源相同，识别的序列不同，产生相同的黏性末端

C. 来源不同，识别的序列相同，产生不同但能

相互连接的黏性末端

D. 经 *BamH* I 和 *Bgl* II 分别酶切的片段连接之后，只能在被 *BamH* I 识别和切割

E. 经 *BamH* I 和 *Bgl* II 分别酶切的片段连接之后，只能在被 *Bgl* II 识别和切割

15. 某研究曾用转基因番茄作为生物反应器生产人胰岛素。所用的人胰岛素基因是依据植物"偏爱"的密码子来设计所含的密码子，通过人工合成若干 DNA 片段拼接而成，并且在胰岛素-COOH 端加上 KDEL 内质网滞留序列，避免胰岛素在植物细胞中的降解。将该基因置于果实专一性启动子驱动下，通过农杆菌介导的方法转入番茄中，在番茄的果实中表达人胰岛素。下列描述错误的是

A. 该研究采用人工合成的方法获得目的 DNA

B. 获得的人胰岛素基因与人体细胞中胰岛素基因的碱基序列不同

C. 表达的人胰岛素与人体细胞中胰岛素蛋白的氨基酸序列相同

D. 农杆菌介导的转化是一种植物遗传转化体系

E. 本研究设计密码子的目的是防止人源胰岛素基因在植物细胞中的降解

16. 1976 年，美国的 H. Boyer 教授首次将人的生长抑制素释放因子的基因转移到大肠埃希菌，并获得表达，此文中的"表达"是指该基因在大肠埃希菌

A. 能进行 DNA 复制

B. 能进行 DNA 转录

C. 能合成人生长抑制素释放因子

D. 能合成人的生长素

E. 能传递给细菌后代

17. 图 19-7 为 DNA 分子的某一片段，其中①②③分别表示某种酶的作用部位，则相应的酶依次是

图 19-7  DNA 分子某一片段

A. DNA 连接酶、限制酶、解旋酶

B. 限制酶、解旋酶、DNA 连接酶

C. 解旋酶、限制酶、DNA 连接酶

D. 限制酶、DNA 连接酶、解旋酶

E. DNA 连接酶、解旋酶、限制酶

18. 青蒿素是青蒿的一种代谢产物，是治疗疟疾的重要药物。已知青蒿细胞中青蒿素的合成途径（图 19-8 中实线方框所示）；酵母细胞中能够产生合成青蒿素的必须前体物质 FPP，在有关酶的作用下可转化成固醇（图 19-8 中虚线方框所示）。FPP 在青蒿细胞和酵母细胞中都存在，而 ADS 酶和 CYP71AV1 酶只存在于青蒿细胞中。若要在酵母菌细胞内培育能产生青蒿素的转基因酵母细胞，理论上需要向酵母细胞中导入的目的 DNA 是

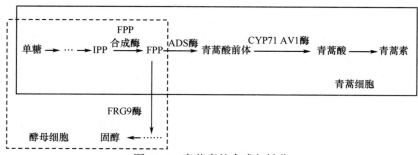

图 19-8  青蒿素的合成与转化

A. ADS 酶基因

B. CYP71AV1 酶基因

C. ADS 酶基因或 CYP71AV1 酶基因

D. ADS 酶基因和 CYP71AV1 酶基因

E. 编码 FPP 的基因

19. 科学家将人生长激素基因导入小鼠受精卵细胞核中，培育出一种转基因小鼠，其膀胱上皮细胞可以合成人生长激素并分泌到尿液中，在医学研究及相关疾病治疗方面都具有重要意义。下列有关叙述错误的是

A. 选择受精卵作为外源基因的宿主细胞是因为这种细胞具有全能性

B. 采用 DNA 分子杂交技术可检测外源基因在小鼠细胞内是否转到小鼠细胞内

C. 人的生长激素基因能在小鼠细胞表达，说明遗传密码在不同种生物中可以通用

D. 将转基因小鼠体细胞进行核移植（克隆），可以获得多个具有外源基因的后代

E. 人的生长激素基因在小鼠中稳定遗传的关键是看其能否表达

20. 肠道病毒 71 型（EV71）可引发儿童常见传染病手足口病（hand-foot-mouth disease，HFMD）。*EV71* 基因组保守序列 VP1 编码病毒结构蛋白，具备抗原特异性而无致病性，可以开发 EV71 疫苗。某实验室已保存有 EV71 病毒 RNA、大肠埃希菌 DH5 和配套的原核表达载体 pET32a（＋）。在基因工程疫苗研发过程中，下列步骤中错误的是

A. 分析 *EV71-VP1* 基因片段和载体 pET32a（＋）酶切位点设计特异引物对

B. 直接以 EV71 病毒 RNA 为模板，PCR 扩增 *EV71-VP1* 基因片段

C. 目的 DNA 片段和载体分别用合适的限制酶酶切，连接酶连接，构建重组原核表达载体

D. 需通过 DNA 测序鉴定 *EV71-VP1* 基因片段克隆的正确性

E. 表达产物 VP1 蛋白纯化、抗血清制备及免疫原性分析

21. *Bak1* 基因是 B 细胞淋巴瘤/白血病-2 基因家族的成员，含有多个内含子，是凋亡蛋白的重要调控基因。某研究体外克隆 *Bak1* 基因探索骨细胞凋亡机制。已知实验室保存有人成骨肉瘤细胞（MG6），试分析下列哪种获得目的 DNA 的方式最可行

A. 根据序列人工合成目的 DNA

B. 提取人成骨肉瘤细胞 MG63 基因组 DNA，PCR 获得目的 DNA

C. 提取人成骨肉瘤细胞 MG63 总 RNA，逆转录 cDNA，PCR 获得目的 DNA

D. 构建 cDNA 文库筛选目的 DNA

E. 构建基因组文库筛选目的 DNA

22. 肥厚型心肌病（hypertrophic cardiomyopathy，HCM）是导致猝死、心力衰竭及心房颤动合脑栓塞性卒中的重要原因之一。某研究小组拟开展 *HCM* 基因治疗基础研究，载体选择方面，首先排除在外的是

A. 逆转录病毒载体　　　B. 杆状病毒载体

C. 腺病毒载体　　　　　D. 腺病毒相关载体

E. 慢病毒载体

23. β-内啡肽（β-endorphin，EP）由 31 个氨基酸组成，在应激情况下释放入血，发挥重要的抗应激和止痛的效应。某研究构建了 β-内啡肽 DNA 重组载体。在基因操作的以下步骤中，进行碱基

互补配对的是

① 人工合成 β-内啡肽基因

② DNA 连接酶连接具有黏末端的目的 DNA 与载体

③ 将目的 DNA 导入宿主细胞

④ 目的 DNA 的检测和表达

⑤ 个体生物学水平的鉴定

A. ①②③　　　B. ③④⑤　　　C. ①②④

D. ②③④　　　E. ①④⑤

24. 人抗原 R（human antigen R，Hu R）与肿瘤发生、发展及预后密切相关。某研究构建了 pEGFP-HuR 真核表达载体（非病毒载体），并转染肝癌细胞株，以探讨 *HuR* 基因在肝癌细胞中的作用机制。试分析下列哪种方法最适合将 pEGFP-HuR 真核表达载体导入肝癌细胞株

A. 显微注射法　　　　　B. 氯化钙法

C. 病毒感染法　　　　　D. 脂质体介导法

E. 体外包装感染法

25. Kruppel 样因子 4（Kruppel-like factor4，Klf4）为锌指转录因子家族成员之一。序列分析发现 *Klf4* 基因中有 4 个密码子是大肠埃希菌中的稀有密码子，集中在 *Klf4* 基因的近氨基端。某研究以 *Klf4* 基因为目的 DNA，构建原核表达载体 pET-41a（＋）-klf4，并在大肠埃希菌 BL21 菌株中表达。下列描述错误的是

A. pET-41a（＋）-klf4 的 *Klf4* 基因不能含有内含子

B. 原核表达体系较适宜表达翻译后不需要进行加工的真核蛋白

C. pET-41a（＋）-klf4 可以在昆虫细胞和植物细胞中表达

D. pET-41a（＋）和大肠埃希菌 BL21 菌株是配套的原核表达体系

E. 可以通过点突变等的方法将 *Klf4* 基因稀有密码子进行改造，以提高在大肠埃希菌中的表达效率

26. 下列的科学技术成果与所运用的科学原理有错误的是

A. 杂交水稻——转座重组

B. 无子西瓜——染色体变异（多倍体育种）

C. 太空椒——基因突变（诱变育种）

D. 啤酒生产——无氧酵解

E. 重组人干扰素——基因工程

27. 某科学家从细菌中分离出耐高温淀粉酶（Amy）基因 a，通过基因工程的方法，将基因 a 与载体结合后导入马铃薯植株中，经检测发现 Amy 在成熟块茎细胞中存在。下列有关这一过程的叙述正确的是

A. 获取基因 a 的限制酶的作用部位是基因的内部的氢键

B. 连接基因 a 与载体 DNA 通过 DNA 连接酶连接生成 5′-5′磷酸二酯键

C. 基因 a 进入马铃薯细胞后进行了瞬时表达，并没有整合进马铃薯基因组

D. 通过该技术人类实现了定向改造马铃薯的遗传性状

E. 获取 Amy 基因的方法时直接分离法

28. 血管紧张素转换酶（ACE） 是调控肾素-血管紧张素系统的关键酶，*CAE* 基因Ⅱ型纯合子（ACEⅡ）在运动中有助于降低心脏负荷，利于提高自身运动耐力。开展 *ACE Ⅱ*基因治疗研究，有助于将来肌肉疾病的治疗，以及应对该基因兴奋剂而采取主动预防和检测措施。试分析携带外源 *ACE Ⅱ*基因的基因治疗载体可以考虑选择

A. 质粒载体 pBR322

B. 噬菌体载体

C. 腺病毒相关载体（AAV）

D. Ti 质粒表达载体　　E. 酵母表达载体

29. 腺苷酸脱氨酶( adenosine deaminase，AMPD，EC3.45.6）在真核生物能量代谢中起着重要作用，在食品及医药领域需求量大。某研究通过 DNA 重组技术，将来源于鼠灰链霉菌（Strepto-myces murinus）的 *AMPD* 基因片段构建重组表达载体 pHY-AMPD，转化枯草芽孢杆（Bacillus subtilis）WB600 菌株，实现了鼠灰链霉菌来源的 *AMPD* 在枯草芽孢杆菌中的成功表达。下列叙述错误的是

A. 每个枯草芽孢杆细胞至少含一个重组载体 pHY-AMPD

B. 每个 pHY-AMPD 至少含一个筛选标记

C. 每个载体pHY-AMPD至少含一个单一限制性内切酶识别位点

D. 每个限制性内切酶识别位点至少插入一个 *AMPD*

E. 每个插入的 *AMPD* 基因至少表达一个腺苷酸脱氨酶分子

30. 啤酒产生泡沫的关键在于原料大麦中所含的 *LTP1* 基因，但大麦中 *LTP1* 蛋白含量会受到气候影响。科学家将大麦细胞的 *LTP1* 基因植入啤酒酵母菌中，获得的啤酒酵母种可产生 LTP1 蛋白，并酿出泡沫丰富的啤酒。基本的操作过程如图 19-9。此操作中可以用分别含有青霉素、四环素的两种选择培养基进行筛选，含有大麦LTP1 的表达载体的酵母菌在选择培养基上的生长情况是

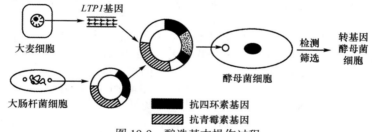

图 19-9　酿造基本操作过程

A. 在含青霉素和四环素的培养基能上存活

B. 在含青霉素的培养基上能存活，在含有四环素的培养基上不能存活

C. 在含青霉素的培养基上不能存活，在含有四环素的培养基上能存活

D. 在含青霉素或四环素的培养基上都不能存活

E. 需进行蓝-白斑筛选

31. 图 19-10 是 4 种不同质粒的示意图，其中 ori 为复制必需的序列，*amp* 为氨苄青霉素抗性基因，*tet* 为四环素抗性基因，箭头表示同一种限制性内切核酸酶的酶切位点，是外源目的 DNA 插入的位点。下列有关叙述错误的是

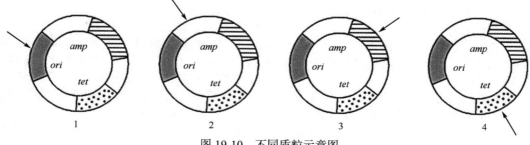

图 19-10　不同质粒示意图

A. 基因 *amp* 和 *tet* 是一对等位基因,常作为基因工程中的标记基因

B. 用重组质粒 1 转化大肠埃希菌,该重组质粒不能繁殖

C. 用重组质粒 2 转化大肠埃希菌,该菌能在含四环素和青霉素的培养基上生长

D. 用重组质粒 3 转化大肠埃希菌,该菌不能在含青霉素的培养基上生长

E. 用重组质粒 4 转化大肠埃希菌,该菌不能在含四环素的培养基上生长

32. 图 19-11 为某基因工程使用的载体示意图,下列有关叙述正确的是

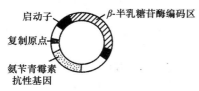

图 19-11　载体示意图

A. 该表达载体中基本结构已全部标示清楚

B. 启动子是 DNA 聚合酶识别和结合的部位,有了它才能启动目的 DNA 的表达

C. 氨苄青霉素抗性基因的作用是抑制培养基中细菌的生长

D. 携带外源基因的载体转化后,可以在含氨苄青霉素和四环素的培养基上生长

E. 可以进行蓝-白斑筛选

33. 天然的玫瑰没有蓝色花,这是由于缺少控制蓝色色素合成的基因 *B*。而开蓝色花的矮牵牛中存在序列已知的基因 *B*。现用基因工程技术培育蓝玫瑰,下列操作正确的是

A. 提取矮牵牛蓝色花的 mRNA,经逆转录获得互补的 DNA,再扩增基因 *B*

B. 利用限制性内切酶从开蓝色花矮牵牛的基因文库中获取基因 *B*

C. 利用DNA聚合酶将基因 *B* 与质粒连接后导入

玫瑰细胞

D. 将基因 *B* 直接导入大肠埃希菌,然后感染并转入玫瑰细胞

E. 利用 PCR 技术以矮牵牛蓝色花叶片碾磨物为模板,扩增基因 B

34. 重组人干扰素 α1b 是我国首个基因工程药物(国家Ⅰ类新药),实现了我国基因工程药物"零"突破,已应用于上千万患者的临床治疗。下列有关重组人干扰素 α1b 所应用的科学原理 DNA 重组的说法不正确的是

A. 生物体有性生殖过程中,控制不同性状基因的重新组合可来自 DNA 重组

B. 减数分裂的四分体时期,同源染色体的非姐妹染色单体之间的局部交换可导致 DNA 重组

C. DNA 重组能够产生多种基因型

D. DNA 重组是生物变异的根本来源

E. 利用基因同源重组可实现基因敲除

35. 某研究拟将生长激素基因通过质粒介导导入大肠埃希菌细胞内,以表达生长激素。已知质粒中存在两个抗性基因抗链霉素基因和抗氨苄青霉素基因,外源目的 DNA 不插入到两个抗性基因中,而大肠埃希菌不带任何抗性基因,则筛选获得"工程菌"的培养基中的抗生素是

A. 仅有链霉素

B. 仅有氨苄青霉素

C. 同时有链霉素和氨苄青霉素

D. 无链霉素和氨苄青霉素

E. 仅有四环素

36. 人胰岛素 A、B 链分别表达法是生产人胰岛素的方法之一。图 19-12 表示利用大肠埃希菌作为工程菌生产重组人胰岛素的基本流程(融合蛋白 A、B 分别表示 β-半乳糖苷酶与胰岛素 A、B 链融合的蛋白)。已知溴化氢能切断肽链中甲硫氨酸羧基端的肽键,试分析下列说法错误的是

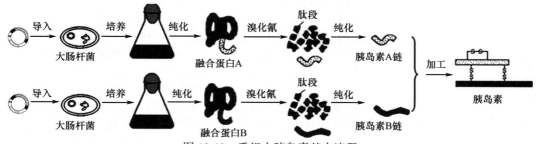

图 19-12　重组人胰岛素基本流程

A. 该工程用原核大肠埃希菌表达体系生产人胰岛素

B. 构建表达载体时限制需要限制性内切酶和DNA 连接酶

C. *β*-半乳糖苷酶与人胰岛素 A 链或 B 链融合表达，可将胰岛素肽链上蛋白酶的切割位点隐藏在内部，防止胰岛素 A 链或 B 链被菌体内的蛋白酶降解

D. 用溴化氰处理融合蛋白是利于胰岛素 A、B 链中甲硫氨酸暴露以形成二硫键

E. *β*-半乳糖苷酶中含有甲硫氨酸

37. 图 19-13 为某种常用质粒的部分图谱，*Lac Z* 基因编码的酶能使无色的 X - gal 变为蓝色，*Amp* 为氨苄青霉素抗性基因。图 19-14 为目的 DNA 的序列，图 19-15 为相关限制酶的识别序列。某实验拟将图 19-14 目的 DNA 插入图 19-13 载体中构建重组质粒。试分析下列说法错误的是

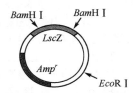

图 19-13 某种常用质粒和部分图谱

图 19-14 目的 DNA 序列

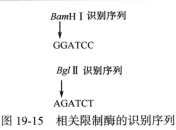

图 19-15 相关限制酶的识别序列

A. 可以 PCR 的方法获得目的 DNA

B. 用 *Bam*H Ⅰ 单酶切分别切割目的 DNA 和质粒，连接后可获得重组质粒

C. 用 *Bam*H Ⅰ 和 *Bgl* Ⅱ 双酶切目的 DNA，用 *Bam*H Ⅰ 单酶切质粒，二者连接后通过筛选可获得重组质粒

D. 培养基中加入 X-gal 和氨苄青霉素筛选重组质粒

E. 在筛选重组质粒的培养基上，若菌落显蓝色，说明是空质粒（无目的 DNA）

38. 人的糖蛋白必须经内质网和高尔基体进一步加工合成，通过转基因技术，可以使人的糖蛋白基因得以表达，在科研工作中可以考虑作为宿主细胞是

A. 大肠埃希菌

B. 酵母菌

C. T4 噬菌体

D. 枯草芽孢杆菌

E. 乳酸菌

39. 某研究拟研制预防禽流感病毒的疫苗。已知 Q 蛋白是禽流感病毒的外壳蛋白，有免疫原性而无毒性。其简要的操作流程如图 19-16。下列有关叙述错误的是

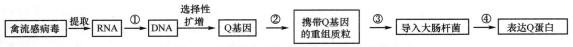

图 19-16 预防禽流感病毒疫苗研制简要操作流程

A. 步骤①所代表的过程是逆转录

B. 步骤②需使用限制性内切核酸酶和 DNA 连接酶

C. 步骤③可用 CaCl₂ 处理大肠埃希菌，使其从感受态恢复到常态

D. 步骤④中需要优化表达条件，使 Q 蛋白能在大肠埃希菌中高效稳定表达

E. 检验 Q 蛋白的免疫反应特性，可用 Q 蛋白与患禽流感康复的鸡的血清进行抗原-抗体特异性反应实验

40. 用 *Eco*R Ⅰ 处理猿猴空泡病毒（SV40）DNA，只产生一种双链 DNA 片段。结合所学知识分析，下列描述错误的是

A. SV40 DNA 的 *Eco*RI 酶切位点只有一个

B. SV40 DNA 是双链环状结构

C. SV40 DNA 可能存在其他酶切位点

D. 野生型的 SV40 不能包装外源 DNA

E. SV40 改装后可作为质粒载体

41. 鸡卵清蛋白基因含有 7 个内含子隔开的 8 个外显子，若设计通过大肠埃希菌生产该蛋白，下列获得目的 DNA 的方法最可行的是

A. 提取基因组 DNA，通过 PCR 获得鸡卵清蛋

白基因序列

B. 提取 mRNA，逆转录 cDNA，通过 PCR 获得鸡卵清蛋白外显子基因序列

C. 体外分段合成目的 DNA

D. 从鸡组织细胞基因组 DNA 中直接分离

E. 构建鸡基因组 DNA 文库，从文库中筛选

42. 1993 年美国遗传学博士斯科特-伍德沃德在美国犹他州落基山处，距今 8 千万年前后的晚白垩世含煤地层中找到一段恐龙骨骼化石，并用 PCR 方法，作了近 3000 次分析，最后获得了疑似恐龙细胞线粒体色素 *b* 基因的部分序列。根据所学知识，下列分析错误的是

A. PCR 技术的最大特点是可以将小到 1 个分子的 DNA 放大（扩增），所以获得的 DNA 有来自外来污染的可能性

B. PCR 操作严格，若实验中用到的器皿没有消毒，可能引起污染

C. 作为模板 DNA 来源的化石，处理温度不能超过 50℃，以防止 DNA 变性

D. 进行 PCR 分析需要设计引物

E. 进行 PCR 分析需要 DNA 聚合酶

43. pBR32 质粒含有两个抗生素的抗性基因 *Amp*r 和 *Ter*r，某外源 DNA 用 *Pst* I 单酶切后，插入到载体 *Amp*r 基因区域内，在筛选重组质粒的细菌时，其中说法正确的是

A. 携带重组质粒的细菌无 Ampr 抗生素抗性

B. 携带重组质粒的细菌有 Ampr 和 Terr 抗生素抗性

C. 携带重组质粒的细菌无 Terr 抗生素抗性

D. 未转化的细菌是具有 Ampr 抗生素抗性

E. 未转化的细菌是具有 Terr 抗生素抗性

44. 马萨诸塞州综合医院的 Brian Seed（1987）用 hCMV/T7 启动子、SV40 复制起点、SV40 剪接位点、Poly（A）加尾信号、多瘤病毒复制起点、ColE1 复制起点、M13 单链复制起点及 *SupF* 基因等元件构建了既能在大肠埃希菌中复制又能在哺乳动物中复制的质粒载体 pCDM8。试分析这些元件中可用在大肠埃希菌中复制 DNA 单链便于测序的元件是

A. hCMV/T7 启动子    B. SV40 复制起点
C. ColE1 复制起点    D. 多瘤病毒复制起点
E. M13 单链复制起点

45. 红细胞中的血红蛋白是由两条 α 链和两条 β 链组成的四聚体复合蛋白，若编码 β 链的第 6 个密码子发生单个碱基突变，使所编码的谷氨酸变为缬氨酸，将会产生镰刀状细胞贫血（Hbs）。这个单碱基的突变使原先存在的一个 *Mst* II 限制性

酶切位点消失。因此 Hbs 的检测可利用 PCR 将包含突变碱基在内的一段 β 链基因片段扩增，然后用 *Mst* II 切割扩增片段，酶切片段经琼脂糖凝胶电泳分离后用一段跨越 *Mst* II 突变位点的探针进行 Southern 印迹杂交。试分析镰状细胞贫血纯合体的杂交结果

A. 两个小片段            B. 1 个大片段
C. 1 个大片段和两个小片段  D. 两个大片段
E. 1 个大片段和 1 个小片段

46. 某肿瘤基因治疗药物"重组人 *p53* 腺病毒注射液"的有效成分由正常人肿瘤抑制基因 *p53* 和改造的 5 型腺病毒 DNA 重组而成，前者是发挥肿瘤治疗作用的主体结构，后者主要起载体作用，携带治疗基因 *p53* 进入靶细胞内发挥作用。关于其起载体作用的 5 型腺病毒基因描述正确的是

A. 对人体细胞无感染能力

B. 携带外源基因 *p53* 但不能装配成病毒颗粒

C. 介导外源基因 *p53* 的转移和表达

D. 对机体有致病力

E. 整合到宿主细胞基因组中，有遗传毒性

47. 动物胰岛素最早于 1922 年在北美应用于糖尿病的临床治疗。在 1923 年 7 月，北京协和医院使用动物胰岛素治疗一位 41 岁的糖尿病患者（出现多种并发症），这也是胰岛素在我国的第 1 次临床使用。该患者经多次胰岛素注射，血糖基本得到控制。关于该患者使用的动物胰岛素，下面分析错误的是

A. 胰岛素的发现及动物胰岛素用于糖尿病的治疗是划时代的，数以万计的糖尿病患者的生命因此得到挽救

B. 动物胰岛素获取效率低下，一个胰岛素患者一年需要数十至上百头动物的胰岛提取物

C. 动物胰岛素由于与人胰岛素存在 1～4 个不同的氨基酸，注射后可能发生注射部位皮下脂肪萎缩或增生等过敏反应

D. 动物胰岛素适用于各种类型糖尿病，能真正模拟人体生理性胰岛素，不易反复发生高血糖和低血糖，也不会出现胰岛素抵抗

E. 随着科技的发展，疗效好、成本低的重组人胰岛素及胰岛素类似物逐渐取代源于动物的胰岛素，为糖尿病患者提供了更多的选择

48. 伪狂犬病病毒（pseudorabies virus，PRV）基因组容量大，有许多非必需基因，动物感染谱广，但不感染人。PRV 的基因缺失株是潜在的表达外源基因的优良（兽用）病毒载体，可以研发重组活疫苗，用来防控动物的多种常见疫病。结合所

学知识分析 PRV 病毒载体的特点，下列描述错误的是

A. 野生型的 PRV 必须经过改造之后才能成为基因克隆的有用载体

B. 携带外源抗原基因进入动物体内，可以刺激机体对外源抗原的免疫应答

C. PRV 病毒载体必须低毒性或无毒性

D. PRV 基因组有多个病毒增殖非必需区，理论上可以插入多个外源基因

E. 理论上 PRV 病毒载体也可以作为人类疾病的基因治疗的载体

49. 抗凝血酶是人体内最重要的抗凝血物质。科学家对山羊进行基因改造：首先，从人的基因中提取了抗凝血酶基因，将其同山羊的 DNA（该 DNA 控制羊奶中蛋白的生产，以确保该抗凝血酶仅在羊奶中产生）结合在一起；然后将该融合基因注射进一个单细胞的山羊胚胎；再将胚胎移植进母羊的子宫，山羊出生后，其羊奶中就会产生抗凝血酶蛋白。关于转基因山羊，下面描述错误的是

A. 该山羊是转基因动物

B. 该山羊基因组中插入了人源抗凝血酶基因

C. 该山羊的乳腺作为生物反应器生产抗凝血酶蛋白

D. 喝该山羊的羊奶可以抗血栓

E. 该山羊的母羊乳腺中不产生抗凝血酶蛋白

50. 聚乙二醇干扰素 a-2a 可治疗慢性乙型肝炎 HBeAg 阳性患者，其活性成分是重组人干扰素 a-2a 蛋白，它通过 DNA 重组技术由大肠埃希菌经发酵、分离和高度纯化，并与聚乙二醇 PEG 化而成。关于重组人干扰素 α-2a 基因在大肠埃希菌中表达，下列描述错误的是

A. 通常通过检测人干扰素 α-2a 蛋白含量来检测重组 DNA 是否已导入大肠埃希菌

B. 需要配套的表达载体和表达菌株来表达重组人干扰素 α-2a 基因

C. 用适当的酶对载体与人干扰素 α-2a 基因进行切割与连接

D. 用适当的化学物质处理受体细菌表面，将重组 DNA 导入受体细菌

E. 重组 DNA 必须能在受体大肠埃希菌内进行复制与转录，并合成人干扰素 α-2a

## 三、B 型选择题

1. 最基本的 DNA 重组方式是

2. 质粒 DNA 从一个细胞（细菌）转移至另一细胞（细菌）的 DNA 转移方式是

3. 通过自动获取或人为地供给外源 DNA，使细胞或培养的宿主细胞获得新的遗传表型，称为

4. 当病毒从被感染的（供体）细胞释放出来、再次感染另一（供体）细胞时，发生在供体细胞与接受细胞之间的 DNA 转移及 DNA 重组，其方式是

A. 接合　　　B. 转化　　　C. 转座子

D. 转导　　　E. 同源重组

5. 基因工程中使用的酶是

6. DNA 连接酶的功能是

7. 限制性内切核酸酶的功能是

A. Ⅰ型限制性内切核酸酶

B. 催化形成磷酸二酯键

C. Ⅱ型限制性内切核酸酶

D. 切除末端磷酸基

E. 识别特异序列，切割 DNA

8. 切除 DNA 末端磷酸基用

9. 在 DNA 的 3'-羟基端进行同聚物加尾用

10. 合成 cDNA 用

A. RNA 聚合酶　　　　　B. 末端转移酶

C. 碱性磷酸酶　　　　　D. 逆转录酶

E. 核苷酸酶

11. 外源基因和载体 DNA 经 EcoR Ⅰ 切割后的连接属

12. 在外源基因和载体 DNA 末端添加同聚物序列后再行连接属

13. 在外源基因和载体 DNA 末端添加短核苷酸序列制造黏性末端再行连接属

A. 同聚物加尾连接　　B. 人工接头连接

C. 黏性末端连接　　　D. 缺口末端连接

E. 平端连接

14. 某识别 6 核苷酸序列的限制性内切酶切割 5'……AGCTG↓AATTC……3'产生

15. 某识别 6 核苷酸序列的限制性内切酶切割 5'……CTGCA↓GAGTC……3'产生

16. 某识别 6 核苷酸序列的限制性内切酶切割 5'……AGGTT↓AACAG……3'产生

A. 5'突出黏性端　　　　B. 3'突出黏性端

C. 5'和 3'突出黏性端　　D. 5'或 3'突出黏性端

E. 平末端

17. 生成重组 DNA 分子的是

18. 需要限制性内切核酸酶的是

19. 获得了 DNA 克隆的是

20. 应用转化、转染技术是

A. 基因载体的特异性切割

B. 具有互补黏性末端的外源基因与载体连接

C. 重组 DNA 分子导入宿主细胞

D. 表达目的 DNA 编码的蛋白质

E. 筛选、繁殖含有重组分子的宿主细胞

21. 常用作表达外源基因的原核表达体系是

22. 常用作表达外源基因的真核表达体系是

A. 细菌　　B. 质粒　　C. 支原体

D. 衣原体　　E. 酵母

23. 分离细胞染色体 DNA 可制备

24. 分离细胞总 mRNA 可制备

A. mRNA 文库　　　　B. tRNA 文库

C. rRNA 文库　　　　D. cDNA 文库

E. 基因组 DNA 文库

**四、X 型选择题**

1. 自然界基因转移可能伴随 DNA 重组的有

A. 接合　　B. 转化　　C. 转导

D. 转座　　E. 同源重组

2. 将重组 DNA 分子导入宿主细胞的方法有

A. 接合　　B. 转座　　C. 转化

D. 转染　　E. 感染

3. 常用的真核表达体系有

A. 酵母　　　B. 大肠埃希菌

C. 昆虫　　　D. 哺乳动物细胞

E. 植物细胞

4. 基因工程中,用原核细胞表达真核来源蛋白质可能会遇到的困难

A. 原核生物的 DNA 聚合酶不能表达真核细胞蛋白质

B. 真核细胞 mRNA 没有 S-D 序列,不能与细菌核糖体结合

C. 原核细胞缺乏诸如糖基化等翻译后加工处理的酶类

D. 真核细胞蛋白产物往往被细菌蛋白酶视为异己蛋白而分解

E. 真核细胞的启动子不能被细菌 RNA 聚合酶识别

5. 在原核生物表达实验中,载体应具备

A. 可选择的多克隆位点　　B. 3′端的加尾信号

C. 适当的启动子　　D. 抗生素抗性基因

E. 转录终止信号

6. ▲下列关于质粒载体的叙述正确的是

A. 具有自我复制能力

B. 有些质粒常携带抗药性基因

C. 为小分子环状 DNA

D. 含有多克隆位点

7. ★在重组 DNA 的过程中,目的 DNA 可来自

A. 人工合成的 DNA

B. 真核细胞染色体 DNA

C. 真核细胞 mRNA 逆转录获得的 cDNA

D. 聚合酶链式反应（PCR）所获得的 DNA

E. 原核细胞染色体 DNA

8. ▲重组技术中,用来选重组体的方法有

A. 标志补救　　　　B. 分子杂交

C. 特异性抗体与产物结合

D. 紫外分光光度计分析

9. ▲重组 DNA 技术中,常用到的酶是

A. 限制性内切核酸酶　　B. DNA 连接酶

C. DNA 解螺旋酶　　D. 逆转录酶

10. 当使用两种作用条件不同的限制性内切核酸酶时,合适的操作是

A. 先低盐,后高盐　　B. 先高盐,后低盐

C. 先低温,后高温　　D. 使用通用缓冲液

E. 使用通用条件

**五、名词解释**

1. 克隆
2. 同源重组
3. DNA 重组
4. 重组 DNA 技术
5. 基因工程
6. 接合
7. 转导
8. 转化
9. 转座子
10. 质粒
11. 载体
12. 克隆载体
13. 表达载体
14. 限制性内切核酸酶
15. 黏性末端
16. 基因文库
17. 感受态细胞

**六、简答题**

1. 什么是 DNA 重组？简述自然界中常见的 DNA 重组与基因转移形式。

2. 简述重组 DNA 技术或基因工程的基本流程。

3. 用于重组 DNA 技术或基因工程的载体需具备哪些特征？

4. 试述获得目的 DNA 的常用方法。

5. 重组 DNA 技术或基因工程中如何对重组体进行筛选和鉴定？

6. 重组 DNA 技术中蓝白斑筛选的原理是什么？

7. 简述利用重组大肠埃希菌生产人胰岛素的基本流程。

## 七、分析论述题

1. 比较原核表达体系（大肠埃希菌）和真核表达体系（哺乳动物细胞作为宿主）各自的优缺点。
2. 人类基因组 DNA 中的胰岛素基因能否直接插入典型的原核基因表达载体来表达胰岛素重组蛋白质？为什么？请提出几种获得人胰岛素目的 DNA 的常用方法。
3. 科学家从一种濒危野生海洋动物中发现了一种新的具有重要药用价值的分泌性蛋白质，但其体内含量极低且不能捕杀这种野生海洋动物，请你根据所学的基因工程知识，设计一个利用重组大肠埃希菌生产该重组蛋白质的方案，简述其基本流程或步骤。

# 参 考 答 案

## 一、A1 型选择题

| | | | | |
|---|---|---|---|---|
| 1. B | 2. A | 3. C | 4. B | 5. E |
| 6. C | 7. B | 8. C | 9. D | 10. B |
| 11. D | 12. A | 13. C | 14. E | 15. E |
| 16. C | 17. B | 18. D | 19. C | 20. B |
| 21. B | 22. D | 23. B | 24. C | 25. C |
| 26. B | 27. B | 28. C | 29. A | 30. C |
| 31. C | 32. C | 33. D | 34. D | 35. D |
| 36. C | 37. B | 38. D | 39. D | 40. C |
| 41. C | 42. C | 43. A | 44. E | 45. B |
| 46. A | 47. C | 48. E | 49. C | 50. C |
| 51. C | 52. C | 53. C | 54. B | 55. A |
| 56. D | 57. D | 58. A | 59. E | 60. A |
| 61. E | 62. A | 63. E | 64. B | 65. A |
| 66. C | 67. D | 68. C | 69. C | 70. C |
| 71. E | 72. D | 73. E | 74. C | 75. C |
| 76. A | 77. B | 78. D | 79. A | 80. A |
| 81. C | 82. A | 83. E | 84. E | 85. B |
| 86. C | 87. E | 88. C | 89. C | 90. C |
| 91. B | 92. C | 93. C | 94. C | 95. D |
| 96. B | | | | |

## 二、A2 型选择题

| | | | | |
|---|---|---|---|---|
| 1. A | 2. B | 3. B | 4. B | 5. A |
| 6. B | 7. A | 8. C | 9. C | 10. C |
| 11. C | 12. B | 13. D | 14. A | 15. D |
| 16. C | 17. C | 18. D | 19. E | 20. B |
| 21. C | 22. B | 23. C | 24. D | 25. C |
| 26. A | 27. B | 28. C | 29. D | 30. B |
| 31. A | 32. E | 33. A | 34. C | 35. C |
| 36. D | 37. B | 38. B | 39. C | 40. D |

| | | | | |
|---|---|---|---|---|
| 41. B | 42. C | 43. A | 44. E | 45. B |
| 46. C | 47. D | 48. E | 49. D | 50. A |

## 三、B 型选择题

| | | | | |
|---|---|---|---|---|
| 1. E | 2. A | 3. B | 4. D | 5. C |
| 6. B | 7. E | 8. C | 9. B | 10. D |
| 11. C | 12. A | 13. B | 14. A | 15. B |
| 16. E | 17. B | 18. A | 19. D | 20. C |
| 21. A | 22. B | 23. E | 24. D | |

## 四、X 型选择题

| | | | |
|---|---|---|---|
| 1. ABCDE | 2. CDE | 3. ACDE | 4. BCDE |
| 5. ACDE | 6. ABCD | 7. ABCDE | |
| 8. ABC | 9. ABD | 10. ACD | |

## 五、名词解释

1. 克隆：来自同一始祖的相同副本或拷贝的集合。
2. 同源重组：发生在同源序列间的重组称为同源重组，又称基本重组。它通过链的断裂和再连接，在两个 DNA 分子同源序列间进行单链或双链片段的交换。同源重组的发生依赖两分子间序列的相同或类似性。
3. DNA 重组：是指发生在 DNA 分子内或 DNA 分子之间碱基序列的交换、重排和转移的现象，是已有遗传物质或遗传信息的重新组合。
4. 重组 DNA 技术：通过体外操作将不同来源的两个或以上 DNA 分子重新组合，形成新功能 DNA 分子的方法。
5. 基因工程：见讲义。
6. 接合：当细胞与细胞或细菌通过菌毛相互接触时，质粒 DNA 从一个细胞（细菌）转移至另一细胞（细菌）的 DNA 转移。
7. 转导：通过病毒或病毒载体介导将一个宿主 DNA 转移到另一个宿主细胞中并引起的 DNA 重组现象。
8. 转化：是指接受细胞（或细菌）获得供体细胞（或细菌）游离的 DNA 片段，并引起自身遗传改变的过程。受体菌需处于敏化状态，这种敏化状态可以通过自然饥饿、生长密度或实验室诱导而达到。转化分为自然转化和人工转化。
9. 转座子：可从一个染色体位点转移到另一位点的 DNA 序列。
10. 质粒：细菌染色体外具有自主复制能力的共价闭环小分子双链 DNA。
11. 载体：见讲义。
12. 克隆载体：使插入的外源 DNA 序列被扩增而特意设计的载体。
13. 表达载体：使插入的外源 DNA 序列可转录

翻译成多肽链而特意设计的载体。

14. 限制性内切核酸酶：识别 DNA 的特异序列，并在识别位点或其周围切割双链 DNA 的一类内切酶。

15. 黏性末端：一些限制性内切核酸酶切割 DNA 分子后，形成 5'端或 3'端突出的单链区，这 2 条单链来自同一 DNA 分子，彼此互补，称为黏性末端或黏端。

16. 基因文库：通过克隆方法保存在适当宿主中的一群混合的 DNA 分子，所有这些分子的插入片段的总和可代表某种生物的全部基因组序列或全部 mRNA 序列。包括基因组文库和 cDNA 文库两类。基因组文库是指含有某种生物体（或组织、细胞）全部基因的随机片段的重组 DNA 克隆群体。cDNA 文库是指特定组织或细胞的全部 mRNA 逆转录合成的 cDNA 组成的重组克隆群体。

17. 感受态细胞：宿主细胞经用 $CaCl_2$ 等方法预处理，处于容易接受外源 DNA 的状态。

## 六、简答题

1. ①见讲义。②自然界基因转移伴发重组有几种形式：自然界的 DNA 重组（同源重组、位点特异的重组、转座重组）和细菌的基因转移（接合、转化和转导等）。

2. 重组 DNA 技术的基本操作过程可形象归纳为"分、切、接、转、筛和表"等几个步骤，即"目的 DNA 的获取→克隆载体的选择和构建→外源基因与载体的连接→DNA 导入宿主细胞→重组体的筛选→克隆基因的表达"。分述如下：①目的 DNA 的获取。可通过化学合成法、基因组 DNA 文库、cDNA 文库、PCR 等方法获取。②克隆载体的选择和构建。根据实验目的和操作基因的性质选择合适的载体和改建方法。③外源基因与载体的连接。将外源 DNA 与载体通过 DNA 连接酶进行共价连接。④DNA 导入宿主细胞。重组 DNA 分子导入相应的宿主细胞后，随宿主细胞生长、增殖而得以复制、扩增。⑤重组体的筛选。根据载体体系、宿主细胞特性及外源基因在宿主细胞表达情况，采取直接选择法和非直接选择法进行筛选，获得含有重组 DNA 分子的克隆。⑥克隆基因的表达。克隆的目的 DNA 如果需要进行正确而大量表达有特殊意义的蛋白

质，则需要建立相应的表达体系，包括表达载体的构建、宿主细胞的建立及表达产物的分离、纯化等。

3. 见讲义。

4. 获得目的 DNA 的常用方法主要有以下几种。①化学合成法：适合于已知序列且片段较短的 DNA，由 DNA 合成仪完成。②基因组 DNA 文库筛选。③cDNA 文库筛选。④PCR 或 RT-PCR。

5. 基因工程中对重组体进行筛选和鉴定可采用遗传学方法、分子生物学方法和免疫学方法等（见讲义）。

6. 许多载体（如 pUC、pGEM 系列载体等）都带有 lacZ 基因的调控序列和 β-半乳糖苷酶氨基端 146 个氨基酸残基（α 片段）的编码序列，在该序列中含有 MCS。大肠埃希菌菌株（如 DH5α、JM103 及 JM109 等）带有可编码 β-半乳糖苷酶羧基端序列（ω 片段）的编码信息。在各自独立的情况下，载体和菌株编码的 β-半乳糖苷酶片段都没有活性。当载体转化大肠埃希菌后，二者融为一体，可以实现互补，即产生具有完整 β-半乳糖苷酶活性的蛋白，后者可使人工底物 X-gal 转变为蓝色；如果外源基因插入位点在 pUC 载体的 lacZ α 片段的基因内，形成的重组子即使转入 lac 大肠埃希菌也不能形成完整的 β-半乳糖苷酶，表现为重组菌在含 X-gal 的培养基上生长时成白色菌落。这一现象称 α-互补，可用于重组体筛选，又称蓝-白斑实验。

7. ①总体设计。②目的 DNA 的获取→克隆载体的选择和构建→外源基因与载体的连接→DNA 导入宿主细胞→重组体的筛选→克隆基因的表达。

## 七、分析论述题

1. 见讲义。

2. （1）不能。
（2）首先人胰岛素基因含有内含子序列，原核表达系统不识别；其次，在人体内形成成熟胰岛素的过程也不是胰岛素基因表达的直接产物，所以后续工程菌的构建必须要考虑到分离纯化及加工过程，以便生产出具有功能的人胰岛素产物。

3. （1）总体设计。
（2）"分、切、接、转、筛、表"。

（邓小燕）

# 第二十章 基因诊断和基因治疗

## 学 习 要 求

了解基因异常与疾病发生的关系。

掌握基因诊断的概念、特点。熟悉基因诊断常用的分子生物学技术及原理。熟悉镰状细胞贫血基因突变检测和 EGFR 基因突变检测的原理和方法。了解基因诊断的应用。

掌握基因治疗的概念。熟悉基因治疗的分类。掌握基因修复、基因添加、基因失活、自杀基因疗法等概念。熟悉基因治疗的主要策略。熟悉基因治疗的基本程序。了解常用病毒载体的优缺点。了解基因治疗的临床应用和发展历史。了解基因治疗的前景和挑战。

## 讲 义 要 点

本章纲要见图 20-1。

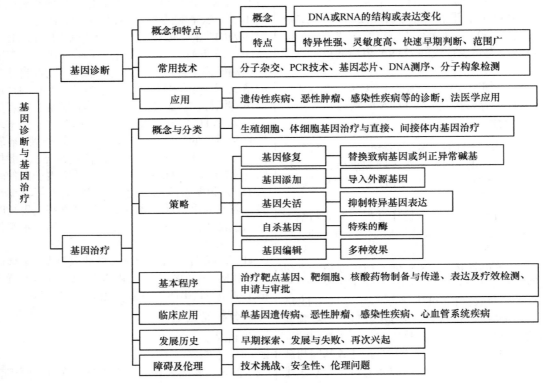

图 20-1 本章纲要图

## （一）基因诊断概述

**1. 基因诊断的概念** 基因诊断是指采用分子生物学技术检测 DNA 或 RNA 在结构或表达上的变化，从而对疾病做出诊断。基因诊断区别于传统诊断主要在于直接从基因型推断表型，即越过产物（酶与蛋白质）而直接检测基因做出诊断。

基因诊断是分子诊断学（molecular diagnostics）的核心。

**2. 基因诊断的样品** 可用于基因诊断的临床样品非常广泛，包括血液、组织块、羊水和绒毛、精液、毛发、唾液和尿液等。基因诊断主要检测样品中的 DNA 和 RNA。

**3. 基因诊断的特点** 基因诊断不依赖疾病表型改变，直接以致病基因、疾病相关基因、外源性病原体基因或其表达产物为诊断对象，具有特异性强、灵敏度高、可早期诊断、适用性强、诊断范围广等独特优势。

## （二）基因诊断的常用技术

基因诊断技术可分为定性和定量分析两类

技术。基因分型和检测基因突变属于定性分析，测定基因拷贝数及基因表达产物量则属于定量分析。在检测外源感染性病原体基因时，定性分析可诊断其在人体存在与否，而定量分析则可确定其含量。理论上来讲，所有检测基因表达水平或基因结构的方法都可用于基因诊断，但在临床应用中则还需考虑标本采集和处理要易于操作、检测步骤要简单、结果要稳定可靠等因素。

几种常见突变检测方法的特点见表20-1。

表 20-1　几种常见突变检测方法的特点

| 方法 | 靶序列（bp） | 准确率 | 特异性 | 灵敏度 | 应用领域 |
|---|---|---|---|---|---|
| 测序 | >1000 | 100 | 100 | 10～20 | 临床、科研 |
| 单链构象多态性（single strand conformation polymorphism，SSCP） | 50～400 | 70～100 | 80～100 | 5～20 | 临床、科研 |
| 等位基因特异性寡核苷酸分析法（allele specific oligonucleotide analysis，ASO） | 限定 | 100 | 90～100 | 5～20 | 临床、科研 |
| 变性高效液相色谱（denatured high performance liguid chromatography，DHPLC） | 50～1000 | 95～100 | 85～100 | 5～20 | 临床、科研 |
| 基因芯片 | 限定 | 95～100 | 80～100 | 1～5 | 临床、科研 |
| 等位基因分型 | 限定 | 95～100 | 90～100 | 0.0001 | 临床、科研 |
| PCR-RFLP | 限定 | 100 | 100 | 0.01～1 | 临床、科研 |

基因诊断的常用技术包括分子杂交与印迹、PCR、基因芯片、DNA测序和分子构象检测等几类技术。

（1）分子杂交与印迹技术：广泛应用于各种基因突变，如缺失、插入、易位等，以及限制性酶切片段长度多态性（restriction fragment length polymorphism，RFLP）的鉴定。RFLP是指同一物种的亚种、品系或个体间基因组DNA受同一种限制性内切酶作用而形成不同酶切图谱的现象。

如镰状细胞贫血的基因诊断早期就是采用Southern印迹技术，可使用PCR-RFLP技术。

斑点杂交（dot blot hybridization）是核酸探针与支持物上的DNA或RNA样品杂交，以检测样品中是否存在特异的基因或表达产物，该技术可用于基因组中特定基因及其表达产物的定性与定量分析。斑点杂交方法应用于基因诊断具有简便、快速、灵敏和样品用量少的优点。不足之处在于无法测定目的基因的大小，特异性较低，有一定比例的假阳性。如前述的镰状细胞贫血的点突变也可以使用PCR-ASO进行诊断。

FISH结合了探针的高度特异性与组织学定位的优势，可对细胞或经分离的染色体中特定的正常或异常DNA序列进行定性、定量和定位分析，适用于新鲜、冷冻、石蜡包埋标本及穿刺物和脱落细胞等样品的检测，还可以采用多种荧光素标记同时检测多个靶点，如乳腺癌中癌基因HER2的检测就是采用FISH技术。

（2）PCR技术：定量PCR（quantitative PCR，qPCR）技术可对细胞或循环体液中的DNA和RNA的拷贝数（即模板数）进行定量测定，是基因诊断最常用的技术之一。

等位基因特异性PCR（allele-specific PCR，AS-PCR）是指引物设计时将突变与正常等位基因所不同的碱基设计在引物3'端，根据PCR扩增的有无判断靶序列是否存在单个碱基的改变。该法主要用于对已知点突变的检测，也可用于SNP分析。

（3）基因芯片技术：特别适用于同时检测多个基因、多个位点。我国遗传性耳聋基因芯片检测技术已获得实际应用。

（4）DNA测序技术：特异DNA片段测序已在临床诊断中开始应用。

（5）基于分子构象检测的技术：PCR-SSCP是基于单链DNA构象的差别来检测基因点突变的方法。变性高效液相色谱（denaturing high performance liquid chromatography，DHPLC）技术适合于检测单核苷酸多态性（single nucleotide polymorphism，SNP）、点突变及小片段核苷酸的插入或缺失。

（三）基因诊断的应用

（1）遗传性疾病的基因诊断
（2）恶性肿瘤的基因诊断
（3）感染性疾病的诊断
（4）法医学中的应用

（四）基因治疗的概念

1. 基因治疗的概念　指将核酸作为药物导

入患者特定靶细胞，使其在体内发挥作用，以最终达到治疗疾病目的的治疗方法。

基因治疗的分子靶点与传统药物治疗不同。基因治疗针对的分子靶点主要是基因组 DNA 和 mRNA，是以核酸作为药物，称为治疗性核酸（therapeutic nucleic acids）或核酸药物（nucleic acid drug），包括编码蛋白质的重组载体、寡核苷酸等。传统药物治疗针对的分子靶点主要是蛋白质（如酶或受体等），采用的药物主要是传统的小分子化学药物（如酶的抑制剂、受体的激动剂或拮抗剂等）和大分子生物制药药物（如治疗性重组蛋白、治疗性单克隆抗体等）。

**2. 基因治疗的分类** 基因治疗按照实施方法和靶细胞种类等可以进行不同的分类。

（1）根据靶细胞种类分类：按靶细胞（即受体细胞）类型可分为生殖细胞（germ-line cell）基因治疗和体细胞（somatic cell）基因治疗。

1）生殖细胞基因治疗：是将正常基因直接导入生殖细胞如精子、卵子或受精卵，以纠正缺陷基因。目前仅限于动物，在人类基因治疗领域仍属禁区。

2）体细胞基因治疗：是将遗传物质导入患者体细胞，以达到治疗疾病的目的。目前临床上已经采用的基因治疗方案均属于体细胞基因治疗。

（2）根据基因治疗实施方案分类：可分为直接体内（in vivo）基因治疗和间接体内（ex vivo）基因治疗（图 20-2）。

1）直接体内基因治疗：又称体内法，是将外源遗传物质直接或通过各种载体导入体内有关组织器官，使其进入相应的细胞并进行表达。体内基因转移可以是局部（原位）或是全身性的。体内基因转移时，可以使用特异的靶向传递系统或基因特异性调控系统而实现其靶向性。

直接体内基因治疗方法的优点是操作简便，容易推广，不需要像间接体内基因治疗那样对靶细胞进行特殊培养，较为安全。其缺点是靶组织转移效率较低，外源基因稳定整合的水平较低，疗效持续时间短，免疫排斥等。

2）间接体内基因治疗：又称回体法，通常是先将合适的靶细胞从体内取出，在体外增殖，并将外源基因导入细胞内使其高效表达，然后再将这种基因修饰过的靶细胞回输患者体内，使外源基因在体内表达，从而达到治疗疾病的目的。

该方案技术体系成熟、比较安全，其效果较易控制且比体内基因疗法更为有效，故在临床试验中常常使用。其缺点是技术相对比较复杂、难

度大，不容易推广。

**3. 基因治疗的主要策略**

（1）基因修复（gene repair）：包括基因替换（gene replacement）和基因矫正（gene correction）。基因替换是指将正常的目的基因导入特定的细胞，通过体内基因同源重组，以导入的正常目的基因原位替换病变细胞内的致病缺陷基因，使细胞内的 DNA 完全恢复正常状态。基因矫正是指将致病基因中的异常碱基进行纠正，而正常部分予以保留。这两种方法，均是对缺陷基因进行精确地原位修复，不涉及基因组的其他任何改变。理论上来讲，基因修复是最为理想的治疗方法，但由于技术原因，在基因编辑技术出现以前，主要停留在实验研究阶段。

（2）基因添加（gene addition）：也称基因增强（gene augmentation），是指将正常基因导入病变细胞或其他细胞，不去除异常基因，而是通过基因的非定点整合，使其表达产物补偿缺陷基因的功能或使原有的功能得以加强。目前基因治疗多采用此种方式。如临床上常用的嵌合抗原受体 T 细胞免疫疗法（chimeric antigen receptor T-cell immunotherapy，CAR-T）。

（3）基因失活：有些疾病是由于某一或某些基因的过度表达引起的。基因失活（gene inactivation），也称基因沉默（gene silencing）或基因干扰（gene interference），是指将特定的核酸序列导入细胞内，在转录或翻译水平抑制或阻断某些基因的表达，以达到治疗疾病的目的。包括早期使用的反义核酸、核酶及 RNAi 等技术。

（4）自杀基因疗法：是将一些病毒或细菌中存在的所谓"自杀基因"（suicide gene）导入人体靶细胞，这些基因可产生某些特殊的酶，能将对人体原本无毒或低毒的药物前体在人体细胞内转化为细胞毒性物质，从而导致靶细胞的死亡。因正常细胞不含这种外源基因，故不受影响。常用的"自杀基因"有单纯疱疹病毒胸苷激酶（HSV-TK）、大肠埃希菌胞嘧啶脱氨酶（EC-CD）等基因。目前此种策略已被批准进入临床。广义上来讲，这种基因治疗策略实际上属于基因添加的范畴。

（5）基因编辑（gene editing）：或称基因组编辑（genome editing）可以实现前述的基因修复（包括基因替换和基因矫正）、基因添加、基因失活等多种基因治疗策略和效果。

**（五）基因治疗的基本程序**

**1. 治疗靶点基因的选择** 在开展基因治疗

时，首要问题就是根据疾病的发生机制和治疗策略来选择合适的治疗靶点基因。对于单基因缺陷的遗传病而言，其野生型基因即可被用于基因治疗。对于恶性肿瘤，也可以将细胞因子编码基因作为治疗靶点基因。如果疾病是由于基因异常过表达引起，如肿瘤的癌基因，可以选取该过表达基因作为治疗靶点基因，设计制备具有抑制基因表达效应的寡核苷酸药物导入患者体内即可。

**2. 靶细胞的选择**　基因治疗的靶细胞通常是体细胞。基因治疗的原则是仅限于患病的个体，而不能涉及下一代，因此国际上严格限制用人生殖细胞进行基因治疗实验。靶细胞应具有如下特点。①靶细胞要易于从人体内获取，生命周期较长，以延长基因治疗的效应。②应易于在体外培养及易受外源性遗传物质转化。③离体细胞经转染和培养后回植体内易成活。④选择的靶细胞最好具有组织特异性或治疗基因在某种组织细胞中表达后能够以分泌小泡等形式进入靶细胞。

目前能成功用于基因治疗的靶细胞主要有造血干细胞、淋巴细胞、成纤维细胞、肌细胞和肿瘤细胞等。在实际应用中也需根据疾病发生的器官和位置、发生机制等多种因素综合考虑、灵活选用。

**3. 核酸药物的制备**　目前，基因治疗中使用的核酸药物种类较多，可大致区分为长片段的核酸分子和短的核苷酸片段即寡核苷酸。前者主要是重组质粒 DNA 分子和病毒载体，后者则种类相对繁杂，包括反义寡核苷酸、核酶、脱氧核酶、siRNA 等。

**4. 核酸药物的传递**　核酸药物的给药或传递方式主要涉及以下两个方面。第一，核酸药物如何导入或转入靶细胞内。第二，核酸药物如何导入人体内。这也是实现有效基因治疗的关键因素。基因导入细胞的方法有病毒载体介导的基因转移和非病毒载体介导的基因转移两种。

（1）病毒载体介导的传递系统：目前，在世界范围内，超过 70% 的人类基因治疗临床试验采用病毒作为核酸药物传递系统。当前基因治疗中常用的病毒载体有 5 种（表 20-2），分别来源于 γ 逆转录病毒（γ retrovirus）、慢病毒（lentivirus）、腺病毒（adenovirus）、腺相关病毒（adeno-associated virus，AAV）和单纯疱疹病毒（herpes simplex virus，HSV）。

表 20-2　常用病毒载体的特点

| 类别 | γ 逆转录病毒载体 | 慢病毒载体 | 腺病毒载体 | AAV 载体 | HSV 载体 |
|---|---|---|---|---|---|
| 是否整合 | 整合 | 整合 | 非整合 | 非整合 | 非整合 |
| 基因组大小（kb） | 8 | 9 | 36 | 5 | 150～250 |
| 克隆容量（kb） | 7～8 | 7～8 | 8～30 | 3.5～4 | 40～150 |
| 宿主细胞范围 | 仅分裂细胞 | 广泛，分裂和非分裂细胞 | 广泛，分裂和非分裂细胞 | 广泛，分裂和非分裂细胞 | 广泛，偏好神经元 |
| 表达持续时间 | 数天～数月 | 长（>12 个月） | 数天～数月 | 长（2.5～6.0 个月） | 数天～数月 |
| 优点 | 整合入宿主基因组，外源基因长期稳定表达 | 整合入宿主基因组，外源基因长期稳定表达 | 感染宿主细胞范围广泛；感染效率高；病毒滴度高 | 非致病性；免疫原性低；病毒滴度高 | 克隆容量大；感染效率高；病毒滴度高；扩增子载体易操作 |
| 缺点 | 插入突变致癌；仅感染分裂细胞 | 插入突变致癌 | 严重的炎症和免疫反应；基因组大，操作不便 | 克隆容量低 | 偶尔出现细胞毒性；可能出现强免疫反应 |

（2）非病毒载体介导的传递系统：常用的非病毒性药物传递系统有两类：物理方法和化学方法。

1）物理方法：主要是机械或电学方法，包括显微注射法、电穿孔法、颗粒轰击法、超声波法等。

2）化学方法：包括 DNA-磷酸钙共沉淀法、脂质体法、受体介导的基因转移等，其中以脂质体核酸药物传递系统的应用最为广泛。

**5. 基因表达及治疗效果检测**　基因治疗的效果检测，首先是应在分子和细胞水平上采用各种分子生物学技术检测治疗性目的基因在靶细胞及相关器官组织中是否表达、表达产物是否有功能/活性、目的基因是否整合到基因组以及整合的位点、靶细胞的形态和/或生物学行为的改变等，其次还应从临床角度对患者疾病症状的改善、毒副作用等进行疗效检测和药效机制分析。

**6. 基因治疗临床试验的申请和审批**　美国

是最早开展基因治疗的国家，每个用于临床基因治疗的方案需经过重组 DNA 顾问委员会（Recombinant DNA Advisory Board，RAC）和食品药品监督管理局（Food and Drug Administration，FDA）的审查。在中国，基因治疗产品的注册审批和监管由国家药品监督管理局负责。

### （六）基因治疗的临床应用

已被批准的基因治疗方案有两百种以上，包括单基因遗传病、恶性肿瘤、感染性疾病、心血管系统疾病等。

### （七）基因治疗的发展历史

早期探索；早期快速发展与失败案例；再次兴起。

### （八）基因治疗的前景与挑战

技术及安全问题；社会及伦理问题。

# 中英文专业术语

基因诊断　gene diagnosis
限制性酶切片段长度多态性　restriction fragment length polymorphism，RFLP
等位基因特异性寡核苷酸　allele-specific oligonucleotide，ASO
反向斑点杂交　reverse dot blot，RDB
荧光原位杂交　fluorescence in situ hybridization，FISH
等位基因特异性 PCR　allele-specific PCR，AS-PCR
单链构象多态性　single-strand conformation polymorphism，SSCP
变性高效液相色谱　denaturing high performance liquid chromatography，DHPLC
基因治疗　gene therapy
生殖细胞基因治疗　germ cell gene therapy
体细胞基因治疗　somatic cell gene therapy
基因修复　gene repair
基因替换　gene replacement
基因矫正　gene correction
基因添加　gene addition
基因增强　gene augmentation
抗原受体 T 细胞免疫疗法　chimeric antigen receptor T-cell immunotherapy，CAR-T
基因失活　gene inactivation
基因组编辑　genome editing
基因编辑　gene editing
γ 逆转录病毒　γ retrovirus

慢病毒　lentivirus
腺病毒　adenovirus
腺相关病毒　adeno-associated virus，AAV
单纯疱疹病毒　herpes simplex virus，HSV

# 练 习 题

## 一、A1 型选择题

1. 基因诊断是指
A. 对生物体的 DNA 结构进行定性分析和 DNA 含量进行定量分析
B. 对生物体的 RNA 结构进行定性分析和 RNA 含量定量分析
C. 对生物体的蛋白质结构进行定性分析和蛋白质含量进行定量分析
D. 对生物体的基因表达产物进行定性和定量分析
E. 对生物体的 DNA 结构及其产物（主要指 mRNA）进行定性和定量分析

2. 关于基因诊断的描述，不正确的是
A. 它是在源头上识别基因正常与否，属于"病因诊断"
B. 基因诊断中采用的 PCR 等技术具有放大效应，故灵敏度高
C. 基因诊断往往针对的是特定基因的检测，故特异性强
D. 单基因遗传病非常适合进行基因诊断
E. 恶性肿瘤、心脑血管等复杂性疾病不适合进行基因诊断

3. 关于基因诊断的描述，正确的是
A. 羊水不适合作为样本用于基因诊断
B. 唾液和尿液可以作为样本用于基因诊断
C. 精液和毛发不适合作为样本用于基因诊断
D. 与常规诊断方法相比，基因诊断的主要劣势是价格显著高于常规诊断方法
E. 恶性肿瘤、心脑血管等复杂性疾病不适合进行基因诊断

4. 关于基因诊断的描述，不正确的是
A. 基因诊断的定量分析通常是测定特定基因表达产物量
B. 基因诊断的定性分析通常是进行基因分型和基因突变检测
C. 基因诊断中采用的 PCR 技术具有放大效应，故灵敏度高
D. 基因诊断往往针对的是特定基因的检测，故特异性强
E. 变性高效液相色谱（DHPLC）最适合的基因

诊断检测用途是基因拷贝数检测

5. 利用几根毛发进行基因诊断主要体现了基因诊断的哪项特点
A. 特异性高　　　　　B. 灵敏度高
C. 稳定性好　　　　　D. 应用范围广
E. 早期诊断

6. 下列用于基因诊断的样本中，哪种最适合进行RNA 的检测
A. 毛发　　　B. 唾液　　　C. 尿液
D. 血液　　　E. 新鲜组织块

7. 基因诊断的定性分析通常是检测
A. 基因拷贝数和基因表达产物量
B. 基因分型和基因表达产物量
C. 基因分型和基因突变
D. 基因拷贝数和基因突变
E. 基因突变和基因表达产物量

8. 基因诊断的定量分析通常是测定
A. 基因拷贝数和基因表达产物量
B. 基因分型和基因表达产物量
C. 基因分型和基因突变
D. 基因拷贝数和基因突变
E. 基因突变和基因表达产物量

9. 采用基因诊断技术检测外源感染性病原体基因
A. 只能定性分析病原体基因是否在人体存在
B. 只能定量分析病原体基因在人体内的含量
C. 不能定性分析病原体基因是否在人体存在
D. 不能定量分析病原体基因在人体内的含量
E. 既能定性分析病原体基因是否在人体存在，又能定量分析病原体基因在人体内的含量

10. 与 Southern 印迹技术相比，PCR 技术用于基因诊断的突出优势是
A. 实验结果可靠　　　B. 特异性好
C. 灵敏度高　　　　　D. 实验成本低
E. 不需要使用探针

11. 与等位基因特异性寡核苷酸分子杂交技术相比，反向杂交技术的突出优势是
A. 实验结果可靠　　　B. 特异性好
C. 灵敏度高　　　　　D. 能同时检测多种突变
E. 不需要使用探针

12.变性高效液相色谱（DHPLC）最适合的基因诊断检测用途是
A. 基因拷贝数检测
B. 基因表达水平检测
C. 外源感染性病原体基因检测
D. 基因缺失或插入检测
E. 点突变检测或筛查

13. 采用变性高效液相色谱（DHPLC）技术进行基因点突变检测或筛查时，通常涉及哪种分子生物学方法的使用
A. PCR　　　B. DNA 测序　C. 反向斑点杂交
D. Northern 印迹　　　E. Southern 印迹

14. 最为直接和确切的基因突变检测方法是
A. PCR　　　B. DNA 测序　C. 反向斑点杂交
D. 变性高效液相色谱　　　E. Southern 印迹

15. 法医学个体识别的核心技术是
A. PCR　　　B. DNA 测序　C. Northern 印迹
D. Southern 印迹　　E. 基于STR的DNA指纹技术

16. 采用基于 STR 的 DNA 指纹技术进行法医学个体识别时，通常涉及哪种分子生物学方法的使用
A. PCR　　　　B. DNA 测序　C. 反向斑点杂交
D. Northern 印迹　　　　E. Southern 印迹

17. 采用 PCR 技术对传染病病原体进行基因检测时，其主要缺陷是
A. 不能进行病原微生物的现场快速检测
B. 需要体外分离培养病原微生物
C. 不能进行病毒或致病菌的快速分型
D. 不能判断病原体进入人体后机体的反应
E. 不能判断病原体拷贝数的多少

18. 关于基因治疗的描述，不正确的是
A. 它针对的是疾病的根源，即异常的基因本身
B. 在核酸水平上开展的对疾病的治疗都属于基因治疗
C. 单基因遗传病非常适合进行基因治疗
D. 恶性肿瘤、心脑血管等复杂性疾病不适合进行基因治疗
E. 最为理想的基因治疗方法就是对缺陷基因进行精准的原位修复

19. 关于基因治疗的描述，正确的是
A. 可以使用生殖细胞作为靶细胞
B. 最常用的载体是腺病毒载体
C. 单基因遗传病非常适合进行基因治疗
D. 恶性肿瘤、心脑血管等复杂性疾病不适合进行基因治疗
E. 最为理想的基因治疗方法就是基因增补

20. 在基因治疗中，目前最常用的策略是
A. 基因矫正　　　B. 基因修复　C. 基因添加
D. 基因失活　　　E. 基因敲除

21. 通过同源重组，将正常基因导入特定的细胞，替换原有的缺陷基因，这种基因治疗策略是
A. 基因矫正　　　B. 基因替换　C. 基因添加
D. 基因失活　　　E. 基因敲除

22. 对致病基因的突变碱基进行纠正，这种基因

治疗策略是

A. 基因矫正　　　B. 基因替换　　C. 基因添加

D. 基因失活　　　E. 基因敲除

23. 不删除突变的致病基因，而是在基因组的某一位点额外插入正常基因，在体内表达出功能正常的蛋白质，达到治疗疾病的目的，这种对基因进行异位补偿的基因治疗策略是

A. 基因矫正　　　B. 基因替换　　C. 基因添加

D. 基因失活　　　E. 基因敲除

24. 通过目的基因的非定点整合，使其表达产物补偿缺陷基因的功能或加强原有基因的功能，这种基因治疗策略属于

A. 基因矫正　　　B. 基因替换　　C. 基因添加

D. 基因失活　　　E. 基因敲除

25. 有些疾病是由于基因的过度表达引起的，因此可通过向患者体内导入有抑制基因表达作用的核酸，阻断致病基因的异常表达，从而达到治疗疾病的目的的，这种基因治疗策略是

A. 基因矫正　　　B. 基因替换　　C. 基因添加

D. 基因失活　　　E. 基因敲除

26. 利用特定的反义寡核苷酸阻断致病基因异常表达的基因治疗方法属于

A. 基因矫正　　　B. 基因替换　　C. 基因添加

D. 基因失活　　　E. 基因敲除

27. 野生型病毒必须经过改造，以确保人体安全性才能作为基因治疗载体使用，下列表述错误的是

A. 要删除野生型病毒中的复制必需基因

B. 要删除野生型病毒中的致病基因

C. 野生型病毒的复制和包装功能改由包装细胞提供

D. 改造后的病毒载体仍具有独立的感染宿主细胞的能力

E. 改造后的病毒载体通常丧失了包装形成新的病毒颗粒的能力

28. 目前的基因治疗中，应用最多的载体是

A. 腺病毒载体　　　　B. 腺相关病毒载体

C. 逆转录病毒载体　　D. 单纯疱疹病毒载体

E. 慢病毒载体

29. 与腺病毒载体比较，逆转录病毒载体的主要优势是

A. 基因转移效率高

B. 治疗基因可整合至宿主细胞染色体基因组

C. 免疫原性较强

D. 对静止和分裂细胞都具有感染作用

E. 细胞宿主范围广泛

30. 目前基因治疗禁止哪类细胞作为受体细胞

A. 造血干细胞　　　　B. 成纤维细胞

C. 生殖细胞　　　　　D. 肌细胞

E. 癌细胞

31. 作为基因治疗靶细胞，具有高度自我更新和分化能力的是

A. 造血干细胞　　　　B. 成纤维细胞

C. 生殖细胞　　　　　D. 肌细胞

E. 癌细胞

32. 造血干细胞作为基因治疗靶细胞的主要优势是

A. 易于采集

B. 可在体外扩增培养

C. 易于移植

D. 可携带治疗基因传递给下一代

E. 具有高度自我更新和分化能力

33. 在基因治疗中，核酸药物传递的生物学方法主要是用什么来介导基因导入

A. 质粒载体　　　　　B. 病毒载体

C. 脂质体　　　D. 电穿孔　　　E. 基因枪

34. 治疗基因导入宿主细胞后，如果要检测基因是否整合到基因组相应的部位，可以用什么技术进行分析

A. FISH　　　　B. Northern 印迹

C. Western 印迹　　　　D. DNA 指纹技术

E. ELISA

35. 基因治疗目前存在的主要问题不包括

A. 缺乏高效和靶向性的基因转移系统

B. 缺乏切实有效的治疗靶基因

C. 对治疗基因的表达还无法做到精确调控

D. 限于伦理问题，现有基因治疗实验多选择常规治疗失败或晚期肿瘤患者，尚难以客观地评价治疗效果

E. 缺乏基因治疗相关的法律法规

36. 几乎所有的疾病都与基因有关系。引起人类疾病的内因包括

A. 外伤　　　　　　　B. 流感病毒

C. 点突变　　　　　　D. HBV 感染

E. 轮状病毒感染

37. 外在的环境因素也会导致疾病的发生，包括

A. 外伤　　　　　　　B. 病原体的侵入

C. 前病毒插入　　　　D. 基因扩增

E. 基因结构改变

38. 单个基因的异常所引起的一类疾病即单基因病，包括

A. 癌症　　　　B. 高血压　　　C. ADA 缺乏症

D. 冠心病　　　　　　E. 糖尿病

39. 基因诊断具有十分重要的临床意义，不属于

这个范畴的是

A. 操作简单、价格便宜　　　B. 早期、确切诊断

C. 分期分型　　　D. 疗效监测

E. 预后判断

40. 基因诊断以 DNA 和 RNA 为诊断材料，是第几代诊断技术？

A. 1　　B. 2　　C. 3　　D. 4　　E. 5

41. 实际工作中，需要根据临床资料提示的疾病与基因的关系来确定基因诊断的具体方法，现有水平上不适合直接诊断途径的疾病是

A. 珠蛋白生成障碍性贫血

B. 唐氏综合征

C. 杜氏肌营养不良

D. 乳腺癌

E. 哮喘

42. 目前常用的基因诊断技术和方法，在临床运用中不需要考虑的因素是

A. 标本采集要易于操作

B. 标本处理简单

C. 检测步骤要简单

D. 结果要稳定

E. 价格便宜

43. SNP 是指在基因组水平上由单个核苷酸的变异所引起的 DNA 序列多态性，包括哪种方式的基因变异

A. 置换　　　B. 缺失　　　C. 插入

D. 重排　　　E. 易位

44. 基因治疗是以核酸药物的转移为基础，所导入的遗传物质不包括

A. 与缺陷基因对应的正常基因

B. 反义 RNA

C. 与缺陷基因无关的治疗基因

D. 在体内表达具有特异功能蛋白质的同源基因

E. 不含治疗基因的逆转录病毒载体

45. 在现有条件下，基因治疗可以选择的靶细胞包括

A. 精子　　　B. 卵子　　　C. 胚胎细胞

D. 淋巴细胞　　　E. 受精卵

46. 基因治疗中选择合适的载体后需要使用相应的基因转移方式，其中属于物理方法的是

A. 显微注射法　　　B. 直接注射

C. 受体介导　　　D. 脂质体法

E. DNA-磷酸钙共沉淀法

47. 基因治疗中选择合适的载体后需要使用相应的基因转移方式，其中属于化学方法的是

A. 电穿孔法　　　B. 显微注射法

C. 脂质体法　　　D. 颗粒轰击法

E. 逆转录病毒载体

48. 目前有多种病毒的载体可作为基因治疗的载体，其中逆转录病毒是用得最多的，是因为其具有较多优点，但不包括

A. 宿主细胞类型广泛

B. 能整合入细胞基因组，使外源基因长期稳定表达

C. 对感染细胞毒性较小

D. 只能感染分裂期细胞

E. 基因转移效率高

49. 尽管不同的基因治疗方案其治疗程序也不尽相同，但基本程序大同小异，不属于基因治疗程序的是

A. 治疗靶点基因的选择

B. 核酸药物的制备及传递

C. 靶细胞选择

D. 基因表达及治疗效果检测

E. 动物模型试验

50. 基因治疗临床研究存在的主要问题之一就是技术性问题，但不包括

A. 严格保护患者隐私

B. 治疗性基因的可控性

C. 治疗性基因的长期稳定表达

D. 治疗性基因的转移效率

E. 疾病发病机制的研究

**二、A2 型选择题**

1. 患者，女，21 岁，出现会阴溃疡症状 3 天，会阴溃疡症状出现之前溃疡区域皮肤有烧灼和刺痛感，双侧大阴唇有多处触痛和水疱性病变，双侧腹股沟淋巴结中度触痛，初步诊断为单纯疱疹病毒（HSV）感染。医生从溃疡处用棉拭子取样送检。请问对该样品进行快速基因检测的首选方法是

A. PCR　　　B. DNA 测序　　C. 反向斑点杂交

D. 变性高效液相色谱　　　E. Southern 印迹

2. 世界卫生组织（World Health Organization，WHO）在 2016 年 1 月宣布西非的埃博拉病毒疫情全部终结，但世界仍然面临塞卡病毒、流感病毒、中东呼吸综合征病毒等的挑战。提早诊断的关键是在病毒还处于潜伏期时直接检测病毒核酸。下列哪种是检测病毒核酸最快速有效的方法

A. 反向点杂交　　　B. 荧光定量 PCR

C. Southern 印迹　　　D. Northern 印迹

E. 基因测序技术

3. α 地中海贫血主要是由于 α 珠蛋白基因缺失，使 α 珠蛋白链的合成受到抑制而引起的溶血性

贫血。对这种 α 珠蛋白基因缺失进行快速检测的首选方法是

A. Northern 印迹　　　　B. PCR
C. 反向斑点杂交　　　　D. 变性高效液相色谱
E. DNA 指纹技术

4. α-珠蛋白生成障碍性贫血主要是由于 α-珠蛋白基因缺失，使 α-珠蛋白链的合成受到抑制而引起的溶血性贫血。基于当前基因治疗的现状与进展，你认为对该疾病患者进行基因治疗的临床试验策略是

A. 基因矫正　　　　B. 基因替换
C. 基因添加　　　　D. 基因失活
E. 基因敲除

5. α-珠蛋白生成障碍性贫血主要是由于 α-珠蛋白基因缺失，使 α-珠蛋白链的合成受到抑制而引起的溶血性贫血。如果研究人员拟采用基因增补策略对该疾病患者进行基因治疗实验研究，则应首选下述哪类细胞作为靶细胞

A. 生殖细胞　　　　B. 造血干细胞
C. 肌细胞　　　　D. 成纤维细胞
E. 肝细胞

6. 珠蛋白生成障碍性贫血是我国华南地区最常见的常染色体隐性遗传性血液病之一。患者由于血红蛋白的 β-珠蛋白基因突变，导致 β-珠蛋白缺失（$β^0$）或合成不足（$β^+$），从而引发遗传性溶血性贫血。国际上已报道约 170 种 β-珠蛋白基因的突变体，我国也已发现 20 多种突变体。在临床上，如果要对 β 珠蛋白生成障碍性贫血患者进行 β-珠蛋白基因多个突变位点的检测，首选的方法是

A. Western blot　　　　B. Northern 印迹
C. 反向斑点杂交　　　　D. 荧光原位杂交
E. PCR-RFLP

7. 表皮生长因子受体（EGFR）是原癌基因 *c-erbB-1* 的表达产物。该基因 19 号外显子突变患者的治疗顺序是先靶向治疗后化疗，21 外显子突变患者的治疗顺序是先化疗后靶向治疗。对于非小细胞癌患者，有必要检测 EGFR 外显子突变，这体现了基因诊断的哪方面临床意义

A, 操作简单　　　　B. 早期确切诊断
C. 分期分型　　　　D. 疗效监测
E. 适用范围广

8. 珠蛋白生成障碍性贫血是我国华南地区最常见的常染色体隐性遗传性血液病之一。患者由于血红蛋白的 β-珠蛋白基因突变，导致 β-珠蛋白缺失（$β^0$）或合成不足（$β^+$），从而引发遗传性溶血性贫血。基于当前基因治疗的现状与进展，若

对该疾病患者进行基因治疗，选择哪种策略最为合适

A. 基因矫正　　　　B. 基因替换　　　C. 基因添加
D. 基因失活　　　　E. 基因敲除

9. 珠蛋白生成障碍性贫血是我国华南地区最常见的常染色体隐性遗传性血液病之一。患者由于血红蛋白的 β-珠蛋白基因突变，导致 β-珠蛋白缺失（$β^0$）或合成不足（$β^+$），从而引发遗传性溶血性贫血。若对该疾病患者进行基因治疗，下述哪种策略是最为理想的

A. 基因矫正　　　　B. 基因替换　　　C. 基因添加
D. 基因失活　　　　E. 基因敲除

10. 珠蛋白生成障碍性贫血是我国华南地区最常见的常染色体隐性遗传性血液病之一。患者由于血红蛋白的 β-珠蛋白基因突变，导致 β-珠蛋白缺失（$β^0$）或合成不足（$β^+$），从而引发遗传性溶血性贫血。如果研究人员拟采用基因增补策略对该疾病患者进行基因治疗实验研究，则应首选下述哪类细胞作为靶细胞

A. 生殖细胞　　　　B. 造血干细胞
C. 肌细胞　　　　D. 成纤维细胞
E. 肝细胞

11. β-珠蛋白生成障碍性贫血主要是由于 β-珠蛋白不同类型的点突变所致，但这些点突变往往不涉及限制性酶切位点的改变，所以下列哪个方法不适合检测 β-珠蛋白生成障碍性贫血症

A. PCR-ASO　　　　B. AS-PCR
C. DNA 直接测序　　　　D. 反向印迹杂交
E. PCR-RFLP

12. 血友病是一种遗传性凝血功能障碍的血液疾病，根据致病基因的不同可分为甲、乙、丙 3 种类型。某患者通过常规检测后怀疑是凝血因子Ⅷ基因突变引起凝血因子缺乏，该患者后续进行基因诊断，最快速准确的方法是

A. PCR　　　　B. FISH
C. 反向杂交　　　　D. RFLP
E. 免疫印迹

13. 苯丙酮尿症绝大多数是由于苯丙氨酸羟化酶基因点突变（多为错义突变），导致肝脏苯丙氨酸羟化酶缺乏，致使苯丙氨酸不能转变为酪氨酸而产生的先天性代谢缺陷病。在临床上，如果要采用基因诊断技术对苯丙氨酸羟化酶基因的点突变进行检测，选择下述哪种方法较为合适？

A. Southern 印迹　　　　B. Northern 印迹
C. ASO 分子杂交　　　　D. 反向点杂交
E. DNA 指纹技术

14. 苯丙酮尿症绝大多数是由于苯丙氨酸羟化酶

基因点突变（多为错义突变），导致肝脏苯丙氨酸羟化酶缺乏，致使苯丙氨酸不能转变为酪氨酸而产生的先天性代谢缺陷病。基于当前基因治疗的现状与进展，若对该疾病患者进行基因治疗，选择哪种策略最为合适

A. 基因矫正      B. 基因替换
C. 基因添加      D. 基因失活
E. 基因敲除

15. 腺苷酸脱氨酶缺乏症是因腺苷酸脱氨酶（ADA）基因突变导致 ADA 酶活性下降或消失而引起一种常染色体隐性遗传代谢病。ADA 缺陷可导致免疫细胞分化增殖障碍，使该病患者表现为严重联合免疫功能低下，故该病又特称为腺苷脱氨酶缺乏引起的重症联合免疫缺陷（ADA-SCID）。若对该疾病患者进行基因治疗，下述哪种策略是最为理想的

A. 基因矫正      B. 基因替换
C. 基因添加      D. 基因失活
E. 基因敲除

16. 腺苷酸脱氨酶缺乏症是因腺苷酸脱氨酶（ADA）基因突变导致 ADA 酶活性下降或消失而引起一种常染色体隐性遗传代谢病。ADA 缺陷可导致免疫细胞分化增殖障碍，使该病患者表现为严重联合免疫功能低下，故该病又特称为腺苷脱氨酶缺乏引起的重症联合免疫缺陷（ADA-SCID）。如果研究人员拟采用基因增补策略对该病患者进行基因治疗实验研究，则应首选下述哪类细胞作为靶细胞

A. 造血干细胞      B. 淋巴细胞
C. 肌细胞      D. 成纤维细胞
E. 肝细胞

17. 1990 年 9 月，一位年仅 4 岁携带腺苷酸脱氨酶（ADA）单基因缺陷的小女孩接受了世界上第一例基因治疗，由美国医生安德森·W（Anderson W）实施。该治疗方案使用逆转录病毒携带正常 ADA 基因片段，转染体外培养的患儿自身 T 淋巴细胞，使 ADA 基因表达，数日后将细胞输回患儿体内。在 10 个半月中，患儿共接受了 7 次携带 ADA 基因的逆转录病毒转染的自体细胞回输。经过基因治疗后，患儿免疫功能明显改善，且未见由细胞回输和治疗本身带来的副作用。该基因治疗采用的是哪种策略？

A. 基因矫正      B. 基因替换
C. 基因添加      D. 基因失活
E. 基因敲除

18. 1990 年 9 月，一位年仅 4 岁携带腺苷酸脱氨酶（ADA）单基因缺陷的小女孩接受了世界上第

一例基因治疗，由美国医生安德森·W 实施。该治疗方案将正常 ADA 基因片段转染体外培养的患儿自身 T 淋巴细胞，使 ADA 基因表达，数日后将细胞输回患儿体内。在 10 个半月中，患儿共接受了 7 次携带 ADA 基因的逆转录病毒转染的自体细胞回输。经过基因治疗后，患儿免疫功能明显改善，且未见由细胞回输和由于治疗本身带来的副作用。在该基因治疗方案中，你认为最有可能采用的基因治疗载体是哪种？

A. 腺病毒载体      B. 腺相关病毒载体
C. 单纯疱疹病毒载体      D. 逆转录病毒载体
E. HIV 载体

19. EGFR 突变型肺癌是非小细胞肺癌中的一个特殊类型，在东亚非吸烟肺腺癌患者中比例较高，此类患者采用特异性地针对 EGFR 的酪氨酸抑制剂（EGFR-TKI）进行靶向精准治疗可以获得良好的治疗效果。此类患者 EGFR 基因的突变，90%均表现为第 19 外显子缺失和第 20 外显子点突变。若对此类患者的 EGFR 基因进行检测以确定是否进行靶向治疗，应选择下述哪种方法为佳？

A. 基因芯片技术      B. Southern 印迹
C. Northern 印迹      D. ASO 分子杂交
E. ARMS-PCR

20. 2013 年 5 月，美国著名影星安吉丽娜·朱莉因其家族有乳腺癌病史，经检测发现其 BRCA 基因有突变，而预防性切除了双侧乳腺，从而将患乳腺癌的风险由原来的 87%降低至 5%。朱莉的这种通过检测基因突变来预测患乳腺癌风险的做法，体现了基因诊断哪方面的临床意义？

A. 确定个体对疾病的易感性
B. 早期诊断
C. 疾病的分期分型
D. 疗效监测
E. 预后判断

21. 某患者平时身体健康，但最近出现了两次不明原因的晕厥。因担心有猝死风险，该患者来到医院检查，医生对其心电图进行了持续观察，偶然会发现房性期前收缩、室性期前收缩的现象，其他指标正常。医生初步怀疑其患有长 QT 间期综合征，建议进行基因检测。长 QT 间期综合征有 15 种亚型，不同亚型治疗方法不同、风险程度也不同。最终通过基因检测，该患者被确诊为长 Q T 间期综合征 1 型，通过口服酒石酸美托洛尔，稳定了病情。这个案例说明了

A. 基因检测是以 DNA 为材料
B. 基因诊断适用于遗传性疾病

C. 基因诊断有助于疾病的预后判断

D. 基因诊断有助于疾病的早起分期分型

E. 致病基因结构不确定

22. 据多家媒体报道，2018 年湖南长沙一位"13 号染色体长臂缺失综合征"的患儿母亲，在产前曾做无创基因检测，但未能起到筛查作用，最终导致产妇生出带有生理缺陷的婴儿。这起事件表明了

A. 基因检测不准确

B. 基因检测可以代替其他检测方式

C. 被检基因的变化与该患儿疾病的发生有直接因果关系

D. 13 号染色体长臂缺失综合征的发病机制不清楚

E. 有效、准确、全面的产前检查应该是"传统产检+基因筛查+高风险人群产前诊断"模式

23. 2017 年，美国 FDA 批准基因疗法 Luxturna 上市。Luxturna 基因疗法以腺相关病毒为载体，将正常的 *RPE65* 基因导入患者体内，产生正常有功能的蛋白来改善视力。它不但能治疗莱伯先天性黑矇，还能够治疗其他由 *RPE65* 基因突变引起的眼疾。这个案例说明

A. 腺相关病毒为载体开展基因治疗非常安全

B. 莱伯先天性黑矇是多基因疾病

C. Luxturna 基因疗法采用的是基因添加策略

D. *RPE65* 基因的结构不明确

E. 莱伯先天性黑矇采用间接基因诊断

24. 媒体报道，2018 年 5 月初，广东东莞市虎门镇部分六年级学生入读公立初中，被要求到指定机构做亲子鉴定，证明孩子是父母亲生的。而且，教育部门还指定家长要到当地一家司法鉴定中心做亲子鉴定。原来，从 2009 年起，为了照顾户籍不在虎门但父或母是虎门户籍的学生，虎门镇的入学优惠政策将上述人群列入其中，只要家长提供出生证、派出所证明等资料，教育部门均会安排孩子到公办学校就读。不过，虎门教育办后来发现，政策被不法分子利用，弄虚作假，甚至有人以此牟利。这充分说明了基因诊断在法医学亲子鉴定上的应用。那么，现有条件下在亲子鉴定时肯定会用到的分子生物学技术是

A. 分子杂交技术      B. PCR 技术

C. RFLP 分析      D. DNA 测序

E. DNA 芯片

25. *nature* 2016 年报道，中国已将 CRISPR-Cas9 基因编辑技术用于肿瘤患者临床试验。试验中，从患者体内分离出 T 细胞，并利用 CRISPR-Cas9 技术对这些细胞进行基因编辑（切除其中的 PD-1 基因），并在体外进行细胞扩增。当细胞达到一定量后，将它们输回患者体内，对肿瘤进行杀伤。本试验适应证是转移性非小细胞肺癌。该临床试验方案的策略是

A. 基因添加      B. 基因替换

C. 基因失活      D. 基因矫正

E. 基因敲除

26. 2012 年，6 岁的艾米丽·怀特海德（Emily Whitehead）患上白血病。在生命垂危之际，成为全球第一位接受试验性 CAR-T 疗法的儿童患者。CAR-T 疗法从患者的血液中提取 T 细胞，研究人员使用灭活的 HIV 片段对 T 细胞进行遗传修饰，使它们可以发现和攻击癌细胞。最后修饰后的 T 细胞（即 CAR-T 细胞）被重新冷冻、送到医院、并输送到患者体内。经过治疗，她表现出癌症完全消失的情况。该临床试验方案的策略是

A. 基因添加联合免疫治疗

B. 基因替换联合免疫治疗

C. 基因失活联合免疫治疗

D. 基因矫正联合免疫治疗

E. 基因敲除联合免疫治疗

27. 1999 年 9 月 17 日，18 岁男孩杰西·吉尔辛格（Jesse Gelsinger）在美国宾夕法尼亚大学参加一项基因治疗的临床试验时不幸去世。杰西在两岁时被诊断出患有罕见的鸟氨酸氨甲酰基转移酶缺乏症。这种单基因遗传病破坏了他体内蛋白质代谢的功能，杰西一旦蛋白质摄入过量，体内将会迅速积累大量的氨分子，从而危及生命。该试验为临床 I 期，注射到体内的是不携带 OTC 基因的"空"病毒载体。注射当晚，杰西便陷入高烧和深度昏迷。随后几天之内，他的多个脏器出现衰竭症状。9 月 17 日,杰西被诊断为脑死亡。这个案例说明，基因治疗存在的主要问题是

A. 安全性问题      B. 稳定表达问题

C. 个体化治疗      D. 疾病发生机制

E. 优后原则问题

## 三、B 型选择题

1. 用于法医个体识别的核心技术是

2. 最为直接和确切的检测基因突变的基因诊断方法是

3. 能够快速筛选发现新的未知突变位点的基因诊断技术是

A. DHPLC      B. DNA 指纹技术

C. ASO 分子杂交      D. 反向点杂交

E. DNA 测序技术

4. 可以同时检测多个点突变的分子杂交技术是

5. 能有效检测单个点突变的分子杂交技术是

6. 能够快速筛选发现新的未知突变位点的基因诊断技术是

A. DHPLC　　　　　B. DNA 指纹技术

C. ASO 分子杂交　　D. 反向点杂交

E. Northern 印迹

7. 腺苷酸脱氨酶缺乏症的基因治疗应选择的靶细胞是

8. α-珠蛋白生成障碍性贫血的基因治疗应选择的靶细胞是

A. 造血干细胞　　　B. 淋巴细胞

C. 肌细胞　　　　　D. 成纤维细胞

E. 肝细胞

9. 目前基因治疗最为常用的治疗策略是

10. β-珠蛋白生成障碍性贫血的主要致病原因是β-珠蛋白基因点突变，对该疾病患者进行基因治疗，最为理想的治疗策略是

11. 假定某疾病的致病原因是因为某个基因过度表达所导致，那么该病的治疗策略应是

A. 基因矫正　　　　B. 基因替换

C. 基因添加　　　　D. 基因失活

E. 基因敲除

12. 目前基因治疗最为常用的载体是

13. 免疫原性较强的载体是

A. 腺病毒载体　　　B. 腺相关病毒载体

C. 单纯疱疹病毒载体　D. 逆转录病毒载体

E. 酵母人工染色体

14. 逆转录病毒载体用于基因治疗的缺点是

15. 腺病毒载体用于基因治疗的缺点是

A. 能定点整合到基因组，可以达到更好的基因治疗效果

B. 在靶细胞基因组上随机整合，可能激活原癌基因或破坏抑癌基因的正常表达

C. 需要辅助包装细胞系，操作太烦琐

D. 治疗基因不整合到靶细胞基因组中，故易随着细胞分裂或死亡而丢失，不能长期表达

E. 基因转移效率太低

## 四、X 型选择题

1. 基因诊断具有特异性高、灵敏度好、稳定性高和适用范围广等特点，主要检测

A. 个体的基因序列特征

B. 基因突变

C. 基因的拷贝数

D. 基因的表达水平

E. 是否存在外源病原体基因

2. 基因治疗是从基因水平治疗疾病,可以导入患者的遗传物质包括

A. 与缺陷基因对应的正常基因

B. 与缺陷基因无关的治疗基因

C. 与缺陷基因无关的遗传物质

D. 工程化的嵌合抗原受体

E. 直接注射治疗基因 DNA 片段

## 五、名词解释

1. 基因诊断
2. AS-PCR
3. DNA 指纹
4. 基因治疗
5. 基因替换
6. 基因矫正
7. 基因添加
8. 基因失活
9. 自杀基因疗法
10. CAR-T

## 六、简答题

1. 什么是基因诊断？与基于临床症状的传统判断相比，基因诊断有何优势？

2. 基因诊断的常用技术有哪些？简述其适用范围和优缺点。

3. 什么是直接体内基因治疗和间接体内基因治疗，试比较其优缺点。

4. 简述基因治疗的基本程序。

5. 比较常用于基因治疗的 3 种病毒载体（逆转录病毒、腺病毒、腺相关病毒）的优缺点。

6. 简述逆转录病毒载体用于基因治疗的优势和缺点。

7. 现阶段人类基因治疗的应用应限于哪些疾病？不能用于哪些目的？

## 七、分析论述题

1. 镰状细胞贫血常见的致病突变是 β-珠蛋白基因的第 6 位密码子 GAG（编码谷氨酸）突变为密码子 GTG（编码缬氨酸），针对点突变，请你设计一个基于 PCR 技术的基因诊断方法，简述其基本原理和主要流程？

2. 针对镰状细胞贫血最常见的 β-珠蛋白基因的第 6 位密码子的点突变，请你设计一个基于 FISH 技术的基因诊断方法,简述其基本原理和主要流程？

3. 一名 4 岁女孩被诊断不幸罹患腺苷脱氨酶缺乏引起的重症联合免疫缺陷（ADA-SCID）疾病，请你为她设计一个基于体细胞的间接体内基因治疗方案，简述其基本原理和主要流程。

# 参 考 答 案

## 一、A1 型选择题

| | | | | |
|---|---|---|---|---|
| 1. E | 2. E | 3. B | 4. E | 5. B |
| 6. E | 7. C | 8. A | 9. E | 10. C |
| 11. D | 12. E | 13. A | 14. B | 15. E |
| 16. A | 17. E | 18. D | 19. E | 20. C |
| 21. B | 22. A | 23. C | 24. C | 25. D |
| 26. D | 27. D | 28. C | 29. B | 30. C |
| 31. A | 32. E | 33. B | 34. A | 35. E |
| 36. C | 37. E | 38. E | 39. A | 40. C |
| 41. E | 42. E | 43. A | 44. E | 45. D |
| 46. A | 47. C | 48. D | 49. E | 50. A |

## 二、A2 型选择题

| | | | | |
|---|---|---|---|---|
| 1. A | 2. B | 3. B | 4. C | 5. B |
| 6. C | 7. C | 8. C | 9. A | 10. B |
| 11. E | 12. A | 13. C | 14. C | 15. A |
| 16. B | 17. C | 18. D | 19. E | 20. A |
| 21. D | 22. A | 23. C | 24. B | 25. E |
| 26. A | 27. A | | | |

## 三、B 型选择题

| | | | | |
|---|---|---|---|---|
| 1. B | 2. E | 3. A | 4. D | 5. C |
| 6. A | 7. B | 8. A | 9. C | 10. A |
| 11. D | 12. D | 13. A | 14. B | 15. D |

## 四、X 型选择题

1. ABCDE      2. ABC

## 五、名词解释

1. 基因诊断：指通过采用分子生物学技术检测 DNA 或 RNA 在结构或表达上的变化，从而对疾病做出诊断。

2. AS-PCR：等位基因特异性 PCR，是指引物设计时将突变与正常等位基因所不同的碱基设计在引物 3'端，根据 PCR 扩增的有无判断靶序列是否存在单个碱基的改变。

3. DNA 指纹：若以 PCR 扩增人基因组 DNA 重复序列，采用相同的引物可以扩增出不同长度的 DNA 片段。针对重复序列人工合成寡核苷酸短片段作为探针，与经过酶切的人基因组 DNA 进行 Southern 印迹杂交，可以得到大小不等的杂交带，而且杂交带的数目和分子量大小具有个体特异性，就像人的指纹一样，故而称为 DNA 指纹。

4. 基因治疗：指将核酸作为药物导入患者特定靶细胞，使其在体内发挥作用，以最终达到治疗疾病目的的治疗方法。

5. 基因替换：指将正常的目的基因导入特定的细胞，通过体内基因同源重组，以导入的正常目的基因原位替换病变细胞内的致病缺陷基因，使细胞内的 DNA 完全恢复正常状态。

6. 基因矫正：指将致病基因中的异常碱基进行纠正，而正常部分予以保留。

7. 基因添加：也称基因增强，是指将正常基因导入病变细胞或其他细胞，不去除异常基因，而是通过基因的非定点整合，使其表达产物补偿缺陷基因的功能或使原有的功能得以加强。

8. 基因失活：也称基因沉默或基因干扰，是指将特定的核酸序列导入细胞内，在转录或翻译水平抑制或阻断某些基因的表达，以达到治疗疾病的目的。

9. 自杀基因疗法：是将一些病毒或细菌中存在的所谓"自杀基因"导入人体靶细胞，这些基因可产生某些特殊的酶，能将对人体原本无毒或低毒的药物前体在人体细胞内转化为细胞毒性物质，从而导致靶细胞的死亡。因正常细胞不含这种外源基因，故不受影响。

10. CAR-T：基本原理和步骤是，先从癌症患者身上分离免疫 T 细胞，然后用基因工程技术给 T 细胞加入一个能识别肿瘤细胞并且同时激活 T 细胞的嵌合抗体，也即制备 CAR-T 细胞，再体外培养大量扩增 CAR-T 细胞，把扩增好的 CAR-T 细胞回输到患者体内。

## 六、简答题

1. 基因诊断指通过采用分子生物学技术检测 DNA 或 RNA 在结构或表达上的变化，从而对疾病做出诊断。优势：可用于基因诊断的临床样品非常广泛。基因诊断不依赖疾病表型改变，直接以致病基因、疾病相关基因、外源性病原体基因或其表达产物为诊断对象，具有特异性强、灵敏度高、可早期诊断、应用性广等独特优势。

2. 基因诊断的常用技术包括分子杂交与印迹、PCR、基因芯片、DNA 测序和分子构象检测等几类技术。Southern 印迹广泛应用于各种基因突变，如缺失、插入、易位等，以及 RFLP 的鉴定。斑点杂交方法应用于基因诊断具有简便、快速、灵敏和样品用量少的优点。不足之处在于无法测定目的基因的大小，特异性较低，有一定比例的假阳性。FISH 结合了探针的高度特异性与组织学定位的优势，可对细胞或经分离的染色体中特定的正常或异常 DNA 序列进行定性、定量和定位分析，适用于新鲜、冷冻、石蜡包埋标本及穿刺物和脱落细胞等样品的检测，还可以采用多种荧光素标记同时检测多个靶点。PCR 技术具有特异性高、灵敏度高、操作简便快捷、适用性强等特点，在临床基因诊断中得到了非常广泛的应用。定量 PCR 技术已经成为目前临床基因扩增实验室接受程度最高的技术，在各类病毒、细菌等病原微生物的鉴定和基因定量检测、基因多态性分型、基因突变筛查、基因表达水平监控等多种临床实践中得到大量应用。临床诊断主要采用 ARMS 与定量 PCR 技术联用，通过 TaqMan 探针进行检测，常用于已知位点的突变检测。基因芯片是一种大规模、高通量的检测技术，具有样品处理能力强、用途广泛、自动化程度高等特点，特别适用于同时检测多个基因、多个位点。DNA 测序技术则是检测基因结构和突变的最直接、最准确的方法。PCR-SSCP 是基于单链 DNA 构象的差别来检测基因点突变的方法。该技术的优点是操作简单，敏感性较高和可同时分析多个样本；缺点是不能确定突变的部位和性质。DHPLC 技术适合于检测 SNP、点突变及小片段核苷酸的插入或缺失。

3. 直接体内基因治疗又称体内法，是将外源基因直接或通过各种载体导入体内有关组织器官，使其进入相应的细胞并进行表达。间接体内基因治疗又称回体法，通常是先将合适的靶细胞从体内取出，在体外增殖，并将外源基因导入细胞内使其高效表达，然后再将这种基因修饰过的靶细胞回输患者体内，使外源基因在体内表达，从而达到治疗疾病的目的。直接体内基因治疗方法的优点是操作简便，容易推广，不需要像回体法基因治疗那样对靶细胞进行特殊培养，较为安全。其缺点是，靶组织转移效率较低，外源基因稳定整合的水平较低，疗效持续时间短，可能产生免疫排斥等。间接体内基因治疗技术体系成熟、比较安全，其效果较易控制且比体内基因疗法更为有

效，故在临床试验中常使用。其缺点是技术相对复杂、难度大，不容易推广。

4. 一般来讲，基因治疗的基本程序主要包括：①选择治疗靶点基因；②选择基因治疗的靶细胞；③核酸药物的制备；④核酸药物的传递；⑤基因表达及治疗效果检测；⑥临床试验的申请与审批。

5. 逆转录病毒、腺病毒、腺相关病毒的优缺点参见表 20-2。

6. 逆转录病毒可长期存在于宿主细胞基因组中。这是逆转录病毒作为载体区别于其他病毒载体的最主要优势。逆转录病毒载体有基因转移效率高、细胞宿主范围较广泛、DNA 整合效率高等优点。缺点主要是存在安全性问题。

7. 目前，基因治疗的应用应限于以下几方面。①遗传病治疗，尤其是严重的、现阶段难以治愈的遗传病，以及恶性肿瘤和艾滋病等难治性疾病。②治疗技术比较成熟，导入基因表达调控手段比较有效，且经动物实验证明治疗有效的疾病。③导入基因不会激活有害基因如原癌基因和抑制正常功能基因。基因治疗至少不应该用于以下几方面。①生殖细胞基因治疗；②促进性优生的目的，如优化、改良、遗传素质提高等；②政治或军事目的等。

## 七、分析论述题

1. 可以采用 PCR-RFLP 技术、PCR-ASO 技术、AS-PCR 技术、PCR 结合测序技术和 PCR-DHPLC 技术进行诊断。具体参见相关章节内容。
2. 具体参见分子生物学常用技术和基因诊断常用分子生物学技术章节相关内容。
3. 具体参见基因治疗相关内容。

（易发平）

# 第二十一章　组　学

## 学　习　要　求

掌握组学的概念,熟悉组学的常见名称及分类。掌握基因组学的概念。了解人类基因组计划(HGP)的提出及完成情况。熟悉 HGP 的目标,熟悉遗传图、物理图、转录图和序列图的含义。了解 HGP 的后续计划。了解 HGP 的意义和影响。熟悉结构基因组学、功能基因组学、比较基因组学的概念,了解其研究内容。了解基因组学及其核心技术在医学领域的主要应用。熟悉宏基因组和宏基因组学的概念。

掌握转录物组、转录物组学的概念。了解转录物组学的研究内容。了解转录物组学的研究技术。了解转录物组在医学中的应用。掌握蛋白质组、蛋白质组学的概念。了解蛋白质组学的主要研究技术。了解蛋白质组学在医学中的应用。

掌握代谢物组、代谢物组学的概念。了解代谢组学与代谢物组学两个术语的区分。熟悉代谢物组学的特点、优势和研究内容。了解代谢物组学的研究方法及在医学中的应用。了解其他组学如糖组学、脂质组学的概念,研究方法及在医学中的应用。

了解生物系统的特性。熟悉系统生物学的概念。了解系统生物学的研究内容及其与医学的关系。

## 讲　义　要　点

本章纲要见图 21-1。

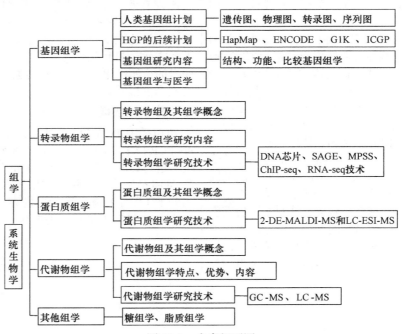

图 21-1　本章纲要图

## (一)组学简介

**1. 组学的概念**　"组学"(omics)是指生命科学中以组学(-omics)为术语后缀的研究领域的统称,代表着一种新的研究策略或研究范式,是从整体角度对特定生物体中的各种分子进行整体表征和定量分析,由此探索揭示生命活动的规律。

**2. 各种组学名称及其分类**(表 21-1)

表 21-1　常见组学名称及其分类

| 分类角度 | 组学名称 |
|---|---|
| 按照物质种类不同 | 基因组学、转录物组学、蛋白质组学、代谢物组学等 |
| 按照学科专业不同 | 肿瘤基因组学、药物基因组学、营养基因组学等 |

| 分类角度 | 组学名称 |
|---|---|
| 按照研究目的不同 | 结构基因组学、功能基因组学、比较基因组学 |

续表

## （二）基因组学

从分子生物学的角度来说，基因组是指一个生物体所有 DNA 分子或所有基因的总和，即其所有遗传信息的总和。基因组学（genomics）就是研究基因组的结构与功能的科学。

## （三）人类基因组计划

**1. 人类基因组计划的提出**（human genome project，HGP）　人类基因组计划最先由美国提出并启动，随后英国、日本、法国、德国、中国等国家相继加入。与"曼哈顿原子弹计划""阿波罗登月计划"一起被世界各国普遍誉为 20 世纪人类自然科学史上"最伟大的三个计划"。

**2. 人类基因组计划的研究内容和任务**　人类基因组计划的主要内容就是制作高分辨率的人类基因的遗传图、物理图和转录图，最终完成人类和其他重要模式生物全部基因组 DNA 序列的测定。

（1）遗传图（genetic map）：又称连锁图（linkage map），是表示基因或 DNA 标记在染色体上相对位置与遗传距离的图谱。遗传距离通常以基因或 DNA 标记在染色体交换过程中的重组频率（单位为 cM）来表示，cM 越大，两个位点之间距离越远。遗传图的绘制需要应用多态性标志，包括限制性酶切片段长度多态性（restriction fragment length polymorphism，RFLP）、短串联重复序列（short tandem repeat，STR；又称微卫星，microsatellite，MS）标志、SNP 标志。

（2）物理图（physical map）：是指以 STS（sequence-tagged site，序列标签位点）为物理标记构建的基因组图谱。以 Mb 或 Kb 为图距来表示基因组的物理大小或标记图谱间的距离。

（3）转录图（transcription map）：是所有编码基因及其他转录序列的转录本（一个基因完整的 cDNA 序列和不完整的 EST）的总和。通过从 cDNA 文库中随机挑取的克隆进行测序所获得的部分 cDNA 的 5′ 或 3′ 端序列称为表达序列标签（expressed sequence tags，EST），一般长 300~500bp。

（4）序列图（sequence map）：即人类基因组核苷酸序列图，是人类基因组在分子水平上最高层次、最详尽的物理图，目标是测定总长达 3000Mb（3Gb）的人类基因组 DNA 的碱基序列。

**3. 人类基因组计划的完成情况**　2000 年 6 月 26 日，人类基因组草图（即工作框架图）完成。人类基因组精细图（当时也称完成图）于 2003 年完成。2006 年 5 月 18 日于 *Nature* 杂志网络版上发表了人类最后一个染色体——第 1 号染色体的基因测序，标志着解读人体基因密码的"生命之书"宣告完成。

**4. HGP 的后续计划**　基因组学发展的角度，主要有标志"从一个个体的基因组参考序列到人类基因组多样性"的国际人类基因组单位型图（haplotype map，HapMap）计划；"从参考序列到注释人类基因组功能元件"的国际 DNA 元素百科全书（encyclo pedia of DNA elements，ENCODE）计划；"从一个个体的参考序列到代表性主要群体的多个体全基因组序列多样性"的 G1K 计划，和标志人类基因组学研究进入临床应用的 ICGP 计划。

**5. HGP 的技术路线**　HGP 采取的技术路线是结合"重叠克隆"和"霰弹法"的双重策略，即定位克隆霰弹法。定位克隆霰弹法是将初步定位的克隆逐个用霰弹法进行测序的技术路线。

全基因组霰弹法（也称全基因组鸟枪法），是将靶基因组 DNA 随机打断成大小不同的片段，再在大克隆或全基因组规模直接将这些片段的序列拼接、组装起来的测序路线。

**6. 人类基因组计划的意义**

（1）HGP 是人类自然科学史上第一次影响最大的多国参与的国际合作计划，开辟了国际科研合作的新篇章。

（2）催生了一门新的学科——组学。

（3）提供了一个新的技术——测序。

## （四）基因组学的研究内容

**1. 结构基因组学**　是研究基因组的组织结构、基因组成、基因定位、核苷酸序列等基因组结构信息的学科。

**2. 功能基因组学**　是在结构基因组学研究的基础上，进一步全面地分析基因组中所有基因的功能及其相互作用的学科。

**3. 比较基因组学**　是对不同有机体或不同物种的基因组特征进行比较研究的学科。比较基因组学可在物种间和物种内进行，前者称为种间比较基因组学，后者则称为种内比较基因组学。

## （五）基因组学与医学

**1. 外显子和全外显子组测序——单基因性状与遗传病**　单基因性状和单基因病大都是由

一个蛋白质的氨基酸序列发生变化而引起的，是源于编码基因的核苷酸序列的变异。外显子测序和全外显子组测序与分析有的放矢，技术较为简单，分析较为直接，经济效益较好。

**2. 全基因组测序——复杂性状与常见疾病**　人类与其他动植物的大多数性状涉及基因组的多个区域与多个基因及其他功能因子的变异，外显子组测序可能丢失的信息是多方面的，正因为如此，全基因组序列分析展示了它的独特优势，可以反映与表型有关的该基因组所有的相关变异。

**3. 单细胞测序——基因组异质性**　人类基因组学的一大重点是癌症和很多其他复杂疾病的异质性的研究，单细胞测序和分析将发挥很大作用。

**4. 宏基因组测序——微生物及病原基因组**　宏基因组（metagenome）是指特定环境或共生体内所有生物遗传物质的总和。宏基因组学（metagenomics），也称元基因组学，是通过研究特定环境中全部生物遗传物质，探讨该环境中可能存在的全部生物种群，试图克服人工培养技术的局限性，从更复杂层次上认识生命活动规律的学科。

**5. 微（痕）量 DNA 测序——无创检测、法医鉴定和古 DNA 研究**　微量、降解的 DNA 测序技术为生命演化和人类疾病、无创早期精准检测和法医鉴定、古 DNA 研究等提供了新的工具。很多生物样本的 DNA/RNA 含量很低，而且降解很严重，片段很短。MPH 测序技术可以分析微量、严重降解的 DNA/RNA。

### （六）转录物组学

**1. 转录物组学的概念**　转录物组（transcriptome）是指一个细胞、组织或生物体的全部转录物即全部 RNA 的总称，包括 mRNA、rRNA、tRNA 及其他非编码 RNA 等。

转录物组学（transcriptomics）则是对细胞、组织或生物体内全部转录物的种类和功能进行系统研究的科学。广义来讲，转录物组学是对转录水平上发生的事件及其相互关系和意义进行整体研究的一门科学。

**2. 转录物组学的研究内容**　转录物组学从 4 个水平上进行研究：①特定细胞的转录与加工研究；②对转录物编制目录便于归类研究；③绘制动态的转录物谱；④转录物的调节网络。

**3. 转录物组学的研究技术**
（1）cDNA 微阵列芯片技术：可以大规模高通量地同时检测成千上万个基因的转录情况，是转录物组学研究以及基因组表达谱分析的主要技术。

（2）SAGE 技术：不仅适用于对转录物编制目录，也适合对不同组织样本进行转录水平上的基因差异表达分析。

（3）MPSS 技术：原理同 SAGE 技术类似，此法每次可评估上百万个转录物。

（4）ChIP-seq 技术：主要用于寻找和确定转录因子在基因组 DNA 上的结合位点。

（5）RNA-seq 技术：是从细胞或组织中提取 RNA 并进行高通量测序的研究方法。

**4. 转录物组学与医学**　通过比较研究正常和疾病条件下或疾病不同阶段基因表达的差异情况，可以为阐明复杂疾病的发生发展机制，筛选新的诊断标志物，鉴定新的药物靶点，发展新的疾病分子分型技术，以及为开展个体化治疗提供理论依据。

### （七）蛋白质组学

**1. 蛋白质组和蛋白质组学的概念**　蛋白质组（proteome）是指一个基因组表达的全部蛋白质，或在特定时间和特定条件下存在于一种细胞、亚细胞、组织、体液（如血浆、尿液、脑脊液等）或生物体中所有蛋白质的总和。蛋白质组学（proteomics）是对生物体中所有蛋白质进行大规模研究的科学，研究内容包括蛋白质的组成、结构与功能、蛋白质翻译后修饰、蛋白质复合物、蛋白质-蛋白质相互作用网络等。

**2. 蛋白质组学的研究技术**　目前用于蛋白质组学研究的常用技术策略是首先通过双向凝胶电泳（two-dimensional gel electrophoresis，2-DE）对蛋白质进行分离，或者通过液相色谱（liquid chromatography，LC）对蛋白质进行分离，再用质谱（mass spectroscopy，MS）进行鉴定。

**3. 蛋白质组学与医学**　蛋白质组学在药物靶点的发现应用中显示出越来越重要的作用。疾病相关蛋白质组学研究可以发现和鉴定在疾病条件下表达异常的蛋白质，这类蛋白质可作为药物候选靶点。同时还可对疾病发生的不同阶段进行蛋白质变化分析，发现一些疾病不同时期的蛋白质标志物，不仅对药物发现具有指导意义，而且可形成未来诊断学、治疗学的理论基础。

### （八）代谢物组学

**1. 代谢物组和代谢物组学的概念**　代谢物组（metabolome）是生物样品（如细胞、组织、器官或生物体）中所有小分子代谢物（如代谢中间体、激素、其他信号分子和次生代谢物等）的统称。代谢物组学是系统研究特定细胞过程所产生的独特的化学指纹、生物样品（如细胞、组织、器官或生物体）中所有小分子代谢物谱的科学。

**2. 代谢物组学的特点和优势** 代谢物组学具有以下几方面特点。①关注内源化合物。②对生物体系中的小分子化合物进行定性定量研究。③化合物的上调和下调指示了与疾病、毒性、基因修饰或环境因子的影响。④内源性化合物的知识可以被用于疾病诊断和药物筛选。

相较于转录物组学和蛋白质组学，代谢物组学具有以下几个方面的优势。①基因和蛋白表达的有效的微小变化会在代谢物上得到放大，从而使检测更容易。②代谢物组学的技术不需建立全基因组测序及大量表达序列标签（EST）的数据库。③代谢物的种类要远小于基因和蛋白的数目，每个生物体中代谢产物大约在 $10^3$ 数量级，而细菌基因组中就有几千个基因。④因为代谢产物在各个生物体系中都是类似的，所以代谢物组学研究中采用的技术更通用。

**3. 代谢物组学的研究内容** 根据研究的对象和目的不同，对生物体系的代谢产物分析分为以下 4 个层次。①代谢物靶标分析（metabolite target analysis）：对某个或某几个特定组分的分析。②代谢轮廓分析（metabolic profiling）：对少数预设的一些代谢产物的定量分析。③代谢物组学（metabolomics）：限定条件下的特定生物样品中所有代谢物组分的定性和定量。④代谢物指纹分析（metabolic fingerprinting）：不分离鉴定具体单一组分，而是对样品进行快速分类（如表型的快速鉴定）。

**4. 代谢物组学的研究技术** 代谢物组学研究流程包括样品的采集和预处理、数据的采集和数据的分析及生物学解释。其中样品的采集和预处理是代谢组学研究的关键步骤。数据采集平台主要包括核磁共振（nuclear magnetic resonance，NMR）技术和色谱-质谱联用技术（比如气相色谱-质谱联用 GC-MS，液相色谱-质谱联用 LC-MS）。目前应用最为广泛的是 GC-MS 技术和 LC-MS 技术。主要是通过气相色谱或者液相色谱对代谢物进行分离，然后进入质谱进行鉴定。通过数据采集获得了海量的数据，数据的分析是代谢物组学研究面临的难点和瓶颈之一。数据分析平台主要为依靠各种分析仪器建立起来的用于数据提取、峰对齐和去噪技术、代谢化合物谱库比对等软件。通过软件对代谢组学数据进行处理后，需要对数据建立模式识别模型，主要方法

包括无监督（unsupervised analysis）和有监督分析（supervised analysis）。最后通过代谢物组学数据分析，筛选差异代谢物，并寻找生物标志物，进行代谢物网络相关性分析和代谢途径的定位等。

**（九）其他组学**

**1. 糖组和糖组学的概念** 糖组（glycome）指一个生物体或细胞中全部糖类的总和，包括简单的糖类和缀合的糖类。在糖缀合物（糖蛋白和糖脂等）中的糖链部分有庞大的信息量。糖组学（glycomics）是从分析和破解一个生物体或细胞全部糖链所含信息入手，研究糖链的分子结构、表达调控、功能多样性及与疾病的关系的学科。

**2. 脂质组和脂质组学的概念** 脂质组（lipidome）指细胞中全部脂质的总和。脂质组学（lipidomics）是大规模研究生物系统（如细胞、组织、血浆等）中所有脂质组成、通路和网络的学科。

**（十）系统生物学**

生物系统是一个复杂的、动态的系统，包括不同的组分及它们之间的相互作用。生物系统的主要特性包括涌现性、稳健性和无标度性。

系统生物学（systems biology）是研究一个生物系统中所有组成成分（DNA、RNA、蛋白质、小分子等）的构成，以及在特定条件下这些组分间的相互关系，并通过计算生物学建立一个数学模型来定量描述和预测生物功能、表型和行为的科学。

系统生物学的研究内容包括两方面：实验系统生物学和计算系统生物学。

系统生物学对医学具有巨大推动作用。

# 中英文专业术语

组学　omics
基因组　genome
基因组学　genomics
遗传图　genetic map
物理图　physical map
转录图　transcription map
序列图　sequence map
结构基因组学　structural genomics
功能基因组学　functional genomics
比较基因组学　comparative genomics
宏基因组　metagenome
宏基因组学　metagenomics

微生物组　microbiome
病原基因组　pathogenome
转录物组　transcriptome
转录物组学　transcriptomics
蛋白质组　proteome
蛋白质组学　proteomics
糖组　glycome
糖组学　glycomics
代谢物组　metabolome
代谢物组学　metabolomics
脂质组　lipidome
脂质组学　lipidomics
系统生物学　systems biology
人类基因组计划　human genome project，HGP

# 练　习　题

## 一、A1 型选择题

1. 下列各项中通常不用于蛋白质组学研究的技术是
A. 基因芯片　　　　B. 双向电泳
C. 蛋白质芯片　　　D. 飞行质谱
E. 酵母双杂交
2. 在下列各项中不属于功能基因组学相关内容的是
A. 蛋白质组学　　　B. 研究基因功能
C. 转录物组学　　　D. 分析基因表达模式
E. 对不同物种的基因组特征进行比较分析
3. 关注基因组的动态层面，即其功能、表达调控和相互作用的组学是
A. 比较基因组学　　　B. 结构基因组学
C. 功能基因组学　　　D. 转录物组学
E. 蛋白质组学
4. 比较基因组学研究的主要内容是
A. 比较不同物种的基因组特征
B. 研究基因调控机制
C. 研究基因功能
D. 描述基因表达模式
E. 基因组 DNA 序列测定
5. 结构基因组学研究的主要内容是
A. 鉴别个体间 SNP 差异
B. 研究基因功能
C. 基因组 DNA 序列测定
D. 研究基因调控机制
E. 描述基因表达模式
6. 多态性标志主要用于
A. 绘制物理图　　　　B. 绘制转录图

C. 绘制序列图　　　　D. 绘制翻译图
E. 绘制遗传图
7. 中国约承担了 HGP 计划的
A. 53.7%　　　B. 6.7%　　　C. 2.1%
D. 1%　　　E. 2.7%
8. 不是 HGP 的主要目标的是
A. 遗传图　　　B. 翻译图　　　C. 物理图
D. 转录图　　　E. 序列图
9. HGP 遗传图使用的标记为
A. RFLP　　　B. EST　　　C. STR
D. SNP　　　E. STS
10. HGP 物理图的物理标记是
A. STR　　　B. STS　　　C. Alu
D. EST　　　E. SNP
11. 用于绘制 HGP 转录图的 EST 是一种
A. cDNA 序列　　　B. 基因组 DNA 序列
C. tRNA 序列　　　D. 短串联重复序列
E. rRNA 序列
12. 下面哪一个不是 HGP 的模式生物
A. 兔子　　　B. 小鼠　　　C. 拟南芥
D. 河鲀　　　E. 大肠埃希菌
13. HGP 采取的技术路线是
A. cDNA 微阵列芯片技术
B. 定位克隆霰弹法　　　C. SAGE
D. 全基因组霰弹法　　　E. 飞行质谱
14. HGP 人类基因组精细图完成时间
A. 1998 年　　　B. 2000 年　　　C. 2003 年
D. 2006 年　　　E. 2007 年
15. 以人类 3 大群体的样本进行分型，鉴定 MAF 为 5%或以上的 SNP 的国际计划是
A. HapMap　　　B. ENCODE　　　C. ICGP
D. HGP　　　E. G1K
16. 旨在开发新的分析软件，详细注释人类基因组中的编码基因和所有其他非编码的 DNA 功能元件的国际计划是
A. HapMap　　　B. ICGP　　　C. ENCODE
D. HGP　　　E. G1K
17. 重点分析人类基因组中基因表达调控序列的国际计划是
A. HapMap　　　B. ICGP　　　C. HGP
D. ENCODE　　　E. G1K
18. 标志着基因组学走向临床医学研究的国际计划是
A. HapMap　　　B. ICGP　　　C. HGP
D. ENCODE　　　E. G1K
19. 属于功能基因组学研究范畴的是
A. 基因序列　　　B. 基因组成　　C. 基因定位

D. 基因表达调控　　　E. 基因组织结构

20. 适用于经典遗传病鉴定的基因组学技术是
A. 外显子组测序　　　B. 全基因组测序
C. 单细胞测序　　　　D. 宏基因组测序
E. 微量 DNA 测序

21. 适用于鉴定一个癌症患者可能的致癌突变的基因组学技术是
A. 外显子组测序　　　　B. 全基因组测序
C. 单细胞测序　　　　D. 宏基因组测序
E. 微量 DNA 测序

22. 生命起源过程中，最先出现的分子可能是
A. DNA　　　B. RNA　　　C. 蛋白质
D. 多糖　　　E. 脂类

23. 基因组数目最小的生物是
A. 支原体　　B. 大肠埃希菌　　C. 酵母
D. 线虫　　　E. 人

24. 适用于分析同一患者处于不同时期的癌细胞基因组差异的技术是
A. 外显子组测序　　　　B. 全基因组测序
C. 单细胞测序　　　　D. 宏基因组测序
E. 微量 DNA 测序

25. 适用于人类常见复杂代谢病的发生与体内（特别是胃肠道）共生的微生物组群相关的研究基因组学技术是
A. 外显子组测序　　　　B. 全基因组测序
C. 单细胞测序　　　　D. 宏基因组测序
E. 微量 DNA 测序

26. 成功应运于无创产前检测（NIPT）的基因组学技术是
A. 外显子组测序　　　　B. 全基因组测序
C. 单细胞测序　　　　D. 宏基因组测序
E. 微量 DNA 测序

27. 人类基因组的大小约为
A. 16 kb　　　B. 48 Mb　　　C. 3 Gb
D. 6 Gb　　　E. 100 Gb

28. 基因组最小的常染色体为
A. 1 号　　　B. 2 号　　　C. 21 号
D. 22 号　　　E. Y

29. 通过分析体液中的 DNA 来监测疾病的技术是
A. 外显子组测序　　　　B. 全基因组测序
C. 单细胞测序　　　　D. 宏基因组测序
E. 微量 DNA 测序

30. 不属于微量 DNA 测序常规应用范畴的是
A. NIPT　　　B. 生命演化　　　C. 法医鉴定
D. 古 DNA 研究　　　E. 鉴定新的细胞类型

31. 不属于对特定细胞的转录与加工研究的研究内容的是
A. 组蛋白磷酸化对染色质结构的影响
B. 转录前体 RNA 的加工修饰
C. 乙酰化复合体的招募和作用
D. 转录物的调节网络
E. 转录因子在启动区的组装

32. 非编码 RNA 不包括
A. tRNA　　　B. lncRNA　　　C. mRNA
D. miRNA　　　E. circRNA

33. 在许多不同的物种中，具有高度保守的序列一般是
A. 假基因　　　　B. 特定的间隔序列
C. Alu　　　　D. 不重要的蛋白质基因
E. 非常重要的蛋白质基因

34. 不属于转录物组学常用技术方法的是
A. SAGE　　　B. LC-MS　　　C. MPSS
D. ChIP-seq　　　E. RNA-seq

35. 没有直接参与完成人类基因组计划的国家是
A. 美国　　　B. 法国　　　C. 俄罗斯
D. 日本　　　E. 英国

36. 单核苷酸多态性是
A. RFLP　　　B. EST　　　C. Alu
D. STR　　　E. SNP

37. 关于 EST 描述错误的是
A. 转录图谱分子标记　　B. 短的重复序列
C. 不完整的转录本　　　D. 一般长 300～500bp
E. 有助于基因的鉴定

38. 中国没有参与的国际相关基因组计划是
A. HGP　　　B. ENCODE　　　C. ICGP
D. HapMap　　　E. G1K

39. ENCODE 的主要研究内容不包括
A. 检出可能遗漏的编码基因
B. 鉴定基因的调控序列
C. 检出人类基因组对应区域中的所有 DNA 功能元件
D. 非编码区域是否具有功能
E. 鉴定 MAF 为 5% 或以上的 SNP

40. ICGP 主要分析癌症样本的体细胞的主要内容不包括
A. SNP　　　B. CNV　　　C. SV
D. STS　　　E. 基因组变异

41. 蛋白质组一词提出的时间是
A. 1990 年　　　B. 1993 年　　　C. 1996 年
D. 1991 年　　　E. 1994 年

42. 用于蛋白质组学研究的常用技术是
A. 2-DE-MALDI-MS　　　B. GC-MS
C. ChIP-seq　　　D. RNA-seq

E. DNA 芯片技术

43. 双向凝胶电泳第一向分离蛋白质的依据是
A. 蛋白质的分子量　　 B. 蛋白质的等电点
C. 蛋白质的分子形状　 D. 蛋白质的溶解度
E. 蛋白质的空间结构

44. 双向凝胶电泳第二向分离蛋白质的依据是
A. 蛋白质的分子量　　 B. 蛋白质的等电点
C. 蛋白质的解离度　　 D. 蛋白质的溶解度
E. 蛋白质的空间结构

45. 代谢物组主要关注的小分子化合物的分子质量是
A. 小于 5000Da　　　　 B. 小于 10 000Da
C. 小于 1000Da　　　　 D. 大于 5000Da
E. 大于 1000Da

46. 代谢组学（metabonomics）概念提出的时间是
A. 2001 年　　　　 B. 2000 年　　 C. 1995 年
D. 1998 年　　　　 E. 1999 年

47. 代谢物组学（metabolomics）研究常用技术不包括
A. NMR　　　　 B. GC-MS　　 C. LC-MS
D. PCR　　　　 E. UPLC-MS

48. 对某一疾病开展外显子测序研究，属于哪种组学范畴
A. 结构基因组学　　　 B. 转录物组学
C. 蛋白质组学　　　　 D. 代谢物组学
E. 糖组学

49. 采用 RNA-seq 技术对某一疾病开展研究，属于哪种组学范畴
A. 结构基因组学　　　 B. 转录物组学
C. 蛋白质组学　　　　 D. 代谢物组学
E. 糖组学

50. 采用 2-DE-MALDI-MS 技术对某一疾病开展研究，属于哪种组学范畴
A. 结构基因组学　　　 B. 转录物组学
C. 蛋白质组学　　　　 D. 代谢物组学
E. 糖组学

51. 采用 GC-MS 技术对某一疾病开展研究，属于哪种组学范畴
A. 结构基因组学　　　 B. 转录物组学
C. 蛋白质组学　　　　 D. 代谢物组学
E. 糖组学

二、A2 型选择题

1. 科学家研究某一疾病时，发现了一个新的潜在的致病基因，但是其在人体中的功能未知，我们采用什么组学可以快速地预测该基因在人体中的功能
A. 比较基因组学　　　 B. 功能基因组学
C. 结构基因组学　　　 D. 转录物组学
E. 蛋白质组学

2. 有关克隆羊多莉基因组描述正确的是
A. 细胞核基因来自于提供细胞核的母羊，细胞器基因来自于提供卵细胞的母羊
B. 基因组与提供细胞核的母羊完全一致
C. 为单倍体基因组
D. 基因组更容易将突变传递给后代
E. 细胞核基因来自于提供细胞核的母羊，细胞器基因来自于代孕的母羊

3. 某一患者肿瘤细胞检测到一抑癌基因的表达水平显著降低，不是其可能的诱导因素的是
A. CpG 岛去甲基化　　 B. 组蛋白去乙酰化
C. mRNA 转录减少　　 D. 蛋白质降解增强
E. 其 mRNA 与某非编码 RNA 形成 dsRNA 增多

4. 成人血红蛋白含有 2 个 α 链和 2 个 β 链，α 链和 β 链是
A. 起源于趋同进化
B. 显示了基因家族的趋异进化
C. mRNA 转录减少
D. 蛋白质降解增强
E. 其 mRNA 与某非编码 RNA 形成 dsRNA 增多

5. 在研究亲缘关系密切的动物之间的进化关系的时候，最有用的分子数据来自
A. 叶绿体 DNA　　　　 B. 线粒体 DNA
C. rRNA　　　　　　　 D. tRNA
E. 存在于所有动物内的一种蛋白质的氨基酸序列

6. 肿瘤细胞具有高度异质性，而且处于不同时期癌细胞具有不同的基因组变异，针对这种情况，现今技术条件下，最优的解决方案是
A. 宏基因组测序　　　 B. 蛋白质组分析
C. 转录物组分析　　　 D. 单细胞测序
E. 代谢组分析

7. 肠道微生物在神经和认知类疾病的"肠-脑轴线"中发挥了重要作用，某一实验中要比对自闭症患儿和正常兄弟姐妹的肠道细菌的差异，最适用的解决方案是
A. 宏基因组测序　　　 B. 蛋白质组分析
C. 转录物组分析　　　 D. 单细胞测序
E. 代谢组分析

8. 在某一考古工作中，发现一些人类白骨，如何对其进行身份鉴定
A. 全基因组测序　　　 B. 线粒体 DNA 测序
C. 转录物组测序分析　 D. 单细胞测序

E. 叶绿体 DNA 测序

9. 2016年,震惊全国的甘肃白银连环杀人案事隔近 30 年后宣告破获,破获源于我国建立的数量越来越大的犯罪相关分子样品库,犯罪嫌疑人的一名男性亲属因为违法被采集血样,在进行检测时发现了嫌疑人的踪迹。据材料推测,可能发挥主要作用的生物样品材料是

A. 常染色体　　　　B. X 染色体
C. 血型　　　　　　D. Y 染色体
E. 线粒体 DNA

10. 已知最小的真核基因组大小是一种微孢子虫的 2.3Mb,最大的是一种变形虫大约有 700Gb,而人类基因组大小约 3Gb。这种基因组大小与生物体复杂程度不严格对应的现象叫作 C 值矛盾,对 C 值矛盾贡献最大的序列是

A. 编码蛋白质的基因　B. 编码 tRNA 的基因
C. 编码 rRNA 的基因　D. 编码干扰 RNA 的基因
E. 重复序列

11. 全基因组测序分析已经将大肠埃希菌这样的细菌几乎所有蛋白质基因得以确定,但是要用类似的方法确定大多数真核生物基因组蛋白的基因非常困难,主要原因在于

A. 启动子　　　B. 外显子　　　C. 内含子
D. 5'-NTR　　　E. 3'-NTR

12. 人类编码蛋白质的基因最早预测有 10 万个左右,2000 年预测人类编码蛋白质的基因总数为 3.05 万~3.55 万个,现在认为只有 2 万~2.5 万个,人类编码蛋白质的基因的数目不断缩水的主要原因在于对哪种结构的认识不断加深

A. 蛋白质结构　　　　B. 基因结构
C. mRNA 结构　　　　D. 核糖体结构
E. 染色质结构

13. 截至 2015 年 8 月,欧盟和美国已经批准了近 400 种罕用药。罕用药因为使用人数限制,价格一直居高不下,据 2014 年 10 月公布的罕用药报告,罕用药平均每个患者每年的花费达 13.8 万美元。罕见病主要病因为

A. 蛋白质结构异常　　B. 多基因遗传病
C. 单基因遗传病　　　D. 代谢性疾病
E. 感染病

14. 近年来由于中国二胎政策的放开,高龄产妇越来越多,出生缺陷带来的问题,越来越受家庭和社会的重视,2016 年我国也正式大规模的开展无创产前筛查与诊断,现阶段无创产检主要是检测

A. 孕妇血浆中胎儿 DNA
B. 孕妇血浆中母亲 DNA
C. 孕妇血浆中胎儿 RNA
D. 孕妇血浆中胎儿蛋白质
E. 孕妇外周血中特异性代谢产物

15. 每年都有不少外来物种进入中国,造成的直接和间接经济损失高达 1300 亿元,而对物种的准确鉴定是防止外来物种入侵最关键一环,但目前口岸出入境检疫工作中,通常是将卵、幼虫或者蛹培养成成虫后再进行鉴定,整个检疫鉴定过程时间长达数周,如何快速地进行外来物种种类鉴定

A. 蛋白质对比分析　　B. DNA 条形码
C. 转录物组对比分析　D. 代谢组对比分析
E. 染色体核型分析

16. 人类线粒体 DNA 含有 37 个编码基因,由于长期暴露在高活性氧环境中且缺乏保护和损伤后修复机制,线粒体 DNA 的突变发生率比核 DNA 的突变发生率高 10~20 倍,但是由线粒体 DNA 突变诱发的疾病却没有与突变率相对应,主要原因在于

A. 大多数突变发生在非编码区
B. 线粒体 DNA 编码基因不重要
C. 母系传递
D. 拷贝数多,具有表型阈值效应
E. 含特异密码子

17. 现在,只有不到 1/1000 的细菌和 1/1 000 000 的病毒物种可以进行纯化培养、鉴定和分析,如何大规模地对微生物进行鉴定并分析其与宿主的相互作用,对认识生命的多样性和解析生命世界的"三大网络"、生态环境的研究和生物产业的发展具有重大的意义,现阶段对未知微生物的大规模分析主要依赖于

A. 单细胞测序　　　　B. 蛋白质组分析
C. 转录物组分析　　　D. 宏基因组测序
E. 代谢组分析

## 三、B 型选择题

1. 属于结构基因组学研究范畴的是
2. 属于功能基因组学研究范畴的是
3. 属于比较基因组学研究范畴的是
A. 基因组序列测定
B. 基因序列间差异和相似性研究
C. 代谢组学
D. 探讨基因的表达模式
E. 药物基因组学
4. 主要研究 DNA 的是
5. 主要研究 mRNA 的是
6. 主要研究蛋白质的是

7. 主要研究糖链或糖蛋白的是
8. 主要研究小分子代谢物的是
A. 基因组学　　　　　B. 转录物组学
C. 蛋白质组学　　　　D. 糖组学
E. 代谢物组学
9. 标志"从一个个体的基因组参考序列到人类基因组多样性"的国际计划
10. "从参考序列到注释人类基因组功能元件"的国际计划
11. 从一个个体的参考序列到代表性主要群体的多个体全基因组序列多样性的计划
12. 标志人类基因组学研究进入临床应用的国际计划
A. HGP　　　　B. ENCODE　　　　C. ICGP
D. HapMap　　　　E. G1K
13. 对某个或某几个特定代谢物组分的分析
14. 对少数预设的一些代谢产物的定量分析
15. 限定条件下的特定生物样品中所有代谢物组分的定性和定量
16. 不分离鉴定具体单一组分,而是对样品进行快速分类
A. 代谢物组学　　　　B. 代谢物靶标分析
C. 蛋白质组学　　　　D. 代谢轮廓分析
E. 代谢物指纹分析

#### 四、X 型选择题

1. 20 世纪自然科学史上"最伟大的三个计划"包括
A. 曼哈顿原子弹计划　B. ENCODE
C. HapMap　　　　D. 阿波罗登月计划
E. HGP
2. 生物系统是一个复杂的、动态的系统,其主要特性包括
A. 涌现性　　　B. 稳健性　　　C. 稳定性
D. 有标度性　　E. 无标度性
3. 质谱技术主要用于哪两种组学研究?
A. 肿瘤基因组学　　　B. 转录物组学
C. 蛋白质组学　　　　D. 代谢物组学
E. 宏基因组学
4. 系统生物学是指研究生物体系中哪些分子层面
A. DNA　　　B. RNA　　　C. 蛋白质
D. 糖类　　　E. 脂质

#### 五、名词解释

1. 基因组
2. 结构基因组学
3. 人类基因组计划

4. 转录物组
5. 蛋白质组
6. 代谢物组
7. 糖组
8. 系统生物学

#### 六、简答题

1. 什么是基因组学? 它包括哪些内容?
2. 简述人类基因组计划的基本任务。
3. 什么是蛋白质组学? 蛋白质组学研究内容及方法有哪些?
4. 什么是代谢物组学? 代谢物组学具有哪些特点和优势?
5. 简述代谢物组学的研究内容?
6. 简述生物系统的主要特性。

#### 七、分析论述题

一名儿童外科医生接诊了一名罹患罕见遗传病的儿童,你认为该医生可以采用哪些组学方法对该儿童所患疾病的原因进行检测和研究。

## 参 考 答 案

#### 一、A1 型选择题

| | | | | |
|---|---|---|---|---|
| 1. A | 2. E | 3. C | 4. A | 5. C |
| 6. E | 7. D | 8. B | 9. C | 10. B |
| 11. A | 12. A | 13. B | 14. C | 15. A |
| 16. C | 17. D | 18. B | 19. D | 20. A |
| 21. B | 22. B | 23. A | 24. C | 25. D |
| 26. E | 27. C | 28. E | 29. E | 30. E |
| 31. D | 32. C | 33. E | 34. B | 35. C |
| 36. E | 37. B | 38. B | 39. E | 40. D |
| 41. E | 42. A | 43. B | 44. A | 45. C |
| 46. E | 47. D | 48. A | 49. B | 50. C |
| 51. D | | | | |

#### 二、A2 型选择题

| | | | | |
|---|---|---|---|---|
| 1. A | 2. A | 3. A | 4. B | 5. B |
| 6. D | 7. A | 8. B | 9. D | 10. E |
| 11. C | 12. B | 13. C | 14. A | 15. B |
| 16. D | 17. D | | | |

#### 三、B 型选择题

| | | | | |
|---|---|---|---|---|
| 1. A | 2. D | 3. B | 4. A | 5. B |
| 6. C | 7. D | 8. E | 9. D | 10. B |
| 11. E | 12. C | 13. B | 14. D | 15. A |
| 16. E | | | | |

#### 四、X 型选择题

| | | | |
|---|---|---|---|
| 1. ADE | 2. ABE | 3. CD | 4. ABCDE |

## 五、名词解释

1. 基因组：从分子生物学的角度来说，基因组是指一个生物体所有 DNA 分子或所有基因的总和，也即其所有遗传信息的总和。

2. 结构基因组学：是研究基因组的组织结构、基因组成、基因定位、核苷酸序列等基因组结构信息的学科。HGP 的遗传图、物理图和序列图的分析都属于典型的结构基因组学研究。

3. 人类基因组计划：是美国科学家于 1986 年率先提出，1990 年正式启动的，这一计划的目标是为 30 亿个碱基对构成的人类基因组精确测序，从而最终弄清楚每种基因产生的蛋白质及其作用，它的实施将会为认识疾病的分子机制及诊断和治疗提供重要依据。

4. 转录物组：是指一个细胞、组织或生物体的全部转录物即全部 RNA 的总称，包括 mRNA、rRNA、tRNA 及其他非编码 RNA 等。

5. 蛋白质组：指一个细胞内的全套蛋白质，反映了特殊阶段、环境状态下，细胞或组织在翻译水平的蛋白质表达谱。

6. 代谢物组：是生物样品（如细胞、组织、器官或生物体）中所有小分子代谢物（如代谢中间体、激素、其他信号分子和次生代谢物等）的统称。

7. 糖组：指一个生物体或细胞中全部糖类的总和，包括简单的糖类和缀合的糖类。

8. 系统生物学：是研究一个生物系统中所有组成成分（DNA、RNA、蛋白质、小分子等）的构成以及在特定条件下这些组分间的相互关系，并通过计算生物学建立一个数学模型来定量描述和预测生物功能、表型和行为的科学。

## 六、简答题

1. 基因组学就是研究基因组的结构与功能的科学。基因组学有两个最主要的理念：生命是序列的；生命是数字化的。根据研究目的和研究内容不同，基因组学研究可以区分为以下 3 个方面。①结构基因组学：是研究基因组的组织结构、基因组成、基因定位、核苷酸序列等基因组结构信息的学科。HGP 的遗传图、物理图和序列图的分析都属于典型的结构基因组学研究。②功能基因组学：是在结构基因组学研究的基础上，进一步全面地分析基因组中所有基因的功能及其相互作用的学科。结构基因组学主要涉及基因组信息的静态层面，即基因组的结构或序列。而功能基因组学则关注基因组的动态层面，即其功能、表达调控、相互作用等。③比较基因组学：是对不同有机体或不同物种的基因组特征进行比较研究的学科。比较基因组学一方面可为阐明物种进化关系提供依据，另一方面可根据基因的同源性预测相关基因的功能。比较基因组学可在物种间和物种内进行，前者称为种间比较基因组学，后者则称为种内比较基因组学。

2. 人类基因组计划的主要内容就是制作高分辨率的人类基因的遗传图、物理图和转录图，最终完成人类和其他重要模式生物全部基因组 DNA 序列的测定。①遗传图：又称连锁图，是表示基因或 DNA 标记在染色体上相对位置与遗传距离的图谱。遗传距离通常以基因或 DNA 标记在染色体交换过程中的重组频率（单位为 cM）来表示，cM 越大，两个位点之间距离越远。一般可由多世代、多个体的家系的遗传重组检测结果来推算。而基因组标记之间的遗传距离以 cM 的积加值来表示。②物理图：是指以 STS（序列标签位点）为物理标记构建的基因组图谱。以 Mb 或 Kb 为图距来表示基因组的物理大小或标记图谱间的距离。③转录图：是所有编码基因及其他转录序列的转录本（一个基因完整的 cDNA 序列和不完整的 EST）的总和。④序列图：即人类基因组核苷酸序列图，是人类基因组在分子水平上最高层次、最详尽的物理图，目标是测定总长达 3000Mb（3Gb）的人类基因组 DNA 的碱基序列。

3. 蛋白质组是指基因组表达的所有相应的蛋白质；研究细胞内全部蛋白质的组成及其活动规律的科学称为蛋白质组学。蛋白质组研究包括两个方面的内容：一是对蛋白质组成（表达模式）的研究；二是对蛋白质组功能模式的研究。前者主要采取双向凝胶电泳和质谱技术。后者采用酵母双杂交系统。

4. 代谢物组学是系统研究特定细胞过程所产生的独特的化学指纹、生物样品（如细胞、组织、器官或生物体）中所有小分子代谢物谱的科学。代谢物组学具有以下几方面的特点。①关注内源化合物。②对生物体系中的小分子化合物进行定性定量研究。③化合物的上调和下调指示了与疾病、毒性、基因修饰或环境因子的影响。④内源性化合物的知识可以被用于疾病诊断和药物筛选。代谢物组学具有以下几个方面的优势：①基因和蛋白表达的有效的微小变化会在代谢物上得到放大，从而使检测更容易；②代谢物组学的技术不需建立全基因组测序及大量表达序列标签（EST）的数据库；③代谢物的种类要远小于基因和蛋白的数目，每个生物体中代谢产物大约在 $10^3$ 数量级，而细菌基因组中就有几千个基因；④因为代谢产物在各个生物体系中都是类似的，所以代谢物组学研究中采用的技术更通用。

5. 根据研究的对象和目的不同,对生物体系的代谢产物分析分为以下 4 个层次。①代谢物靶标分析:对某个或某几个特定组分的分析。②代谢轮廓分析:对少数预设的一些代谢产物的定量分析。③代谢物组学:限定条件下的特定生物样品中所有代谢物组分的定性和定量。④代谢物指纹分析:不分离鉴定具体单一组分,而是对样品进行快速分类(如表型的快速鉴定)。

6. 生物系统是一个复杂的、动态的系统,包括不同的组分及它们之间的相互作用。生物系统的主要特性包括涌现性、稳健性和无标度性。涌现性是指一个系统自动形成些新的系统特性。稳健性是指生物系统能够抵抗内部和外部干扰,并维持其功能的一种特性。生物系统的网络结构具有无标度网络结构的特性,即少数大的枢纽和多数小的链路。

## 七、分析论述题

可以采用全基因组测序、全外显子测序分析潜在的致病基因组变异如 SNP、InDel、拷贝数目变异(CNV)等。采用转录物组学研究技术如 cDNA 微阵列芯片技术、RNA-seq 技术等,分析表达异常的 RNA 转录物。采用蛋白质组学研究技术如双向凝胶电泳、液相色谱和质谱等,分析表达异常的蛋白质。采用代谢物组学的研究技术如气相色谱-质谱联用(GC-MS)、液相色谱-质谱联用(LC-MS)等,分析血液等组织样本中异常的代谢物。通过上述组学技术发现的异常的基因组变异、表达异常的 RNA 和蛋白质及代谢物将有助于解释所患疾病的病因和发病机制、将可能作为重要的疾病诊断标志物和疾病治疗靶点。

(陈全梅 雷云龙)

# 主要参考文献

卜友泉，宋方洲，2011. 生物化学与分子生物学学习纲要与同步练习. 北京：科学出版社.

贺银成，2018. 2018 国家临床执业医师资格考试辅导讲义. 北京：国家开放大学出版社.

贺银成，2018. 2019 考研西医临床医学综合能力辅导讲义. 北京：北京航空航天大学出版社.

医师资格考试指导用书专家编写组，2018. 2018 临床执业医师资格考试模拟试题解析. 北京：人民卫生出版社.

周春燕，2016. 生物化学与分子生物学学习指导及习题集（八年制）. 北京：人民卫生出版社.

周春燕，2019. 生物化学与分子生物学学习指导与习题集（五年制）. 北京：人民卫生出版社.

周克元，罗德生，2010. 生物化学（案例版）. 2 版. 北京：科学出版社.

Ferrier DR，2014. Lippincott's illustrated reviews：biochemistry. 6th ed. Baltimore：Lippincott Williams & Wilkins.

Lieberman MA，Ricer R，2009. Lippincott's illustrated Q & A review of biochemistry. Baltimore：Lippincott Williams & Wilkins.

Lieberman MA，Ricer R，2014. BRS biochemistry，molecular biology and genetics. 6th ed. Baltimore：Lippincott Williams & Wilkins.

Toy EC，Seifert WE，Strobel HW，et al，2015. 生物化学案例 53 例. 3 版. 北京：北京大学医学出版社.